U0480547

卧龙生物多样性保护的
理论与实践

何廷美 段兆刚 何 可 李晟之 等 编著

科学出版社
北 京

内 容 简 介

本书以四川卧龙国家级自然保护区建立 60 周年、四川省汶川卧龙特别行政区成立 40 周年为契机，结合最新成果和发展动态，汇集了"政事合一"管理体制下卧龙生物多样性保护的理论与实践。内容涉及本底资源现状、生物多样性保护、科研监测、社区发展及国家公园创建探索，解剖麻雀式、系统全面地反映了卧龙围绕保护与发展的生动实践，从一个侧面揭示了具有中国特色自然保护区的建设与发展。

本书适合从事保护生物学研究的科研人员，从事国家公园、自然保护工作的管理者和工作人员，高等院校师生，以及大熊猫爱好者参阅。

图书在版编目（CIP）数据

卧龙生物多样性保护的理论与实践 / 何廷美等编著. —北京：科学出版社，2024.11

ISBN 978-7-03-074123-3

Ⅰ. ①卧… Ⅱ. ①何… Ⅲ. ①自然保护区–生物多样性–生物资源保护–研究–汶川县 Ⅳ. ①S759.992.714

中国版本图书馆 CIP 数据核字（2022）第 234443 号

责任编辑：王 静 张会格 付 聪 / 责任校对：郑金红
责任印制：肖 兴 / 封面设计：刘新新

科学出版社 出版
北京东黄城根北街 16 号
邮政编码：100717
http://www.sciencep.com

北京九天鸿程印刷有限责任公司印刷
科学出版社发行 各地新华书店经销

*

2024 年 11 月第 一 版 开本：889×1194 1/16
2024 年 11 月第 一 次印刷 印张：21 3/4
字数：700 000

定价：328.00 元
（如有印装质量问题，我社负责调换）

《卧龙生物多样性保护的理论与实践》编著者名单

主要编著者　何廷美　段兆刚　何　可　李晟之　杨　兵
　　　　　　　马永红　周世强　朱洪民

其他编著者（按姓氏拼音排序）

陈林强　陈美利　陈　燕　程跃红　杜　军
杜丽娜　何明武　何　强　何小平　何晓安
何燕李　何永果　胡　强　蒋　海　金森龙
柯仲辉　李　蓓　林雨婷　刘　波　刘明冲
刘世财　刘雪华　龙　梅　马联平　明　亮
倪玖斌　倪兴怀　彭广能　邱晓枫　施小刚
谭迎春　唐　莉　王　超　王关文　王　华
王　伦　王树锋　王　炜　王　希　王永峰
夏绪辉　向可文　徐海斌　杨　森　杨志松
叶　平　余小英　袁　莉　张晋东　张　可
张清泉　张田建　张彦军　赵维勇　周紫峣
邹梦娇

序 一

四川卧龙国家级自然保护区（以下简称：卧龙保护区）始建于 1963 年，60 年来保护区几经变革，形成了独特的发展模式，也树立了我国自然生态保护的旗帜。保护区建立 60 年来，在几代保护区工作人员和科研人员的不懈努力下，保护区在野生动植物多样性和栖息地保护方面取得巨大发展，成绩斐然，野生动植物的物种数量和以大熊猫为代表的重点保护物种种群数量也有显著增长。

本人于 1974 年受党中央和四川省委委托进入卧龙开展大熊猫调查，这是我首次系统地开展大熊猫生态学研究，也是我与卧龙缘分的开始。回望过去，卧龙的山水、故人、有趣的事、激动人心的发现和惊险的历程都一一浮现，仿佛就在昨日。对于我来说卧龙是一个地名，是一段大熊猫保护的故事，也是一段最为难忘的岁月，更是一个我看着长大的"孩子"，由牙牙学语到青春无限再到成熟的担当，它现在的发展和成就是我过往不敢表露的期望。

《卧龙生物多样性保护的理论与实践》一书总结了过去 60 年来卧龙保护区在大熊猫的栖息地保护、救护与圈养繁育、野化培训与放归、社区发展等方面的不断探索，系统地呈现出保护区对自然保护和社区协调发展的思想，为全国保护地，乃至全球保护地提供了中国样本。书中每张图片、每段文字的背后都是保护工作者对大自然的热爱与期盼。这本书是卧龙发展的历史，也是我国生态保护的缩影。我希望读者可以通过这本书了解卧龙的保护，了解卧龙对人与自然和谐发展的理念，了解卧龙人生生不息的希望。

希望读者能与卧龙共同前行。

胡锦矗
2023 年 1 月

序　二

　　大熊猫是中国特有的珍稀动物，是全球野生动物保护领域的旗舰物种。人口膨胀及活动范围的急剧扩大既给人类自身赖以生存的环境造成了空前压力，也是导致众多野生动物栖息地破碎、隔离以及生态功能退化的最主要原因。历史上大熊猫曾广泛分布于我国东部、中部的广大地区，并向外延伸到东南亚的越南、泰国、老挝、缅甸等地。然而，由于地质、气候等的变迁以及人类活动范围的不断拓展，现今大熊猫仅残存于青藏高原东缘的六大山系中，种群数量为1864只。

　　卧龙保护区以"熊猫之乡""宝贵的生物基因库""天然动植物园"等享誉中外。这里是我国野生大熊猫的主要分布区之一，也是世界自然遗产之一——四川大熊猫栖息地的核心区域。位于保护区内牛头山中段的"五一棚"是世界著名的大熊猫野外观察站。卧龙保护区现有野生大熊猫149只，占全国野生大熊猫总数的近8.0%。保护区的成功建立壮大了中国大熊猫保护研究中心。截至2022年末，该研究中心拥有圈养大熊猫364只，约占世界圈养大熊猫总数的60%，是世界上人工繁殖大熊猫数量最多、种群数量最大的大熊猫科研、繁殖、饲养和野化培训放归基地。

　　卧龙保护区属于青藏高原气候区范围，气候凉爽，有"一山有四季，十里不同天"之称，气温年差小。卧龙保护区原生态的自然优势极为突出。深邃的峡谷、绵延纵横的群山雪峰、广袤的原始森林、辽阔的高山草甸为种类繁多的野生动植物在此栖息和繁衍提供了庇护所。

　　卧龙保护区下辖两个少数民族乡镇，是藏族、羌族传统文化和大熊猫生态文化融合交流的区域。依托得天独厚的气候条件和生态环境禀赋，保护区长期致力于农村经济的转型升级，坚持"保护优先、绿色发展、统筹协调"理念，建立健全了全民参与资源保护的工作机制。以森林康养为主业的休闲避暑绿色经济逐步壮大，成为社区经济可持续健康发展的支柱产业，有效缓解了自然资源保护与社区群众生产生活的矛盾，实现了从"冲突"到"共生"的巨大转变。

　　卧龙保护区管理体制独特。四川卧龙国家级自然保护区管理局（以下简称：卧龙管理局）隶属于国家林业和草原局（原林业部）。1983年成立的四川省汶川卧龙特别行政区（以下简称：卧龙特区）归口四川省人民政府管理，为了搞好保护，卧龙管理局和卧龙特区均委托四川省林业和草原局（原四川省林业厅）代管，实行"两块牌子、一套班子、合署办公"的管理模式。"守护熊猫家园、赢得金山银山"成为卧龙保护区保护有力、管理有效的共识。

　　多年来，卧龙保护区就地保护和迁地保护几乎完美结合。卧龙保护区自建立以来，特别是20世纪90年代以来，逐渐被国内外所知。在保护好大熊猫栖息地的同时，大熊猫迁地保护的成就举世瞩目。经过20世纪七八十年代的探索，到90年代末，卧龙保护区成功攻克圈养大熊猫繁育"三难"的世界性难题，21世纪初卧龙保护区又启动了圈养大熊猫的野化放归工作，在我国生态保护领域自主创新中具有里程碑和划时代的意义，同时也为我国在国际野生动物保护中赢得了良好声誉。

　　《卧龙生物多样性保护的理论与实践》突破了专题报告、论文集的固有模式，以独特的视野，围绕自然保护地的生动实践，诠释了卧龙保护区60年的发展历程，是具有中国特色自然保护事业的总结，也是卧龙自然保护事业的一个缩影。经过多年的共同努力，截至2021年，川、陕、甘3省已经建立大熊猫自然保护区67处，将超过53%的大熊猫栖息地和超过66%的野生大熊猫个体纳入自然保护区的有效保护管理之下。2021年10月，大熊猫国家公园正式宣布成立，国家把以卧龙自然保护区为代表的主要大熊猫栖息地划入大熊猫国家公园，为我们子孙后代留下了珍贵的自然遗产，为保护以大熊猫为主的生态系统的完整性和原真性打下了坚实基础。截至2023年，我国已建成以大熊猫国家公园为主体，40个各级大熊猫自然保护区为辅的大熊猫栖息地保护体系，有效地保护了野外大熊猫种群。2023年是卧龙保护区建立的

60周年，卧龙特区成立的40周年，在大熊猫国家公园时代，标志着卧龙保护事业的发展迈向新的征程，由衷期望在建立以国家公园为主体的自然保护地体系的伟大实践中，卧龙能够在国内、国际上产生更大的影响。

《卧龙生物多样性保护的理论与实践》一书的出版，也是以胡锦矗为代表的一代科学家奋斗的结果，我也为卧龙大熊猫保护事业奋斗了一生，也是大熊猫保护战线的一员。书中配有大量精美的图片，版式精美，装帧大气，读者不仅可以查阅卧龙的资源禀赋，了解大熊猫旗舰物种的抢救、保护、监测、研究与繁育，还可以窥见管理和社区发展的探索路径。该书的成型，凝聚了作者的心血与智慧，也体现了卧龙保护区不懈地追求，为该书作序，我深感欣慰，序言所及，也是本人的真实感受，不妥之处，敬请批评指正。

张和民

2023年2月

- 第一节 社区概况 ······ 220
- 第二节 社区发展 ······ 224

第十七章 卧龙模式 ······ 237
- 第一节 以电代柴 ······ 237
- 第二节 共建共管 ······ 251
- 第三节 "三生经济" ······ 253

第五篇 探索篇

第十八章 探索经验与成效 ······ 262
- 第一节 体制机制探索 ······ 263
- 第二节 示范保护区的创建 ······ 267
- 第三节 保护措施 ······ 276
- 第四节 旗舰物种保护 ······ 281
- 第五节 大熊猫迁地保护成效 ······ 283

第十九章 发展中的问题 ······ 289
- 第一节 体制机制挑战 ······ 289
- 第二节 保护与发展的矛盾 ······ 291

第二十章 大熊猫国家公园体制试点 ······ 293
- 第一节 试点总体情况 ······ 293
- 第二节 试点机构建设 ······ 293
- 第三节 试点期卧龙片区工作 ······ 294
- 第四节 大熊猫国家公园创建的探讨 ······ 296

主要参考文献 ······ 302

后记 ······ 331

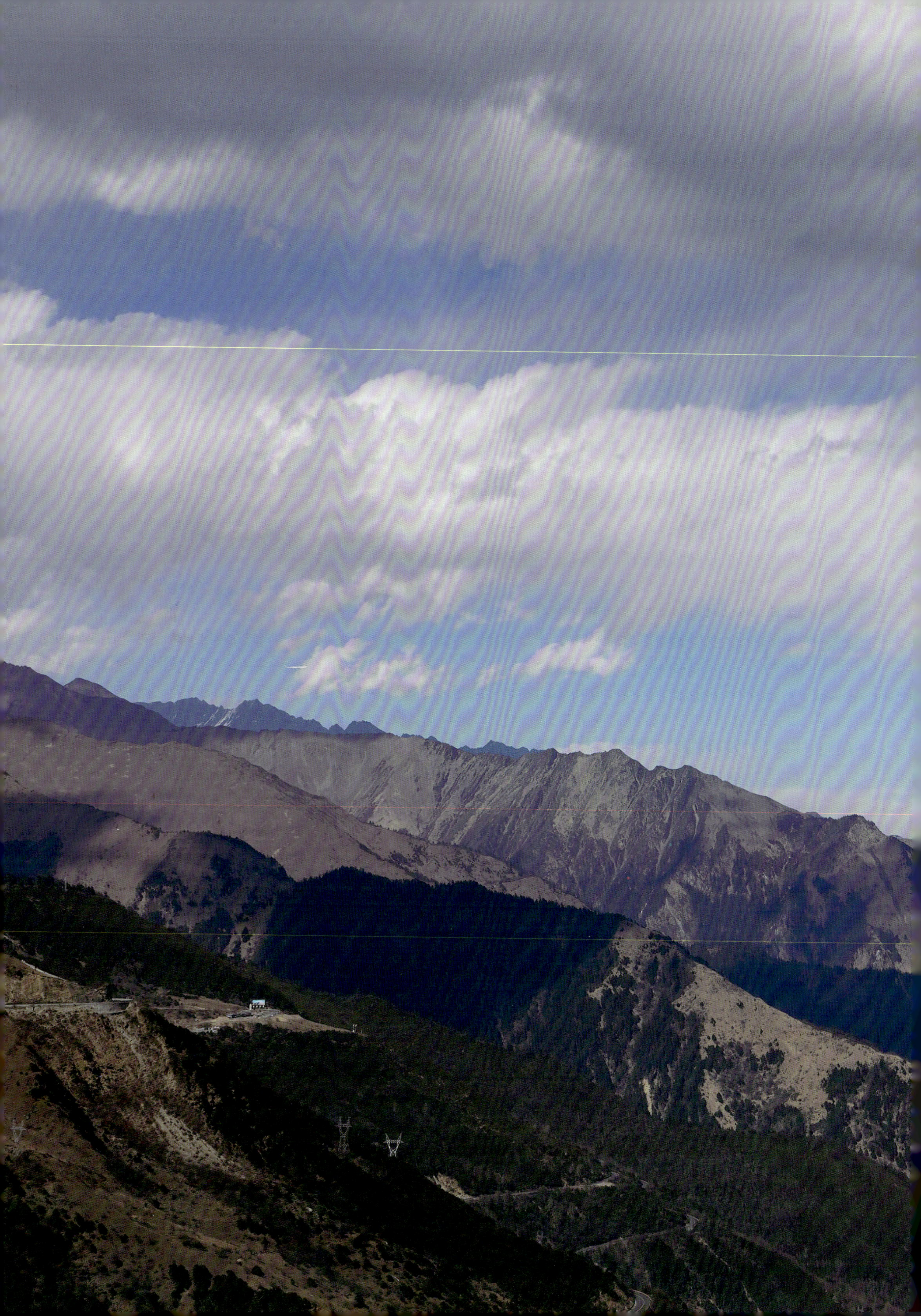

第一篇
资源篇

第一章 自然环境

"熊猫王国"之巅(何晓安 摄)

卧龙大熊猫栖息地(何晓安 摄)

大熊猫栖息地(刘明冲 摄)

卧龙的千山万壑(刘明冲 摄)

卧龙雪山（何廷美 摄）

巴郎山之春（何廷美 摄）

第一节 地理位置

卧龙保护区始建于 1963 年，地处成都平原西缘，四川省阿坝藏族羌族自治州汶川县西南部，邛崃山脉东南坡，距四川省会城市成都 130km。位于北纬 30°45′~31°25′，东经 102°52′~103°25′，东与汶川县的草坡乡、映秀镇（图 1-1）、三江乡相连，南与崇州市、大邑县和芦山县相邻，西与宝兴县、小金县（图 1-2）相接，北与理县接壤，横跨卧龙、耿达两镇。东西宽 52km、南北长 62km，全区总面积 203 601.00hm²。它是国家和四川省命名的科普教育基地、爱国主义教育基地，是我国以保护大熊猫及高山林区自然生态系统为主建立最早、栖息地面积最大的自然保护区，也是 2006 年 7 月第 30 届世界遗产大会批准四川大熊猫栖息地列入世界自然遗产名录，卧龙保护区是其中最重要的组成部分之一。卧龙保护区以"熊猫之乡""宝贵的生物基因库""天然动植物园"等称呼享誉中外。

图 1-1 大熊猫国家公园卧龙片区东出入口——盘龙山隧道（何廷美 摄）

图 1-2 大熊猫国家公园卧龙片区西出入口——巴朗山垭口（何廷美 摄）

第二节 地貌和地质

一、地貌

卧龙保护区大的地貌属于四川盆地边缘山地，为四川盆地向川西高原过渡地带，总体构造线走向呈北东至南西向，地势由东南向西北升高（杨志松等，2019）。以皮条河为界，东南部除个别山峰海拔超过4000m外，大部分山地海拔为3200m左右，而西北部大部分山地的海拔在4000m以上，沿巴朗山、四姑娘山及北部与理县接壤的山地海拔均在5000m左右，在保护区的西部和北部形成一道天然屏障。地貌特征为山川，走向为东北至西南，地势西北高东南低。

卧龙保护区山高谷深，相对高差大。该区自古近纪和新近纪以来，新构造运动异常活跃，山体剧烈抬升，河流强烈下切，形成山高坡陡谷深的高山峡谷地貌景观。在水平极短的距离内海拔发生急剧变化，如主峰四姑娘山西侧的长坪沟沟口海拔3600m，与主峰水平距离仅3.5km，相对高差达2650m；主峰东侧的正河沟源头海拔3550m，与主峰水平距离5km，相对高差达2700m，高差之悬殊实为罕见（吴晓娜，2010）。卧龙高山峡谷之银厂沟风光如图1-3所示。

图1-3 卧龙高山峡谷之银厂沟风光（程跃红 摄）

卧龙保护区内河谷形态大致可分为3种类型。第一种类型为沿挤压性断裂发育的河谷，如皮条河、耿达镇七层楼沟等。该类型河谷由于断裂带附近地层破碎，河流两岸滑坡、崩塌发育，使河流两岸变得松散，易于侵蚀，河流的松散作用不断将松散物质搬运走，使河谷变宽，形成宽谷，只有少数地段形成峡谷。宽谷的两侧发育有5级阶地，一级、二级阶地保存较好，沿河流两岸均有分布，尤其是一级阶地，沿河流呈条带状分布，阶地面较宽平，为农业活动的主要场所；三级、四级、五级阶地因后期被破坏，只零星保存。第二种类型为沿与主断裂垂直相交的强新裂发育的窄谷或峡谷，如银厂沟、英雄沟、龙岩沟等。河流沿裂隙垂直下切形成峡谷，两岸基岩垂直陡峭，高达百余米，非常壮观。第三种类型为海拔3000m以上的河流上游河谷，由于受古冰川作用，后又经流水侵蚀，河谷呈复合型，河谷横剖面上部为"U"形，下部为受水侵蚀作用形成的"V"形谷，如西河河谷一带即为这种谷型（图1-4）。

图 1-4 卧龙西河河谷（刘明冲 摄）

河流阶地以上分布有 4 级剥蚀面，其海拔分别为 2000~2200m、2400~2500m、2800~2850m、3000~3100m。剥蚀面虽然面积不大，但较平坦，表层发育为一个厚 1m 左右的黄棕色粉砂质黏土层。

卧龙保护区重力地貌发育，泥石流广布。皮条河断裂带纵贯全区，断层带附近地层破碎，山坡陡峻，致使区内滑坡、崩塌等重力地貌作用十分活跃，皮条河左岸可见大规模的基岩顺层滑坡，而右岸则普遍倾向切层基岩滑坡。又由于地层破碎，沟谷纵比降较大（15‰~25‰），加之降雨集中，所以泥石流频频暴发。例如，1981 年 7 月的雨季，皮条河两岸有 14 条支沟暴发泥石流，其中龙岩沟泥石流龙头直达相距 100m 远的皮条河右岸高 10m 的斜坡上，使沟口宽 500m 的一级阶地上的苗圃站全部被毁，在沟口形成高 5m 的泥石流堤和宽 50m 的泥石流扇形地。

二、地质

（一）地质发育简史

卧龙保护区属龙门山地槽的中南段，自古生代以来，经历了多次构造运动，震旦纪至三叠纪中期，以振荡运动为主要运动形式，发育了厚层的浅海相沉积。三叠纪末期的印支运动使该区发生了强烈的褶皱变动和断裂作用，奠定了卧龙地区的构造格局。燕山运动、喜马拉雅运动使该区主要表现为承袭式的抬升作用，地表较长时间以剥蚀作用为主，故保护区内缺失侏罗纪、白垩纪与古近纪和新近纪地层（杨晓娜，2015）。

第四纪以来，新构造运动活跃，表现为间歇性的抬升作用及小规模的断裂作用。因此，保护区内山坡上形成 4 级剥蚀面，河谷里形成 5 级阶地，第四纪以来形成的小型断裂也很清楚。中更新世至全新世初期，该区经历了多次冰川作用，由于地形的屏障作用，区内古冰川作用的规模和强度比邻区相对减弱，古冰川作用时冰舌最低伸至现今海拔 3400m 左右（个别在现今海拔 3200m），称山岳冰川。古冰川主要集中于西北部的马鞍桥山、巴朗山、四姑娘山和中梁子山前一带，海拔 3400m 以上坡顶皆受大小不等的山岳冰川侵袭。但卧龙保护区内海拔 3400m 以下的山腰、山脚和沟谷地带未受冰川侵蚀，成为幸存动植物退居的避难所而使它们得以繁衍。在冰期的往返迁移过程中，卧龙保护区使动植物适应外界环境条件而存活演化，一些古老动植物种类得以保存。只有在这种古地理环境下，大量的白垩纪、古近纪的古老稀有动植物才得以保存，有珙桐、水青树、连香树、红豆杉、四川红杉、麦吊云杉等植物，以及大熊猫、中华扭角羚、雪豹、中华小熊猫等动物（杨志松等，2019）。

（二）地质构造

卧龙保护区地跨我国西部地槽区和东部地台区向西部地槽区过渡的龙门山褶皱带。自中生代以来经历了多次构造变动，尤以三叠纪末的印支运动影响最大，使该区强烈褶皱隆起成陆地，奠定了北东向构造格局，同时产生了一系列北东向大断裂带，地层普遍发生了变质作用（杨志松等，2019）。

从侏罗纪至古近纪，该区未再沉积，长期处于剥夷之中。古近纪末至第四纪初的喜山四幕新构造运动结束了该区相对稳定的状态，开始强烈快速隆起，地形发生重大变形，到晚更新世，最后一次强烈新构造运动后形成了近于现今的地貌景观。保护区大地构造属于龙门山褶断带的中南段，由一系列北东向的平行褶曲和断裂组成，构造带总体方向为北40°～50°。褶曲均为紧密的倒转背斜、向斜。断裂带为北东向挤压性逆冲大断裂，这些断裂和褶曲基本上构成了卧龙地区的地貌格局。

保护区内从古生代至中生代三叠纪地层发育齐全，缺失中生代侏罗纪和白垩纪及新生代古近纪的地层。第四纪松散沉积物沿河谷、冰川谷等广泛分布。地层的分布大致以皮条河为界，东南部为古生代地层，西北部为中生代三叠纪变质岩系地层，在西北部的东南边缘有少量三叠纪煤系地层。东南部大面积出露志留纪茂县群的变质碎屑岩，其岩性为灰绿色绢云母千枚岩，银灰色砂质千枚岩夹有薄层石英岩及薄片状、透镜状结晶灰岩，还出露石炭至二叠纪的厚层状灰岩夹千枚岩、炭质千枚岩、结晶灰岩夹砂砾岩。零星出露奥陶纪灰色中至厚层长石类砂岩及砂质板岩。此外，保护区东南部也有泥盆纪地层分布，其岩性为未变质的灰色到深灰色薄层状灰岩，含泥质灰岩夹炭质页岩及砂岩。西北部大面积分布三叠纪地层，其岩性为长石石英砂岩、板岩、炭质干板岩、薄层灰岩及细粉砂岩等；亦有泥盆纪地层出露，其岩性为碳质千枚岩、砂质千枚岩夹石英岩、碎屑灰岩等。另外，保护区内东北部大面积分布晋宁期的闪长岩、花岗闪长岩，西部四姑娘山一带出露燕山期花岗岩（黄军明，2023）。

第四纪以来，保护区内发生过多次古冰川作用，海拔4000m以上的山地均有古冰川遗迹分布。但由于区内地貌格局为西北高东南低，北、西、南三面环山，冷空气的袭击受到阻碍，使该区古冰川作用的规模和强度相比邻近地区减弱。以皮条河为界，东南部目前尚未发现古冰川遗迹，只在皮条河西北部海拔4000m以上的山地发现有古冰川遗迹分布。据不完全统计，保护区分布有4级古冰斗，其海拔分别为4000～4200m、4350～4450m、4500～4540m、4620～4660m。古冰斗的海拔一般可以代表古雪线的海拔，但是卧龙地区古冰斗的海拔并不能代表当时古雪线的海拔，因为卧龙地区属于新构造运动抬升区，后期的新构造运动抬升作用使古冰川的海拔有所抬高，因此当时古雪线的海拔应略低于现在看到的古冰斗的海拔。冰川消退后，部分冰斗积水成湖，如卧龙关沟源头的海子，四姑娘山东城的大水海子、小水海子等（黄军明，2023）。

保护区内古冰谷也有发育。皮条河上游的向阳坪至巴朗山垭口一段、大魏家沟上游谷地都是发育在古冰川谷中，古冰川低至海拔3200～3400m，而现代冰川的冰舌最低到海拔4500m左右。

卧龙保护区至今仍有现代冰川发育，现代雪线海拔为5000m。西部和北部高山上发育有14条现代冰川，最长的是铡刀口沟冰川，全长3.4km，其次是板棚子沟冰川，长2.2km。铡刀口沟冰川和板棚子沟冰川为山谷冰川，其余的为悬冰川、冰斗冰川等，规模均较小。

第三节 水　文

一、水系

卧龙保护区的河流均属于岷江水系。保护区大部分属于渔子溪流域。渔子溪为岷江上游右岸一级支流，该流域位于北纬 30°46′～31°07′，东经 102°52′～103°28′，东西长 60km，南北宽 29km；北面与杂谷脑河、草坡河流域相邻，南面以马鞍桥山与郫江流域相邻，东面以巴朗山与小金川、宝兴河流域相隔。区内高山环绕，河谷深切，谷坡陡峻，水流湍急。渔子溪流域水系发达，支沟众多，水系呈树枝状，左岸支流多于右岸，主要支流有正河、大魏家沟、银厂沟、卧龙关沟、足木沟等。渔子溪全长 89.0km，落差 3995m，流域面积 1750km²，河道平均比降为 37.2‰；其上游正流又称皮条河，皮条河发源于巴朗山东麓，自西南向东北从保护区的中心地带穿过，在老屋子与左岸最大支流——正河汇合后始称渔子溪；下游在渔子溪附近汇入岷江。皮条河全长约 60km，落差 3040m，流域面积 830km²，河道平均比降为 32.0‰。正河属于渔子溪的次一级支流，位于保护区的北部，发源于四姑娘山东坡，全长约 45km（黄军明，2023）。

此外，保护区内还有郫江流域。郫江由中河和西河汇流而成。中河位于保护区东南部，发源于齐头岩和牛头山，全长约 30km。西河位于保护区南部，发源于马鞍山，全长约 37km。两河于三江口汇合后称郫江（又叫郫溪河），于漩口注入岷江。

保护区内河谷形态多样，两岸基岩松散，易被侵蚀，使河谷不断加宽，形成宽谷。河谷部分支流如英雄沟、银厂沟等由于河流沿张性断裂垂直下切，两岸基岩陡峭，形成峡谷。海拔 3000m 以上的上游谷地沿冰川谷发育，上部形成"U"形谷，下部受河流溶蚀切割形成"V"形谷。

二、河流水源补给类型

保护区内河流主要靠大气降水、冰雪融水、地下水等水源补给。河水清澈，四季长流，终年不断。

（一）大气降水

保护区地处四川盆地亚热带湿润气候区，冬季受青藏高原气候影响明显，夏季受东南季风和西南季风影响，雨量较为充沛，为渔子溪流域的暴雨区，多年平均降水量 932.6mm，最大年降水量 1177mm。不同河谷降水差异显著。从皮条河下游核桃坪水文站和耿达水文站观测的相同时期的降水量数据可以看出，观测期内核桃坪和耿达的降水天数差不多，核桃坪降水天数为 148.7 天，耿达降水天数为 142.2 天，但降水量相差较大。核桃坪 6 年内年降水量 819～1141mm，平均 1029.3mm，耿达 6 年内年降水量 433.3～713.2mm，平均 596.9mm，核桃坪年降水量远比耿达年降水量多。从年内降水时间来看，核桃坪和耿达三四月进入雨季，降水最多的时间集中在 5～8 月，其中 8 月最多，9 月和 10 月减少，11 月开始到翌年 2 月为全年降水最少的 4 个月（杨志松等，2019）。

（二）地下水和融雪水

受来自西南方向的印度洋板块和四川刚性板块的相互挤压作用，保护区内地质结构非常复杂，挤压断裂发育，岩层内多裂隙水或孔隙水，并由各支沟汇流而出（杨志松等，2019）。

保护区内多高山积雪，积雪时间长，其中巴朗山山顶终年积雪。随着气温升高，融雪水增加，积雪融水以地表水或通过下渗形成地下水顺坡而下汇入河流。尤其在夏季，融雪水量大增，是保护区内河流重要的补给水源。

三、河川径流

耿达河多年平均流量为 51.3m³/s，多年平均径流量为 15.93 亿 m³，多年平均径流深为 1063.8mm。径流的年内变化较大，年内径流量最大为 574 万 m³，最小为 0m³。最大流量主要出现在 6～8 月，这 3 个月径流量占全年径流量的 42%～65%。渔子溪河川径流年际变化不大，离差系数为 0.12。

第四节 土 壤

由于保护区内水热条件和植被的垂直变化十分明显，气候、生物条件（主要是植被）的时空变化很大程度上影响了保护区内土壤的发育及分布。根据张万儒（1983）研究，卧龙保护区内从河谷到山顶主要土壤类型为山地黄壤、山地黄棕壤、山地棕壤、山地暗棕壤、山地棕色针叶林土、亚高山草甸土、高山草甸土和高山寒漠土。

一、山地黄壤

山地黄壤形成于亚热带湿润的山地常绿阔叶林和常绿、落叶阔叶混交林下，分布于保护区东南边缘海拔1600m 以下区域。土母质主要是砂岩、碳酸盐岩、石英砂岩，局部地方还有花岗岩。土壤表面枯枝落叶层厚达 6~8cm，全剖面烧失量在 25%~32%，因"黄化"和弱富铝化过程土体呈现黄色和蜡黄色。土壤呈微酸性至酸性反应，pH 4.5~5.5。土壤有机质含量高达 15%~20%，由表土往底土减少。土壤剖面中 Si、Fe、Pb 含量的变化不明，淋溶特征不显著。阳离子交换量为 40~50meq/100g，交换性阳离子以 Ca^{2+} 和 Mg^{2+} 为主。

二、山地黄棕壤

山地黄棕壤发育于北亚热带落叶常绿阔叶林下，土壤经强度淋溶呈强酸性反应，是盐基不饱和的弱富铝化土壤，是山地棕壤和山地黄壤之间的过渡土壤类型，分布于海拔 1600~2000m 地段，土壤表层的枯枝落叶层厚达 10cm 左右。土层分化明显，表层呈暗棕色，心土呈黄棕色，成土母质是以花岗岩、二长花岗岩等为主的坡积物。表土有机质含量 10%左右，由表土至熟土有机质含量骤减。阳离子交换量为 20~50meq/100g，交换性阳离子以 Ca^{2+} 和 Mg^{2+} 为主。土壤微酸性至酸性反应，pH 5.8~6.5，随土壤剖面深度的增加稍有增大。

三、山地棕壤

山地棕壤是一种微酸性或中性的棕色土壤，是处于硅铝化阶段并具有黏化特征的土壤，主要分布在暖温带湿润气候区的落叶阔叶林和针阔叶混交林下，分布于海拔 1900~2300m。母岩为由砂板岩、片麻岩、花岗岩、石英砂岩等组成的坡积物或厚层洪积物。腐殖质层呈褐灰色，心土为黄棕色。土壤有机质含量 2%~8%。土壤呈微酸性反应，pH 6.0~6.5。阳离子交换量为 20~40meq/100g，交换性阳离子以 Ca^{2+}、Mg^{2+} 和 Na^+ 为主。

四、山地暗棕壤

山地暗棕壤是在温带湿润季风气候和针阔叶混交林下发育形成的土壤，分布于海拔 2100~2600m。母岩大都是花岗岩、安山岩、玄武岩的风化物，也有少量第四纪黄土性沉积物。土壤表面的枯枝落叶层厚达 20cm 左右。土壤发育深度在 70cm 以下，层次过渡不明显。土壤呈酸性反应，pH 5.2~5.7，土壤中活性铅较多。阳离子交换量为 15~20meq/100g，交换性阳离子以 Ca^{2+}、Mg^{2+}、Na^+ 和 Pb^{2+} 为主；盐基饱和度为 50%~60%。譬如，龙岩火烧坪海拔 2450m，坡度 45°，坡向北，成土母质为变质长石石英砂岩夹千枚岩、灰岩等风化物形成的土壤。

五、山地棕色针叶林土

由于地质地貌、成土母质、植被和气候等自然因素作用，卧龙保护区山地棕色针叶林土发育于冷杉林下，分布于海拔 2600～3600m。母质为由砂岩、板岩、千枚岩等组成的坡积物。土壤表面有厚达 25cm 左右的枯枝落叶层，具有泥炭化的特性，持水性强。心土层含砾石 60%左右，呈褐棕色。土体中有机质含量为 8%～24%，表土有机质含量最高。土壤 pH 4.0～6.0，由于根系吸收阳离子及淋溶作用的影响，pH 随剖面深度增加而增大。阳离子交换量为 10～40meq/100g，交换性阳离子以 Ca^{2+}、Mg^{2+}、Na^+ 和 Pb^{2+} 为主，盐基饱和度 10%～20%。黏粒全量化学组成中 Fe^{3+} 略有移动。

六、亚高山草甸土

亚高山草甸土是发育于亚高山灌丛、草甸植被下的土壤，最主要的特征是土壤表层有 5～10cm 厚且富有弹性的草皮层，分布于海拔 3600～3900m。成土母质主要是岩石风化的残积物和坡积物。表层有草根盘结层，棕色带灰，粗骨性明显，石砾含量 70%左右。土壤剖面的中下部比较紧实，大多是黄棕色，土层分化不明显。土壤表层有机质含量达 15%～18%，向下急剧递减。土壤呈微酸性至酸性反应，pH 5.7～6.1。阳离子交换量为 20～35meq/100g，交换性阳离子以 Ca^{2+}、Na^+ 和 Mg^{2+} 为主。

七、高山草甸土

高山草甸土又称草毡土，是发育于高山森林郁闭线以上草甸植被下的土壤，分布于海拔 3900～4400m。成土母质多为残积-坡积物、坡积物、冰碛物和冰水沉积物等。土壤剖面的最上层为草根盘结层，厚 5cm 左右，有机质含量达 19%。土体呈微酸性至中性反应，pH 5.8～6.3。阳离子交换量为 20～30meq/100g，交换性阳离子以 Ca^{2+}、Mg^{2+} 和 Na^+ 为主。

八、高山寒漠土

高山寒漠土发育在流石滩稀疏植被下，分布于海拔 4400m 以上至现代冰川的冰舌前缘，这是保护区分布海拔最高的一种土壤，由于气候严寒，植物种类贫乏，植被盖度甚小，因而，土壤发育为原始状态。土层薄，不超过 10cm 厚，无分层性和连续性，土表有微向上凸起的融冻结壳，通体大部为粗骨性。土壤有机质含量因植物种类而异，含量一般在 1%～3%，若无植物根系盘结的松散物，其有机质含量在 1%以下。土壤呈中性或微酸性反应，pH 6.8～7.0，土体石砾含量达 80%以上，交换性阳离子以 K^+ 和 Na^+ 为主。

第五节 气 候

在我国气候分区上，卧龙保护区属青藏高原气候区，西风急流南支和东南季风控制着该区的主要天气过程（杨志松等，2019）。

一、气候特征

冬半年（11 月至翌年 4 月），在干冷的西风急流南支的影响下，天气晴朗干燥，云量少，降雨少。而在西风急流南支的进退过程中，往往带来小雨小雪的天气。夏半年（5～10 月），湿重的东南季风经过都江堰市，沿着岷江河谷而上，给保护区带来丰富的降水。从沙湾的气象观测资料可以看出，卧龙保护区的气候有下列特点。

第一，气候凉爽，气温年差小。夏天不太热（7 月平均气温 17.06℃），冬天也不太冷（1 月平均气温 −1.34℃）。

第二，干湿季节明显，相对湿度较大。卧龙保护区的年降水量为 884.24mm，降水天数多达 200 天以上（从降水量 0.1mm 开始计算）。5～9 月降水量为 677mm，占全年总降水量的 76.56%，而 10 月至翌年

4月降水量为 207.24mm，占全年总降水量的 23.44%。可见，夏季相对湿度大，冬季相对湿度小，年平均相对湿度为 80.1%（杨志松等，2019）。

二、气候垂直变化

卧龙保护区为高山峡谷区，地形对气候的影响十分明显。由于山体高大，相对高差较大。从保护区的东南部到西北部，随着地势的升高，气候也相应发生变化。《四川卧龙国家级自然保护区综合科学考察报告》（杨志松等，2019）表述，1月气温，木江坪（海拔1140m）为1.5℃，巴朗山垭口（海拔4400m）为–12.8℃，两地相差14.3℃，气温递减率为0.44℃/100m；7月气温，木江坪为19.8℃，巴朗山垭口为5.2℃，两地相差14.6℃，气温递减率为0.45℃/100m；年平均气温，木江坪为11.9℃，巴朗山垭口为–3.7℃，两地相差15.6℃，气温递减率为0.48℃/100m。年降水量随海拔升高而增加，巴朗山垭口年降水量比沙湾多，为500mm，是卧龙保护区内山地的最大降水地带。

绿花杓兰（程跃红 摄）

第二章　生物资源多样性

松萝（叶建飞 摄）

绿花杓兰（程跃红 摄）

华西杓兰（林红强 摄）

对叶杓兰（林红强 摄）

少花虾脊兰（林红强 摄）

第一节 植物多样性

一、浮游藻类植物

(一) 浮游藻类植物数量组成及分布

卧龙保护区内水生浮游藻类植物共8门43科96属177种（含变种），以硅藻门、绿藻门和蓝藻门为优势类群（表2-1）。在水平分布上，藻类最为丰富的区域为水库库区，如位于渔子溪干流的龙潭水电站、熊猫水电站、幸福沟的耿达水厂和正河水电站等。这与这些库区上层水的流速慢、深度大、海拔相对较低等环境特点有密切关系。随着海拔的升高，藻类植物物种数量呈现出递减的趋势，尤其是位于海拔3300m的贝母坪和4400m的熊猫王国之巅处，藻类植物物种数量较其他样点少。藻类植物对环境的不正常扰动反应敏感，如调查期间，银厂沟由于受工程建设的影响，藻类植物的物种数量也相对较少。

表2-1 藻类植物物种多样性情况

门	科数	属数	种数
蓝藻门	5	12	27
红藻门	3	4	4
黄藻门	2	3	5
甲藻门	1	2	3
隐藻门	1	1	1
裸藻门	3	7	4
硅藻门	8	24	72
绿藻门	20	43	61
合计	43	96	177

(二) 浮游藻类植物生境

卧龙保护区内水系呈树枝状，主要支流有正河、大魏家沟、银厂沟、卧龙关沟、足木沟等。区内水质普遍清洁，水生生境基本信息详见表2-2。

表2-2 浮游藻类植物样点分布及生境基本信息

样点	海拔/m	pH	水温/℃	透明度/cm
贝母坪	3331	5.5	7.5	/
	3339	5.5	7.2	>100
野牛沟	2804	7.3	5.0	>100
	2801	6.0	8.2	42
	2835	5.4	7.0	80~100
	2835	5.4	7.0	80~100
	2802	6.0	1.0	100~120
梯子沟沟口	2592	6.0	8.5	38
	2605	6.3	7.1	>130
	2602	5.4	8.5	50~80
	2601	5.7	0.5	90~125

续表

样点	海拔/m	pH	水温/℃	透明度/cm
银厂沟	2133	6.9	9.8	>100
	2180	6.5	9.5	40
	2160	5.4	10.2	50~80
	2143	6.2	1.5	120~140
五里墩	2057	5.5	9.8	120
	2071	6.5	10.0	40
	2072	5.4	8.5	50~80
	2076	5.8	0.5	120~140
银厂沟与皮条河交汇处	2101	6.0	9.8	42
	2097	5.6	10.3	45~70
	2111	5.8	2.1	130~150
熊猫水电站大坝	1978	5.6	4.0	120~140
	1974	6.5	12.1	190
	1998	5.8	9.0	55~90
	1991	5.6	0.8	100~120
足木沟沟口	1910	7.3	11.8	185
	1910	6.5	10.7	86
	1909	5.4	9.2	70~90
	1913	5.6	3.8	130~150
耿达水厂	1833	7.5	14.0	250
	1834	6.0	11.8	90
	1837	5.4	10.5	50~90
	1836	5.8	4.0	110~140
龙潭水电站	1850	6.8	10.8	134
	1635	6.5	11.5	42.5
	1640	5.4	9.8	10~30
	1638	5.5	3.2	35~45
正河水电站	1655	5.4	9.7	45~70
	1659	5.8	4.2	90~120
	1960	7.1	11.0	152
	1659	6.0	11.0	44
观音庙	1672	7.3	10.8	>140
	1563	5.4	10.0	25~35
	1565	5.5	3.5	100~120
	1552	6.0	12.0	60
耿达村四组	1530	6.9	11.2	120
	1516	6.5	12.5	47
	1505	5.4	10.2	30~50
	1505	5.6	4.5	100~130
七层楼沟沟口	1537	7.1	11.5	70
	1520	5.4	10.5	70~90
	1529	5.6	4.5	100~130
	1507	6.5	13.2	86

续表

续表

样点	海拔/m	pH	水温/℃	透明度/cm
黑石江水电站	1097	6.0	14.0	90
	1138	5.4	11.5	60~80
	1095	5.8	6.1	110~140
灵关庙（西河）	1118	6.5	17.0	80
	1133	5.8	15.0	60~90
	1123	5.6	6.7	110~140

注："/"代表因水流太小，水深不足10cm，无法测量

（三）浮游藻类植物细胞密度的季节性变化

浮游藻类植物优势类群的细胞密度变幅在0.39万~36.53万个/L。枯水期平均细胞密度为8.58万个/L，最大值出现在熊猫水电站大坝样点，达到28.33万个/L；最小值出现在巴朗山样点，仅0.39万个/L。丰水期平均细胞密度为11.47万个/L，其中熊猫水电站大坝样点的藻类植物细胞密度最高，达到36.53万个/L；黑石江水电站、龙潭水电站、梯子沟沟口、耿达村四组、灵关庙（西河）、耿达水厂、正河水电站和足木沟沟口8个样点的浮游藻类植物细胞密度也较高，优势类群的细胞密度在丰水期均超过10万个/L，平均值达15.14万个/L；巴朗山、贝母坪和银厂沟样点浮游藻类植物细胞密度较低，平均值仅为1.28万个/L（表2-3）。

表2-3 各个样点浮游藻类植物优势类群的细胞密度及细胞总密度 （单位：万个/L）

样点		硅藻门细胞密度	绿藻门细胞密度	蓝藻门细胞密度	细胞总密度*
巴朗山	枯水期	0.31	0.04	0.01	0.39
	丰水期	0.42	0.12	0.03	0.61
贝母坪	枯水期	1.03	0.43	0.07	1.55
	丰水期	0.76	0.28	0.05	1.27
耿达村四组	枯水期	4.46	2.52	1.74	10.05
	丰水期	6.50	2.46	2.38	12.56
观音庙	枯水期	2.54	0.79	0.72	4.27
	丰水期	5.03	0.57	0.67	6.86
黑石江水电站	枯水期	12.14	2.89	0.67	17.78
	丰水期	14.03	4.57	5.12	25.40
灵关庙（西河）	枯水期	2.63	1.87	0.48	6.22
	丰水期	8.35	1.23	2.89	14.66
龙潭水电站	枯水期	6.67	4.85	2.41	14.87
	丰水期	7.01	2.87	1.19	13.68
七层楼沟沟口	枯水期	1.65	2.35	0.52	5.15
	丰水期	1.80	2.63	0.79	5.77
梯子沟沟口	枯水期	3.54	3.67	1.32	9.54
	丰水期	5.99	3.25	5.06	14.47
五里墩	枯水期	1.29	0.64	0.78	3.31
	丰水期	2.58	1.85	1.38	6.42
耿达水厂	枯水期	8.26	2.44	2.13	14.53
	丰水期	8.37	1.39	6.54	16.48

续表

样点		硅藻门细胞密度	绿藻门细胞密度	蓝藻门细胞密度	细胞总密度*
熊猫水电站大坝	枯水期	13.98	6.45	1.94	28.33
	丰水期	15.79	9.37	8.75	36.53
野牛沟	枯水期	3.65	0.35	0.02	4.85
	丰水期	5.80	0.63	0.19	7.83
银厂沟	枯水期	0.97	0.36	0.02	1.44
	丰水期	1.36	0.48	0.05	1.97
皮条河	枯水期	3.07	1.26	1.17	6.06
	丰水期	4.54	0.79	0.72	6.58
正河水电站	枯水期	6.93	1.87	0.48	10.22
	丰水期	7.14	2.23	0.89	12.66
足木沟沟口	枯水期	3.45	1.67	1.32	7.36
	丰水期	5.19	3.56	2.06	11.21

* 细胞总密度指除了优势类群的密度之外，还包括其他类群的细胞密度

硅藻门、绿藻门和蓝藻门植物是卧龙保护区浮游藻类的优势类群，这些优势类群的细胞密度在两个时期呈现出以下特征：①浮游藻类优势类群的细胞密度多数样点呈现出丰水期高于枯水期；②硅藻门植物细胞密度在两个时期平均值达 5.21 万个/L，几乎在各个样点都是最高的；③水电站、水厂等水坝库区以及靠近城镇的样点，浮游藻类植物不仅物种较为丰富，且细胞密度也相对较高（表 2-3）。

二、大型真菌

大型真菌是指真菌中形态结构较为复杂、子实体大、容易被人眼直接看到的种类。它们是一类重要的生物资源，对生态系统稳定，特别是在植被更新、物质循环及能量流动中，起着极为重要的作用，同时许多大型真菌不仅是美味可口的食用菌，还是具有保健价值或是用于筛选抗癌药物的重要资源。

（一）物种多样性

卧龙保护区大型真菌的研究主要涉及物种分类、物种多样性、物种分布及资源利用等方面，其数据均来源于李奇缘等（2020）、杨志松等（2019）和李冰寒（2018）。

综合以上资料，卧龙保护区内共有大型真菌 479 种，隶属于 2 门 7 纲 18 目 48 科 138 属。2 个门为担子菌门和子囊菌门；7 个纲分别为伞菌纲、花耳纲、银耳纲、盘菌纲、锤舌菌纲、粪壳菌纲和茶渍菌纲；18 个目分别为地舌菌目、地星目、钉菇目、多孔菌目、伏革菌目、鬼笔目、红菇目、花耳目、鸡油菌目、木耳目、牛肝菌目、盘菌目、球壳目、柔膜菌目、肉座菌目、伞菌目、银耳目、革菌目。

卧龙保护区大型真菌的优势类群是那些含物种数量超过 30 种的科，共计 4 科，分别是白蘑科、多孔菌科、红菇科和牛肝菌科，它们所含物种数量总计 216 种，占大型真菌 479 种的 45.09%，其中白蘑科物种数量最多，91 种，占大型真菌 479 种的 19.00%。卧龙保护区大型真菌属数和种数见表 2-4。

表 2-4 卧龙保护区大型真菌属数和种数统计

科	属数	种数	科	属数	种数
多孔菌科	19	47	地星科	1	1
白蘑科	17	91	胶陀螺菌科	1	1
牛肝菌科	9	36	陀螺菌科	1	1
盘菌科	7	10	灵芝科	1	1
侧耳科	5	16	牛舌菌科	1	1
鬼伞科	5	28	皱孔菌科	1	1
球盖菇科	5	17	伏革菌科	1	1
珊瑚菌科	5	6	革菌科	1	1
马勃科	4	13	猴头菌科	1	1
齿菌科	4	7	鸡油菌科	1	2
丝膜菌科	4	27	木耳科	1	2
地舌科	3	3	铆钉菇科	1	1
粉褶菌科	3	15	松塔牛肝菌科	1	1
粪锈伞科	3	7	块菌科	1	2
蘑菇科	3	9	球壳菌科	1	2
胶耳科	3	3	核盘菌科	1	1
鬼笔科	2	4	麦角菌科	1	2
红菇科	2	42	豆包菌科	1	2
韧革菌科	2	6	鹅膏菌科	1	14
花耳科	2	2	光柄菇科	1	5
马鞍菌科	2	8	裂褶菌科	1	1
肉盘菌科	2	2	鸟巢菌科	1	2
蜡伞科	2	26	枝瑚菌科	1	6
锤舌菌科	1	1	银耳科	1	1

卧龙保护区内分布我国特有大型真菌 1 种：褐皮马勃（*Lycoperdon fuscum*）。褐皮马勃子实体一般较小，直径 1.5～2cm，广陀螺形或梨形，不孕基部短。外包被由成丛的暗色至黑色小刺组成，刺长约 0.5mm，易脱落。内包烟色，膜质浅。林中苔藓地上单生至近丛生。根据大型真菌的营养基质，可以将大型真菌分为 5 种生态类型：菌根真菌、木腐真菌、土生真菌、粪生真菌和腐生真菌。卧龙保护区的大型真菌主要有土生真菌、木腐真菌、菌根真菌 3 个生态类型（图 2-1），这些真菌在卧龙保护区的森林生态系统物质循环中扮演着极为重要的角色。

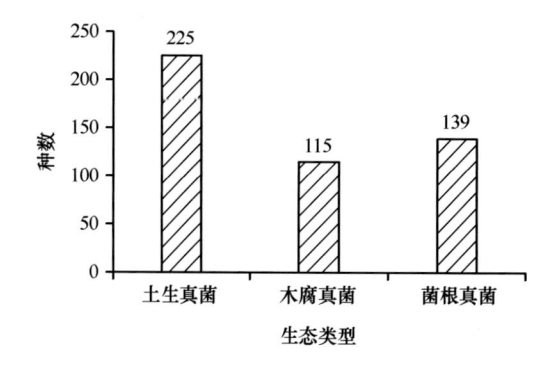

图 2-1 卧龙保护区大型真菌生态类型分析

1. 菌根真菌

菌根真菌 139 种，占卧龙保护区大型真菌总种数的 29.02%。许多菌根真菌对共生植物的选择具有较高的专性化，它们对树木健康生长起着非常重要的作用。卧龙保护区菌根真菌资源非常丰富，对该区森林生态系统的稳定和天然更新所起的作用是不可或缺的。另外，不少菌根真菌也是十分优良的食用菌，如灰环黏盖牛肝菌（*Suillus laricinus*）、松乳菇（*Lactarius deliciosus*）等。

2. 木腐真菌

木腐真菌是森林的清洁工。在长期的进化中，该类群已经成为整个生态系统中枯枝落叶的关键分解者，在整个生态系统的物质循环中起着相当重要的作用。卧龙保护区木腐真菌共计 115 种，占卧龙保护区大型真菌总种数的 24.01%。区内的高山暗针叶林群落和成熟的针阔叶混交林都含有丰富的木腐真菌，这些真菌不仅对卧龙保护区森林生态系统的稳定起着极其重要的作用，也是许多药用真菌宝贵的基因库。

（二）空间分布

卧龙保护区地形复杂，海拔高差大，植被类型丰富，孕育了丰富的大型真菌类群。依据卧龙保护区的地质地貌、气候特点，卧龙保护区的主要植被类型从低海拔向高海拔依次为常绿阔叶林，常绿、落叶阔叶混交林，针阔叶混交林，寒温性针叶林，高山灌丛，以及高山草甸 6 个类型。在不同植被带有不同大型真菌的分布，统计分析如下。

1. 常绿阔叶林

常绿阔叶林优势种主要为香樟、野核桃、高山栎、喜阴悬钩子等。林内湿度大、气温低且恒定，林下植被复杂，形成一个个独立的小气候，为大型真菌的生长提供了很好的条件（图 2-2）。

图 2-2 常绿阔叶林（刘明冲 摄）

该植被类型中常见的大型真菌有可爱蜡伞（*Hygrophorus laetus*）、黄絮鳞鹅膏菌（*Amanita chrysoleuca*）、白霜杯伞（*Clitocybe dealbata*）、黄白杯伞（*Clitocybe gilva*）、水粉杯伞（*Clitocybe nebularis*）、苦口蘑（*Tricholoma acerbum*）、雪白小皮伞（*Marasmius niveus*）、雪白鬼伞（*Coprinus niveus*）、喜湿小脆柄菇（*Psathyrella hydrophila*）、粪生花褶伞（*Panaeolus fimicola*）、褐红花褶伞（*Panaeolus subbalteatus*）、东方栓菌（*Trametes orientalis*）、木耳（*Auricularia auricular*）、猴头菌（*Hericium erinaceum*）等。

2. 常绿、落叶阔叶混交林

常绿、落叶阔叶混交林中的优势种主要为卵叶钓樟树、槭树、西南糙皮桦、红桦、水青树、深灰槭等。林间阴暗潮湿，枯枝落叶层厚实，保水能力强，整个生态环境十分适合大型真菌生长（图 2-3）。

图 2-3　常绿、落叶阔叶混交林（张铭 摄）

该植被类型中常见的大型真菌有黄白杯伞、翘鳞大环柄菇（*Macrolepiota puellaris*）、小假鬼伞（*Pseudocoprinus disseminatus*）、蛹虫草（*Cordyceps militaris*）、树舌灵芝（*Ganoderma applanatum*）、糙皮侧耳（*Pleurotus ostreatus*）、白黄侧耳（*Pleurotus cornucopiae*）、硬腿花褶伞（*Panaeolus solidipes*）、光盖大孔菌（*Favolus mollis*）、绒柄小皮伞（*Marasmius confluens*）等。

3. 针阔叶混交林

组成针阔叶混交林的针叶树种主要为四川红杉、华山松，阔叶树种主要有疏花械、华西枫杨、沙棘等（图 2-4）。该植被带的林下枯枝落叶层松软厚实，保水能力强，有比较多的朽木；乔木层郁闭度较高，通常可达 65%～80%；湿度大，常年气温稳定。以上生境条件十分有利于大型真菌的生长和繁殖，所以林内真菌种类较为丰富。

图 2-4　针阔叶混交林（何晓安 摄）

该植被类型中常见的大型真菌有鸡油菌（*Cantharellus cibarius*）、小鸡油菌（*Cantharellus minor*）、金针菇（*Flammulina velutipes*）、卷边杯伞（*Clitocybe inversa*）、大杯伞（*Clitocybe maxima*）、粗壮杯伞（*Clitocybe robusta*）、淡褐口蘑（*Tricholoma albobranneum*）、鳞盖口蘑（*Tricholoma imbricatum*）、网柄牛肝菌（*Boletus reticulatus*）、木蹄层孔菌（*Fomes fomentarius*）、粪鬼伞（*Coprinus sterquilinus*）、乳褐小脆柄菇（*Psathyrella lactobrunnescens*）、黄丝膜菌（*Cortinarius turmalis*）、黄棕丝膜菌（*Cortinarius cinnamomeus*）、云芝（*Coriolus versicolor*）、斜盖粉褶菌（*Rhodophyllus abortivus*）、蜡伞（*Hygrophorus ceraceus*）等。

4. 寒温性针叶林

组成寒温性针叶林的针叶树种主要是岷江冷杉、四川红杉、铁杉、华山松等自然或人工种植形成的纯针叶林，分布相对比较集中。林下其他植被少，一般伴生灌木和草本植物。

该植被类型中常见的大型真菌有松乳菇（*Lactarius deliciosus*）、灰鹅膏菌（*Amanita vaginata*）、栎裸柄伞（*Gymnopus dryophilus*）、翘鳞肉齿菌（*Sarcodon imbricatus*）、灰环黏盖牛肝菌（*Suillus laricinus*）、苦白桩菇（*Leucopaxillus amarus*）、橙黄蘑菇（*Agaricus perrarus*）、黄褐丝盖伞（*Inocybe flavobrunnea*）、红拟锁瑚菌（*Clavulinopsis miyabeana*）、金黄枝瑚菌（*Ramaria aurea*）、褐环黏盖牛肝菌（*Suillus luteus*）、苋菜红菇（*Russula depallens*）、菱红菇（*Russula vesca*）、松塔牛肝菌（*Strobilomyces strobilaceus*）等。

5. 高山灌丛

卧龙保护区的高山灌丛主要位于海拔3000~4400m，分布较广。该植被带紫外线强，平均气温低；土壤腐殖质较少，因此相对较贫瘠，以上这些因素不利于大型真菌生长繁殖，因此该植被带大型真菌种类相对较少。

常见的大型真菌有柱状田头菇（*Agrocybe cylindracea*）、蛹虫草（*Cordyceps militaris*）、网纹马勃（*Lycoperdon perlatum*）、褐白小脆柄菇（*Psathyrella gracilis*）、白小脆柄菇（*Psathyrella leucotephra*）等。

6. 高山草甸

卧龙保护区的高山草甸主要分布在海拔3500~4300m，生境特点与高山灌丛类似，所以该植被带分布的大型真菌种类也比较少。

常见的大型真菌有网纹马勃（*Lycoperdon perlatum*）、白小脆柄菇等。

三、蕨类植物

（一）物种多样性

卧龙保护区内有关蕨类植物研究的历史资料均采用吴兆洪和秦仁昌（1991）的分类系统。

《卧龙植被及资源植物》（卧龙自然保护区管理局等，1987）记载卧龙保护区内共有蕨类植物30科70属191种，分别占全国蕨类植物科数、属数、种数的48.39%、34.31%、7.35%，分别占四川蕨类植物科数、属数、种数的73.17%、58.33%、26.98%。

《四川自然卧龙保护区蕨类植物区系研究》（何飞等，2003）中记载，卧龙保护区内蕨类植物有32科68属183种，分别占全国蕨类植物科数、属数、种数的51.61%、33.33%、7.04%。

《四川卧龙国家级自然保护区综合科学考察报告》（杨志松等，2019）统计到保护区内有蕨类植物30科66属198种（含变种），分别占全国蕨类植物科数、属数、种数的48.39%、32.35%、7.62%。

通过对上述资料的辨析，本书最终统计保护区内蕨类植物共有198种（含变种），隶属于30科66属。

1. 优势类群

含10种及以上的科被定义为优势类群（多种科）。卧龙保护区含10种及以上的科有5个，分别为水龙骨科（Polypodiaceae）（属数/种数：11/39，后同）、蹄盖蕨科（Athyriaceae）（7/28）、鳞毛蕨科（Dryopteridaceae）

黄果云杉（*Picea likiangensis* var. *hirtella*）、铁杉（*Tsuga chinensis*）、香柏（*Sabina pingii* var. *wilsonii*）、方枝柏（*Juniperus saltuaria*）、三尖杉（*Cephalotaxus fortunei*）、红豆杉、矮麻黄（*Ephedra minuta*），其中，四川红杉为四川特有种。

五、被子植物

（一）物种多样性

《卧龙植被及资源植物》（卧龙自然保护区管理局等，1987）记载卧龙保护区内共有被子植物 135 科 632 属 1604 种，其中单子叶植物 13 科 124 属 268 种，双子叶植物 122 科 508 属 1336 种。

《卧龙自然保护区种子植物区系研究》（马永红，2007）通过统计分析得出卧龙保护区内共有被子植物 136 科 641 属 1615 种。

《卧龙自然保护区种子植物区系地理研究》（吴晓娜，2010）报道卧龙保护区内共有被子植物 126 科 570 属 1403 种，其中单子叶植物 11 科 118 属 245 种，双子叶植物 115 科 452 属 1158 种。

《四川卧龙国家级自然保护区综合科学考察报告》（杨志松等，2019）共记录保护区内野生被子植物 123 科 613 属 1805 种，其中单子叶植物 12 科 119 属 272 种，双子叶植物 111 科 494 属 1533 种。

与《卧龙植被及资源植物》（卧龙自然保护区管理局等，1987）相比，《四川卧龙国家级自然保护区综合科学考察报告》（杨志松等，2019）中修订了 4 科，将五味子科、八角茴香科并入木兰科，将大血藤科并入木通科，将芍药科并入毛茛科；修订 5 属，补充 29 属和 438 种。

通过对上述资料的辨析，采用《四川卧龙国家级自然保护区综合科学考察报告》（杨志松等，2019）中的被子植物数量和近 5 年发表的新物种，最终确定保护区内共有被子植物 123 科 613 属 1815 种。卧龙保护区部分被子植物鉴赏如图 2-5～图 2-14 所示。

图 2-5　尖被百合（何晓安　摄）　　　　　　　图 2-6　川贝母（何晓安　摄）

氮蓝藻、念珠藻等共生，同化空气中的氮气，是农业生产中的重要绿肥植物；而且满江红分布范围广，生长快，适宜大规模开发利用。

8. 农药类蕨类植物资源

植物农药因对人畜安全，易分解，无残毒危害，不污染环境，极其适于果树、蔬菜类施用，在当今有极大的发展潜力。蕨类植物中也有越来越多的种类被作为农药类资源开发。卧龙保护区内农药类蕨类植物主要有贯众、海金沙、水龙骨、蜈蚣草等。

四、裸子植物

（一）物种多样性

《卧龙植被及资源植物》（卧龙自然保护区管理局等，1987）记载卧龙保护区内共有裸子植物6科10属20种。

《卧龙自然保护区种子植物区系地理研究》（吴晓娜，2010）报道卧龙保护区内共有裸子植物6科10属19种。

《四川卧龙国家级自然保护区综合科学考察报告》（杨志松等，2019）显示保护区内自然分布裸子植物8科17属33种，其中野生种20种，栽培种13种。

通过对上述资料的辨析，本书最终统计卧龙保护区共有裸子植物6科10属20种（不含栽培种）。

（二）区系组成

根据吴征镒（1991）对我国种子植物属分布区类型的划分，《四川卧龙国家级自然保护区综合科学考察报告》（杨志松等，2019）的研究结果显示：保护区裸子植物属的分布区类型共计3个，其中温带分布占绝对优势，达8属，除去世界分布，占保护区裸子植物属数的88.89%。这与卧龙地区地处横断山脉与四川盆地过渡地带的独特地理位置以及植被垂直地带性分布规律有密切关系（表2-6）。

表2-6 卧龙保护区裸子植物属的分布区类型

分布区类型	属数	占保护区裸子植物属数的比例/%	分布区类型	属数	占保护区裸子植物属数的比例/%
1 世界分布	1	/	15 中国特有分布	1	11.11
8 温带分布	8	88.89	合计	10	100

注："/"区系分析中，世界分布不纳入占比分析

（三）重点保护物种

根据2021年公布的《国家重点保护野生植物名录》，卧龙保护区内属于国家重点保护的裸子植物共5种，其中属于国家一级重点保护野生植物的有4种，即红豆杉（*Taxus wallichiana* var. *chinensis*）、南方红豆杉（*Taxus chinensis* var. *mairei*）、水杉（*Metasequoia glyptostroboides*）和银杏（*Ginkgo biloba*）；属于国家二级重点保护野生植物的有1种，为大果青杆（*Picea neoveitchii*）。

（四）中国特有种

卧龙保护区拥有我国特有的裸子植物共计15种，占该区野生裸子植物总数的75.0%，分别是华山松（*Pinus armandii*）、油松（*Pinus tabulaeformis*）、黄果冷杉（*Abies ernestii*）、冷杉（*Abies fabri*）、岷江冷杉（*Abies faxoniana*）、四川红杉（*Larix mastersiana*）、云杉（*Picea asperata*）、麦吊云杉（*Picea brachytyla*）、

（Coniogramme japonica）、蜈蚣草（Pteris vittata）、江南卷柏（Selaginella moellendorffii）、乌蕨（Odontosoria chinensis）、紫萁（Osmunda japonica）、东北石松（Lycopodium clavatum）、瓶尔小草（Ophioglossum vulgatum）、海金沙（Lygodium japonicum）、蹄盖蕨（Athyrium filix-femina）、镰羽贯众（Cyrtomium balansae）、荚果蕨（Matteuccia struthiopteris）、满江红（Azolla pinnata subsp. asiatica）等。其中有不少种类在保护区民间被广泛使用，用于治疗刀伤、火烫伤、毒蛇和狂犬咬伤、跌打损伤、溃烂等。近年来，国内外在寻找新药资源时，对蕨类药用植物资源的研究越来越重视，并有一些新发现，如已在卷柏科和里白科中发现了用于防治癌症的药物资源。

2. 观赏蕨类植物资源

自20世纪80年代以来，蕨类植物成为观赏植物的一个极为重要的组成部分。由于大部分观赏蕨类植物清雅新奇，具有耐阴的特点，因而在室内园艺中更具重要地位，在公园、庭院和室内采用观赏蕨类作为布景和装饰材料逐渐普遍，观赏蕨类的商品生产和栽培育种发展迅速。卧龙保护区蕨类植物中，适宜作为观赏资源的种类有50余种。观赏价值较大的种类有膜蕨属（Hymenophyllum）物种、铁线蕨属（Adiantum）物种、狗脊属（Woodwardia）物种、紫萁（Osmunda japonica）、贯众（Cyrtomium fortunei）、凤了蕨（Coniogramme japonica）等。

3. 指示蕨类植物资源

卧龙保护区有不少蕨类植物对土壤的酸碱性有特殊的适应性，有的只能生活在酸性或偏酸性的土壤中，成为酸性土壤的指示植物，如铁角蕨（Asplenium trichomanes）、东北石松、紫萁、狗脊蕨、芒萁等；有的只适宜生活于碱性或偏碱性的土壤中，成为碱性土壤的指示植物，这些指示植物在林业、环保上可作为造林或者发展多种林地的指示植物，如毛轴碎米蕨（Cheilanthes chusana）、井栏边草（Pteris multifida）、欧洲凤尾蕨（Pteris cretica）、蜈蚣草、贯众、铁线蕨等。据统计，卧龙保护区内指示蕨类植物有20余种。

4. 化工原料蕨类植物资源

植物性工业原料是现代工业赖以生存的基本条件，蕨类植物中此类资源植物不少，可以从其植物体中提取鞣质、植物胶、油脂、染料等化工原料。卧龙保护区内可作为化工原料资源的蕨类植物有20余种，如多种石松属植物（Lycopodium spp.）、多种卷柏属植物（Selaginella spp.）、节节草（Commelina diffusa）、蕨、凤尾蕨、贯众、海金沙、紫萁、蛇足石杉等。

5. 编织蕨类植物资源

许多蕨类植物的根、茎、叶柄较为柔韧，富有弹性，可用于编织席子、草帽、草包、篮子、网兜及绳索等各种生活用品和工艺制品。卧龙保护区此类蕨类植物资源有10余种，如瓦韦、石韦（Pyrrosia lingua）、节节草、蕨、海金沙、紫萁、凤了蕨等。

6. 食用蕨类植物资源

作为食用资源的蕨类植物，大部分种类是因为根状茎富含淀粉，在经过洗净去泥、切片粉碎、过滤去渣、反复水洗后，即可得到高质量的可食用淀粉，其营养价值很高；还有一部分种类（如芒萁、蕨、狗脊蕨、贯众等）是因为幼叶可作为蔬菜炒制或干制，味道纯美。然而，不少蕨类植物体内含有毒成分，对人畜产生有害作用，甚至引起死亡，因此食用蕨类时要格外小心。同时，掌握采摘时机非常重要，因为许多蕨类的叶在生长发育后期会形成有毒物质，故只能采集幼叶食用。

7. 饲料和绿肥用蕨类植物资源

此类资源既可作为家禽和家畜的优质饲料，又可用于改善土壤结构，提高土壤肥力，还能在农业生态系统中起重要的作用。卧龙保护区内较重要的饲料和绿肥用蕨类植物有满江红、芒萁等，其中以满江红最为突出。满江红鲜嫩多汁，纤维含量少，味甜适口，是鸡、鸭、鱼、猪的优质饲料；同时，满江红能与固

(5/25)、卷柏科（Selaginellaceae）（1/11）和凤尾蕨科（Pteridaceae）（1/10）。这5个优势类群所含种数达113种，占保护区蕨类植物物种总数的57.07%，详见表2-5。

表2-5 蕨类植物科及科内种的数量组成

科的类型（种数）	科数	占保护区总科数的比例/%	种数	占保护区总种数的比例/%
多种科（≥10）	5	16.67	113	57.07
少种科（2~9）	16	53.33	76	38.38
单种科（1）	9	30.00	9	4.55
合计	30	100.00	198	100.00

2. 分布区类型

在属的分类阶元上，卧龙保护区蕨类植物属的分布区类型以热带分布占主导地位，共有33属，除去世界分布（后同），占保护区蕨类植物属数的60.0%，其中泛热带分布占绝对优势，达20属，占保护区蕨类植物热带分布总属数的60.61%。其次为温带分布，共22属，占保护区蕨类植物属数的40.0%，主要为北温带分布和东亚分布两种类型，其中北温带分布11属、东亚分布9属，二者占保护区温带分布总属数的90.91%。世界分布相对较少，有11属。

卧龙保护区蕨类植物种的分布区类型可划分为11个，以东亚分布和中国特有分布为主，共有158种，占保护区总种数的81.03%，基本都是温带性质；其他分布区类型共有40种，仅占18.97%。世界分布仅3种。

3. 中国特有种

卧龙保护区蕨类植物区系中中国特有分布极其丰富，有58种，占保护区蕨类植物总种数的29.29%。其中以西南分布为主，如星毛紫柄蕨（*Pseudophegopteris levingei*）、二色瓦韦（*Lepisorus bicolor*）、玉龙蕨（*Polystichum glaciale*）、翅轴蹄盖蕨（*Athyrium delavayi*）、三角叶假冷蕨（*Athyrium subtriangulare*）等。这跟横断山地壳的发育历史和地质构造密切相关。其次是分布于秦岭、长江以南的中国特有种，如翠云草（*Selaginella uncinata*）、瘤足蕨（*Plagiogyria adnata*）、华南铁角蕨（*Asplenium austrochinense*）、齿头鳞毛蕨（*Dryopteris labordei*）、绿叶线蕨（*Leptochilus leveillei*）、抱石莲（*Lepidogrammitis drymoglossoides*）、庐山石韦（*Pyrrosia sheareri*）、友水龙骨（*Goniophlebium amoenum*）等。有些种类向北分布到秦岭、华北，如白背铁线蕨（*Adiantum davidii*）、网眼瓦韦（*Lepisorus clathratus*）等。

综上所述，卧龙保护区蕨类植物的生物多样性及分布呈现如下特点。

1）种类较丰富。保护区有蕨类植物30科66属198种（含变种）。

2）特有化程度高。保护区有58种为中国特有分布，以西南成分为主，这跟保护区地处横断山区东缘，与横断山的地壳的发育历史和地质构造密切相关。

3）优势科明显，大部分科内属、种贫乏。含10种及以上的蕨类植物科共5个：水龙骨科（属数/种数：11/39，下同）、蹄盖蕨科（7/28）、鳞毛蕨科（5/25）、卷柏科（1/11）和凤尾蕨科（1/10），所含种数超过保护区蕨类植物总种数的50%，表明保护区优势科明显。少种科和单种科数量占保护区蕨类植物科总数的绝大多数，表明保护区大部分科内属、种贫乏。

4）属的分布区类型以热带分布为主，而种的分布区类型则温带性质显著。有33属的分布区类型为热带性质的，占保护区蕨类植物总属数的60.0%，而有158种的分布区类型为温带性质（包括中国特有分布），占保护区蕨类植物总种数的81.03%，说明保护区与其他温带地区和热带地区有一定联系。

（二）资源现状

1. 药用蕨类植物资源

卧龙保护区几乎所有的蕨类植物都可以作为药用植物资源，数量多，分布范围广。常见种类有凤了蕨

图 2-7　绶草（马永红　摄） 　　　　　　　　图 2-8　华西蝴蝶兰（程跃红　摄）

图 2-9　雪灵芝（马永红　摄） 　　　　　　　图 2-10　延龄草（林红强　摄）

图 2-11　独蒜兰（林红强　摄） 　　　　　　图 2-12　铁筷子（林红强　摄）

图 2-13　大药獐牙菜（叶建飞　摄） 　　　　图 2-14　石岩报春（林红强　摄）

（二）特有现象

特有类群的分化和积累构成了植物区系的特有现象。特有现象是种系分化的结果，是植物区系多样性的依据。对特有类群的深入分析不但有助于探索植物区系的演化和发展历程，而且有助于对一个地区植物区系性质和特点的理解。卧龙地区地处横断山系东缘，经历了多次构造运动，地貌形态相当复杂。在第四纪冰川时期，由于地形的屏障作用，只发生了山岳冰川，所以在海拔3000m以下的中低山区，仍保留着许多古近纪以来的古老稀有类群和孑遗类群。初步统计，在卧龙植物区系中，属于我国特有的被子植物共27属，占卧龙保护区被子植物总属数的4.40%。其中，特有的单种属有珙桐属（*Davidia*）、岩匙属（*Berneuxia*）、青钱柳属（*Cyclocarya*）、罂粟莲花属（*Anemoclema*）、独叶草属（*Kingdonia*）、大血藤属（*Sargentodoxa*）、串果藤属（*Sinofranchetia*）、瘦房兰属（*Ischnogyne*）、金佛山兰属（*Tangtsinia*）、马蹄黄属（*Spenceria*）、马蹄芹属（*Dickinsia*）、黄缨菊属（*Xanthopappus*）、香果树属（*Emmenopterys*）、伯乐树属（*Bretschneidera*）14属，占卧龙保护区我国特有属的51.85%；少种属有金钱槭属（*Dipteronia*）、重羽菊属（*Diplazoptilon*）、华蟹甲属（*Sinacalia*）、星果草属（*Asteropyrum*）、动蕊花属（*Kinostemon*）、羌活属（*Notopterygium*）、四轮香属（*Hanceola*）、巴山木竹属（*Bashania*）、丫蕊花属（*Ypsilandra*）、盾果草属（*Thyrocarpus*）10属，占卧龙保护区我国特有属的37.04%；在全国区系中含10种及以上的多种属有藤山柳属（*Clematoclethra*）、紫菊属（*Notoseris*）和箭竹属（*Fargesia*）3属，占卧龙保护区我国特有属的11.11%。

卧龙特有种也很丰富，代表种有卧龙斑叶兰（*Goodyera wolongensis*）、卧龙玉凤花（*habenaria wolongensis*）、巴朗杜鹃（*Rhododendron balangense*）、卧龙杜鹃（*Rhododendron wolongense*）（图2-15）、巴郎柳（*Salix sphaeronymphe*）等。丰富的特有类群反映了卧龙地区不仅是古近纪植物区系的"避难所"，而且可能是温带植物区系分化、发展和集散的重要地区之一。

图2-15 卧龙杜鹃（刘明冲 摄）

（三）被子植物区系特点

根据吴征镒（1991）和吴征镒等（2003）对我国被子植物科、属分布区类型的划分，以及李仁伟等（2001）对四川被子植物区系研究中的分区方法，卧龙保护区被子植物分布区类型见表2-7。

表2-7 卧龙保护区被子植物分布区类型

分布型及变型	科数	科数占比/%	属数	属数占比/%
1 世界分布	38	/	48	/
2 泛热带分布	32	37.65	67	11.86
2-1 热带亚洲、大洋洲和中、美洲间断分布	1	1.18	4	0.71
2-2 热带亚洲、非洲和中、南美洲间断分布	2	2.35	1	0.18
2s 以南半球为主的泛热带分布	2	2.35	0	0.00
3 热带亚洲和热带美洲间断分布	9	10.59	8	1.42
4 旧世界热带分布	2	2.35	13	2.30
4-1 热带亚洲、非洲和大洋洲间断分布	0	0.00	4	0.71
5 热带亚洲至热带大洋洲分布	3	3.53	12	2.12
5-1 中国亚热带和新西兰间断分布	0	0.00	1	0.18

续表

分布型及变型	科数	科数占比/%	属数	属数占比/%
6 热带亚洲至热带非洲分布	0	0.00	14	2.48
6-2 热带亚洲和东非或马达加斯大间断分布	0	0.00	1	0.18
6d 南非分布	1	1.18	0	0.00
7 热带亚洲分布	0	0.00	35	6.19
7-1 爪哇、喜马拉雅间断或分布到华南、西南分布	0	0.00	3	0.53
7-2 热带印度至华南分布	0	0.00	2	0.35
7-3 缅甸、泰国至华西南分布	1	1.18	0	0.00
7-4 越南至华南分布	0	0.00	2	0.35
7d 全分布区东达新几内亚分布	1	1.18	0	0.00
8 北温带分布	3	3.53	126	22.30
8-1 环北极分布	0	0.00	1	0.18
8-2 北极-高山分布	1	1.18	4	0.71
8-4 北温带和南温带间断分布	14	16.47	29	5.13
8-5 欧亚和南美温带间断分布	1	1.18	2	0.35
8-6 地中海、东亚、新西兰和墨西哥-智利间断分布	1	1.18	1	0.18
9 东亚和北美间断分布	4	4.71	42	7.43
9-1 东亚和墨西哥间断分布	0	0.00	1	0.18
10 旧世界温带分布	1	1.18	41	7.26
10-1 地中海区、西亚和东亚间断分布	0	0.00	5	0.88
10-2 地中海区和喜马拉雅间断分布	0	0.00	4	0.71
10-3 欧亚和南非间断分布	1	1.18	2	0.35
11 温带亚洲分布	0	0.00	10	1.77
12 地中海、西亚至中亚分布	0	0.00	1	0.18
12-3 地中海区至温带-热带亚洲、大洋洲和南美洲间断分布	0	0.00	1	0.18
13 中亚分布	0	0.00	0	0.00
13-2 中亚至喜马拉雅和我国西南分布	0	0.00	5	0.88
14 东亚分布	3	3.53	34	6.02
14-1 中国-喜马拉雅分布	1	1.18	41	7.26
14-2 中国-日本分布	1	1.18	20	3.54
15 中国特有分布	0	0.00	27	4.78
合计	123	100	613	100

注："/"代表区系分析中，世界分布不纳入占比分析

卧龙保护区被子植物科的分布区类型总计涵盖9个分布型和13个变型。以热带成分为主，共计54科，除去世界分布，占总科数的63.53%，其中又以泛热带科数最多，达37科，占热带分布总科数的68.52%。各洲间的间断分布也普遍存在，涵盖4个变型，共计15科，其中又以热带亚洲和热带美洲间断分布占优势，达9科。其次是世界分布38科，表明卧龙被子植物区系与世界被子植物区系联系密切。温带成分相对较少，总计31科，除去世界分布，占总科数的36.47%，其中以北温带和南温带间断分布科数最多，达14科，占总科数的16.47%。

卧龙保护区被子植物属的分布区类型涵盖14个分布型和21个变型。以温带成分为主，总计397属，除去世界分布，占总属数的70.27%。其中以北温带分布属（包括变型）数最多，达163属，占温带分布总属数的28.85%；其次为东亚分布（包括变型），共计95属，占温带分布总属数的16.81%；温带分布的间

断分布也较多，共计 9 个分布型和亚型，共含 88 属，占温带成分总属数的 15.58%；其中东亚和北美间断分布及北温带和南温带间断分布较多，分别为 43 属和 29 属，这与科的分布区类型具有较强的一致性。属的分布区类型中热带成分总计 167 属，除去世界分布，占总属数的 29.56%，涵盖 6 个类型和 8 个变型。其中以泛热带分布属数最多，达 67 属；其次为热带亚洲分布（包括亚型）共计 42 属；间断类型也较丰富，共计 22 属。世界分布属在卧龙保护区相对较少，仅 48 属，占卧龙保护区被子植物总属数的 7.83%。

卧龙保护区被子植物的区系呈现如下特点：区系类型多样；间断分布类群丰富而广泛；科的分布区类型以热带成分占优势，而属的分布区类型以温带成分为主导。这些特点凸显出卧龙保护区被子植物区系起源与世界被子植物区系的广泛联系；丰富的温带成分与卧龙地区所处的地理纬度、平均海拔有密切关系，同时也体现了卧龙地区被子植物区系具有热带起源和温带分布的双重特性。

（四）新分布和新物种

1. 新分布

弯花马蓝（*Strobilanthes cyphantha*）隶属于爵床科（Acanthaceae）马蓝属（*Strobilanthes*）。该物种于 1984 年新拟（中国科学院中国植物志编辑委员会，2002），产于云南（弥勒、鹤庆、洱源、大理、永平、贡山、蒙自、景洪、勐仑、勐海、墨江），生于海拔 3000m 处。模式标本采自云南大理。卧龙保护区内分布于三江周边山区，生于海拔 1600m 左右的沟谷杂灌林中。

2. 新物种

（1）巴朗山雪莲 *Saussurea balangshanensis* Y.Z. Zhang & H. Sun（图 2-16）

图 2-16　巴朗山雪莲（何廷美　摄）

中国科学院昆明植物研究所张亚洲博士发现，于 2019 年 5 月 1 日在 *Nordic Journal of Botany*（《北欧植物学杂志》）上发表。文章题目：*Saussurea balangshanensis* sp. nov. (Asteraceae), from the Hengduan Mountains region, SW China.

该物种的典型特征：苞片黑色，边缘有流苏状的齿，植株具腺毛。分布地域十分狭小，仅在巴朗山垭口附近海拔约 4400m 的高山流石滩的方圆 10km 以内有分布。成熟个体小于 100 株，保守估计植株数量小于 500 株。该种被誉为"植物界的大熊猫"。

（2）卧龙无柱兰 *Ponerorchis wolongensis* G.W. Hu, Y.H. Cheng & Q.F. Wang（图 2-17）

中国科学院武汉植物园的胡光万等与大熊猫国家公园四川卧龙片区合作，以"*Ponerorchis wolongensis* (Orchidaceae, Orchidinae), a new species with variable labellum from the Hengduan Mountains, western Sichuan,

China"为题，于 2022 年在 *Nordic Journal of Botany* 上发表。该新种主要分布于海拔约 2600m 的针阔叶混交林下，生长在布满苔藓的石头上。

（3）熊猫马先蒿 *Pedicularis pandania* W.B. Yu, H.Q. Lin & Y.H. Cheng（图 2-18）

林红强等以《四川卧龙国家级自然保护区马先蒿属一新种——熊猫马先蒿》为题，于 2021 年发表在《广西植物》上。该物种的典型特征是花冠管发生了扭旋，整朵花下垂且下唇在侧上方，花冠下唇包裹住喙。

图 2-17　卧龙无柱兰（程跃红　摄）

图 2-18　熊猫马先蒿（程跃红　摄）

（4）卧龙盆距兰 *Gastrochilus wolongensis* J.Y. Zhang, B. Xu & Y.H. Cheng（图 2-19）

中国科学院成都生物研究所徐波等在卧龙保护区内发现，于 2022 年 7 月 19 日在 *Ecosystem Health and Sustainability*（《生态系统健康与可持续性》）上发表。文章题目：*Gastrochilus wolongensis* (Orchidaceae): a new species from Sichuan, China, based on molecular and morphological data。

在形态上，该新种与中华盆距兰（*Gastrochilus sinensis*）相似，即它们有着类似的整体大小和几乎相同的叶片。但卧龙盆距兰有较短的分枝茎，以及总状花序有较少和较大的花；花瓣和萼片有黑紫色的条纹，背面具隆起的中脉；中萼片长椭圆状，有 3 条脉，只有中脉到达先端；萼片长椭圆状，先端稍尖，只有 1 条脉；花瓣倒卵形，有 3 条脉，均不到达先端；肾形的前唇更宽、更长，密布长乳头状毛，有紫红色的斑点和黄绿色的中心，而杯状后唇的表面具明显的紫红色条纹。

图 2-19　卧龙盆距兰（程跃红　摄）

（5）和民盆距兰 *Gastrochilus heminii* M. Liao, B. Xu & Y.H. Cheng（图 2-20）

中国科学院成都生物研究所博士研究生廖敏等以 "*Gastrochilus heminii* (Orchidaceae, Epidendroideae), a new species from Sichuan, China, based on molecular and morphological data" 为论文题目，于 2022 年 12 月在 *PhytoKeys*（《植物键》）上发表。为致敬张和民教授对卧龙地区野生动植物保护所作出的贡献，故命名为"和民盆距兰"。该种为多年生树附生草本植物，在卧龙保护区附生于海拔 2400～2700m 的以铁杉（*Tsuga chinensis*）为建群种的亚高山针阔叶混交林树干上。目前仅在大熊猫国家公园卧龙片区内发现该新种的 3 个居群（约 200 株），数量较为稀少。

（6）卧龙报春 *Primula wolongensis* W.B. Ju, B. Xu & X.F. Gao（图 2-21）

卧龙保护区工作人员程跃红在卧龙保护区的丫头子岩窝发现。中国科学院成都生物研究所硕士研究生李雄等以"*Primula wolongensis* (Primulaceae), a new species of the primrose from Sichuan, China"为题目, 于2023年1月11日发表于*PhytoKeys*上。该种的典型特征是叶片边缘有齿, 叶脉不凸起, 花葶短或等于花梗, 黄色的花和花冠筒等特征明显不同于该属的其他类群。

图 2-20　和民盆距兰（程跃红　摄） 　　　　　　　图 2-21　卧龙报春（程跃红　摄）

（7）卧龙卷瓣兰 *Bulbophyllum wolongense* G.W. Hu, Y.H. Cheng & Q.F. Wang（图 2-22）

中国科学院武汉植物园胡光万等在卧龙保护区发现, 并以 "*Bulbophyllum wolongense*, a new Orchidaceae species from Sichuan Province in China, and its plastome comparative analysis" 为题目, 于 2023 年 6 月 16 日在 *Ecosystem Health and Sustainability* 上发表。该种为多年生草本植物, 附生于海拔 1600~1700m 的针阔叶混交林树干上。每年 9~10 月开花, 花黄色, 由 3 个鸭嘴形的花瓣组成, 叶片呈倒卵状长圆形。目前仅发现 3 个居群, 数量较为稀少。参照世界自然保护联盟受威胁物种红色名录（IUCN 受威胁物种红色名录）标准, 卧龙卷瓣兰被初步评估为数据缺乏（DD）。根据研究结果, 保护区也将制定相应的保护策略。

（8）带叶白点兰 *Thrixspermum taeniophyllum* J.Y. Zhang, H. He & Y.H. Cheng（图 2-23）

中国科学院成都生物研究所徐波等在卧龙保护区发现, 并以 "*Thrixspermum taeniophyllum* (Orchidaceae, Epidendroideae), a new species from Southwest China, based on molecular and morphological evidence" 为题目, 于 2023 年 8 月 7 日发表在 *PhytoKeys* 上。该种为多年生草本植物, 附生于海拔 1200~1500m 的常绿、落叶阔叶混交林树干（枝）上。花期 3 月（开花时间较短）。目前仅在大熊猫国家公园卧龙片区发现 2 个居群, 约 30 株。由于野外调查还不足以评估该物种的分布界线及数量, 因此参照 IUCN 受威胁物种红色名录标准, 带叶白点兰被初步评估为数据缺乏（DD）。

图 2-22　卧龙卷瓣兰（程跃红　摄） 　　　　　　　图 2-23　带叶白点兰（程跃红　摄）

（9）杏黄盆距兰 *Gastrochilus armeniacus* J.Y. Zhang, B. Xu & Y.H. Cheng（图 2-24）

岷江盆距兰 *Gastrochilus minjiangensis* J.Y. Zhang, B. Xu & Y.H. Cheng（图 2-25）

中国科学院成都生物研究所徐波等在卧龙保护区发现，并以"A new infrageneric classification of *Gastrochilus* (Orchidaceae: Epidendroideae) based on molecular and morphological data"为题目，于 2023 年 8 月 28 日发表于 *Plant Diversity*《植物多样性》上。这两个物种有很近的亲缘关系，其形态相似度很高。杏黄盆距兰的花序短伞状，具 1~2 花；萼片具 1 条红紫色条纹，花杏黄色，后变成金黄色；岷江盆距兰的花被片均具显著的紫红色斑点等特征，这些特征与杏黄盆距兰显著不同。

图 2-24　杏黄盆距兰（程跃红　摄）　　　　　图 2-25　岷江盆距兰（程跃红　摄）

（五）重点保护物种

根据 2021 年公布的《国家重点保护野生植物名录》，卧龙保护区内国家重点保护野生被子植物共 64 种，其中国家一级重点保护野生植物 1 种，为珙桐（*Davidia involucrata*），国家二级重点保护野生植物 63 种，详见第五章表 5-2。

第二节　植被多样性

一、植被分类系统

根据植被分区的基本原则和依据，采用植被区域、植被地带、植被区和植被小区 4 级植被分区来划分卧龙保护区植被。卧龙保护区植被区划属于亚热带常绿阔叶林区域川东盆地及川西南山地常绿阔叶林地带西部中山植被区龙门山植被小区。保护区东北面紧靠盆地西部中山植被区的大巴山植被小区。

参照《中国植被》（中国植被编辑委员会，1980）的分类原则，结合四川省自然植被的划分，在对卧龙保护区植被基本类型划分时采用的主要分类单位包括植被型（高级单位）、群系（中级单位）和群丛（基本单位）3 级。在每一级分类单位之上，各设一个辅助单位，即植被型组、群系组和群丛组，由此构成以下分类系统：

植被型组
　植被型
　　群系组
　　　群系
　　　　群丛组
　　　　　群丛

卧龙保护区的植被共划分为 5 个植被型组（阔叶林、针叶林、灌丛、草甸和高山稀疏植被）、15 个植被型、35 个群系组、57 个群系、52 个群丛组。卧龙保护区植被类型编号说明：群丛组的编号采用"【】"，其他类型的编号则完全依照《中国植被》（中国植被编辑委员会，1980），划分如下。

阔叶林
  Ⅰ．常绿阔叶林
    （一）樟树林
     1. 油樟林
      【1】油樟-蓉城竹群落
      【2】油樟-水红木群落
     2. 银叶桂林
      【3】银叶桂-短柱柃群落
    （二）楠木林
     3. 白楠林
      【4】白楠-油竹子群落
     4. 山楠林
      【5】山楠-拐棍竹群落
    （三）润楠林
     5. 小果润楠林
      【6】小果润楠-四川溲疏群落
    （四）石栎林
     6. 全包石栎、细叶青冈林
      【7】全包石栎+细叶青冈-短柱柃群落
    （五）青冈林
     7. 曼青冈、细叶青冈林
      【8】曼青冈-短柱柃+岷江杜鹃群落
      【9】细叶青冈+曼青冈-新木姜子群落
  Ⅱ．常绿、落叶阔叶混交林
    （六）樟、落叶阔叶混交林
     8. 卵叶钓樟、野核桃林
      【10】卵叶钓樟+野核桃-油竹子群落
    （七）青冈、落叶阔叶混交林
     9. 曼青冈、桦、槭林
      【11】曼青冈+亮叶桦-油竹子群落
      【12】曼青冈+疏花槭-拐棍竹群落
    （八）野桂花、落叶阔叶混交林
     10. 野桂花、槭、桦林
      【13】野桂花+五裂槭-香叶树群落
  Ⅲ．落叶阔叶林（图 2-26）
    （九）珙桐林
     11. 珙桐林
      【14】珙桐-拐棍竹群落
    （十）水青树林
     12. 水青树林

图 2-26　落叶阔叶林（刘明冲 摄）

　　【15】水青树–冷箭竹群落
　　【16】水青树–拐棍竹群落
（十一）连香树林
　13. 连香树林
　　【17】连香树+华西枫杨–拐棍竹群落
　　【18】连香树–拐棍竹群落
（十二）野核桃林
　14. 野核桃林
　　【19】野核桃–火棘群落
　　【20】野核桃–拐棍竹群落
　　【21】野核桃–长叶胡颓子群落
　　【22】野核桃–冷箭竹群落
（十三）桦木林
　15. 亮叶桦林
　　【23】亮叶桦+疏花槭–冷箭竹群落
　16. 红桦林
　　【24】红桦–冷箭竹群落
　　【25】红桦–桦叶荚蒾群落
　　【26】红桦+疏花槭–桦叶荚蒾群落
　17. 糙皮桦林
　　【27】糙皮桦–冷箭竹群落

(十四) 槭树林
　　18. 房县槭林
　　　　【28】房县槭-拐棍竹群落
(十五) 杨树林
　　19. 大叶杨林
　　　　【29】大叶杨-拐棍竹群落
　　20. 太白杨林
　　　　【30】太白杨-柳树群落
(十六) 枫杨林
　　21. 华西枫杨林
　　　　【31】华西枫杨-短锥玉山竹群落
　　　　【32】华西枫杨-天全钓樟群落
　　　　【33】华西枫杨+多毛椴-高丛珍珠梅群落
(十七) 沙棘林
　　22. 沙棘林
　　　　【34】沙棘+疏花槭-高丛珍珠梅群落
Ⅳ. 竹林
　(十八) 箭竹林
　　23. 油竹子林
　　24. 拐棍竹林
　(十九) 木竹（冷箭竹）林
　　25. 冷箭竹林
　(二十) 短锥玉山竹林
　　26. 短锥玉山竹林

针叶林
　Ⅴ. 温性针叶林
　　(二十一) 温性松林
　　　27. 油松林
　　　　【35】油松-长叶溲疏群落
　　　　【36】油松-白马骨群落
　　　28. 华山松林
　　　　【37】华山松-黄花杜鹃+柳叶栒子群落
　　　　【38】华山松-鞘柄菝葜群落
　Ⅵ. 温性针阔叶混交林
　　(二十二) 铁杉针阔叶混交林
　　　29. 铁杉针阔叶混交林（图 2-27）
　　　　【39】铁杉+房县槭-拐棍竹群落
　　　　【40】铁杉+红桦-冷箭竹群落
　Ⅶ. 寒温性针叶林
　　(二十三) 云杉、冷杉林
　　　30. 麦吊云杉林
　　　　【41】麦吊云杉-拐棍竹群落
　　　　【42】麦吊云杉-冷箭竹群落

图 2-27 铁杉针阔叶混交林（刘明冲 摄）

  31. 岷江冷杉林
    【43】岷江冷杉–华西箭竹群落
    【44】岷江冷杉–短锥玉山竹群落
    【45】岷江冷杉–冷箭竹群落
    【46】岷江冷杉–秀雅杜鹃群落
    【47】岷江冷杉–大叶金顶杜鹃群落
  32. 峨眉冷杉林
    【48】峨眉冷杉+糙皮桦–冷箭竹群落
 （二十四）圆柏林
  33. 方枝柏林
    【49】方枝柏–绵穗柳群落
 （二十五）落叶松林
  34. 四川红杉林（图 2-28）
    【50】四川红杉–长叶溲疏群落
    【51】四川红杉–华西箭竹群落
    【52】四川红杉–冷箭竹群落

灌丛
 Ⅷ. 常绿阔叶灌丛
  （二十六）典型常绿阔叶灌丛
  35. 卵叶钓樟灌丛
  36. 刺叶高山栎、天全钓樟灌丛

图 2-28 四川红杉林（刘明冲 摄）

Ⅸ. 落叶阔叶灌丛
  （二十七）温性落叶阔叶灌丛
    37. 秋华柳灌丛
    38. 马桑灌丛
    39. 川莓灌丛
    40. 长叶柳灌丛
    41. 沙棘灌丛
  （二十八）高寒落叶阔叶灌丛
    42. 牛头柳灌丛
    43. 细枝绣线菊灌丛
    44. 银露梅灌丛
Ⅹ. 常绿革叶灌丛
    45. 川滇高山栎灌丛
    46. 大叶金顶杜鹃灌丛
    47. 陇蜀杜鹃灌丛
    48. 雪层杜鹃灌丛
Ⅺ. 常绿针叶灌丛
  （二十九）高山常绿针叶灌丛
    49. 香柏灌丛

草甸
  Ⅻ. 典型草甸
  （三十）杂类草草甸
    50. 糙野青茅草甸
    51. 长葶鸢尾、大卫氏马先蒿草甸

52. 大黄橐吾、大叶碎米荠草甸
XIII. 高寒草甸
（三十一）丛生禾草高寒草甸
53. 羊茅草甸
（三十二）蒿草高寒草甸
54. 矮生蒿草草甸
（三十三）杂类草高寒草甸
55. 珠芽蓼、圆穗蓼草甸
56. 淡黄香青、长叶火绒草草甸
XIV. 沼泽化草甸
（三十四）薹草沼泽化草甸
57. 薹草草甸

高山稀疏植被
XV. 高山流石滩稀疏植被
（三十五）风毛菊、红景天、虎耳草稀疏植被

二、植被类型

阔叶林

阔叶林是以阔叶树种为建群种或优势种的森林植被类型。保护区内的阔叶林在海拔2200m线以下的地段广泛分布，是保护区的优势植被类型之一。保护区的阔叶林主要由常绿阔叶林，常绿、落叶阔叶混交林，以及落叶阔叶林等组成。

I. 常绿阔叶林

常绿阔叶林是卧龙保护区的基带性植被。从水平地带性看，卧龙保护区位于中亚热带常绿阔叶林的北缘。从垂直地带性看，该植被类型分布于卧龙保护区海拔1100~1600m（保护区东南部可达1800m）。该群落类型建群层主要由樟属（*Cinnamomum*）、楠属（*Phoebe*）、新木姜子属（*Neolitsea*）、木姜子属（*Litsea*）、山胡椒属（*Lindera*）、柯属（*Lithocarpus*）、青冈属（*Cyclobalanopsis*）等物种组成。

（一）樟树林

1. 油樟林

油樟林主要分布于西河与耿达河，海拔1300~1500m一带。尤其是西河，由于谷深坡陡，人为影响较小，在开阔的半阳坡，油樟林常成片状或带状分布。

【1】油樟-蓉城竹群落

该群落代表样地位于西河鹿耳坪海拔1500m的山体下部，坡度25°~30°，坡向为西南坡。群落外貌呈浓绿色，林冠稠密、较整齐，成层现象明显。乔木层总郁闭度为0.85左右，可分为3个亚层：第一亚层以油樟（*Cinnamomum longepaniculatum*）（图2-29）为优势种，其次是曼青冈（*Quercus oxyodon*）、山润楠（*Machilus montana*）、梾木（*Cornus*

图2-29 油樟（刘明冲 摄）

macrophylla)、亮叶桦（*Betula luminifera*）等，高 16～20m，胸径 25～40cm；第二亚层由杨叶木姜子（*Litsea populifolia*）和大头茶组成，高 12～15m，胸径 10～20cm；第三亚层由短柱柃（*Eurya brevistyla*）和川钓樟（*Lindera pulcherrima* var. *hemsleyana*）组成，高 6～10m，胸径 8～15cm。灌木层总盖度为 50%左右，高 2～6m，以蓉城竹（*Phyllostachys bissetii*）为优势种，其中蓉城竹盖度为 35%～40%，高 4～5m；其次为少花荚蒾（*Viburnum oliganthum*）、异叶梁王茶（*Metapanax davidii*）等，并伴生川钓樟、油樟的更新幼苗。草本层总盖度为 25%～30%，分布不均匀，在低凹处以黑鳞耳蕨占优势而成片存在，盖度为 15%，另有沿阶草、建兰（*Cymbidium ensifolium*）、反瓣虾脊兰（*Calanthe reflexa*）、吉祥草（*Reineckea carnea*）、大叶贯众（*Cyrtomium macrophyllum*）、丝叶薹草（*Carex capilliformis*）等伴生植物。层外多为木质藤本植物狗枣猕猴桃（*Actinidia kolomikta*）、铁线莲，尚有少部分茜草等草质藤本植物。

【2】油樟-水红木群落

该群落分布于西河燕子岩至鸡心岩海拔 1400～1500m 的半阴坡或半阳坡，大多呈块状分布。群落外貌呈浓绿色，林冠较为稀疏，不甚整齐，成层现象比较明显。乔木层总郁闭度为 0.8 左右。可分为 2 个亚层：第一亚层以油樟为优势种，其次是曼青冈、山润楠、㭴木、亮叶桦等，高 16～18m，胸径 22～30cm，郁闭度 0.5；第二亚层郁闭度 0.35，以银叶桂（*Cinnamomum mairei*）和柯属（*Lithocarpus*）植物为优势种，高 12～17m，胸径 4～20m，其次还有亮叶桦和槭属一种（*Acer* sp.）。灌木层总盖度为 45%左右，高 0.8～8m，以水红木为优势种，盖度为 25%～30%，高 6～8m；伴生岷江杜鹃（*Rhododendron hunnewellianum*）、四川溲疏（*Deutzia setchuenensis*）、猫儿刺（*Ilex pernyi*）、柃木属多种（*Eurya* spp.）、少花荚蒾等，盖度为 15%；林下还有曼青冈、红豆杉（图 2-30）、新木姜子、小果润楠等乔木的幼苗。草本层总盖度 40%左右，以单芽狗脊蕨占优势，其次为十字薹草（*Carex cruciata*）、吉祥草、少花万寿竹（*Disporum uniflorum*）、日本蛇根草（*Ophiorrhiza japonica*）、长穗兔儿风（*Ainsliaea henryi*）等。层外植物种类比较丰富，常见飞龙掌血（*Toddalia asiatica*）、南五味子（*Kadsura longipedunculata*）、常春藤（*Hedera nepalensis* var. *sinensis*）等木质藤本缠绕或攀缘于林冠的上层。

图 2-30 红豆杉（刘明冲 摄）

2. 银叶桂林

【3】银叶桂-短柱柃群落

该群落代表样地位于耿达河水界牌和三江海拔 1630m（30.960410°N，103.293864°E）的谷坡山腰，坡度 45°，坡向为西北坡。群落外貌浓绿色，林冠较为整齐，分层现象较为明显。乔木层总郁闭度 0.9，可分为 2 个亚层：第一亚层以银叶桂为优势种，伴生油樟、黄丹木姜子、曼青冈、细叶青冈和领春木（*Euptelea pleiosperma*）等，高 10～15m，胸径 8～15cm，冠幅 3m×5m；第二亚层以白柯（*Lithocarpus dealbatus*）为优势种，还常见化香树（*Platycarya strobilacea*）、灯台树（*Cornus controversa*）、青麸杨（*Rhus potaninii*）、薄叶山矾（*Symplocos anomala*）等，高 4～5m，胸径 3～8cm。灌木层总盖度 25%，高 2～3m，以短柱柃（*Eurya brevistyla*）占优势，其次还有少花荚蒾、小泡花树、岷江杜鹃、蜡莲绣球（*Hydrangea strigosa*）、狭叶花椒（*Zanthoxylum stenophyllum*）等，林下有珙桐幼苗。草本层总盖度 45%，高 30～70cm，以顶芽狗脊为优势种，并伴生鳞毛蕨、凤尾蕨等蕨类植物，以及薹草等草本种子植物。层外植物相对较多，常见的有香花鸡血藤（*Callerya dielsiana*）、狗枣猕猴桃、小果蔷薇（*Rosa cymosa*）、牛姆瓜（*Holboellia grandiflora*）、铁线莲（*Clematis florida*）等。

（二）楠木林

3. 白楠林

【4】白楠-油竹子群落

该群落主要分布于耿达河大阴沟海拔 1400～1500m 的半阴坡和半阳坡，呈块状分布。群落外貌浓绿色，林冠比较整齐，成层现象比较明显。乔木层高 6～23m，总郁闭度 0.8，可分为 2 个亚层：第一亚层高 10～23m，以白楠为优势，伴生卵叶钓樟、野核桃等；第二亚层主要由瓜木组成，高 6cm 左右。灌木层高 0.6～5m，总盖度 50% 左右，以高 3～4.5m 的油竹子为优势，盖度 30% 左右；其次为高粱泡（*Rubus lambertianus*）、鞘柄菝葜（*Smilax stans*）等，盖度为 20%；另有白楠（*Phoebe neurantha*）、胡桃楸（*Juglans mandshurica*）幼苗伴生其中。草本层高 30～145cm，总盖度 85%。以扁竹兰（*Iris confusa*）为优势，高 60～80cm，盖度 55%；其次为金星蕨、凤尾蕨、华北蹄盖蕨等蕨类植物，盖度 25%；此外还有土牛膝（*Achyranthes aspera*）、柳叶箬（*Isachne globosa*）等，盖度 5% 左右。层外植物较少，多以粉葛、防己分布于林缘。

4. 山楠林

【5】山楠-拐棍竹群落

该群落主要分布于西河、中河冒水子等地的山腰坡地，海拔 1500～1800m。群落外貌浓绿色，林冠较整齐，成层现象较明显，林木更新比较良好。乔木层高 10～28m，总郁闭度 0.6～0.85，可分为 2 个亚层：第一亚层高 18～28m，以山楠为优势，伴生曼青冈、全包石栎和五裂槭等；第二亚层高 10～16m，主要有亮叶桦、领春木、蒙桑、薄叶山矾、白楠等。灌木层高 3～8m，总盖度 75% 左右，以高 3～4.5m 的拐棍竹为优势，盖度 55% 左右；其次为短柱柃、猫儿刺等，盖度为 15%；另有少量的云南冬青、棣棠、桦叶荚蒾，以及山楠和曼青冈幼苗等。草本层高 4～40cm，总盖度 5%。以钝齿楼梯草为优势，盖度 3% 左右；还有粗齿冷水花、长药隔重楼、香附子、六叶葎、虎耳草、积雪草、革叶耳蕨等伴生，盖度 2% 左右。层外植物种类较为丰富，常见常春藤、崖爬藤、狗枣猕猴桃、五月瓜藤、菝葜、川赤爬等藤本植物。

（三）润楠林

5. 小果润楠林

小果润楠林主要分布于耿达河黄梁沟海拔 1200～1500m 一带的山腰及河谷阶地、鹦哥嘴海拔 1400～1600m 的山腰坡地、西河燕子岩海拔 1400～1600m 的山腰陡坡上。

【6】小果润楠-四川溲疏群落

该群落代表样地位于西河石板槽沟山腰西北坡，海拔 1590m（30.880363°N，103.275018°E）的山腰西北坡，坡度 30°。土壤为山地黄壤，土层较薄，土质疏松。枯枝落叶层 2～4cm，分解比较完全，盖度达 80%。群落外貌浓绿色，林冠较为整齐，乔木层、灌木层分界不甚明显。乔木层总郁闭度 0.7，高 7～16m，以小果润楠为优势，高 6～12m，胸径 8～20cm，平均冠幅 2m×3m；其次为白楠、油樟、珙桐、银叶桂、野漆、领春木、微毛樱桃（*Prunus clarofolia*）等。灌木层总盖度 60%，高 2～3m，以四川溲疏占优势，其次有异叶榕、曼青冈、杜鹃等植物，并伴生黄壳楠、小果润楠、银叶桂、白楠等的幼树。草本层总盖度 55%，高 10～100cm，以黑鳞耳蕨为优势，其次有单芽狗脊蕨、大叶贯众、粗齿冷水花（*Pilea sinofasciata*）、楼梯草、丝叶薹草等。层外植物相对较多，常见的有华中五味子、香花鸡血藤、狗枣猕猴桃、飞龙掌血、异果拟乌蔹莓（*Pseudocayratia dichromocarpa*）、绞股蓝（*Gynostemma pentaphyllum*）、千金藤（*Stephania japonica*）等。

（四）石栎林

6. 全包石栎、细叶青冈林

全包石栎、细叶青冈林主要分布于中河安家坪至麻柳坪海拔 1700～1800m 的山脊和山腰缓坡及耿达河大阴沟海拔 1550～1700m 的山脊和山顶坡地，常呈散状分布。

【7】全包石栎+细叶青冈-短柱柃群落

该群落主要分布于耿达大阴沟。土壤为山地黄壤，土层较薄，土质疏松。群落外貌浓绿色，林冠较为整齐，呈波浪状，成层现象明显。乔木层高5～25m，总郁闭度0.9，以全包石栎为优势，次优势种为细叶青冈，另外还伴生曼青冈、扇叶槭（*Acer flabellatum*）、珂楠树（*Kingsboroughia alba*）、巫山新木姜子（*Neolitsea wushanica*）、润楠、光亮山矾（*Symplocos lucida*）等。灌木层总盖度60%，高1.5～6m，以短柱柃占优势，盖度25%；其次有喇叭杜鹃（*Rhododendron discolor*）、毛叶吊钟花（*Enkianthus deflexus*）、南烛（*Vaccinium bracteatum*）、宝兴枸子（*Cotoneaster moupinensis*）等，盖度10%；另有银叶杜鹃、黄花杜鹃、云南冬青、猫儿刺、天全钓樟（*Lindera tienchuanensis*），盖度13%；并伴生细叶青冈、全包石栎、曼青冈等植物的幼苗，林木更新较为良好。草本层总盖度20%，高1.5～60cm。以平均高40cm的建兰为优势种，盖度18%左右；其次为镰叶瘤足蕨、倒叶瘤足蕨等蕨类植物，盖度4%；另有狭叶虾脊兰、薹草、沿阶草等，盖度2%。层外植物极少。

（五）青冈林

7. 曼青冈、细叶青冈林

曼青冈、细叶青冈林在保护区分布面积极广，在海拔1400～2100m均有分布，由南面的西河到东面的耿达河、北面的正河分布较多。

【8】曼青冈-短柱柃+岷江杜鹃群落

该群落分布在西河阎王碥山脊阴坡和燕子岩山腰半阴坡海拔1500～1700m一带，坡度35°～40°。土壤为山地黄壤，土层较厚，疏松湿润。枯枝落叶层分解良好，覆盖率85%。

群落外貌浓绿色，林冠较整齐，成层现象明显。乔木层高5～25m，总郁闭度0.9，以曼青冈为优势种，群落中常有油樟、川钓樟、巫山新木姜子、银叶桂、石栎、交让木（*Daphniphyllum macropodum*）、梾木、巴东栎、尾叶山茶等植物伴生。灌木层总盖度25%，高0.4～5m，以高2～5m的短柱柃和岷江杜鹃占优势，盖度20%；其次有峨眉玉山竹、猫儿刺、云南冬青、少花荚蒾、蕊帽忍冬等，盖度7%；并伴生曼青冈、川钓樟、油樟、巫山新木姜子、红豆杉等植物的幼苗，林木更新较为良好。草本层总盖度35%，高8～50cm，以薹草为优势，盖度25%左右；其次为大叶贯众、日本蛇根草、粗齿冷水花、虎耳草等，盖度10%；还有少量的革叶耳蕨、单芽狗脊蕨、六叶葎、石生楼梯草、鳞毛蕨等，盖度2%。层外植物比较丰富，常见香花鸡血藤、地锦（*Parthenocissus tricuspidata*）、五月瓜藤（*Holboellia angustifolia*）、菝葜、鸡爪茶（*Rubus henryi*）等攀附于植物的树干上。

【9】细叶青冈+曼青冈-新木姜子群落

该群落在耿达河大阴沟后山海拔1500～1700m的山腰坡地分布较多，坡度35°～40°。土壤为山地黄壤，土层较厚，疏松湿润。枯枝落叶层分解良好，覆盖率达100%。

群落外貌浓绿色，林冠紧密、整齐，成层现象明显。乔木层高7～20m，总郁闭度0.9。以细叶青冈为优势，次优势种为曼青冈，常见的伴生物种有交让木、短柱柃、星毛杜鹃（*Rhododendron kyawii*）、南烛、长柄山毛榉等。灌木层总盖度20%，高1～4m，以高1.5～4m的新木姜子占优势，盖度15%；其次有黄花杜鹃，盖度5%；并伴生细叶青冈、曼青冈、全包石栎等植物的幼苗，林木更新较为良好。草本层高20～60cm，总盖度10%，以高60cm的镰叶瘤足蕨为优势，其次为鳞毛蕨和沿阶草。层外植物较少，只有少量的牛姆瓜攀附于植物的树干上。

Ⅱ. 常绿、落叶阔叶混交林

常绿、落叶阔叶混交林是亚热带常绿阔叶林与针阔叶混交林之间的过渡类型。在卧龙保护区主要分布于海拔1600～2000m的皮条河、西河、中河、正河等河谷两岸及阴湿的山谷中。该群落的下限以常绿成分占优势，落叶树种次之；上限（靠近针阔叶混交林的下缘）以落叶树种占优势，常绿树种次之。因有落叶阔叶树种存在，在群落外貌上随季节不同而有一定程度的区别，具有较为明显的季相变化，春夏季群落外貌呈深绿色与嫩绿色相间，入秋后气温下降，叶片则呈黄色、红色、紫色，冬季落叶后林冠呈少数绿色斑块状。

（六）樟、落叶阔叶混交林

8. 卵叶钓樟、野核桃林

卵叶钓樟、野核桃林主要分布于七层楼沟等地海拔 1400～2000m 一带的山麓坡地。由于人为砍伐，林内阳光充足，落叶树种生长发育快，形成常绿、落叶阔叶混交林。群落中的卵叶钓樟多为萌生状，常处于落叶树种之下。常见的还有曼青冈、刺叶高山栎（Quercus spinosa）、红果树（Stranvaesia davidiana）、石楠等常绿树种，鹅耳枥、华西枫杨、椴树、化香、槲栎（Quercus aliena）、灯台树（Cornus controversa）、水青树（Tetracentron sinense）、领春木、连香树（Cercidiphyllum japonicum）、柳属（Salix）植物等落叶阔叶树种。另外，针叶树种油松也常在群落中散生。

【10】卵叶钓樟+野核桃–油竹子群落

该群落代表样地位于七层楼沟的山麓坡地，海拔 1600m（31.06972°N，103.31138°E）。坡向为东南坡，坡度 35°～40°。林内较阴湿，土质较厚。枯枝落叶层分解较好，覆盖率为 90% 左右。

群落外貌灰绿色，林冠较整齐，成层现象较明显。乔木层高 7～10m，总郁闭度为 0.8，以卵叶钓樟为优势种，野核桃为次优势种，常见的伴生物种有星毛稠李（Padus stellipila）、细齿稠李（Padus obtusata）、鹅耳枥（Carpinus turczaninowii）、领春木、猫儿刺等，郁闭度为 0.2；其内有红豆杉 3 株，平均胸径 1cm，平均高 6.5m，平均冠幅为 3m×3m。灌木层高 0.5～4m，总盖度为 85%。乔木层可分为 2 个亚层，第一亚层高 2～4m，以油竹子（Fargesia angustissima）为优势种，常伴生木姜子、山胡椒（Lindera glauca）、直角荚蒾、桦叶荚蒾和楤木（Aralia elata）等；第二亚层高 0.5～1.5m，以蕊帽忍冬为主，盖度为 15%，常伴生蜡莲绣球、绣线菊（Spiraea salicifolia）、四川溲疏、野花椒、鲜黄小檗（Berberis diaphana）等。草本层高 5～100cm，总盖度为 55%，以高 5～10cm 的丝叶薹草为主，盖度 35%；其次有野棉花（Anemone vitifolia）、夏枯草（Prunella vulgaris）、齿果酸模（Rumex dentatus）、龙胆（Gentiana scabra）、酸浆（Alkekengi officinarum）、东方草莓等，盖度为 25%。

（七）青冈、落叶阔叶混交林

9. 曼青冈、桦、槭林

该植被类型分布较广，主要分布于中河、正河、皮条河海拔 1600～2100m 一带的山麓和山腰坡地。一般坡度为 35°～60°，最大坡度在 50°～60° 时，土层贫瘠，土壤较干燥，草本层和活地被物稀少，地面枯枝落叶分解较差，林木更新幼苗较少。坡度在 35°～45° 的半阳、半阴坡，林内较湿润，草本层和活地被物种类较丰富，枯枝落叶层分解较良好，腐殖层和土层较厚，林木更新幼苗种类和数量较多，自然更新良好。

【11】曼青冈+亮叶桦–油竹子群落

该群落代表样地位于正河沟口海拔 1700m 的山麓坡地，坡向为西南坡，坡度 50°。土壤为泥盆系的石英岩、千枚岩等上发育形成的山地黄棕壤，土层较薄，岩石露头多，草本层和藤本植物贫乏。枯枝落叶层分解不完全，覆盖率为 50%。

春夏季的群落外貌呈绿色，树冠较整齐，成层现象明显。乔木层总郁闭度 0.8，分为 2 个亚层。第一亚层高 12～15m，以曼青冈占优势，郁闭度为 0.4，平均高 13m，最大胸径为 18cm，平均胸径为 15cm；次优势种为红桦，郁闭度为 0.3，最大胸径为 25cm，平均胸径为 20cm；其他还有白桦（Betula platyphylla）、五裂槭（Acer oliverianum）、鹅耳枥、珙桐等，郁闭度为 0.1。第二亚层高 6～10m，以薄叶山矾（Symplocos anomala）、猫儿刺、化香、水青冈、领春木等为优势，常伴生少量的少花荚蒾、多鳞杜鹃、狭叶花椒、蜡莲绣球、蕊帽忍冬等。草本层高 5～70cm，总盖度为 15%，以高 5～15cm 的中华秋海棠数量较多，盖度为 5%；其次还有高 70cm 的黄金凤、粗齿冷水花、薹草、革叶耳蕨等，盖度为 10%。

【12】曼青冈+疏花槭–拐棍竹群落

该群落代表样地位于皮条河核桃坪及中河关门沟海拔 1800～2000m 的山腰坡地，坡向北偏东 30°，坡度 45°。土壤为山地黄棕壤，土层较薄，岩石露头较多，林内较为干燥。枯枝落叶层分解较差，覆盖率为 60%。

群落外貌深绿色与绿色相间，林冠较为整齐，成层现象明显。乔木层高10～20m，总郁闭度0.85，分为2个亚层。第一亚层高16～20m，以曼青冈为优势种，郁闭度0.4，高18～20m，胸径25～40cm；次优势种为疏花槭，郁闭度0.3，高1～16m，胸径20～30cm；其他还有灯台树、扇叶槭、青榨槭（*Acer davidii*）、野漆、华西枫杨、椴树、野核桃等，郁闭度0.15。第二亚层高10～13m，以领春木较多，另有圆叶天女花（*Oyama sinensis*）（图2-31）、亮叶桦、水青树、大叶柳（*Salix magnifica*）、连香树等，郁闭度0.1。灌木层高0.8～6.5m，总盖度70%；第一亚层高4～6.5m，以拐棍竹为优势种，盖度50%，其次有卵叶钓樟、少花荚蒾、蜡莲绣球、藏刺榛（*Corylus ferox* var. *thibetica*）、四川梅子、四川蜡瓣花（*Corylopsis willmottiae*）等，盖度13%；第二亚层高0.8～2m，有棣棠、蕊帽忍冬、甘肃瑞香、鞘柄菝葜等，盖度15%。草本层高20～100cm，总盖度30%；第一亚层高50～100cm，以掌裂蟹甲草（*Parasenecio palmatisectus*）为优势，盖度为15%；另有大叶冷水花、千里光（*Senecio scandens*）、荚果蕨等，盖度为5%；第二亚层高20～40cm，盖度约10%，以丝叶薹草数量最多，另有大羽贯众、掌叶铁线蕨、大叶三七、囊瓣芹（*Pternopetalum davidii*）等。

图2-31 圆叶天女花（刘明冲 摄）

（八）野桂花、落叶阔叶混交林

10. 野桂花、槭、桦林

【13】野桂花+五裂槭-香叶树群落

该群落代表样地位于三江西河南海子海拔2000m的山坡上部，坡向北坡，坡度45°。土壤为山地黄棕壤，土层较薄，岩石露头较多，林内较为干燥。枯枝落叶层分解较差，覆盖率为60%。

群落外貌深绿色与绿色相间，林冠较为整齐，成层现象明显。乔木层高10～20m，总郁闭度0.45，以野桂花和五裂槭为优势，并伴生野漆、领春木、猫儿刺等。灌木层高0.2～3m，总盖度80%；以高0.2～3m的香叶树为优势种，盖度50%，其次还有红毛五加、野樱桃（*Prunus serotina*）、蒙桑（*Morus mongolica*）、猫儿刺及蔷薇属的多种植物，盖度30%。草本层高5～70cm，总盖度30%，以贯众、细辛、铁破锣（*Beesia calthifolia*）和山酢浆草（*Oxalis griffithii*）等为优势，盖度为20%；另有薹草、光叶兔儿风（*Ainsliaea glabra*）、鳞毛蕨、楼梯草、万寿竹（*Disporum cantoniense*）、鹿药（*Maianthemum japonicum*）、油点草（*Tricyrtis macropoda*）、沿阶草等，盖度为10%。

Ⅲ．落叶阔叶林

落叶阔叶林在亚热带山地中是一种非地带性、不稳定的次生植被类型。它们是保护区内的常绿阔叶林、针阔叶混交林、亚高山针叶林等多种地带性植被类型被破坏后形成的次生植被类型。该植被类型具有垂直分布幅度大，呈块状分布的特点，在保护区森林线以内的各地带均可见到该群落。落叶阔叶林由于海拔以及与此相连的气候等自然环境的差异，群落类型差异较大。海拔2000m以下地段，落叶阔叶林主要是常绿阔叶林，常绿、落叶阔叶混交林等森林群落乔木树种，特别是常绿树种砍伐或间伐后所形成的次生群落，因此处于较低海拔的桤木林、栎类林、野核桃林又常与农耕地相间分布；海拔1800～3200m的地带是针阔叶混交林和亚高山针叶林等森林群落中的针叶树种被砍伐后形成的群落。因此，落叶阔叶林内常能见到原植被类型建群种的散生树及幼苗，如细叶青冈、曼青冈、卵叶钓樟等常绿阔叶树，以及华山松（*Pinus armandii*）、铁杉（*Tsuga chinensis*）、云南铁杉（*Tsuga dumosa*）、麦吊云杉（*Picea brachytyla*）、冷杉（*Abies fabri*）、岷江冷杉（*Abies faxoniana*）、四川红杉（*Larix mastersiana*）等针叶树。

（九）珙桐林

11. 珙桐林

珙桐林在卧龙保护区内主要分布在西河的鹿耳坪到岩磊桥之间，海拔 1550~1700m 地段，下接常绿、落叶阔叶混交林，上连铁杉针阔叶混交林。珙桐在海拔 1700m 以下常与樟科树种混交，形成常绿、落叶阔叶混交林；在海拔 1700m 以上常形成以珙桐为主的落叶阔叶林。

【14】珙桐-拐棍竹群落

该群落代表样地位于西河南岸白家岭海拔 1600m（30.879834°N，103.269168°E）的山腰中坡，坡向东坡，坡度 35°。土壤为山地黄棕壤，土层较薄，岩石露头较多，林内较为干燥。枯枝落叶层分解较差，覆盖率为 90%。

群落外貌夏季呈深绿色，入秋后呈现黄褐色斑块，树冠整齐，成层现象明显。乔木层高 6~15m，总郁闭度 0.5，可分为 2 个亚层：第一亚层以珙桐为优势，400m² 内有珙桐 10 株，高 10~14m，郁闭度 0.35，胸径 17~41cm，平均冠幅 5m×5m，最大冠幅 7m×6m；伴生连香树、灯台树、野核桃等植物；第二亚层以黄壳楠、小果润楠等为主，高 5~10m，胸径 9~20cm，平均冠幅 4m×3m。灌木层盖度为 25%~30%，高 1~4m，以拐棍竹为优势，伴生少量的糙叶五加（Eleutherococcus henryi）、蒙桑、猫儿屎（Decaisnea insignis）、海州常山（Clerodendrum trichotomum）、青荚叶（Helwingia japonica）、黄泡（Rubus ellipticus var. obcordatus）等植物。草本层高 10~100cm，总盖度为 60%。以薹草为优势种，其次有三脉紫菀（Aster ageratoides）、白苞蒿（Artemisia lactiflora）、轮叶黄精、红毛七（Caulophyllum robustum）、沿阶草、粗齿冷水花、柔毛路边青（Geum japonicum var. chinense）、山酢浆草等植物。层外主要有狗枣猕猴桃、马兜铃属一种（Aristolochia sp.）、绞股蓝、阔叶清风藤（Sabia yunnanensis subsp. latifolia）等植物。

（十）水青树林

12. 水青树林

水青树林分布于西河、中河、正河海拔 2000~2600m 的山腰地带，下接常绿、落叶阔叶混交林，上连铁杉针阔叶混交林。

【15】水青树-冷箭竹群落

该群落代表样地位于西河幸福沟海拔 2380m 的山腰缓坡地段（31.141225°N，103.342193°E），坡向西北坡，坡度 30°。土壤为山地棕色森林土，土层较厚，疏松湿润，枯枝落叶层分解良好，覆盖率达 80%。

群落外貌夏季绿色，林冠较整齐，成层现象明显。乔木层高 8~18m，总郁闭度 0.70，分为 2 个亚层：第一亚层以水青树为优势，高 15~20m，胸径 24~36cm，平均冠幅 4m×2.5m，常伴生毛果槭、长尾槭（Acer caudatum）、稠李、华西枫杨等；第二亚层种类较少，主要有亮叶桦、钻地风等乔木，高 7~12m，胸径 12~20cm，平均冠幅 1m×2m。灌木层高 1.5~8m，总盖度 60%，以 2~5m 高的冷箭竹（Bashania faberi）为主，盖度 50%，伴生汶川星毛杜鹃（Rhododendron asterochnoum）、心叶荚蒾等。草本层高 15~90cm，盖度 50%，以石生楼梯草占优势，高 50cm 左右，其次有粗齿冷水花、黄水枝（Tiarella polyphylla）、卵叶山葱（Allium ovalifolium）、龙胆、山酢浆草等。层外植物主要有冠盖绣球，地貌苔藓层较少。

【16】水青树-拐棍竹群落

该群落代表样地位于正河白岩沟海拔 2200m 的山腰坡地（31.20111°N，103.36611°E），坡向西北坡，坡度 30°。土壤为山地棕色森林土，土层较厚，腐殖土厚 10cm，枯枝落叶层分解良好，覆盖率达 80%。

群落外貌夏季绿色，林冠较整齐，成层现象明显。乔木层高 17~25m，总郁闭度 0.80。乔木层分为 2 个亚层：第一亚层以水青树为优势，高 20~23m，胸径 27~40cm，平均冠幅 4m×3m，常伴生大叶杨（Populus lasiocarpa）、红麸杨（Rhus punjabensis var. sinica）等；第二亚层种类较少，主要有黄毛槭（Acer fulvescens）、三桠乌药（Lindera obtusiloba）等植物，高 17~19m。灌木层高 1.5~5m，总盖度 85%，以拐棍竹为主，其中高 3~5m 的灌木盖度 50%，常伴生多鳞杜鹃、青荚叶、猫儿刺等，高 1.5~3m。草本层高 8~75cm，盖度20%，以锈毛金腰（*Chrysosplenium davidianum*）占优势，其次有川滇细辛（*Asarum delavayi*）、沿阶草、鹿药、六叶葎（*Galium hoffmeisteri*）、七叶一枝花（*Paris polyphylla*）、三脉紫菀等。层外植物常伴生铁线莲、阔叶清风藤（*Sabia yunnanensis* subsp. *latifolia*）等藤本植物。

（十一）连香树林

13. 连香树林

连香树林主要分布于保护区皮条河、西河海拔1750～2200m的山腰阶地和缓坡，大多呈块状分布。

【17】连香树+华西枫杨–拐棍竹群落

该群落代表样地位于西河南海子桂花林海拔1940m的山腰坡地（30.873032°N，103.284236°E），坡向东北坡，坡度5°。土壤为山地棕色森林土，土层较厚，疏松湿润。枯枝落叶层分解良好，覆盖率达80%。

群落外貌春夏季绿色，林冠较整齐，成层现象不明显。乔木层高8～20m，总郁闭度0.30，以连香树和华西枫杨为优势，高10～20m，胸径25～100cm，平均冠幅6m×5m；其他的还有黄毛械、大叶杨、领春木、泡花树（*Meliosma cuneifolia*）、灯台树等，高8～12m，胸径10～20cm。灌木层高2～5m，总盖度85%，以高3～3.5m的拐棍竹为主，盖度70%；其次为楤木、川莓（*Rubus setchuenensis*）、大叶醉鱼草（*Buddleja davidii*）等，高2～3m。草本层高5～90cm，盖度20%，以钝齿楼梯草占优势，高5～7cm，盖度15%；其次有蛛毛蟹甲草（*Parasenecio roborowskii*）、大叶冷水花等植物，盖度约5%。层外植物极少，附生植物以苔藓、地衣较多。

【18】连香树–拐棍竹群落

该群落代表样地位于皮条河核桃坪对面海拔1880m的山腰缓坡，坡向西北坡，坡度35°。土壤为山地黄棕壤，土层较厚，疏松湿润。枯枝落叶层分解良好，覆盖率达85%。

群落外貌春夏季绿色，林冠较整齐，成层现象明显。乔木层高12～26m，总郁闭度0.90，分为2个亚层：第一亚层以连香树为优势，高18～26m，胸径20～40cm，平均冠幅6m×5m，其次为野漆、灯台树、野核桃和大叶杨等植物；第二亚层高12～14m，以领春木、权叶械、瓜木和泡花树等为主。灌木层高1.5～6.5m，总盖度70%，以高4～5m的拐棍竹为优势，盖度35%；其次为卵叶钓樟，盖度30%；其他的还有少量的接骨木、桦叶荚蒾、青荚叶、小泡花树等，盖度5%左右。草本层高10～85cm，总盖度20%，以高60cm的黑鳞耳蕨为优势，盖度15%；其他的还有大叶冷水花、小鳞薹草、六叶葎、小花人字果等植物，盖度约5%。层外植物极少，附生植物以苔藓、地衣较多。

（十二）野核桃林

14. 野核桃林

野核桃林以野核桃（*Juglans cathayensis*）为优势种，在保护区皮条河、中河海拔1550～2100m一带的河谷阶地或坡地常见，为常绿阔叶林或者常绿、落叶阔叶混交林砍伐后所形成的次生落叶阔叶林，呈块状分布。一般坡度为5°～30°，土层比较肥厚，土壤较湿润。枯枝落叶层分解较为良好，草本层和活地被物较多，林木更新幼苗较多。

【19】野核桃–火棘群落

该群落代表样地位于皮条河漤水沟梁福田海拔2100m的山麓坡地（31.01190°N，103.16456°E），坡向西北坡，坡度15°。土壤为山地黄壤，土层较厚，林内较为阴湿。枯枝落叶层分解较为良好，盖度达75%。

群落外貌春夏绿色，林冠较整齐，成层现象不明显，乔木层与灌木层相互交替。乔木层高6～13m，总郁闭度0.75，以野核桃为优势种，平均高11m，胸径3～20cm，平均胸径12cm，平均冠幅为3m×2m。灌木层高1～2m，总盖度达35%，以火棘（*Pyracantha fortuneana*）为优势种，其中高1～1.5m的火棘盖度达20%，常伴生四川溲疏、四川蜡瓣花、卵叶钓樟、长叶胡颓子（*Elaeagnus bockii*）、甘肃瑞香、红果树、棣棠等。草本层高3～70cm，总盖度达95%，以东方草莓为优势，高3～10cm，盖度达50%以上；其次为风轮菜（*Clinopodium chinense*）、天名精、天蓝变豆菜（*Sanicula coerulescens*）、尼泊尔蓼（*Persicaria nepalensis*)、柔毛路边青（*Geum japonicum* var. *chinense*）、大火草（*Anemone tomentosa*）等，盖度为25%；另有四叶葎、马兰（*Aster indicus*）、苔草、野棉花、长茎毛茛（*Ranunculus nephelogenes* var. *longicaulis*）、沿阶草、糙苏（*Phlomoides umbrosa*）、龙牙草（*Agrimonia pilosa*）、无心菜（*Arenaria serpyllifolia*）、老鹳草（*Geranium wilfordii*）、掌裂蟹甲草（*Parasenecio palmatisectus*）等，总盖度在20%左右。藤本植物较丰富，有显脉猕猴桃（*Actinidia venosa*）、三叶木通（*Akebia trifoliata*）、铁线莲属一种（*Clematis* sp.）、川赤爬等缠绕或攀缘在野核桃等树干上。

【20】野核桃-拐棍竹群落

该群落代表样地位于皮条河糖房对面海拔2090m的山腰缓坡（31.08969°N，103.28127°E），坡向南坡，坡度25°。土壤为山地黄棕壤，土层较厚，腐殖质层较厚，达7cm，疏松湿润。枯枝落叶层分解较好，盖度达70%。

群落外貌春夏季绿色，秋季黄色，林冠较整齐，成层现象明显。乔木层高8～22m，总郁闭度0.6，分为2个亚层：第一亚层高12～22m，以野核桃为优势，平均高17m，平均胸径16cm，平均冠幅为3m×2m，其次为野漆，高约22m，胸径25～30cm；第二亚层高8～11m，主要有青麸杨、卵叶钓樟等。灌木层高0.7～7m，总盖度达35%，以高4～7m的拐棍竹为优势种，盖度达25%；伴生的有覆盆子（*Rubus idaeus*）、薄叶鼠李（*Rhamnus leptophylla*）、蕊帽忍冬（*Lonicera ligustrina* var. *pileata*）、直穗小檗（*Berberis dasystachya*）、野花椒等，盖度10%。草本层高30～170cm，总盖度65%，以艾（*Artemisia argyi*）为优势，高80～160cm，盖度达30%以上；其次为荚果蕨、凤了蕨、打破碗花花（*Anemone hupehensis*）、日本金星蕨，总盖度20%；其他还有丝叶薹草、革叶耳蕨、石生繁缕、羊齿天门冬（*Asparagus filicinus*）、异叶黄鹌菜（*Youngia heterophylla*）、六叶葎、龙牙草等，总盖度在15%左右。藤本植物较丰富，有阔叶清风藤、华中五味子、川赤爬（*Thladiantha davidii*）、毛葡萄（*Vitis heyneana*）、三叶木通、悬钩子等缠绕或攀缘在野核桃等树干上。

【21】野核桃-长叶胡颓子群落

该群落代表样地位于皮条河足木沟海拔1920m的山坡坡麓（31.05624°N，103.20591°E），坡向东坡，坡度35°。土壤为山地黄棕壤，土层较厚，腐殖质层厚2cm，疏松湿润。枯枝落叶层厚5cm，分解较好，盖度达70%。

群落外貌春夏季绿色，秋季黄色，林冠较整齐，成层现象明显。乔木层高8～22m，总郁闭度0.7，以野核桃为优势，高5～10m，平均高7m，平均胸径16cm，平均冠幅为3m×2m，常伴生日本落叶松、青麸杨、卵叶钓樟等植物。灌木层高0.4～3m，总盖度15%；以长叶胡颓子为优势种，高1.5～2.5m，盖度达10%；伴生卵叶钓樟、长叶溲疏、蕊帽忍冬、短柱枸等。草本层高10～70cm，总盖度97%；第一亚层以蕨类植物为主，高50～70cm，以蹄盖蕨为优势，盖度达50%以上，其次为荚果蕨、凤了蕨、艾，总盖度20%；第二亚层高10～40cm，主要有沿阶草、苔草、三角叶蟹甲草（*Parasenecio deltophyllus*）、三白草（*Saururus chinensis*）、四叶葎、野棉花、宽翅香青（*Anaphalis latialata*）、龙牙草、天名精、香附子（*Cyperus rotundus*）、马兰等，总盖度在25%左右。

【22】野核桃-冷箭竹群落

该群落代表样地位于皮条河幸福沟二道沟海拔2370m的下坡位（31.141639°N，103.342551°E），坡向西北坡，坡度5°。土壤为山地黄棕壤，土层较厚，腐殖质层厚2cm，疏松湿润。枯枝落叶层厚5cm，分解较好，盖度达70%。

群落外貌春夏季绿色，秋季黄色，林冠较整齐，成层现象明显。乔木层高8～22m，总郁闭度0.8。以野核桃为优势，高6～12m，平均高8m，平均胸径16cm，平均冠幅为4m×3m，常伴生宝兴栒子、水青树等植物。灌木层高0.8～6.5m，总盖度85%；第一亚层以高3～6.5m的冷箭竹为优势种，盖度达60%；第二亚层高0.8～3m，主要有黄毛杜鹃、桦叶荚蒾、直穗小檗等，盖度30%。草本层高7～77cm，总盖度90%；以高7～15cm的钝叶楼梯草为优势，盖度达60%以上；其次为铁破锣、大叶冷水花，盖度20%；此外还有山酢浆草、阴地蕨、对叶耳蕨、三角叶蟹甲草、猪殃殃等，总盖度在10%左右。

（十三）桦木林

15. 亮叶桦林

亮叶桦林集中分布于皮条河溴水沟海拔2300～2500m一带的山麓坡地及山腰阶地。

【23】亮叶桦+疏花槭-冷箭竹群落

该群落代表样地位于皮条河溴水沟海拔2360m的山腰阶地（31.01020°N，103.16869°E），坡向西北坡，坡度15°。土壤为山地棕色森林土，土质肥厚，疏松湿润。腐殖质层厚5cm，枯枝落叶层厚5cm，分解较为良好，盖度达90%。

群落外貌春夏季绿色，林冠较整齐，成层现象明显。乔木层高7～24m，总郁闭度0.70，分为2个亚层：第一亚层高13～22m，以亮叶桦为优势，郁闭度0.5，胸径8～30cm，平均冠幅4m×3m；其次有大叶杨、山杨、麦吊云杉、房县槭等，郁闭度0.1；第二亚层高7～12m，以疏花槭为优势，郁闭度0.3，其次有红桦、显脉荚蒾、尖叶木姜子、野核桃等，郁闭度0.15。灌木层高0.4～6m，总盖度75%，第一亚层高3～6m，以冷箭竹占优势，盖度60%；其次有猫儿刺、多鳞杜鹃、桦叶荚蒾等，盖度10%；此外蕊帽忍冬、唐古特忍冬（Lonicera tangutica）、鞘柄菝葜、醉鱼草、红毛悬钩子等，盖度4%。草本层高5～50cm，总盖度70%，以丝叶薹草为优势，盖度达60%；其次为沿阶草，高约20cm，盖度20%，常伴生山酢浆草、四叶葎、六叶葎、虎耳草、单叶细辛、掌裂蟹甲草等。

16. 红桦林

卧龙保护区的红桦林多为次生林。因麦吊云杉、四川红杉和铁杉间伐后或森林砍伐后，林内阳光充足，为喜光的落叶阔叶树种创造了良好的生长条件，使针阔叶混交林逐渐演替为以红桦为主的次生落叶阔叶林。主要分布于皮条河、西河、正河和中河海拔2000～2600m的山腰坡地，呈块状分布。

【24】红桦-冷箭竹群落

该群落代表样地在皮条河原草地海拔2600m左右的上坡位（31.00428°N，103.17493°E），坡向西北坡，坡度20°。土壤为山地棕色森林土，土质肥厚，疏松湿润。枯枝落叶层分解较为良好，覆盖率达90%。

群落外貌茂密、绿色，林冠整齐，成层现象明显。乔木层高9～30m，总郁闭度0.65，第一亚层高18～30m，以红桦为优势，郁闭度0.5，其次有五尖槭（Acer maximowiczii）、青榨槭（Acer davidii）、毛果槭（Acer nikoense）、多毛椴（Tilia chinensis var. intonsa）等，郁闭度0.1；第二亚层高9～16m，有扇叶槭、五裂槭、泡花树等，郁闭度0.15。灌木层高1.5～6m，总盖度93%，第一亚层高3～6m，以冷箭竹占优势，盖度60%，其次有粉红溲疏（Deutzia rubens）、木寻梅子、高丛珍珠梅（Sorbaria arborea）、陕甘花楸（Sorbus koehneana）等，盖度10%；第二亚层高1.5～3m，主要有峨眉蔷薇、越橘叶忍冬（Lonicera angustifolia var. myrtillus）、蜡莲绣球等，盖度10%。草本层高60cm，总盖度70%；第一亚层高35～70cm，主要有石生繁缕、苔草、三脉紫菀等，盖度30%；第二亚层高30～50cm，以东方草莓、丝叶薹草为优势，盖度25%；常伴生沿阶草、四叶葎、虎耳草、单叶细辛、掌裂蟹甲草等。活地被物盖度较高，苔藓盖度达50%以上。

【25】红桦-桦叶荚蒾群落

该群落为铁杉或麦吊云杉砍伐后形成的次生落叶阔叶林，代表样地位于皮条河万家岩窝海拔2850m的山腰坡地或台地。坡向西南坡，坡度15°。土壤为山地棕色森林土，枯枝落叶层分解良好，覆盖率为80%。

群落外貌春夏季绿色，林冠较整齐，成层现象明显。乔木层高7～25m，总郁闭度0.85，分为2个亚层，第一亚层高12～25m，胸径7～35cm，平均冠幅5m×3.5m；以红桦和疏花槭占优势，郁闭度0.6；其次有沙棘、高丛珍珠梅和青榨槭等，郁闭度0.1；第二亚层高7～11m，以领春木和柳树为主，郁闭度0.1，伴生红桦、疏花槭的幼苗，高5～10m。灌木层高0.7～4m，总盖度65%；以桦叶荚蒾为优势种，高2～4m，盖度40%；其他还有蕊帽忍冬、冰川茶藨子（Ribes glaciale）、四川溲疏、瑞香、直穗小檗、高丛珍珠梅、绣球属植物等。草本层高5～40cm，总盖度95%；以蛇莓为优势，盖度达60%，高4～6cm；其次为蹄盖蕨、六叶葎、茅莓（Rubus parvifolius），盖度25%，高10～20cm；此外还有四叶葎、细辛、透茎冷水花、紫花碎米荠（Cardamine tangutorum）、黄金凤等，盖度约10%。层外植物主要有粗齿铁线莲等藤本植物，另有苔藓层，盖度为15%~20%。

【26】红桦+疏花槭-桦叶荚蒾群落

该群落代表样地位于皮条河转经楼沟海拔2500m的山腰坡地或台地，坡向西北坡，坡度15°。土壤为山地棕色森林土，枯枝落叶层分解良好，覆盖率为80%。

群落外貌春夏季绿色，林冠较整齐，成层现象明显。乔木层高7~25m，总郁闭度为0.85，分为2个亚层。第一亚层高12~25m，胸径7~35cm，平均冠幅5m×3.5m；以红桦和疏花槭占优势，郁闭度为0.6；其次有沙棘、高丛珍珠梅和青榨槭等，郁闭度为0.1；第二亚层高7~11m，以领春木和柳树为主，郁闭度为0.1，伴生红桦、疏花槭的幼苗，高5~10m。灌木层高0.7~4m，总盖度65%；以桦叶荚蒾为优势种，高2~4m，盖度为40%；其他还有蕊帽忍冬、冰川茶藨子、四川溲疏等。草本层高5~40cm，总盖度95%；以蛇莓为优势，盖度达60%，高4~6cm；其次为蹄盖蕨、六叶葎、茅莓，盖度为25%，高10~20cm；此外还有四叶葎、细辛、透茎冷水花、紫花碎米荠、黄金凤等，盖度约为10%。层外植物主要有粗齿铁线莲等藤本植物，另有苔藓层，盖度为15%~20%。

17. 糙皮桦林

【27】糙皮桦-冷箭竹群落

该群落为铁杉针阔叶混交林退化后形成的常绿、落叶阔叶混交林，代表样地位于皮条河野牛沟海拔3190m的山坡坡麓（30.82792°N，102.95942°E），坡向为西南坡。土壤为山地棕色森林土，枯枝落叶层分解良好，覆盖率达75%。

群落外貌春夏季绿色，茂密，林冠较整齐，成层现象比较明显。乔木层高6~18m，总郁闭度0.5；第一亚层高10~18m，以糙皮桦为优势种，以西南樱桃为次优势种；第二亚层高6~9m，以黄花杜鹃为主。灌木层高1~3m，总盖度68%，以冷箭竹和黄花杜鹃为优势，盖度55%；其次有喜阴悬钩子、柳叶忍冬等，盖度15%。草本层高5~70cm，总盖度95%；以尼泊尔蓼为主，盖度55%；其他还有掌裂蟹甲草、山酢浆草、大叶三七、东方草莓、鹿蹄草、六叶葎等。该群落中还有国家二级重点保护野生植物独叶草（*Kingdonia uniflora*）（图2-32）。独叶草生活在灌草丛中，时常受到放牧等的干扰，强烈建议保护区加强此区域的保护和管理。

图2-32 独叶草（刘明冲 摄）

（十四）槭树林

18. 房县槭林

【28】房县槭-拐棍竹群落

该群落代表样地位于皮条河溴水沟烂泥塘海拔2440m的山坡中部（31.00659°N，103.16810°E），坡向为西北坡，坡度30°。土壤为山地棕色森林土，土壤较厚，疏松湿润；腐殖质层厚10cm，枯枝落叶层平均厚5cm，分解较为充分，覆盖率达70%。

群落外貌春夏季绿色，入秋变为黄色，林冠较整齐，成层现象明显。乔木层高6~22m，总郁闭度0.8；第一亚层高15~22m，以房县槭为优势种，疏花槭为次优势种；第二亚层高6~10m，主要有房县槭、稠李和疏花槭。灌木层1~3m，总盖度30%，以高1~2.5m的拐棍竹为优势，盖度25%；伴生冰川茶藨子、显脉荚蒾、唐古特忍冬、刺五加及房县槭的幼苗，盖度10%。草本层高5~100cm，总盖度70%，以大叶冷水花为优势，盖度40%；其次有黄金凤、东方草莓和血满草（*Sambucus adnata*），盖度25%；此外还有六叶葎、山酢浆草、林地早熟禾（*Poa nemoralis*）、乌头、三脉紫菀等，盖度约10%。

（十五）杨树林

19. 大叶杨林

大叶杨林在保护区主要分布在正河、皮条河海拔1800~2500m一带的山腰坡地，呈块状分布。

【29】大叶杨-拐棍竹群落

该群落代表样地位于正河白岩沟海拔2240m的山麓坡地，坡向北偏东40°，坡度10°。土壤为山地棕色森林土，土壤较厚，疏松湿润。枯枝落叶层分解较差，覆盖率达70%。

群落外貌春夏季绿色，林冠较整齐，成层现象明显。乔木层高7~22m，总郁闭度0.8；第一亚层以大叶杨占优势，郁闭度0.75，最高22m，平均18m，最大胸径45cm，平均25cm；其次有黄毛械、野樱桃、落叶松、铁杉等，郁闭度0.1。灌木层高0.7~7m，总盖度85%，以拐棍竹占优势，盖度75%；星毛杜鹃、柳属一种（*Salix* sp.）、刚毛忍冬等次之，总盖度10%；另有水青树幼苗、蕊帽忍冬、秀丽莓、直穗小檗，总盖度3%。草本层高30~100cm，总盖度80%，以薹草和东方草莓为主，盖度50%；其次有落地梅（*Lysimachia paridiformis*）、单叶细辛、六叶葎、紫花碎米荠、山酢浆草等，盖度25%；另有掌裂蟹甲草、木贼、梅花草、三角叶蟹甲草、七叶一枝花、鸭儿芹（*Cryptotaenia japonica*）等，盖度10%。

20. 太白杨林

太白杨林主要分布于正河、皮条河、中河海拔1600~2650m一带的河谷阶地，呈块状分布。

【30】太白杨-柳树群落

该群落代表样地位于三江中河海拔1860m的山麓坡地（30.94444°N，103.47333°E），坡向西南坡，坡度45°。土壤为山地棕色森林土，土层较深厚，土壤湿润。枯枝落叶层分解较差，覆盖率达80%。

群落外貌春夏季绿色，林冠较整齐，成层现象较明显。乔木层高6~22m，总郁闭度0.8；第一亚层以太白杨占优势，郁闭度0.45，树高最大22m，平均20m，最大胸径48cm，平均37cm，其次有灯台树、野核桃、青钱柳等；第二亚层高6~8m，主要有野樱桃、七叶树等，郁闭度0.3。灌木层高1~6m，总盖度60%；以高2~5m的柳树占优势，盖度为30%；其次有沙棘、蜡莲绣球、大叶醉鱼草，高1~3m，盖度20%；此外还有领春木、大叶杨和太白杨的幼苗，盖度10%。草本层高30~100cm，盖度95%；以东方草莓为主，盖度50%；其次有掌裂蟹甲草、蛇莓、楼梯草等，盖度35%；另有透茎冷水花、长籽柳叶菜（*Epilobium pyrricholophum*）、六叶葎、柔毛路边青等，盖度10%。

（十六）枫杨林

21. 华西枫杨林

华西枫杨林主要分布于正河、皮条河、中河海拔1800~2600m的山腰阶地和缓坡，多呈块状分布。

【31】华西枫杨-短锥玉山竹群落

该群落代表样地位于皮条河银厂沟沟口海拔2270m的山坡下坡（30.58291°N，103.06402°E），坡向东北坡，坡度35°。土壤为山地棕色森林土，土层较深厚，枯枝落叶层厚7cm，分解良好，覆盖率达75%。

群落外貌春夏季绿色，林冠较整齐，成层现象不明显。乔木层高5~13m，总郁闭度0.5。以华西枫杨占优势，郁闭度0.3，高8~13m，胸径13~25cm；其他还有西南樱桃、领春木等植物，郁闭度0.2。灌木层高1~5m，总盖度60%；以高1.2~1.8m的短锥玉山竹占优势，盖度40%；伴生卵叶钓樟、鸡骨柴（*Elsholtzia fruticosa*）、多鳞杜鹃等，高1.5~5m，盖度20%。草本层高4~60cm，盖度25%；以蹄盖蕨占优势，盖度15%；此外还有三脉紫菀、三角叶蟹甲草、艾蒿、林地早熟禾、独活（*Heracleum hemsleyanum*）、窃衣（*Torilis scabra*）、打碗花、山酢浆草等，盖度10%。

【32】华西枫杨-天全钓樟群落

该群落代表样地位于皮条河转经楼沟爬爬沟海拔2170m的山坡坡麓（31.02684°N，103.21668°E），坡向西北坡，坡度20°。土壤为山地棕色森林土，土层较深厚，枯枝落叶层厚5cm，分解良好，覆盖率达75%。

群落外貌春夏季绿色，林冠较整齐，成层现象明显。乔木层高5~25m，总郁闭度0.65；第一亚层高

18～25m，以华西枫杨占优势；第二亚层高 5～17m，主要有亮叶桦、五裂槭等。灌木层高 0.8～7m，总盖度 40%；以天全钓樟（Lindera tienchuanensis）占优势，高 1.5～3m，盖度为 25%；常伴生桦叶荚蒾、高丛珍珠梅、房县槭、柳叶忍冬、四川溲疏、冰川茶藨子、高丛珍珠梅等。草本层高 6～60cm，总盖度达 90% 以上；以六叶葎、铁线蕨、透茎冷水花等为优势，其他还有蒲儿根（Sinosenecio oldhamianus）、黄精、蛇莓、凤尾蕨、风轮菜、蹄盖蕨、马兰、东方草莓等。

【33】华西枫杨+多毛椴-高丛珍珠梅群落

该群落代表样地位于皮条河转经楼沟支沟牛头沟海拔 2400m 的中坡（31.01194°N，103.22142°E），坡向西北坡，坡度 11°。土壤为山地棕色森林土，土层较深厚，湿润，腐殖质层厚 8cm，枯枝落叶层厚 3cm，分解良好，覆盖率达 75%。

群落外貌春夏季绿色，林冠较整齐，成层现象明显。乔木层高 5～25m，总郁闭度 0.80；第一亚层高 12～25m，以华西枫杨占优势，常伴生疏花槭；第二亚层高 5～11m，主要有野樱桃、柳树等。灌木层高 1～5m，总盖度 50%；以高丛珍珠梅占优势，高 3～4m，盖度 30%；伴生扁刺蔷薇、多鳞杜鹃、蕊帽忍冬、冰川茶藨子、桦叶荚蒾、疏花槭和野樱桃幼苗等。草本层高 6～60cm，总盖度 85%，以铁线蕨、透茎冷水花等为优势，盖度 75%；其他还有六叶葎、蒲儿根、黄精、蛇莓、凤尾蕨、风轮菜、东方草莓、蹄盖蕨等。

（十七）沙棘林

22. 沙棘林

沙棘林主要分布在保护区内海拔 2000～3200m 的河岸及河滩，面积不大，多呈斑块状分布。

【34】沙棘+疏花槭-高丛珍珠梅群落

该群落代表样地位于皮条河转经楼沟海拔 2500m 的山腰台地（31.00953°N，103.22424°E），坡向西北坡，坡度 20°。土壤为山地棕色森林土，土层较深厚，土壤湿润。枯枝落叶层厚 5cm，分解较差，覆盖率达 85%。

群落外貌灰绿色，林冠整齐，成层现象明显。乔木层高 6～20m，总郁闭度 0.90；第一亚层高 12～20m，以沙棘占优势，疏花槭次之；第二亚层高 6～11m，主要为野樱桃。灌木层高 0.87m，总盖度 25%；高丛珍珠梅为优势种，常见的伴生种有桦叶荚蒾、宝兴枸子、柳叶忍冬、四川溲疏等。草本层高 60cm，总盖度 95%，主要有多种禾草、藜芦（Veratrum nigrum）、橐吾、圆穗蓼（Polygonum sphaerostachyum）、太白韭（Allium prattii）、一把伞南星（Arisaema erubescens）、滇川唐松草（Thalictrum finetii）、蓝翠雀花（Delphinium caeruleum）、紫菀、毛茛状金莲花（Trollius ranunculoides）等，盖度达 60%以上。

Ⅳ. 竹林

竹林是由禾本科竹类植物组成的多年生常绿木本植物群落。由于竹类植物多喜温暖湿润气候，故热带和亚热带是其主要分布区域，仅部分竹种延伸到温带或亚寒带山地。因保护区地理位置和海拔，以及与此相联系的水分、热量等环境因素的制约，虽然竹类分布广泛，但种类组成简单。由于竹类植物的生物学和生态学特征与一般禾本科植物又有明显的区别，各种竹类群落分布的地带和区域各不相同。从卧龙保护区分布的竹种特点来看，该区主要以灌木型的小径竹为主；从生境特点和卧龙区域位置来看，卧龙保护区的竹林可归为温性竹林。在保护区海拔 1000m 以上的地带所分布的竹种更多的是组合在常绿、落叶阔叶混交林，针阔叶混交林，以及亚高山针叶林等森林植被的各类型中，构成灌木层的优势种或优势层片，仅在上述森林植被破坏后的局部地段才形成单纯的竹林群落。

保护区的竹林多呈块状分布，生长密集，群落种类组成简单，常有原森林植被的乔木树种散生其中。

（十八）箭竹林

23. 油竹子林

该植被类型主要分布于皮条河谷磨子沟大桥至水界牌一带谷坡，局部分布于正河河谷自白岩沟以下山麓，分布海拔 1200~1700m。在这一带除人迹罕至的地段还保存有局部乔木林、稍缓谷坡已辟为耕地外，大部区域均被油竹子林所占据。群落一般上接常绿、落叶阔叶混交林，下抵河谷灌丛或直达溪边，在坡度较缓地段多与农耕地镶嵌。土壤主要为山地黄壤，分布上段局部有黄棕壤出现。

群落外貌油绿色，冠幅不整齐，结构较为凌乱。盖度 35%~75%，其中油竹子占绝对优势，秆高 2~3m，基径 1~2cm。群落盖度大小及种类组成常因立地条件与人为影响程度不同而不同，在岩石裸露较多的陡坡以及居民点附近的油竹子林，因土层瘠薄立地条件差或因人为影响较为频繁，上层郁闭度通常在 0.5 以下，并零星掺杂野核桃、盐肤木（*Rhus chinensis*）、青麸杨、领春木、卵叶钓樟、银叶杜鹃、湖北花楸等低矮乔木及其萌生枝。喜阳的落叶灌木如鸡骨柴、岩椒、喜阴悬钩子、鞘柄菝葜（*Smilax stans*）、吴茱萸五加（*Gamblea ciliata* var. *evodiifolia*）、覆盆子、四川溲疏、蜡莲绣球等也常伴生。草本层主要有糙野青茅、打破碗花花、薹草、狭瓣粉条儿菜等；常见的伴生种主要有荚果蕨、东方荚果蕨、掌叶铁线蕨、十字薹草、吉祥草和秋海棠等。

24. 拐棍竹林

拐棍竹林广布于保护区的皮条河、西河、正河及其支沟谷底的阴坡和半阴坡，以及狭窄谷地的两侧谷坡，生于海拔 1600~2650m 的常绿、落叶阔叶混交林和针阔叶混交林带内。从竹类植物在保护区的自然分布来看，一般拐棍竹下接油竹子，上连冷箭竹。

在天然情况下，拐棍竹一般为常绿、落叶阔叶混交林和针阔叶混交林的林下植物，在其分布区的上段伴生岷江冷杉林下段植被，构成其灌木层的竹类层片或者优势层片。林地遭破坏后即可形成竹林。

拐棍竹林一般外貌绿色，茂密，结构单纯。秆高 3~5m，最高可达 7m，基径 0.5~3cm，盖度 40%~90%。群落结构与植物组成均随地域或生境的差异而不同。随着海拔的逐渐升高，常掺杂青冈栎、曼青冈、槭树和桦木等；在分布区上段常掺杂常绿针叶类树种，以及杜鹃属、忍冬属、茶藨子属植物等灌木树种。

草本层盖度较小，一般不超过 20%，以蕨类、薹草属、蟹甲草属、沿阶草属、酢浆草属、赤车属等的喜阴湿种类为主。

（十九）木竹（冷箭竹）林

25. 冷箭竹林

该群落为由以巴山木竹属（*Bashania*）的冷箭竹为优势种所组成的群落。该群落为保护区内分布海拔最高、占据面积最大的类型，分布于保护区耿达河、皮条河、中河、西河与正河等的各级支沟尾部海拔 2300~3600m 的地带，往往集中成片分布在海拔 3000~3400m 的亚高山地带。在天然乔木保存较好的情况下，冷箭竹常组合于岷江冷杉林林下，成为森林群落灌木层的优势层片，仅在林缘或林窗处以及森林树种被砍伐后的迹地上形成纯竹林。

冷箭竹林外貌翠绿，植株短小密集，一般秆高 1~3m，基径 0.5~1cm，盖度 70%~90%。常零星伴生糙皮桦、西南樱桃、岷江冷杉等，在半阳坡偶见川滇高山栎（*Quercus aquifolioides*）、麦吊云杉（*Picea brachytyla*）等。灌木除杜鹃外，以唐古特忍冬、红毛五加（*Acanthopanax giraldii*）、角翅卫矛（*Euonymus cornutus*）、陕甘花楸等为常见。草本层盖度小，通常低于 20%，常见种有宝兴冷蕨、薹草、四川拉拉藤（*Galium sichuanense*）、华北鳞毛蕨、卵叶山葱、钝齿楼梯草、山酢浆草、沿阶草、繁缕虎耳草、驴蹄草等。

（二十）短锥玉山竹林

26. 短锥玉山竹林

该植被类型主要分布于正河谷地中上段，板棚子至总棚子一带分布较为连片，另外，皮条河、西河谷地有零星分布，分布海拔 1800~3200m。在天然乔木保存较好的情况下，短锥玉山竹常组合于岷江冷杉林林下，成为岷江冷杉林灌木层的优势层片；在分布区的中段，如正河卡子沟海拔 2500m 处，则多组合于以麦吊云杉或铁杉为主的针阔叶混交林下，构成针阔叶混交林灌木层的优势层片；仅在林缘或林窗处以及森林树种被砍伐后的迹地上形成竹林。

群落外貌绿色，茂密，盖度 80%左右。短锥玉山竹高 1～3m，基径 0.5～2cm。常零星掺杂岷江冷杉、铁杉、槭树、桦木和椴树等针阔叶树种。杜鹃属、忍冬属、茶藨子属、荚蒾属等灌木也常见。草本层盖度通常较低，大多盖度在 30%以下。常见种类有钝齿楼梯草、峨眉鼠尾草、阔柄蟹甲草、卵叶山葱、革叶耳蕨等。

针叶林

针叶林是以针叶树种为建群种或优势种组成的森林植被类型。它既包含了以针叶树种为建群种的纯林、以不同针叶树种为共建种的混交林，又包含阔叶树种的针阔叶混交林。

针叶林是保护区植被重要的组成部分，也是分布面积最大的森林植被类型，在保护区海拔 1700～3800m 内有不同类型出现。组成保护区针叶林的优势树种主要有松科的松属（$Pinus$）、铁杉属（$Tsuga$）、云杉属（$Picea$）、冷杉属（$Abies$）、落叶松属（$Larix$），柏科的柏木属（$Cupressus$）、圆柏属（$Sabina$）等的植物。这些植物多为我国西南部的特有植物。

按组成保护区针叶林建群种生活型相似性及针叶林与水热条件生态关系的一致性，保护区的针叶林可划分为温性针叶林、温性针阔叶混交林和寒温性针叶林 3 个类型。

V. 温性针叶林

温性针叶林是我国温带地区分布最广的森林类型之一，分布于整个温带针阔叶混交林区域、暖温带落叶阔叶林区域，以及亚热带的中低山地，主要由松属植物组成。卧龙保护区的温性针叶林并不典型，常与落叶阔叶林镶嵌生长或在群落中混生落叶阔叶乔木，主要分布在海拔 1800～2700m 地段，仅有温性松林一个群系组。

（二十一）温性松林

温性松林包含油松林和华山松林两个群落类型。

27. 油松林

油松为我国特有树种，油松林为我国华北地区的代表性针叶林之一。卧龙地区的油松林分布区属该物种自然分布区的西南边缘。油松在保护区主要分布在皮条河、正河谷地的阳坡和半阳坡，分布海拔 1800～2700m，分布区域类似于温带或部分暖温带气候制约下的山地向阳生境。

【35】油松-长叶溲疏群落

该群落主要分布于皮条河谷核桃坪至龙岩之阳坡上段，成小块状零星分布。坡度通常 60°以上，土壤瘠薄，故群落外貌稀疏，黄绿色与灰黑色的岩石露头相间，林冠极不整齐。乔木层郁闭度 0.3～0.4，在 20m×20m 的样地内计有油松 9 株，高仅 7～12m，胸径 15～50cm，而枝下高仅 0.5m。另有云杉、野漆各 1 株，高度均在 8m 以下。林内采伐痕迹明显。灌木层高 1～4m，总盖度 40%左右，以长叶溲疏为优势，小舌紫菀（$Aster\ albescens$）、黄花杜鹃、鞘柄菝葜、葡匐栒子、蕊帽忍冬、西南悬钩子、牛奶子（$Elaeagnus\ umbellata$）、金丝梅等喜阳树种较为多见。草本层盖度 40%，高 0.3～1.5m，以毛蕨和单穗拂子茅占优势，其次有旋叶香青、糙野青茅、齿果酸模、柔毛路边青、尼泊尔蓼、川甘唐松草（$Thalictrum\ pseudoramosum$）等。

【36】油松-白马骨群落

该群落主要分布于龙岩至文献街一带向阳山麓，海拔 2500～2700m。一般下接河滩沙棘灌丛或以太白杨、沙棘为主的落叶阔叶林，海拔 2700m 以上则与岷江冷杉相连。土壤多为山地暗棕壤，土层较为深厚。

群落外貌浓绿色，林冠较为整齐，成层结构明显。乔木层高 15～30m，郁闭度 0.8。通常分成 2 个亚层：第一亚层平均高 26m，郁闭度 0.6，由油松组成；第二亚层以华山松为优势，伴生刺叶栎、麦吊云杉等。灌木层高 0.5～3m，总盖度 45%左右，以白马骨为优势，盖度约 30%；其次为鞘柄菝葜、长叶溲疏、齿叶忍冬、唐古特忍冬、刺果卫矛、桦叶荚蒾、黄花杜鹃、柳叶栒子、刺叶栎等。草本层盖度35%左右，高0.3~1.5m，以川甘唐松草、阔柄蟹甲草为优势；其次为七叶鬼灯檠（*Rodgersia aesculifolia*）、沿阶草、云南红景天、野青茅、歪头菜、救荒野豌豆、双花千里光、淡黄香青等。层外植物常见阔叶清风藤、脉叶猕猴桃、淡红忍冬、绣球藤等。

28. 华山松林

华山松在皮条河、正河等地谷地海拔2100~2600m地带均见分布。林下土壤为山地棕壤，土层较为深厚肥沃，排水良好。

【37】华山松-黄花杜鹃+柳叶栒子群落

该群落位于转经楼沟与七层楼沟坡度较为平缓的阴坡和半阴坡。群落一般上接以铁杉为主的针阔叶混交林，下连常绿、落叶阔叶混交林或河滩灌丛，也常与常绿、落叶阔叶混交林交错分布。代表样地位于转经楼沟的山腰坡地，海拔2230m（31.048289°N，103.365183°E），坡度30°，坡向东坡。

群落外貌翠绿与绿色相间，林冠整齐，成层现象明显。乔木层郁闭度0.8~0.9；第一亚层高12~17m，以华山松为主，胸径8~30cm，冠幅4m×8m，郁闭度0.5；第二亚层高7~12m，郁闭度0.4左右，以疏花槭、野樱桃占优势，另伴生麦吊云杉、四川红杉、沙棘等，郁闭度为0.2。灌木层高1~5m，盖度50%，以黄花杜鹃、柳叶栒子占优势，其次有冰川茶藨子、牛奶子、楤木、四川溲疏、鞘柄菝葜、铁杉幼苗、拐棍竹、直穗小檗等。草本层高0.2~1m，盖度约20%，以沿阶草为主，其次有毛蕨、七叶鬼灯檠、少花万寿竹、齿果酸模、黄水枝、尼泊尔老鹳草、透茎冷水花等。层间植物多见脉叶猕猴桃。

【38】华山松-鞘柄菝葜群落

该群落主要分布于溴水沟迎宾路一带的山坡。群落外貌翠绿色，并镶嵌绿色和暗绿色斑块。林冠参差不齐，但分层较为明显。乔木层郁闭度0.8左右，以华山松为优势种，平均胸径30cm，树高最大可达30m；另有红桦、铁杉，高20~30m，胸径18~45cm。灌木层高0.5~5m，总盖度80%，以鞘柄菝葜为优势种，其次为瘤枝小檗、黄花杜鹃，另有桦叶荚蒾、凹叶瑞香、挂苦绣球、陕甘花楸、青荚叶、拐棍竹、宝兴栒子、毛叶木姜子、刺榛等。草本层高0.5m左右，盖度约50%，种类较少，以宝兴冷蕨为优势，沿阶草次之。

Ⅵ. 温性针阔叶混交林

温性针阔叶混交林是由常绿针叶树种与落叶阔叶树种混生并共同构成群落优势种的森林。针阔叶混交林是山地植被垂直分布中处于常绿、落叶阔叶混交林与亚高山针叶林之间过渡地带的植被类型，是由分布于前述两植被带的树种相互渗透而形成的植被类型。保护区的针阔叶混交林是以针叶树种云南铁杉、铁杉和桦木属多种（*Betula* spp.）、槭属多种（*Acer* spp.）、椴树等能形成一定优势的阔叶树种共同组成，在海拔2000~2700m的阴坡、半阴坡及山坡顶部均有分布。由于针阔叶混交林在山地植被垂直分布上处于常绿、落叶阔叶混交林与亚高山针叶林之间，该垂直带上段的群落中常有岷江冷杉、麦吊云杉、四川红杉等亚高山针叶林的树种伴生，垂直带下部的群落中有油松、华山松等针叶树种散生。但是，云南铁杉和铁杉在群落中的优势明显，树高也明显高出该群落中所有阔叶树，山坡顶部及山脊处尤其显著。

（二十二）铁杉针阔叶混交林

29. 铁杉针阔叶混交林

铁杉针阔叶混交林为卧龙地区的主要森林，从覆盖面积来看，仅次于冷杉林。广泛分布于保护区的皮条河、正河与西河河谷及其各支沟海拔2200~2700m的阴坡及狭窄谷地两侧谷坡。由于铁杉针阔叶混交林的垂直分布跨度达600m，环境梯度分异大，致使群落结构与种类组成等均随所处地域不同而发生相应的变化，从而出现以下两种群落类型。

【39】铁杉+房县槭-拐棍竹群落

该群落代表样地位于保护区海子沟海拔2000m左右的阴坡（31.60833°N，103.4225°E），坡度60°，坡向南偏东30°。土层较深厚肥沃。

群落外貌暗绿色，林冠整齐，分层结构比较明显。乔木层郁闭度 0.7，具 2 个亚层：第一亚层由铁杉组成，郁闭度 0.6 左右，平均高 23m，平均胸径 36cm，最大胸径 45cm；第二亚层主要由房县槭组成，郁闭度 0.2，其次还有红桦、黄毛杜鹃等零星分布。灌木层高 0.8～6m，盖度 65%，以高 3～5m 的拐棍竹为优势，其次为忍冬、桦叶荚蒾、杜鹃等植物。草本层高 10～70cm，盖度 30%，以薹草和苔藓为优势，盖度 25%，其次有裂叶千里光、糙苏、六叶葎、黄金凤等，盖度 10%。藤本植物相对较少。

【40】铁杉+红桦-冷箭竹群落

该群落代表样地位于保护区铁杉岗海拔 2400m 的阴坡（31.06437°N，103.20286°E），坡度 50°，坡向南偏东 20°。土层较深厚肥沃。

群落外貌暗绿色，林冠整齐，分层结构明显。乔木层高度约 18m，郁闭度 0.65，第一亚层以铁杉为优势种，红桦为次优势种；第二亚层平均高 10m，主要由三桠乌药、刺叶栎等落叶阔叶树种组成。灌木层高 0.4～4m，盖度 95%，以高 1～3.5m 的冷箭竹为优势，盖度达 70%；其次为华西忍冬、短柄稠李、角翅卫矛等植物，盖度 30%。草本层高 10～70cm，盖度 50%，以东方草莓和沿阶草为优势，其次有川甘唐松草、山酢浆草、大火草、火绒草、肾叶金腰等，盖度 10%。藤本植物有猕猴桃藤山柳等。

Ⅶ. 寒温性针叶林

寒温性针叶林是保护区主要的森林植被类型。该类型广泛分布于海拔 2700～3800m 的阴坡、半阴坡。保护区的寒温性针叶林由冷杉属的岷江冷杉、冷杉，云杉属的麦吊云杉，圆柏属的方枝柏等组成，既有单优势种的纯林又有多优势种的混交林群落。保护区分布的云杉属植物有粗枝云杉、黄果云杉、青杄（*Picea wilsonii*）和麦吊云杉 4 种，粗枝云杉生长的上限海拔较高，可达 3200m 左右，麦吊云杉、黄果云杉、青杄则多生长在海拔 3000m 以下。粗枝云杉、黄果云杉及青杄在群落中不构成优势，常零星伴生于麦吊云杉中，或散生于岷江冷杉林林缘；麦吊云杉既可在局部地段形成优势，也常以伴生成分或亚优势种出现在铁杉针阔叶混交林、冷杉林中。冷杉是欧亚大陆北部广泛分布的一类常绿针叶乔木，它比云杉更适应湿润和寒冷，具有较强的耐阴性。保护区的冷杉属植物有岷江冷杉、峨眉冷杉和黄果冷杉 3 种，岷江冷杉和峨眉冷杉均可独自成林，黄果冷杉仅在保护区的长河坝沟、毛毛沟等地的河岸阶地有散生。冷杉林是保护区针叶林的主体，其中又以岷江冷杉林在保护区分布面积最大。岷江冷杉分布的上限海拔较高，在连续的阴坡和半阴坡可达海拔 3800m。圆柏属在保护区分布的有方枝柏、高山柏、香柏等，仅方枝柏能成林，但仅有极零星小块，多见于岷江冷杉林上缘。

保护区的寒温性针叶林按群落种类组成和生态特性可划分为云杉、冷杉林，圆柏林，以及落叶松林 3 个群系组。

（二十三）云杉、冷杉林

30. 麦吊云杉林

麦吊云杉广布于卧龙地区海拔 2000～2800m 的阴坡和半阴坡。多零星出现，通常以伴生成分或亚优势种分布在铁杉针阔叶混交林、冷杉林、油松林、华山松林中，以及峨眉冷杉林、岷江冷杉林、四川红杉林等针叶林分布区下段。麦吊云杉独自成林的不多，常呈片块状零星分布。

【41】麦吊云杉-拐棍竹群落

该群落代表样地位于皮条河、正河、西河、中河等地海拔 2500m 左右的坡地，坡度 10°～15°，坡向南偏西 15°～20°。群落外貌暗灰绿色与绿色相间，林冠稠密而不整齐，层次结构较复杂。乔木层总郁闭度 0.8～0.95，可以分为 3 个亚层。第一亚层高 20～40m，郁闭度约 0.5，以麦吊云杉为优势；其次为铁杉、椴树等。第二亚层高 10～20m，郁闭度约 0.3，以红桦为主；另有水青树、华西枫杨等。第三亚层高 10m 以下，优势种不明显，常有四川红杉、西南樱桃、四川花楸等小乔木。灌木层高 1～8m，盖度 65%，以 3～7m 的拐棍竹为优势，盖度达 65%；伴生灌木种类贫乏，仅有桦叶荚蒾、唐古特忍冬、糙叶五加等，盖度 25% 左右。草本层高 10～60cm，盖度高达 90%，以薹草和东方草莓占优势，盖度达 70%；其次有蓝翠雀、七叶鬼灯檠、蹄盖蕨、卷叶黄精等，盖度 20% 左右；另有零星的凤仙花、山酢浆草、黄水枝、金腰、钝齿楼梯草等耐阴植物分布。

藤本植物种类较多，常见的物种有钻地风，另有少量的狗枣猕猴桃、少花藤山柳、阔叶清风藤等。另外，附生植物繁多，常见庐山石韦、丝带蕨、树生杜鹃、宝兴越橘等。

【42】麦吊云杉-冷箭竹群落

该群落代表样地位于盘龙干海子海拔3120m左右的山坡上部（31.036389°N，103.510278°E），坡向北偏东20°，坡度25°。

群落外貌暗灰绿色。乔木层郁闭度0.9，由麦吊云杉组成，胸径12～50cm，平均冠幅4m×3m。灌木层高0.2～3m，盖度40%。冷箭竹为优势种，盖度达25%；伴生栒子属、忍冬属、荚蒾属、胡颓子属、杜鹃属、绣球属植物。草本层高40～100cm，盖度高达80%，以丝叶薹草占优势，盖度达60%；其次有风轮菜、长籽柳叶菜、宝兴百合、山酢浆草等，盖度20%左右。层外植物较少，仅见阔叶清风藤这一木质藤本。

31. 岷江冷杉林

岷江冷杉林是卧龙地区中部及其西北侧分布最广、蓄积量最大的针叶型森林。一般从海拔2700m向上直抵森林线，大部地域均为岷江冷杉覆盖。在连续的阴坡和半阴坡，岷江冷杉林的分布海拔上限可达3800m，且连绵成片；但向阳坡面支沟的阴坡和半阴坡，其分布海拔上限仅达3600m，且多呈块状林。这显然是以条件为主导的环境梯度分异的结果。坡向影响不明显的峡谷，岷江冷杉林可延伸至谷底。

岷江冷杉林一般下界为铁杉针阔叶混交林，但在偏阳坡面，也可与四川红杉林、油松林等相连接，向上直抵高山灌丛，但在局部沟尾也偶与方枝柏林相衔接。

【43】岷江冷杉-华西箭竹群落

该群落代表样地位于皮条河大坪沟青冈包海拔2930m的东南山坡（30.505847°N，102.573557°E），坡度45°。

群落外貌暗绿色，在分布区下缘，由于杂有四川红杉，呈暗绿色与淡绿色相间，林冠较整齐，分层明显。乔木层高7～30m，林冠总郁闭度0.8，分为2个亚层：第一亚层高17～30m，主要由岷江冷杉组成，另有零星伴生的红桦、白桦等；第二亚层高7～15m，仍以岷江冷杉为优势种，另有少量的糙皮桦、川滇高山栎、大叶金顶杜鹃等阔叶树，以及麦吊云杉、粗枝云杉、四川红杉等针叶树伴生。灌木层高0.3～5m，盖度55%，以华西箭竹占优势，伴生有山光杜鹃、唐古特忍冬、鞘柄菝葜、川滇高山栎、鲜黄小檗、陕甘花楸、防己叶菝葜等灌木。草本层高10～60cm，盖度15%，以七叶鬼灯檠、阔柄蟹甲草、掌裂蟹甲草等为优势，其次为蹄盖蕨、掌叶橐吾（*Ligularia przewalskii*），另伴生有少量的玉竹、云南红景天（*Rhodiola yunnanensis*）、宽叶韭、万寿竹、美观糙苏、沿阶草等。

【44】岷江冷杉-短锥玉山竹群落

该群落自正河谷地海拔2700m的龙眼沟口向上分布，直达海拔2900m以上与岷江冷杉-冷箭竹群落相连。土壤为山地棕色暗针叶林土。

群落外貌暗绿色与绿色相间，林冠不甚整齐，分层较为明显。乔木层郁闭度0.7～0.9，高7～40m，常可分为2个亚层：第一亚层郁闭度约0.5，高20～40m，以岷江冷杉占优势，郁闭度可达0.4，另有少量的铁杉、红桦、椴树等伴生；第二亚层郁闭度0.2～0.3，高7～20m，以槭树、桦木为主。灌木一般较繁茂，高0.5～6m，盖度40%～90%，以短锥玉山竹为优势，盖度可达50%，并伴生有四川杜鹃、冰川茶藨子等植物，另有少量忍冬属、荚蒾属、绣球属、栒子属等的灌木物种。草本层盖度10%～30%，以钝齿楼梯草为优势，另有峨眉鼠尾草、阔柄蟹甲草、秀丽假人参、卵叶山葱、华中艾麻、高乌头、粗齿冷水花等。层外植物仅见铁线莲攀附于岷江冷杉和杜鹃植株上。

【45】岷江冷杉-冷箭竹群落

该群落在西河、皮条河、正河谷地均广泛分布，在西河、皮条河分布海拔2800～3400m，下接岷江冷杉-拐棍竹群落，上连岷江冷杉-大叶金顶杜鹃群落或岷江冷杉-星毛杜鹃群落；在正河河谷主要分布于海拔2900～3200m一带，一般下接岷江冷杉-峨眉玉山竹群落，上连岷江冷杉-大叶金顶杜鹃群落。该群落所处位置为岷江冷杉林分布的中心地带，为岷江冷杉林的主体，在岷江冷杉林各群落类型中占有最大的面积和蓄积量。土壤为山地棕色暗针叶林土。

该群落代表样地位于皮条河溴水沟芹菜湾海拔2790m（31.00281°N，103.17744°E）、万家岩窝海拔3090m（31.04891°N，103.15732°E）、野牛沟沟口海拔2950m（30.84162°N，102.96044°E）、野牛沟海拔3250m（30.82845°N，102.95850°E）的山坡中上部，坡度10°~35°。土壤为山地暗棕色森林土，枯枝落叶层厚5~8cm，腐殖质层厚5~10cm，土壤厚50~70cm，枯枝落叶层分解良好，覆盖率高。

群落外貌茂密，暗绿色，林冠较整齐，分层明显。多为异龄复层林。乔木层高8~40m，林冠总郁闭度0.4~0.8不等，分为2个亚层：第一亚层高20~40m，几乎全由岷江冷杉组成，另有零星的红桦、白桦等伴生；第二亚层高8~20m，仍以岷江冷杉为优势，另有少量的糙皮桦、山杨、川滇高山栎、大叶金顶杜鹃等阔叶树，以及麦吊云杉、四川红杉等针叶树伴生。灌木层高0.5~6m，盖度50%~80%，以冷箭竹占优势。其种类组成随冷箭竹丛疏密程度不同而有差异。竹丛生长较密的区域仅见少数杜鹃属、忍冬属、花楸属与五加属植物；竹丛生长稀疏的区域则有茶藨子属、卫矛属、瑞香属、栒子属植物等多种灌木分布。草本层高10~90cm，盖度10%~80%不等，其种类组成与盖度大小均随林下生境差异而变化。偏陡的谷坡，一般土层瘠薄，冷箭竹低矮，草本层种类比较贫乏，常以薹草为优势，少蕨类植物，而云南红景天、虎耳草等常见；在土层较厚、竹丛密度适中的生境条件下，竹丛植株一般较高大，草本种类复杂，优势种不明显，以较多蕨类和喜阴肥沃的阔叶型草本为特色，如蟹甲草属、葱属、冷水花属、苎麻属、楼梯草属等的植物。

【46】岷江冷杉-秀雅杜鹃群落

该群落代表样地位于皮条河野牛沟海拔3050m的山坡下部（30.83579°N，102.96004°E），坡向西南坡，坡度5°。土壤为山地暗棕色森林土，枯枝落叶层厚30cm，腐殖质层厚40cm，土壤厚4cm，枯枝落叶层分解较差，覆盖率高。

群落外貌茂密，暗绿色，林冠较整齐，分层明显。乔木层高10~27m，林冠总郁闭度0.7不等，分为2个亚层：第一亚层高20~27m，由岷江冷杉组成，平均郁闭度0.5，胸径27~55cm，平均冠幅5m×4.5m；第二亚层高10~19m，平均郁闭度0.2，仍以岷江冷杉为优势，另有少量的糙皮桦、山杨等阔叶树伴生，胸径13~23cm，平均冠幅3m×2.5m。灌木层高0.2~4m，盖度70%，以高0.4m左右的秀雅杜鹃占优势，盖度35%，其次为西南樱桃、唐古特忍冬、柳叶忍冬等，高1.5~4m，盖度为25%；其他的还有越橘叶忍冬、红毛悬钩子、峨眉蔷薇、冰川茶藨子、红毛五加等。草本层高5~40cm，盖度90%，以双花华蟹甲、鹿蹄草和楼梯草等为多见，盖度55%，其他的还有甘肃蚤缀、山酢浆草、大叶三七、凹叶景天、掌裂蟹甲草、瓦韦等，盖度40%。

【47】岷江冷杉-大叶金顶杜鹃群落

该群落在皮条河、西河、正河等谷地，沿沟尾的支沟与谷坡广布，海拔3400~3600m，在阴坡可达3800m。群落一般下接岷江冷杉-冷箭竹群落，上连亚高山或高山灌丛，在阳坡偶与方枝柏林相接。土壤为山地棕色暗针叶林土，一般瘠薄多砾石。

在分布区下段或坡度平缓土层深厚处，该群落外貌茂密、整齐，呈暗绿色，分层明显，岷江冷杉枝下高2~8m，林内透视度低；在近分布区上限和立地条件较差处，林冠多不整齐，在绿褐色杜鹃背景上点缀着塔形凸起的暗绿色岷江冷杉树冠，乔木层和灌木层之间过渡不明显，岷江冷杉枝下高通常在1m以下，林内透视度高。乔木层一般高8~30m，在立地条件较为优越的区域往往分为2个亚层：第一亚层由岷江冷杉组成，第二亚层主要是槭、桦、花楸等落叶树种；在立地条件较差处，乔木层高不过12m，一般无亚层划分，岷江冷杉与伴生的落叶树种处于同一垂直高度幅度内。乔木层郁闭度0.4~0.8不等。灌木层高0.3~6m，个别大叶金顶杜鹃植株高达9m，总盖度40%左右。大叶金顶杜鹃占绝对优势，盖度可达30%。伴生灌木以忍冬属、茶藨子属、蔷薇属植物最常见，高山灌丛的习见种如金露梅、蒙古绣线菊等已在林下可见。草本层高5~70cm，盖度20%~90%，盖度大小与种类组成均随生境而异。若上层郁闭度适中，土层较湿润肥沃，则草类繁茂，盖度可达90%，常见橐吾、掌叶报春、粗糙独活、肾叶金腰、康定乌头等。在接近林限的偏阳坡地，一般土壤瘠薄，乔木层郁闭度小；草本层盖度仅20%左右，且组成种类多为亚高山草甸常见成分，如白花刺参、小丛红景天、钩柱唐松草、展苞灯心草等。

32. 峨眉冷杉林

峨眉冷杉林成片出现在牛头山、天台山一线，是卧龙保护区东南侧最主要的亚高山针叶林。所处地形多为山梁与山腰台地，坡面向阴，分布于海拔2600～3200m。峨眉冷杉群落中伴生的树种有红桦、糙皮桦、疏花槭、扇叶槭、多毛椴、湖北花楸、川滇高山栎、铁杉、云南铁杉、麦吊云杉、四川红杉等。冷杉林下多数地段竹类植物生长茂盛，常成为林下灌木层的优势层片。群落一般下界为铁杉针阔叶混交林，毗邻阳向的山坡和谷地，多与以川滇长尾槭、糙皮桦、冷箭竹为主的群落相接，向上直达山顶或连以杜鹃、柳为主的山地灌丛。

【48】峨眉冷杉+糙皮桦-冷箭竹群落

该群落外貌深绿色与绿色镶嵌，成层现象明显。乔木层高8～30m，郁闭度0.7～0.85，分为2个亚层：第一亚层高18～30m，由峨眉冷杉组成，平均郁闭度0.66，平均高24～25m；第二亚层高8～18m，由糙皮桦与少数峨眉冷杉组成。灌木层高0.5～5m，总盖度30%～95%，以冷箭竹占绝对优势，其次为杜鹃属、忍冬属、荚蒾属、花楸属、蔷薇属与菝葜属植物。草本层高5～30cm，盖度10%～70%，随灌木层盖度大小而变化。当冷箭竹盖度达70%以上时，林下草本稀疏而矮小，常成单丛散生于林窗透光处，草本层盖度通常在10%以下；若竹丛稀疏，则无论是草本种类还是草本层盖度均相应的增多（增大）。一般优势种不明显，多以喜阴湿的低矮草类占较大的盖度和频度，以薹草、单叶升麻、钝齿楼梯草与山酢浆草等略占优势，此外百合科、堇菜科、蔷薇科、五加科、菊科和茜草科植物也常见。

（二十四）圆柏林

圆柏属植物具小型鳞片叶，多在森林垂直带上缘、贫瘠的石灰质土壤等地段见到它们形成的疏林群落。保护区的圆柏植物又分为方枝柏、山柏、香柏等种类，其中仅方枝柏能成林，山柏常星散伴生于偏阳的亚高山针叶林中，香柏仅成块状灌丛出现于高山或亚高山地区。

33. 方枝柏林

方枝柏林主要分布于正河沟尾各级支沟的阳坡和半阳坡，位于海拔3600～3900m的冷杉、云杉群落林缘的上限地段，常与高山灌丛或高山草甸相接，多呈狭带状或块状分布。伴生树种常有四川红杉、糙皮桦、山杨、大叶金顶杜鹃等。仅见方枝柏-绵穗柳一个群落类型。

【49】方枝柏-绵穗柳群落

该群落立地土壤为砂岩、板岩、千枚岩等发育的山地棕色暗针叶林土。林地湿润，枯枝落叶层覆盖小，土层厚薄不一。

群落外貌灰绿色，林冠稀疏，欠整齐，多呈塔形突起，结构简单。其种类组成与结构常因立地条件不同而异。在砾石露头多的阳坡，林木稀疏，单株冠幅大，枝下高很低，并有糙皮桦伴生，一般乔木高不过10m，郁闭度0.4左右。灌木层亦仅30%左右，且种类单纯，以成丛着生于石隙的绵穗柳为主，另有小檗零星分布。草本层种类少，仅见长鞭红景天（*Rhodiola fastigiata*）等零星分布，不足以形成盖度。但在缓坡、土层较深厚肥沃的半阳坡，林木高大，组成种类趋于复杂，郁闭度可达0.6，高15～20m，胸径45～60cm。灌木层高1～5m，盖度50%左右，仍以绵穗柳为优势，其次为大叶金顶杜鹃、细枝绣线菊、小檗和野蔷薇等。草本层繁茂，高10～30cm，盖度可达80%，优势种不明显，以美观糙苏、太白韭、耳蕨、宝兴冷蕨、耳叶风毛菊等最普遍。

（二十五）落叶松林

34. 四川红杉林

四川红杉主要分布于皮条河、正河及其各级支沟的溪流沿岸，在阳坡或半阳坡呈块状分布，海拔2000～3000m。四川红杉除独自组成群落外，也是麦吊云杉、岷江冷杉等针叶林，以及铁杉针阔叶混交林、川滇高山栎林及落叶阔叶林的常见伴生树种。保护区的四川红杉林既有自然群落也有人工群落，自然群落不多，两者生长均良好。四川红杉林中常见的伴生树种主要有麦吊云杉、岷江冷杉、山杨、川滇高山栎、白桦、红桦、疏花槭、四蕊槭（*Acer tetramerum*）等。

【50】四川红杉-长叶溲疏群落

该群落分布于皮条河龙岩至邓生段的阳坡和半阳坡山麓，多沿溪流呈块状分布。

群落外貌淡绿色，林冠疏散整齐，分层明显。乔木层郁闭度0.65，分为2个亚层：第一亚层高20～25m，郁闭度0.6，由四川红杉组成，平均胸径25cm，最大胸径40cm；第二亚层高8～20m，郁闭度0.1左右，主要有黄果冷杉、椴树、四蕊槭、尾叶樱与丝毛柳等。灌木层高1～4m，盖度45%左右，以长叶溲疏、云南蕊帽忍冬、鞘柄菝葜为优势，其次为茅莓、青荚叶、唐古特忍冬、桦叶荚蒾等。草本植物较为繁茂，盖度高达55%，以沿阶草和多花落新妇为优势，其次为秋分草、六叶葎、长叶铁角蕨等。层外植物多为阔叶清风藤、华中五味子等木质藤本。

【51】四川红杉-华西箭竹群落

该群落分布于梯子沟沟口一带的阳坡和半阳坡，坡度5°～35°。土壤为山地棕色暗针叶林土。群落外貌淡绿色并杂有暗绿色斑块，林冠不整齐，分层结构比较明显。乔木层郁闭度0.8左右，可分为2个亚层：第一亚层高20～30m，郁闭度0.65，以四川红杉为优势，平均胸径36cm，最大胸径55cm，另有铁杉、麦吊云杉、岷江冷杉等伴生；第二亚层高8～20m，郁闭度0.15，主要有水青树、椴树、四蕊槭与丝毛柳等。灌木层高1～5m，盖度75%左右，以华西箭竹为优势，其次为多鳞杜鹃、陕甘花楸，其他常见的还有小泡花树、淡红荚蒾、糙叶五加、刺榛等。草本层高4～70cm，盖度一般小于10%，常见的有七叶鬼灯檠、宝兴冷蕨、粗齿冷水花、耳翼蟹甲草、黄水枝、山酢浆草、西南细辛、高原天名精、六叶葎等。层外植物多为狗枣猕猴桃。附生植物可见苔藓和地衣。林下更新差，难见四川红杉更新幼苗。

【52】四川红杉-冷箭竹群落

该群落分布于保护区海拔2700m以上的半阳坡。代表样地位于溴水沟芹菜湾，海拔2800m，坡向南偏东35°，坡度40°。土壤为山地棕色暗针叶林土。

群落外貌淡绿色并夹杂暗绿色斑块，林冠欠整齐，分层明显。乔木层郁闭度0.5左右，由四川红杉组成，平均高度22m，最高26m，平均胸径25cm，最大胸径40cm。灌木层高1～5m，盖度80%左右。以冷箭竹占绝对优势，盖度达70%以上；另有桦叶荚蒾、糙叶五加、牛头柳、鞘柄菝葜等零星分布。草本植物稀少，仅零星可见双花华蟹甲（*Sinacalia davidii*），盖度低。

灌丛

灌丛（图2-33，图2-34）是以无明显的地上主干，植株高度一般在5m以下，多为簇生枝的灌木为优势组成的群落，且群落盖度为30%～40%及以上的植物群落。保护区内的灌丛群落类型较为丰富，且分布十分广泛，从海拔1350m到海拔4400m的山坡均有不同的灌丛分布。由于灌丛植被海拔跨度大，生境类

图2-33 亚高山灌丛（张铭 摄）　　　　图2-34 高山灌丛（刘明冲 摄）

型多样，以及人为活动的影响不同，组成群落的灌木种类和灌丛类型也较多。分布于海拔2400m以下多为次生类型，主要来源于原常绿阔叶林，常绿、落叶阔叶混交林，以及针阔叶混交林等森林植被破坏后，以原乔木树种的幼树、萌生枝和原群落下的灌木为主构成的次生植被类型，是极不稳定的植被类型。海拔2400～3600m森林线以内的灌丛群落，除部分生态适应幅度广的栎属（*Quercus*）植物以及适应温凉气候特点的杜鹃花属（*Rhododendron*）植物所组成的较稳定的群落外，占主要优势的是原亚高山针叶林破坏后，由林下或林缘灌木发展而来的稳定性较差的次生灌丛。海拔3600m以上的灌丛植被主要由具有适应高寒气候条件的生态生物学特性的植物组成，群落相对稳定。

Ⅷ. 常绿阔叶灌丛

（二十六）典型常绿阔叶灌丛

35. 卵叶钓樟灌丛

卵叶钓樟灌丛主要由原森林植被的乔木树种卵叶钓樟的萌生枝所组成，零星分布于西河下段燕子岩、牛头山南麓以及紧连正河沟口的窑子沟一带海拔1400～1700m的半阴坡或半阳坡的山麓或谷坡。土壤主要为发育于灰岩、板岩、砂岩和页岩基质的山地黄壤，土壤厚薄不一，多见岩石露头。

群落外貌绿色，丛冠不整齐，结构较简单。灌木总盖度多在40%～70%，高1～7m，具2个亚层。第一亚层高2～7m，卵叶钓樟占优势，盖度40%以上，高4～6m；其次有香叶树（*Lindera communis*）、水红木，单种盖度可达10%，植株高度超过卵叶钓樟，达7m左右，呈小乔木状；另有细枝柃、杨叶木姜子、中国旌节花（*Stachyurus chinensis*）等植物。若海拔增高，群落所处地势向阳，则山茶科、樟科常绿灌木成分随之递减，而野核桃、蒙桑、青榨槭等落叶成分显著增加，在赤足沟、长河坝等地还有油竹子丛伴生。第二亚层高2m以下，优势种不明显，常有西南卫矛（*Euonymus hamiltonianus*）、四川溲疏、长叶胡颓子、异叶榕等植物分布。草本层高20～90cm，总盖度40%左右，以单芽狗脊蕨、薹草为优势，粗齿冷水花、细叶卷柏、蛇足石松、齿头鳞毛蕨、吉祥草、大叶茜草、荚果蕨等较常见。藤本植物，在低处多见川赤爬，在高处主要有刚毛藤山柳、粉叶爬山虎等。

36. 刺叶高山栎、天全钓樟灌丛

该类灌丛主要分布于皮条河谷海拔1700～2000m的半阴坡和半阳坡及山麓。土壤主要为山地黄棕壤。

群落外貌浓绿与绿色相间，植丛茂密，丛冠不整齐，结构比较凌乱。灌木总盖度多在60%～90%，高1～6m，可分为2个亚层。第一亚层以刺叶高山栎和天全钓樟的萌生植丛占优势，盖度50%以上，高4～5m；其次有红桦、领春木、刺榛、巫山柳、丝毛柳、四川溲疏等。第二亚层盖度20%左右，高2m以下，以蕊帽忍冬、鞘柄菝葜等为优势，伴生有棣棠、豪猪刺、平枝栒子、鸡骨柴、牛奶子等。草本层高20～90cm，总盖度50%左右，以七叶鬼灯檠、打破碗花花与薹草为优势；其次为千里光、凤尾蕨、三脉紫菀和多花落新妇等。藤本植物，在低处多见川赤爬，在高处主要有刚毛藤山柳、粉叶爬山虎等。

Ⅸ. 落叶阔叶灌丛

（二十七）温性落叶阔叶灌丛

温性落叶阔叶灌丛在保护区较为常见，主要由马桑（*Coriaria sinica*）灌丛、柳灌丛、川莓（*Rubus setchuenensis*）灌丛和沙棘灌丛所组成。

37. 秋华柳灌丛

秋华柳广布于保护区海拔1400～2000m的河边及河滩，一般分布零星。群落一般上接野核桃、木姜子为主的常绿、落叶阔叶混交林或以川莓植物为主的落叶灌丛。

群落外貌浅绿色，丛冠整齐，结构明显。灌木层盖度70%～90%，以秋华柳占优势，一般分布在河滩、溪岸，其中，秋华柳盖度可达60%，平均高4m。此外，宝兴柳（*Salix moupinensis*）的盖度可达10%，其

他灌木成分少见。但沿山麓而上，受地形因素的影响，环境条件也发生相应改变，秋华柳的盖度通常在40%左右，伴生灌木成分显著增多，木姜子、川莓、蕊帽忍冬的盖度均为8%～10%，宝兴梅子、野花椒、小泡花树、蜡莲绣球、茅莓、云南勾儿茶（*Berchemia yunnanensis*）、牛奶子也常见，有时还分布零星的拐棍竹，盖度多在5%以下。草本层盖度50%～90%不等，常因立地条件与上层盖度的大小而异，优势种有荚果蕨、粗齿冷水花、蜂斗菜、日本金星蕨，其次有石芒楼梯草、七叶一枝花、六叶葎、打破碗花花、问荆、星毛卵果蕨、沿阶草、蛇莓、风轮菜、小连翘、小金挖耳等。藤本植物有华中五味子、绞股蓝、南蛇藤、五月瓜藤、鹿藿等。

38. 马桑灌丛

马桑灌丛主要见于保护区海拔1120m的木江坪到海拔2000m以下的溪沟两岸以及山坡和坡麓等地段，呈零星小块状间断分布。常与川莓灌丛、秋华柳灌丛或农耕地镶嵌分布。土壤主要为山地黄壤、山地黄棕壤，或为多种冲积母岩基质上发育的冲积土。土层一般厚薄不均，除表土层外，以下各层均有明显的碳酸盐反应。

群落夏季外貌绿色，丛生呈团状，丛冠参差不齐，盖度60%～80%，高1～5m，最高达7m，常可分为2个亚层：第一亚层平均高2～5m，马桑占优势，盖度40%左右，伴生灌木主要有秋华柳、宝兴柳、牛奶子、薄叶鼠李、复伞房蔷薇、川榛、烟管荚蒾（*Viburnum utile*）等；第二亚层高2m以下，常有黄荆（*Vitex negundo*）、铁扫帚（*Indigofera bungeana*）、盐肤木、地果（*Ficus tikoua*）、大叶醉鱼草等，局部地段可见沙棘。草本植物繁茂，盖度70%左右，高低悬殊较大，主要优势种有荚果蕨、掌裂蟹甲草、蕺菜、东方草莓、蛇莓、沿阶草、透茎冷水花、珠芽蓼、薹草等，零星分布的有小金挖耳、六叶葎、七叶鬼灯檠、广布野豌豆、三脉紫菀、石生楼梯草、腋花马先蒿、天南星和木贼等；禾本草类少，仅于局部有鸭茅、鹅观草、乱子草等分布。

39. 川莓灌丛

川莓灌丛分布广泛，在各大沟系谷地的林缘、路旁或撂荒地上均可见。常与常绿阔叶灌丛、马桑灌丛或农耕地交错分布，多呈小块状，分布海拔1400～2000m。土壤为山地黄壤或山地黄棕壤，湿润，除母岩岩屑外，一般无碳酸盐反应。

群落夏季外貌深绿色，结构与种类组成随不同生境而变化。位于山涧两侧的川莓灌丛，植丛特别密集，丛冠披靡，盖度90%以上，丛下阴湿，其他灌木少见，偶有大叶柳（图2-35）等喜湿植物伴生，草本层一般不发育。位于低海拔山麓的川莓灌丛，灌木层盖度亦可达90%以上，且灌木种类复杂，优势种不明显，一般川莓的盖度在30%左右，平均高3m，在局部地段蜡莲绣球、小泡花树、少花荚蒾等也可成为优势种，此外，云南勾儿茶、宝兴梅子、蕊帽忍冬、猫儿刺、蒙桑、杨叶木姜子、四川溲疏、甘肃瑞香等也常见。草本层种类多，盖度通常在40%以下，优势成分有粗齿冷水花、东方草莓、深圆齿堇菜、打破碗花花，其次还有显苞过路黄、凤了蕨、翠云草、六叶葎、三脉紫菀、柔毛路边青、吉祥草、沿阶草、薹草、七叶一枝花等。藤本植物多见华中五味子、鹿藿、毛葡萄、五月瓜藤、刚毛藤山柳等。

图2-35 大叶柳（刘明冲 摄）

40. 长叶柳灌丛

长叶柳在卧龙保护区主要分布在海拔2400～2600m的溪流两岸，但以长叶柳为优势的灌丛分布星散，一般仅于较开阔谷地的多砾石的河滩、阶地及坡积扇沿溪流呈小块状分布。

群落外貌绿色，丛冠参差不齐，结构凌乱。灌木层盖度50%～80%，以长叶柳为优势种，长叶柳盖度在40%左右，高约2m。伴生的灌木成分随生境不同而有变化。分布于山坡地段的长叶柳灌丛，伴生灌木有冰川茶藨子、西南花楸、唐古特忍冬、宝兴梅子、疣枝小檗（*Berberis verruculosa*）等，分布于河岸及河滩地段的还有沙棘、水柏枝属一种（*Myricaria* sp.）、牛奶子、大叶醉鱼草等。草本层盖度约30%，以野蒿、双花华蟹甲为优势，其次为东方草莓、龙牙草、旋叶香青、柔毛路边青等。

41. 沙棘灌丛

沙棘灌丛主要分布在皮条河、西河、正河等谷地河滩海拔1600~1800m地段，多为常绿、落叶阔叶混交林或针叶林、针阔叶混交林的林缘伴生成分。土壤多为千枚岩、页岩、板岩和灰岩等坡积物的山地棕壤，或为砾石、砂砾等河滩堆积物形成的冲积土，一般中下土层有明显的碳酸盐反应。

群落外貌有明显的季节变化，春末嫩绿，夏秋灰绿，至严冬树叶脱落后，在灰褐色枝杈背景上衬以橙黄色的累累小果，丛冠整齐或欠整齐，结构明显。灌木层盖度50%~90%不等，常因群落发育年龄与生境条件不同以及人为影响等条件不同而有差异。优势种沙棘的盖度在70%以上，高4~5m，最高可达7m，伴生灌木主要有刚毛忍冬（*Lonicera hispida*）、长叶柳、水柏枝、大叶醉鱼草、唐古特瑞香（*Daphne tangutica*）等。草本层盖度40%~80%，常以双花华蟹甲占优势，其次为荚果蕨、猪毛蒿、东方草莓、蕺菜、矛叶荩草、问荆、蛛毛蟹甲草、粗齿冷水花、小箢衣、珠芽蓼、升麻、大叶火烧兰、千里光、长叶天名精、夏枯草、双参、薹草、野灯心草、火绒草等。藤本植物不繁茂，但种类较多，有绞股蓝、茜草、南蛇藤、狗枣猕猴桃、白木通等。

（二十八）高寒落叶阔叶灌丛

42. 牛头柳灌丛

该群落类型主要广布于西河、皮条河、正河上游各支沟的河源地带，分布海拔多在3000~4000m。群落夏季外貌绿色，丛冠整齐或欠整齐，结构明显。灌木层盖度60%~80%，高度随海拔升高而降低，在分布区下缘一般高3m，最高可达4m，至分布区上缘一般高1m以下。以牛头柳为主，盖度50%以上，伴生灌木随海拔不同而有差异。在分布区下缘，多伴生丝毛柳、绢毛蔷薇、高丛珍珠梅、茅莓、山光杜鹃等。至海拔3400m以上伴生灌木明显减少，主要有乌饭柳、绵穗柳、金露梅、唐古特忍冬、刚毛忍冬、雪层杜鹃等。在海拔3900m以上常出现绵穗柳为优势的灌丛片段。草本层盖度50%左右，其组成种类随海拔升高而有明显差异；在分布区下缘，优势种有耳翼蟹甲草、糙野青茅等，其次为歪头菜、毛蕊老鹳草、珠芽蓼、扭盔马先蒿、甘青老鹳草、藜芦、突隔梅花草、西南手参、七叶鬼灯檠、蛛毛蟹甲草、川甘蒲公英、黄芪等；分布区上段主要为高山草甸成分，优势种有珠芽蓼、川甘蒲公英、白苞筋骨草、禾叶风毛菊、云南金莲花、丽江紫菀、甘肃贝母等。

43. 细枝绣线菊灌丛

该灌丛多沿阴坡之沟缘呈狭带状分布，分布于海拔3500~3800m。群落外貌灰绿色，丛冠欠整齐。灌木层盖度40%~50%，高2m左右，以细枝绣线菊为主，伴生灌木种类少，常有唐古特忍冬、岩生忍冬、冰川茶藨子、陇蜀杜鹃、大叶金顶杜鹃、柳等伴生。草本植物繁茂，组成种类多，以喜阴湿的阔叶型草类为主。草本层盖度80%~90%，以大黄橐吾、膨囊薹草占绝对优势，其次为卷叶黄精、大戟、红花紫堇、四川拉拉藤、冷蕨、大叶火烧兰、早熟禾、珍珠茅、长籽柳叶菜、落新妇等。

44. 银露梅灌丛

银露梅在保护区海拔3600m以上的谷坡均可见，但多零星分散，不成优势；只有土壤非常贫瘠的局部沟尾砾石坡才有团块状的银露梅出现。该群落一般位于半阴坡，下接岷江冷杉林或大叶金顶杜鹃灌丛，上接高山草甸。

群落外貌黄绿色与灰绿色相间，丛冠不整齐，分层明显。灌木层盖度50%左右，具2个亚层：第一亚层高2m，盖度15%~20%，优势种不明显，由分布稀疏的陇蜀杜鹃、细枝绣线菊、唐古特忍冬与红毛花楸组成；第二亚层高约1m，以银露梅占优势，盖度30%左右，偶见冰川茶藨子。草本植物分布稀疏，盖度仅30%左右，以钩柱梅花草占优势，另有糙野青茅、紫花碎米荠、长籽柳叶菜、薹草、小花风毛菊、条纹马先蒿、山地虎耳草等。

X. 常绿革叶灌丛

45. 川滇高山栎灌丛

川滇高山栎灌丛连片分布于巴朗山麓海拔2600～3600m的阳坡和半阳坡，部分地段该群落可连续上延至亚高山针叶林带之上，达海拔3800m左右。群落一般下接沙棘林或沙棘灌丛，上接高山灌丛草甸。土壤主要为发育于千枚岩、页岩、板岩和灰岩基质的山地棕色暗针叶林土，一般较干燥瘠薄。

群落外貌黄绿色。在群落内部，川滇高山栎生长茂密，丛冠平整，盖度通常在90%以上。在群落边缘区域，有多种灌木伴生，结构凌乱，丛冠不平整，盖度通常在80%以下。该群落以川滇高山栎为绝对优势，盖度60%～80%，高1.5～3m。伴生灌木种类少，以山杨、木帚栒子、平枝栒子、毛叶南烛、鞘柄菝葜、细枝绣线菊（*Spiraea myrtilloides*）、南川绣线菊（*Spiraea rosthornii*）、唐古特忍冬等为常见。在川滇高山栎灌丛分布区的下部边缘有四川蜡瓣花、西南樱桃、华西蔷薇、丝毛柳、黄花杜鹃、宝兴茶藨子（*Ribes moupinense*）等伴生，上部边缘常有几种柳和大叶金顶杜鹃等伴生。草本种类少，高0.3～1m，盖度仅15%左右，以光柄野青茅、旋叶香青为优势，其次为西南委陵菜、钉柱委陵菜、沿阶草、川藏沙参、紫花缬草、珠芽蓼、双花堇菜、白背鼠麹草等。灌木内未见藤本植物，地表少苔藓植物，多见枝状和叶状地衣。

46. 大叶金顶杜鹃灌丛

该群落主要分布于西河、皮条河、正河上游及其各大支沟的沟尾地带，分布范围以及海拔跨度均较广泛，在海拔3000～3600m地带较常见，一般构成岷江冷杉-大叶金顶杜鹃林的优势灌木层片，仅在人为影响强烈的局部地段才有小片大叶金顶杜鹃灌丛分布。成片的大叶金顶杜鹃灌丛一般分布在岷江冷杉林上限之上，与岷江冷杉-大叶金顶杜鹃林紧接。土壤主要为发育于千枚岩、页岩、板岩和灰岩基质上的山地棕色暗针叶林土，肥沃，湿润，土层厚薄不一，仅分布区上段出现高山灌丛草甸土。

群落外貌绿褐色背景上点缀着绿色斑块，丛冠参差不齐，群落高度约4m，灌木层盖度80%～90%，以大叶金顶杜鹃为优势，盖度50%，另有冰川茶藨子、唐古特忍冬、雪层杜鹃、陇蜀杜鹃、陕甘花楸、荚蒾、峨眉蔷薇（*Rosa omeiensis*）、金露梅（*Potentilla fruticosa*）、鲜黄小檗（*Berberis diaphana*）、柳等。草本层盖度20%左右，具一定盖度的种有齿裂千里光、四叶葎、山酢浆草，其次为紫花碎米荠、箭叶橐吾、丝叶薹草、钩柱唐松草、露珠草等。

47. 陇蜀杜鹃灌丛

该群落主要分布于西河上游五股水等支流的河源地带海拔3600～3900m坡度较缓的阴坡、半阴坡。在石棚子沟与烧鸡塘一带的沟尾常成片分布。群落一般下接岷江冷杉林，或直接伴生林内，构成下木的组成成分，向上直达树线以上，成为高山灌丛草甸植被的组成部分。土壤主要为山地灰棕壤，土层厚薄不一，湿润，灰化明显。分布区上部的土壤则为高山灌丛草甸土。

群落外貌灰绿色，丛冠整齐。结构与种类组成均随生境不同而有差异。在封闭沟尾的阴坡和半阴坡，雾帘时间长，生境特别湿润，陇蜀杜鹃灌丛可高达5m以上，丛冠密接，盖度90%以上，常呈矮林状。因上层盖度大，林下阴暗，加之地表枯枝落叶层覆盖率高且分解缓慢，故草本层与活地被物均不发育。

在海拔3700m以上的开阔山谷阴坡，坡度平缓，土层较深厚，陇蜀杜鹃灌丛常与高山草甸交错分布，具有灌木和草本两层结构，丛冠高2.5m左右，盖度约60%，并有褐毛杜鹃伴生。草本层繁茂，盖度达50%以上，以毛叶藜芦、刺参、珠芽蓼等阔叶草类为优势，其次为膨囊薹草、羊茅、卷叶黄精、康定贝母、曲花紫堇、双花堇菜、白顶早熟禾、紫花碎米荠、东方草莓等。

在开阔向阳的半阴坡，陇蜀杜鹃灌丛高2m左右，具明显的灌木层、草本层与活地被层3层结构。灌木层盖度80%左右，除陇蜀杜鹃外，尚有陕甘花楸、细枝绣线菊伴生；在岩石露头多、上层盖度偏低的局部地段，更有雪层杜鹃、金露梅、银露梅（*Potentilla glabra*）、刚毛忍冬等零星分布。草本层盖度约20%，优势种有齿裂千里光、滇黄芩、空茎驴蹄草，其次有箭叶橐吾、条纹马先蒿、掌叶报春、鹅掌草（*Anemone flaccida*）、甘青老鹳草、银叶委陵菜、毛枸兰、火烧兰、鹿药、轮叶黄精等。地被物发育良好,盖度70%左右,厚5~10cm。

在海拔3900m左右的近山顶缓坡,陇蜀杜鹃灌丛常依地形起伏而呈斑块状分布。整个群落由2个优势灌木层片组成,草本层和活地被物不发育。灌木第一亚层优势种为陇蜀杜鹃,平均高1.5m,盖度约70%,并有陕甘花楸、雪层杜鹃等伴生;第二亚层优势种为短梗岩须(*Cassiope abbreviata*),高约0.2m,密集如地毯,盖度90%以上。短叶岩须植丛之上仅有零散分布的鹅掌草和薹草,但不足以形成盖度。

48. 雪层杜鹃灌丛

该群落主要分布于巴朗山与四姑娘山海拔3800~4200m的阴坡和半阴坡,部分地段分布海拔可上升至4500m。群落一般下接牛头柳灌丛,或接以囊吾属、驴蹄草属、报春属植物为主的高山草甸。

群落外貌灰绿色,低矮密集,丛冠整齐,结构简单。灌木层盖度60%~80%,以雪层杜鹃占绝对优势,雪层杜鹃盖度45%~65%,高0.3~1m,其次为金露梅,盖度5%~10%,并有牛头柳、唐古特忍冬等伴生。草本层高8~40cm,盖度20%~40%,分为2个亚层:第一亚层高20cm以上,以羊茅、珠芽蓼占优势,其次为大戟、扭盔马先蒿、淡黄香青、薹草、黄芪、红景天等;第二亚层特多矮生蒿草、早熟禾,另有甘青老鹳草、矮风毛菊、无毛粉条儿菜、银叶委陵菜、盾叶银莲花、突隔梅花草等。

XI. 常绿针叶灌丛

(二十九)高山常绿针叶灌丛

高山常绿针叶灌丛是由常绿针叶(包括鳞叶)灌木为建群种组成的群落,在卧龙保护区,主要由圆柏属的香柏构成。

49. 香柏灌丛

该灌丛分布于海拔3600~4500m,因建群种具有较强的耐寒性,且性喜阳,较常绿革叶灌丛更适应于干燥条件,故常占据山地的阳坡,与高山草甸相间分布,同时又与阴坡的常绿革叶杜鹃灌丛沿山体不同坡向呈有规律的复合分布。

群落外貌暗绿色,低矮密集,结构简单。以香柏为群落的建群种,盖度50%左右,在坡度稍缓地带可达85%。植株高达1m,近山脊处一般仅0.5m左右,且匍匐丛生,分枝密集成团状。伴生灌木在山顶及山脊处常有匍匐栒子(*Cotoneaster adpressus*)、小垫柳(*Salix brachista*)、冰川茶藨子、小檗属一种(*Berberis* sp.);谷坡中段以高山绣线菊、冰川茶藨子、金露梅等为伴生种,在海拔稍低地段,香柏常与川滇高山栎、岩生忍冬、雪层杜鹃、陇蜀杜鹃等混生。草本植物稀少,仅于丛间空隙处集生,一般盖度均低于20%,常见种有轮叶龙胆、薹草、羽裂风毛菊、珠芽蓼、黄总花草等,近沟谷处更有掌叶大黄、肾叶山蓼等伴生。地表活地被物盖度达40%,以藓类为主。

草甸

草甸是以多年生中生草本植物为主的植物群落。草甸形成和分布的决定因素是水分条件,在山地特别是高山,由于气候的垂直变化,山地气流上升到一定高度后,遇到垂直递降出现的低温,使大气中所含的水汽形成云雾或凝结成雨雪下降,从而形成不同的湿度带和相应的植被带,山地草甸垂直带就是这样在大气降水的影响下形成的,它是在适中的水分条件下形成的比较稳定的植物群落(图2-36)。

由于卧龙保护区处于高山峡谷地带,区内的草甸植被虽然分布集中连片,组成草甸的建群种和优势种也与青藏高原及其东缘的川西北地区草甸相似,如在青藏高原及川西北地区草甸中占据重要地位的珠芽蓼(*Polygonum viviparum*)、圆穗蓼在卧龙保护区草甸中仍能形成建群成分;风毛菊属(*Saussurea*)、龙胆属(*Gentiana*)、报春花属(*Primula*)(图2-37为独花报春)、马先蒿属(*Pedicularis*)等的植物在卧龙保护区草甸类型中集聚和繁衍。但是,卧龙保护区的草甸中没有大面积覆盖川西北高原宽谷、阶地和高原丘陵的极为壮观的嵩草属(*Kobresia*)、披碱草属(*Elymus*)、鹅观草属(*Roegneria*)等植物的草甸类型,莎草科和禾本科植物在草甸中的优势度也较逊色。卧龙保护区的草甸多了一些林下或林缘的植物种类，少了一些青藏高原及川西北地区草甸中常见的成分。卧龙保护区的草甸植被已有别于为适应地势高、气温低、多风和强烈日照辐射而形成的具有高原生物生态学特征的草甸植被。

图 2-36　高山草甸（林红强　摄）

图 2-37　独花报春（林红强　摄）

XII. 典型草甸

亚高山草甸是高寒草甸的一种类型。保护区内主要分布于海拔 2600～3800m 的地势稍开阔、排水良好的半阳坡和阳坡之林缘、林间空地、小沟尾以及山前洪积扇等地段。亚高山草甸的植物种类组成较丰富，以中生性杂类草和部分疏丛性禾草组成群落的优势层片。草群一般较茂密，并因杂类草优势明显，林下及林缘草本植物混生较多，花色、花期又相异，群落常呈五彩缤纷的华丽外貌，且富季相变化。

（三十）杂类草草甸

50. 糙野青茅草甸

该草甸见于西河、皮条河与正河沟尾海拔2800～3600m的开阔向阳的山腰、丘顶、宽敞的沟尾等地段，常位于亚高山杂类草草甸的上缘。在海拔3200m以上土层深厚肥沃的平缓半阳坡，糙野青茅草甸可出现面积稍大的群落；海拔3200m以下的地带，多呈零星小块状分布于林间或林缘。除糙野青茅为主要优势种外，平缓半阳坡地段的群落中钝裂银莲花（*Anemone geum*）、空茎驴蹄草（*Caltha palustris* var. *barthei*）、连翘叶黄芩（*Scutellaria hypericifolia*）、藜芦、箭叶橐吾（*Ligularia sagitta*）等也常形成一定优势，此外，常见的植物还有轮叶黄精（*Polygonatum verticillatum*）、全缘叶绿绒蒿（*Meconopsis integrifolia*）（图2-38）、轮叶景天（*Sedum verticillatum*）、曲花紫堇（*Corydalis curviflora*）、薹草属一种（*Carex* sp.）、珠芽蓼、长叶雪莲（*Saussurea longifolia*）、轮叶马先蒿（*Pedicularis verticillata*）等；分布于林间空地及林缘的群落中的其他优势种有七叶鬼灯檠、蛛毛蟹甲草（*Cacalia roborowskii*）、独活、薹草、长籽柳叶菜等，常见的还有云南金莲花（*Trollius yunnanensis*）、异伞棱子芹（*Pleurospermum franchetianum*）、长葶鸢尾（*Iris delavayi*）、草玉梅（*Anemone rivularis*）、扭盔马先蒿（*Pedicularis davidii*）等。

图2-38 全缘叶绿绒蒿（林红强 摄）

51. 长葶鸢尾、大卫氏马先蒿草甸

长葶鸢尾、大卫氏马先蒿草甸主要分布于海拔3100～3200m的半阴向的缓坡与山腰台地，分布范围狭窄。群落茂密，夏秋季相非常华丽，群落结构层次不清，盖度达100%，草层高0.5m左右。优势种为长葶鸢尾和大卫氏马先蒿，盖度20%～30%；亚优势种有珠芽蓼、淡黄香青、甘青老鹳草、川甘蒲公英、多舌飞蓬（*Erigeron multiradiatus*）等，盖度为20%左右；常见种还有多种早熟禾属植物（*Poa* spp.）、毛叶藜芦（*Veratrum grandiflorum*）、云南金莲花、银叶委陵菜（*Potentilla leuconota*）、毛果草（*Lasiocaryum densiflorum*）、黄花马先蒿（*Pedicularis flava*）等。

52. 大黄橐吾、大叶碎米荠草甸

该群落多见于巴朗山等山麓集水区、溪涧沿岸，分布面积较大，多见于缓坡及山腰台地，海拔3400～3900m。

群落外貌整齐，茂密，花色单调欠华丽。草层高度与组成植物种类随生境不同而有差异。在阴湿的沟缘地带，土层肥厚，草层繁茂，高度通常在1m以下，盖度几达100%，大黄橐吾盖度50%左右，大叶碎米荠可保持20%左右的盖度，常见种有独活、棱子芹、康定乌头（*Aconitum tatsienense*）、掌叶大黄（*Rheum palmatum*）、膨囊薹草、早熟禾、条纹马先蒿、垂头虎耳草、川甘蒲公英、蛇果黄堇等。此外，伴生种还有川滇薹草（*Carex schneideri*）、驴蹄草（*Caltha palustris*）、全缘叶绿绒蒿、异伞棱子芹、抱茎葶苈、长鞭红景天、甘肃贝母等。

XIII. 高寒草甸

高寒草甸在卧龙保护区内主要分布于海拔3600m以上地段，位于高山流石滩植被带与亚高山针叶林带之间部分山坡凹槽地段。高寒草甸可伸入高山流石滩植被带，与流石滩植被交错出现，山岭、山脊地带又常下延至亚高山针叶林带内，与典型草甸紧密相接。卧龙保护区中高寒草甸多出现在排水良好的山坡阳坡、半阴坡、丘顶及山脊地带，土壤为高山草甸土。

组成高寒草甸的植物种类较典型草甸简单，优势种较单一，且草群低矮，多无明显分层。不少种类都具有密丛、植株矮小、呈莲座状和垫状等适应高寒气候条件的形态特征。

（三十一）丛生禾草高寒草甸

丛生禾草高寒草甸是由中生的多年生禾草型草本植物构成建群层片的草甸群落。在卧龙保护区仅有羊茅（*Festuca ovina*）草甸1个类型。

53. 羊茅草甸

该草甸主要分布于海拔3600～4000m的阳坡和半阳坡，一般坡度在30°以上。羊茅草甸的草群生长较密集，草层总盖度90%左右，高约30cm。羊茅盖度通常在30%以上。群落中禾本科植物种类较多，常见草地早熟禾、紫羊茅（*Festuca rubra*）、鹅观草属一种（*Roegneria* sp.）等，它们与羊茅共同组成群落的禾草层片。可形成一定优势的杂类草有珠芽蓼、圆穗蓼、乳白香青（*Anaphalis lactea*）、长叶火绒草（*Leontopodium longifolium*）、高山豆（*Tibetia himalaica*）等。常见种有淡黄香青（*Anaphalis flavescens*）、禾叶风毛菊（*Saussurea graminea*）、红花绿绒蒿（*Meconopsis punicea*）（图2-39）、总状绿绒蒿（*Meconopsis racemosa*）（图2-40）、突隔梅花草（*Parnassia delavayi*）、高山唐松草（*Thalictrum alpinum*）、银叶委陵菜等。

图2-39　红花绿绒蒿（叶建飞　摄）　　　　　　　　图2-40　总状绿绒蒿（叶建飞　摄）

（三十二）蒿草高寒草甸

蒿草高寒草甸是以适应低温的中生多年生莎草科丛生草本植物为主的植物群落。卧龙保护区的莎草草甸是由莎草科蒿草属植物所组成，在区内分布有矮生蒿草、四川蒿草、甘肃蒿草等，除矮生蒿草能形成优势，组成群落外，其他蒿草多为零星分布。

54. 矮生蒿草草甸

该草甸在保护区分布的海拔较高，为3800～4400m，多在土层较厚的阳坡缓坡、山顶呈块状分布。在海拔4200m以上的山坡凹槽处，矮生嵩草草甸常镶嵌于高山流石滩植被中。

受山高风大，温度日变幅大，太阳辐射与霜冻强烈等气候条件的影响，草群生长低矮，出现叶小、枝丛密集的垫状植物类型。群落总盖度80%左右，草层高15cm以下，优势种矮生嵩草盖度30%~60%。此外，条叶银莲花、云生毛茛（*Ranunculus nephelogenes*）、淡黄香青、禾叶风毛菊也可形成优势。常见的植物还有甘青虎耳草（*Saxifraga tangutica*）、山地虎耳草（*Saxifraga montana*）、六叶龙胆（*Gentiana hexaphylla*）、鳞叶龙胆（*Gentiana squarrosa*）、匙叶龙胆（*Gentiana spathulifolia*）、毛茛状金莲花、松潘矮泽芹（*Chamaesium thalictrifolium*）、草甸马先蒿（*Pedicularis roylei*）、薹草、四川嵩草（*Kobresia setchwanensis*）、羊茅、展苞灯心草（*Juncus thomsonii*）、高河菜（*Megacarpaea delavayi*）等。

（三十三）杂类草高寒草甸

该植被类型在卧龙保护区主要有以蓼科珠芽蓼和圆穗蓼为优势种的草甸，以及以菊科淡黄香青和长叶火绒草为优势种的草甸两大类。

55. 珠芽蓼、圆穗蓼草甸

该类草甸分布于海拔3500~4400m向阳的缓坡、台地。土壤主要为高山草甸土，土层较薄。上段常同矮生嵩草草甸或高山流石滩植被交错分布。

草群生长茂密，一般高0.5m以下，草层参差不齐，无明显层次变化，总盖度70%~90%不等。以珠芽蓼与圆穗蓼为优势种，盖度达30%以上。但两者在群落中的优势度也因海拔不同而有差异，在海拔稍低和较湿润地段，珠芽蓼的盖度常大于圆穗蓼；在海拔较高及较干燥地段，圆穗蓼盖度大于珠芽蓼。除珠芽蓼和圆穗蓼外，羊茅、落草（*Koeleria macrantha*）、早熟禾（*Poa annua*）、川滇剪股颖（*Agrostis limprichtii*）及矮生嵩草虽也能形成一定优势，但盖度均不大。此外，常见种类还有钝裂银莲花、香芸火绒草（*Leontopodium haplophylloides*）、羽裂风毛菊、滇黄芩、马蹄黄（*Spenceria ramalana*）、毛果委陵菜（*Potentilla eriocarpa*）、鳞叶龙胆、麻花艽（*Gentiana straminea*）、红花绿绒花、长果婆婆纳、胀萼蓝钟花（*Cyananthus inflatus*）、草甸马先蒿、独一味（*Lamiophlomis rotata*）等。

56. 淡黄香青、长叶火绒草草甸

该类草甸分布于海拔3500~4200m向阳的缓坡、台地，常见于较干燥的山坡，呈零星小块分布。群落以淡黄香青和长叶火绒草为优势种，其次为乳白香青、戟叶火绒草（*Leontopodium dedekensii*）、羊茅等。此外，常见种还有珠芽蓼、圆穗蓼、草玉梅、圆叶筋骨草（*Ajuga ovalifolia*）、独一味、鳞叶龙胆、东俄洛橐吾（*Ligularia tongolensis*）、羽裂风毛菊、丽江紫菀、甘青老鹳草（*Geranium pylzowianum*）、狭盔马先蒿（*Pedicularis stenocorys*）、多齿马先蒿（*Pedicularis polyodonta*）、长果婆婆纳（*Veronica ciliata*）、狼毒（*Stellera chamaejasme*）等。

XIV. 沼泽化草甸

沼泽化草甸是以湿中生多年生草本植物为主形成的植物群落因季节性和临时性积水而引起的沼泽化湿地。沼泽化草甸是隐域性植被类型，同时也是草甸与沼泽植被之间的过渡类型，它的植物种类既有草甸成分的种类，也有沼泽植被的植物种类，前者多，后者少。卧龙保护区因受自然环境制约，沼泽化草甸不甚发育，组成群落的植物中也不出现沼泽植被的种类。卧龙保护区的沼泽化草甸仅有薹草沼泽化草甸1个类型，分布少而零星。

（三十四）薹草沼泽化草甸

57. 薹草草甸

该类草甸主要沿正河沟尾部分支沟的谷底呈块状或条带状分布，是以湿中生多年生的薹草为优势的沼泽草甸，在卧龙保护区海拔2800~3500m的河漫滩、山麓泉水溢流处零星分布。

群落外貌整齐，茂密，色调单一，总盖度 90%~100%，草层高约 0.5m，以薹草为优势种，薹草盖度常在 70%左右。若环境偏阴则以薹草属植物为主，多砾石河滩则紫鳞薹草（*Carex souliei*）占优势，地势向阳则帚状薹草（*Carex fastigiata*）优势度增大，并有黄帚橐吾共为优势种。除优势种薹草外，问荆（*Equisetum arvense*）、葱状灯心草（*Juncus concinnus*）、野灯心草（*Juncus setchuensis*）、黄帚橐吾（*Ligularia virgaurea*）也可在群落中形成优势，部分地段问荆常形成小群聚。此外，群落中常见的植物还有展苞灯心草、珠芽蓼、多叶碎米荠（*Cardamine macrophylla* var. *polyphylla*）、毛茛状金莲花、花葶驴蹄草（*Caltha scaposa*）、发草（*Deschampsia caespitosa*）、窄萼凤仙花（*Impatiens stenosepala*）、垂穗披碱草等。

高山稀疏植被

XV. 高山流石滩稀疏植被

高山流石滩稀疏植被为在现代积雪线以下的季节融冻区，由适应冰雪严寒自然环境条件的寒旱生、寒冷中生耐旱的多年生植物组成的植被类型。高山流石滩植被类型的植物低矮而极度稀疏，仅在土壤发育稍好的地段形成盖度稍大的小群聚，其结构也极简单（图 2-41）。该类型植物种类贫乏，主要以菊科凤毛菊属、景天科景天属、虎耳草科虎耳草属、石竹科蚤缀属、报春花科点地梅属等的植物最为常见。这些植物都具有表面角质层增厚、栅状组织发达、植株低矮、多被绒毛、根系发达、成丛或成垫状等特殊生态、生物学特性以适应严酷的自然环境条件。

图 2-41 高山流石滩稀疏植被景观（张铭 摄）

该植被类型在卧龙保护区内仅零星、片断的分布于海拔 4200m 以上的山顶、山脊地段，极个别海拔 4000m 左右的山顶也有分布。

（三十五）凤毛菊、红景天、虎耳草稀疏植被

该植被类型分布于海拔 4600m 左右的巴朗山顶，坡向西南坡，坡度 25°左右。堆积岩主要为片麻岩与

石灰岩，岩隙之间的土层厚约 10cm。

草群低矮，一般均在 10cm 以下，盖度小于 10%，多沿石隙和石缝呈小聚群分布，分布极不均匀。常见种主要有风毛菊属的毡毛雪莲（*Saussurea velutina*）、褐花雪莲（*Saussurea phaeantha*）、苞叶雪莲（*Saussurea obvallata*），虎耳草属的山地虎耳草、狭瓣虎耳草（*Saxifraga pseudohirculus*）、甘青虎耳草、黑心虎耳草等，以及红景天属的长鞭红景天等。此外，常见的植物还有多刺绿绒蒿、红花绿绒蒿、糙果紫堇（*Corydalis trachycarpa*）、美丽紫堇（*Corydalis adrienii*）、高河菜、垫状点地梅（*Androsace tapete*）、绵参（*Eriophyton wallichii*）、具毛无心菜（*Arenaria trichaphora*）等。高山流石滩稀疏植被下缘地带常伴生高山草甸成分，如羊茅、矮生蒿草、薹草、多种葱属植物（*Allium* spp.）、黄帚橐吾等。在局部缓坡洼地，多种雪茶属植物（*Thamnolia* spp.）和地衣等常形成小群聚。

三、植被空间分布

影响植被空间分布的自然因素多种多样，但最重要的是气候条件。热量和水分及二者共同作用决定了植被成带分布。气候条件是沿着南北纬向、东西经向及由低至高的海拔变化而有规律性地变化着，相应地，植被也往往沿着这 3 个方向呈有规律的带状分布。纬向和经向变化构成植被分布的水平地带性，而海拔的变化则构成植被分布的垂直地带性。人为活动对植被类群空间分布的影响也很大。

（一）水平分布

按全国植被区划，卧龙保护区位于湿润森林区的范围。其植被的水平分布具有亚热带北缘的常绿阔叶林地带性特点。

首先，其水平地带性区域性特点反映在常绿阔叶林的种类组成、结构与分布幅度等方面。该区常绿阔叶林的优势种主要为樟科与山毛榉科成分。樟科成分中有樟属的油樟和银叶桂，楠木属的小果润楠，新木姜子属的巫山新木姜子等，充分反映了该区植被与盆地西缘山地植被的联系性。由于纬度偏北和海拔增高的影响，桢楠、润楠等樟科中一些喜暖湿气候的物种都是川西南和川西北边缘山地常绿阔叶林的优势建群种，而在该区罕见或未见，处于优势地位的主要是上述耐寒性较强的树种。该区的山毛榉科成分也有相类似的情况，所含属种甚少，具优势建群作用的仅有石栎属的全苞石栎、青冈属的细叶青冈和曼青冈，这些植物也都是耐寒抗旱性较强的物种。从常绿阔叶林中所含的山茶科植物来看，在我国南部、西南部和西部的常绿阔叶林中，山茶科种类如木荷属、大头茶属和柃木属植物等成分丰富，常处于建群或优势地位，而在该区，山茶科不仅属种组成简单，一般在群落中也不起建群作用。

其次，该区植被的垂直带幅度与植被带的群落类型组合也是对其植被水平地带性区域特点的最好反映。在川西南的西昌一带，由于热量条件好，常绿阔叶林上限一般为海拔 2600m，最高可达 2800m；而位于东南季风交汇地带的大凉山，其常绿阔叶林的最上限可达海拔 2200m；至盆地西缘山地，由于纬度偏北、年降水量大、日照时数少，故年蒸发量小而年平均气温偏低，常绿阔叶林上限仅达海拔 1800m。该区常绿阔叶林仅分布于海拔 1600m 左右。再从植被的群落类型组合来看，海拔 2000~2700m 的针阔叶混交林带的主体植被是以铁杉为主的针阔叶混交林，但在阳坡山麓与溪河沿岸，有油松林和四川红杉林与之形成组合。油松是华北地区的标志种，其分布中心在山西和陕西，四川北部为其分布区的南缘；四川红杉分布仅限于岷江流域，以汶川、茂县、理县为分布中心。上述群落类型在同属于邛崃山东坡的二郎山植被组合中并没有出现，由此可见该区的植被水平地带性特点。总体而言，该区植被与四川北部龙门山东坡植被的垂直分布具有同一性。

（二）垂直分布

卧龙保护区地处青藏高原东南缘的高山峡谷地带，海拔高差达 3600m 以上。独特的山地气候效应带来的温度、水分、光照等气候因素及其配合方式的差异，使得卧龙保护区的山地植被随海拔递增呈现显著的垂直地带性规律，具有较完整的山地植被垂直分布格局，是青藏高原东南缘高山峡谷地带山地植被垂直带谱的典型代表。卧龙保护区植被垂直带谱结构如图 2-42 所示。

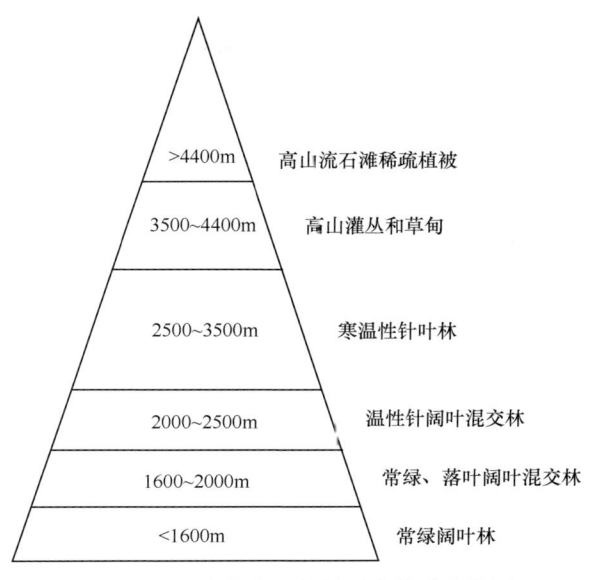

图 2-42 卧龙保护区植被垂直带谱结构图

海拔 1600m 以下为基带植被。代表类型是以樟科的油樟、卵叶钓樟，山毛榉科的青冈、细叶青冈、曼青冈、全苞石栎等为主的常绿阔叶林。因该海拔地段气候温暖湿润，人类开发历史悠久，常绿阔叶林基本上已被耕地以及苹果、核桃等经济林木替代。在人类生产、生活等诸多活动的频繁干扰下，组成中原生的常绿阔叶林建群树种或优势树种的高大植株已十分罕见。在该植被带内，现分布的自然植被类型主要是以壳斗科栎属植物为主组成的次生林以及由卵叶钓樟等形成的次生灌丛。

海拔 1600~2000m 为常绿、落叶阔叶混交林。代表类型是以细叶青冈、曼青冈、全苞石栎等常绿阔叶树种，亮叶桦、多种槭树、椴树、多种稠李、漆树、枫杨、珙桐、水青树、领春木、连香树、圆叶木兰等落叶树种组成的常绿、落叶阔叶混交林。该类型外貌富季节变化。常绿、落叶阔叶混交林带不仅是保护区阔叶树种最丰富的植被带，而且国家重点保护野生植物的物种数量和分布数量也较多。

海拔 2000~2500m 是温性针阔叶混交林。由针叶树种云南铁杉、铁杉，阔叶树种红桦、糙皮桦、五裂槭、扇叶槭、青榨槭等组成的针阔叶混交林为代表类型。位于该植被带上部的各种植物群中常有冷杉、麦吊云杉、四川红杉等针叶树种散生，植被带下部的群落中常伴生曼青冈、苞石栎等常绿阔叶树种。

海拔 2500~3500m 为寒温性针叶林。以冷杉和岷江冷杉组成的冷杉林、麦吊云杉林等针叶林为代表类型。该植被带同时出现红桦、糙皮桦、山杨等为优势的落叶阔叶林；也有四川红杉、方枝柏等针叶林，大叶金顶杜鹃、多种悬钩子组成的灌丛，冷箭竹（图 2-43）、华西箭竹、峨眉玉山竹等组成的竹丛，糙野青茅、长葶鸢尾、扭盔马先蒿组成的典型草甸等多种原生和次生植被类型。

海拔 3500~4400m 为高山灌丛和草甸，主要包括落叶阔叶灌丛、常绿革叶灌丛、高山常绿针叶灌丛与高寒草甸等群系组。其中，落叶阔叶灌丛包括金露梅、绣线菊等类型；常绿革叶灌丛包括雪层杜鹃、陇蜀杜鹃等多种类型；高山常绿针叶灌丛包括香柏灌丛等类型，主要分布在阴坡、半阴坡、溪沟边等地段；高寒草甸则是由羊茅为主组成的禾草草甸，由圆穗蓼、珠芽蓼、淡黄香青、长叶火绒草等组成的杂类草草甸，由矮生蒿草为主组成的蒿草草甸等，多见于阳坡、半阳坡或平缓的山脊等地段。

海拔 4400m 以上地段为高山流石滩稀疏植被，主要由适应高寒大风、强烈辐射的多种风毛菊、红景天、虎耳草、紫堇、垫状蚤缀、雪茶（*Thamnolia vermicularis*）（图 2-44）等组成。在洼地和岩隙有多种雪茶等地衣类植物形成的小群聚。

图 2-43　冷箭竹（刘明冲　摄）　　　　　　　图 2-44　雪茶（马永红　摄）

第三节　动物多样性

一、水生无脊椎动物

（一）浮游动物

1. 物种多样性

卧龙保护区共有浮游动物 2 门 3 纲 10 目 17 科 26 属 37 种（杨志松等，2019）。其中，原生动物门 2 纲 8 目 14 科 23 属 34 种，种数占该区浮游动物总种数的 91.89%；担轮动物门 1 纲 2 目 3 科 3 属 3 种，种数占该区浮游动物总种数的 8.11%。平水期记录到浮游动物 2 门 3 纲 6 目 8 科 12 属 18 种，枯水期记录到浮游动物 2 门 3 纲 10 目 12 科 17 属 21 种（表 2-8）。

表 2-8　浮游动物物种多样性（杨志松等，2019）

门	时期	纲数	目数	科数	属数	种数	种数占比/%
原生动物门	丰水期	2	5	7	12	18	48.65
	平水期	2	4	6	10	16	43.24
	枯水期	2	8	11	15	19	51.35
	总计	2	8	14	23	34	91.89
担轮动物门	丰水期	1	2	2	2	2	5.41
	平水期	1	2	2	2	2	5.41
	枯水期	1	2	2	2	2	5.41
	总计	1	2	3	3	3	8.11
合计		3	10	17	26	37	100.00

2. 空间分布

卧龙保护区浮游动物在各断面分布不同（表 2-9），其中，幸福沟耿达水厂的浮游动物种数最多，达到 14 种，其次是七层楼沟，12 种，二者均为皮条河的支流，人为干扰少，水流相对缓慢；最少的是正河水电站旁，仅有 2 种（杨志松等，2019）。根足纲种数在野牛沟、梯子沟沟口、银厂沟、五里墩、正河水电站旁、龙潭水电站库尾、观音庙旁、灵关庙（西河）断面均等于或超过相应断面浮游动物总种数的 50%，说明上述断面浮游动物中根足纲相对丰富。纤毛纲种数在熊猫水电站大坝下、幸福沟耿达水厂、七层楼沟等断面相对丰富；轮虫纲种类相对较少。

表 2-9 各断面浮游动物种类组成（改自杨志松等，2019）

断面	原生动物门 根足纲 科数	属数	种数	种数占比/%	原生动物门 纤毛纲 科数	属数	种数	种数占比/%	担轮动物门 轮虫纲 科数	属数	种数	种数占比/%	种数合计
野牛沟	2	3	4	50.0	2	2	2	25.0	2	2	2	25.0	8
梯子沟沟口	2	3	5	62.5	1	1	1	12.5	2	2	2	25.0	8
银厂沟	2	2	3	50.0	1	1	1	16.7	2	2	2	33.3	6
银厂沟与皮条河交汇处	1	1	2	33.3	2	2	2	33.3	2	2	2	33.3	6
五里墩	1	2	3	50.0	1	1	1	16.7	2	2	2	33.3	6
熊猫水电站库尾	1	2	3	42.9	2	2	2	28.6	2	2	2	28.6	7
熊猫水电站大坝下	1	2	2	22.2	4	5	5	55.6	2	2	2	22.2	9
足木沟与皮条河交汇处	2	2	2	33.3	2	2	2	33.3	2	2	2	33.3	6
正河水电站站旁	1	1	2	100.0	0	0	0	0.0	0	0	0	0.0	2
龙潭水电站库尾	2	2	3	60.0	0	0	0	0.0	2	2	2	40.0	5
观音庙旁	3	2	5	71.4	0	0	0	0.0	2	2	2	28.6	7
幸福沟耿达水厂	1	2	2	14.3	6	10	10	71.4	2	2	2	14.3	14
耿达村四组	2	2	2	40.0	2	2	2	40.0	1	1	1	20.0	5
七层楼沟	2	2	5	41.7	5	6	6	50.0	1	1	1	8.3	12
黑石江水电站旁中河	3	3	5	45.5	4	5	5	45.5	1	1	1	9.1	11
灵关庙（西河）	2	2	4	50.0	2	2	2	25.0	2	2	2	25.0	8

注："种数占比"为每一断面相应类群种数占该断面种数合计的比例

3. 种类、密度及生物量

卧龙保护区丰水期浮游动物中原生动物门根足纲的平均密度为 60 个/L，平均生物量为 0.0018mg/L；纤毛纲的平均密度为 17.5 个/L，平均生物量为 0.000 53mg/L；担轮动物门轮虫纲的平均密度为 302.5 个/L，平均生物量为 0.090 75mg/L。

平水期浮游动物中原生动物门根足纲的平均密度为 76.25 个/L，平均生物量为 0.002 29mg/L；纤毛纲的平均密度为 41.25 个/L，平均生物量为 0.001 24mg/L；担轮动物门轮虫纲的平均密度为 140 个/L，平均生物量为 0.042mg/L。

枯水期浮游动物中原生动物门根足纲的平均密度为 20 个/L，平均生物量为 0.0005mg/L；纤毛纲的平均密度为 124 个/L，平均生物量为 0.0005mg/L；担轮动物门轮虫纲的平均密度为 94.67 个/L，平均生物量为 0.0284mg/L。

浮游动物平均密度在丰水期最大，平均期次之，枯水期最小。这是因为丰水期受降水和冰雪融化的影响，河道内水量上升，对浮游动物有一定的稀释作用。浮游动物平均生物量主要受个体较大的轮虫纲的影响。

（二）底栖无脊椎动物

1. 物种多样性

卧龙保护区底栖无脊椎动物共 4 门 7 纲 15 目 34 科 38 属 38 种（杨志松等，2019），详见表 2-10。

表 2-10 底栖无脊椎动物物种多样性（杨志松等，2019）

门	纲	时期	目数	科数	属数	种数
节肢动物门	昆虫纲	丰水期	7	18	19	19
		平水期	5	14	15	15
		枯水期	6	13	14	14
		总计	7	23	26	26
	甲壳纲	丰水期	2	3	3	3
		平水期	2	3	3	3
		枯水期	3	3	3	3
		总计	3	5	5	5
	蛛形纲	丰水期	1	1	1	1
		平水期	0	0	0	0
		枯水期	0	0	0	0
		总计	1	1	1	1
环节动物门	寡毛纲	丰水期	1	1	2	2
		平水期	1	2	2	2
		枯水期	1	1	1	1
		总计	1	2	3	3
	蛭纲	丰水期	0	0	0	0
		平水期	1	1	1	1
		枯水期	0	0	0	0
		总计	1	1	1	1
扁形动物门	涡虫纲	丰水期	1	1	1	1
		平水期	1	1	1	1
		枯水期	1	1	1	1
		总计	1	1	1	1
线虫动物门	线虫纲	丰水期	1	1	1	1
		平水期	1	1	1	1
		枯水期	1	1	1	1
		总计	1	1	1	1
合计			15	34	38	38

由表 2-10 可以看出，卧龙保护区底栖无脊椎动物以昆虫纲最多，达到 26 种，占该区底栖无脊椎动物总种数的 68.42%，其他种类均少。昆虫纲中最常见的是蜉蝣目的扁蜉、二翼蜉，毛翅目的低头石蛾、纹石蛾，以及襀翅目的石蝇。底栖无脊椎动物中线虫、摇蚊幼虫在各采样点均有出现，但数量较少。

2. 种类、密度和生物量

卧龙保护区丰水期的底栖无脊椎动物中蜉蝣目的平均密度为 18.19 个/m^2，平均生物量为 0.19g/m^2；襀翅目的平均密度为 2.81 个/m^2，平均生物量为 0.17g/m^2；毛翅目的平均密度为 5 个/m^2，平均生物量为 0.10g/m^2；涡虫纲的平均密度为 2.06 个/m^2，平均生物量为 0.02g/m^2；双翅目的平均密度为 0.81 个/m^2，平均生物量为 0.01g/m^2。

平水期底栖无脊椎动物中蜉蝣目的平均密度为 28.25 个/m^2，平均生物量为 0.28g/m^2；襀翅目的平均密度为 2.31 个/m^2，平均生物量为 0.15g/m^2；毛翅目的平均密度为 3.81 个/m^2，平均生物量为 0.72g/m^2；涡虫纲的平均密度为 3.13 个/m^2，平均生物量为 0.03g/m^2；双翅目的平均密度为 3.81 个/m^2，平均生物量为

0.01g/m²。

枯水期底栖无脊椎动物中蜉蝣目的平均密度为13.56个/m²，平均生物量为0.12g/m²；襀翅目的平均密度为0.94个/m²，平均生物量为0.03g/m²；毛翅目的平均密度为2.38个/m²，平均生物量为0.47g/m²；涡虫纲的平均密度为2.75个/m²，平均生物量为0.03g/m²；双翅目的平均密度为1.06个/m²，平均生物量为0.01g/m²。

二、陆生无脊椎动物

（一）物种多样性

卧龙保护区共有陆生无脊椎动物19目168科922属1393种（亚种）（杨志松等，2019），详见表2-11。从科级水平来看，排在前三位的分别是鞘翅目（39科）、半翅目（27科）、鳞翅目（25科），共91科，占该区陆生无脊椎动物科总数的54.17%。虱目、襀翅目、衣鱼目、脉翅目的科数较少，都只有1科。从属级分类阶元来看，鳞翅目最多，有298属，占该区陆生无脊椎动物属总数的32.32%；鞘翅目261属，占28.31%，位列第二；双翅目128属，占13.88%，位列第三。从种数上看，最多的是鞘翅目，有438种，占31.44%，其次是鳞翅目（387种）和双翅目（225种），分别占27.78%和16.15%。

表2-11 卧龙保护区陆生无脊椎动物科、属及种（亚种）的数量统计（杨志松等，2019）

目	科数	属数	种（亚种）数	目	科数	属数	种（亚种）数
鞘翅目 Coleoptera	39	261	438	等翅目 Isoptera	3	5	7
半翅目 Hemiptera	27	111	146	螳螂目 Mantodea	2	6	9
鳞翅目 Lepidoptera	25	298	387	毛翅目 Trichoptera	2	2	4
直翅目 Orthoptera	16	42	53	蜉蝣目 Ephemeroptera	2	2	2
双翅目 Diptera	14	128	225	竹节虫目 Phasmatodea	2	2	2
膜翅目 Hymenoptera	13	17	58	衣鱼目 Zygentoma	1	2	3
蜻蜓目 Odonata	8	21	25	虱目 Phthiraptera	1	1	2
蜚蠊目 Blattaria	4	7	10	脉翅目 Neuroptera	1	1	2
蚤目 Siphonaptera	4	7	9	襀翅目 Plecoptera	1	1	1
革翅目 Dermaptera	3	8	10	合计	168	922	1393

（二）空间分布

昆虫是生态系统的重要组成部分，现有的分布状态是昆虫亿万年来对环境长期适应的结果。陆生无脊椎动物的垂直分带现象与自然地理分带情况密切相关，而自然地理分带情况的最好反映就是植被的带状分布。因此，可以根据植被类型垂直分布的差异来分析陆生无脊椎动物的空间分布。

1. 阔叶林带

阔叶林在卧龙保护区森林线以下的地段广泛分布，是保护区的优势植被类型，主要分布于保护区海拔2500m以下地段。该区域环境多样，食物充足，水热条件良好，是保护区昆虫分布最为丰富的地带。该植被类型中，陆生无脊椎动物代表性种类有日本等蜉（*Isonychia japonica*）、闪绿宽腹蜻（*Lyriothemis pachygastra*）、蓝面蜓（*Aeschna melanictera*）、锥颚散白蚁（*Reticulitermes conus*）、东方蜚蠊（*Blatta orientalis*）、中华大刀螳（*Tenodera sinensis*）、东亚飞蝗（*Locusta migratoria manilensis*）、北京油葫芦（*Teleogryllus mitratus*）、洋槐蚜（*Aphis robiniae*）、二态原花蝽（*Anthocoris dimorphus*）、大青叶蝉（*Cicadella viridis*）、白脊飞虱（*Unkanodes sapporona*）、透翅结角蝉（*Antialcidas hyalopterus*）、缘斑光猎蝽（*Ectrychotes comottoi*）、大草蛉（*Chrysopa septempunctata*）、中华星步甲（*Calosoma chinense*）、眼斑齿胫天牛（*Paraloprodera diophthalma*）、小青花金龟（*Oxycetonia jucunda*）、黄守瓜（*Aulacophora femoralis*）、七星瓢虫（*Coccinella* septempunctata)、瓜茄瓢虫(Epilachna admirabilis)、丽叩甲(Campsosternus auratus)、甘薯肖叶甲(Colasposoma dauricum)、大锯龟甲(Basiprionota chinensis)、峨眉齿爪鳃金龟(Holotrichia omeia)、凸纹伪叶甲(Lagria lameyi)、小灰粪种蝇(Adia cinerella)、中华按蚊(Anopheles sinensis)、百棘蝇(Phaonia centa)、斯氏角石蛾(Stenopsyche stotzneri)、野蚕蛾(Theophila mandarina)、啬青斑蝶(Tirumala septentrionis)、小地老虎(Aerotis ipsilon)、老豹蛱蝶(Argyronome laodice)、绿尾大蚕蛾(Actias selene)、豆天蛾(Clanis bilineata tsingtauica)、云丛卷蛾(Gnorismoneura stereomorpha)、桔黄彩带蜂(Nomia megasoma)、东亚无垫蜂(Amegilla parhypate)、四川回条蜂(Habropoda sichuanensis)等。

2. 针叶林带

针叶林是由以针叶树种为建群种或优势种组成的森林植被类型。针叶林带从保护区的低海拔(1700m)地段至高海拔(4200m)林限都有不同类型出现。该区域采集到的昆虫标本数量相对较少,主要采集于相对较为裸露的林间灌丛。针叶林由于郁闭度较高,林下光照条件不好,其他植被稀疏,导致昆虫数量明显少于上述植被带。该植被类型中,陆生无脊椎动物代表性种类主要有铲头堆砂白蚁(Cryptotermes declivis)、平肩棘缘蝽(Cletus tenuis)、刺羊角蚱(Criotettix bispinosus)、中华螽斯(Tettigonia chinensis)、秦岭耳角蝉(Maurya qinlingensis)、蠋蝽(Arma chinensis)、绿罗花金龟(Rhomborrhina unicolor)、黄宝盘瓢虫(Pania luteopustulata)、松树皮象(Hylobius abietis)、乌桕长足象(Alcidodes erro)、丽叩甲、铜绿异丽金龟(Anomala corpulenta)、横坑切梢小蠹(Blastophagus minor)、并肩棘蝇(Phaonia comihumera)、黄足短猛蚁(Brachyponera luteipes)等。

3. 灌丛

灌丛在保护区内分布十分普遍,从海拔1350m到海拔4400m的山坡均有不同的灌丛出现。该植被类型中,陆生无脊椎动物代表性种类有四川凸额蝗(Traulia szetschuanensis)、日本黄脊蝗(Patanga japonica)、四川华绿螽(Sinochlora szechwanensis)、日本蚱(Tetrix japonica)、川藏原花蝽(Anthocoris thibetanus)、月肩奇缘蝽(Derepteryx lunata)、蔷薇小叶蝉(Typhlocyba rosae)、黑竹缘蝽(Notobitus meleagris)、山高姬蝽(Gorpis brevilineatus)、波姬蝽(Nabis potanini)、肖毛婪步甲(Harpalus jureceki)、绿翅真花天牛(Eustrangalis viridipennis)、中华虎甲(Cicindela chinensis)、隐斑瓢虫(Harmonia yedoensis)、皮纹球肖叶甲(Nodina tibialis)、竹丽甲(Callispa bowringi)、黑丽蝇(Calliphora pattoni)、反吐丽蝇(Calliphora vomitoria)、伪绿等彩蝇(Isomyia pseudolucilia)、范氏斑虻(Chrysops vanderwulpi)、直纹白尺蛾(Asthena tchratchraria)、黑条青夜蛾(Diphtherocome marmorea)、宽尾凤蝶(Agehana elwesi)、尖钩粉蝶(Gonepteryx mahaguru)、豹大蚕蛾(Loepa oberthuri)、蓝目天蛾(Smerinthus planus)、橘背熊蜂(Bombus atrocinctus)、腰带长体茧蜂(Macrocentrus cingulum)、小家蚁(Monamorium pharaonis)、四川回条蜂、峨眉宽痣蜂(Macropis omeiensis)、黑尾胡蜂(Vespa tropica)等。

4. 草甸

该植被带零星分布于海拔4000m以上的山顶和山脊等地段。由于植被稀疏、气候严酷,该区域分布的陆生无脊椎动物较少。由于标本采集困难,主要采集到一些飞行能力较强的膜翅目和双翅目的种类,偶见鳞翅目种类。

就采集情况看,该植被类型中,陆生无脊椎动物主要为双翅目、鞘翅目及鳞翅目的一些种类。代表性种类有眼纹斑叩甲(Cryptalaus larvatus)、日铜罗花金龟(Rhomborrhina japonica)、杨叶甲(Chrysomela populi)、红胸丽甲(Callispa ruficollis)、九江卷蛾(Argyrotaenia liratana)、中华豆斑钩蛾(Auzata chinensis)、归光尺蛾(Triphosa rantaizanensis)、叉涅尺蛾(Hydriomena furcata)、淡网尺蛾(Laciniodes denigrata)、褐菱猎蝽(Isyndus obscurus)、新瘤耳角蝉(Maurya neonodosa)、波姬蝽(Nabis potanini)、玉龙肩花蝽(Tetraphleps yulongensis)、黄胸木蜂(Xylocopa appendiculata)、中华按蚊、叉丽蝇(Triceratopyga calliphoroides)、白纹伊蚊(Aedes albopictus)等。

5. 高山流石滩稀疏植被带

该植被带零星分布于海拔4400m以上的山顶、山脊地段。由于植被稀疏，气候严酷，该区域分布的陆生无脊椎动物较少，主要见到一些飞行能力较强的膜翅目和双翅目的种类，偶见鳞翅目种类。

三、鱼类

（一）物种多样性

卧龙保护区的鱼类调查始于1978年，1983年余志伟等首次报道卧龙保护区内共有鱼类2目3科6种（余志伟等，1983）。1987年余志伟等再次更新了保护区鱼类的物种多样性，共有3目5科6属11种（卧龙自然保护区和四川师范学院，1992）。2019年杨志松等调查发现，保护区内共有鱼类3目5科9属12种（杨志松等，2019），其中鲤形目（Cypriniformes）3科8种、鲇形目（Siluriformes）1科2种、鲑形目（Salmoniformes）1科2种。本书通过对上述资料的辨析，最终采用《四川卧龙国家级自然保护区综合科学考察报告》（杨志松等，2019）中的鱼类数据。

（二）区系组成

根据鱼类区系划分标准，保护区内鱼类包括青藏高原类群、古近纪原始类群、北方冷水性类群3个类群（表2-12）。其中，属于青藏高原类群的鱼类有6种，占该区鱼类总种数的50%；属于古近纪原始类群的鱼类有5种，占该区鱼类总种数的41.67%；属于北方冷水性类群的鱼类有1种，占该区鱼类总种数的8.33%。

表2-12 鱼类的生态特征和区系组成

目	科	种	适温性	食性	栖息水层	鱼类区系
鲤形目 Cypriniformes	鲤科 Cyprinidae	齐口裂腹鱼 Schizothorax prenanti	冷水性	杂食性	中下层	青藏高原类群
		重口裂腹鱼 Schizothorax davidi	冷水性	杂食性	中下层	青藏高原类群
	鳅科 Cobitidae	红尾副鳅 Paracobitis variegatus	温水性	肉食性	底层	古近纪原始类群
		短体副鳅 Paracobitis potanini	温水性	肉食性	底层	古近纪原始类群
		戴氏南鳅 Oreias dabryi	温水性	肉食性	底层	古近纪原始类群
		贝氏高原鳅 Triplophysa bleekeri	冷水性	肉食性	底层	青藏高原类群
		短尾高原鳅 Triplophysa brevicauda	冷水性	肉食性	底层	青藏高原类群
	爬鳅科 Balitoridae	犁头鳅 Lepturichthys fimbriata	冷水性	肉食性	底层	青藏高原类群
鲇形目 Siluriformes	鮡科 Sisoridae	青石爬鮡 Euchiloglanis davidi	温水性	肉食性	底层	古近纪原始类群
		黄石爬鮡 Euchiloglanis kishinouyei	温水性	肉食性	底层	古近纪原始类群
鲑形目 Salmoniformes	鲑科 Salmonidae	虹鳟 Oncorhynchus mykiss	冷水性	肉食性	中上层	北方冷水性类群
		川陕哲罗鲑 Hucho bleekeri	冷水性	肉食性	中上层	青藏高原类群

鱼类区系是在鱼类不同种群的相互联系及其环境综合因子长期影响的过程中形成的。保护区鱼类以鲤形目鳅科鱼类为主，且以青藏高原类群为主，兼有一定的古近纪原始类群和北方冷水性类群。保护区地处成都平原向青藏高原的过渡带，位于全球生物多样性保护的核心地区，保护区的区系特征可能是对上新世青藏高原急剧隆起形成的高寒环境适应的结果。

从生态类型来看，保护区主要以冷水性、肉食性及栖息水体底层的鱼类为主，这与保护区典型的山区冷水性溪流生境有关。保护区内水系发达，谷深山高，水流湍急，动物饵料丰富，且终年水温较低，为冷水性鱼类提供了良好的栖息环境。

（三）生态类型

从鱼类对温度的适应性来看，在渔获物中，温水性鱼类有 5 种，占该区鱼类总种数的 41.67%；冷水性鱼类有 7 种，占该区鱼类总种数的 58.33%。杂食性鱼类仅 2 种，占该区鱼类总种数的 16.67%；肉食性鱼类有 10 种，占该区鱼类总种数的 83.33%。从成鱼栖息水层来看，水体底层类群所占比例较大，占该区鱼类总种数的 66.66%；其次是水体中上和中下层，各自占该区鱼类总种数的 16.67%。

（四）重点保护物种

卧龙保护区内共有国家重点保护鱼类 3 种，其中川陕哲罗鲑为国家一级重点保护野生动物，重口裂腹鱼和青石爬鮡为国家二级重点保护野生动物。

（五）特有种

卧龙保护区共有 9 种鱼类为中国特有种，分别为齐口裂腹鱼、贝氏高原鳅、戴氏山鳅、川陕哲罗鲑、红尾副鳅、短尾高原鳅、犁头鳅、青石爬鮡、黄石爬鮡。

四、两栖类

（一）物种多样性

卧龙保护区两栖动物物种多样性研究始于 1978 年的卧龙脊椎动物区系调查，至 1983 年共记录到两栖动物 2 目 4 科 10 种。1986 年邓其祥等集中对保护区南部低海拔和西部高海拔地区进行了调查，共记录到两栖动物 2 目 5 科 8 属 17 种（邓其祥等，1989a）。1992 年出版的《卧龙自然保护区动植物资源及保护》（卧龙自然保护区和四川师范学院，1992）记录保护区共有两栖类动物 18 种，隶属于 2 目 5 科 9 属。2019 年出版的《四川卧龙国家级自然保护区综合科学考察报告》（杨志松等，2019）记录保护区共有两栖动物 18 种，隶属于 2 目 5 科 11 属。总体上看，保护区内两栖动物所属的分类阶元较多，在目的水平上，包括了有尾目（Caudata）和无尾目（Anura），在科、属水平上，科的数量占四川两栖动物总科数的 45.5%，属的数量占四川两栖动物属数的 33.3%。两栖动物种数也比较多，占四川两栖动物总种数的 17.5%，其中种数较多的是角蟾科（Megophryidae）和蛙科（Ranidae），分别有 5 种和 6 种；其次是树蛙科（Rhacophoridae）和小鲵科（Hynobiidae），各有 2 种；再次为蟾蜍科（Bufonidae），只有 1 种。从各个水平的分类阶元看，保护区内的两栖动物体现出较高的生物多样性。

（二）区系组成

按分布型（张荣祖，1999）分析，保护区内两栖动物属东洋界种类的有 14 种，占保护区内两栖动物总种数的 77.8%；其余 4 种为广布种，占保护区两栖动物总种数的 22.2%。保护区 18 种两栖动物中，7 种属于南中国型，占该区两栖动物总种数的 38.9%；11 种属于喜马拉雅-横断山区型，占该区两栖动物总种数的 61.1%。其中，华西蟾蜍为优势种；金顶齿突蟾（Scutiger chintingensis）为稀有种，其余种为常见种。对不同目、科、属中种数之间的比较发现，在有尾目中，小鲵科 2 种，无隐鳃鲵科和蝾螈科物种；在无尾目中，蛙科种数最多，为 8 种，角蟾科次之，为 5 种，树蛙科有 2 种，蟾蜍科最少，只有 1 种。上述物种组成显示，该区的两栖动物区系受到喜马拉雅-横断山区型物种的影响较大。

（三）空间分布

保护区不同海拔带的两栖类种类有较大差异。物种的地理分布与生态环境之间具有密切的关系。保护区内具有各种类型的自然生态环境，不同环境中栖息着不同种类的两栖动物。例如，栖居在溪流内的山溪鲵，只分布于海拔 2200m 以上山溪内的大石块下。河沟或溪沟内生活的理县湍蛙、四川湍蛙、棘腹蛙和绿臭蛙主要分布在保护区海拔 1000m 左右的各小河沟或溪沟内的大石块下，并在夜间蹲于大石块上。静水水域分布的华西蟾蜍在保护区广泛分布。树栖物种峨眉树蛙主要分布于保护区海拔 2100m 以下的林地。

1）山溪鲵（*Batrachuperus pinchonii*）分布于四川、云南西部。该鲵生活于山区流溪内；山溪水流较急，两岸多为杉树和灌丛，枯枝落叶甚多，溪内石块较多，海拔为 1500～3950m。该鲵属于"三有"野生动物，在保护区内为常见种。

2）西藏山溪鲵（*Batrachuperus tibetanus*）分布于甘肃东南部、陕西南部、四川北部和青海东部。该鲵生活于山区或高原流溪内，多栖息于小型山溪内或泉水沟石块下，水面宽度 1～2m，以石块较多的溪段数量多，海拔为 1500～4300m。

3）大齿蟾（*Oreolalax major*）分布于四川峨眉山、洪雅、都江堰、汶川、泸定、屏山。成年个体营陆栖生活，多栖于山溪附近的石洞或草皮下，海拔为 1600～2000m。

4）宝兴齿蟾（*Oreolalax popei*）分布于四川茂县、汶川、都江堰、宝兴、天全、峨眉山、洪雅。该蟾生活于山区植被丰富的流溪附近，成年个体白天隐蔽在潮湿环境中，夜间行动迟缓，多爬行，有的蹲在溪边水中仅露出头部，海拔为 1000～2000m。

5）无蹼齿蟾（*Oreolalax schmidti*）分布于四川汶川、都江堰、宝兴、洪雅、峨眉山、石棉、冕宁。该蟾常栖于小型溪流两旁的灌丛、潮湿的土洞内或溪内石下，海拔为 1700～2400m。

6）金顶齿突蟾（*Scutiger chintingensis*）分布于四川峨眉山、洪雅、汶川。该蟾生活于山区顶部小溪及其附近，成年个体营陆栖生活，白天栖于岸上土穴、泥洞、植物根部等潮湿环境中，海拔为 2500～3050m。

7）沙坪隐耳蟾（*Atypannophrys shapingensis*）分布于四川汶川、茂县、彭州、宝兴、峨眉山、峨边、石棉、冕宁、泸定、越西、昭觉、美姑、西昌、会理。该蟾生活于乔木或灌木繁茂的山区，成年个体白天多在流溪两旁岸边石下，夜间出外捕食多种昆虫、蚯蚓及其他小动物，海拔为 2000～3200m。

8）中华蟾蜍（*Bufo gargarizans*）主要分布于四川、云南等横断山区。该蟾蜍栖居于草丛、石下或土洞中，黄昏外出觅食，海拔为 1150～3500m。该蟾蜍属于"三有"野生动物，数量较多。

9）峨眉林蛙（*Rana omeimontis*）分布于甘肃（文县）、四川东部、重庆、贵州东部和北部、湖南、湖北。该蛙生活于平原、丘陵和山区，成年个体营陆栖生活，非繁殖期多在森林和草丛中活动，觅食昆虫、环节动物和软体动物等小动物，海拔为 1150～2100m。

10）日本林蛙（*Rana japonica*）在我国分布于甘肃、河南、四川、湖北、安徽、江苏、浙江、江西、湖南、福建、台湾、广东、广西及贵州等，国外分布于日本、朝鲜。该蛙栖息在山上或山脚边的草丛间、林木下，海拔为 1150～1800m。

11）沼蛙（*Boulengerana guentheri*）在我国分布于河南（商城）、四川、重庆、云南、贵州、湖北、安徽、湖南、江西、江苏、上海、浙江、福建、台湾、广东、香港、澳门、广西、海南；国外分布于越南，近期被人为引入关岛。该蛙生活于平原或丘陵和山区，成年个体多栖息于稻田、池塘或水坑内，常隐蔽在水生植物丛间、土洞或杂草丛中，主要捕食昆虫，还觅食蚯蚓、田螺、幼蛙等，海拔为 1100m 左右。

12）绿臭蛙（*Odorrana margaretae*）在我国分布于甘肃（文县）、山西（垣曲）、四川、重庆、贵州、湖北（丹江口、通山）、湖南（桑植）、广西（蒙山、兴安、资源）、广东（新丰、连州）；国外分布于越南北部。该蛙生活于山区流溪内；山溪内石头甚多，山溪水质清澈、流速湍急，溪两岸多为巨石和陡峭岩壁，乔木、灌丛和杂草繁茂，海拔为 1150～2500m。

13）花臭蛙（*Odorrana schmackeri*）在我国分布于河南南部、四川、重庆、贵州、湖北、安徽南部、江苏（宜兴）、浙江、江西、湖南、广东、广西；国外分布于越南。该蛙生活于山区的大小山溪内（溪内大小石头甚多），以及溪两岸植被较为繁茂、环境潮湿和长有苔藓的岩壁，海拔为 1150～1400m。

14）棘腹蛙（*Quasipaa boulengeri*）分布于陕西、山西、甘肃、四川、重庆、云南、贵州、湖北、江西、湖南、广西。该蛙生活于山区的流溪或其附近的水塘中，白天隐匿于溪底的石块下、溪边大石缝或瀑布下的石洞内；晚间外出，蹲于石块上或伏于水边，夏季常发出"梆、梆、梆"的洪亮鸣声，主要捕食昆虫，

15）理县湍蛙（*Amolops lifanensis*）分布于四川理县、汶川、小金。该蛙生活于山区流溪内或其附近，白天很难见其踪迹，夜间多蹲在溪边石头上，头朝向水面，海拔为 1800～3400m。

16）四川湍蛙（*Amolops mantzorum*）分布于甘肃（文县）、四川（峨眉山、洪雅、石棉、峨边、天全、宝兴、彭州、都江堰、昭觉、米易、木里、冕宁、九龙、稻城、泸定、康定、甘孜、汶川、理县、茂县、平武）、云南（德钦、香格里拉、丽江、大姚、景东、永德、沧源、双柏、新平）。该蛙生活于大型山溪、河流两侧或瀑布较多的溪段内，数量较多，白天常栖息于溪河岸边石下，夜间外出活动，多蹲在溪内或岸边石上，常常头朝向溪内，海拔为 1150～3800m。

17）峨眉树蛙（*Rhacophorus omeimontis*）分布于云南（昭通）、贵州、广西（金秀、龙胜）、四川、湖北（利川）、湖南（宜章）。该蛙生活于山区林木繁茂而潮湿的地带，常栖息在竹林、灌木和杂草丛中，或水池边石缝或土穴内，海拔为 1150～2000m。

18）洪佛树蛙（*Rhacophorus hungfuensis*）分布于四川都江堰、汶川。该蛙常栖息于与小溪相连的小水塘边的灌木枝叶上，海拔为 1150m 左右。

（四）重点保护物种

卧龙保护区两栖类动物被列入我国重点保护野生动物的有 4 种，全部为国家二级重点保护野生动物，有山溪鲵、西藏山溪鲵、金顶齿突蟾和洪佛树蛙。

（五）特有种

卧龙保护区我国特有种共有 14 种，分别是山溪鲵、西藏山溪鲵、大齿蟾、宝兴齿蟾、无蹼齿蟾、金顶齿突蟾、沙坪隐耳蟾、中华蟾蜍、峨眉林蛙、棘腹蛙、理县湍蛙、四川湍蛙、峨眉树蛙和绿臭蛙。四川省特有种共有 3 种，约占保护区两栖动物总种数的 16.7%，分别为金顶齿突蟾、大齿蟾和无蹼齿蟾。

五、爬行类

（一）物种多样性

1978～1983 年通过卧龙区系脊椎动物调查发现卧龙保护区内共分布有爬行动物 14 种，隶属于 1 目 5 科 12 属。1986 年，卧龙管理局对保护区南部低海拔地区进行了补充调查，将保护区爬行动物增至 1 目 5 科 14 属 21 种。2019 年出版的《四川卧龙国家级自然保护区综合科学考察报告》（杨志松等，2019）报道了保护区内共有爬行动物 19 种，隶属于 1 目 4 科 14 属。其中，游蛇科（Colubridae）的数量占绝对优势，为 9 属 14 种，属数占该保护区总属数的 64.3%，种数占该保护区总种数的 73.7%；其次是石龙子科（Scincidae）和蝰科（Viperidae）均为 2 属 2 种；再次是眼镜蛇科（Elapidae），只有 1 属 1 种。

（二）区系组成

按分布型（张荣祖，1999）分析，保护区内爬行动物属东洋界物种的有 9 种，占该保护区内爬行动物总种数的 47.37%；其余 10 种为广布种，占该保护区爬行动物总种数的 52.63%。保护区内 19 种爬行动物中，8 种属于南中国型，占该保护区爬行动物总种数的 42.11%；7 种属于东洋型，占 36.84%；3 种属于喜马拉雅-横断山区型，占 15.79%；1 种属于季风型，占 5.26%。相对数量较多的为铜蜓蜥和菜花原矛头蝮，为该保护区的优势种；横斑锦蛇（*Euprepiophis perlaceus*）为稀有种，其余种为常见种。对不同目、科、属中种数之间的比较发现，在蜥蜴亚目中，仅石龙子科 2 种；在蛇亚目中，游蛇科种数最多，有 14 种，蝰科次之，为 2 种，眼镜蛇科最少，为 1 种。

（三）重点保护物种

卧龙保护区爬行动物被列入我国重点保护野生动物的有 1 种，即横斑锦蛇，为国家二级重点保护野生动物。

（四）特有种

卧龙保护区爬行动物四川省特有种 1 种，即美姑脊蛇，约占该保护区爬行动物总种数的 5.26%。卧龙保护区特有种 3 种，分别为美姑脊蛇、锈链腹链蛇和横斑锦蛇。

六、鸟类

（一）物种多样性

1979~1987 年卧龙保护区共记录到野生鸟类 13 目 42 科 281 种（卧龙自然保护区和四川师范学院，1992）。2014~2017 年开展的"四川卧龙国家级自然保护区本底资源调查"共记录到野生鸟类 332 种，隶属于 18 目 61 科 185 属（杨志松等，2019）。2021 年韦华等通过调查并结合历史资料发现，目前卧龙保护区内共有野生鸟类 18 目 67 科 392 种（韦华等，2021）。

本书以《四川卧龙国家级自然保护区的鸟类多样性》（韦华等，2021）为参考，参照《中国鸟类观察手册》（刘阳和陈水华，2021）、《四川卧龙国家级自然保护区综合科学考察报告》（杨志松等，2019）、《中国鸟类分类与分布名录》（第三版）（郑光美，2017）、《四川鸟类鉴定手册》（张俊范，1997）和《四川鸟类原色图鉴》（李桂垣，1995），统计发现卧龙保护区共有鸟类 392 种，隶属于 18 目 67 科 207 属。在 392 种鸟类中，有留鸟 186 种、夏候鸟 101 种、旅鸟 86 种、冬候鸟 18 种、迷鸟 1 种（图 2-45~图 2-47）。保护区鸟类组成情况见表 2-13。

图 2-45 高山兀鹫（留鸟，红外相机）

图 2-46 苍鹰（冬候鸟，红外相机）

图 2-47 鹰雕（留鸟，红外相机）

表 2-13 卧龙保护区鸟类目、科及种组成

目	科	种数	种数占比/%	古北界种数	东洋界种数	广布种种数
鸡形目 Galliformes	雉科 Phasianidae	14	3.57	3	8	3
雁形目 Anseriformes	鸭科 Anatidae	14	3.57	14	0	0
䴙䴘目 Podicipediformes	䴙䴘科 Podicipedidae	3	0.77	2	0	1
鸽形目 Columbiformes	鸠鸽科 Columbidae	5	1.28	1	3	1
夜鹰目 Caprimulgiformes	夜鹰科 Caprimulgidae	1	0.26	0	0	1
	雨燕科 Apodidae	4	1.02	0	2	2
鹃形目 Cuculiformes	杜鹃科 Cuculidae	8	2.04	0	4	4
鹤形目 Gruiformes	秧鸡科 Rallidae	2	0.51	0	2	0
	鹤科 Gruidae	2	0.51	2	0	0
鸻形目 Charadriiformes	鹮嘴鹬科 Ibidorhynchidae	1	0.26	0	1	0
	鸻科 Charadriidae	2	0.51	1	0	1
	鹬科 Scolopacidae	9	2.30	8	1	0
	三趾鹑科 Turnicidae	1	0.26	0	1	0
	燕鸻科 Glareolidae	1	0.26	0	1	0
	鸥科 Laridae	1	0.26	1	0	0
鹳形目 Ciconiiformes	鹳科 Ciconiidae	1	0.26	1	0	0
鲣鸟目 Suliformes	鸬鹚科 Phalacrocoracidae	1	0.26	0	0	1
鹈形目 Pelecaniformes	鹭科 Ardeidae	7	1.79	1	1	5
鹰形目 Accipitriformes	鹰科 Accipitridae	21	5.36	7	5	9
鸮形目 Strigiformes	鸱鸮科 Strigidae	10	2.55	2	3	5
犀鸟目 Bucerotiformes	戴胜科 Upupidae	1	0.26	0	0	1
佛法僧目 Coraciiformes	佛法僧科 Coraciidae	1	0.26	0	0	1
	翠鸟科 Alcedinidae	2	0.51	0	0	2
啄木鸟目 Piciformes	啄木鸟科 Picidae	12	3.06	5	6	1
隼形目 Falconiformes	隼科 Falconidae	5	1.28	4	0	1
雀形目 Passeriformes	八色鸫科 Pittidae	1	0.26	0	1	0
	黄鹂科 Oriolidae	1	0.26	0	1	0
	莺雀科 Vireonidae	2	0.51	0	2	0
	山椒鸟科 Campephagidae	3	0.77	0	3	0
	扇尾鹟科 Rhipiduridae	1	0.26	0	1	0
	卷尾科 Dicruridae	3	0.77	0	3	0
	王鹟科 Monarchidae	1	0.26	0	1	0
	伯劳科 Laniidae	5	1.28	3	2	0
	鸦科 Corvidae	9	2.30	4	1	4
	玉鹟科 Stenostiridae	1	0.26	0	1	0
	山雀科 Paridae	11	2.81	1	8	2
	百灵科 Alaudidae	2	0.51	1	1	0
	扇尾莺科 Cisticolidae	2	0.51	0	1	1
	苇莺科 Acrocephalidae	3	0.77	2	0	1
	鳞胸鹪鹛科 Pnoepygidae	2	0.51	0	2	0
	蝗莺科 Locustellidae	3	0.77	0	1	2

续表

目	科	种数	种数占比/%	古北界种数	东洋界种数	广布种种数
雀形目 Passeriformes	燕科 Hirundinidae	4	1.02	2	0	2
	鹎科 Pycnonotidae	5	1.28	0	5	0
	柳莺科 Phylloscopidae	19	4.85	8	11	0
	树莺科 Cettiidae	8	2.04	0	8	0
	长尾山雀科 Aegithalidae	5	1.28	1	4	0
	莺鹛科 Sylviidae	15	3.83	0	15	0
	绣眼鸟科 Zosteropidae	5	1.28	1	4	0
	林鹛科 Timaliidae	3	0.77	0	3	0
	幽鹛科 Pellorneidae	3	0.77	0	3	0
	噪鹛科 Leiothrichidae	13	3.32	0	13	0
	旋木雀科 Certhiidae	3	0.77	0	3	0
	鳾科 Sittidae	4	1.02	0	2	2
	鹪鹩科 Troglodytidae	1	0.26	1	0	0
	河乌科 Cinclidae	2	0.51	0	0	2
	椋鸟科 Sturnidae	3	0.77	1	2	0
	鸫科 Turdidae	12	3.06	2	6	4
	鹟科 Muscicapidae	46	11.73	11	29	6
	戴菊科 Regulidae	1	0.26	1	0	0
	太平鸟科 Bombycillidae	2	0.51	2	0	0
	花蜜鸟科 Nectariniidae	1	0.26	0	1	0
	岩鹨科 Prunellidae	5	1.28	3	2	0
	梅花雀科 Estrildidae	2	0.51	0	2	0
	雀科 Passeridae	5	1.28	3	1	1
	鹡鸰科 Motacillidae	9	2.30	8	0	1
	燕雀科 Fringillidae	28	7.14	14	14	0
	鹀科 Emberizidae	9	2.30	6	2	1
总计		392		127	197	68

（二）区系组成

卧龙保护区鸟类区系从属关系有主要和完全分布于古北界的鸟类 127 种，占该保护区鸟类总种数的 32.40%；主要和完全分布于东洋界的鸟类 197 种，占 50.26%；广布种 68 种，占 17.35%。鸟类区系组成以东洋界物种为主，并占有绝对优势。

在非雀形目鸟类中，古北界以鹰科、鸭科和鹬科的物种为主要组成；东洋界则以雉科和啄木鸟科的物种为主要组成。雀形目鸟类中，古北界以燕雀科、鹟科、柳莺科和鹡鸰科中的北方型鸟类为主要组成；东洋界以鹟科、噪鹛科、燕雀科、柳莺科和莺鹛科中的南方型物种为主要组成。古北界种数占比和东洋界种数占比分别为 32.40% 和 50.26%。

卧龙保护区在我国动物地理区划上属于西南区西南山地亚区，此区呈现相对海拔落差大，植被垂直分布明显，生境复杂多样化的特点。主要代表种类有白马鸡（*Crossoptilon crossoptilon*）、绿尾虹雉（*Lophophorus lhuysii*）、红腹角雉（*Tragopan temminckii*）等。华中区东部丘陵平原亚区、西部山地高原亚区的代表种类有黄臀鹎（*Pycnonotus xanthorrhous*）、领雀嘴鹎（*Spizixos semitorques*）、红头长尾山雀（*Aegithalos concinnus*）、强脚树莺（*Horornis fortipes*）、大嘴乌鸦（*Corvus macrorhynchos*）、灰背伯劳（*Lanius tephronotus*）、红腹锦鸡（*Chrysolophus pictus*）等，在保护区内数量较多和分布广泛。东北区常见种类有星鸦（*Nucifraga caryocatactes*）、黑啄木鸟（*Dryocopus martius*）、牛头伯劳（*Lanius bucephalus*）等，在保护区中分布较少。

保护区鸟类区系组成兼具古北界和东洋界成分，以东洋界成分为主。

（三）空间分布

参考保护区内地理环境、生态群落、植被类型及海拔等因素，鸟类栖息地及其空间分布大致可划分为河谷水域区、阔叶林带、针阔叶混交林带、针叶林带和高山灌丛草甸带5种类型。

1. 河谷水域区

河谷水域区主要为皮条河水域和河漫滩及其附近灌丛。其海拔通常低于2200m以下，植被以灌丛与阔叶林为主，其间杂有少量农耕地。

皮条河由西南至东北方向横贯保护区，沿途众多小支流汇入，主要河段多为深切沟谷，水流湍急，少有鸟类栖息。皮条河有多处水电站和小型人工水坝，水电站水坝拦截河道形成的宽阔水面与小型人工水坝形成的较为平缓河滩为水鸟提供了非常有限但也十分重要的一类栖息和觅食环境。例如，熊猫水电站附近的上下河道时常有鸻鹬类、鹭类、河乌、鹡鸰、燕尾、溪鸲和水鸲等鸟类活动，迁徙季节也是雁鸭类停歇的重要栖息地。河道两岸林带是该区林鸟的主要活动区域。

该区域栖息鸟类77种，占卧龙保护区鸟类的19.64%。其中，东洋界种类45种，占该区域鸟类的58.44%；古北界种类24种，占该区域鸟类的31.17%。该区域有繁殖鸟26种，占该区域鸟类的33.77%。鸟类组成成分以东洋界物种为主。

2. 阔叶林带

保护区内常绿阔叶林带无典型的林相特征或特征不甚明显，为此将常绿阔叶林与常绿、落叶阔叶混交林统归为阔叶林带。阔叶林带相对海拔较低，乔木种类丰富，林下灌丛密布，是绝大多数鸟类的栖息地。此带也是栖息鸟类种类最多、密度最大的区域。常见种类有鸫科、鹟科、噪鹛科、莺鹛科、山雀科和鸦科中的大部分鸟类。雉科中的红腹锦鸡（*Chrysolophus pictus*）（图2-48）与白腹锦鸡（*Chrysolophus amherstiae*）（图2-49）也主要栖息于此带。

图2-48　红腹锦鸡（红外相机）　　　　　　　　图2-49　白腹锦鸡（红外相机）

此带有栖息鸟类 167 种，占卧龙保护区鸟类的 42.60%。其中，东洋界种类 92 种，占此带鸟类的 55.09%；古北界种类 61 种，占此带鸟类的 36.53%。该区域有繁殖鸟 113 种，占此带鸟类的 67.66%。鸟类组成成分以东洋界物种为主。

3. 针阔叶混交林带

此带鸟类物种也十分丰富，仅次于阔叶林带，主要栖息有杜鹃科、鸱鸮科、山椒鸟科、鸫科、噪鹛科、啄木鸟科、鸭科等鸟类。雉科中的白马鸡（图 2-50）、血雉（*Ithaginis cruentus*）（图 2-51）、勺鸡（*Pucrasia macrolopha*）（图 2-52）也栖息于此带。

图 2-50　白马鸡（红外相机）

图 2-51　血雉（红外相机） 　　　　　　图 2-52　勺鸡（红外相机）

此带有栖息鸟类 157 种，占卧龙保护区鸟类的 40.05%。其中，东洋界种类 71 种，占此带鸟类的 45.22%；古北界种类 79 种，占此带鸟类的 50.32%。此带有繁殖鸟 94 种，占此带鸟类的 59.87%。鸟类组成成分以古北界物种为主。

4. 针叶林带

此带常见的种类有莺鹛科的柳莺类，啄木鸟科种类，山雀科的黑冠山雀（*Periparus rubidiventris*）和绿背山雀（*Parus monticolus*），林鹛科的雀鹛类，雉科的斑尾榛鸡（*Tetrastes sewerzowi*）、红喉雉鹑（*Tetraophasis obscurus*）和血雉等。

此带有栖息鸟类 131 种，占卧龙保护区鸟类的 33.42%。其中，东洋界种类 52 种，占此带鸟类的 39.69%；古北界种类 68 种，占此带鸟类的 51.91%。此带有繁殖鸟 76 种，占此带鸟类的 58.02%。鸟类组成成分以古北界物种为主。

5. 高山灌丛草甸带

此带包含部分有高山裸岩与流石滩的地区。此带属于高寒、高海拔、自然条件较为恶劣的地区，除几种常年留居的雉类如雪鹑（*Lerwa lerwa*）、藏雪鸡（*Tetraogallus tibetanus*）（图 2-53）外，鸟类呈现显著的季节性分布特征。每年 5~10 月可见为数不少的高山岭雀（*Leucosticte brandti*）、蓝大翅鸲（*Grandala coelicolor*）、领岩鹨（*Prunella collaris*）、棕胸岩鹨（*Prunella strophiata*）、鸲岩鹨（*Prunella rubeculoides*）等鸟类在此繁殖后代。其他常见鸟类有白喉红尾鸲（*Phoenicuropsis schisticeps*）、暗胸朱雀（*Carpodacus* nipalensis)、红嘴山鸦（*Pyrrhocorax pyrrhocorax*）、黄嘴山鸦（*Pyrrhocorax graculus*）等。分布于此带的少量的高山湖泊为候鸟提供了停歇与觅食场所。

此带有栖息鸟类 51 种，占卧龙保护区鸟类的 13.01%。其中，东洋界种类 10 种，占此带鸟类的 19.61%；古北界种类 38 种，占此带鸟类的 74.51%。此带有繁殖鸟 36 种，占此带鸟类的 70.59%。鸟类组成成分以古北界物种为主。

从保护区鸟类的空间分布上来看，阔叶林带与针阔叶混交林带无论从物种上还是从数量上来看都是较丰富的，鸟类栖息环境适宜程度较高。

图 2-53 藏雪鸡（红外相机）

（四）重点保护物种

卧龙保护区内国家一级重点保护野生鸟类 13 种，分别为黑鹳（*Ciconia nigra*）、黑颈鹤（*Grus nigricollis*）、胡兀鹫（*Gypaetus barbatus*）、金雕（*Aquila chrysaetos*）、斑尾榛鸡、秃鹫（*Aegypius monachus*）（图 2-54）、绿尾虹雉、乌雕（*Clanga clanga*）、草原雕（*Aquila nipalensis*）、白尾海雕（*Haliaeetus albicilla*）、猎隼（*Falco cherrug*）、红喉雉鹑和四川林鸮（*Strix davidi*）。国家二级重点保护野生鸟类 66 种。

（五）特有种

卧龙保护区内中国特有鸟类有斑尾榛鸡、红喉雉鹑、灰胸竹鸡（*Bambusicola thoracicus*）、绿尾虹

图 2-54 秃鹫（红外相机）

雉、白马鸡、红腹锦鸡、四川林鸮、红腹山雀（*Parus davidi*）、黄腹山雀（*Pardaliparus venustulus*）、四川褐头山雀（*Poecile weigoldicus*）、凤头雀莺（*Leptopoecile elegans*）、银脸长尾山雀（*Aegithalos fuliginosus*）、宝兴鹛雀（*Moupinia poecilotis*）、中华雀鹛（*Fulvetta striaticollis*）、三趾鸦雀（*Cholornis paradoxus*）、白眶鸦雀（*Sinosuthora conspicillata*）、斑背噪鹛（*Garrulax lunulatus*）、大噪鹛（*Garrulax maximus*）、橙翅噪鹛（*Trochalopteron elliotii*）、四川旋木雀（*Certhia tianquanensis*）、乌鸫（*Turdus mandarinus*）、宝兴歌鸫（*Turdus mupinensis*）、斑翅朱雀（*Carpodacus trifasciatus*）、蓝鹀（*Emberiza siemsseni*）等 24 种［参照郑光美《中国鸟类分类与分布名录》（第三版）］。卧龙保护区中国特有鸟类占中国全部特有鸟类（93 种）的 25.81%，占卧龙保护区鸟类总种数的 6.12%。

七、兽类

（一）小型兽类

1. 物种多样性

1978～1988 年"卧龙脊椎动物区系调查"等多次调查发现，卧龙保护区共有小型兽类 4 目 12 科 63 种

（卧龙自然保护区和四川师范学院，1992）。2014～2017年"四川卧龙国家级自然保护区本底资源调查"发现，卧龙保护区内共有小型兽类5目17科48属92种（杨志松等，2019）。其中，猬形目1科1种，占卧龙保护区小型兽类的1.09%；鼩形目2科25种，占27.17%；翼手目3科18种，占19.57%；啮齿目9科42种，占45.65%；兔形目2科6种，占6.52%。保护区小型兽类以啮齿目占优势，超过小型兽类总数的1/3，其次是鼩形目和翼手目，兔形目和猬形目种类较少。

2. 区系组成

卧龙保护区小型兽类区系组成如下。

1）古北界的种类有18种，占卧龙保护区小型兽类的19.57%。其中，古北型9种，有小鼩鼱（*Sorex minutus*）、普通鼩鼱（*Sorex araneus*）和巢鼠（*Micromys minutus*）等；高地型6种，有喜马拉雅旱獭（*Marmota himalayana*）、高原松田鼠（*Neodon irene*）和四川林跳鼠（*Eozapus setchuanus*）等；华北型1种，为高原鼢鼠（*Eospalax fontanierii*）；中亚型1种，为长尾仓鼠（*Cricetulus longicaudatus*）；东北-华北型1种，为大林姬鼠（*Apodemus peninsulae*）。

2）东洋界的种类有70种，占卧龙保护区小型兽类的76.09%。其中，喜马拉雅-横断山脉型31种，有纹背鼩鼱（*Sorex cylindricauda*）和小纹背鼩鼱（*Sorex bedfordiae*）等；东洋型24种，有北社鼠（*Niviventer confucianus*）、白腹巨鼠（*Leopoldamys edwardsi*）、隐纹花松鼠（*Tamiops swinhoei*）、黄胸鼠（*Rattus flavipectus*）等；南中国型15种，有中国鼩猬（*Neotetracus sinensis*）、四川短尾鼩（*Anourosorex squamipes*）、高山姬鼠（*Apodemus chevrieri*）、中华姬鼠（*Apodemus draco*）、华南针毛鼠（*Niviventer huang*）、黑腹绒鼠（*Eothenomys melanogaster*）等。

3）广布种4种，占卧龙保护区小型兽类的4.35%，有草兔（*Lepus capensis*）、长尾鼠耳蝠（*Myotis frater*）、岩松鼠（*Sciurotamias davidianus*）和灰尾兔（*Lepus oiostolus*）。

从总体上看，卧龙保护区区系中东洋界小型兽类占优势。从分布类型上看，喜马拉雅-横断山脉型所占比例最高，东洋型次之，由以上两者构成该地小型兽类区系东洋界成分的主要分布类型；古北型是构成该区小型兽类区系古北界的主要成分。

3. 空间分布

不同物种的垂直分布范围存在差异。黄鼬（图2-55）和长吻鼩鼱垂直分布区最广，中华姬鼠和岩松鼠分布区也比较广，垂直分布区约为2000m。分布区比较窄的是白腹巨鼠、小纹背鼩鼱、隐纹花松鼠、长尾鼩鼱，其垂直分布区小于50m。卧龙保护区部分小型兽类物种垂直分布区如图2-56所示。

图2-55 黄鼬（红外相机）

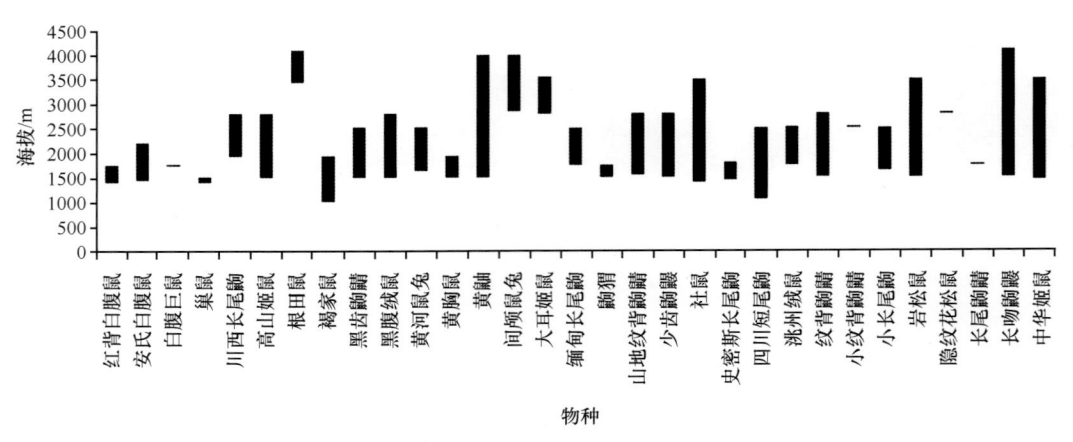

图 2-56　卧龙保护区部分小型兽类物种垂直分布区（杨志松等，2019）

4. 特有种

卧龙保护区小型兽类特有种有 31 种，占卧龙保护区小型兽类总种数的 33.70%，其中主要分布于我国的特有种为 23 种。卧龙保护区小型兽类特有种包括少齿鼩鼹（*Uropsilus soricipes*）、峨眉鼩鼹（*Uropsilus andersoni*）、长吻鼩鼹（*Uropsilus gracilis*）、长吻鼹（*Euroscaptor longirostris*）、纹背鼩鼱（*Sorex cylindricauda*）、陕西鼩鼱（*Sorex sinalis*）、川鼩（*Blarinella quadraticauda*）、岩松鼠（*Sciurotamias davidianus*）、复齿鼯鼠（*Trogopterus xanthipes*）、高山姬鼠（*Apodemus chevrieri*）、大耳姬鼠（*Apodemus latronum*）、中华姬鼠（*Apodemus draco*）、安氏白腹鼠（*Niviventer andersoni*）、川西白腹鼠（*Niviventer excelsior*）、洮州绒鼠（*Eothenomys eva*）、西南绒鼠（*Eothenomys custos*）、中华绒鼠（*Eothenomys chinensis*）、四川田鼠（*Microtus millicens*）、高原松田鼠（*Neodon irene*）、四川林跳鼠（*Eozapus setchuanus*）、藏鼠兔（*Ochotona thibetana*）、间颅鼠兔（*Ochotona cansus*）、秦岭鼠兔（*Ochotona syrinx*）等。

（二）中、大型兽类

1. 物种多样性

1978～1988 年卧龙脊椎动物区系调查等多次调查发现，卧龙保护区共有中、大型兽类 3 目 12 科 40 种（卧龙自然保护区和四川师范学院，1992）。2014～2017 年"四川卧龙国家级自然保护区本底资源调查"发现，卧龙保护区共有中、大型兽类 3 目 12 科 36 属 44 种（杨志松等，2019），其中，灵长目 1 科 3 种，食肉目 7 科 28 种，偶蹄目 4 科 13 种。

2. 区系组成

卧龙保护区中、大型兽类区系组成如下。

1）古北界的种类有 12 种，占卧龙保护区中、大型兽类的 27.27%。其中，全北型 4 种，有狼（*Canis lupus*）、赤狐（*Vulpes vulpes*）（图 2-57）、藏狐（*Vulpes ferrilata*）和猞猁（*Lynx lynx*）；古北型 5 种，有伶鼬（*Mustela nivalis*）、黄鼬（*Mustela sibirica*）和石貂（*Martes foina*）等；高地型 2 种，为马鹿（*Cervus elaphus*）和白唇鹿（*Przewalskium albirostris*）；中亚型 1 种，为兔狲（*Otocolobus manul*）。

2）东洋界的种类有 30 种，占卧龙保护区中、大型兽类的 68.18%。其中，东洋型 13 种，有猕猴（*Macaca mulatta*）、豺（*Cuon alpinus*）和黄喉貂（*Martes flavigula*）（图 2-58）等；南中国型 9 种，有藏酋猴（*Macaca thibetana*）、鼬獾（*Melogale moschata*）和水獭（*Lutra lutra*）等；喜马拉雅-横断山区型 4 种，有川金丝猴（*Rhinopithecus roxellana*）、中华小熊猫（*Ailurus styani*）、大熊猫（*Ailuropoda melanoleuca*）和中华扭角羚（*Budorcas tibetana*）；季风型 4 种，有貉（*Nyctereutes procyonoides*）、亚洲黑熊（*Ursus thibetanus*）、中华斑羚（*Naemorhedus griseus*）和岩羊（*Pseudois nayaur*）。

图 2-57　赤狐（红外相机）　　　　　　　　图 2-58　黄喉貂（红外相机）

3）广布种 2 种，占卧龙保护区中、大型兽类的 4.55%，为香鼬（*Mustela altaica*）和豹（*Panthera pardus*）。

卧龙保护区地处邛崃山系南坡，是四川盆地向青藏高原过渡的高山深谷地带。世界动物地理区系上属于东洋界中印亚界，中国动物地理区系上属于西南区西南山地亚区。动物构成主要为东洋界种类，北方物种也有渗入该区的现象。该区高山冰川与森林近在咫尺的景观十分普遍，古北区种类可见于高处，东洋界种类则主要分布于谷地，动物区系组成非常复杂。

3. 空间分布

卧龙保护区为高山深谷地貌，海拔落差较大。从海拔 1190m 至 6040m 植被的垂直分布较为明显，沿海拔梯度分别有常绿阔叶林带、落叶阔叶林带、针阔叶混交林带、针叶林带、高山灌丛带、高山草甸带与流石滩植被带。

1）常绿阔叶林带中分布的常见中、大型兽类有猕猴、藏酋猴、果子狸（*Paguma larvata*）、云豹（*Neofelis nebulosa*）、猪獾（*Arctonyx collaris*）、豪猪（*Hystrix hodgsoni*）、毛冠鹿（*Elaphodus cephalophus*）（图 2-59）等。

2）落叶阔叶林带中中、大型兽类种类较多。常见的有藏酋猴、毛冠鹿、水鹿（*Rusa unicolor*）、中华鬣羚（*Capricornis milneedwardsii*）、中华斑羚、岩松鼠、中华竹鼠（*Rhizomys sinensis*）、豪猪、黑熊、黄喉貂、果子狸、林麝（*Moschus berezovskii*）等。

3）针阔叶混交林带在保护区内分布面积大，受人类活动影响较小。常见的中、大型兽类有毛冠鹿、水鹿、林麝、大熊猫、中华小熊猫、黑熊、野猪（*Sus scrofa*）、川金丝猴、黄喉貂、香鼬等。

图 2-59　毛冠鹿（何晓安 摄）

4）针叶林带植被结构简单。常见的中、大型兽类有金猫（*Catopuma temminckii*）、毛冠鹿、林麝、中华鬣羚、川金丝猴、中华扭角羚、大熊猫、中华斑羚等。

5）高山灌丛带和高山草甸带在保护区内分布面积较大，但环境单调。该植被带中分布的主要是寒温带、寒带高地型和北方型种类。常见的中、大型兽类有岩羊（*Pseudois nayaur*）、马麝（*Moschus chrysogaster*）和雪豹（*Panthera uncia*）等。

6）流石滩植被带主要分布于保护区海拔 4200m 以上的山顶和山脊地段，常见的中、大型兽类有岩羊和雪豹等。

从卧龙保护区中、大型兽类垂直分布可见，随着海拔升高，兽类总的物种丰富度呈逐渐减少趋势。

4. 重点保护兽类

卧龙保护区中、大型兽类中属于国家一级重点保护的兽类有大熊猫（图2-60）、川金丝猴（图2-61）、中华扭角羚（图2-62）、豹（金钱豹，图2-63）、云豹、雪豹、金猫、林麝（图2-64）、白唇鹿、马鹿、大灵猫、小灵猫、马麝（图2-65）和豺（图2-66）14种；属于国家二级重点保护的兽类有藏酋猴（图2-67）、石貂（图2-68）、豹猫、中华小熊猫（图2-69）、黑熊（图2-70）、水獭、猞猁、水鹿（图2-71）、毛冠鹿、中华鬣羚（图2-72）、中华斑羚（图2-73）、岩羊（图2-74）、猕猴（图2-75）、兔狲、斑林狸、狼（图2-76）、貉、藏狐、赤狐和黄喉貂20种。更新后的大熊猫国家公园卧龙片区国家重点保护野生动物名录详见表5-3。

图2-60　大熊猫（红外相机）

图2-61　川金丝猴（何晓安　摄）

图2-62　中华扭角羚（程跃红　摄）

图 2-63 豹（红外相机）

图 2-64 林麝（红外相机）

图 2-65 马麝（红外相机）

图 2-66　豺（红外相机）

图 2-67　藏酋猴（红外相机） 　　　　图 2-68　石貂（红外相机）

图 2-69　中华小熊猫（何晓安　摄）

图 2-70　黑熊（红外相机） 　　　　　　　　　　　图 2-71　水鹿（红外相机）

图 2-72　中华鬣羚（红外相机） 　　　　　　　　　图 2-73　中华斑羚（红外相机）

图 2-74　岩羊（红外相机） 　　　　　　　　　　　图 2-75　猕猴（红外相机）

图 2-76　狼（红外相机）

5. 特有种

卧龙保护区中、大型兽类有特有种 5 种，分别为藏酋猴、川金丝猴、大熊猫、小麂和赤麂，占卧龙保护区中、大型兽类总种数的 11.36%。

第三章　生态系统多样性

第一节　森林生态系统

卧龙保护区森林资源丰富，森林生态系统总面积 87 902.62hm²，约占卧龙保护区面积[①]的 43.95%，是卧龙保护区内分布较广、面积较大的生态系统类型。森林植被分布的垂直带谱明显，在组成结构上因受水平地带性和地形因子的制约而复杂多样。

阔叶林在卧龙保护区森林地段广泛分布，是保护区的优势植被类型。保护区的阔叶林主要由常绿阔叶林，常绿、落叶阔叶混交林，以及落叶阔叶林等组成。常绿阔叶林分布于海拔 1100～1600m 范围内，靠东南面垂直分布可上升至海拔 1800m，群落组成中主要以樟属、楠木属、新木姜子属、木姜子属、钓樟属、石栎属、青冈属等植物共同组成建群层片。常绿、落叶阔叶混交林主要分布于海拔 1600（1700）～2000（2100）m 的范围内，代表类型是由细叶青冈、曼青冈、全苞石栎等常绿阔叶树种，以及亮叶桦、多种槭树、椴树、多种稠李、漆树、枫杨、珙桐（图 3-1）、水青树、领春木、连香树（图 3-2）、圆叶木兰等落叶树种构成的森林植物群落。卧龙保护区的落叶阔叶林主要是一种次生植被类型，常见优势种有珙桐、连香树、水青树、野核桃、多种桦木科植物及多种槭树科植物等。

图 3-1　珙桐（何晓安 摄）　　　　　　　　图 3-2　连香树（刘明冲 摄）

保护区的针叶林包括温性针叶林、温性针阔叶混交林和寒温性针叶林。温性针叶林主要分布在海拔 1800～2700m 地段，主要群系包括油松林和华山松林。温性针阔叶混交林分布在海拔 2000～2500m，由针叶树种云南铁杉、铁杉，阔叶树种红桦、糙皮桦、五裂槭、扇叶槭、青榨槭等组成。寒温性针叶林分布在海拔 2500～3500（3600）m，以由冷杉和岷江冷杉组成的冷杉林，以及麦吊云杉林等针叶林为代表类型。

森林生态系统由于植物的多样性和富于层次的结构，为兽类、鸟类、两栖类和爬行类动物提供了丰富的栖息地和食物，是动物生存、生活的天然场所。生活在阔叶林中的常见鸟类有鸫科、鹟科、噪鹛科、莺科、山雀科和鸦科的大部分鸟类。雉科中的红腹锦鸡也主要栖息于阔叶林中。常见的兽类主要有猕猴、藏酋猴、花面狸、云豹、猪獾、豪猪、毛冠鹿、灰褐长尾鼩、长尾鼩、纹背鼩鼱等。常见的两栖类主要有峨眉林蛙、峨眉树蛙、华西蟾蜍等。常见的爬行类主要有美姑脊蛇、斜鳞蛇、山滑蜥、菜花原矛头蝮等。生活在针叶林中的常见兽类有金猫、毛冠鹿、林麝、中华鬣羚、川金丝猴、中华扭角羚、大熊猫、中华斑羚

[①] 按《关于四川卧龙国家级自然保护区功能区调整有关问题的复函》（环办函〔2011〕1285 号）中保护区面积（200 000hm²）计算，本章后同。

等。常见鸟类有莺科的柳莺类，山雀科的黑冠山雀、绿背山雀，画眉科的雀鹛类，以及雉科的斑尾榛鸡、红喉雉鹑、血雉等。

森林是自然生态系统的主要类型，是保护区哺乳动物和鸟类的主要栖息地。它的主要成分有作为生产者的植物、作为消费者的动物以及作为分解者的微生物等。森林生态系统中最重要的非生物因子是气候和土壤。气候中降水和气温是最重要的两个因子。森林中林下常有较多枯枝落叶，枯枝落叶的存在对于生态系统 H、O、N、Ca、P 等物质循环以及涵养水源的功能具有十分重要的意义。无论是从面积和生产力来看，还是从生态系统的物质循环来看，森林都是保护区最重要的生态系统。

第二节 灌丛生态系统

卧龙保护区灌丛生态系统总面积 84 159.79hm^2，占卧龙保护区面积的 42.08%，在保护区各海拔段均有分布，与各森林类型互为补充。灌丛生态系统在保护区内成片独立分布或在林缘、林下及山坡等地分布，与森林在物质循环和能量流动过程中有密切的联系，二者有机结合在一起。

海拔 2400m 以下多为次生类型，主要来源于原常绿阔叶林，常绿、落叶阔叶混交林，以及针阔叶混交林等森林植被破坏后，以原乔木树种的幼树、萌生枝和原群落下的灌木为主。例如，卵叶钓樟灌丛、刺叶栎灌丛、天全钓樟灌丛等构成次生植被类型，也是极不稳定的植被类型。海拔 2400~3600m 森林线以内的灌丛群落，除由部分生态适应幅度广的高山栎以及适应温凉气候特点的常绿杜鹃所组成的较稳定的群落外，占主要优势的是原亚高山针叶林破坏后，由林下或林缘灌木发展而来的稳定性较差的次生灌丛。常见的有马桑灌丛、川梅灌丛和柳灌丛等。海拔 3600m 以上的灌丛植被主要由具有适应高寒气候条件的植物如金露梅、绣线菊、雪层杜鹃、陇蜀杜鹃、香柏等组成，群落也相对稳定。

灌丛生态系统是保护区另一种主要分布的生态系统类型，是食虫类、啮齿类、雉类、莺类以及爬行类等动物类群的良好栖息地。灌丛生态系统中常见的兽类有中华姬鼠、安氏白腹鼠、中国绒鼠、黑腹绒鼠、香鼬、黄喉貂、赤狐、野猪、小麂、金猫、大灵猫、小灵猫等，常见的鸟类有棕头鸦雀、红头长尾山雀、领岩鹨、棕胸岩鹨、朱雀等。河谷地带的灌丛生态系统是保护区鸟类的重要栖息地。灌丛植物及其紧邻的森林形成的边缘效应为多数鸟类提供了非常良好的栖息环境，大部分的鸟类均发现于该类栖息地。

虽然灌丛生态系统在多样性方面不及森林生态系统，结构层次性也较差，但是相较于其他几类生态系统来说，仍是保护区生物量和生产力相对较高的生态系统，对整个生态系统的稳定具有重要作用。

第三节 草甸生态系统

卧龙保护区草甸生态系统总面积 22 595.19hm^2，占卧龙保护区面积的 11.30%。卧龙保护区的草甸生态系统主要包括以糙野青茅、长葶鸢尾、扭盔马先蒿、大黄橐吾、大叶碎米荠为主的杂类草草甸，以羊茅、矮生蒿草、珠芽蓼、圆穗蓼为主的高寒草甸，以及在沼泽边缘、宽谷洼地、有泉水露头且排水不良的坡麓地段以薹草、紫鳞薹草、帚状薹草等为主的薹草沼泽化草甸。

草甸生态系统所处的区域气候寒冷，因此生产力不如森林和灌丛生态系统的高。土壤中有机质分解慢，进入物质循环慢，虽不能充分利用但能聚积起来。草甸生态系统中常见的动物有雪鹑、藏雪鸡、高山岭雀、领岩鹨、棕胸岩鹨、鸲岩鹨、白喉红尾鸲、暗胸朱雀、红嘴山鸦、黄嘴山鸦、赤狐、狼、高山麝等。

第四节 湿地生态系统

卧龙保护区内的湿地生态系统主要为河流、溪沟和海子，面积为 1044.41hm^2，占卧龙保护区面积的 0.52%。保护区的水系呈相对独立的状态，各主要河流及其支流均发源于保护区内，呈树权状分支，自西向东流出保护区，河流量及水质完全取决于区内的自然条件和人为活动影响。皮条河发源于巴朗山东麓，自西南向东北从保护区的中心地带穿过，全长约60km。正河发源于四姑娘山东坡，全长约45km，至磨子沟口与皮条河汇合，称耿达河（又叫渔子溪）。耿达河经耿达于映秀注入岷江，全长约34km，保护区内长22km。中河位于保护区东南部，发源于齐头岩和牛头山，全长约30km。西河位于保护区南部，发源于马鞍山，全长37km，至三江口与中河汇合后称郡江（又叫郏溪河），于漩口注入岷江。此外，保护区海拔4000～5000m区域还散布有若干大大小小的海子。

湿地生态系统中常有浮游植物等生产者，以及浮游动物、鱼、两栖类等消费者。湿地生态系统除了为水生生物提供生存环境外，还为鸟类、兽类提供饮水的地方。例如，大熊猫、黑熊等就经常下到较低海拔的河边饮水，然后再回到较高海拔活动或觅食。该生态系统中，兽类有水獭、喜马拉雅水麝鼩等，常见鸟类有䴙䴘类、鹭类、河乌、鹡鸰、燕尾、溪鸲和水鸲等，两栖类有山溪鲵、四川湍蛙、华西蟾蜍、日本林蛙、花臭蛙等，鱼类有山鳅、贝氏高原鳅、齐口裂腹鱼、虹鳟等。

第五节　荒漠生态系统

卧龙保护区内的荒漠生态系统为流石滩裸岩，总面积1131.03hm^2，占卧龙保护区面积的0.57%。主要分布于保护区北部海拔3800～4500m雪线以下的季节性融冻地带，是一类独特的荒漠生态系统。其基底以岩石为主，土壤极少，生物量和生产力极低，但却生长着雪莲和红景天等药用植物。同时，裸岩也是岩羊等大型兽类的栖息地，对保护这些大型珍稀动物有很重要的意义。

第六节　人工生态系统

除上述几种主要的自然生态系统外，卧龙保护区还有道路生态系统、聚落生态系统等人工生态系统。人工生态系统总面积3166.96hm^2，占卧龙保护区面积的1.58%。道路生态系统初级生产力极低，动植物均较为稀少。常见兽类有岩松鼠、豹猫（*Prionailurus bengalensis*）（图3-3）等，鸟类有白鹡鸰、红腹角雉等，两栖类有中华蟾蜍等。聚落生态系统主要为生态旅游相关的基础设施、服务设施和其他设施。聚落生态系统生产力低，动植物稀少。常见动物有褐家鼠、白鹡鸰、山麻雀、中华蟾蜍等。

图3-3　豹猫（红外相机）

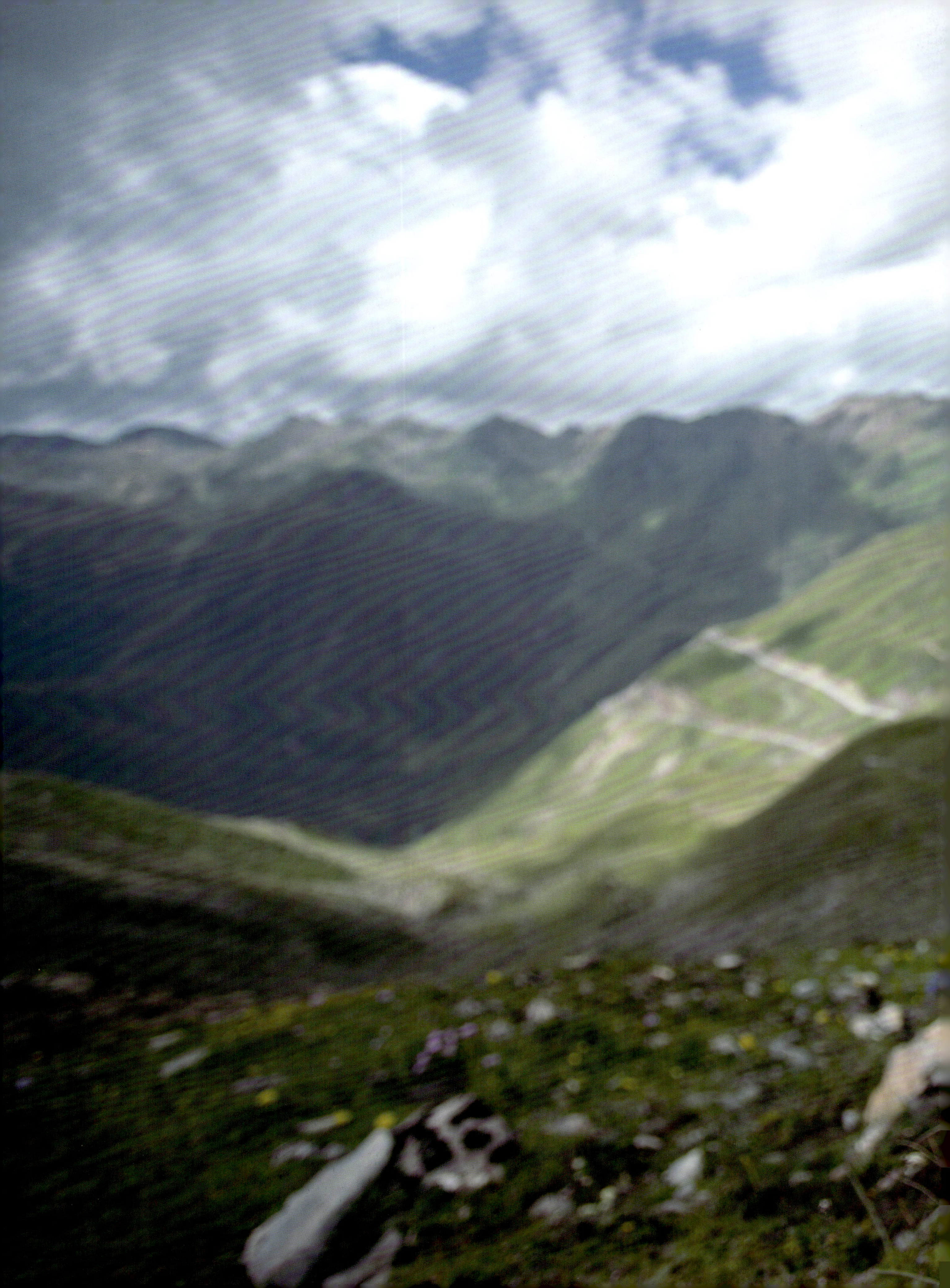

第二篇
保 护 篇

第四章 管理机构

第一节 保护区机构建设

20世纪50年代，卧龙地区包括卧龙乡和耿达乡，交通极不方便，人口1500多人，仅有一条从漩口经三江走两天山路才能到达卧龙乡的林间小道。1955年林业部第三调查大队对卧龙地区的森林资源进行了首次调查。1956年6月，经四川省林业厅批准，在卧龙关设立森林经营所，隶属阿坝藏族自治州林业局领导，由汶川县建设科代管。1960年经国家计委批准，建立了省属卧龙关红旗森工局，修建了从映秀到卧龙的公路，打通了卧龙林区和外界的联系。

1962年，国务院颁布了《关于积极保护和合理利用野生动物资源的指示》。为贯彻国务院的指示，1963年4月，建立卧龙自然保护区，保护区范围为汶川县卧龙关大水沟林区，面积2万hm^2，由汶川县管理，卧龙关森林经营所同时撤销，原有人员转入保护区。

1975年3月，汶川县卧龙保护区的面积由2万hm^2扩大到20万hm^2，成为四川省的中心自然保护区，由四川省直接领导，卧龙、耿达两乡仍由汶川县管理。

1977年1月，建立四川省卧龙保护区管理处。

1978年12月，卧龙保护区收归林业部管理。1979年10月，成立中华人民共和国林业部卧龙保护区管理局，实行林业部和四川省双重领导，以林业部为主。同年12月，经国务院批准，卧龙保护区加入联合国教科文组织"人与生物圈计划"世界生物圈保护区网络。

1980年，中国环境科学学会与世界自然基金会（World Wildlife Fund，WWF）达成在卧龙保护区建立中国保护大熊猫研究中心的协议，1983年中国保护大熊猫研究中心正式建成并投入使用。中国保护大熊猫研究中心隶属卧龙管理局管理。

2013年1月，设立中国大熊猫保护研究中心。2015年12月28日，中国大熊猫保护研究中心正式挂牌成立，直属国家林业局管理，核定事业编制110名，其中领导职数6名，所需编制由卧龙管理局划转。至此，卧龙管理局编制121名。

2017年，中国大熊猫保护研究中心正式与卧龙管理局分离。

2021年10月，《国家林业和草原局关于印发〈中国大熊猫保护研究中心机构职能编制规定〉的通知》（林人发〔2021〕99号）（以下简称：《规定》）再次明确中国大熊猫保护研究中心事业编制110名（含领导职数6名）。根据《规定》，中国大熊猫保护研究中心设19个内设机构，分别为党政办公室、人事处、纪检审计处、财务处、后勤处、科学技术处、调查监测处、动物管理处、疾病防控处、合作交流处、文化宣教处、野外生态研究室、繁殖生理研究室、细胞与遗传研究室、疾病防控研究室、卧龙神树坪基地、都江堰基地、雅安基地、卧龙核桃坪基地。

截至2023年12月，管理局有事业编制102名，在职在编90人；聘用人员53人（其中行政办公室聘用10人，资源管理局及保护站聘用43人）。

第二节 特区机构建设

1981年10月，林业部、四川省政府向国务院呈报了《关于加强卧龙保护区管理工作的请示》（川府发〔1982〕160号）。同年10月27日，国务院同意成立四川省汶川卧龙特别行政区。四川省政府于1983年3月，以川府发〔1983〕30号文印发《关于成立汶川县卧龙特区的通知》，设立特区办事处，主要任务：一是认真贯彻执行林业部、四川省政府《关于加强卧龙保护区管理工作的请示》的各项规定，切实把保护区的自然资源和自然环境保护管理好;二是认真贯彻执行国家的有关方针政策和规定,做好组织群众、宣传群众的工作;三是搞好护林防火,坚决制止乱砍滥伐、乱捕滥猎和毁林开荒;四是管理和安排好区内社员群众的生产生活;五是做好治安保卫等日常工作;六是组织安排好区内的参观、访问和游览。明确规定卧龙特区管辖卧龙、耿达2个公社。1983年3月18日,在卧龙保护区的沙湾召开了汶川县卧龙特别行政区成立大会,由副省长刘纯夫代表四川省政府宣布特区成立。

卧龙特区于1983年成立,隶属四川省人民政府,由四川省林业厅代管,下辖卧龙、耿达2个乡,主要职责是开展区内自然资源尤其是珍稀野生动植物保护,促进区内经济、社会全面发展。

1983年7月,林业部、省政府联合发出了《关于进一步搞好卧龙保护区建设的决定》(林护发〔1983〕531号、川府发〔1983〕116号),对卧龙特区的领导体制做了适当调整,将原设立的"四川省汶川县卧龙特别行政区"改建为"四川省汶川卧龙特别行政区"。卧龙特区和卧龙保护区实行"两块牌子、一套班子、合署办公"的管理体制。特区级别由"按县团"级待遇改为"属县团"级。特区的政治思想、行政、业务工作统一委托四川省林业厅代管。特区党委正副书记、办事处正副主任由四川省林业厅党组报省委组织部审批,并报林业部备案。特区和两乡的所有经费由四川省财政下达。两乡国民经济计划的制定、执行情况和统计报表由特区报汶川县汇总上报。这是1983年3月18日特区设立后,为解决领导体制上存在的多层次管理、多头领导、推诿扯皮现象,真正解决保护与群众生产生活矛盾,坚决制止破坏自然资源的违法行为,进一步完善卧龙管理体制等问题的重要举措。

2003年,四川省机构编制委员会下发《关于核定四川省卧龙国家级自然保护区管理机构及人员编制的批复》(川编发〔2003〕29号)文件,调整了卧龙保护区管理机构的主要职责,批复卧龙国家级自然保护区管理机构内设行政机构实行总量控制,最多不超过12个;同意核定卧龙国家级自然保护区辖区内行政编制、公安专项编制和行政执法人员编制100名,其中地税行政编制10名、公安专项编制10名、行政执法人员编制10名;同意核定卧龙国家级自然保护区内地方事业编制146名,其中林业工作站18名、中小学教职工编制90名。

2011年,根据中共四川省委机构编制委员会办公室关于同意《四川省卧龙国家级自然保护区管理机构主要职责、内设机构和人员编制规定备案的复函》(川编办函〔2011〕153号)和四川省林业厅《关于印发四川省卧龙国家级自然保护区管理机构主要职责、内设机构和人员编制规定及机构编制分解方案表的通知》(川林人函〔2011〕957号),卧龙管理设置内设机构12个,垂直管理部门1个,双重管理部门1个,行政执法机构1个,乡镇2个。核定行政编制70名,公安专项编制35名(含森林公安专项编制25名)。具体如下。

一是行政编制,核定编制数70名,包括:(一)领导职数9名;(二)内设机构12个,编制42名,其中办公室4名、组织部(党群工作部)4名、宣传部4名、纪委办公室(监察室、审计室)2名、财政局4名、人力资源和社会保障局4名、发展改革和城乡规划建设局4名、社会事业发展局4名、资源管理局4名、交通运输局2名、旅游局4名、农村工作办公室2名;(三)管理汶川县卧龙镇和耿达乡(含镇财政所),编制分别为10名和9名。

二是税务专项编制,地方税务局属垂直管理部门。核定地税行政编制15名(2011年核定10名,2012年增加税务所编制5名),为四川省地方税务局的派出机构,委托阿坝州地方税务局管理。

三是政法专项编制,公安局(森林公安局)属双重管理部门。核定公安专项编制35名(含森林公安专项编制25名)。森林公安局实行四川省卧龙国家级自然保护区管理机构和汶川县公安局双重领导的管理体制,党政工作以四川省卧龙国家级自然保护区管理机构管理为主,公安业务工作以汶川县公安局管理为主,同时接受省森林公安局的管理和指导。

四是事业编制,(一)行政执法机构1个,为综合执法大队(工商行政管理局),核定行政执法类事业编制10名;(二)四川省卧龙国家级自然保护地方事业编制146名(含特区机关服务中心、社保中心、学校、医院、乡镇服务中心等事业单位)。

2018年,机构改革和公安体制改革,卧龙地方税务局和公安局(森林公安局)分别划转至阿坝藏族羌族自治州税务局和阿坝藏族羌族自治州公安局。

2019 年，四川省林业和草原局（大熊猫国家公园四川省管理局）从卧龙特区划转行政编制 20 名。

截至 2023 年 12 月，卧龙特区共有编制 212 名，其中行政编制 56 名、事业编制 146 名（含教师、医生）、参公编制 10 名。其中，特区公务员编制 56 名，在编在岗 47 名；特区事业在职在编 129 名；无在编在岗参公编制，特区聘用人员 34 名。

第三节 "政事合一"管理体制

"两块牌子、一套班子、合署办公"的管理体制，简称"政事合一"管理体制。在此体制下，为解决卧龙特区在建设中存在的困难和问题，四川省政府于 1991 年 9 月 30 日、1992 年 12 月 4 日、1995 年 12 月 8 日、1997 年 10 月 28 日先后四次在卧龙特区召开省级有关委、厅、局、办负责人参加的现场办公会，研究解决特区存在的与上级部门业务渠道沟通等问题，进一步促进了特区的建设和发展。实践证明，卧龙特区与卧龙保护区实行"政事合一"管理体制，把资源保护和当地经济发展融为一体的做法，既有利于搞好自然资源保护和科学研究，又有利于安排好当地群众的生产生活，减少了矛盾，密切了干群关系，增强了民族团结，在保护区发展史上是具有中国特色自然保护区建设的有益尝试。

一、编制与科室的建制

1963 年，卧龙保护区成立，设立卧龙关森林经营所，属汶川县管理。编制 5 名，工人 15 名。同年，设立林区派出所。

1973 年，林区派出所更名为"红旗森工局林区派出所"。

1975 年，撤销红旗森工局，红旗森工局搬迁至松潘县，卧龙林区派出所随之撤销，2000 多名职工的红旗森工局搬迁到松潘县。同年，成立卧龙保护区筹备领导小组。职工队伍及机构主要人员是红旗林业局营林处的原班人马。

1977 年，成立四川省卧龙保护区管理处。内设机构有行政办公室和政工科。

1979 年，林业部将卧龙保护区收归部管，将"四川省卧龙保护区管理处"改为"林业部卧龙保护区管理局"，编制 250 名，办事机构设有三科二室，即政工科、业务科、财务科、行政办公室、科研室。

1983 年 7 月 28～29 日，省委书记杨汝岱在卧龙特区主持召开省级有关部门和阿坝藏族自治州、汶川县负责人会议，研究落实《林业部、四川省人民政府关于进一步搞好卧龙保护区建设的决定》事宜，规定特区党委由 7 人组成，特区行政领导班子由 1 正 3 副组成。特区和保护区实行"一个班子、两块牌子"管理，特区办事处设行政办公室、政治工作办公室、科研室、农村科、财务科。纪委、工会、共青团、妇联和人武部设置专职或兼职人员承担日常工作。

1991 年，随着特区、保护区保护、科研、经济和各项社会事业的发展，原有的内设机构已不适应现实工作的需要。为此，特区、管理局对内设机构进行了优化调整。

党群序列设党委办公室、组织部、宣传部、纪委、工会、人武部。

行政序列设行政办公室、农村工作科、资源保护科、工交基建科、文教卫生科、财务供应科和大熊猫研究中心。

政法部门设公安分局、检察科、法庭。

1991 年 9 月 30 日，省政府在卧龙召开了第一次卧龙特区现场办公会，决定卧龙特区成立公路科，配备专职干部 3 人，业务上受省公路局领导，行政上由特区管理。

1995 年 12 月，省政府第三次卧龙现场办公会决定：卧龙特区成立财政局和地方税务局，由特区领导和管理，合署办公。

1998 年，经省、州税务局批准建立特区税务局，与特区财政局分设。随着区内生态旅游业的发展，旅游逐步成为卧龙特区、卧龙保护区经济发展的重要支柱，故成立了特区旅游局。

2000 年底，卧龙特区、卧龙管理局的内设机构 19 个，直属单位 8 个，特区、管理局控股公司 1 个（四川卧龙巴蜀龙潭水电股份有限公司），民营企业1个（熊猫山庄）。

其中，

党群序列：党委办公室（兼共青团工作）、组织部、宣传部、纪委（监察科）、工会、人武部；

行政序列：行政办公室、资源保护科、农村工作科（国土局）、文教卫生科、建设科、财政局（财务科）、人事科、税务局、旅游局、公路局；

政法部门：公安分局、检察科、法庭；

直属单位：中国保护大熊猫研究中心、卧龙镇、耿达乡、特区中学、特区电力公司（水电局）、大熊猫博物馆、卧龙山庄、自来水公司。

2003年，四川省机构编制委员会下发了《关于核定四川省卧龙国家级自然保护区管理机构及人员的批复》（川编发〔2003〕29号），正式批准了特区的内设行政机构和人员编制，特区行政编制100名、事业编制146名。

特区设有党群工作部、纪委办、工会、行政办公室、经济与发展计划局、财政局、人事与劳动保障局、社会事业发展局、资源管理局、交通局、旅游局、公安分局、综合执法大队（工商行政管理局）、法庭、检察科、地方税务局16个职能部门，以及卧龙镇、耿达乡人民政府。卧龙管理局下设中国保护大熊猫研究中心，卧龙特区下设中学、医院等事业单位。按照政企分开的原则，设立了四川卧龙投资有限公司，统一管理和经营区内国有投资和控股企业。为落实国家林业局和四川省委、省政府提出的建设一流自然保护区和打造四川省五大精品旅游景区之一的指示，卧龙特区、卧龙保护区与山东鲁能集团合资组建了四川鲁能卧龙中华大熊猫股份有限公司。

2018年，大熊猫国家公园四川省管理局在四川省林业和草原局挂牌，四川省林业和草原局从卧龙特区划转公务员编制20名，14人调至四川省林业和草原局相关处室。

二、公安机关的设置

1963年，保护区成立，设立汶川县公安局卧龙林区派出所，属汶川县管理，编制5名。

1973年，"汶川县公安局卧龙林区派出所"更名为"红旗森工局林区派出所"。

1975年，红旗森工局搬迁至松潘县，红旗森工局林区派出所随之撤销。

1979年，建立卧龙保护区政工科保卫办公室，工作人员5名。

1980年，由阿坝藏族自治州公安处批准成立"汶川县公安局林区派出所"。

1981年，四川省委批转《省林业厅、司法厅、公安厅检察院党组关于在重点林区成立公、检、法机构的意见的函》（川委发〔1981〕58号）。同年12月21日，建立林业部卧龙保护区公安分局，编制30名（含律师1名）。主要职责是维护作业区和住宅区的安全和治安保卫工作，无办理刑事、治安案件的权力，接受汶川县公安局的双重领导。

1982年，经四川省公安厅批准，更名为"汶川县公安局卧龙保护区公安局"。编制29名不变，内部设秘书股、刑侦治安股、资源保护股、第一派出所和第二派出所。汶川县公安局卧龙保护区公安局属林业公安，主要任务是保卫自然保护区内野生动植物资源的安全，制止乱砍滥伐林木和乱捕滥猎野生动物的违法犯罪行为，搞好保护区内部安全保卫工作，协助汶川县公安局侦破卧龙区域内的刑事治安案件。

1986年，四川省公安厅决定，将"汶川县公安局卧龙保护区公安分局"改名为"汶川县公安局卧龙公安局"（以下简称：卧龙公安局）。设立政保股、刑侦治安股、预审股、办公室、卧龙派出所、耿达派出所等内部机构，编制20名。具体承担卧龙特区（保护区）内的政治保卫、出入境管理、刑事案件侦破、治安案件查处、户政管理、警卫警戒等任务，具有林业、地方公安的双重职能和性质。

1990年，卧龙公安局对内部机构进行了调整，设立政保科、出入境科、刑侦治安科、办公室、卧龙派出所、耿达派出所等内设机构。根据林业公安工作会议"条块结合以块为主"的原则，卧龙公安分局业务上受汶川县公安局和省林业厅公安处领导，以汶川县公安局为主，党组织关系和行政工作接受卧龙特区、卧龙管理局的领导。

1995年，卧龙公安局与资源管理局合署办公，优势互补，避免了互相推诿、扯皮现象，开展了案件侦查、政治保卫、治安管理、出入境管理和警卫等工作，加大了资源保护力度，保持了区内稳定（图4-1）。

图4-1 高远山动植物资源武装巡护（影像生物多样性调查所供图）

2010年3月1日，四川省林业厅《关于委托四川卧龙国家级自然保护区管理局林业行政处罚有关问题的复函》（川林函〔2010〕131号），同意委托四川卧龙国家级自然保护区管理局行使部分林业行政处罚权。2010年3月1日至2017年2月28日，卧龙部分涉林行政案件受四川省林业厅委托，由卧龙管理局受理和办理。

根据《四川省人民政府办公厅关于印发四川省林业综合行政执法改革方案的通知》（川办发〔2016〕110号），自2017年3月1日起，全省范围内省、市、县三级森林公安机关行使5类74项行政处罚及有关行政强制措施。赋予四川省汶川卧龙特别行政区森林公安局（汶川县公安局卧龙公安分局）林业行政执法权至2020年4月30日结束。卧龙森林公安局转隶交阿坝州管理后，"卧龙公安局"改为"阿坝藏族羌族自治州公安局卧龙分局"。根据规定，四川省转隶后的各级森林公安机关不再查办林草行政案件。因此，2020年5月1日后，阿坝藏族羌族自治州公安局卧龙分局不再查办卧龙特区、卧龙保护区内的林草行政案件。在大熊猫国家公园内设机构设立前，卧龙的林业行政综合执法处于断档期。

三、特区检察科的建立

1984年9月，四川省人民检察院、省林业厅根据省委、省政府召开的落实《林业部、四川省人民政府关于进一步搞好卧龙保护区建设的决定》座谈会纪要精神，联合印发了《省检察院、省林业厅关于在卧龙特区设立林业检察科的通知》（川检林〔84〕8号），规定在卧龙特区设立林业检察科，名称为"汶川县人民检察院林业检察科"，编制5名，主要任务是：办理特区范围内的盗伐、滥伐林木案件，经济案件，以及刑事案件。业务上受汶川县人民检察院领导，是县检察院的一个部门，党政关系、思想政治工作、干部管理和经费的开支等由特区负责。

四、特区法庭的建立

1984年10月,四川省高级人民法院、省林业厅以《省林业厅、省高级人民法院关于决定在卧龙特区建立人民法庭的通知》(川法林审〔84〕13号),批准建立了卧龙人民法庭,编制暂定5名,设庭长(副庭长)、审判员(助理审判员)、书记员等。其主要任务是在汶川县人民法院和卧龙特区的领导下,行使地方人民法庭的职责,依法开展民事审判、普法宣传和指导人民调解工作。卧龙人民法庭业务上由汶川县人民法院领导,党政关系、干部管理和经费由特区负责,装备由省林业审判庭负责解决。

国家公园体制试点,2020年,卧龙成立了大熊猫国家公园内首个法庭:卧龙大熊猫法庭。

五、财政、税务机构的设置

1996年,四川省政府第三次卧龙现场办公会决定:卧龙特区成立财政局和地方税务局,特区财税机构由特区领导和管理,实行合署办公。

1998年,经省、州税务局批准,建立特区税务局,与特区财政局分设。

六、教育、医疗卫生机构的设置

新中国成立前,区内没有学校,95%以上的村民为文盲。新中国成立后,为了发展教育事业,保护区先后建起了小学2所、戴帽初级中学1所,但由于教学设备差,师资力量不足,就学人数仍很少。1983年特区成立后,教育被列为重点建设项目,将初级中学晋升为高完中,小学由2所增至7所并新建幼儿园2所。2003年有在校生约1200人,占全区人口的20%以上,教职工90多人。2003年卧龙特区基本形成全区域覆盖的医疗卫生服务体系,即卧龙特区中心医院1个(图4-2)、乡级卫生院2个、计划生育指导站1个、村级医疗卫生站6个。2013年耿达乡撤乡建镇,"耿达乡卫生院"更名为"耿达镇卫生院"。2014年耿达镇在重建基础上设立了四川省汶川卧龙特区耿达一贯制学校。2019年特区中学与汶川映秀中学合并。2020年四川省汶川卧龙特区耿达一贯制学校的高中分离,与四川省汶川映秀中学合办。

图4-2 卧龙特区中心医院(何晓安 摄)

2022年9月29日,阿坝州人民政府办公室以阿府办发〔2022〕333号回复卧龙特区,原则同意卧龙特区中学校办学类型由完全中学转变为初级中学，继续开展初中阶段招生和教育教学工作。根据阿坝州高中阶段招生有关政策，卧龙区内适龄少年升入高中阶段就读纳入阿坝州范围统筹，从2022年秋季学期起，学校不再招收普通高中学生，全面停止普通高中相关教育教学工作。按照要求，卧龙特区与阿坝州行业主管部门根据教育统计调查制度相关规定，进行工作对接，及时完成学校代码变更、办学类型转变等后续工作。

第四节 体制试点管理

大熊猫国家公园体制试点期间（2017~2021年），以及大熊猫国家公园卧龙片区机构成立前，卧龙相关工作仍按"两块牌子、一套班子、合署办公"管理机制运行，人员交叉配置，同步推进大熊猫国家公园卧龙片区建设。卧龙保护区主要负责自然资源和生态保护，卧龙特区主要负责社区发展、民生保障和国省重大项目建设协调等工作。

卧龙管理局、卧龙特区的党、政、纪律检查委员会以及大熊猫国家公园阿坝管理分局（以下简称：阿坝分局）（2019年1月15日挂牌）共7块牌子并存，成为在大熊猫国家公园机构设置批复前的特例。阿坝分局在卧龙挂牌后，在卧龙办公。2020年，阿坝分局的牌子在马尔康挂牌后，在卧龙办公的人员转移至马尔康。2021年9月，国务院关于同意设立大熊猫国家公园的批复（国函〔2021〕102号）。同年10月12日，习近平主席在《生物多样性公约》第十五次缔约方大会领导人峰会上，宣布正式设立大熊猫国家公园，标志着我国生态文明领域又一重大制度创新落地生根，也标志着大熊猫国家公园由试点转向建设新阶段。

第五章　生物多样性的保护

中国大熊猫保护研究中心卧龙神树坪基地鸟瞰图

第一节　大熊猫的保护

卧龙是四川大熊猫栖息地核心保护区，是大熊猫研究的发源地。60年来，卧龙保护区持续开展大熊猫栖息地保护和迁地保护，其保护与研究成果蜚声中外。1963年，以保护大熊猫为主的卧龙县级自然保护区成立，面积2万hm²。由于有大熊猫分布的广大地区未包括在保护区范围内，使得大熊猫及其他珍稀动植物仍未得到有效保护。1975年，卧龙在开展大熊猫调查的基础上，经国务院批准，将汶川县卧龙乡、耿达乡全境及三江乡的原始林区纳入保护区管理范围，面积由2万hm²扩大为20万hm²，并将卧龙关红旗森工局搬迁至阿坝藏族自治州的松潘县林区。1980年，中国环境科学学会与世界自然基金会（WWF）达成在卧龙保护区建立中国保护大熊猫研究中心的协议。1983年，中国保护大熊猫研究中心建成并投入使用。至此，卧龙开启了就地和迁地同步保护。1990年以来，中国保护大熊猫研究中心开展了大熊猫救护、人工饲养、繁育、疾病防控以及圈养大熊猫野化培训与放归，并积极参与大熊猫国内外合作交流，推动了大熊猫文化建设与科普宣教，成功攻克了大熊猫科研领域"配种难、受孕难、存活难"三大难题，建立了如今的中国大熊猫保护研究中心卧龙神树坪基地、都江堰基地、雅安基地、卧龙核桃坪基地。2017年，中国大熊猫保护研究中心从卧龙保护区分离时，繁育大熊猫280多只，创造了多项世界纪录，建立了世界上数量最多、遗传结构最合理、最具活力的圈养大熊猫种群，开创了大熊猫从圈养向野化放归的新阶段。同年，卧龙保护区提出了大熊猫、雪豹"双旗舰"物种保护理念。2021年10月12日，大熊猫国家公园宣布设立后，卧龙保护区203 448hm²有202 850hm²划入大熊猫国家公园[《大熊猫国家公园总体规划（2023—2030年）》]，开启了大熊猫栖息地、生物多样性和典型生态脆弱区的严格保护。

20 世纪 80 年代岷山山系和邛崃山系大面积冷箭竹开花给大熊猫带来严重的生存危机。卧龙保护区、卧龙特区实施的系列保护措施是我国开展大熊猫旗舰物种保护的缩影。

一、生存危机

1983 年，"五一棚"大熊猫野外观察站的工作人员在定位观察中发现了冷箭竹开花的现象，我国其他大熊猫分布区也相继发现冷箭竹开花。一时间，国宝大熊猫受到前所未有的生命威胁。WWF 得知消息后，很快发表了卧龙保护区竹林开花，大熊猫今冬明春严重缺食的新闻公报。发现灾情后，卧龙保护区立即发动全区职工和当地群众开展受灾大熊猫的拯救工作。6 月 15 日晚，工作人员拍到了大熊猫到观察站帐篷附近觅食的照片。7 月中旬，调查组发现中河野生大熊猫的新鲜粪便中糙野青茅约占 50%，表明大熊猫开始取食草本植物，并伴有严重消化不良的现象。随后的调查发现，在皮条河流域，约 50 只大熊猫面临着严重的食物危机。从英雄沟到牛头山一线的高海拔地区，除冷箭竹外，很少有其他竹种。因此，这一区域的大熊猫大规模向较低海拔迁移，主要向有大面积拐棍竹和白夹竹分布的西河、中河迁移以获取食物。

二、拯救措施

1983 年，卧龙地区的 100 多只野生大熊猫，50%左右受到食物严重短缺的威胁，灾情十分严重。为了保护大熊猫，管理局党委把抢救大熊猫作为当时的首要工作。在基本查清冷箭竹开花的地域和面积后，遵照"一不饿死、二不冻死、三不烧死、四不打死"原则，结合大熊猫的活动规律和未开花竹类的分布情况，保护区的职工和当地群众迅速展开了有条不紊、有针对性的救灾工作。

（一）加强组织领导

1983 年 8 月，保护区成立了拯救大熊猫领导小组，党委书记为组长，党委副书记、科研室主任为副组长，相关部门负责人为成员，落实专人，全力开展拯救大熊猫的工作。

（二）加强救灾宣传

印制并发放救灾宣传材料，通过广播向广大职工和社员群众进行宣传，号召两乡人民"热爱大熊猫、保护国宝、为国争光"。组织基层干部和保护站（点）工作人员走村串户，逐户宣传，使救助大熊猫的宣传家喻户晓，并向特区的乡、村、组和基层保护站（点）发出紧急通知，张贴布告扩大对外来人员的宣传。依靠和发动群众参加拯救工作，大规模收缴猎套，严禁上山设套、打枪、放狗等狩猎活动，禁止家狗散放。

（三）制定奖惩制度

要求社区群众必须将牛羊进行圈养，严禁上山砍竹、掰竹笋、养蜂、挖药等。派出公安民警、社队干部和保护站工作人员组成巡逻队，清理在保护区内从事副业活动的外来人员，要求他们限期撤离保护区。严格入山管理，在木江坪和三圣沟两个检查站设卡阻止人员进入保护区放牧、挖药、砍竹和养蜂等，减少对低海拔大熊猫生境区域的人为干扰，以便于大熊猫转移到这些区域取食未开花的拐棍竹、白夹竹或大箭竹（短锥玉山竹），使大熊猫度过灾荒年。对伤害大熊猫者依法严惩，对检举、揭发伤害大熊猫者给予表彰奖励，对主动救护大熊猫者视救护情况给予 100～500 元奖金。

（四）设置野外观察站

在海拔 2520m 的牛头山中段区域建立了"五一棚"大熊猫野外观察站。在冷箭竹开花的区域设置了 5 个监测点，派专人定期巡逻观察，收集大熊猫粪便进行分析，了解大熊猫在冷箭竹开花后的活动情况，监测有无病饿的大熊猫，随时采取救助行动。同时，组织相关专业技术人员、工人、社员近 100 人，分成 12

个小组，深入大熊猫主要栖息地（英雄沟、牛头山、西河、中河等）进行灾情调查。120 余天的调查显示，卧龙保护区有拐棍竹、白夹竹、短锥玉山竹、油竹子、华西箭竹和冷箭竹 6 个竹种，竹林总面积为 59 986hm^2，其中冷箭竹面积 31 995hm^2。除生长在低海拔（2600m 以下）区域的拐棍竹、白夹竹、短锥玉山竹、油竹子和生长在高海拔（3400m 以上）区域的华西箭竹等未开花外，分布在高海拔（2600～3400m）区域的冷箭竹 95%已开花枯死。

（五）严防森林火灾

由于大面积的冷箭竹开花后枯死，林下大量的枯死竹和地被植物极易引发森林火灾，威胁大熊猫的生存。为此，保护区严格控制野外人为活动，加强野外火源管控，对有条件的地区，采取清理枯死竹、开设防火隔离带、配备必要的灭火工具等措施，严防森林火灾发生。

（六）救护大熊猫

采取定点招引措施，就近转移大熊猫。根据大熊猫生活区域与活动规律，工作人员通过投放窝窝头、甘蔗等替代食物，以及烤羊头、羊排、牛排、猪肉等引诱大熊猫向海拔 2600m 以下有新鲜竹林的区域迁移。据统计，仅从 1983 年 8 月到 1984 年 5 月，投放的各种食物就超过 2500kg。

建立半野生饲养场，收留和救护大熊猫。巡护人员对巡逻中发现的病、饿大熊猫及时采取措施进行人工救护。对一些确无食物可食，又不便向其他地方转移的大熊猫通过人工诱捕，将之救护到英雄沟饲养场进行治疗和圈养。让痊愈后的大熊猫参与人工繁殖，以增加大熊猫的饲养种群。通过采取以上救护措施，卧龙保护区在野外成功抢救 3 只病、饿大熊猫。1983 年，中国保护大熊猫研究中心在核桃坪建成，配套建设的兽医院、饲料房、圈舍等设施开始接受救护的大熊猫，卧龙英雄沟大熊猫救护站和宝兴县蜂桶寨救护的大熊猫先后转移到此救治和圈养。

（七）复壮可食竹

为缓解野生大熊猫的食物危机，卧龙保护区采取了复壮开花的冷箭竹林，引种培育新的竹种等措施。卧龙冷箭竹大面积开花后，保护区号召采集竹种，收购冷箭竹种子，广为播种，扩大竹林面积。同时，卧龙保护区积极展开科学研究。在峨眉山等地引进方竹、甜竹等进行培育，利用人工干预，尽快复壮更新冷箭竹，缩短其自然更新周期，以便尽早结束大熊猫食物短缺的状况。通过多年的努力，到 2000 年底，引种栽培的新竹种面积为 33.3hm^2，卧龙播下的冷箭竹和自然更新的冷箭竹已基本恢复，解决了大熊猫的食物来源。

（八）保护移民

卧龙在 20 世纪七八十年代就尝试保护移民，鼓励大熊猫生活区的农村居民搬迁，为大熊猫让出更多的空间。1975 年前，卧龙保护区曾经计划全部搬迁卧龙乡核心区的农村居民至耿达乡，但由于种种原因，这项计划未完全获得成功，仅搬迁几十户共百余人到保护区以外定居。为了保护森林资源和大熊猫栖息地，保护性移民在卧龙得到国家的支持。1975 年农林部投资，将卧龙关红旗森工局 2000 多名伐木职工及家属搬迁到松潘县。1984 年 7 月，为发展社区经济和保护卧龙的大熊猫，联合国粮食及农业组织批准了"中国 2758Q 快速行动项目"。1985 年 10 月，卧龙全面完成"中国 2758Q 快速行动项目"，包括中学、小学各 1 所，1 座装机 2×320kW 的水电站等 21 个子项目。其中，建农房 100 户，占地 1 万 m^2，鼓励当地部分居民搬迁，提倡到区外投亲靠友，但最终效果不理想。

（九）社会捐赠

利用社会捐赠拯救大熊猫。在大熊猫拯救过程中，卧龙保护区接受了大量热爱大熊猫的外国友好人士和友好组织的捐赠。例如，在 20 世纪 80 年代，卧龙保护区接受了越野车（5 辆）、科研设备，以及用于抢救大熊猫的药品。

（十）林业工程

1. 建设种苗基地

卧龙特区成立后，梅子坪苗圃的育苗生产主要为区内两乡的造林绿化提供苗木，平均每年育苗 0.67～1.33hm²，出苗 5 万～40 万株，主要育苗树种为日本落叶松，此外还有四川红杉、麦吊云杉等。

2. 植树造林

为加快卧龙保护区林业发展，促进国民经济和社会可持续发展，实现山川秀美的宏伟目标，保护区把林业工作的重心放在生态公益林建设和森林管护上。2000 年实施退耕还林工程以来，共完成退耕还林（竹）437hm²，其中，退耕还林 399hm²，退耕还竹 38hm²。2008 年"5·12"汶川特大地震发生后，卧龙保护区在中央财政、香港特区政府等支持下，开展了受损林地植被恢复工程，以便在尽可能短的时间内修复受损林地的植被。本次植被恢复实施总面积 5.6 万亩[①]，包括受损林地植被恢复 5.45 万亩和生态长廊建设 1500 亩。受损林地植被恢复 5.45 万亩包括人工造林 2.0 万亩（其中，人工植苗造林 0.6 万亩，人工点/撒播造林 1.4 万亩），低质低效林改造 1.0 万亩，封山育林 2.45 万亩。

3. 退耕还林

退耕还林还草是国家重点生态工程。该工程是四川历史上建设期最长、群众参与最多、资金投入最大的林业生态工程和民生工程。四川是退耕还林大省。截至 2022 年底，四川累计实施退耕还林还草工程任务 3292.39 万亩（含荒山造林和封山育林 1646.33 万亩）。其中，1999 年启动的退耕还林，四川累计完成退耕还林任务 1336.4 万亩（其中退耕还草 5.423 万亩），占全国退耕还林总量的 9.6%，排名第三。2014 年开始新一轮退耕还林，四川累计完成国家下达的新一轮退耕还林任务 289.76 万亩（其中退耕还草 19.9 万亩），占全国退耕还林总量的 4.2%，排名第九。

早在 1986 年卧龙就开展过退耕还林项目，项目经费由联合国粮食及农业组织援助，共退耕还林 113hm²。1999 年国家启动退耕还林工程，并于 2000～2003 年给卧龙下达退耕还林任务。卧龙保护区、卧龙特区高度重视，在 2000 年、2001 年的退耕还林任务完成后，2002 年又将退耕还林与解决大熊猫主食竹、绿化公路沿线、创建大熊猫精品旅游区结合起来，报请国家林业局同意，启动退耕还竹工程。2000～2003 年，卧龙保护区、卧龙特区共计退耕还林（竹）449.13hm²，包括退耕还林 367.3hm²、退耕还竹 81.83hm²。具体完成情况为：耿达乡完成退耕还林 204.3hm²，其中，2000 年完成 153.3hm²，2001 年完成 40hm²，2003 年完成 11hm²；卧龙镇完成退耕还林 163hm²，其中，2000 年完成 113.3hm²，2001 年完成 26.7hm²，2003 年完成 23hm²。2002 年完成退耕还竹 81.83hm²，其中，耿达乡完成 48.53hm²，卧龙镇完成 33.3hm²。2019 年"8·20"强降雨特大山洪泥石流灾害及 2020 年"8·17"泥石流灾害损毁退耕还林（竹）9.7hm²。香港援建卧龙共完成封山育林 2729.38hm²，人工造林 1234.68hm²。其中，人工造林包括人工植苗 590.7hm²，工程措施 104.42hm²，点、撒播 539.56hm²。截至 2019 年，卧龙保护区完成灾后重建植被恢复人工造林 2365hm²，封山育林 5459hm²。截至 2020 年，全区有退耕还林（竹）面积 439.6hm²，其中卧龙镇 194.2hm²、耿达镇 245.4hm²。

4. 天然林保护工程

2000 年，保护区开始实施天然林保护工程（以下简称：天保工程）。在实施天保工程中，卧龙保护区、卧龙特区在全面调查卧龙天然林资源基本情况的基础上，按照试点、推广、考核与监督，有条不紊地开展工作。在天保工程启动初期，针对社区生产生活及资源保护之间的矛盾，秉承"谁管护、谁受益"的保护理念，卧龙保护区、卧龙特区创新性地率先在全国开启了"参与式保护"模式，落实了森林管护承包责任制，确保了天然林管护质量。天保工程一期全区累计投入资金 2971.4 万元，其中，中央财政专项资金 2907.6 万元，四川省配套资金 63.8 万元。通过协议管护，农户每年人均收入超过 210 元。

---

① 1 亩≈666.67m²，后同。

为进一步巩固天保工程一期成果，使天保工程二期发挥更大的作用，在各级领导高度重视及指导下，卧龙继续完善社区共管、协议管护模式，将区内 2 015 537 亩林地（其中，国有公益林 2 008 804 亩，集体所有国家公益林 6733 亩）按照以农户承包为主，乡镇人民政府、村委会、基层保护站和专业巡山队承包为辅的协议管护模式进行管护。以 2020 年为例，卧龙保护区、卧龙特区签订管护责任书 1649 份，全区 4000 多群众直接参与森林资源管护，村民每年人均可收入 690 元。另外，两镇聘请 180 名经济相对困难的村民组建巡山护林队伍，每人每年可增收 1.2 万元。同时，卧龙保护区、卧龙特区依托小水电站实施了"以电代柴"工程，对区内居民进行电费补助，全区累计减少薪柴消耗超过 10 万 m^3。以上措施帮助卧龙地区实现了"无森林火灾、无乱砍滥伐、无乱捕滥猎、无毁林开荒、无乱占林地"的目标，确保了山有人守、林有人看，有效保护了森林资源。

经过 20 年的天保工程有效保护与公益林建设，保护区的生态、社会和经济效益明显提高，生态意识深入人心，有力地促进了森林资源保护和生态文明建设。保护区森林资源总量不断增加，截至 2021 年，卧龙保护区森林覆盖率 62.58%，植被覆盖率超过 98%，空气负氧离子浓度平均达 10 000 个/cm^3。区内生物多样性保持良好，种类保持稳定，数量稳中有增，大熊猫栖息地得到有效保护。通过调整林业产业结构，依托风景秀丽的天然林资源，卧龙逐步发展了以生态康养旅游为代表的新产业，增加了居民收入，促进了人与自然和谐共生，践行了"绿水青山就是金山银山"理念。

第二节　动植物资源的保护

1963～2023 年，卧龙进行了 4 次功能区调整、4 次全国大熊猫数量调查、1 次森林资源卫片解译、2 次森林资源二类调查、1 次卧龙保护区综合科考。

一、功能区调整

（一）第一次功能区划分（1963～1975 年）

1975 年，卧龙保护区面积由 1963 年的 2 万 hm^2 扩大至 20 万 hm^2。保护区在功能分区时根据专家建议，将农户居住区及农耕地、柴山作为生产生活区，划为实验区，其余为保护区的核心区，即以磨子沟大桥为界，大桥以上的皮条河流域和正河流域以及三江乡划入保护区的核心区，磨子沟大桥以下的耿达乡所辖区域为实验区。当时曾计划将核心区卧龙乡的农民全部搬迁到实验区的耿达乡或保护区外，但由于种种原因，卧龙乡农民搬迁计划没有实现。因此，核心区划分存在的这个问题延续至第二次功能区调整时才得以解决。

（二）第二次功能区调整（1975～2011 年）

经过卧龙保护区多年努力，1997 年 10 月，林业部调查规划设计院到卧龙启动卧龙保护区总体规划工作。由林业部调查规划设计院、四川省林业学校、卧龙保护区三方成立规划设计项目组，于 10 月完成《卧龙自然保护区总体规划》送审稿。1998 年 6 月，国家林业局以林计批字〔1998〕21 号文批准了《卧龙自然保护区总体规划》。该总体规划充分考虑了卧龙保护区境内两乡（镇）4000 多农民的生产生活和卧龙特区旅游经济发展的需要，将卧龙保护区划分为核心区、缓冲区和实验区进行分区管理。其中，核心区面积 151 840hm^2，占保护区总面积的 75.92%；缓冲区面积 30 540hm^2，占保护区总面积的 15.27%；实验区面积 17 620hm^2，占保护区总面积的 8.81%。实验区包括公路沿线两旁，旅游景点周围 500m 范围内的区域，卧龙镇、耿达乡农户居住区附近的农耕地及部分山林草地。

（三）第三次功能区调整（2011 年）

2011 年 11 月，中华人民共和国环境保护部办公厅以《关于四川卧龙国家级自然保护区功能区调整有关问题的复函》（环办函〔2011〕1285号）函复卧龙保护区的功能区调整方案，明确了卧龙保护区边界。同意卧龙保护区进行功能区调整。将黄草坪附近的缓冲区调整为实验区，调整面积265hm²；将银厂沟与热水沟交汇处以西，海拔2500m以上的实验区和缓冲区调整为核心区，调整面积379hm²；将银厂沟与热水沟交汇处至银厂沟与耙子桥交汇处之间的实验区调整为缓冲区，调整面积185hm²；将从邓生保护站起，沿野牛沟及其支沟至距离8200m处，海拔3500m以下的核心区调整为缓冲区，调整面积427hm²；将从邓生保护站起，沿野牛沟及其支沟至距离5200m处，海拔3200m以下的核心区调整为实验区，调整面积225hm²；将从邓生保护站起，往野牛沟方向的缓冲区调整为实验区，调整面积152hm²。

明确调整后的卧龙保护区边界不变。卧龙保护区位于北纬30°45′~31°25′，东经102°52′~103°24′，总面积200 000hm²，其中，核心区面积151 567hm²（约占75.8%），缓冲区面积30 735hm²（约占15.4%），实验区面积17 698hm²（约占8.8%）。具体范围：保护区东自草坡乡界起，经银杏乡火烧坡山脊，映秀镇黄粱沟，三江乡安家坪山脊，席草村顶锅岩山脊、三根杉树山脊、沙牛岩窝、烂泥塘平杠至宝贝沟宣盘沟尾；南以大邑县界、芦山县界、崇州市界为界；西以小金四姑娘山山脊、巴朗山山脊、宝兴县界为界；北以理县界为界。保护区以皮条河沿河公路为界，分为南北两个区域：南面区域北从木江坪起，经耿达乡、核桃坪、卧龙镇、邓生沟与宝兴县行政边界相接为界，西以保护区与芦山县、大邑县、崇州市的行政边界为界，南以保护区同汶川县三江乡行政边界为界；北面区域南从木江坪起，经耿达乡、正河、卧龙关沟、银厂沟、巴朗山垭口至小金县界为界，北以理县界为界，东以汶川县草坡乡界为界。

（四）第四次功能区调整（2022~2023年）

2021年10月12日，习近平主席在《生物多样性公约》第十五次缔约方大会领导人峰会上宣布：中国正式设立三江源、大熊猫、东北虎豹、海南热带雨林、武夷山等第一批国家公园。2022年12月，大熊猫国家公园卧龙片区完成勘界和定标工作，勘界面积202 871.93hm²，其中，核心保护区面积186 767.41hm²，占大熊猫国家公园卧龙片区总面积的92.06%；一般控制区面积16 104.52hm²，占大熊猫国家公园卧龙片区总面积的7.94%。2023年8月，《大熊猫国家公园总体规划（2023—2030年）》（林函保字〔2023〕86号）公布，卧龙保护区203 448hm²划入大熊猫国家公园的面积为202 850hm²，未划入大熊猫国家公园的面积为598hm²。

二、资源调查

为了解大熊猫种群数量，国家先后在1974~1977年、1985~1988年、1999~2003年、2011~2014年开展了4次全国大熊猫调查，卧龙保护区在同期开展了大熊猫调查，同时还在2000年开展了卧龙保护区森林资源卫片解译，在2001年和2019~2020年开展了森林资源二类调查，在2014~2017年开展了卧龙保护区综合科考等。

（一）大熊猫数量调查

1. 第一次大熊猫调查（1974~1977年）

1974~1977年，由农林部牵头组织调查大熊猫、金丝猴、鹿、麝、熊等我国珍贵野生动物的资源状况，是全国珍贵野生动物资源调查，后来此次调查亦被视作全国第一次大熊猫调查。此次野外调查采用了传统的路线调查法，内业分析以大熊猫的新鲜粪便等为主要指标来综合判断大熊猫的种群数量。1974年4~7月，四川省珍贵野生动物调查队首次对卧龙保护区的大熊猫进行了调查。根据大熊猫新鲜粪便的位置和分布，统计出卧龙保护区的野生大熊猫总数为145只。其中，耿达河、正河流域39只，中河、西河流域46只，皮条河流域60只（甘肃省珍贵动物资源调查队，1977；陕西省大熊猫调查队，1974；四川珍贵动物资源调查队，1977）。

2. 第二次大熊猫调查（1985~1988年）

20世纪七八十年代，岷山、邛崃山、秦岭等地的大熊猫可食竹相继发生大面积开花枯死，给大熊猫的生存造成严重威胁，同期存在的森工采伐、偷猎和捕捉大熊猫等也对大熊猫的栖息繁衍造成严重影响。为了掌握大熊猫受灾及资源消长的情况，制定切实可行的保护管理计划，1985年2月，中华人民共和国林业部与世界野生生物基金会签署了"联合制定《中国大熊猫及其栖息地保护管理计划》"的协议。根据该协议，1985~1988年由中国方面和世界野生生物基金会（1986年更名为世界自然基金会）派出的专家及技术人员组成联合调查队，开展中国全国第二次大熊猫调查（国家林业局，2006）。1988年3月，世界自然基金会年会决定：派出专家到卧龙帮助修订卧龙保护区管理计划，加强中国保护大熊猫研究中心的管理，同意日本专家自费到卧龙研究竹子与森林的关系；基金会聘请英国兽医专家到卧龙工作；美国植物学家自费到"五一棚"开展研究工作。卧龙保护区第二次大熊猫调查结果为72（±16）只，其中皮条河、耿达河以南56只，以北16只（中华人民共和国林业部和世界野生生物基金会，1989）。卧龙第二次大熊猫调查结果与第一次大熊猫调查结果相比数量有所减少，主要原因是1983年卧龙保护区冷箭竹大面积开花枯死，严重威胁到大熊猫的生存，导致以冷箭竹为主食的大熊猫，特别是老弱病残个体因缺少食物而死亡。另外，第二次大熊猫调查面积小，缺乏完整性，也是此次调查野生大熊猫数量减少的重要原因。

3. 第三次大熊猫调查（1999~2003年）

2000年5月8日至6月28日，卧龙保护区开展了第三次大熊猫调查。由四川省大熊猫调查队和卧龙保护区联合进行，参加调查的人数为110人，调查范围为卧龙所有可能分布大熊猫的区域。调查显示大熊猫数量为143只，占全国大熊猫总数的9.0%，主要分布在保护区内的西河、中河、皮条河和正河流域。调查时间与第三次全国大熊猫调查同期。当年，卧龙保护区的核桃坪中国保护大熊猫研究中心拥有世界上规模最大的大熊猫圈养种群，圈养大熊猫75只（国家林业局，2006）。

4. 第四次大熊猫调查（2011~2014年）

2011年10月至2014年10月，国家林业局开展了全国第四次大熊猫调查。根据第四次大熊猫调查结果，卧龙有野生大熊猫104只。同年，中国保护大熊猫研究中心圈养大熊猫数量280只（国家林业和草原局，2021）。

（二）森林资源调查

为了查清卧龙保护区森林、林地和林木资源的种类、数量、质量与分布，客观反映卧龙保护区的自然、社会经济条件，综合分析评价森林资源经营管理现状，提出对森林资源培育、保护与利用的意见，卧龙保护区在2000年开展了森林资源卫片解译，在2001年和2019~2020年进行了森林资源二类调查。

1. 2000年森林资源卫片解译

2000年11月，为制定保护区天保工程的森林管护规划方案，卧龙保护区委托四川省林业勘察设计院对卧龙保护区的森林资源进行了二类调查。此次调查主要是解译美国Landsat卫星在1998年拍摄的TM图像。调查结果显示，卧龙保护区总面积206 115.9hm^2，其中林地面积119 032.3hm^2。林地面积包括针叶林67 040.3hm^2、针阔叶混交林10 198.8hm^2、阔叶林11 402.8hm^2、灌木林29 965.4hm^2、疏林425hm^2。乔木林覆盖率为43.01%（乔木林+竹林，后同），灌木林覆盖率为14.54%。

2. 2001年森林资源二类调查

卧龙保护区自1963年建立后未开展过森林资源规划设计调查（即森林资源二类调查）工作。随着我国西部大开发号角的吹响，天保工程、生态工程和退耕还林（草）工程的启动，进行森林资源规划设计调查，摸清保护区内资源现状，为"退耕还林工程""生态环境建设工程""天然林资源保护工程"规划设计提供科学可靠的依据，成为迫切需要。为此，卧龙保护区在2001年开展了森林资源规划设计调查工作（以下简称：二调一期）。四川省林业勘察设计研究院第二森林勘察大队（以下简称：二大队）承担调查任务。二大队2001年4月上旬接受任务,5月10日完成外业调查,5月13日通过外业质量验收,10月底结束内业工作,12月21日由四川省林业厅会同四川省森林资源监测中心通过成果验收。

2001年森林资源二类调查采用1∶50 000地形图放大为1∶25 000的地形图(局部地区参照了1∶50 000卫星影像),在现地采用对坡勾绘的方法区划小班,按相关技术细则进行小班区划调查。林地小班平均面积不超过35hm², 连片林分起调面积为3.0hm², 独立林块起调面积为1.0hm²。

二调一期结果表明,保护区面积为203 601.00hm², 其中,林地面积为118 285.40hm², 约占保护区面积的58.1%;其他非林地面积为85 315.60hm², 约占保护区面积的41.9%。在林地中,有林地面积为86 682.30hm², 约占保护区林地面积的73.28%;疏林地面积为84.50hm², 约占保护区林地面积的0.1%;灌木林地面积30 491.80hm², 约占保护区林地面积的25.78%;未成林造林地面积为274.60hm², 约占保护区林地面积的0.23%;苗圃地面积为4.30hm²;无立木林地(含宜林地)面积为747.90hm²(含宜林地),约占保护区林地面积的0.83%。在有林地中,林分面积为86 681.80hm²;经济林面积为0.50hm²(2001年国家林业局卧龙自然保护区森林资源规划设计调查报告)。二调一期森林覆盖率为57.55%,其中,乔木林覆盖率为42.57%,灌木林覆盖率为14.98%。

二调一期森林覆盖率计算方式为

$$森林覆盖率(\%) = \frac{有林地面积}{总面积} \times 100\% + \frac{灌木林地面积}{总面积} \times 100\% + \frac{四旁林网面积}{总面积} \times 100\%$$

$$= \frac{86682.30}{203601.00} \times 100\% + \frac{30491.80}{203601.00} \times 100\% + \frac{3.70}{203601.00} \times 100\% = 57.55\%$$

3. 2019~2020年森林资源二类调查

卧龙保护区2000年前后相继实施了退耕还林工程、天保工程、生态治理项目等,开展了林地变更调查、公益林落界更新等工作。同时,受自然灾害的影响,保护区内森林资源数据变化较大。为了摸清家底,指导林草工作,卧龙保护区委托四川农业大学开展了卧龙保护区森林资源二类调查。2019年4月开始,2020年9月底结束外业调查,2020年12月5~6日阿坝州林业和草原局在卧龙组织了外业和内业质量验收,2021年1月21日,通过了成果验收,质量等级评定为良(四川农业大学,2021)。

2019~2020年卧龙森林资源二类调查(以下简称:二调二期)采用分辨率优于1m的高清影像,结合1∶50 000地形图进行室内区划和现地核对,再通过GIS系统形成小班并计算面积的方式进行。调查集体林区商品林最大小班面积一般不超过15hm²,其他地区一般不超过25hm²;无林地小班、非林地小班面积不限;林地小班最小面积为0.0667hm²。高清影像为2016年11月和2018年3月的高清卫星遥感影像。处理后的正射遥感影像进行室内判读,划分小班界线,再结合地形图到现场按照小班划分标准和条件进行现场核实,调整小班界线,调查林况、地况等因子。小班面积用GIS软件求算获得,蓄积采用目测与标准地实测调查相结合的方法进行。调查按照3个保护站管护范围,3个功能区,414个林班,共划分67 875个小班,其中,林地小班58 159个,林地小班平均面积2.28hm², 非林地小班9716个。林地中有林地小班、疏林地小班29 591个,小班平均面积2.82hm²。

二调二期调查结果表明,卧龙保护区总面积203 601.00hm², 其中,林地面积132 478.18hm², 非林地面积71 122.82hm²。林地面积较上期118 285.40hm²增加14 192.78hm², 增幅12.00%。活立木总蓄积19 996 078m³, 较上期16 916 533m³增加3 079 545m³, 增幅18.20%。卧龙保护区森林覆盖率53.79%,林木绿化率62.58%,林地中区划界定生态公益林地124 653.06hm², 占卧龙保护区林地面积的94.09%(四川农业大学,2021)。乔木林覆盖率为42.57%,灌木林覆盖率为14.98%。

二调二期森林覆盖率计算方式为

$$森林覆盖率(\%) = \frac{有林地面积}{总面积} \times 100\% + \frac{特别灌木林地面积}{总面积} \times 100\% + \frac{非林地上成片森林面积}{总面积} \times 100\%$$

$$= \frac{83200.92}{203601.00} \times 100\% + \frac{23772.82}{203601.00} \times 100\% + \frac{2552.25}{203601.00} \times 100\% = 53.79\%$$

4. 森林资源的变化

卧龙保护区森林资源在最近 20 年中，遭受了"5·12"汶川特大地震，区内森林资源受到较大破坏，受损面积达 5831hm²，受损蓄积达 88 万 m³，总趋势是"稳中有升、质量提高"。乔木林覆盖率仍维持在 42%以上，灌木林增长了 5.2 个百分点；活立木蓄积增加了 18.2%，达到 2000 万 m³，乔木林单位面积蓄积从 195m³/hm² 增加到 239m³/hm²。

二调一期的森林覆盖率为 57.55%（森林覆盖率的计算公式为有林地、灌木林地和四旁林网占地的面积之和占保护区总面积的百分比），此次调查数据中未区分国家特别规定灌木林地和非林地上成片林木资源，因此无法按照二调二期森林覆盖率计算公式进行计算。为对比两期森林覆盖率的变化情况，只能选择将二调二期的调查数据按照二调一期的计算方式进行处理，结果是二调二期的森林覆盖率（62.58%）较二调一期（57.55%）上升 5.03 个百分点，主要原因是加强森林管护增加了特别规定灌木林地的面积。

二调二期的森林覆盖率按二调一期计算方式计算：

$$森林覆盖率(\%) = \frac{有林地面积}{总面积} \times 100\% + \frac{灌木林地面积}{总面积} \times 100\% + \frac{四旁林网面积}{总面积} \times 100\%$$

$$= \frac{86245.05}{203601.00} \times 100\% + \frac{41093.20}{203601.00} \times 100\% + \frac{74.48}{203601.00} \times 100\% = 62.58\%$$

（注：有林地面积包含了非林地上的成片林木资源面积 3044.13hm²）

卧龙保护区二调二期调查林地面积 132 478.18hm² 较二调一期调查林地面积 118 285.40hm² 增加 14 192.78hm²，增幅 12.00%。林地面积变化的主要原因如下。①规划调整：经过林地保护利用规划、林地年度变更以后，经汶川县人民政府批准认可的林地范围较上一轮二调的林地范围有所增加，增加部分以灌木林地为主，增加林地面积 11 315hm²。②区划细致程度不一致：两期调查使用的调查基础资料、调查方法和区划细致程度等方面不一致。二调二期使用高分辨率遥感影像、配合最新地形图作为调查基础，小班按照 0.067hm²（1 亩）起绘，使小班的区划更加细致。二调二期和二调一期图层进行空间叠加分析，部分二调一期未划出的小面积林地这次被区划出来，该部分增加林地面积 2497hm²。③退耕还林（竹）：根据档案资料统计，2001 年以后在卧龙保护区实施的退耕还林（竹）工程增加林地面积共计 380.78hm²。卧龙保护区二调一期与二调二期森林资源变化情况见表 5-1。

表 5-1 卧龙保护区二调一期与二调二期森林资源调查结果对比（修正）

	项目		二调一期	二调二期	增长量（增长率）
总计	总面积/hm²		203 601.00	203 601.00	0.00（0.00%）
	总蓄积/m³		16 916 533	19 996 078	3 079 545（18.20%）
林地	合计	面积/hm²	118 285.40	132 478.18	14 192.78（12.00%）
		蓄积/m³	16 916 361	19 982 293	3 065 932（18.12%）
	有林地	面积/hm²	86 682.30	83 200.92	-3 481.38（-4.02%）
		蓄积/m³	16 912 554	19 874 184	2 961 630（17.51%）
	疏林地	面积/hm²	84.50	358.94	274.44（324.78%）
		蓄积/m³	3 217	30 717	27 500（854.83%）
	灌木林地面积/hm²		30 491.80	41 093.20	10 601.40（34.77%）
	其中，国家特别规定灌木林地面积/hm²		/	23 772.82	23 772.82
	未成林造林地面积/hm²		274.60	0.00	-274.60（-100.00%）
	无立木林地（含宜林地）面积/hm²		747.90	7 823.50	7 075.60（946.06%）
	苗圃地面积/hm²		4.30	/	-4.30（-100.00%）
	辅助林业生产用地面积/hm²		/	1.62	1.62
	散生木蓄积/m³		590	77 392	76 802（13 017.29%）

续表

项目		二调一期	二调二期	增长量（增长率）
合计	面积/hm²	85 315.60	71 122.82	-14 192.78（-16.64%）
	蓄积/m³	172	13 785	13 613（7 914.53%）
非林地	非林地上成片林木资源 面积/hm²	/	3 044.13	3 044.13
	蓄积/m³	/	11 337	11 337
	其中，非林地上成片森林面积/hm²	/	2 552.25	2 552.25
	其他非林地面积/hm²	85 315.60	68 078.69	-17 236.91（-20.20%）
	四旁林网蓄积/m³	172	1 372	1 200（697.67%）
	散生木蓄积/m³	/	1 076	1 076
四旁林网面积（不计入面积汇总）/hm²		3.70	74.48	70.78（1 912.97%）

注："/"表示没有数据

（三）本底资源调查

1. 1975～1988年保护区动植物调查

卧龙保护区系统的动植物调查始于1975年，到1988年基本结束，主要由四川省南充师范学院生物系与卧龙保护区联合进行。调查结果显示，保护区内共有高等植物2000多种，其中药用植物870种；昆虫1700多种；脊椎动物430种，其中兽类103种、鸟类281种、爬行类21种、两栖类14种、鱼类11种。国家重点保护野生植物24种。国家重点保护野生动物57种，其中国家一级重点保护野生动物有大熊猫、川金丝猴、中华扭角羚、白唇鹿、豹、云豹、雪豹、黑鹳、金雕、胡兀鹫、斑尾榛鸡、雉鹑、绿尾虹雉（*Lophophorus lhuysii*）（图5-1）13种。原生一类保护植物有珙桐1种，分布面积达600～700hm²。

图5-1 绿尾虹雉（何晓安 摄）

2. 2014～2017年保护区综合科考

从2014年开始，西华师范大学先后组织来自中国科学院植物研究所、中国科学院动物研究所、西南交通大学等单位不同学科领域的专家深入保护区腹地，在保护区的配合下，出动考察6000余人次，开展了为期3年的科学考察工作和为期1年的补充调查，对保护区内的资源状况有了较为清晰的了解。调查结果显示，卧龙保护区内有大型真菌7纲18目48科138属479种；浮游藻类植物8门43科96属177种（含变种）；蕨类植物 30 科 66 属 198 种（含变种）；裸子植物 6 科 10 属 20 种（不含栽培种）；被子植物 123 科 613 属 1805 种；脊椎动物 517 种，其中，兽类 8 目 29 科 136 种，鸟类 18 目 61 科 332 种，爬行类 1 目 4 科 14 属 19 种，两栖类 2 目 5 科 18 种，鱼类 3 目 5 科 12 种；昆虫 19 目 170 科 1394 种（杨志松等，2019）。

3. 植物资源查证与辨析

通过 1975~1988 年的保护区动植物调查，1975~2010 年全国先后 4 次野生大熊猫调查，2000 年森林资源卫片解译，2001 年的森林资源二类调查，2014~2017 年保护区综合考察，2019~2020 年卧龙森林资源二类调查，结合 2000 年以来卧龙综合研究、红外相机监测的数据梳理，经过查证与辨析，截至 2023 年 12 月，卧龙保护区有大型真菌 2 门 7 纲 18 目 48 科 138 属 479 种，浮游藻类植物 8 门 43 科 96 属 177 种（含变种），蕨类植物 30 科 66 属 198 种，裸子植物 6 科 10 属 20 种（不含栽培种），被子植物 123 科 613 属 1815 种。按照 2021 年公布的《国家重点保护野生植物名录》，卧龙保护区有国家重点保护野生植物 69 种（表 5-2），其中国家一级重点保护野生植物 5 种（包括裸子植物 4 种、被子植物 1 种）；国家二级重点保护野生植物 64 种（包括裸子植物 1 种、被子植物 63 种）。此外，调查表明卧龙有外来植物 144 种。

表 5-2　大熊猫国家公园卧龙片区国家重点保护野生植物名录

序号	门	科	属	种	保护级别
1	裸子植物门	红豆杉科	红豆杉属	红豆杉 Taxus chinensis	一级
2	裸子植物门	红豆杉科	红豆杉属	南方红豆杉 Taxus chinensis var. mairei	一级
3	裸子植物门	银杏科	银杏属	银杏 Ginkgo biloba	一级
4	裸子植物门	杉科	水杉属	水杉 Metasequoia glyptostroboides	一级
5	裸子植物门	松科	云杉属	大果青杄 Picea neoveitchii	二级
6	被子植物门	蓝果树科	珙桐属	珙桐 Davidia involucrata	一级
7	被子植物门	星叶草科	独叶草属	独叶草 Kingdonia uniflora	二级
8	被子植物门	木兰科	厚朴属	厚朴 Houpoea officinalis	二级
9	被子植物门	木兰科	木兰属	圆叶天女花 Oyama sinensis	二级
10	被子植物门	樟科	樟属	油樟 Cinnamomum longepaniculatum	二级
11	被子植物门	樟科	楠属	润楠 Machilus nanmu	二级
12	被子植物门	樟科	楠属	楠木 Phoebe zhennan	二级
13	被子植物门	藜芦科	重楼属	巴山重楼 Paris bashanensis	二级
14	被子植物门	藜芦科	重楼属	七叶一枝花 Paris polyphylla	二级
15	被子植物门	藜芦科	重楼属	华重楼 Paris polyphylla var. chinensis	二级
16	被子植物门	藜芦科	重楼属	狭叶重楼 Paris polyphylla var. stenophylla	二级
17	被子植物门	藜芦科	重楼属	长药隔重楼 Paris polyphylla var. thibetica	二级
18	被子植物门	藜芦科	重楼属	四叶重楼 Paris quadrifolia	二级
19	被子植物门	百合科	贝母属	米贝母 Fritillaria davidii	二级
20	被子植物门	百合科	贝母属	川贝母 Fritillaria cirrhosa	二级
21	被子植物门	百合科	贝母属	康定贝母 Fritillaria cirrhosa var. ecirrhosa	二级
22	被子植物门	百合科	贝母属	甘肃贝母 Fritillaria przewalskii	二级
23	被子植物门	百合科	贝母属	梭砂贝母 Fritillaria delavayi	二级
24	被子植物门	百合科	贝母属	暗紫贝母 Fritillaria unibracteata	二级
25	被子植物门	百合科	贝母属	长腺贝母 Fritillaria unibracteata var. longinectarea	二级
26	被子植物门	兰科	白及属	白及 Bletilla striata	二级
27	被子植物门	兰科	铠兰属	大理铠兰 Corybas taliensis	二级

续表

序号	门	科	属	种	保护级别
28	被子植物门	兰科	杜鹃兰属	杜鹃兰 *Cremastra appendiculata*	二级
29	被子植物门	兰科	兰属	建兰 *Cymbidium ensifolium*	二级
30	被子植物门	兰科	兰属	蕙兰 *Cymbidium faberi*	二级
31	被子植物门	兰科	兰属	春兰 *Cymbidium goeringii*	二级
32	被子植物门	兰科	杓兰属	绿花杓兰 *Cypripedium henryi*	二级
33	被子植物门	兰科	杓兰属	黄花杓兰 *Cypripedium flavum*	二级
34	被子植物门	兰科	杓兰属	小花杓兰 *Cypripedium micranthum*	二级
35	被子植物门	兰科	杓兰属	四川杓兰 *Cypripedium sichuanense*	二级
36	被子植物门	兰科	杓兰属	大花杓兰 *Cypripedium macranthos*	二级
37	被子植物门	兰科	杓兰属	毛杓兰 *Cypripedium franchetii*	二级
38	被子植物门	兰科	杓兰属	对叶杓兰 *Cypripedium debile*	二级
39	被子植物门	兰科	杓兰属	巴朗山杓兰 *Cypripedium palangshanense*	二级
40	被子植物门	兰科	杓兰属	西藏杓兰 *Cypripedium tibeticum*	二级
41	被子植物门	兰科	杓兰属	华西杓兰 *Cypripedium farreri*	二级
42	被子植物门	兰科	杓兰属	紫点杓兰 *Cypripedium guttatum*	二级
43	被子植物门	兰科	杓兰属	褐花杓兰 *Cypripedium calcicola*	二级
44	被子植物门	兰科	天麻属	天麻 *Gastrodia elata*	二级
45	被子植物门	兰科	手参属	手参 *Gymnadenia conopsea*	二级
46	被子植物门	兰科	手参属	西南手参 *Gymnadenia orchidis*	二级
47	被子植物门	兰科	独蒜兰属	独蒜兰 *Pleione bulbocodioides*	二级
48	被子植物门	兰科	蝴蝶兰属	华西蝴蝶兰 *Phalaenopsis wilsonii*	二级
49	被子植物门	罂粟科	绿绒蒿属	红花绿绒蒿 *Meconopsis punicea*	二级
50	被子植物门	小檗科	八角莲属	八角莲 *Dysosma versipellis*	二级
51	被子植物门	小檗科	桃儿七属	桃儿七 *Sinopodophyllum hexandrum*	二级
52	被子植物门	毛茛科	黄连属	黄连 *Coptis chinensis*	二级
53	被子植物门	昆栏树科	水青树属	水青树 *Tetracentron sinense*	二级
54	被子植物门	连香树科	连香树属	连香树 *Cercidiphyllum japonicum*	二级
55	被子植物门	景天科	红景天属	大花红景天 *Rhodiola crenulata*	二级
56	被子植物门	景天科	红景天属	四裂红景天 *Rhodiola quadrifida*	二级
57	被子植物门	景天科	红景天属	云南红景天 *Rhodiola yunnanensis*	二级
58	被子植物门	景天科	红景天属	红景天 *Rhodiola rosea*	二级
59	被子植物门	叠珠树科	伯乐树属	伯乐树 *Bretschneidera sinensis*	二级
60	被子植物门	茜草科	香果树属	香果树 *Emmenopterys henryi*	二级
61	被子植物门	柽柳科	水柏枝属	疏花水柏枝 *Myricaria laxiflora*	二级
62	被子植物门	菊科	风毛菊属	巴朗山雪莲 *Saussurea balangshanensis*	二级
63	被子植物门	菊科	风毛菊属	绵头雪兔子 *Saussurea laniceps*	二级
64	被子植物门	菊科	风毛菊属	水母雪兔子 *Saussurea medusa*	二级
65	被子植物门	五加科	人参属	假人参 *Panax pseudoginseng*	二级
66	被子植物门	五加科	人参属	秀丽假人参 *Panax pseudoginseng* var. *elegantior*	二级
67	被子植物门	五加科	人参属	大叶三七 *Panax pseudoginseng* var. *japonicus*	二级
68	被子植物门	五加科	人参属	羽叶三七 *Panax pseudoginseng* var. *bipinnatifidus*	二级
69	被子植物门	猕猴桃科	猕猴桃属	中华猕猴桃 *Actinidia chinensis*	二级

4. 动物资源查证与辨析

截至 2023 年 12 月，保护区有脊椎动物 577 种，其中兽类 8 目 29 科 84 属 136 种，鸟类 18 目 67 科 207 属 392 种，爬行类 1 目 4 科 14 属 19 种，两栖类 2 目 5 科 11 属 18 种，鱼类 3 目 5 科 9 属 12 种，已鉴定的昆虫有 19 目 170 科 922 属 1394 种。按照 2021 年公布的《国家重点保护野生动物名录》，卧龙保护区有国家重点保护野生动物 121 种（表 5-3），其中，国家一级重点保护野生动物有 28 种，包括鱼类 1 种、鸟类 13 种、兽类 14 种；国家二级重点保护野生动物 93 种，包括鱼类 2 种、两栖动物 4 种、爬行动物 1 种、鸟类 66 种、兽类 20 种。2016~2018 年，卧龙大熊猫非损伤采样 DNA 调查显示，保护区有野生大熊猫 149 只，栖息地面积 904.58km^2，为邛崃山种群分布的核心区；2017 年，卧龙调查雪豹栖息地 345km^2，统计数量为 26 只；2021~2023 年，雪豹调查面积扩大至 900km^2，统计数量为 45 只，分布密度居全国之首。大熊猫和雪豹的保护在卧龙具有不可替代的价值。

表 5-3　大熊猫国家公园卧龙片区国家重点保护野生动物名录

序号	纲	目	科	种	保护级别
1	哺乳纲	灵长目	猴科	川金丝猴 Rhinopithecus roxellana	一级
2	哺乳纲	灵长目	猴科	猕猴 Macaca mulatta	二级
3	哺乳纲	灵长目	猴科	藏酋猴 Macaca thibetana	二级
4	哺乳纲	偶蹄目	牛科	中华扭角羚 Budorcas tibetana	一级
5	哺乳纲	偶蹄目	牛科	中华鬣羚 Capricornis milneedwardsii	二级
6	哺乳纲	偶蹄目	牛科	中华斑羚 Naemorhedus griseus	二级
7	哺乳纲	偶蹄目	牛科	岩羊 Pseudois nayaur	二级
8	哺乳纲	偶蹄目	麝科	林麝 Moschus berezovskii	一级
9	哺乳纲	偶蹄目	麝科	马麝 Moschus chrysogaster	一级
10	哺乳纲	偶蹄目	鹿科	白唇鹿 Przewalskium albirostris	一级
11	哺乳纲	偶蹄目	鹿科	水鹿 Cervus equinus	二级
12	哺乳纲	偶蹄目	鹿科	毛冠鹿 Elaphodus cephalophus	二级
13	哺乳纲	偶蹄目	鹿科	马鹿 Cervus elaphus	一级
14	哺乳纲	食肉目	熊科	大熊猫 Ailuropoda melanoleuca	一级
15	哺乳纲	食肉目	熊科	黑熊 Ursus thibetanus	二级
16	哺乳纲	食肉目	猫科	云豹 Neofelis nebulosa	一级
17	哺乳纲	食肉目	猫科	豹 Panthera pardus	一级
18	哺乳纲	食肉目	猫科	雪豹 Panthera uncia	一级
19	哺乳纲	食肉目	猫科	金猫 Catopuma temminckii	一级
20	哺乳纲	食肉目	猫科	豹猫 Prionailurus bengalensis	二级
21	哺乳纲	食肉目	猫科	猞猁 Lynx lynx	二级
22	哺乳纲	食肉目	猫科	兔狲 Otocolobus manul	二级
23	哺乳纲	食肉目	犬科	豺 Cuon alpinus	一级
24	哺乳纲	食肉目	犬科	狼 Canis lupus	二级
25	哺乳纲	食肉目	犬科	貉 Nyctereutes procyonoides	二级
26	哺乳纲	食肉目	犬科	赤狐 Vulpes vulpes	二级
27	哺乳纲	食肉目	犬科	藏狐 Vulpes ferrilata	二级
28	哺乳纲	食肉目	小熊猫科	中华小熊猫 Ailurus styani	二级
29	哺乳纲	食肉目	鼬科	水獭 Lutra lutra	二级
30	哺乳纲	食肉目	鼬科	黄喉貂 Martes flavigula	二级
31	哺乳纲	食肉目	鼬科	石貂 Martes foina	二级

续表

序号	纲	目	科	种	保护级别
32	哺乳纲	食肉目	灵猫科	大灵猫 *Viverr azibetha*	一级
33	哺乳纲	食肉目	灵猫科	小灵猫 *Viverr iculaindica*	一级
34	哺乳纲	食肉目	林狸科	斑林狸 *Prionodon pardicolor*	二级
35	鸟纲	鸡形目	雉科	绿尾虹雉 *Lophophorus lhuysii*	一级
36	鸟纲	鸡形目	雉科	斑尾榛鸡 *Tetrastes sewerzowi*	一级
37	鸟纲	鸡形目	雉科	藏雪鸡 *Tetraogallus tibetanus*	二级
38	鸟纲	鸡形目	雉科	血雉 *Ithaginis cruentus*	二级
39	鸟纲	鸡形目	雉科	红腹角雉 *Tthagopan temminckii*	二级
40	鸟纲	鸡形目	雉科	白马鸡 *Crossoptilon crossoptilon*	二级
41	鸟纲	鸡形目	雉科	红腹锦鸡 *Chrysolophus pictus*	二级
42	鸟纲	鸡形目	雉科	白腹锦鸡 *Chrysolophus amherstiae*	二级
43	鸟纲	鸡形目	雉科	勺鸡 *Pucrasia macrolopha*	二级
44	鸟纲	鸡形目	雉科	红喉雉鹑 *Tetraophasis obscurus*	一级
45	鸟纲	雁形目	鸭科	鸳鸯 *Aix galericulata*	二级
46	鸟纲	鹤形目	鹤科	灰鹤 *Grus grus*	二级
47	鸟纲	鹤形目	鹤科	黑颈鹤 *Grus nigricollis*	一级
48	鸟纲	鹤形目	鹳科	黑鹳 *Ciconia nigra*	一级
49	鸟纲	雀形目	噪鹛科	大噪鹛 *Garrulax maximus*	二级
50	鸟纲	雀形目	噪鹛科	红翅噪鹛 *Trochalopteron formosum*	二级
51	鸟纲	雀形目	噪鹛科	斑背噪鹛 *Garrulax lunulatus*	二级
52	鸟纲	雀形目	噪鹛科	眼纹噪鹛 *Garrulax ocellatus*	二级
53	鸟纲	雀形目	噪鹛科	橙翅噪鹛 *Trochalopteron elliotii*	二级
54	鸟纲	雀形目	噪鹛科	画眉 *Garrulax canorus*	二级
55	鸟纲	雀形目	噪鹛科	红嘴相思鸟 *Leiothrix lutea*	二级
56	鸟纲	雀形目	鹟科	蓝喉歌鸲 *Luscinia svecica*	二级
57	鸟纲	雀形目	鹟科	金胸歌鸲 *Calliope pectardens*	二级
58	鸟纲	雀形目	鹟科	黑喉歌鸲 *Luscinia obscura*	二级
59	鸟纲	雀形目	鹟科	红喉歌鸲 *Luscinia calliope*	二级
60	鸟纲	雀形目	莺鹛科	三趾鸦雀 *Cholornis paradoxus*	二级
61	鸟纲	雀形目	莺鹛科	白眶鸦雀 *Sinosuthora conspicillata*	二级
62	鸟纲	雀形目	莺鹛科	中华雀鹛 *Fulvetta striaticollis*	二级
63	鸟纲	雀形目	莺鹛科	金胸雀鹛 *Lioparus chrysotis*	二级
64	鸟纲	雀形目	莺鹛科	宝兴鹛雀 *Moupinia poecilotis*	二级
65	鸟纲	雀形目	山雀科	红腹山雀 *Parus davidi*	二级
66	鸟纲	雀形目	鹀科	蓝鹀 *Emberiza siemsseni*	二级
67	鸟纲	雀形目	燕雀科	红交嘴雀 *Loxia curvirostra*	二级
68	鸟纲	雀形目	旋木雀科	四川旋木雀 *Certhia tianquanensis*	二级
69	鸟纲	雀形目	绣眼鸟科	红胁绣眼鸟 *Zosterops erythropleurus*	二级
70	鸟纲	雀形目	鹟科	棕腹大仙鹟 *Niltava davidi*	二级
71	鸟纲	雀形目	八色鸫科	仙八色鸫 *Pitta nympha*	二级
72	鸟纲	雀形目	松鸡科	斑尾榛鸡 *Tetrastes sewerzowi*	一级
73	鸟纲	鹰形目	鹰科	金雕 *Aquila chrysaetos*	一级
74	鸟纲	鹰形目	鹰科	胡兀鹫 *Gypaetus barbatus*	一级

续表

序号	纲	目	科	种	保护级别
75	鸟纲	鹰形目	鹰科	秃鹫 Aegypius monachus	一级
76	鸟纲	鹰形目	鹰科	草原雕 Aquila nipalensis	一级
77	鸟纲	鹰形目	鹰科	鹰雕 Nisaetus nipalensis	二级
78	鸟纲	鹰形目	鹰科	乌雕 Clanga clanga	一级
79	鸟纲	鹰形目	鹰科	高山兀鹫 Gyps himalayensis	二级
80	鸟纲	鹰形目	鹰科	凤头蜂鹰 Pernis ptilorhynchus	二级
81	鸟纲	鹰形目	鹰科	黑鸢 Milvus migrans	二级
82	鸟纲	鹰形目	鹰科	鹊鹞 Circus melanoleucos	二级
83	鸟纲	鹰形目	鹰科	凤头鹰 Accipiter trivirgatus	二级
84	鸟纲	鹰形目	鹰科	赤腹鹰 Accipiter soloensis	二级
85	鸟纲	鹰形目	鹰科	日本松雀鹰 Accipiter gularis	二级
86	鸟纲	鹰形目	鹰科	雀鹰 Accipiter nisus	二级
87	鸟纲	鹰形目	鹰科	松雀鹰 Accipiter virgatus	二级
88	鸟纲	鹰形目	鹰科	苍鹰 Accipiter gentilis	二级
89	鸟纲	鹰形目	鹰科	普通鵟 Buteo japonicus	二级
90	鸟纲	鹰形目	鹰科	喜山鵟 Buteo refectus	二级
91	鸟纲	鹰形目	鹰科	大鵟 Buteo hemilasius	二级
92	鸟纲	鹰形目	鹰科	白尾鹞 Circus cyaneus	二级
93	鸟纲	隼形目	隼科	红隼 Falco tinnunculus	二级
94	鸟纲	隼形目	隼科	燕隼 Falco subbuteo	二级
95	鸟纲	隼形目	隼科	红脚隼 Falco amurensis	二级
96	鸟纲	隼形目	隼科	灰背隼 Falco columbarius	二级
97	鸟纲	隼形目	隼科	猎隼 Falco cherrug	一级
98	鸟纲	鸮形目	鸱鸮科	红角鸮 Otus scops	二级
99	鸟纲	鸮形目	鸱鸮科	领角鸮 Otus lettia	二级
100	鸟纲	鸮形目	鸱鸮科	雕鸮 Bubo bubo	二级
101	鸟纲	鸮形目	鸱鸮科	灰林鸮 Strix aluco	二级
102	鸟纲	鸮形目	鸱鸮科	纵纹腹小鸮 Athene noctua	二级
103	鸟纲	鸮形目	鸱鸮科	短耳鸮 Asio flammeus	二级
104	鸟纲	鸮形目	鸱鸮科	领鸺鹠 Glaucidium brodiei	二级
105	鸟纲	鸮形目	鸱鸮科	斑头鸺鹠 Glaucidium cuculoides	二级
106	鸟纲	鸮形目	鸱鸮科	长耳鸮 Asio otus	二级
107	鸟纲	鸮形目	鸱鸮科	四川林鸮 Strix davidi	一级
108	鸟纲	鹃形目	杜鹃科	小鸦鹃 Centropus bengalensis	二级
109	鸟纲	鸻形目	鹮嘴鹬科	鹮嘴鹬 Ibidorhyncha struthersii	二级
110	鸟纲	鸻形目	鹬科	林沙锥 Gallinago nemoricola	二级
111	鸟纲	䴙䴘目	䴙䴘科	黑颈䴙䴘 Podiceps nigricollis	二级
112	鸟纲	啄木鸟目	啄木鸟科	黑啄木鸟 Dryocopus martius	二级
113	鸟纲	啄木鸟目	啄木鸟科	三趾啄木鸟 Picoides tridactylus	二级
114	硬骨鱼纲	鲑形目	鲑科	川陕哲罗鲑 Hucho bleekeri	一级
115	硬骨鱼纲	鲤形目	鲤科	重口裂腹鱼 Schizothorax davidi	二级
116	硬骨鱼纲	鲇形目	鮡科	青石爬鮡 Euchiloglanis davidi	二级

续表

序号	纲	目	科	种	保护级别
117	两栖纲	无尾目	角蟾科	金顶齿突蟾 Scutiger chintingensis	二级
118	两栖纲	无尾目	树蛙科	洪佛树蛙 Rhacophorus hungfuensis	二级
119	两栖纲	有尾目	小鲵科	山溪鲵 Batrachuperus pinchonii	二级
120	两栖纲	有尾目	小鲵科	西藏山溪鲵 Batrachuperus tibetanus	二级
121	爬行纲	有鳞目	游蛇科	横斑锦蛇 Elaphe perlacea	二级

第三节 生 态 修 复

生态修复是指对生态系统停止人为干扰，以减轻生态系统的负荷压力，依靠生态系统的自我调节能力与自组织能力使之向有序的方向进行演化，或者利用生态系统的这种自我恢复能力，辅以人工措施，使遭到破坏的生态系统逐步恢复或使生态系统向良性循环方向发展。卧龙保护区建立初期，由于国家经济建设的需要，伐木支持国家建设，加之山地洪灾和泥石流灾害，局部生境一定程度上遭受破坏，而那时生境恢复主要依靠生态系统的自我恢复能力。1990 年以来，我国注重自然突变和人类活动影响下受到破坏的自然生态系统的恢复与重建工作，相继实施了天然林保护工程、退耕还林工程、国土绿化和灾害治理等重大生态恢复工程。

2008 年"5·12"汶川特大地震，卧龙保护区大熊猫的适宜生境遭到较为严重破坏。为了保护大熊猫栖息地，改善野生动物栖息地环境和人居环境，卧龙保护区将生态修复作为灾后重建的重要任务之一，辅以人工措施，使遭到破坏的大熊猫栖息地得以改善，使生态系统向良性循环的方向发展。

一、"5·12"汶川特大地震对生态环境的影响

地震造成卧龙保护区生态环境破坏的总面积达 6116hm^2，地表植被遭到严重破坏。森林损失 5838hm^2，占总破坏面积的 95.45%，其中，针叶林的破坏面积最大，占森林破坏面积的 96.76%，达到 5649m^2；常绿、落叶阔叶混交林的破坏面积为 127hm^2，常绿阔叶林和竹林的破坏面积各为 21hm^2，落叶阔叶林的破坏面积为 20hm^2。农田损失 88hm^2，灌丛损失 155hm^2，草甸损失 35hm^2。

地震直接对大熊猫科研设施造成破坏。通往中国大熊猫保护研究中心饲养场大门处的通道被垮塌的巨石和泥土堵塞，饲养场内堆积了大量山体垮塌的泥石。山体滑坡导致 32 套大熊猫圈舍受到不同程度的损坏，兽医院成为危房；卧龙圈养的 63 只大熊猫死亡 1 只、失踪 1 只、受伤 1 只。大熊猫生境破坏面积达 4259.6hm^2，其中适宜生境 695.6hm^2、次适宜生境 3564hm^2，基本分布在海拔 1100～3700m，主要分布在海拔 1800～2400m。"5·12"汶川特大地震直接导致大熊猫栖息地连通性降低，迁徙走廊进一步断裂，部分大熊猫种群由于不能进行有效的基因交流而形成"生殖孤岛"。

二、生态修复的目的和意义

"5·12"汶川特大地震造成了地形地貌变化、生态系统损失、耕地水土流失、动物栖息地破坏等严重后果，给当地居民生活和生态环境造成巨大破坏。地震毁坏了道路、房屋、桥梁、办公及生活设施。地震造成林地被毁、林木倒伏、断裂，天保工程等林业生态建设成果受到严重破坏。卧龙片区的生态修复主要依靠生态系统自身调节能力与恢复能力，同时，辅以必要的人工措施，使遭到破坏的生态系统逐步恢复或使生态系统向良性循环的方向发展，从而达到恢复生态系统功能，保护大熊猫及其栖息环境，恢复人们正常生产生活，优化人居环境，实现可持续发展的目的。

三、生态修复的内容

（一）植被恢复

1. 人工植苗

根据造林地块的立地条件以及所在区域气候条件，本着适地适树的原则，结合树种的生物学、生态学特性和经营目的选择造林树种。根据树种特性、立地条件、培育目的，按照《生态公益林建设 技术规程》（GB/T 18337.3—2001），结合所在区域社会经济条件和造林小班现有植被分布状况，按照天保工程相关标准并参考当地造林经验，确定合理的造林密度。

根据卧龙的气候、土壤情况，造林树种主要选择油樟、云杉、红桦、四川红杉、高山柳等。种苗选用生长健壮、顶芽饱满、根系发达、无机械损伤、无病虫害、色泽正常、充分木质化，达到《四川主要造林树种苗木质量分级》（DB51/T 705—2007）规定的Ⅰ级、Ⅱ级优质壮苗；严禁使用没有经过检疫和带病虫害的苗木，起苗时要求带土并进行保湿保土处理，并按规定做好苗木出圃、运输、假植等环节的工作，做好检验检疫工作，严防苗木将病虫害带入造林地。种苗起苗、出圃、装箱、上下车及运输过程中要有技术人员把关押运，运至造林地的苗木当天栽植不完的应进行遮荫保湿及假植处理，并对规划株穴外存在安全隐患的岩石进行安全堆放。

油樟、云杉、红桦、四川红杉整地规格为50cm×50cm×30cm，高山柳整地规格为40cm×40cm×30cm。挖穴时应将表土和心土分开堆放在穴的旁边，挖出的心土要打碎，草根石块要捡净，栽植后回填表土，做到表土还穴。

采用人工植苗，将苗木根系放入穴中，使苗根舒展、苗茎挺直，然后填入肥沃的表土、细土，当填到穴的2/3时，将苗木稍向上提，使苗根伸直，防止窝根和栽植过深，然后踩紧压实，再将余土填满踩实。

油樟、云杉、红桦造林密度为110株/亩，株行距为2m×3m；四川红杉造林密度为167株/亩，株行距为2m×2m。

2. 人工点（撒）播

根据气候、土壤等立地条件以及人类活动等因素综合考虑，除要求乡土，有天然更新能力外，还应考虑树种的垂直分布，做到适地适树适种源、合理配置造林树种，确保造林成效。根据卧龙保护区所在区域具体条件，人工点（撒）播1.4万亩。点播选择野核桃、四川红杉等树种；撒播选择马桑等树种。选用种子以人工点播或撒播的方式进行造林。种子等级符合《林木种子质量分级》（GB 7908—1999）中的Ⅰ级、Ⅱ级种子质量标准。为了减少种子被鼠、鸟为害，提高出苗率，促进幼苗生长，播种前要对种子进行筛选处理、清除杂质，用ABT新型植物生长调节剂进行闷种，然后用多效复合剂进行拌种。对植被覆盖度较大而影响种子触土的地块，应进行局部小块状除草，破土整地。点（撒）播要均匀，不遗漏。适时进行抚育、补植，做好幼林病虫害监测和森林火灾预防工作。

3. 封山育林

根据封育区地类和封育目的等确定封育类型为灌草型。根据当地的自然条件和封育区灌木、草本的生物学特性及生态学特性确定封育年限为3年。封山育林2.45万亩。封育方式充分尊重当地群众的生活习惯，从实际出发、因地制宜、做到既能恢复植被，又不影响当地群众的生产生活，因而确定封育方式为半封。

封禁措施为人工巡护，设置警示碑牌、围栏等。根据封育范围和人畜活动频繁程度，分区域、分地段明确专职护林人员进行巡山护林。在封育区醒目处以及人畜活动频繁的路口等处设置警示标牌，以起到宣传和警示的作用。在人畜活动频繁的路口、沟口设置围栏，以防止牛羊等牲畜进入封育地块毁坏林木灌草植被。

对封育区内自然繁育能力不足或幼苗、幼树和草本植物分布不均的间隙地块，采取以人工点播种子的方式恢复林木灌草植被。树种选择野核桃、红桦等，点播密度根据现有植被分布及盖度情况确定，平均每公顷点播525穴，平均用种量30kg/hm²（野核桃）。

为尽量减少水土流失，尽快恢复因地震受损的植被，应根据现存地情况对被毁林地进行必要的清理，并减少林中的可燃物，清理火患，以利于护林防火；对倒伏或死亡的苗木进行集中烧毁，堆腐干枯植被；对存在安全隐患的岩石进行安全堆放。

4. 低质低效林改造

对沿国道350线两边一定范围内受到地震破坏的低质低效林进行改造，面积1万亩，主要栽植竹子等。竹种为拐棍竹、白夹竹、缺苞箭竹。

（二）生态长廊建设

生态廊道从国道350线的木江坪蟠龙山隧道口至邓生保护站，全长68km。在路边一定范围内栽植木竹，同时在耿达—黄草坪、转经楼沟口—卧龙镇三村、卧龙场镇等地栽植树木和竹子，总面积0.15万亩。树种为白杨、高山松、云杉、银杏、女贞、香樟等，竹种为拐棍竹、白夹竹、缺苞箭竹。

1. 清理林地

在12月之前将种植地的灌木、杂草等地上生长物砍伐割断、摊开晒干，待风干物燥时放火烧山，若杂物烧得不彻底，可将燃烧不完全的杂物集中堆放后再烧一次，这样炼山后既为种植地留下灰肥，又可消灭林地上残留的有害病虫。同时，对规划株穴外存在安全隐患的岩石进行了安全堆放，对裸露地表部分进行了异地取土覆盖。注意：保护区采用上述方法清理林地的前提条件是严密防控发生森林火灾，否则，需要采取其他措施清理。

2. 整地挖坑

将种植地清理完毕后，整地工作应在当年的11月至次年的1月完成。平地或缓坡地有条件的可进行机耕全垦。山坡地可采用块状的整地方式，栽植竹子按2.0m（行距）×3.0m（株距）的密度，栽植树木按3.0m（行距）×3.0m（株距）的密度，沿山体的等高线挖种植坑，挖出的表土和底土分别放在坑的两旁。

3. 竹苗、树木准备

采用1~2年生带蔸竹竿的母竹（1年生最佳）作为竹苗，竿直径1.8~5cm、长55~60cm。起苗时先将竹蔸周围泥土挖开，使选定的竹蔸显露后，用刀砍断分蔸，分蔸时下刀要快，不能使竹基开裂，不能损坏竹蔸部的芽眼（完整芽眼要达4个以上），竹蔸的须根应尽可能多留，在竹蔸弯柄方向的另一侧斜向砍断竿部留2~3节，切口呈马耳形，留下的竹竿不能破裂。将竹苗绑扎成捆运送到种植基地附近（运输装卸时要轻拿轻放），用50%敌克松500~600倍稀释液将整扎竹苗稍浸泡约10min，消毒后将竹苗分放于地上进行假埋存放，有条件时现运现种。埋好后盖草遮阴、淋水保湿，或者在雨天或雨后上山栽植。树木要求胸径5cm，高度3~5m。

4. 埋秆栽植

栽植时间安排在3月底前为宜。栽植前在种植坑内放入基肥，每坑施入250g磷肥（过磷酸钙肥或钙镁磷肥），或者有条件的以生物有机复合肥作为基肥效果更好。用生根粉稀释600倍浸泡约10min，把坑边的表土回填入坑内与肥料拌匀后，再回填一层细土避免肥料直接接触须根造成烧根，将竹苗平放在箕形坑内（成45°），竹蔸的弯柄朝下、芽眼向两侧、让须根充分舒展开，竹竿节端微露出地面且切口朝上。将挖出的土回填，埋好竹苗，使竹蔸距地面约10cm（不能深埋），盖土后必须充分踩实，然后再薄盖一层松土，最后用薄膜覆盖。有条件的在竹蔸部分淋足定根水，将水灌满马耳形切口。种植整个过程必须遵循浅埋、踩实的原则。

5. 新造幼林的保护、抚育与管理

在造林地块周边人畜活动频繁的路口、沟口设置警示标牌和围栏，以防止人为或牲畜毁坏林木。适时进行幼林抚育、补植工作。做好幼林病虫害监测及森林火灾预防工作。

第六章 生物多样性监测

卧龙管理局 卧龙特区办公大楼（何廷美 摄）

第一节 监测的目的和意义

监测，是保护区主要的日常工作，是生物多样性保护的基础。国际自然保护地网络（International Alliance of Protected Areas，IAPA）2018 年发布，2023 年 8 月更新的《自然保护地监测规划操作指南》认为，监测是指对某个系统的变量进行反复观测，旨在发现变化迹象。监测可以用来量化变化，确定变化原因以及界定变化范围。自然保护地的监测包括人类活动（社会经济）监测和生物物理（生物多样性）监测，这两种监测密不可分。监测的一个主要目标是改善保护地的管理水平，并保证这是建立在对现状深入了解和有效响应的基础上。监测可以为管理决策的规划和实施提供有用的信息，其重要意义包括（Sriskanthan et al.，2008）：①为自然资源的可持续利用提供信息；②确定生态系统的变化和威胁；③跟踪人们对生态系统认识、感知和利用的变化；④规划并实施恢复活动；⑤基于科学信息促进保护法律和政策的制定与实施；⑥发展生态旅游；⑦提高宣教水平和公众意识。1995 年"人与生物圈计划"国际协调理事会第 13 届会议批准的《世界生物圈保护区网络章程框架》，将支撑和实施《生物多样性公约》作为世界生物圈保护区的主要工作目标之一，强调要实现保护、发展和支撑（科研、监测和教育）三大基本、平等和互补的功能（王丁等，2021）。

过去保护区对大熊猫栖息地监测存在 3 个方面的局限。一是绝大部分研究针对单个因素的影响进行了定量分析，但各因素之间交互作用对大熊猫栖息地的影响机制的研究不深入。受专业能力所限，没有系统全面的分析，如果仅根据部分专家的认知和从事野外工作的人员的经验来制定评价准则，其客观性值得斟酌。二是研究中大多采用大熊猫及其伴生动物活动痕迹（如食迹、粪便）等间接指标来指示大熊猫及其伴生动物的栖息地利用频度或种群密度，而这是否能够真实准确地反映频度和密度，很大程度上依赖于取样设计。三是在过去的栖息地研究中，由于大部分人为因素难于量化统计，因此没有系统地分析人的影响。

事实上，人作为生态系统中无法排除的因素，人为影响是大熊猫栖息地研究中不能回避的问题。了解人为因素对栖息地变化的影响、作用范围、作用强度等，可以为科学设计保护行动提供理论支持和决策依据。

针对大熊猫栖息地监测中存在的这些不足，卧龙保护区通过引入最新的技术手段及相关分析方法，探索回答如下一些具体问题。

1）如何应用一套客观的、可操作的方法综合系统地评价大熊猫栖息地质量格局和分布状况？哪些关键因素决定了栖息地的质量？

2）近年来，卧龙的大熊猫栖息地质量经历了怎样的变化过程？栖息地质量格局变化的规律和程度如何？哪些区域经历了剧烈的退化，哪些区域目前正处于恢复中，哪些区域是最值得恢复的潜在栖息地？

3）影响大熊猫栖息地变化的关键因素有哪些，其作用机制和影响范围如何？影响因素之间有什么样的内在联系？哪些是关键的影响因素？

4）目前开展的保护行动和措施是否有效恢复了大熊猫栖息地？

这些问题的解答，对于评价物种的栖息地状况、物种在栖息地的丰度、将来设计科学合理的保护行动，以及指导保护的实施、改进现有自然保护区体系、评价物种的保护成效等诸多保护生物学方面的问题具有至关重要的意义。

第二节 大熊猫监测

1978年卧龙保护区与四川省南充师范学院生物系合作，在保护区内牛头山中段海拔2520m的"五一棚"建立了世界上第一个大熊猫野外观察站，在36km^{2}研究区域拉开了对大熊猫、川金丝猴、中华扭角羚、中华小熊猫等珍稀动物的生态生物学研究的序幕。1978年以来，随着中外合作的深入，卧龙保护区培养了一大批科研人才。截至2009年，卧龙能够依靠本土培养的人才独立持续开展监测工作。从2009年开始，卧龙保护区在保护区旗舰物种及同域野生动物栖息地布设了91条固定监测样线，每半年监测1次。通过对固定样线定期监测，采用栖息地适宜度指数定量评价大熊猫、雪豹等物种栖息地的质量，分析影响大熊猫、雪豹及同域野生动物的环境因子，掌握卧龙保护区野生大熊猫、雪豹及同域动物空间分布格局。2021年1月，卧龙片区固定样线监测调整为62条，监测频率调整为每季度1次。

卧龙野生大熊猫监测工作结合栖息地野外样线调查、社区访谈和GIS等方法，搜集和处理物种分布数据、生态地理环境数据和人为干扰分布数据。同时，对大熊猫活动较为频繁的区域开展嗅味树调查、红外触发相机调查等辅助调查，分析了大熊猫及其同域动物活动的季节性变化和栖息地的利用率，并通过红外触发相机获取的野生动物影像资料，评估区域栖息地物种种群变化的趋势。以下是卧龙保护区对野生大熊猫及其同域物种监测的长期实践。

一、样线设置

为了全面了解野生大熊猫及其伴生动物在卧龙保护区的活动分布情况，卧龙保护区先后在不同时期设置了数量不等的监测样线。1997年前为24条巡护样线，2003~2008年为30条固定监测样线，每季度监测1次。监测线路的布设密度为1条/10km^2，每条线路的长度为3~5km，结合卧龙保护区实际情况，按照1条/22km^{2}进行布设，2009~2020年，卧龙保护区共布设91条大熊猫固定监测样线。同时，在大熊猫主要分布区域按照1km×1km网格（栅格）布设红外相机，获取野生大熊猫及同域野生动物影像。

二、数据收集

91条大熊猫固定监测样线的监测由邓生保护站、木江坪保护站、三江保护站和卧龙特区资源管理局共同承担。其中，邓生保护站负责"五一棚"至巴朗山区域 27 条固定样线的调查；木江坪保护站负责中桥至黄连沟区域 28 条固定样线的调查；三江保护站负责中河、西河区域 23 条固定样线的调查；卧龙特区资源管理局负责中桥至卧龙关沟区域 13 条固定样线的调查。监测频率为每年 2 次，监测时段为每年春季（4~5 月）和秋季（10~11 月）。

样线监测收集的信息涉及生态地理、生物环境和人为干扰等，以及野生大熊猫及其伴生动物的活动痕迹和红外相机影像。具体而言，生态地理因子包括海拔、地形地貌、坡向、坡度、水源等；生物环境因子包括植被类型、森林起源和年龄、乔木层和灌木层特征、主食竹分布等；人为干扰因子主要包括森林盗伐、公路交通、农业活动、林下资源采集以及当地居民日常生活生产活动，如放牧、挖药等。

三、监测结果分析

（一）大熊猫对栖息地因子的选择利用

1. 生境特征

植被类型、郁闭度、森林起源、灌木盖度是监测大熊猫选择栖息地生境主要考虑的因子。根据采集的大熊猫痕迹点位数据，统计分析表明：野生大熊猫喜好选择乔木层郁闭度大于 0.50，灌木层盖度不能小于 50%的针阔叶混交林和针叶林。野生大熊猫痕迹点位数由低到高的植被类型依次是温性针叶林（占 2%），落叶阔叶林（占 5%），温性针阔叶混交林（占 30%），寒温性针叶林（占 63%）（图 6-1）。可能是由于高大郁闭的森林可为大熊猫提供隐蔽条件，有利于野生大熊猫繁育，而灌木层过密影响竹子生长，大熊猫活动痕迹相对较少。

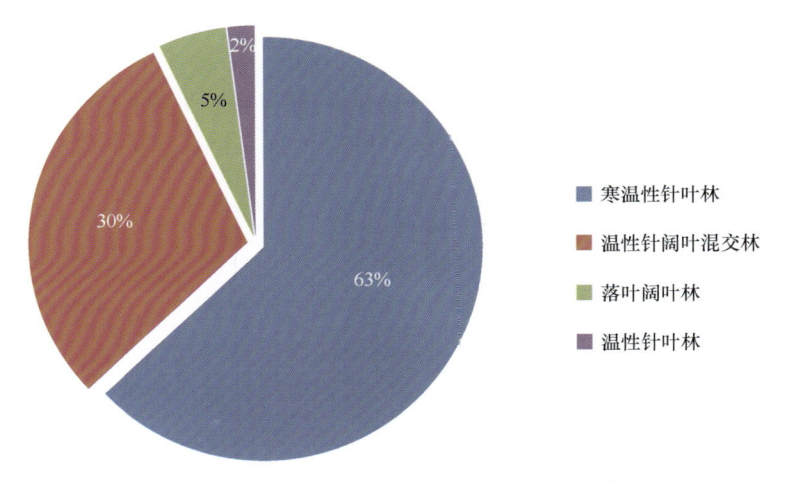

图 6-1　卧龙保护区大熊猫对植被类型的选择

2. 海拔

杨春花（2007）将大熊猫在保护区的分布以海拔 200m 为间距分组统计，统计比较各组海拔区间大熊猫的活动痕迹情况，以此评估大熊猫对海拔段的选择比例。卧龙保护区大熊猫在 1400~2200m（含上不含下，后同）海拔段的活动痕迹呈正态分布模式，峰值位于 1800m；在 2200~2800m 海拔段呈逐渐上升趋势；在 2800~3200m 海拔段呈逐渐下降趋势（图 6-2）。形成以上格局主要是因为在卧龙 1400~2200m 海拔段受人为活动的影响，特别是在公路与各机耕道沿线，大熊猫栖息地处于退化趋势；2200~2800m 海拔段大熊猫的活动痕迹逐渐增加，是因为该海拔段是卧龙大熊猫的集中分布区。

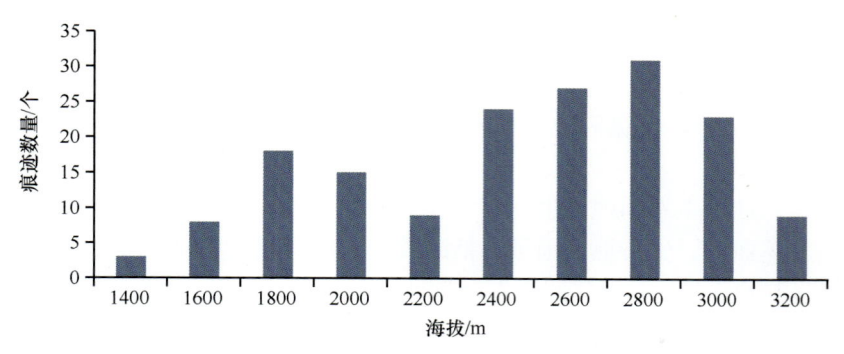

图 6-2 卧龙保护区不同海拔大熊猫的活动痕迹

3. 坡度

杨春花（2007）将坡度以 10°为间隔分组，统计大熊猫在不同坡度出现的痕迹。统计结果表明，大熊猫对各坡度段的选择利用存在较大差异。从图 6-3 可知野生大熊猫比较偏好选择＜40°的平缓坡，坡度＞40°后大熊猫活动痕迹逐渐减少。大熊猫喜好选择 25°～35°坡度的原因可能是主食竹资源较为丰富，水源良好，大熊猫觅食、饮水和休息方便，这样既可节约采食和移动的时间，又可降低其能量消耗。

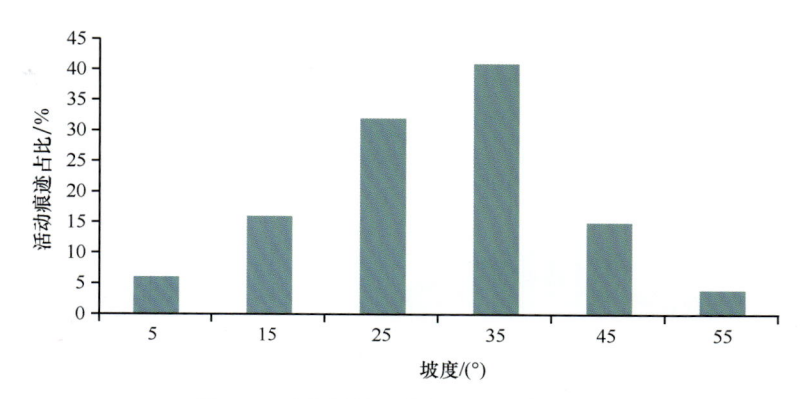

图 6-3 卧龙保护区大熊猫对坡度的选择

4. 坡向

杨春花（2007）将坡向按照东、南、西、北、东南、东北、西南、西北分为 8 个组，进行组间的栖息地利用痕迹比较。统计分析的结果表明，大熊猫在所有组间的变化中，除西和南向之外，其余各坡向的选择利用比较接近（图 6-4）。这说明卧龙片区野生大熊猫偏爱于局部环境温差相对较小的北坡、东南坡、东北坡及西南坡。

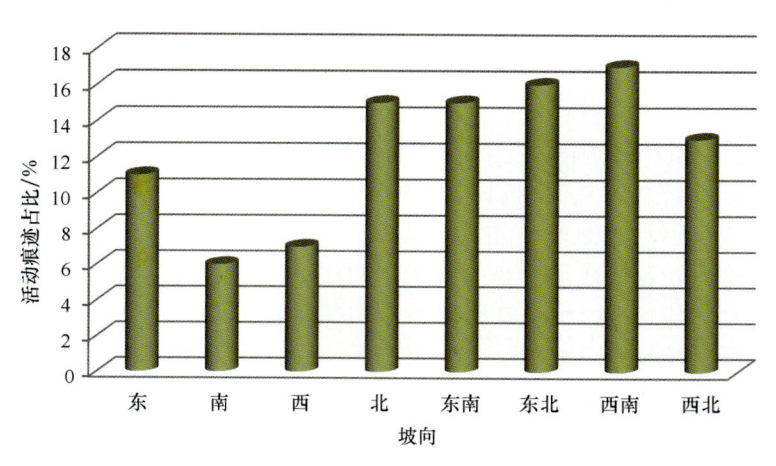

图 6-4 卧龙保护区大熊猫对坡向的选择

5. 坡位

按照谷底、下部、中部、上部、脊部对坡位进行分组，比较各组大熊猫对坡位选择的频率，结果显示，大熊猫活动频率在中坡位最高（55%），之后依次是上部（25%）、脊部（14%）、下部（4%）、谷底（2%）（图6-5）。

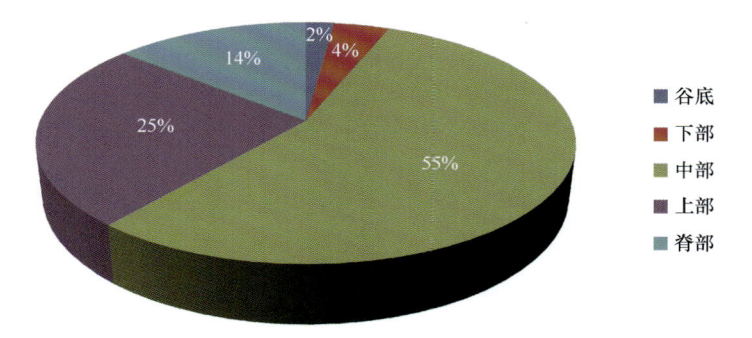

图6-5 卧龙保护区大熊猫对坡位的选择

6. 水源

以100m为单位分组，分析距主要河流（河床宽度＞2m）的距离与大熊猫活动的关系。结果表明，大熊猫主要活动在距离水源相对较近的地区，而在距离水源地较远的地区的活动概率相对较小（图6-6）。

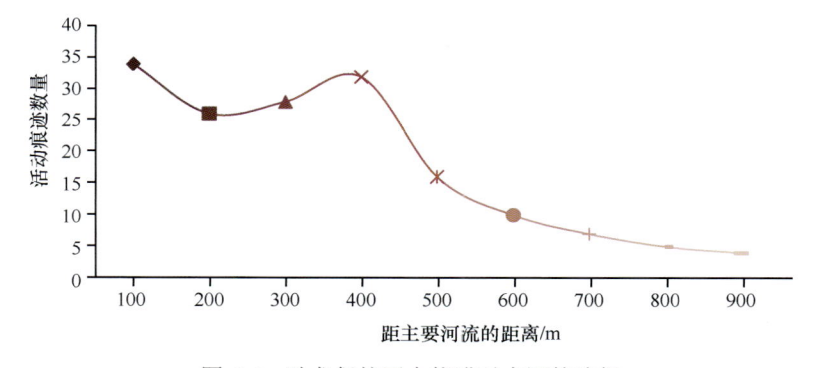

图6-6 卧龙保护区大熊猫对水源的选择

7. 主食竹

主食竹关系着野生大熊猫对栖息地的选择。我们监测发现，大熊猫主要取食主食竹盖度＜50%区域的竹子，盖度过高区域的竹子较细，营养状况较差，难以满足大熊猫的营养需要。

8. 人为干扰

监测发现，大熊猫在人为干扰较少、海拔较高的区域活动频率最高；在人为活动频繁的地区，大熊猫的活动频率相对较低，原因是大熊猫趋避采伐、放牧、采集、旅游和道路交通等干扰类型。

（二）大熊猫栖息地选择利用格局

综合分析2009～2022年固定监测线路的数据发现，野生大熊猫对栖息地的选择具有季节性特征。季节性栖息地的选择主要与食物、气候有较大关系。从获取的数据痕迹点位空间分布来看，大熊猫冬季（10月至次年5月）栖息地适宜生态位要比夏季（6～9月）栖息地适宜生态位窄。夏季栖息地选择宽的原因是主食竹的盖度和高度非常适合野生大熊猫获取营养，相较于冬季，夏季大熊猫的食物资源更丰富，范围更广。

（三）大熊猫与同域物种的重叠状况

物种之间的重叠状况可反映其栖息地质量。栖息地重叠越高，说明该区域保护优先等级排序越高，该地区属于最佳适宜环境。根据大熊猫和同域动物的活动痕迹，我们标记了卧龙保护区大熊猫最佳适宜栖息地。大熊猫适宜的栖息地面积基本覆盖了卧龙保护区主要兽类栖息地面积的75%以上。

第三节　主食竹监测

卧龙保护区有野生竹3属5种。其中，箭竹属有3种，玉山竹属和巴山木竹属各1种（表6-1）。在卧龙保护区，冷箭竹分布区海拔最高，油竹子分布区海拔最低。分布面积最大的为冷箭竹，其次为拐棍竹。区内大熊猫主要取食冷箭竹、拐棍竹和短锥玉山竹，固定样方就设在这3种竹子的分布区内。在实施退耕还林工程和国道350线风景绿化以及建设圈养大熊猫食物基地的过程中，卧龙保护区引种本地和外来竹种4属8种（含变种），栽培本地竹为拐棍竹、油竹子，外地竹为蓉城竹（*Phyllostachys bissetii*）、篌竹（*Phyllostachys nidularia*）、斑苦竹（*Pleioblastus maculatus*）、刺黑竹（*Chimonobambusa neopurpurea*）、方竹（*Chimonobambusa quadrangularis*）和八月竹（*Chimonobambusa szechuanensis* var. *szechuanensis*），种植面积100hm²。

表6-1　卧龙保护区内竹种的分布情况

属	种	分布海拔/m	分布面积/km²
箭竹属 *Fargesia*	华西箭竹 *Fargesia nitida*	2400～3200	49.74
	油竹子 *Fargesia angustissima*	1400～2000	68.07
	拐棍竹 *Fargesia robusta*	1400～2800	378.06
玉山竹属 *Yushania*	短锥玉山竹 *Yushania brevipaniculata*	1800～3400	106.01
巴山木竹属 *Bashania*	冷箭竹 *Bashania faberi*	2300～3900	762.43

一、监测内容

通过固定样方监测，了解卧龙保护区大熊猫主食冷箭竹、拐棍竹等的生长发育情况，及时掌握大熊猫主食竹的种群动态，为野生大熊猫的保护提供决策依据。监测内容主要包括：不同区域大熊猫主食竹的营养状况、不同区域大熊猫主食竹的发笋率与死亡率、不同区域大熊猫主食竹的种群动态、竹子开花状况、病虫害情况。

二、监测方法

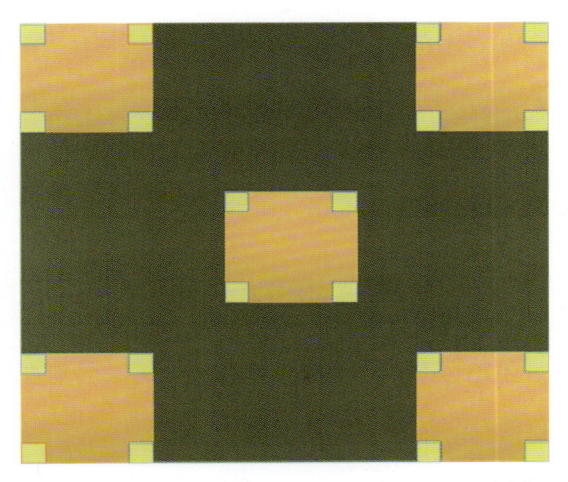

图6-7　主食竹监测大、中、小样方设置示意图

（一）样方的设置

1. 样方个数及分配

全区设主食竹监测大样方（20m×20m）12个。卧龙特区资源管理局、邓生保护站、木江坪保护站、三江保护站各3个。每个20m×20m的大样方内设置5个5m×5m中样方，分别位于四个角及中心区域。每个5m×5m中样方的四个角各设置1个1m×1m的小样方。样方布局情况如图6-7所示。

样方确定后，原则上不再变动，因自然灾害等特殊原因造成原样地损毁的，就近另设监测样方。首次调查结果经分析不适宜作长期固定监测样地的，应在下次监测前作出调整，调整后及时通知项目组。

2. 样地基本要求

1）坡度均匀，坡向一致。
2）不跨越河床宽度超过 1m 的溪沟。
3）拐棍竹或短锥玉山竹样地的海拔区间为 1800~2500m，冷箭竹样地的海拔区间为 2700~3200m。
4）避开人畜活动频繁区域，避开地质灾害易发区域，尽量选择有大熊猫活动的区域。
5）分布在同一区域的样地，海拔高差要大于 200m，或者直线距离要大于 1000m。

（二）样地的选择

根据卧龙保护区主食竹资源的实际情况，科学合理地设置监测样地。在卧龙片区、耿达片区和三江片区共设置三道桥阴山、"五一棚"、金瓜树沟、转经楼沟、鸦鸦店、牛头山、狼家杠、老鸦山、七层楼沟、安家坪、野牛坪共计 11 个监测样地，每个区域原则上只设置 1 个固定样方，最多不超过 2 个。

（三）监测要求

1. 时间要求

每年开展 1 次监测，监测时间选在竹子发笋 1 个月之后进行。因时间或其他条件的限制，在监测不完整的区域，根据需要，再进行监测区域的补充监测。

2. 调查内容要求

1）大样方
记录调查时间、样方编号、林地类型、小地名、经纬度、海拔、地形、坡位等，以及样方内每株乔木的种名、盖度、胸径、高度、冠幅等（乔木起测胸径 5cm、高度 5m，胸径小于 5cm 或高度小于 5m 的记入灌木层）。
2）中样方
记录灌木的种名、数量、平均高度与盖度。
3）小样方
详细记录小样方中竹笋，一年生、二年生及三年及以上生竹子的数量，测量并记录每株竹子的地径和高度。

3. 测量要求

乔、灌木高度的精度为 0.1m，胸径精度为 0.1cm；竹子高为竹竿的长度，精度为 0.1cm，地径精度为 0.1mm。首次监测时，小样方内的竹子要全部测量。选择在竹子发笋之后时段开展监测测量。首次测量时，按测量顺序及时给竹子编号挂牌。竹子的测量顺序为从左到右、从上到下。

4. 记录要求

填写表格时要求字迹工整清晰。样方环境数据填写完整。不认识的植物要备注并拍照，所拍照片应包括整株照片，茎、叶、花、果等特写照片，请专业人员及时鉴定并补填至表格。备注竹子开花、病虫害、动物取食以及人为活动情况等。

5. 数据录入

每次监测完成后，卧龙特区资源管理局、邓生保护站、木江坪保护站和三江保护站使用统一格式各自整理监测记录表，并由三江保护站负责汇总监测数据，录入 Excel 保存备用。

6. 数据分析

将首次监测的竹子数据作为基准，每次监测的数据与之进行比较。比较的方式分为横向与纵向。横向比较是了解同一竹种在不同区域的生长状况，纵向比较是掌握同一区域竹子种群的变化趋势。

三、监测结果

（一）4个部门固定样方设置情况

邓生保护站样方设置在三道桥阴山、"五一棚"、金瓜树沟，大样方编号分别为D1、D2、D3；卧龙特区资源管理局样方设置在转经楼沟、鸦鸦店、牛头山，大样方编号分别为Z1、Z2、Z3；木江坪保护站样方设置在狼家杠、老鸦山、七层楼沟，大样方编号分别为M1、M2、M3；三江保护站样方设置在安家坪（2个）、野牛坪，大样方编号分别为S1、S2、S3。

（二）大样方基本情况

1. 自然地理

大样方的坡形主要为均匀坡和复合坡（7个均匀坡、5个复合坡），坡向东南西北均有，坡度3°~39°，海拔范围为1804~2894m。各大样方的基本情况见表6-2。

表6-2　各大样方基本情况汇总

序号	大样方编号	东经/(°)	北纬/(°)	海拔/m	坡向	坡度/(°)	坡形	坡位	植被类型	乔木层盖度/%
1	D1	103.15642	30.99435	2520	北	25	复合坡	麓坡	针阔叶混交林	50
2	D2	103.16329	30.98660	2600	东	35	均匀坡	背坡	针叶林	75
3	D3	103.11209	30.95672	2894	西	10	均匀坡	背坡	针叶林	75
4	M1	103.29885	31.05889	1855	北	30	复合坡	趾坡	针叶林	25
5	M2	103.26644	31.09616	2570	西南	3	复合坡	山顶	针叶林	50
6	M3	103.34142	31.15235	2748	西南	13	复合坡	背坡	针叶林	50
7	S1	103.29499	30.96378	1804	南	15	均匀坡	背坡	常绿、落叶阔叶混交林	75
8	S2	103.29612	30.96530	1917	西	22	均匀坡	麓坡	常绿、落叶阔叶混交林	75
9	S3	103.30041	30.96907	2107	西南	20	复合坡	山肩	常绿、落叶阔叶混交林	75
10	Z1	103.21990	31.01498	2340	西南	25	均匀坡	背坡	针阔叶混交林	75
11	Z2	103.22329	31.01017	2519	南	30	均匀坡	背坡	针叶林	50
12	Z3	103.24487	31.00993	2580	西南	39	均匀坡	背坡	针叶林	50

2. 植被类型

大样方内植被类型有常绿、落叶阔叶混交林，针阔叶混交林，以及针叶林3种。乔木层盖度为25%~75%，以铁杉、麦吊云杉、岷江冷杉、红豆杉、糙皮桦、红桦、连香树、山矾、山毛榉、栎树、青冈、猫儿刺、陕甘花楸、枫杨、领春木、香樟、灯台树、多鳞杜鹃、绒毛杜鹃、野核桃、野樱桃、青榨槭、陕甘花楸等为主。灌木层盖度为5%~20%。

（三）竹子监测结果

影响竹子监测结果的因素有自然因素和人为因素两种。自然因素包括样地的地理位置、海拔、坡位、坡向、植被类型及竹子种类等；人为因素主要包括开展调查的时间、调查人员的专业能力等。由于此次调查是由4个不同部门自行组织开展的，参与调查人员的专业能力参差不齐，开展调查的时间也不一致，因此，此次监测获得的部分数据并不具备统计分析的科学性，仅作为后期监测分析的对比参考数据。

1. 小样方的基本情况

首轮调查共收回小样方记录表 240 份，记录到竹种 3 种，分别为冷箭竹、拐棍竹和短锥玉山竹，均为野生大熊猫喜食的竹种。各小样方竹种数量及占比如图 6-8 所示。

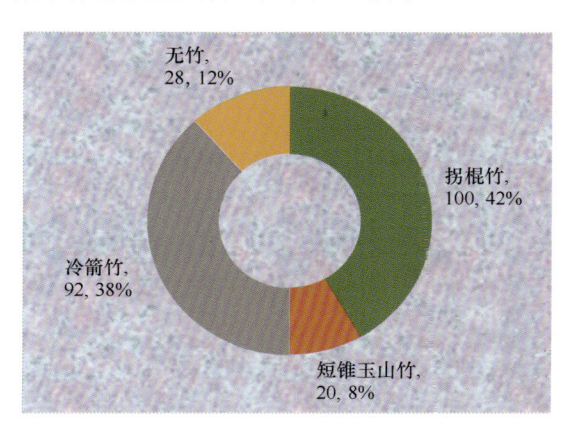

图 6-8　各小样方竹种数量及占比饼图

2. 大样方内竹子生长情况统计

从调查的原始记录表格中发现，部分样地中的竹子存在被野生动物啃食或其他原因受损的情况，调查中只记录了竹子残桩的高度，因此在统计时，对样方中竹子平均高度的数据影响较大。各大样方内竹子生长情况见表 6-3。

表 6-3　各大样方内竹子情况统计结果

大样方编号	海拔/m	竹子种类	竹笋数量/个	1年生竹数量/个	2年生竹数量/个	多年生竹数量/个	竹笋基径/mm	1年生竹基径/mm	2年生竹基径/mm	多年生竹基径/mm	竹笋高度/cm	1年生竹高度/cm	2年生竹高度/cm	多年生竹高度/cm	竹密度/（竹/m²）	竹基径/mm	竹高度/cm
S1	1804	拐棍竹	0	9	14	47	0.00	13.70	12.72	12.99	0.00	295.22	310.35	282.04	3.50	13.03	289.40
M1	1855	拐棍竹	5	33	75	41	13.77	18.11	17.54	17.21	61.00	373.00	375.80	363.68	7.70	17.45	371.85
S2	1917	拐棍竹	29	16	81	16	15.92	13.12	13.53	17.07	363.59	372.56	342.03	429.88	7.10	14.37	358.79
S3	2107	拐棍竹	4	11	27	47	11.02	7.50	7.86	9.37	290.25	197.45	197.04	226.70	4.45	8.76	213.49
Z1	2340	拐棍竹	25	66	64	176	10.64	13.10	13.05	13.25	241.22	374.21	452.66	421.70	16.55	12.98	435.19
Z2	2519	冷箭竹	119	142	152	307	3.07	3.08	3.16	3.15	108.18	107.64	113.05	110.17	36.00	3.13	110.34
D1	2520	拐棍竹	17	23	30	86	13.64	16.03	18.36	19.23	49.82	410.30	424.87	455.81	7.80	17.98	441.60
M2	2570	短锥玉山竹	60	158	104	321	4.90	5.25	5.87	5.14	37.37	132.63	198.81	180.91	32.15	5.26	184.57
Z3	2580	冷箭竹	33	92	124	280	3.35	3.74	3.78	3.51	80.27	90.98	96.56	93.30	26.45	3.61	93.68
D2	2600	冷箭竹	47	32	37	409	1.93	2.31	2.40	2.27	50.92	69.90	66.53	83.04	26.25	2.25	80.88
M3	2748	冷箭竹	225	324	302	445	3.78	3.95	3.91	3.94	35.08	128.25	123.05	127.90	64.80	3.91	126.64
D3	2894	冷箭竹	95	78	96	1072	3.68	3.43	3.10	3.00	16.22	123.62	116.47	113.62	67.05	3.08	114.78

3. 各大样方中竹子监测结果分析

（1）不同年龄段竹子占比

a. 短锥玉山竹

调查设置的 12 个大样方中有 1 个设置在短锥玉山竹分布区，统计结果显示，多年生竹子占 50%（图 6-9）。

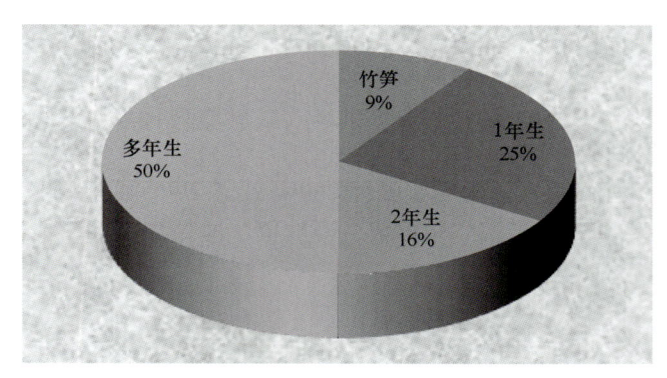

图 6-9　短锥玉山竹样方中各年龄段竹子占比

b. 冷箭竹

调查的冷箭竹大样方有 5 个，统计结果显示，多年生竹子数量占比为 57%（图 6-10）。

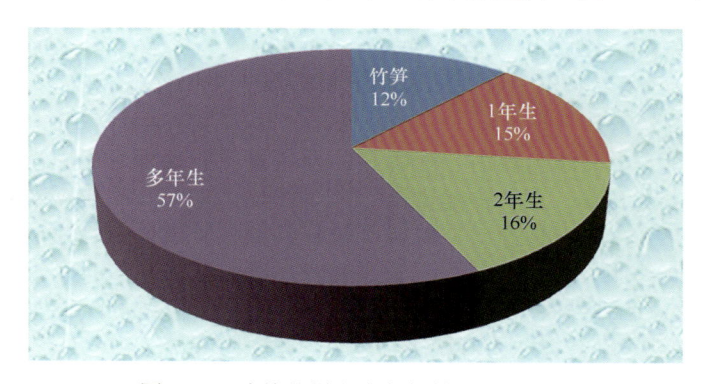

图 6-10　冷箭竹样方中各年龄段竹子占比

c. 拐棍竹

调查的拐棍竹大样方有 6 个，统计结果显示，多年生竹子数量占比为 44%（图 6-11）。

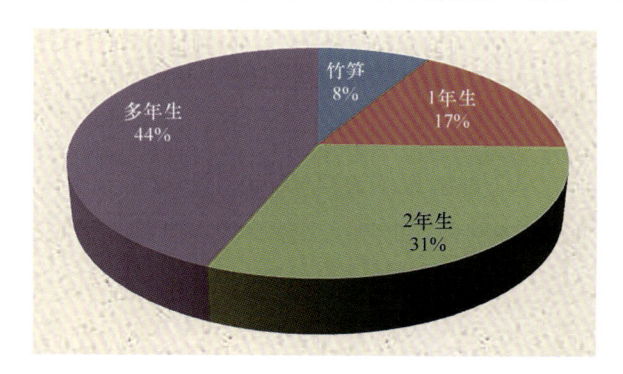

图 6-11　拐棍竹样方中各年龄段竹子占比

通过多年生竹子数量的占比可以看出，这三种大熊猫主食竹的更新换代速度表现为拐棍竹＞短锥玉山竹＞冷箭竹。

（2）竹子生长情况分析结果

a. 拐棍竹大样方竹子基径与高度的核密度图

从图 6-12 中可以看出，不同区域拐棍竹的基径和高度都有一定差异，其中 S3 样方中拐棍竹存在较明显的两个高密度区域，其基径与高度与其他样方存在差异。

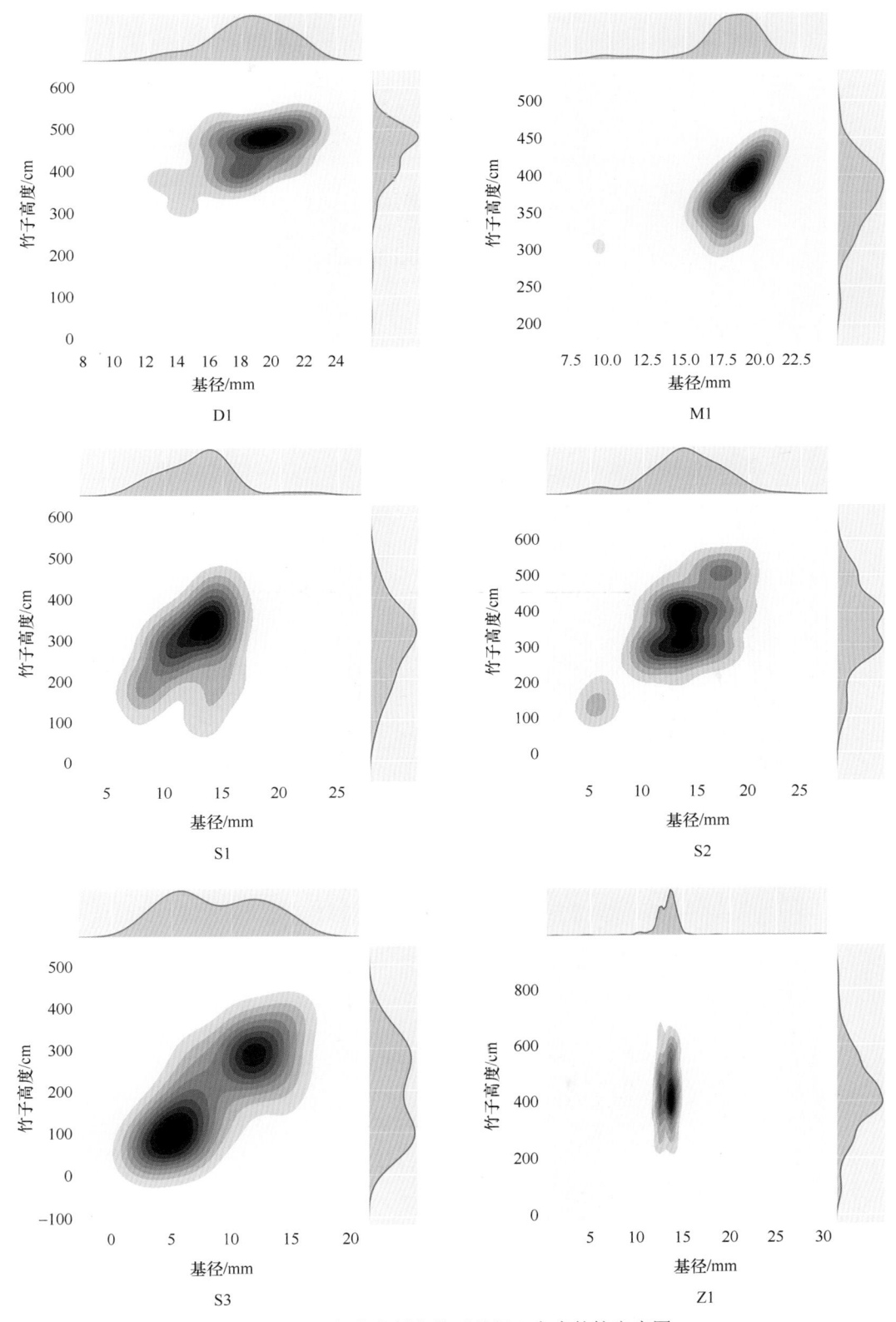

图 6-12　拐棍竹大样方竹子基径与高度的核密度图

b. 冷箭竹大样方竹子基径与高度的核密度图

从图 6-13 中可以看出，不同区域冷箭竹的差异较小，除 D2 样方中的冷箭竹相对矮小一些外，其他样方中的冷箭竹大小和高度均差不多。

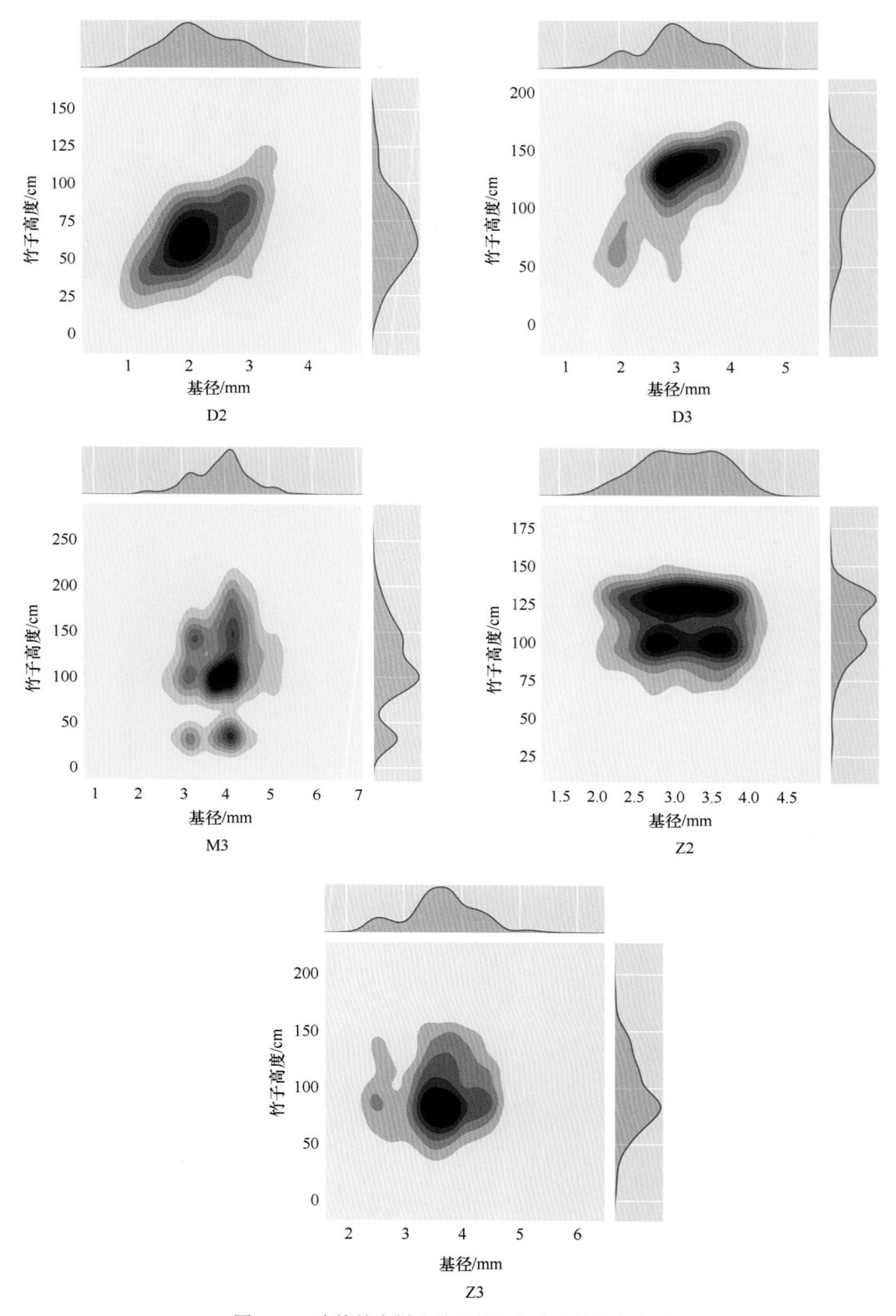

图 6-13　冷箭竹大样方竹子基径与高度的核密度图

c. 短锥玉山竹大样方竹子基径与高度的核密度图

从图 6-14 中可以看出,短锥玉山竹存在两个横向分布的高密度区域,说明样方内竹子的粗细存在较大差异。

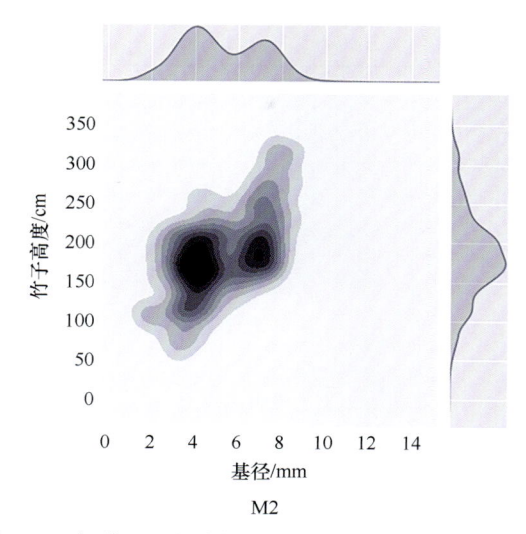

图 6-14　短锥玉山竹大样方竹子基径与高度的核密度图

第四节　外来物种监测

一、外来植物调查

外来（或称非本地的、非土著的、外国的、外地的）物种，指那些出现在其过去或现在的自然分布范围及扩散潜力以外区域的物种（或种以下的分类单元，下同），包括其所有可能存活，继而繁殖的部分配子体或繁殖体（闫小玲等，2012）。当外来物种在自然或半自然的生态系统或生境中建立了种群时，成为归化种（Jiang et al., 2011），而改变并威胁本地生物多样性并造成经济损失和生态损失，就成为外来入侵种（闫小玲等，2012；李振宇和解焱，2002）。卧龙保护区第一次外来植物调查始于 1980 年。《卧龙植被及资源植物》（卧龙自然保护区管理局等，1987）记载，卧龙高等植物中有外来植物 86 科 173 属 224 种。2014 年，卧龙保护区邓生保护站进行了外来植被调查。2015～2019 年，卧龙保护区进行了本底资源调查，调查结果表明，卧龙有外来种子植物 144 种，其中，裸子植物 14 种，隶属于 5 科 9 属；被子植物 130 种，隶属于 51 科 104 属。来自国外的外来物种共计 41 种（表 6-4）。

表 6-4　原产地为国外的外来植物信息

序号	种	科	植被类型	原产地	数量
1	日本落叶松 *Larix kaempferi*	松科	乔木	日本	+++
2	日本柳杉 *Cryptomeria japonica*	杉科	乔木	日本	++
3	日本花柏 *Chamaecyparis pisifera*	柏科	乔木	日本	+
4	加拿大杨 *Populus canadensis*	杨柳科	乔木	北美洲	+
5	紫茉莉 *Mirabilis jalapa*	紫茉莉科	草本	南美洲热带	+
6	鬼针草 *Bidens pilosa*	菊科	草本	南美洲热带	+++
7	秋英 *Cosmos bipinnata*	菊科	草本	中美洲	+
8	假泽兰 *Mikania cordata*	菊科	藤本	南美洲热带	+
9	万寿菊 *Tagetes erecta*	菊科	草本	中美洲	+
10	孔雀草 *Tagetes patula*	菊科	草本	中美洲	+
11	百日菊 *Zinnia elegans*	菊科	草本	墨西哥	+
12	黑心金光菊 *Rudbeckia hirta*	菊科	草本	北美洲	+
13	向日葵 *Helianthus annuus*	菊科	草本	北美洲	++
14	大丽花 *Dahlia pinnata*	菊科	草本	墨西哥	+

续表

序号	种	科	植被类型	原产地	数量
15	菊芋 Helianthus tuberosus	菊科	草本	北美洲	++
16	虞美人 Papaver rhoeas	罂粟科	草本	欧洲	+
17	金鱼草 Antirrhinum majus	玄参科	草本	地中海沿岸	+
18	大麻 Cannbis sativa	桑科	草本	亚洲	+
19	刺槐 Robinia pseudoacacia	豆科	乔木	北美洲	++
20	荷包豆 Phaseolus coccineus	豆科	藤本	中美洲	++
21	皱果苋 Amaranthus viridis	苋科	草本	南美洲热带	+
22	月见草 Oenothera stricta	柳叶菜科	草本	南美洲热带	+
23	白车轴草 Trifolium repens	豆科	草本	欧洲	+
24	紫苜蓿 Medicago sativa	豆科	草本	欧洲	+
25	曼陀罗 Datura stramonium	茄科	草本	墨西哥	+
26	辣椒 Capsicum annuum	茄科	草本	墨西哥到哥伦比亚	++
27	烟草 Nicotiana tabacum	茄科	草本	南美洲	+
28	马铃薯 Solanum tuberosum	茄科	草本	热带美洲	+++
29	茄 Solanum melongena	茄科	草本	亚洲热带国家或阿拉伯	++
30	稗 Echinochloa crusgalli	禾本科	草本	欧洲	+++
31	玉蜀黍 Zea mays	禾本科	草本	美洲	+++
32	天竺葵 Pelargonium hortorum	牻牛儿苗科	草本	非洲南部	+
33	南瓜 Cucurbita moschata	葫芦科	藤本	墨西哥到中美洲	++
34	笋瓜 Cucurbita maxima	葫芦科	藤本	印度	+
35	佛手瓜 Sechium edule	葫芦科	藤本	南美洲	+
36	番薯 Ipomoea batatas	旋花科	草本	南美洲	++
37	圆叶牵牛 Pharbitis purpurea	旋花科	藤本	热带美洲	++
38	蒜 Allium sativum	百合科	草本	亚洲西部或欧洲	++
39	葱莲 Zephyranthes candida	石蒜科	草本	南美洲	+
40	韭莲 Zephyranthes grandiflora	石蒜科	草本	南美洲	+
41	芭蕉 Musa basjoo	芭蕉科	草本	琉球群岛	+

注："+"代表植物的相对数量，"+"越多，代表植物的相对数量越大

二、外来植物的类型及用途

依据《野生植物资源开发与利用》（樊金拴，2013）对植物资源类型的分类标准，可将卧龙保护区144种外来植物划分为淀粉、造林、蔬菜、观赏、药用、水果、油脂、芳香油、饲料、纤维和糖类等11类，其中观赏类外来植物种类最多，有61种，占外来物种总数的42.36%；其次为蔬菜类，有24种，占16.67%；药用类14种，占9.72%；造林类、水果类和淀粉类物种数量相近共计30种，占20.83%；其他类型15种，占10.42%（图6-15）。

三、外来物种的来源

卧龙保护区原产地为国外的41种外来物种占该区外来植物总数的28.47%。其中，来自美洲的外来物种总计27种，占卧龙保护区外来植物总种数的18.75%，占原产地为国外的物种总数的65.85%，其中源自中美洲和南美洲的物种分别有12种和10种；来自亚洲的共计8种，其中1种来自亚洲西部或欧洲；来自欧洲的共计6种，其中1种来自亚洲西部或欧洲；来自非洲的有1种（图6-16）。

图 6-15 外来植物不同类型的物种数量

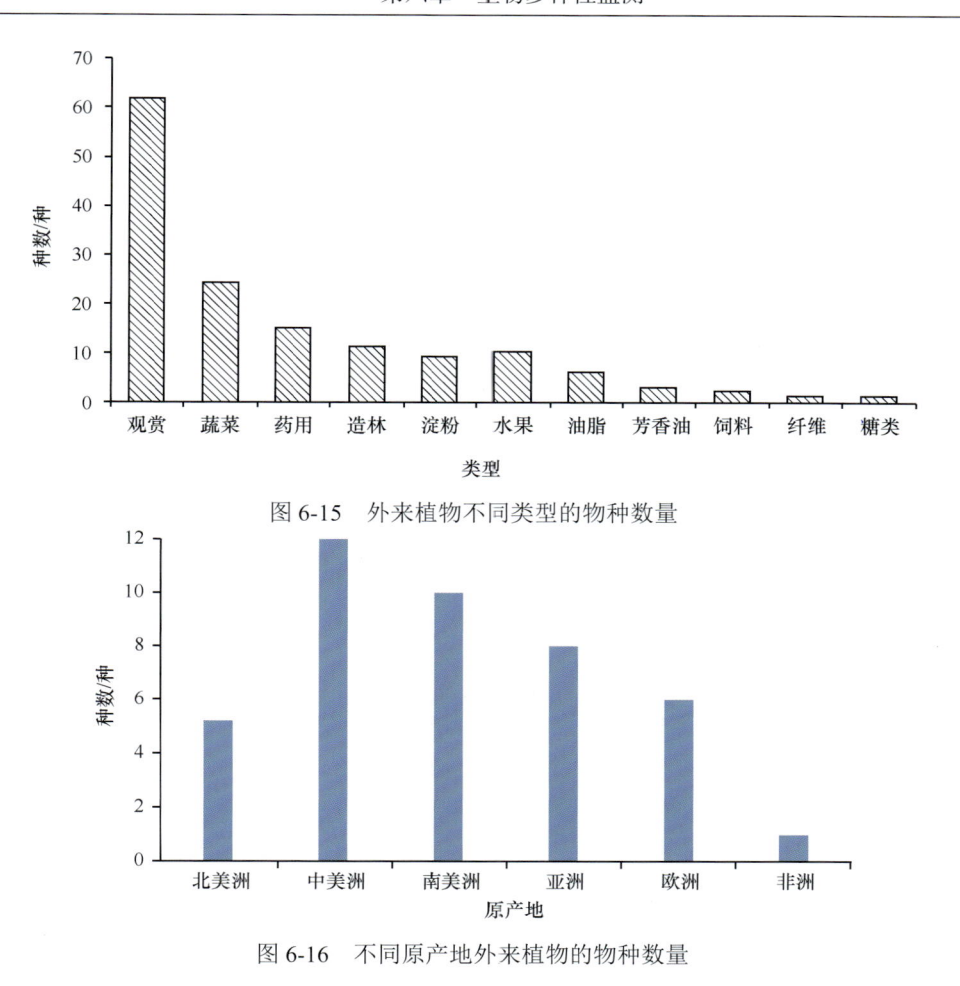

图 6-16 不同原产地外来植物的物种数量

四、外来物种在保护区内的分布

绝大多数外来物种分布在居民区、农耕区和风景区，作为粮食作物、蔬菜、水果、药用植物、造林绿化树种或观赏植物等在居民区周边山地、公路两旁、农耕地、弃耕田和风景区等地广泛栽培。其中，粮食作物主要有玉米、小麦、高粱等；蔬菜类如洋芋、白菜、甘蓝、萝卜、辣椒等；水果有樱桃、核桃、李等；观赏植物有锦葵、蜀葵、月见草、萱草、玉簪、紫萼等；造林绿化树种有柳杉、加杨、青杨等，常见于卧龙镇至耿达镇沿线的公路旁；药用植物主要为厚朴和掌叶大黄，其中厚朴见于卧龙镇及三江镇周边山区的弃耕地，掌叶大黄主要见于西河。

五、外来物种的威胁

卧龙保护区内分布的外来植物主要作为生态修复用、观赏用、食用和药用等。其中，观赏类、食用类和药用类外来植物受其生态习性和管理手段等制约，不存在入侵威胁。但外来物种日本落叶松作为红旗森工局（1975年撤销）采伐迹地更新和保护区成立后历年退耕还林的主要栽培树种，在足木山村、龙潭村和耿达村周边山区分布较广并已成林，因栽植密度大，成林后郁闭度高，枯枝落叶层厚，松叶分解酸化土壤（杨鑫等，2008），造成林下草木无法生长，不仅导致植物多样性锐减，同时也导致土壤动物群落密度及类群丰富度显著降低（刘继亮等，2013）。

（一）日本落叶松现状

卧龙保护区于1967年开始引种日本落叶松用于荒山造林和退耕还林。1967~2003年共营造日本落叶松林985.31hm²。由于2003年以后停止栽植日本落叶松树苗，故没有林龄在20年以下幼林。其中，林龄在22～25年的中幼林，即2000～2003年卧龙保护区退耕还林后高密度栽植的人工林，现有536.2hm²；林龄在23～39年的成熟林为1977～1999年由卧龙保护区荒山造林营造的人工林，现有95.03hm²；林龄在40～50年的过熟林为1967～1976年由红旗森工局和卧龙保护区营造的人工林，现有354.08hm²（何廷美等，2020a）。

（二）日本落叶松危害状况

根据调查，日本落叶松林主要有3方面危害。一是森林火灾危险等级高。日本落叶松林下虽然灌草稀少但是冬季枯枝落叶量特别巨大，林下松针平均厚度达6cm，松针单一、干燥、含油量高，属于易燃物。加上卧龙冬春季干燥少雨，因而森林火险等级较高。由于卧龙是国际知名的大熊猫遗产地，一旦发生森林火灾，将危及大熊猫安全，造成不可估量的损失。二是病虫害危害等级高。日本落叶松生长郁闭过快，林中其他树木被遮盖失去阳光枯死，日本落叶松遂成为单一纯林，林下枯枝落叶多而单一，容易发生大面积病虫害灾害。三是生物多样性差，野生动物难以栖息。调查表明，日本落叶松林下灌草生长弱小，甚至出现大面积无灌草的"绿色沙漠"。由于野生动物多以林下竹子或灌草为食，故该种林型野生动物活动极少，大熊猫等野生动物误入林中会造成饥饿的危险。

（三）日本落叶松天然更新极差

卧龙的日本落叶松人工林中最老的树木已超过50年，当地采种育苗营造的最后一代日本落叶松人工林林龄也达20年并开始结果，但卧龙先后开展的多轮专项调查均未发现日本落叶松自然繁殖的实生苗木，表明日本落叶松在卧龙特殊的自然条件下不能自我更新，种群未扩散，也说明日本落叶松对卧龙植被和生态的影响程度有限。

（四）日本落叶松改造试验

卧龙保护区为了探索改善大熊猫栖息地质量的适宜方式，在9个不同区域，对日本落叶松人工林进行了不同强度和不同方式的改造试验。4年后，通过样方调查，对比分析了改造区域与未改造区域改造前与改造后以及人工恢复模式与自然恢复模式下的林下植被状况。结果表明，改造前后的日本落叶松人工林密度与乔木层郁闭度、林下灌木盖度和草本盖度均具有较强的相关性，当改造后日本落叶松密度大于1000株/hm²时，自然恢复状态下，林下灌、草的种类和数量增加极少，变化不明显；当日本落叶松密度小于1000株/hm²时，林下灌、草的种类和数量会明显增加，其增长的趋势是随着日本落叶松密度的降低而增加；当日本落叶松密度降到600株/hm²以下时，更有利于其他伴生乔木的生长。何廷美等（2020a）对人工恢复试验样地的调查发现，栽植的本地一般树种青榨槭和竹种拐棍竹（*Fargesia robusta*）的成活率较低，且生长不良，而耐贫瘠的本地先锋树种厚朴和桤木（*Alnus cremastogyne*）成活率高，长势良好。

第五节　有害生物监测

一、卧龙主要林业病虫害情况

卧龙保护区已知林业病虫害共121种，其中昆虫96种（表6-5）、病害25种（表6-6）。周宇爔等（2020）报道在卧龙保护区偶然发现了一种罕见的，并且以前四川境内从未有分布报道的检疫性林业有害生物——冷杉小天牛（冷杉短鞘天牛，*Molorchus minor*）。这121种林业有害生物中，包括全国林业危险性病虫害1种（竹丛枝病），其他危险性林业病虫害2种（拐棍竹黑痣病、野核桃黑斑病）。林业虫害按危害寄主植物部位分为食叶害虫（93种），包括蛾类、蝶类幼虫、叶甲等；蛀干害虫（3种），包括天牛、吉丁和简吻象甲等。林业有害病害中真菌24种、细菌1种，主要是叶部病害。林业病虫害的寄主植物主要有日本落叶松、杨树、野核桃、拐棍竹，以及蓼科等的草本植物。卧龙地区的生态环境较好，目前无重大病虫害发生成灾。耿达镇老鸦山区域曾发现有个别松树呈现枯死状，经过现场采样并及时报送省森防站进行检测，排除了全国林业检疫性有害生物——松材线虫在该区域的为害。同时，卧龙保护区已对枯死植株进行及时清除。另外，落叶松叶蜂在耿达镇杨家山样点上种群虫口基数较大，为害程度较重，经持续监测尚未向周边扩散，这可能与周围植被多样性、树种丰富度密切相关。为充分保障松林健康及生态安全，须对松叶蜂为害做好长期监测。

表 6-5　卧龙主要林业有害害虫

目	科	种
鞘翅目	吉丁科	（1）纹吉丁属一种 Coraebus sp.
	叶甲科	（2）柳二十斑叶甲 Chrysomela vigintipunctata
		（3）黄色凹缘跳甲 Podontia lutea
		（4）蓝胸圆肩叶甲 Humba cyanicollis
	天牛科	（5）黑蚯脊筒天牛 Nupserha infantula
	象甲科	（6）中国癞象 Episomus chinensis
		（7）筒喙象甲属一种 Iixus sp.
		（8）西伯利亚绿象 Chlorophanus sibiricus
	丽金龟科	（9）中华弧丽金龟 Popillia quadriguttata
	花金龟科	（10）肋凹缘花金龟 Dicranobia potanini
	铁甲科	（11）高居长龟甲 Cassida alticola
	叩甲科	（12）泥红槽缝叩甲 Agrypnus argillaceus
鳞翅目	斑蝶科	（13）大绢斑蝶 Parantica sita
	斑蛾科	（14）黄纹旭锦斑蛾 Campylotes pratti
	波纹蛾科	（15）大波纹蛾 Macrothyatira flavida
		（16）双华波纹蛾 Habrosyne dieckmanni
		（17）台酒波纹蛾（藕太波纹蛾） Saronaga taiwana
	蚕蛾科	（18）多齿翅蚕蛾 Oberthueria caeca
		（19）钩翅藏蚕蛾 Mustilis falcipennis
		（20）黄豹大蚕蛾 Loepa katinka
	尺蛾科	（21）染垂耳尺蛾 Pachyodes decorata
		（22）黑岛尺蛾 Melanthia procellata
		（23）大褐尺蛾 Amblychia moltrechti
		（24）大胡麻斑星尺蛾 Antipercnia cordiforma
		（25）大金星尺蛾 Abraxas major
		（26）短斑异序尺蛾 Agnibesa pictaria brevibasis
		（27）多星尺蛾 Arichanna sinica refracta
		（28）纤纹黄尺蛾 Plagodis reticulata
		（29）黄枯叶尺蛾 Gandaritis flavomacularia
		（30）中齿焰尺蛾 Electrophaes zaphenges
		（31）金线尺蛾 Abraxas placata
		（32）枯叶尺蛾 Gandaritis flavata
		（33）光穿孔尺蛾 Corymica specularia

续表

目	科	种
鳞翅目	尺蛾科	（34）青辐射尺蛾 *Iotaphora admirabilis*
		（35）丝棉木金星尺蛾 *Calospilos suspecta*
		（36）四眼绿尺蛾 *Chlorodontopera discospilata*
		（37）台褶尺蛾 *Eustroma changi*
		（38）雪尾尺蛾 *Ourapteryx nivea*
		（39）玉臂黑尺蛾 *Xandrames dholaria sericea*
	灯蛾科	（40）点污灯蛾 *Spilarctia stigmata*
		（41）浙污灯蛾 *Spilarctia chekiangi*
		（42）星白雪灯蛾 *Spilosoma menthastri*
	毒蛾科	（43）络毒蛾 *Lymantria concolor*
		（44）肘带黄毒蛾 *Euproctis straminea*
	粉蝶科	（45）橙黄豆粉蝶 *Colias fieldii*
		（46）绢粉蝶 *Aporia crataegi*
		（47）黑纹粉蝶 *Pieris melete*
		（48）东方菜粉蝶 *Pieris canidia*
	凤蝶科	（49）碧凤蝶 *Papilio bianor*
		（50）窄斑翠凤蝶 *Papilio arcturus*
	钩蛾科	（51）豆点丽钩蛾 *Callidrepana gemina*
		（52）黄带山钩蛾 *Oreta pulchripes*
		（53）树皮距钩蛾 *Agnidra corticata*
		（54）银端带钩蛾 *Oreta brunnea*
	虎蛾科	（55）马氏虎蛾 *Sarbanissa cirrha*
		（56）日龟虎蛾 *Chelonomorpha japona*
	灰蝶科	（57）酢浆灰蝶 *Pseudozizeeria maha*
	蛱蝶科	（58）灿福蛱蝶 *Fabriciana adippe*
		（59）红老豹蛱蝶 *Argyronome ruslana*
		（60）小红蛱蝶 *Vanessa cardui*
		（61）蔼菲蛱蝶 *Phaedyma aspasia*
	弄蝶科	（62）绿弄蝶 *Choaspes benjaminii*
		（63）台湾孔弄蝶 *Polytremis eltola*
	眼蝶科	（64）明带黛眼蝶四川亚种 *Lethe helle gregoryi*
		（65）亚洲白眼蝶 *Melanargia asiatica*
		（66）山地白眼蝶 *Melanargia montana*
		（67）阿矍眼蝶 *Ypthima argus*
	螟蛾科	（68）窗斑扇野螟 *Pleuroptya mundalis*
	苔蛾科	（69）粗线雪苔蛾 *Cyana crassa*
		（70）东方美苔蛾 *Miltochrista orientalis*
		（71）双带长苔蛾 *Chrysorabdia vilemani*
	天蛾科	（72）条背天蛾 *Cechenena lineosa*
		（73）斜纹后红天蛾 *Theretra alecto*

续表

续表

目	科	种
鳞翅目	夜蛾科	（74）丹日明夜蛾 *Sphragifera sigillata*
		（75）饰青夜蛾 *Diphtherocome pallida*
		（76）苔藓夜蛾 *Bryophila granitalis*
		（77）雅美翠夜蛾 *Diphtherocome pulchra*
		（78）张卜夜蛾 *Bomolocha rhombalis*
		（79）掌夜蛾 *Tiracola plagiata*
	舟蛾科	（80）青苔舟蛾 *Quadricalcarifera cyanea*
半翅目	菜蝽科	（81）圆角菜蝽 *Eurydema ventrale*
	红蝽科	（82）突背斑红蝽 *Physopelta gutta*
	蝽科	（83）浩蝽 *Okeanos quelpartensis*
		（84）尖角厉蝽 *Cantheconidea humeralis*
	同蝽科	（85）角翘同蝽 *Anaxandra cornuta*
		（86）绿板同蝽 *platacantha hochii*
		（87）小光匙同蝽 *Elasmucha minor*
	缘蝽科	（88）波原缘蝽 *Coreus potanini*
		（89）峨眉黑缘蝽 *Hyaia (Colpura) omeia*
	龟蝽科	（90）双列圆龟蝽 *Coptosoma bifaria*
	沫蝉科	（91）尖胸沫蝉属一种 *Aphrophora* sp.
		（92）橘红丽沫蝉 *Cosmoscarta mandarina*
	角蝉科	（93）弯刺无齿角蝉 *Nondenticentrus curvispineus*
膜翅目	叶蜂科	（94）落叶松叶蜂 *Pristiphora erichsonii*
双翅目	毛蚊科	（95）膨跗毛蚊 *Bibio emphysetarsus*
竹节虫目	竹节虫科	（96）短尾匜足竹节虫 *Gongylopus brevicercatus*

表 6-6　卧龙植物病害标本种类

目	科、属	病原菌	病害
白粉菌目	白粉菌科白粉菌属、单丝壳属	荨麻白粉菌、蔷薇单囊白粉菌	荨麻白粉病、川莓白粉病
肉座菌目	麦角菌科针孢座囊菌属、肉座菌科多点菌属	竹丛枝竹针孢座囊菌、李疔菌	竹丛枝病、李树红点病
锈菌目	无柄锈菌科无柄锈菌属、盖痂锈菌属、鞘锈菌属、无柄锈菌属、柄锈菌科柄锈菌属、半知锈菌科春孢锈菌属	云杉稠李盖痂锈菌、千里光鞘锈菌、禾柄锈菌、两栖蓼柄锈菌、接骨木春孢锈菌	大叶杨锈病、细齿稠李锈病、千里光锈病、秋华柳锈病、画眉草锈病、支柱蓼锈病、接骨木锈病
黑盘孢目	黑盘孢科盘多毛孢属、丛刺胶盘孢属、刺盘孢属、盘单毛孢属、蓝色多隔孢属	胶孢刺盘孢、杨生盘二孢菌	金丝梅褐斑病、灯台树炭疽病、星毛杜鹃炭疽病、大叶金顶杜鹃褐斑病、红豆杉炭疽病、刺榛黑斑病、日本落叶松叶枯病
球壳孢目	球壳孢科叶点菌属、壳针孢属	芹菜小斑枯菌	榛子叶斑穿孔病、珙桐叶斑病、野芹菜枯斑病
球壳菌目	黑痣菌科黑痣菌属	黑致病菌	拐棍竹黑痣病
柔膜菌目	星裂盘菌科痣斑盘菌属	柳痣斑盘菌	高山柳黑痣病
丛梗孢目	丛梗孢科丛梗孢属、小尾孢属	丛梗孢菌、小尾孢菌	拐棍竹枯斑病
革兰氏阴性细菌目	假单胞菌科黄单胞菌属	野油菜黄单胞菌核桃变种	野核桃黑斑病

二、林业有害生物监测

(一) 监测区域

森林是陆地生态环境的核心主体，对整体生态环境的建立与发展起着至关重要的作用，要保持森林的持续健康必须加强对森林生态系统的监测和保护，特别是加强对林业有害生物的监测与治理，这对保持生态系统的良好循环具有重要的意义。2014年，卧龙保护区按照四川省有害生物防治普查要求，对保护区范围内的林业有害生物进行了全面普查。通过普查，卧龙保护区建立了该区域林业有害生物数据库第一批原始数据资料，较全面地掌握了该区域外来林业有害生物以及森林病虫等有害生物的发生状况，并进行了实物标本的采集、整理和制作，为进一步加强该区域林业有害生物监测预警能力和制定相关林业有害生物预警机制提供了重要的基础参考资料。在此基础上，卧龙保护区建立了长期有害生物防控监测机制。

监测范围为卧龙保护区所有森林，即包含原始森林、人工林、经济林和四旁绿化树木，以及花卉、苗木、种实、果品、木材及其制品的生产和经营场所等。普查重点主要是三江地区、耿达镇和卧龙镇的原始林区及灾后重建的人工林区。

(二) 监测对象

监测对象是国家林业局公告（2013年第4号）公布的《全国林业检疫性有害生物名单》中的14种全国林业检疫性有害生物和《全国林业危险性有害生物名单》中的192种林业有害生物、国家林业局公告（2014年第6号）新增列的54种其他林业有害生物、3种四川省林业有害生物补充检疫对象。

(三) 监测线路

卧龙保护区在2020年制订了卧龙镇、耿达镇、三江镇的监测线路43条（表6-7），监测时间主要安排在5~10月，主要监测松材线虫病、落叶松叶蜂、杨扇舟蛾、落叶松球蚜病、中华松梢蚧、沙棘鳃金龟、杉木病害等。

表6-7 卧龙特区林业有害生物监测线路

序号	镇	线路	序号	镇	线路
1	卧龙镇	邓生—大坪	17	耿达镇	正河
2	卧龙镇	魏家沟—汾水沟	18	耿达镇	杨家山
3	卧龙镇	梯子沟—木香坡	19	耿达镇	郎家山
4	卧龙镇	寡妇山—龙岩	20	耿达镇	贾家沟
5	卧龙镇	"五一棚"—齐头岩	21	耿达镇	走马林
6	卧龙镇	英雄沟—苍坪沟	22	耿达镇	仓旺沟
7	卧龙镇	"五一棚"—溴水沟	23	耿达镇	小老鸦山
8	卧龙镇	喇嘛寺	24	耿达镇	獐牙杠
9	卧龙镇	足木山	25	耿达镇	七层楼沟
10	卧龙镇	瞭望台	26	耿达镇	磨子坡
11	卧龙镇	糖房—中桥	27	耿达镇	大阴沟
12	卧龙镇	鱼丝洞	28	耿达镇	九大包
13	卧龙镇	大洞口	29	耿达镇	黄草坪—索索棚
14	卧龙镇	牛头山—铜槽	30	耿达镇	牛坪
15	卧龙镇	黄连沟	31	三江镇	白阴沟
16	卧龙镇	三村—老鸦山	32	三江镇	鹿儿坪—四方面

续表

序号	镇	线路	序号	镇	线路
33	三江镇	烂泥塘	39	卧龙镇	贝母坪
34	三江镇	白泥杠	40	卧龙镇	巴朗山垭口—狗脚弯
35	三江镇	安家坪—杜鹃海子	41	卧龙镇	银厂沟
36	三江镇	安家坪—铜槽沟	42	三江镇	蒿枝坪
37	三江镇	安家坪—灰堆沟	43	三江镇	岩驴桥沟
38	三江镇	安家坪—猫子沟			

（四）监测方法

1. 实地踏查

在调查线路上每间隔1km布设1个调查点。调查点确定后，进入调查点周边林区开展调查工作。

2. 标准地调查

根据林地植被和林分组成情况，结合线路踏查情况，设定标准地。设定标准地时，根据地形及植被分布情况，按照每个标准地约3.5亩的面积进行标准地样方设计，一般为47m×50m，地形相对狭长的地带一般为25m×94m。样方设定后，采取五点取样法调查，在样方内按照对角线的方式设置5个点（图6-17），每个点随机抽取7株主要寄主植物，取样并记录植物病虫害的发生情况。

（1）固定调查点位

6个固定调查点分别设在耿达镇的正河水电站、仓旺沟水电站、卧龙巴蜀龙潭水电站和幸福村小水电站，卧龙镇的生态水电站和熊猫水电站。

（2）灯诱调查

踏查样线涉及核心区、耿达镇和卧龙镇。根据线路踏查实际，设置诱虫灯进行昆虫采集和虫情监测。

（3）鼠兔类调查

在地理条件合适的区域结合踏查线路掌握的情况进行鼠兔类调查。方法为：设置大样方（100m×100m），布设鼠笼，24h后检查鼠笼捕获鼠兔类情况。

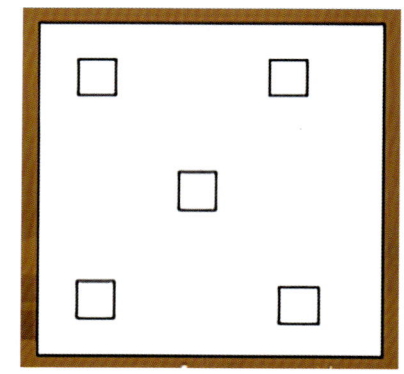

图6-17 五点取样法示意图

3. 标本采集

（1）昆虫标本的采集

线路踏查和标准地的昆虫采集采取网捕法，将采集到的昆虫（除蝴蝶外），根据昆虫体积大小直接装入制作好的毒瓶中，不额外喷施任何药剂，保持虫体原色。灯诱调查法采集标本可以直接用毒瓶收集昆虫，每个毒瓶每次收集1只昆虫，待这只昆虫死亡后再收集另外1只，这样可避免昆虫翅鳞片的掉落和混合，保持采样昆虫原来的体色和斑纹的完整性。

（2）植物病害标本的采集

发现染病的主要寄主植物时，将染病的叶片和枝条用剪刀部分剪取取样后装入保鲜袋中，贴好标签。将样品带回实验室后立即进行标本制作，压制于标本夹中。取其中一部分用来做镜检分析，拍摄显微照片，并进行标本鉴定。

三、林业有害生物的防控

林业有害生物要坚持"预防为主、科学防控、依法治理、促进健康"的方针，把预防放在首位，而预防工作的前提是监测和预报，监测预报是科学防灾、控灾和减灾的基础。只有对林业有害生物进行全面监测，才能及时掌握其发生情况。卧龙保护区在林业有害生物防控方面需要加强以下工作。一是加强植物检疫工作。特别是对卧龙辖区内的各施工单位及老百姓建房所使用的林产品进行植物检疫查验，对于没有植物检疫证的林产品应补充检疫查验或要求立即运出卧龙。二是建立区域有害生物数据库，包括卧龙区域的基本区划图数据库、林业资源小班基本情况数据库、林业有害生物基本情况数据库。三是加强监测人员技术培训。监测人员要具有一定的专业知识，监测人员应相对稳定，通过技术培训，不断提高监测技能，并保持监测工作的连续性和一致性。四是充分利用监测新技术。目前，卧龙林业有害生物的监测还停留在采用传统方法获取数据。卧龙保护区存在同一林地同一种有害生物在不同时段重复发生，不同种有害生物混合发生，同一林地在不同时间进行重复防治等现象，导致林业有害生物不同种类与地域在调查时机、调查方法、调查区域和部分调查内容等方面存在差异。因此，实际调查和统计中时常出现数据混乱的现象，需要应用 3S 技术、手持终端 APP，解决纸笔记录效率低、分析不及时、监测监督与检查困难等问题。

第七章 防灾减灾

第一节 森林防火

森林草原火灾是指失去人为控制，在森林内和草原上自由蔓延和扩展，给森林、草原、生态系统和人类带来一定危害和损失的林草火燃烧现象。卧龙保护区森林覆盖率62.58%，植被覆盖率98%，是珍稀野生动植物的天然场所和乐园。卧龙植被总体长势良好，林下林缘枯枝落叶、枯草等可燃物较多，且区域内地形地貌复杂，国道350线近100km贯穿保护区，人类活动管控难度大，森林草原防灭火形势严峻。卧龙保护区防火关键期的自然气候条件不佳，会出现少雨、多风天气，并且林区气候干燥闷热，空气湿度较低，一旦出现火灾险情，火势会随风迅速蔓延，将加大森林火灾的防控与治理难度。据《卧龙发展史》（国家林业局卧龙自然保护区和四川省汶川卧龙特别行政区，2005）记载，1969年3月，红旗营林二队因烤火不慎引发火灾，烧毁保护区管理所房屋500m^2；1973年2月，因柴油机失火引发梯子沟森林火灾，烧毁森林1.33hm^2。1973年3月至今，卧龙保护区长期坚持"预防为主"的方针，将森林草原防灭火工作作为资源保护的头等大事来抓，与时俱进开展宣传教育，注重群防群治，创新联防体系，加强森林草原防灭火体系建设，实现了连续50年未发生森林火灾的管理目标，有效保护了大熊猫栖息地。

一、森林火灾危害

大面积森林火灾被联合国列为世界八大主要自然灾害之一，也是公共突发事件之一。森林一旦遭受火灾，最直观的危害是烧死或烧伤林木，使森林蓄积下降，森林生长受到严重影响，同时危害野生动物生存，甚至使某些种类灭绝。严重的森林火灾不仅能引起水土流失，还会引发山洪、泥石流等自然灾害。森林燃烧还会产生大量的二氧化碳、一氧化碳、碳氢化合物、碳化物、氮氧化物及微粒物质等，当这些物质的含量超过某一限度时就会造成空气污染，危害人类身体健康，甚至威胁人类生命安全。

二、防火能力建设

2016年，卧龙设立森林消防大队；2019年，森林消防机构改革后更名为汶川卧龙应急消防大队，常驻卧龙30余人，构成了卧龙保护区的基本消防力量；2020年，卧龙保护区、卧龙特区成立应急管理局，由60名卧龙镇、耿达镇的青壮年组建成半专业扑火队，作为消防救援的辅助力量。卧龙片区其余6个行政村、3个保护站依托微型消防站组成最小消防组织单元，负责各自防火区域的巡护监测，一旦发生森林草原火情，可以第一时间预警，在确保安全的情况下"打早、打小、打了"处置。

防火设备在森林草原火灾控制中具有重要作用，现代防火设施和技术应用可增加防火人员的火灾抑制能力。保护区的防火设备和灭火设施不够完善，装备较差，卧龙、耿达两镇仅分别配置了1辆1t的消防洒水车、2部卫星电话，防火监控范围不到保护区面积的10%，防火取水点建设严重不足，防火通道建设困难。卧龙、耿达两镇和3个保护站的防灭火物资仓库面积小且基本防灭火物资储备十分有限，在高山峡谷发生较大火灾时的应对能力十分有限。

森林草原防灭火能力建设包括加强火源源头管控，建立联防机制；完善监控体系，提高预警能力；强化队伍装备建设，提高保障能力；完善应急反应机制，提高应急反应能力；完善配套设施建设，提高火灾扑救能力等。

三、森林火灾预防

预防是森林草原防火的前提和关键，森林草原防火必须立足于预防为主。2020年，四川省在国务院的督导下，开展了为期一年的森林草原防灭火专项整治，积累了宝贵的森林草原防灭火工作经验，使森林草原防灭火工作步入常态化、规范化轨道。2022年，中共中央办公厅、国务院办公厅印发了《关于全面加强新形势下森林草原防灭火工作的意见》（中办发〔2022〕60号），中央层面首次针对森林草原防灭火工作出台政策性文件，为我们科学精准防范、安全高效处置森林草原火灾提供了方向指引和工作指南。在新时代对于加强生态保护、资源保护、生态文明建设、美丽中国建设具有重要的里程碑意义。

卧龙高度重视森林草原防灭火工作，始终把森林草原防灭火工作作为巩固和保护卧龙生态建设成果的头等大事来抓，在卧龙保护区60年、卧龙特区40年的奋斗历程中形成了有效的防控机制，积累了宝贵经验：牢固树立"预防为主、防灭结合、高效扑救、安全第一"方针，加强组织领导，建立了"末端发力、终端见效"工作机制；注重宣传教育，提高全民防火意识，建立防火卡点，扫码入山，登记入林；建立了领导包镇、镇包村、村包组、组包农户、户包人5级森林草原防灭火责任体系；构筑了以卧龙保护区为核心的邛崃山系"十县（市）一区""十二乡、镇、局"的护林联防体系；严格火源管控，坚持动火审批的"承诺制+审批制"；注重隐患排查，排查问题动态清零；从源头防范化解森林草原火灾风险，把问题解决在萌芽之时、成灾之前；注重能力建设，强化督导检查，严格值班值守。

森林防灭火工作需要驰而不息，未来卧龙需要克服麻痹思想，进一步坚持人民至上、生命至上，强化底线思维，抓实抓细森林草原防灭火各项工作，明确工作职责，压实火灾防控责任，加强源头治理，深入推进群防群治，强化科技和信息化支撑，做好监测预警，全力推动大熊猫国家公园卧龙片区森林草原防灭火形势持续稳定向好。

四、自然灾害防治

（一）地震

卧龙地处龙门山断裂带，是地震多发区域。2008年"5·12"汶川特大地震卧龙遭受严重损失。一是大熊猫栖息地森林植被破坏，地震导致的新生滑坡体、泥石流对森林植被造成了严重的影响。从区域分布上看，受损严重的大熊猫栖息地主要集中在木江坪隧道-大草坪-七层楼区域，分布范围较大，呈三角形。其中，耿达-正河-研究中心区域是大熊猫栖息地的重要廊道之一，宽约500m，对国道350线两侧大熊猫栖息地具有重要作用，该区在地震中受到严重破坏，主要是竹林受到较大破坏。二是大熊猫及保护设施损毁。地震中卧龙镇核桃坪圈养大熊猫死亡1只，受伤2只，通往研究中心核桃坪圈养大熊猫繁殖场的工作通道堵塞，山体滑坡导致32套大熊猫圈舍中的14套被掩埋或被毁坏，彻底失去使用功能，其余18套圈舍受损严重，大熊猫医院成为危房。地震直接导致3名员工死亡，木江坪保护站损毁，其余站点遭到严重破坏。三是基础设施和民房受损。地震后卧龙道路、交通、通信、供电中断，卫生院、学校、办公场所受到不同程度损坏，办公设备设施几乎完全损毁。民房倒塌，耕地等生产资料遭受严重破坏，居民几乎无家可归。地震导致卧龙直接损失13亿元人民币。

地震属于不可抗力的自然灾害，地震的预警国家层面在构建，伴随科技的进步，预警精准度还会逐步提高。增强防震意识，了解必要的避震常识，提升构筑物抗震（Ⅷ度）能力是国民有效的地震预防措施。

（二）山洪、泥石流

卧龙历史上山洪泥石流多发，早期追溯至清嘉庆十六年（公元1811年）谷雨时节，全区持续普降暴雨，发生有史以来空前绝后的特大洪灾，主干道河流的洪峰高达10m，在耿达地区冲走农户12户，死亡60余人，1964年7月、1981年7~8月、1988年7月、1990年9月、1992年7月等遭遇不同程度的山洪与泥石流。尤其是受2008年"5·12"汶川特大地震的直接影响，卧龙每年汛期不同程度的强降雨导致发生不同程度的山洪、泥石流、滑坡、崩塌等次生灾害，造成皮条河、渔子溪主河道和支流河床抬高，河道变窄，行洪能力降低。2011年7月3日和10日卧龙正河、仓旺沟、转经楼沟等区域发生严重的山洪泥石流灾害，造成皮条河、渔子溪沿河原有防洪堡坎直接被冲毁，沿河居民安置点遭受不同程度财产损失，生命安全受到一定威胁。2013年"8·13"、2016年"7·26"、2019年"8·20"、2020年"8·17"的山洪、泥石流灾害不同程度地导致交通中断，财产损失，甚至人员伤亡。

防控措施　一是做好灾害风险普查。卧龙境内地质环境条件复杂，属于滑坡、崩塌、泥石流和不稳定斜坡等地质灾害易发、多发区，辖区内有253个地质灾害隐患点，截至2022年，存在威胁群众及农户的地质灾害点共80处，其中卧龙镇39处、耿达镇41处。卧龙保护区、卧龙特区每年定期和不定期开展隐患点排查，并聘请专业地勘队伍提供技术服务。二是编制灾害防治规划，纳入阿坝州"十三县一区"统筹，上报省级归口部门审批后实施。主要涉及"十二五"、"十三五"及"十四五"中小河流中长期治理规划。每5年规划期投资2亿元左右，主要包括中小河流治理、山洪沟治理、农村安全饮水巩固提升、节水灌溉、供排水、水源地保护、水土流失治理以及队伍能力建设等。三是实施山洪灾害治理，近年来主要采取工程措施修建堤防，投资逾1亿元。在2012年之前建设的防洪堡坎防洪标准为5年或10年，达不到防汛防灾新形势需要。2012年建设的耿达乡正河应急防洪工程，2014年建设的卧龙镇月亮湾堤防工程，2021年建设的耿达镇渔子溪防洪治理工程，2022年建设的卧龙镇川北营上河坝防洪治理工程、二道桥堤防工程防洪标准均提升至20年设计，提升了沿河主要居民安置点的山洪灾害防御能力。四是加强灾害预警监测。初步建成卧龙特区灾害预警体系，提升了灾害预警能力。

（三）冰雪、大雾

卧龙山高谷深，在海拔2800m以上区域，气候复杂多变，受寒冷天气影响，是冰雪、大雾多发区域，不同程度地影响交通通行、行车安全，影响交通设施、路基路面使用寿命，增加了养护成本。卧龙11月中下旬至翌年4月期间，三道桥、龙岩、糍粑街、邓生、大阴山、花岩隧道至巴朗山路段易结冰，个别地段结冰持续时间在15h左右，积雪深度1~20cm。道路容易出现暗冰，车辆易打滑；大雾导致能见度降低，不同程度地影响交通安全。巴朗山区域全年易出现大雾天气，尤其在冬季，阴雨有雾能见度10~80m，严重时能见度5~10m。

防控措施：保持车况良好，避免夜间行车，保持通信畅通，备好防滑链，谨慎驾驶，必要时交通管控。

（四）应对灾害的综合策略

建立救灾机制。60年来，集全区人民群众的力量，战胜了一次又一次的自然灾害。灾害发生后，在卧龙管理局、卧龙特区领导下，卧龙、耿达两镇政府有效组织、处置了2008年"5·12"汶川特大地震抗震救灾；2011年"7·3""7·10"、2013年"8·13"、2016年"7·26"、2019年"8·20"、2020年"8·17"等较大或特大山洪泥石流灾害。建立灾害抢险机制，包括制定了《防汛抢险应急预案》《森林草原防灭火应急预案》《地震救援应急预案》。统筹安全与发展，形成了夏季防汛、冬春季防火、全年防震的常态化防控态势。常设10个专项应急指挥机构，办公室设在卧龙特区应急管理局。专项应急指挥部负责卧龙全区相关领域的突发事件防范和应急处置工作。卧龙保护区、卧龙特区应急队伍建设较为健全，常年驻防森林消防专业队伍30余人，卧龙半专业义务灭火队60人，道路交通、通信应急、电力应急、供水应急抢险及医护人员等安全应急抢险人员150余人。

储备抢险物资。卧龙保护区、卧龙特区按照县级物资库建设。截至2022年，卧龙有避难场所2处、大中型客车3辆、挖掘机18台、装载机13台、发电机17台、野外应急探照灯5台、消防车5辆、救护车3辆、无人机8架、2号3号工具1686把、风力灭火器51台、水泵27台、水枪120支、铅丝笼151个、编织袋麻袋沙袋6550条、短波电台1部、对讲机217只、卫星电话17部（含特区、两镇、施工单位），储备防汛、防火应急物资价值超过200万元。坚持应急物资前置，确保保护站、各村两委有必要的应急处置物资和设备。与超市和果蔬店签订粮油代储协议，保证储备粮不低于15t、食用油不低于7t、面粉不低于11.5t、矿泉水不低于500件、辖区内各单位储存粮食不低于15天。区内加油站可用燃油储量不低于15t。

加强灾害工程治理。《卧龙发展史续编》(《卧龙发展史续编》编撰委员会，2023)记载，卧龙特区"十二五"重点堤防工程建设项目，实施了特区城镇、乡村堤防工程25项共计28.7km；2019~2022年，卧龙特区完成了汶川县耿达镇龙潭村5组上河坝不稳定斜坡治理工程、卧龙机关驻地、职工住宿楼后山不稳定斜坡等16处"8·20"灾后地灾治理项目，完成了卧龙关村头道桥刘家大地不稳定斜坡排危除险、卧龙特区耿达镇幸福沟泥石流治理修复加固等25处"8·17"灾后地灾治理项目等，充分发挥了河道堤防工程的防灾减灾作用。

加强灾害监测预警。2013年卧龙特区争取省级财政投资470万元，实施了卧龙特区山洪灾害防治非工程措施建设项目，建设内容包括水雨情监测系统、预警系统、预警平台、群测群防系统建设等。水雨情监测系统包括简易雨量站11个、自动监测雨量站8个、自动监测水位站2个、自动监测视频6个、六要素自动监测气象站2个。监测预警平台由计算机网络、数据库、应用系统组成。2020年，卧龙特区安装地质灾害位移监测设备43套，其中上级自然资源局安装31套、卧龙镇刘家大地等危险区域安装12套，组织监测员和村组负责人参加灾害监测培训，基本实现重点区域监测预警全覆盖。

第二节　疫源疫病监测

卧龙保护区拥有完整的大熊猫栖息地和世界上最大的大熊猫圈养种群。为了确保圈养和野生大熊猫及同域野生动物安全，卧龙保护区重视并积极开展疫源疫病监测，不仅在非洲猪瘟、犬瘟热、细小病毒监测防控取得成效，而且在大熊猫肠道菌群、肠道原虫及口腔菌群监测等方面进行了较为深入的研究。

一、样线设置

卧龙保护区针对重要野生动物集中分布地和繁殖地、停歇地及迁徙走廊带等区域，在卧龙片区、耿达片区和三江片区共设置8条代表性疫源疫病监测样线(表7-1)，每条样线安排3~5名调查人员，分别在1~5月、10~12月开展野生动物疫源疫病监测，采集生物样本，记录野生动物出没痕迹点及周边生境状况。

表7-1　卧龙保护区疫源疫病监测样线设置

序号	布设区域	布设地点	监测时间	序号	布设区域	布设地点	监测时间
1	卧龙片区	"五一棚"溴水沟	1~5月、10~12月	5	耿达片区	七层楼沟	1~5月、10~12月
2		牛头山	1~5月、10~12月	6		九大包	1~5月、10~12月
3		野牛沟	1~5月、10~12月	7		走马岭	1~5月、10~12月
4		中杠	1~5月、10~12月	8	三江片区	灰堆沟	1~5月、10~12月

二、样品采集

调查人员在调查样地内沿选定的路线收集野生动物样品，样品采集时做好相应记录，包括采集时间、采集地点、采集人、采集环境，以及所采粪便、毛发、组织疑似动物来源等，粘贴标签。采集样品放于无菌袋中，冷冻箱保存，24h内送回实验室。根据监测需求，采用不同的保存和运输方法。

三、样品检测

采用饱和食盐水漂浮法对粪便中潜在的寄生虫虫卵进行检测，发现少部分野生动物个体检测出寄生虫虫卵。大熊猫、中华扭角羚、毛冠鹿粪便均检测出毛首线虫，中华扭角羚粪便检测出钩口线虫虫卵，中华小熊猫、刺猬粪便均检测出蛔虫卵，水鹿粪便检测出类圆线虫虫卵。

利用通用型基因组 DNA 提取试剂盒提取粪便总 DNA，采用常规聚合酶链式反应（PCR）对潜在的致病性大肠杆菌毒力基因进行 PCR 扩增，粪便细菌 DNA 样品中致腹泻大肠杆菌的特异性毒力基因扩增结果均呈阴性。

四、非洲猪瘟调查

（一）调查的目的和意义

做好野猪非洲猪瘟等野生动物疫源疫病监测防控工作，保护区需要调查野猪资源分布，形成保护区野猪资源分布图，分析非洲猪瘟的危害特征，加强野猪疫病的监测和防控。确保保护区森林生态和公共卫生安全，维护保护区的生态平衡。此外，掌握当地居民对野猪危害与保护管理的态度，这对于自然保护区社区共管与野生动物保护管理决策尤为重要。

（二）调查方法

采用问卷调查方法和野外痕迹验证调查方法相结合，对卧龙保护区野猪不同海拔、不同生境的分布特征进行实地调查和研究。方法包括问卷调查、活体调查和痕迹调查。

1. 问卷调查

将熟悉当地野猪分布情况且经验丰富的保护区当地住户作为调查对象，进行问卷调查。调查内容主要涉及野外遇见野猪的年份，遇见位置，以及捕猎野猪的雌雄、成幼、数量，捕猎时间和地点等。主要采用样带法，辅以样方进行调查。主要选择曾经在保护区发现有野猪踪迹的卧龙镇、耿达镇和三江镇的山脊、河谷。样带宽 20m，主要平行于山脊、河谷设置。沿样带进行路线调查，在发现野猪踪迹样点周围布设红外线照相机进行监测。设置 20m×20m 样方对野猪踪迹进行调查。

2. 活体调查

由于野猪一般在早晨和黄昏时分活动觅食，中午时分进入密林中躲避阳光，加上集群活动动物的生物学特性，调查人员很难接近，只能通过设置在野外的红外线照相机进行活体监测。

3. 踪迹调查

沿着设置的路线仔细搜寻野猪的活动痕迹，并记录调查样带起、止点经纬度及海拔。记录野猪痕迹的数量，痕迹新旧特征及周围的植被类型、地形地貌、人为干扰等诸多生境因子，利用 GPS 进行定位，记录痕迹处的经纬度、海拔。痕迹包括粪便、尿迹、卧迹、足印、散落的毛发、骨骸、采食留下的咬迹等，判定所属物种、个体相对大小、雌雄、区域面积大小、大致数量、昼行或夜行、季节性迁移和生境偏好等。野外收集到的骨骸、毛发、粪便若不能现场鉴定，则带回实验室进一步鉴定。

（三）野猪栖居生境调查

以保护区调查中发现并记录野猪痕迹点的地方为中心，设置 20m×20m 的大样方，然后在其中随机选取 10m×10m 的小样方。在各样方内，记录包括地形、地貌、植被特征等用于评价野猪生境特征的 10 个生态因子，用来分析和评价保护区野猪栖居生境类型及质量。10 个生态因子如下。

海拔：用 GPS 测量，并记录相关数据。根据保护区植被特征，将海拔划分为 600～850m、850～1100m 和 1100～1350m。

郁闭度：目测 20m×20m 大样方内乔冠层对下层的遮蔽程度，并划分为开阔（郁闭度≤25%）、低度郁闭（25%＜郁闭度≤50%）、中度郁闭（50%＜郁闭度≤75%）和高度郁闭（郁闭度＞75%）。

灌木盖度：用目测法估计 10m×10m 小样方内灌木的覆盖程度。划分为空旷（郁闭度≤25%）、低度覆盖（25%＜郁闭度≤50%）、中度覆盖（50%＜郁闭度≤75%）和高度覆盖（郁闭度＞75%）。

坡向：根据野猪痕迹点样方所在的坡面朝向，划分为阴坡（315°～45°，下包上不包，后同）、半阴坡（45°～135°）、阳坡（135°～225°）及半阳坡（225°～315°）。

坡度：以野猪痕迹点为中心，上下各延伸 10m，用罗盘仪测量，得到大样方所在地的坡度。可以将其分为平缓坡（≤20°）、斜陡坡（21°～40°）和急险坡（≥41°）。

隐蔽级：以野猪痕迹点地面高度大约 60cm（野猪头部离地面的垂直高度）处为中心，沿痕迹所处坡度作假设的直线及其垂直线，目测估计 4 个方向的可视距离，以可视的平均距离为标准，将隐蔽条件划分为好（≤8m）、中（9～15m）和差（≥16m）3 个等级。

动物干扰程度：记录 20m×20m 大样方中其他有蹄类动物活动留下的痕迹数量。有蹄类动物痕迹数量≥3，为强干扰；痕迹数量 1～2，为中等干扰；痕迹数量 0，为无干扰。

倒木密度：记录以痕迹点为中心，以 30m 为半径的范围内倒木的总数量。

树桩密度：记录 20m×20m 大样方树桩的总数量。

人为干扰：根据痕迹点距最近人类活动点（如居民点、采药点等）的距离，干扰程度可划分为强干扰（≤500m）、中等干扰（500～1000m，不含 500m 和 1000m）和弱干扰（≥1000m）3 个等级。

所有野外采集的数据，录入 Excel，对野猪痕迹点周边环境的 10 个生态因子数据进行因子分析，探讨保护区野猪生境选择中各生态因子的内在联系。采用 SPSS 19.0 统计软件，对上述 10 个生态因子（其中海拔、坡度和坡向为连续数据，其他因子为等级数据）进行主成分分析。

（四）调查结果

通过对野猪活动时留下的痕迹调查，初步摸清了卧龙保护区野猪的数量和分布情况。入户调查野猪出没时间、数量、对庄稼毁坏程度等，了解到野猪对保护区农作物危害极大。卧龙保护区存在家猪和野猪交配的情况，存在非洲猪瘟传播隐患，有必要加强野猪防控。

1. 建立野猪动态监测体系

建立科学的野猪种群动态监测体系，掌握野猪的种群变化情况。若野猪种群数量超过一定范围可采取绝育的手段限制野猪的数量。同时加强对圈养家猪的监管，要切断引种传播途径，禁止家猪种猪场、野猪人工繁育场野外引种。要提前做好区域隔离，禁止野猪杂交后代野外散放，禁止在野猪经常出没的区域散养家猪，必要时设立物理隔离带。采取有奖举报、违规处罚（如取消天保管护资格）等措施加强监管。

2. 加强保护区疫源疫病预防

外来种猪经检疫合格后方可进入保护区，提升保护区内养猪户健康养殖的理念，建立健全消毒、防疫、卫生、无害化处理等规章制度，加强兽医卫生管理水平，控制猪病发生。猪场饲养及兽医人员应经常检查猪的健康状况，发现异常应及时报告并隔离观察。若发生疫病，必须按照相关的法律法规程序进行处理，防止病原体扩散。此外，还可制定科学合理的免疫程序，通过定期驱虫、接种疫苗等方式提高猪群抗病能力。

3. 建立病死猪报告检测处理制度

保护区建立病死猪报告、取样送检和无害化处理制度。养猪户应及时上报病死猪情况，技术人员及时采集病死猪个体的扁桃体、淋巴结、肺脏、脾脏等组织样品，送至专业机构进行猪瘟病毒（CSFV）、口蹄疫病毒（FMDV）、猪伪狂犬病病毒（PRV）、猪细小病毒（PPV）、副猪嗜血杆菌（HPs）、猪传染性胃肠炎病毒（TGEV）和非洲猪瘟等病原学检测，确定死因。对病死猪的处理可采用无害化堆肥的方式，在堆肥过程中要定期监测堆体中病死猪病原微生物、病毒的情况，确保有效杀灭其中的病原微生物和病毒。

4. 加强宣传教育，提高防控意识

通过技术人员进社区宣传，以及发放宣传手册、张贴宣传海报等方式宣传防疫知识，让群众充分认识非洲猪瘟的特点及危害，增强群众自我保护意识。对养猪户进行技术指导，让他们意识到防控的重要性，自觉对外来引种猪进行隔离检疫，及时接种疫苗，从而提高保护区整体动物疫情的防控水平。

5. 设置障碍物

采取设置障碍物的方法减缓人兽冲突的历史久远，并有诸多相关研究。障碍物的种类多种多样，包括传统的篱笆、围墙、壕沟，以及现代的围网、电网、铁丝网或者链条等限制兽类通过的障碍物。

6. 干扰技术

干扰技术包括对野猪的视觉、听觉和嗅觉等产生干扰的技术，如报警器、聚光灯、烟火等声光电技术。干扰物包括传统的声、光、火，以及现代的警报器、灯光、电子声音干扰器、烟火和丙烷爆炸物等。此外，带犬巡逻是在许多地区减缓人与野猪冲突的主要方法。

7. 损失补偿

对野猪给当地居民造成的农作物损失给予一定补偿。补偿措施应做到公平、公正和透明；根据损失的类型和损失量确定补偿金额。

五、犬瘟热监测防控

（一）犬瘟热的危害

犬瘟热病原为犬瘟热病毒（CDV），主要侵犯犬科、鼬科和猫科动物，是世界范围内广泛发生的一种急性、高接触性的病毒传染病，也可通过空气和食物传播，传染性强，死亡率高达80%。Jin等（2017）研究显示，对犬只定期注射犬瘟热疫苗是目前针对该病最有效的预防办法。犬只是犬瘟热病毒的常见携带者。犬瘟热病毒还可跨种传播至浣熊科、猫科、熊科等动物。

2014年陕西楼观台大熊猫繁育基地发生圈养大熊猫感染犬瘟热病毒疫情。尽管由顶级专家组成的专业医疗队伍迅速开展了抢救工作，但该病依然在短时间内导致4只大熊猫死亡。

卧龙保护区是大熊猫等珍稀野生动植物的重要栖息地，维护大熊猫种群及野生动植物栖息地安全是保护区的重要职责。犬只是犬瘟热病毒的携带者，而犬瘟热是大熊猫的"死亡杀手"之一，一旦暴发将会严重威胁大熊猫的生命安全。此外，犬只携带的狂犬病毒也严重威胁着人民群众的身体健康和生命安全。

（二）防控措施

为切实保障人民群众的生命安全，保护好以大熊猫为主要保护对象的珍稀濒危野生动物，根据《四川省犬类限养区犬只管理规定》《四川省预防控制狂犬病条例》《阿坝藏族羌族自治州城镇管理办法》之规定，卧龙保护区属犬只限养区。

保护区内饲养犬只应严格遵守《四川省犬类限养区犬只管理规定》，实施免疫制度。犬只犬龄满3个月或免疫间隔期满的，养犬人应当携带犬只到免疫接种点接受狂犬病、犬瘟热免疫，取得犬只免疫证明。以镇为单元建立狂犬病和犬瘟热疫苗接种档案，并标明注射的疫苗种类、期限，以备检查。禁止饲养凶猛犬、大型犬、猎犬等。犬只对他人造成人身伤害或财产损失的，养犬者应承担经济和法律责任。村民用于看家护院的犬只，限制拴养于居民居住生活区犬主户籍所在的户（宅）内。流浪犬一律予以强制驱逐或捕杀。放养犬只及无人监管的犬只视为流浪犬。禁止游客将犬只带入保护区；确有带入的，须按照管理机关要求，将犬只留在车内、农家乐或犬只暂时看管处看管。严禁将犬只带入林区、游览区。饲养犬只对大熊猫种群构成危险的，管理人员有权制止，报告辖区公安机关及居住地派出所依法查处违规者，并依照相关法规规

定进行处罚。

六、细小病毒感染监测防控

（一）细小病毒病的危害

细小病毒（PV）是一种无囊膜、粒子直径为 20~22nm、呈 20 面体对称的单股 DNA 病毒。该病传染性极强，属于一种高度接触性的急性传染病；临床表现主要以呕吐、腹泻为特征，发病动物不分种类病死率均较高。该病毒可通过粪便、气溶胶等方式传播，传播途径分为直接和间接两种，主要引起犬科动物（如家犬、狼、豺等）的感染。该病在不同犬类品种的各年龄阶段均可发生，尤其以断奶 1 个月左右的幼犬最为易感，发病后病程较急，病死率高达 50%~70%。1977 年，美国学者 Eugster 与 Nairn 最先从患出血性肠炎的犬粪便中分离得到该病毒。1983 年，我国学者徐汉坤等正式确认细小病毒的流行。

Guo 等（2013）研究表明，该病毒也可以跨物种感染大熊猫、中华小熊猫等野生动物。目前已有大熊猫、中华小熊猫等野生动物感染犬细小病毒并引起死亡的案例。2012 年初，我国四川成都大熊猫基地发生大熊猫感染犬细小病毒，并导致该大熊猫腹泻死亡。通过尸体剖检，采集病料和病原分离鉴定，首次从死亡大熊猫的肠道内分离到 1 株犬细小病毒毒株，证实大熊猫也会感染犬细小病毒。

（二）防控措施

细小病毒病的流行不仅严重威胁着卧龙片区野生动物的健康和种群发展，也容易引发兽医公共卫生学问题。该病临床上尚无有效的治疗方法，只能采取综合性防控措施来应对。防控措施包括严禁携带宠物犬入园参观；加强卫生管理工作，设立消毒设施，定期对圈舍、围栏、器具等消毒，也应对往来人员、车辆、生产资料进行消毒处理；确保饲养环境卫生的同时，卧龙区域的养猪场应尽量做到自繁自养、全进全出，从根本上切断细小病毒病的传播途径；科学接种免疫疫苗，有效防控细小病毒病感染易感动物；在大熊猫国家公园卧龙片区有必要建立完善的细小病毒检测防控体系，以保障大熊猫及其他易感动物的安全。

七、大熊猫肠道菌群的研究进展

（一）大熊猫肠道细菌的研究进展

大熊猫属于食肉目熊科下的一种哺乳动物，为我国特有的珍稀保护动物，现存的主要栖息地是我国中西部四川盆地周边的山区和陕西南部的秦岭地区。国家林业局进行的全国第四次大熊猫调查结果显示，全国野生大熊猫种群数量 1864 只，2013 年圈养大熊猫种群数量为 375 只。截至 2022 年，全球圈养大熊猫数量在 600 只左右，中国大熊猫保护研究中心圈养大熊猫种群数量达到 364 只，占全球圈养大熊猫数量的 60%左右。

研究表明，肠道菌群在大熊猫的免疫、消化和代谢中发挥着十分重要的作用，与大熊猫的健康高度相关。另外，消化系统疾病在导致大熊猫死亡的各种疾病中占比最高，而肠道菌群失调，将严重危害大熊猫的健康。因此，对大熊猫肠道菌群的深入研究对保障大熊猫的健康有重要意义。大熊猫肠道菌群的组成受到生存环境、年龄、饮食等多种因素的影响，目前随着分子生物学及测序技术的快速发展，高通量测序技术已广泛应用于大熊猫肠道菌群的研究中，使人们对大熊猫肠道菌群的组成、结构及功能有了更深层次的认识。

据报道，大熊猫肠道中的细菌在门级水平上主要为变形菌门（61.95%）和厚壁菌门（29.08%），在属级水平上主要为埃希菌属（24.92%）、假单胞菌属（21.60%）、链球菌属（9.33%）、梭菌属（9.58%）和鞘氨醇杆菌属（6.74%）等。不同地区圈养大熊猫肠道细菌菌群存在一定差异，且该差异主要与饲喂竹子的种类有关。由于大熊猫对竹子的消化率较低，因此每天需要长时间大量进食竹子来满足机体对营养的需求。再加上大熊猫不具有编码纤维素酶的基因，大熊猫消化以竹子为主的胃内容物主要由肠道菌群来完成，而包括梭菌、芽孢杆菌及其他纤维消化菌在内的肠道细菌不容易吸收竹类多聚糖转换为大熊猫等利用的单糖、二糖等糖类物质。因此，研究大熊猫专属益生菌制剂对大熊猫的健康发展很重要。

枯草芽孢杆菌（*Bacillus subtilis*）为芽孢杆菌属的一种，是一类好氧型的革兰氏阳性菌，无荚膜，周生鞭毛，能运动，具有单层细胞外膜，整个菌体为微黄色或污白色，表面粗糙可形成芽孢。枯草芽孢杆菌具有刺激免疫器官生长发育、提高免疫球蛋白、激活巨噬细胞、产生干扰素、提高机体免疫力、增强动物体液免疫和细胞免疫等的功能，与乳杆菌属、酵母菌属、霉菌属共同被视为益生菌属最主要的四大类。枯草芽孢杆菌在动物临床医学上属于安全性高的有益微生物，可以当作益生菌制剂的原料使用。菌体自身合成α-淀粉酶、蛋白酶、脂肪酶、纤维素酶等酶类，在消化道中与动物体内的消化酶类一同发挥作用，参与物质的吸收及代谢。同时，枯草芽孢杆菌具有产生芽孢以便于运输、贮藏和使用等的优势，在国内外被广泛应用且效果显著，并已经成为极具潜力的抗生素替代品。

目前，由于枯草芽孢杆菌的遗传学背景研究较为深入，同时也是革兰氏阳性细菌广泛应用的实验模型，所以枯草芽孢杆菌已经成为畜牧生产和研究中最常见的微生态制剂之一，并在生物防治和微生态领域扮演着重要角色。在以大熊猫为主的野生动物研究中，枯草芽孢杆菌也发挥了许多有益作用。Zhou 等（2015，2018）研究发现，芽孢杆菌作为微生态制剂的候选菌株具有许多天然的优势，包括分泌纤维素酶促进大熊猫消化，产生多种抗菌肽帮助大熊猫维持肠道菌群平衡，拥有良好的抗逆性方便制作微生态制剂等。同时，他们还利用转录组测序技术对一株枯草芽孢杆菌在不同碳源下的转录情况进行了研究，发现枯草芽孢杆菌可以通过一系列的转录调控（如升高表达纤维素酶、减少非必要蛋白质合成以节省能源等）分泌多种抗菌物质并平衡肠道微生态，在大熊猫肠道高纤维环境中发挥益生作用。

（二）大熊猫肠道真菌的研究进展

由于大熊猫食物及消化结构的特殊性，肠道菌群在消化过程中不仅起主要作用，而且能维持大熊猫肠道微生态平衡以保证自身健康。大熊猫肠道微生物中的条件性致病真菌在大熊猫机体免疫力低下时侵袭大熊猫肠道并引起感染。因此，开展大熊猫肠道内真菌菌群结构的研究对预防大熊猫肠道真菌疾病意义重大。

大熊猫肠道中的真菌主要由霉菌和酵母菌组成。艾生权等（2014a）对 8 只亚成体大熊猫新鲜粪便进行真菌鉴定的研究表明，肠道真菌主要有 4 种霉菌和 2 种酵母菌。4 种霉菌为白地霉（*Galactomyces geotrichum*，占 22.74%）、里氏半乳糖菌（*Galactomyces reessii*，占 12.37%）、多分枝毛霉（*Mucor ramosissimus*，占 18.23%）和卷枝毛霉（*Mucor circinelloides*，占 6.39%）；2 种酵母菌为丝孢酵母属一种（*Trichosporon* sp.，占 19.46%）和马铃薯假丝酵母（*Candida solani*，占 20.81%）。艾生权等（2014b）对 5 只亚成体大熊猫肠道真菌多样性的调查结果显示，肠道真菌以念珠菌属（*Candida*）、德巴利酵母属（*Debaryomyces*）、格孢腔菌属（*Pleospora*）、多腔菌属（*Myriangium*）、囊孢菌属（*Cystofilobasidium*）、毛孢子菌属（*Trichosporon*）、白冬孢酵母属（*Leucosporidium*）、白孢子虫属（*Leucosporidiella*）等 8 个菌属为主，另外还有一部分未能明确分类地位和不可培养的真菌。刘艳红等（2015）对 8 只亚成体大熊猫新鲜粪便进行了纤维素降解真菌的分离培养，共分离到 4 株纤维素降解真菌，其中 2 株霉菌（白地霉、多分枝毛霉）和 2 株酵母菌（丝孢菌、白色念珠菌）。大熊猫肠道菌群及纤维素降解菌的研究大多局限于细菌，鲜有针对真菌的研究，特别是对纤维素降解真菌的研究，刘艳红等的实验为研究肠道真菌对纤维素的降解和控制肠道真菌病奠定了基础，丰富了大熊猫肠道真菌菌群结构。

在防控方面，上述实验分离到的多分枝毛霉、卷枝毛霉、假丝酵母菌均为条件致病菌。其中，假丝酵母菌会通过肠源性感染途径导致动物发病。因此，在大熊猫饲养管理及疾病预防中应避免大熊猫因肠道菌群失调而引起真菌感染，以保证大熊猫整个肠道微生态的健康，从而对保护区大熊猫进行更好地保护。

（三）亚成年大熊猫肠道细菌的研究进展

大熊猫是我国特有的珍稀易危物种，肠道细菌不仅对大熊猫生长发育、生理变化和代谢等有着重要影响，肠道菌群失调也是导致大熊猫死亡的主要原因之一，因此研究大熊猫肠道细菌，特别是对亚成年大熊猫肠道细菌的研究对大熊猫的保护工作有着重大意义。长期以来，大熊猫一直以高纤维的竹子为主要食物，肠道菌群在消化过程中起主要作用，从而维持了大熊猫肠道微生态平衡。厚壁菌门是大熊猫肠道中主要的纤维素分解菌，占大熊猫肠道细菌总量的78%以上，能够降解纤维，转化为挥发性脂肪酸供宿主使用，而高纤维饮食有利于厚壁菌门的积累。然而年龄可能引起大熊猫肠道中菌群的变化，进而影响大熊猫的营养健康状况。

在肠道菌群组成中，亚成年大熊猫与其他年龄阶段的大熊猫较为相似，均以厚壁菌门和变形菌门为主。厚壁菌门、变形菌门、放线菌门和拟杆菌门是亚成年大熊猫肠道中的优势菌群门类，它们的相对丰度均大于0.10%，占了总细菌群落的93.80%。亚成年大熊猫肠道中厚壁菌门的相对丰度高于老年大熊猫，表明亚成年个体对纤维素的分解能力较强，老年个体对纤维素的分解能力相对较弱。大熊猫肠道中变形菌门相对丰度随着年龄的增加呈增大的趋势，也就是说变形菌门在老年大熊猫肠道中的相对丰度高于亚成年大熊猫，变形菌门的增加反映了宿主能量不平衡和不稳定的微生物群落结构。在属级水平上，大熊猫肠道菌群主要以链球菌属、明串珠菌属、乳杆菌属为主。与成年或老年大熊猫相比，亚成年大熊猫肠道中链球菌属和明串珠菌属的相对丰度较低，志贺氏杆菌和柠檬酸菌属（*Citrobater*）菌种的含量较低。这表明，不同年龄阶段大熊猫个体肠道中的细菌种类和丰度都有区别。

综上，不同年龄段大熊猫个体的肠道微生物菌群的表现特征不同，其肠道细菌优势菌的相对丰度与其消化酶等环境因子存在相关性，应对亚成年大熊猫加强饮食和生活环境管理，而对于老年大熊猫，可以通过添加益生菌等方式加强其肠道健康管理。

八、大熊猫口腔菌群的研究进展

大熊猫口腔菌群的组成受到多种因素的影响，主要包括饮食种类、生活环境及健康状态等。成年大熊猫每天会长时间、高频率进食大量的竹笋、竹竿或竹叶，这种高强度、高频率的采食习性让大熊猫患口腔疾病及消化道疾病的概率大大增加。随着二代测序技术成本逐渐降低，目前全基因组测序技术已广泛应用于动物临床研究。在大熊猫的研究中，大量的宏基因组学被用于口腔细菌组的研究，让我们对大熊猫口腔细菌的结构及组成有了更深入的认识。

大多数生活在大熊猫口腔表面的细菌是与宿主共生的。牙龈边缘正常的口腔生物菌群被膜对于大熊猫是有益的，可有效阻止病原微生物的入侵及定殖，从而维持口腔正常的微生态平衡。研究表明，链球菌是健康大熊猫口腔中的优势菌种，但每个研究中检测到的微生物群落之间存在显著的个体差异。口腔内部、硬腭、牙齿表面、上下牙龈边缘以及黏膜等各种软组织对于细菌来说都是不同的环境。因此，口腔内部不同位置发现的微生物种群也是存在差异的。

在致病性方面，大熊猫口腔微生物菌群与口腔疾病之间有着紧密的联系。口腔微生物菌群的状态既可以作为生物屏障阻止病原微生物的入侵，也可以引起菌群失调而导致龋齿、牙周疾病，甚至有可能引发全身性疾病。例如，作为大熊猫口腔的正常菌群，变形链球菌、产酸链球菌均是引起大熊猫口腔龋齿的主要病原菌。此外，口腔生物膜还含有其他的病原体，如牙龈卟啉单胞菌、福赛斯坦纳菌、聚集杆菌、聚团肠杆菌和微球菌等，这些都被证明参与了牙周病的形成（喻述容等，2001；Jin et al., 2012）。喻述容等（2001）在一只患病大熊猫幼仔口腔中分离出聚团肠杆菌和微球菌。Jin等（2012）从8只出现了龋齿、牙菌斑、牙结石、牙齿松动和轻度牙周疾病的成年圈养大熊猫的牙菌斑样品中分离出了共计23属48种细菌，分离菌以革兰氏阳性菌为主，主要包括葡萄球菌、链球菌、短棒菌等；革兰氏阴性菌以莫拉菌属菌种为主。虽然在大熊猫口腔中发现了葡萄球菌属菌种、衣氏放线菌、微球菌属菌种、消化链球菌属菌种、具核梭杆菌和韦荣氏球菌属菌种等这些常引起犬、猫及其他动物口腔疾病的病原菌，但大熊猫却较少发生牙周疾病，这可能与大熊猫的进食习性有一定关系。

在耐药性方面，从大熊猫口腔分离出耐药菌的报道较少。近年来在大熊猫粪便源耐药性的调查中发现粪便分离的菌株大多是多重耐药菌株，分离出的大肠杆菌、沙门菌更是对 17 种抗生素产生不同程度的耐药性。喻述容等（2001）研究发现，幼年大熊猫口腔中的微球菌对青霉素、头孢他啶耐药，聚团肠杆菌对氨苄西林耐药。Zhong 等（2021）从 15 只大熊猫口腔中分离出 54 株粪肠球菌，对高浓度链霉素、高浓度庆大霉素和万古霉素的耐药率分别是 33.3%、48.1%和 55.6%。口腔细菌菌群已经被证实是编码抗生素耐药性的可移动遗传元件的宿主，其中一些正常菌群能够转移抗生素耐药基因到不同细菌种类当中，而正确给药是治疗大熊猫耐药菌感染的重要途径。因此，研究大熊猫口腔细菌的耐药性对大熊猫的生态健康具有深远意义。

九、大熊猫肠道原虫的研究进展

到目前为止，寄生于大熊猫肠道的寄生虫至少包括 28 种，其中含 5 种原虫（毕氏肠微孢子虫、芽囊原虫、隐孢子虫、安氏隐孢子虫和刚地弓形虫）。

（一）大熊猫肠道微孢子虫的研究进展

微孢子虫（Microsporidium）是生物学家研究了 150 多年的一组独特的真核专性细胞内寄生的寄生虫，几乎在所有无脊椎动物和脊椎动物中均有。微孢子虫的进化方式独特而复杂，它们不仅能在周围环境中存在，而且还能在其他细胞中生存。目前有近 1500 种微孢子虫。人类常感染的虫种有兔脑炎微孢子虫（*Encephalitozoon cuniculi*）、毕氏肠微孢子虫（*Enterocytozoon bieneusi*）、肠脑炎微孢子虫（*Encephalitozon intestinalis*）及海伦脑炎微孢子虫（*Encephalitozoon hellem*）等。

Tian 等（2015）首次报道了大熊猫感染毕氏肠微孢子虫。该研究通过 PCR 扩增 ITS 基因位点对 46 份来自陕西省珍稀野生动物抢救饲养研究中心和秦岭野生动物园的大熊猫粪便样品进行调查，发现 4 份阳性样本，感染率为 8.7%（4/46），得到的序列与Ⅰ基因型比较具有 5 个核苷酸差异，是一个新的基因型。基于 ITS 基因的种系发育分析，表明该基因型属于具有宿主特异性的遗传组 2（group 2）。Li 等（2016）报道了成都动物园一大熊猫感染毕氏肠微孢子虫，感染的基因型为 Peru6，属于人畜共患的遗传组 1（group 1），具有传播给人类及其他动物的潜力。

此外，Li 等（2017a）在对成都大熊猫繁育研究基地（*n*=75）、中国大熊猫保护研究中心都江堰基地（*n*=30）、卧龙神树坪基地（*n*=37）、雅安基地（*n*=17）、卧龙核桃坪基地（*n*=10）、15 个动物园（*n*=31）200 份圈养大熊猫粪便样品提取 DNA 后，经巢式 PCR 扩增 ITS 基因位点，PCR 产物通过测序后进行种系发育分析。结果显示，共有 69 只大熊猫感染了毕氏肠微孢子虫，总感染率为 34.5%。基于 ITS 基因位点，共鉴定到 12 种基因型，包括 7 种已报道的基因型（SC02、EpbC、CHB1、SC01、D、F、Peru6）和 5 和新基因型（SC04、SC05、SC06、SC07、SC08）。种系发育分析显示，除了 CHB1，其余 11 种基因型均属于人畜共患 group 1，揭示了其人畜共患性。

值得注意的是，迄今为止仅有的 3 份大熊猫毕氏肠微孢子虫呈阳性的报告中均没有如腹泻、消瘦等明显的临床症状。因此，大熊猫感染毕氏肠微孢子虫虫株可能致病性较小，也未见明显的临床症状。但是此后大熊猫是否会感染致病性较强的虫株，就像感染一些弓形虫分离株时一样，引起大熊猫出现明显的临床症状，还需要进一步的研究。

（二）大熊猫肠道芽囊原虫的研究进展

芽囊原虫（Blastocystis）是能感染动物和人类的厌氧型单细胞人畜共患肠道寄生虫的一种，属于肉足鞭毛门（Sarcomastiugophora）。粪口途径在个体间直接或间接传播是芽囊原虫传播的主要方式。研究表明，人类也是人畜共患寄生虫芽囊原虫的受害者。根据现有的流行病学报告估计，芽囊原虫已在全球 10 亿~20 亿人中存在。然而，由于芽囊原虫也经常在无症状的个体中被发现，故其致病潜力和临床意义仍不明朗。一些研究表明，炎症性肠病（inflammatory bowel disease，IBD）和肠易激综合征（irritable bowel syndrome，IBS）等多种胃肠道疾病可能与该寄生虫有关。芽囊原虫是人类肠道中一种常见的共生微生物，它的存在增加了宿主肠道微生物群的多样性。这种无处不在的原生生物也在很多动物（包括家养和野生动物）身上被发现，提示动物作为人类微生物的共同感染宿主，传播人畜共患病的可能性；以及人类作为动物传染病原的共同感染宿主，出现人畜共患病逆转的可能性。

迄今为止，关于芽囊原虫感染大熊猫的报道较少，据作者所知目前仅有1例，即Deng等（2019）对成都大熊猫繁育研究基地81只大熊猫粪便DNA PCR扩增后，10份大熊猫样品在SSU rRNA基因位点成功扩增，总感染率为12.3%（10/81）且发现所有阳性样本均属于人畜共患亚型ST1。

由于游客特别是饲养员可能接触到调查地区的大熊猫，因此，专业人员应向这些易感人群提出适当的建议，以减少人畜共患疾病传播。此外，未来的研究应致力于识别高分辨率的分子标记，以更好地了解芽囊原虫的传播动力学。

（三）大熊猫隐孢子虫的研究进展

隐孢子虫（Cryptosporidium）是常见的寄生虫病原体，可引发隐孢子虫病，可感染人类、鱼类等多种脊椎动物。隐孢子虫是引发全球人类和动物腹泻病的一个重要病原。人和其他动物主要通过粪口途径感染，或直接通过受感染的人或动物感染，或间接通过受感染宿主的粪便污染的食物或水感染。根据隐孢子虫病病例接触源数据（刘学涵等，2012）可以发现，水是最常见被报道的可能感染源（48%的病例），其次是接触牲畜（21%）、人际接触（15%）、食源性传播（8%）和接触宠物（8%）。在人类中，隐孢子虫感染可以是无症状，或在具有免疫能力的个体中引起轻微症状；然而，在婴儿、幼小动物和免疫缺陷患者（如艾滋病患者或器官移植患者）中，隐孢子虫感染可引发致命的慢性腹泻。隐孢子虫病是世界范围内人类和动物的一种重要的腹泻病。隐孢子虫对人类健康的重要性在20世纪80年代艾滋病流行期间被首次认识到。隐孢子虫病在全球范围内影响大量的动物物种，其中包括主要的家畜（如牛、绵羊、山羊、猪、兔子、马、驴、水牛、骆驼等）和家禽；人畜共患隐孢子虫虫害在野生动物（包括野兔、鹿等野生哺乳动物和鱼类）中也有报道（庄君灿等，2004；党海亮等，2008）。

近年来，随着分子诊断工具（如PCR）的运用，隐孢子虫也在大熊猫中被鉴定到。Liu等（2013a）首次报道了1只大熊猫感染隐孢子虫的案例，感染率为1.8%（1/57）。该大熊猫18岁，圈养在雅安碧峰峡基地，未观察到明显的临床症状，其感染的基因型为一种新的基因型，被命名为隐孢子虫大熊猫基因型。该基因型的人兽共患潜力和可能造成的临床影响还有待研究。随后Wang等（2015c）对成都大熊猫繁育研究基地、中国大熊猫保护研究中心的122只圈养大熊猫，以及来自大相岭、邛崃山系的200只野生大熊猫进行了调查，结果发现，感染率分别为15.6%和0.5%，感染的基因型均为安氏隐孢子虫。

由于大熊猫中检测出的安氏隐孢子虫也在人类中大量报道，因此与大熊猫密切接触的保育人员、研究人员甚至是游客都可能存在感染隐孢子虫的风险。

（四）大熊猫弓形虫的研究进展

弓形虫病（Toxoplasmosis）是由专性细胞内原生动物刚地弓形虫（*Toxoplasma gondii*）引起的一种重要的人畜共患病。人类和动物通过食用未煮熟的或含有包囊的生肉，或摄入被孢子卵包囊污染的食物或饮水而感染。弓形虫感染的后果与宿主种类和寄生虫基因型有关。成人的原发性感染大多是无症状的，但当感染某些分离株时，具有免疫能力的宿主会发生严重的急性播散性弓形虫病。在我国动物和人类中发现的许多刚性弓形虫基因型显示，中国弓形虫具有较高的遗传多样性。

Ma等（2015a）首次报道了郑州市动物园中一只7岁大熊猫因感染弓形虫而表现出急性肠胃炎症状和呼吸道症状，最终死亡的案例。多位点巢式PCR限制性片段长度多态性分析表明，感染弓形虫后SAG1和c29-2位点为Ⅰ型，SAG2、BTUB、GRA6、c22-8和L358位点为Ⅱ型，任意选择SAG2和SAG3位点为基因型，显示大熊猫感染弓形虫可能产生一种新基因型。该研究通过免疫学、分子生物学、病理学方法证实大熊猫感染的是弓形虫。钟志军等（2014）在一项对成都大熊猫繁育研究基地的弓形虫调查中发现，部分大熊猫弓形虫检测呈阳性。

第八章 环境保护

第一节 水资源保护

一、水环境质量保持

20世纪90年代，卧龙保护区水资源利用随着民生发展而发展。水资源主要满足区内生产生活、办公、科研、养殖、医疗等用水。近年来，民宿发展势头良好，生态旅游业成为社区或周边社区转型发展的抓手。加强入河排污口监管，健全入河排污信息动态管理台账，推进水功能区划管理，做好水质监测，落实水资源保护措施，成为卧龙保护区保持优质水环境的重要举措。

在2008年"5·12"汶川特大地震灾后重建中，卧龙保护区建有卧龙、耿达污水处理厂，在集中安置区安装了一体化污水处理设施，确保污水零排放。卧龙保护区为一般河流型水源地一级保护区。按照《饮用水水源保护区划分技术规范》（HJ 338—2018）规定，取水口上游1000m至下游100m，以及两岸背水坡之间为水域安全保护范围。卧龙保护区现有水源保护地有足木沟、花红树沟、卧龙关沟等11个（表8-1）。

表8-1 卧龙保护区饮用水水源保护区域划定情况

序号	地名	饮用水水源名称	饮用水水源所处位置	功能区范围
1	卧龙镇	地表水	足木沟	以足木山水厂为中心，上游1000m、下游100m范围，左右以山脚为界的陆域
2	卧龙镇	地表水	花红树沟	以花红树水厂为中心，上游1000m、下游100m范围，左右以山脚为界的陆域
3	卧龙镇	地表水	卧龙关沟	以取水点为中心，上游1000m、下游100m范围，左右以山脚为界的陆域
4	卧龙镇	地表水	大岩洞沟	以取水点为中心，上游1000m以上、下至国道350线公路范围，左右200m的陆域
5	耿达镇	地表水	七层楼沟	以取水点为中心，上游1000m以上、下游100m范围，左右以山脚为界的陆域
6	耿达镇	地表水	苏家地沟	以取水点为中心，上游1000m以上、下游100m范围，左右200m陆域
7	耿达镇	地表水	幸福沟	以幸福沟水厂为中心，上游1000m以上、下游100m范围，左右以山脚为界的陆域
8	耿达镇	地表水	老鸦山	以取水点为中心，上游1000m以上、下游100m范围，左右以山脚为界的陆域
9	耿达镇	地表水	贾家沟	以取水点为中心，上游1000m以上、下游100m范围，左右以山脚为界的陆域
10	耿达镇	地表水	窖子沟	以取水点为中心，上游1000m以上、下游100m范围，左右以山脚为界的陆域
11	耿达镇	地表水	正河沟	以取水点为中心，上游1000m以上、下游100m范围，左右以山脚为界的陆域

围绕提升水环境质量，卧龙保护区本着山水林田湖草沙冰系统治理，开展生态系统保护，不断提高区域林草植被覆盖率，增强区域水源涵养能力，减少岸源泥沙和自然污染物入河量，增强河岸稳定性和河流截污、消污能力，促进生态系统自我修复。

全面落实河湖长制，严格河湖岸线管控，开展河湖环境治理。开展交通、水电站、桥梁等在建重点工程跨水、带水施工检查，严格查处侵占河道、改变河道行为。开展河道清淤检查，严厉查处河道私挖乱采，超量、超范围清淤行为，最大限度地保护河床自然地貌形态，维护好河流良好的过水环境和自净能力。

二、水源地保护措施

水资源的保护是指在生产和生活的全过程中，尽量减少水资源的利用，提高水资源的利用率，对废水进行无害化处理，循环经济将水资源保护从传统的"末端治理"引向"源头治理"的污染预防策略。水源保护措施包括严格用水管理、加强水污染防治、加强水资源保护等。卧龙的具体水源保护措施包括禁止一切破坏水环境生态平衡，以及破坏水源林、护岸林、与水源保护相关植被的活动；禁止向水域倾倒、堆放工业废渣、垃圾、粪便及其他废弃物；禁止在水源保护区内投放使用剧毒和高残留农药，不得滥用化肥，不得使用炸药、毒品捕杀鱼类；禁止新建、扩建与供水设施和保护水源无关的建设项目；禁止向水域排放污水；禁止建墓地；禁止可能污染水源的旅游活动和其他活动。环境保护、水利、国土、林业、卫生、建设等相关部门结合各自的职责，对饮用水水源保护区污染防治实施监督管理。对于由村民委员会进行管理的水源、水厂，则由村民委员会全权负责水源环境保护工作。因突发性事故造成或可能造成饮用水水源污染时，事故责任者应立即采取措施消除污染并报告环境保护、水利、卫生防疫、人民政府等部门。由卧龙特区、卧龙管理局饮用水水源保护安全管理领导小组组织有关部门调查处理，必要时经卧龙特区、卧龙管理局批准后采取强制性措施以减轻损失。对保护饮用水水源有显著成绩和贡献的单位或个人给予表扬和奖励。对违反水源保护规定的单位或个人，根据《中华人民共和国水污染防治法》及其实施细则的有关规定进行处罚。水源地保护安设宣传标识标牌。

三、水源地堤防建设

水源地堤防建设不仅保护了水源地，而且也增强了该区域的防灾减灾能力。在 2011 年之前，卧龙的水利工程主要以防洪堡坎为主，以混凝土、浆砌石相结合，防洪标准都不高，5 年居多，10 年次之。2012 年，卧龙保护区、卧龙特区实施了卧龙镇何家大地和简家河坝、耿达镇正河和走马岭 4 段堤防工程，防洪标准为 20 年，共新建、加固堤防 3.68km，清淤疏浚河道 1.60km，投资 1803.11 万元。2016 年，卧龙保护区、卧龙特区实施了卧龙镇沙湾防洪堤建设，防洪标准为 20 年，新建堤防 940m，投资 1266 万元。2020 年，卧龙保护区、卧龙特区实施了卧龙镇头道桥和足木沟、耿达镇老街和獐牙杠 4 段堤防工程，防洪标准为 20 年，综合治理河长 5484.08m，其中新建堤防 749.37m、拆除重建堤防 811.65m、加固堤防 427.06m、河道疏浚 3496m，投资 2400 万元。2022 年，卧龙保护区、卧龙特区实施了卧龙镇二道桥、头道桥、何家大地、松潘营 4 段堤防工程，防洪标准为 20 年，综合治理河段长 7600km，其中新建堤防 1810m、整治堤防 5790m，投资 2351 万元。

第二节 污水废水整治

卧龙保护区以减污降碳协同增效为抓手，以精准治污、科学治污、依法治污为工作方针，推进大气、水、土壤污染治理工作，开展生产生活污水废水专项整治。

开展餐饮油烟专项治理。协同特区加强餐饮油烟污染治理和执法监管。加强油烟扰民源头控制。新建餐饮服务的建筑，要求设计建设专用烟道或安装油烟净化装置并定期维护。统筹垃圾分类收集、运输、资源化利用和终端处置等环节的衔接。

加强生活污染源防控。强化源头管控，保护区污水、垃圾处理设施从无到有，循序渐进，由数量增长向提质增效、由重水轻泥向泥水并重、由重城轻镇向城乡统筹、由重建轻管向建管并行，推动生活垃圾处理"无害化、减量化、资源化"。

规范生活垃圾收集处置。采用分类、收集、转运、处理的垃圾收运处理原则，实现卧龙片区内生活垃圾无害化、减量化、资源化处理。卧龙保护区建设有耿达镇油竹坪垃圾转运站，各村设置垃圾收集点。生活垃圾由镇区与各村收集后转运至垃圾转运站，经压缩处理后运送至水磨镇垃圾处理厂统一处置。采用一体化设施进行乡村易腐垃圾处理，片区内餐厨垃圾经收集后送至水磨镇餐厨垃圾处理场处理。公共厕所和废物箱按照《城市环境卫生设施规划标准》（GB/T 50337—2018）及相关标准进行设置。

注重城镇环保基础设施监管。开展城镇生活污水、医疗废水、垃圾填埋场渗滤液等污水废水排查，重点检查两镇配套污水废水收纳管网漏损、溢流、覆盖不足，生活污水混排、直排情况，污水处理设施建设使用及运行管理情况。其中，对部分设计处理能力不足、进水浓度长期偏低、运行管理不善或因灾受损等影响污水处理厂（站）正常运行的问题，整改方案纳入地方"十四五"规划，落实项目资金，制定措施，加快实施城镇雨污、清污分流和提标改造工程建设。

提升大气环境监测监控能力。保护区建有空气质量自动监测设施，严格落实监测质量保证与质量控制要求。拓展非现场监管手段的应用，加强污染源自动监测设备的运行监管，确保监测数据质量，及时完整传输。规范污染源排放监督性监测，严厉打击废气治理设施、自动监测设备不正常运行和数据造假等违法行为。

加强重点建设项目施工监管。以"都四轨道交通扶贫项目"重点工程建设为重点，开展建设施工生产生活污水废水处理设施建设检查，重点对临时污水废水处理设施建设及运行管理、达标排放情况进行检查，指导规范施工环节、运输过程、贮存场所建设，依法依规开展转移处置和综合利用，加强现场管理和台账管理，确保施工污水废水应收尽收，有效处理，减少对大气、水、土壤的影响。

强化农业面源污染治理。鼓励销售、使用可降解的农用薄膜覆盖物。推进农药化肥使用零增长。严格落实畜禽养殖污染防治管理制度，切实加强畜禽养殖污染防治工作。

强化危险废物规范化管理。相关部门强化协调配合，开展危险废物产生单位监管情况排查，进一步摸清危险废物产生、贮存、利用和处置情况。落实危险废物环境污染防治全过程监管职责，持续开展危险废物专项整治和规范化环境管理评估，针对发现的问题，对照规范化管理要求，指导相关单位制定整改方案，逐项明确整治措施和时限，开展限期整治。

镇村环保基础设施监管。按照四川省、阿坝州农村生活污水治理要求，加快实施农村生活污水治理"千村示范"工程建设，加快推进聚居地区和镇人民政府驻地生活污水治理，加强已建农村污水处理设施运行维护管理，确保正常使用。

第三节 污 染 防 治

2018年8月31日，我国出台了第一部土壤污染防治领域的基础性法律《中华人民共和国土壤污染防治法》，自2019年1月1日起施行。我国还确立了"预防为主、保护优先、分类管理、风险管控"的土壤污染防治原则，制定了农用地、建设用地土壤污染风险管控的系列标准规范。国家公园是我国等级最高的自然保护地。重点保护未污染的耕地、林地、草地和饮用水水源地，加强污染防治，防止人为带入的面源污染，防止因激素、抗生素、农药、化肥造成栖息地的水、土壤和食物改变，维护国家公园的良好生态功能。生态系统尽管有很强的修复能力，但当破坏超过了极限，这种修复也无能为力。一个物种可以影响30个以上的物种的生存，栖息地的改变可能首先影响的是昆虫，而昆虫会影响鸟类，鸟类又会影响到其他的动物。

在污染防治方面，卧龙保护区、卧龙特区主要从以下几个方面入手。

在防控土壤污染风险方面，设立土壤环境质量监测点，监测农用地土壤污染面积、分布及对农产品质量的影响。

在管控风险方面，注重源头预防，加强污染耕地和建设用地的安全利用。持续开展农用地土壤镉等重金属污染源头的防治，将区内企业的发电机房、变电站、加油站等纳入到土壤污染重点监管单位。

在污染耕地监管方面，注重是否为面源污染，是否过度使用化肥、农药。

在工程管理方面，施工单位需要转运污染土壤的，应当制订转运计划，将运输时间、方式、线路，污染土壤数量、去向，最终处置措施等提前报所在地和接收地生态环境主管部门。转运的污染土壤属于危险废物的，修复施工单位应当依照法律法规和相关标准的要求进行处置。

在建设用地方面，卧龙保护区尚未依法依规对地块开展土壤污染状况调查评估，准入管理依靠国土、住建等行业管理部门。

第九章　人为干扰管控

第一节　干扰类型

影响保护区生态系统稳定的因素分为自然灾害因素和人为干扰因素两大类。卧龙的自然灾害因素主要有极端天气引发的山洪泥石流、强地震引发的山体崩塌等；人为干扰因素主要有原住民的生产经营活动和社区经济发展所必需的大型基础设施建设活动等。卧龙保护区常见的人为干扰包括放牧、旅游、道路、采集、采伐、偷猎、用火等。

一、放牧

放牧是对保护区影响范围最广、影响程度最大的人为干扰类型。第四次全国大熊猫调查显示，放牧仍然是排在首位的干扰因子。卧龙持续多年的监测表明，放牧分布痕迹有逐年扩大的趋势，对大熊猫栖息地有较大的干扰，是所有人为干扰类型中影响频率最高的。卧龙主要以放牦牛为主，部分地区放马和羊。10.81%的放牧干扰点分布在海拔1000~2000m，34.83%的干扰点分布在海拔2000~3000m，44.90%的干扰点分布在海拔3000~4000m，9.46%的干扰点分布在海拔4000m以上。放牧区域主要分布在正河流域耿达附近的黄草坪、仓王沟、贾家沟、七层楼沟等区域，皮条河流域的溴水沟、卧龙关沟、红花树沟、五里墩沟、银厂沟、糍粑街沟、龙眼沟、鹦哥嘴沟、大魏家沟、野牛沟、磨子沟、梯子沟、马鞍桥山等区域，西河流域的黄羊坪和岩垒桥等区域，以及中河流域的盘龙寺等区域。

依照《中华人民共和国自然保护区条例》，保护区内禁止放牧和开垦荒地。卧龙保护区社区居民有放牧的传统，不少居民将养殖业特别是将养牛和羊作为重要的生计来源。多年来，当地农民多以放养牦牛、黄牛、绵羊为主，牦牛放养在卧龙邓生沟片区、巴朗山以及耿达正河（磨子沟）等高海拔耐寒区域，黄牛、绵羊放养在中低山天然林、退耕还林区域，养马在历史上主要用于驮运物资，现今用来满足山区修建材料转运或少量访客游骑，但养马对保护区的林下植被破坏大。放牧对生态系统的影响主要表现为牲畜与部分野生动物尤其是有蹄类动物生态位重叠，表现为食物竞争。在冬季，马、羊等大量啃食竹叶，对保护区主要保护对象——大熊猫及其栖息地都会造成一定的影响。由于放牧有悠久的传统，也是少数当地居民的收入来源，因而在保护区禁牧难度极大。

二、旅游

卧龙地区的旅游资源丰富，自然景观与人文景观并存，以自然景观为主。有科学考察价值的旅游资源有中国大熊猫保护研究中心卧龙神树坪基地、卧龙核桃坪基地、中国卧龙大熊猫博物馆、大熊猫国家公园卧龙自然博物馆、"五一棚"大熊猫野外观察站、邓生沟生态体验基地。旅游徒步区域有巴朗山云海、熊猫王国之巅、高山灌丛、贝母坪草甸、黄草坪草地、甘海子等。休闲避暑体验区集中在幸福沟张家大地、龙潭村民宿、卧龙镇守貘部落及卧龙关老街（图9-1）等，在这里能领略到藏族、羌族等少数民族风情。

不同海拔的人类旅游活动干扰程度不同。按照干扰痕迹海拔分布统计，69.23%的干扰痕迹分布在海拔1000~2000m，23.08%干扰痕迹分布在海拔2000~3000m，7.69%的干扰痕迹分布在海拔3000~4000m。人类旅游干扰区域主要分布在皮条河的核桃坪、卧龙镇、英雄沟、野牛沟附近区域，中河流域的野牛坪和龙池沟附近区域。

图 9-1 卧龙镇卧龙关老街（何晓安 摄）

旅游活动对生态系统的影响主要表现为保护区内流动人口的增加势必会对自然生态系统造成破坏，可能会产生大气、水和固体的直接污染；部分游客未经允许进入保护区核心区域内徒步，可能会追逐野生动物，对保护区内动物的正常生活造成干扰；部分环保意识差的游客会在保护区内留下大量的旅游垃圾，从而造成环境污染。此外，部分游客可能在保护区内吸烟并随意扔烟头、烤火取暖等，这在一定程度上增加了发生森林火灾的风险。旅游活动对大多数动物的影响为随着旅游活动增强，部分物种会远离人为活动的区域，但部分物种对人为干扰不敏感，甚至喜欢到有人为干扰的区域活动，比如猕猴和藏酋猴对人为干扰不敏感，它们常到人为活动较强的区域获取食物。

三、道路

新中国成立前卧龙没有道路，新中国成立后至保护区建立前人们主要依靠茶马道路通行，人托马背需要 6~10 天才能从现在的卧龙管理局到映秀或都江堰。1963 年红旗森工局进驻后，修建了伐木运输便道，20 世纪七八十年代修建了乡间碎石公路，90 年代修建了省道 303 线。21 世纪初期，尤其是 2008 年地震后，省道 303 线重建后升级为国道 350 线，2016 年 10 月对社会开放。2020 年蜀道投资集团有限责任公司开始在卧龙建设国内首条都江堰至四姑娘山镇山地轨道，这属于交通扶贫项目，线路长 123.18km，其中 77km 穿越卧龙保护区的实验区、大熊猫自然遗产地、大熊猫国家公园卧龙片区，全线新建都江堰、永丰、蒲阳、虹口、龙池、映秀、耿达、卧龙、邓生沟、巴朗山、四姑娘山等车站 11 座，其中耿达、卧龙、邓生沟、巴朗山 4 座车站设置在保护区的实验区内，邓生沟、巴朗山 2 座车站也在大熊猫自然遗产地和大熊猫国家公园一般控制区内，预计 2026 年完工。

由此可见，道路的建设、改建升级成为保护地难以回避又不可忽视的干扰因子，加剧了大熊猫栖息地破碎化趋势。此外，便利的交通使大量外来人员涌入保护地，访客的增加使野生动植物的保护工作面临新的压力。建设期落实环境影响评价减缓措施十分重要，运营期监测不可或缺。

四、采集

卧龙保护区的采集活动可分为药材采集和食材采集两类。药材采集即采药，是保护区内及周边社区居民的传统副业，在卧龙，采药干扰是综合影响程度排名第二的干扰类型，采药的主要时段为每年的夏秋季，但有些药材种类的采挖时间会延长到冬季。据多年连续监测调查统计，卧龙有 7.69% 的采药干扰点分布在海拔 1000~2000m，38.46% 的采药干扰点分布在海拔 2000~3000m，51.28% 的采药干扰点分布在海拔 3000~4000m，2.57% 的干扰点分布在海拔 4000m 以上。采药主要区域分布在皮条河流域的核桃坪、溴水沟、红花树沟、卧龙关沟、银厂沟、大魏家沟、打雷沟、梯子沟，正河流域的铡刀口沟、七层楼沟等区域，以及中河流域的白马岩、龙池沟、关门沟等区域。保护区内被采挖的野生药用资源植物达 20 科 45 种，其中采挖强度较大的有天麻、重楼、四川贝母、大黄、红景天、水母雪兔子（*Saussurea medusa*）（图 9-2）、羌活、木香和佛掌参等 9 种，采挖时间主要集中在秋冬季（9～12月）。在保护区的试验区、缓冲区和核心区都有不同程度的采挖现象，主要集中在卧龙、耿达两镇居民生产生活区域和林线-高山草甸-流石滩区域，其中邓生-巴朗山区域的邓生沟、塘坊、梯子沟、魏家沟尾部，以及热水河区域采挖现象尤其严重。

图 9-2 水母雪兔子（何晓安 摄）

食物采集的种类主要有拐棍竹笋、紫花碎米荠（石格菜）、鹿耳韭（卵叶韭）、香椿芽等。拐棍竹笋是卧龙野生大熊猫繁殖季节的重要能量来源，采笋活动在直接破坏大熊猫食物资源的同时也会导致拐棍竹数量减少、长势衰退，降低了大熊猫栖息地的质量，干扰了大熊猫的生存繁衍。烤笋带来的野外用火增加了保护区内发生火灾的风险。其他野生食物的采集活动也对自然资源带来不同程度的破坏，同时还会对采集活动区域内的野生动物造成不良影响。保护区每年开展禁笋专项行动，与大熊猫争食的采集现象在保护区得到有效制止。

五、采伐

卧龙的天然林采伐自卧龙保护区建立后就已全部停止。历史上发生的采伐事件主要有小范围的合法林木采伐和村民的烧火柴砍伐，偶尔也会发生林木盗伐案件。采伐干扰主要分布在皮条河流域的核桃坪、溴水沟沟口、五里墩沟沟口、杨家山附近区域、中河流域的野牛坪和龙池沟附近区域，砍伐时间主要集中在冬季。采伐干扰主要分布在海拔 4000m 以下，70% 的干扰点分布在海拔 1000～2000m，20% 的干扰点分布在海拔 2000～3000m，8% 的干扰点分布在海拔 3000～4000m，2% 的干扰点分布在海拔 4000m 以上。保护区实施天保工程和"以电代柴"后，烧火柴的采伐已不复存在。

六、盗猎

经过多年的保护、宣传和严厉打击，卧龙已多年未发生针对重点保护物种大熊猫的盗猎行为。但其他动物如中华扭角羚、野猪、黑熊、林麝、果子狸、中华鬣羚、毛冠鹿、中华斑羚及一些雉类仍受到偶发盗猎威胁。盗猎行为发生的时间一般在每年的秋冬季（10 月至次年 1 月），发生的区域集中在中桥西侧山脊和足木沟附近区域，盗猎方式主要为安放猎套。盗猎干扰点主要分布在海拔 3000～4000m，占所有盗猎干扰点的 91.67%。自全面禁食野生动物后，卧龙的盗猎行为已经得到有效遏制。

七、用火

卧龙保护区内砍柴、采笋、采药、偷猎、放牧、考察、徒步、穿越等人类活动常常伴随用火取暖、煮饭等行为。用火痕迹的多少在一定程度上反映了大熊猫栖息地内人为活动强度的大小。用火痕迹是所有干扰类型中发生频次最少的，主要分布在巴朗山、鹦哥嘴沟口和耿达南侧海拔 2000～3500m。

第二节 对主要保护对象的影响

卧龙保护区存在放牧、旅游、道路等干扰因子的影响，不仅对生态系统有影响，而且对主要保护对象也产生影响。

对大熊猫有影响的威胁因子主要是竹类开花和偷猎。竹类在保护区内以分片形式零散分布，除发生大规模大熊猫主食竹成片开花现象外，一般不会对大熊猫食物来源造成影响。由于保护大熊猫的宣传深入人心，近50年来尚未发生针对大熊猫的偷猎行为，但是，用来偷猎水鹿等其他动物的猎套有可能无差别地伤害到野生大熊猫。

对中华扭角羚有影响的威胁因子有偷猎、放牧、旅游等。由于中华扭角羚有周期性舔食岩盐和集群活动的习性，偷猎者容易掌握这些习性，偷猎易造成中华扭角羚数量损失，对其种群的生存造成威胁。游人喧哗、驱赶等会干扰中华扭角羚的正常活动，迫使中华扭角羚远离旅游活动的区域，对其生存繁衍造成未知的影响。

对水鹿有影响的威胁因子有偷猎、旅游等。由于鹿肉和鹿茸的诱惑，偷猎依然是水鹿的主要威胁。在低海拔沿河道展开的旅游项目和活动对水鹿有驱赶作用，迫使水鹿上升到更高海拔的区域以避开人群，使水鹿的栖息地面积缩小，不利于种群的繁衍壮大。

对雪豹有影响的主要威胁因子是放牧。雪豹的栖息地与部分牧场交叉重叠，可能会因雪豹捕食牦牛幼仔而遭受牧民的报复性猎杀。同时，放牧活动干扰强度大，会干扰雪豹的正常活动，使之被迫离开正常的栖息地，对其生存繁衍造成未知的影响。

对林麝有影响的威胁因子有偷猎、放牧、旅游等。偷猎是林麝的主要威胁因子，因为麝香具有极高的经济价值，导致偷猎者猎杀林麝，林麝生性胆小，人类旅游可能会使林麝主动回避，迁往高海拔区域，使其栖息地面积减小。

对川金丝猴有影响的威胁因子有放牧和旅游等。放牧和旅游都属于强干扰性活动，对川金丝猴有驱离作用，使之被迫迁移到不利于它们生存的环境中，影响其种群的繁衍。

第三节　管控措施

人为干扰的管控是一个复杂的问题。由于干扰因子产生的背景和发生的时间不同，受影响的对象和影响程度就会存在差异，管控措施也要因时、因势因地制宜。

开展专项行动。在保护区建立初期至20世纪八九十年代，盗猎、采伐、采药、放牧等是主要的干扰类型。保护区内的居民大多为藏族、羌族、回族等少数民族，受传统生产生活习惯的影响，社区居民主要依靠土地和自然资源，利用木材、兽皮、动植物药材等获取生产生活物资。对自然资源的过度依赖致使乱捕滥猎、乱砍滥伐、烧草放牧等现象难以从根本上杜绝。开展专项整治行动，依法打击非法偷猎者，震慑不法分子，历史上收到良好效果；通过高远山巡护进行清山清套，开展秋冬反盗猎，春夏禁采竹笋、不与大熊猫争食行动，宣传禁止在保护区采石、挖沙、挖药、采伐等。

控制放牧规模。当地村民有悠久的高山放牧传统，伴随着经济发展的各种风险以及牛羊肉较高的市场价格，尤其是人们对生态养殖产品的需求上升，卧龙保护区村民的养殖数量也有增无减，当地甚至有人开始在高山放牧牛羊、少量马匹。针对上述情况，保护区的应对措施是限制高山放牧区域、放牧数量和放牧种类。

分区管控。保护与发展不仅是绕不开又不易解决的难题，也是追求经济效益绕不开的社会困局。卧龙保护区、卧龙特区是具有保护与发展双重职责的管理机构，保护与发展的矛盾冲突也回避不了。近些年来，社区旅游的发展从一定程度上缓解了社区居民对自然资源的依赖，但发展旅游的同时又带来了旅游区环境污染、旅游活动干扰野生动植物生境等问题。卧龙是一个高度开放的保护地，线形道路100余千米穿越其中，可达性强，人、车流量大。强化国土空间管控，如何分区、分时、分季节管控，是大熊猫国家公园卧龙片区面临的也是必须考虑的问题。卧龙片区在规划编制、产业布局、资源开发、特许经营、重大项目选址中应遵循分区管控原则，引导产业结构优化调整，促进绿色低碳发展，确保大熊猫国家公园卧龙片区生态保护红线、环境质量底线、资源利用上线不突破，高质量建设大熊猫国家公园。

集中安置。地震后，保护区出于扩大大熊猫野外栖息地和改善居民生活环境的考虑，将地震前位于高半山上的全部居民搬迁到山下的平坝地区进行集中安置，配套较为完善的基础设施，实施"以电代柴"，有效减少了当地居民对自然资源的依赖，改变了当地居民的传统生活观念，同时又有利于大熊猫栖息地的恢复。

转型发展。在"5·12"汶川特大地震前卧龙保护区年旅游人数为 10.3 万人，为保护区内村民提供就业岗位 389 个，门票收入 234 万元，实现产值 700 万~800 万元。2016 年 10 月国道 350 线全线通车，卧龙保护区民宿发展势头兴旺，访客量激增。以 2022 年暑期为例，每日避暑访客量在 2 万人以上，持续了 45 天，仅在耿达镇，截至 2022 年 8 月中旬，旅游收入就已过亿元。当地居民从发展民宿、访客购买力中受益，又反过来支持保护。生态保护、生态旅游、生态种植的有机结合，成为转型绿色发展的抓手，是"绿水青山就是金山银山"的生动实践。

反应性监测。新建、改扩建道路等重大工程实施严格准入条件，全面落实环境影响评价意见，消减负面影响，增加环保投入，做好生态修复，严格环、水、保监管，做好大熊猫国家公园内重大项目前期、中期和后期全生命周期生物多样性保护监测。

第三篇

科 研 篇

第十章　大熊猫研究现状与展望

第一节　野生大熊猫的研究

对野生大熊猫生态习性的认识最早见于西方一些博物学家到我国西部山区的考察散记中，如 1937 年 Sheldon 在"Notes on the Giant Panda"中报道：大熊猫主要活动于有竹子分布的环境（张泽钧和胡锦矗，2000）。新中国成立后，我国科学工作者于 20 世纪 60 年代中期开始野生大熊猫生态学研究工作，并对王朗自然保护区内大熊猫的分布与数量进行了摸底调查（王朗自然保护区大熊猫调查组，1974）。70 年代中期，我国政府组织了全国第一次大熊猫调查（1974～1977 年），初步摸清了该物种在我国的分布与资源状况。随后，卧龙保护区在"五一棚"区域建立了大熊猫野外观察站，开展了野生大熊猫监测（图 10-1，图 10-2）。在与世界自然基金会合作研究的基础上，1985 年胡锦矗等完成了《卧龙的大熊猫》一书。80 年代初期，我国政府与世界自然基金会合作开展了野生大熊猫生态学研究。80 年代中期以后，有关野生大熊猫生态学的研究工作逐渐在不同山系深入开展，岷山唐家河白熊坪、凉山马边大风顶暴风坪、相岭冶勒石灰窑、秦岭佛坪三官庙、秦岭长青以及邛崃蜂桶寨汪家沟等观察站先后建立，并取得了一系列研究成果。国家林业局在 1985～1988 年、1999～2003 年和 2011～2014 年还分别组织开展了全国第二次、第三次及第四次大熊猫调查工作。同时，新技术的推广应用推动了研究工作的进一步深入。3S 技术的应用和推广有力地促进了野生大熊猫栖息地利用及评估工作的开展，提高了栖息地保护管理的水平。现代分子生物学和基因组学的应用对揭示大熊猫种群历史，探讨种群数量调查方法及生态学规律（如迁移扩散机制）等起到了重要推动作用，并将大熊猫生态学及保护生物学研究提升到一个崭新的高度。近 40 年来，有关野生大熊猫生态学的研究涉及数量、分布、生态、行为、适应、进化及遗传等众多领域，新的学术思想与研究成果大量涌现，极大地充实和深化了对大熊猫生态习性的认识（魏辅文等，2011）。

图 10-1　"五一棚"野外大熊猫监测（张和民 供图）　　图 10-2　大熊猫在"五一棚"帐篷（王鹏彦 供图）

一、栖息地生态学研究

国外对大熊猫栖息地的研究较早，以 1937 年 Sheldon 发表的"Notes on the Giant Panda"为标志。国内对大熊猫的系统研究始于 20 世纪 70 年代，早期主要是对大熊猫野外生态观察和走访进行语言描述。20 世纪 80 年代发表的一些重要著作，如《卧龙自然保护区大熊猫、金丝猴、牛羚生态生物学研究》（胡锦矗，1981）、*The Giant Pandas of Wolong*（Schaller et al.，1985），对大熊猫生境选择问题已有较多涉及，但仍多是一些定性介绍和描述。经过多年的探索，我国科学家已在生境选择及评价、生态旅游与可持续发展、大熊猫国家公园生态价值实现机制等方面取得丰富的研究成果。

（一）空间利用

在大熊猫生态学研究领域，大熊猫的空间利用研究一直备受关注。大熊猫空间利用的研究方法主要有野外调查法、无线电遥测法、GPS项圈跟踪法、红外相机监测法等。野外调查法包括直接观察法和活动痕迹法。由于野生大熊猫警惕性极高，且栖息于森林山谷中很难直接观察到。迄今为止，只有为数不多的研究是基于野外的直接跟踪观察完成的。现阶段大多数野外调查都是依据大熊猫的活动痕迹，即主要通过大熊猫的粪便、毛发、抓痕等活动痕迹来推断野外大熊猫对生境的选择。这种研究方法是进行大熊猫生境选择研究的传统方法，也是应用最广泛的一种方法。我国对野生大熊猫空间利用的研究起步较晚。20世纪80年代，研究者主要通过野外直接观察和无线电颈圈监测野生大熊猫的活动空间、季节垂直迁移规律等，大多是通过野外调查的方法对大熊猫栖息地的微生境因子进行分析，进而研究大熊猫的生境选择特征，但野外调查存在误差大且尺度单一的缺点。目前，国内外对大熊猫空间利用与生境选择的研究已从对野外实际调查结果的描述性分析向定量化分析转变，且多以生境因子的异同与变化为出发点。应用DNA指纹技术、红外线自动感应照相系统、GIS与遥感成像等先进技术，并融合景观生态学理论是当前研究大熊猫在较大空间尺度上生境选择的主要方法。

1. 海拔

在海拔分布上，欧阳志云等（2001）利用野外调查样方数据与Hull等（2016a）通过GPS项圈跟踪野外大熊猫个体进行大熊猫生境选择研究都发现，卧龙大熊猫生境选择的主要海拔分布区间为2300～3000m。白文科（2017）基于GIS对卧龙保护区大熊猫生境选择与利用进行了研究，发现卧龙野生大熊猫的适宜生境区域位于海拔2000～3000m。杨渺等（2017）发现，卧龙大熊猫栖息地海拔在1820～3051m。栖息地平均海拔3000m。大熊猫分布密度最大的区域平均海拔为2500m。卧龙大熊猫倾向于选择海拔较低，缓坡比例更高的微生境。可能是受人类活动干扰，卧龙保护区大熊猫有沿着河谷向高海拔拓展活动范围的趋势（白文科，2017；杨渺等，2017）。

2. 坡度

在坡度分布上，Reid和Hu（1991b）发现大熊猫适宜生境的坡度上限为25°。欧阳志云等（2001）认为坡度大于45°的区域为不适宜生境。Hull等（2016b）对卧龙大熊猫生境选择的研究结果显示，大熊猫会选择一些坡度较大的生境区域进行采食和活动。白文科（2017）发现，大熊猫生境选择的主要坡度区间为20°～50°，占大熊猫空间利用面积的85.56%。

3. 坡向

在坡向分布上，白文科等（2017a）研究表明，卧龙保护区大熊猫生境选择与利用在南-西坡的分布面积大于北-东坡的分布面积。

4. 植被选择

在植被选择方面，白文科等（2017a）和Bai等（2020）发现，卧龙保护区大熊猫生境选择与利用的主要林型为亚高山针叶林。杨渺等（2017）发现，大熊猫倾向选择常绿针叶林，其次是落叶阔叶灌木林、常绿阔叶灌木林、针阔叶混交林。

5. 空间利用格局

周世强等（2016）比较了野生大熊猫与放牧家畜的空间利用格局，发现野生大熊猫和放牧家畜不同月份和整体之间在海拔、坡度坡向、巢域面积、日移动距离和核域数量等方面都具有显著性差异。野生大熊猫表现为随季节和食物类型（竹笋、竹秆、枝叶）丰度的变化分别活动于拐棍竹林、短锥玉山竹林和冷箭竹林中，为具有活动空间较大（海拔范围、巢域大小）、日移动距离较短和核域数量多等特征的随机扩散，且不同个体和月份之间波动性较大；放牧家畜则因放养竹林（拐棍竹林、冷箭竹林）不同和人为干涉程度大小的不同，显示出不同的空间利用格局，但与大熊猫相比，总体上具有巢域面积小、日移动距离略大、核域数量极少等空间利用模式特征，且不同畜群和不同时间之间的变化幅度也小于大熊猫。白文科等（2017a）发现卧龙大熊猫生境的空间利用分布格局在第四次大熊猫调查时与第三次大熊猫调查时相比已发生较为显著的变化，表现在对栖息地的实际利用过程中向更适宜的区域集中。张晋东等（2019）研究了繁殖期至育幼期雌性大熊猫的空间利用，结果表明，在交配后期（2010 年春季，即 4~6 月），雌性大熊猫活动空间范围较大，为 3.49km²，日平均活动距离较大，活动频率也相对较强；在产仔期前后（2010 年夏秋季，即 7~10 月），雌性大熊猫的活动范围明显缩小为 0.42km²，日平均活动距离和活动频率都明显减少；自 2010 年冬季（2010 年 11 月至 2011 年 3 月）开始雌性大熊猫带仔生活，其家域面积逐渐增大，且趋向稳定（0.84~1.19km²），日平均活动距离和活动频率都开始增加。

（二）生境选择

大熊猫的生境选择一直是大熊猫野外生态学研究中的热点。在 20 世纪 90 年代之前，大熊猫生境选择的研究工作主要是基于野外生态观察基础上的语言描述。胡锦矗（1981）在《卧龙自然保护区大熊猫、金丝猴、牛羚生态生物学研究》、Schaller 等（1985）在 The Giant Pandas of Wolong 中都有关于卧龙大熊猫栖居习性的语言描述。20 世纪 90 年代，随着研究手段的改进和研究方法的更新，尤其是一些数理统计原理和方法的引入，大熊猫生境选择的研究由定性描述逐渐向精确定量化阶段过渡。Reid 和 Hu（1991b）对卧龙保护区的大熊猫生境选择进行了研究，开启了大熊猫生境选择定量化研究的先河。邓维杰（1992）发现，卧龙大熊猫生活在海拔 2300~3000m 的冷箭竹林和拐棍竹林中。欧阳志云等（2000）发现，卧龙落叶阔叶林、针阔叶混交林及针叶林 3 种植被类型均可为大熊猫的适宜生境。张泽钧等（2002）对邛崃山系大熊猫的生境选择进行了研究，结果显示，该地大熊猫喜欢在东南坡向、乔木郁闭度较大、坡度相对平缓、竹子生长状况较好的原生针阔叶混交林或针叶林中活动。周世强等（2015）比较了大熊猫对冷箭竹更新竹林与残存竹林的选择利用，发现野生大熊猫主要活动于"五一棚"区域冷箭竹的更新竹林中，但野生大熊猫对更新竹林的利用率在不同月份之间具有较大的波动性。董冰楠（2017）进行了邛崃山系大熊猫生境选择及栖息地干扰时空变化研究，发现邛崃山系大熊猫在全国第三次和第四次大熊猫调查中对微生境的选择都表现出了明显的偏好，选择性相同的包括对坡度较小的均匀坡的选择，对原始林的选择，对生长良好的上层乔木、灌木的选择，以及对竹林盖度等的选择；选择不同的有对坡形、坡向以及竹林高度的选择。总之，无论是无线电颈圈监测还是 GPS 颈圈跟踪都显示大熊猫生活在海拔 2600m 以上的冷箭竹林中，仅每年 5~6 月下移到海拔 2500m 以下的拐棍竹林里采食当年生竹笋（周世强等，2016；Hull et al.，2015；胡锦矗等，1985；Schaller et al.，1985）。此外，研究还发现，在森林中大熊猫喜欢沿着空旷地、山脊和河沟边或大型兽径移动；休息地一般位于集中采食的竹林和大树基部；母兽时常选择树龄较大的乔木基部或石洞产仔、育幼。

（三）栖息地质量评价

欧阳志云等（1995）通过 GIS 评价了卧龙保护区大熊猫的生境状况。陈利顶等（1999）通过建立生境连接度模型发现卧龙保护区内最适宜和适宜大熊猫生存的地区在空间分布上处于极度破碎状态，十分不利于大熊猫的生存和保护。欧阳志云等（2000）发现，卧龙大熊猫生境的群落特征指标如物种数、物种多样性等将比原始生境高；而物种优势度、群落高度与最大平均树径以及重要值则比原始生境下降；竹类的生物量与更新能力也表现为下降的趋势。Liu 等（2001）认为卧龙保护区建立后的 30 多年，大熊猫栖息地破碎化程度比保护区建立初期更为严重。丁志芹（2017）基于多源数据对卧龙保护区大熊猫生境进行了评价，发现研究区内大熊猫适宜生境面积为 791.1572km²，占卧龙保护区总面积的 38.89%，大部分适宜区域在卧龙保护区的东北部、东部、东南部。

（四）人为因素对大熊猫及其栖息地的影响

Liu 等（1999a，1999b）评价了人为因素对卧龙保护区内大熊猫栖息地的潜在影响，发现随着人口增长，大熊猫栖息地的数量和质量都将不断下降，降低人口出生率及鼓励人口外迁能够减轻对大熊猫栖息地的负面影响。欧阳志云等（2000）发现，在卧龙，大熊猫生境质量主要受森林砍伐等人类活动的影响。杨娟等（2006）采用流域时空对比和景观格局分析的手段，探讨了卧龙地区郫溪流域和渔子溪流域土地覆盖变化对大熊猫潜在生境的影响，发现不同流域大熊猫潜在生境的景观格局变化趋势不同，大熊猫潜在生境在流域中的分布与人类活动在空间上的交错关系是导致 1990～2000 年渔子溪大熊猫潜在生境受到严重干扰的重要原因。根据全国第四次大熊猫调查，保护区内道路、水电站、矿产开发以及旅游活动等的快速发展给大熊猫栖息地带来了一些潜在的新威胁，或许会对大熊猫栖息地造成长期或永远的干扰，使大熊猫栖息地变得更加破碎化（唐小平等，2015）。王晓（2020）研究了放牧对卧龙保护区大熊猫及其栖息地的影响，发现放牧家畜会导致大熊猫、中华小熊猫的活动痕迹极显著减少。周世强等（2023）发现家畜放牧主要影响大熊猫栖息地的灌木层结构和主食竹种的种群特征，致使野生大熊猫主动回避被放牧家畜干扰的区域，调整活动空间和栖息地的范围。

（五）自然灾害对大熊猫及其栖息地的影响

Zhang 等（2011）研究了"5·12"汶川特大地震对大熊猫及生物多样性的影响。Lu 等（2012）采用了基于 Landsat TM 影像的归一化植被指数（NDVI）进行汶川地震前和地震后的对比分析，发现汶川地震对植被破坏主要集中在海拔 1500～2500m 的 25°～55°的河谷。韩文（2013）对震后卧龙保护区大熊猫生境现状和恢复进行了研究。刘新新（2015）发现汶川地震破坏主要海拔范围为 1200～4200m，而主要坡度范围为小于 10°及 30°～60°。孟庆凯（2016）采用 3S 技术定量揭示了地质灾害空间分布格局与大熊猫生境的关系，系统评估了卧龙保护区地质灾害的空间易发性，探讨了地质灾害对大熊猫生境的植被盖度、破碎化，以及大熊猫行为模式、基因交流等多方面的影响，构建了一种考虑地质灾害干扰因素的震后卧龙大熊猫生境评价指标体系，发现震后卧龙保护区的大熊猫生境暂时未受到明显影响，局部分布在耿达镇东北部附近的小种群可能面临一定的环境压力。朱栩逸（2016）基于遥感（RS）和地理信息系统（GIS）对卧龙保护区 2013 年 4 月 20 日雅安地震前后大熊猫生境适宜性进行了研究，发现受破坏的适宜生境区域主要集中在自然保护区东南侧的英雄沟附近。熊明刚（2018）对 2008 年汶川大地震后卧龙保护区内生境破碎化变化情况进行了研究，发现卧龙保护区内大熊猫生境主要以竹林地为主，而零散分布的其他类型景观是造成破碎化的主要因素。

（六）栖息地生态修复

在生境恢复研究方面，欧阳志云等（2002）研究发现，在卧龙保护区，竹子资源的恢复需要 20～30 年，生境中群落的恢复至少需要 50 年，而生境中群落恢复至接近原始生境的状态，则需要 70～80 年。

二、觅食生态学

胡锦矗等（1985）在卧龙保护区就大熊猫觅食时对冷箭竹和拐棍竹的选择进行了探讨，发现竹子占大熊猫年食谱组成的 99% 以上，除此之外，大熊猫也偶尔摄食其他动物的尸体（胡锦矗等，1985；胡锦矗，1995）。对于竹子的不同组织，大熊猫可利用竹叶、竹茎、竹枝以及新笋等。对于新笋，大熊猫偏好高而粗的新笋。近来的研究也发现，卧龙保护区内大熊猫的主要采食竹为拐棍竹与冷箭竹（白文科，2017；白文科等，2017a）。

与此同时，许多植物学工作者亦就大熊猫主食竹的生态生物学特性展开了研究。胡锦矗等（1985）分析了大熊猫主食竹内营养成分及微量元素的含量。秦自生等（1992，1994），秦自生和泰勒（1992）系统探讨了冷箭竹、拐棍竹等竹种的生物学特性、生物量、种群结构以及自然更新。周世强等（2012）研究了野化培训大熊猫采食和人为砍伐对拐棍竹无性系种群更新的影响。

三、繁殖生态学

魏辅文和胡锦矗（1994）报道了卧龙保护区大熊猫的繁殖状况，发现野生大熊猫的雌雄比例约为1∶1，雌性大熊猫约6.5岁初发情，7.5岁交配产仔，20岁繁殖基本结束；雄性约7.5岁初发情，8.5岁获得交配权，20岁繁殖基本结束。野生大熊猫多在每年4月上、中旬发情交配，雌性发情高峰期仅持续1~3天，年繁殖率约62.5%，其中单胞胎繁殖率约58.3%，双胞胎繁殖率约4.2%。野生大熊猫新生幼崽重量仅约为母体重量的1/933，发育程度极差；幼仔出生后母体将在洞穴内度过1~2周的禁食期（胡锦矗等，1985）。

四、行为生态学

野外观察大熊猫行为极为不易。目前有关野生大熊猫行为研究的报道极少，有关野生大熊猫行为发育、表达、功能及适应意义的研究至今仍然空白。目前，我们仅见有胡锦矗等（1985）对野生大熊猫育幼行为的跟踪观察，以及幼体行为和亚成体觅食行为过程的记录。

（一）发情

发情交配季节，大熊猫以路径旁的树木进行肛周腺标记，形成独有的嗅闻站（施晓刚等，2012）。

（二）交配

王雄清（1987）对卧龙保护区内野生大熊猫的追逐交配行为进行了观察，交配地点位于卧龙保护区桦树沟的沟尾山脊，为海拔2790m的开阔采伐迹地。他观察到1只雌性大熊猫伏于树上，眼睛注视着树下，周围有5只雄体大熊猫相互吼叫，并递次爬上树与母兽进行交配，交配成功者下树后迅速逃走，交配未成功者继续守候。交配行为及过程大致为：爬跨前，雄兽频频发出羊叫声，偶尔有似猪叫声，不安，雌兽偶尔发出羊叫声，极度不安，频频接近雄兽；爬跨时，雌兽呈站立姿势，前低后高；并不断抬高其臀部，整个身躯朝后移，紧抵雄兽；发出一种低而沉、频率高的呻吟声，声音如"哎哟"，似有痛苦感。上述研究显示大熊猫能在地上和树上进行交配且两种交配行为无明显差异；数只雄兽会因争夺配偶进行残酷的决斗，最强者首先夺得交配权，然后按强弱依次与雌兽进行交配，但每只雄兽均只交配一次；雌兽均接受雄兽的交配，无明显的选择性。

（三）家域

通过佩戴无线电颈圈，胡锦矗等（1985）和Schaller等（1985）发现，在卧龙保护区，大熊猫家域面积为3.9~6.2km^2。雌雄个体家域的模式存在较大差异。雄性大熊猫更多地体现了分散利用家域的模式，雄性亚成体则表现为扩散现象，而雌性大熊猫似乎有集中利用的核域，并限制其他同性个体进入（胡锦矗等，1985）。邓维杰（1992）发现卧龙野生大熊猫巢穴的开口方向以东南、东北方向居多。

（四）活动节律

从大熊猫日移动距离分析，卧龙大熊猫的每日平均移动距离为600~1500m，雄性大于雌性，偶尔一天甚至可达4km，平均每天移动的直线距离不到500m（胡锦矗等，1985；Schaller et al.，1985）。在日活动节律方面，卧龙野生大熊猫具有晨、昏活动高峰，大熊猫表现出昼夜兼行的特点（胡锦矗等，1985）。此外，该地的大熊猫季节性迁移现象不明显，一年中约70%的时间生活在海拔较高的冷箭竹林中，仅在春季拐棍竹萌发新笋时下移采食新笋，而后随着新笋萌发的海拔逐渐升高，大熊猫采食新笋重新返回冷箭竹林中（胡锦矗等，1985；胡锦矗，2001）。大熊猫的活动节律似乎受食性（食谱组成的季节变化）、繁殖状态（发情交配、产仔育幼等）等因素的影响，活动期与休息期的交替间隔有利于大量摄食并保持消化道的充盈状态，从而尽可能多地从竹子中获取物质和能量（胡锦矗等，1985）。张晋东等（2019）研究了繁殖期—育幼期雌性大熊猫的活动模式，发现大熊猫具有相对稳定的昼夜活动节律，妊娠期大熊猫活动水平明显高于其他时期，在产仔期（夏秋季）则明显较低。

（五）扩散

研究发现，当家畜进入大熊猫的核心生境时，大熊猫的空间分布范围会有所扩大，并且大熊猫会利用适宜性较低的生境（王晓，2020；王晓等，2018；Hull et al.，2014a；张晋东，2012）。

五、分子生态学

早期有关大熊猫遗传学的研究主要致力于大熊猫系统发育的确定，即确定大熊猫应归入熊科或应单列为大熊猫科。后来，DNA 指纹探针技术和微卫星 DNA 技术日益成为当前研究野生大熊猫种群遗传模式的主要手段。张亚平等（1997）率先进行了大熊猫微卫星的筛选，通过 PCR 定点扩增来源于凉山、邛崃山、岷山等山系的 40 只大熊猫的线粒体 DNA D 环区序列，共检出 9 种线粒体 DNA 单倍型，并做了序列比较和支序分析。结果表明，大熊猫群体的遗传分化程度的确很低，而群体内和群体之间的遗传分化程度处于相近的水平，但却存在广泛的个体间遗传变异。方盛国等（1996，1997a，1997b）利用自行研制的大熊猫 DNA 指纹探针 $F_2ZGP96060801$，先后检测了邛崃山、岷山、凉山、小相岭、大相岭和秦岭等 6 个山系的 86 只大熊猫随机个体，共计 98 个样品的 DNA 指纹，获得了清晰可辨的大熊猫遗传多样性图谱。经过计算和分析，发现大熊猫的遗传多样性确实是贫乏的。同时，通过对比各山系群体的遗传多样性参数发现，已产生了明显的山系遗传分化。Lu 等（2001）应用筛选的微卫星对野生大熊猫种群遗传模式进行了研究，发现大熊猫野生种群保留了大量的遗传多样性，近期大熊猫数量的减少可能与大熊猫栖息地的丧失有关。

六、种群生态学

夏武平和胡锦矗（1989）通过 Leslie 矩阵预测了卧龙保护区"五一棚"区域大熊猫种群的发展趋势，结果表明，前期有一个下降阶段，后期一旦种群结构呈金字塔形后，每年将以 1.64%或者 1.66%的速度递增。黄乘明（1990）也以 Leslie 矩阵对整个卧龙保护区的大熊猫种群发展趋势作了预测，结果与前者一致。Wei 等（1997）率先利用漩涡模型分析了卧龙保护区内"五一棚"区域大熊猫种群未来 100 年的发展动态，发现大熊猫近交衰退、竹子开花等将对该种群发展有显著影响。

七、群落生态学

（一）大熊猫及中华小熊猫的共存机制

在食性方面，尽管大熊猫和中华小熊猫均以竹子为生，但并不完全相同。竹子成分占大熊猫年食谱组成的 99%以上，除此之外，大熊猫也偶尔摄食其他动物的尸体（胡锦矗等，1985）。在中华小熊猫年食谱组成中，竹子成分所占比例达 90%以上，秋季中华小熊猫亦喜食花楸等植物的浆果。在觅食对策方面，大熊猫与中华小熊猫的差异明显。对于竹子的不同组织，大熊猫可利用竹叶、竹茎、竹枝以及新笋等，而中华小熊猫仅利用竹叶和新笋。对于新笋，大熊猫偏好高而粗的新笋，而中华小熊猫偏好较矮的新笋（胡锦矗等，1985）。在微生境利用模式方面，大熊猫、中华小熊猫明显不同。大熊猫偏好坡度比较平缓的微生境，而中华小熊猫频繁活动于坡度较陡区域。

（二）放牧对大熊猫主食竹及生境的影响

在卧龙保护区，放牧导致大熊猫栖息地内各龄级竹子盖度、株高、基径、生物量显著降低（Wang et al.，

2019；黄金燕等，2017；Hull et al.，2011a，2014b）。王晓等（2018）和王晓（2020）发现，放牧的家畜会采食竹子，致使冷箭竹的高度与基径显著降低，灌木平均胸径显著增加，并引起大熊猫栖息地内灌木和草本的种类极显著减少，草本的多样性指数极显著增加。

第二节 圈养大熊猫的研究

据全国第四次大熊猫普查的结果显示，我国存活的圈养大熊猫有375只，主要分布于中国大熊猫保护研究中心的卧龙神树坪基地、都江堰基地、雅安基地、卧龙核桃坪基地和成都大熊猫繁育研究基地。在圈养条件下，科研人员广泛开展了大熊猫的饲养学、营养学、兽医学、组织胚胎学、病理学、行为学、生理生化学、遗传学、内分泌学、繁殖生物学、人工育幼、试管熊猫、克隆熊猫等研究，并取得了可喜成绩。尤其在大熊猫的人工繁殖和人工育幼方面取得了突出成绩。

一、个体特征

研究发现，长期生活于人工圈养环境条件下的大熊猫在行为、习性上与野生大熊猫存在差异（周小平等，2005；田红等，2004）。张明春等（2021）研究了圈养大熊猫体重的变化规律，发现初生幼仔体重雌、雄间无显著差异；幼仔、亚成体、成年及老年雌性个体体重均小于雄性个体体重。雌、雄大熊猫幼仔生长曲线均接近幂函数，雌性亚成体大熊猫体重增长曲线接近三次方函数，雄性亚成体大熊猫体重增长曲线则呈"S"形；无论雌性还是雄性，幼仔和亚成体期间均保持线性增长。成年大熊猫体重在年度和季节间无显著差异，但进入成年后期后体重会下降。进入老年期后，雄性大熊猫的体重在后期有显著性下降。

二、行为生态

赵灿南和王鹏彦（1988）对大熊猫幼仔叫声的声谱结构及生物学意义进行了研究，发现初生大熊猫幼仔的叫声比较单调，只有"吱吱"、"哇哇"和"咕咕"3种叫声；幼仔越感到不适或不安时，叫声的频率越高，叫声的重复率也高；随着幼仔月龄和体重的增加，幼仔叫声的频率逐渐降低，叫声的种类也越来越复杂。刘定震等（1998）以焦点取样法对卧龙保护区的20只（雄∶雌=1∶1）不同性活跃能力的圈养大熊猫行为进行了观察。结果表明，在非交配季节，性活跃雄性蹭阴、嗅闻和尿粪标记频次显著多于性不活跃雄性；性活跃雌性探究、嗅闻和尿粪标记频次显著低于性不活跃雌性。在交配季节，性活跃雄性蹭阴、咩叫和呼气频次显著多于性不活跃雄性；尿粪标记频次有较性不活跃雄性增加的趋势，修饰频次有较性不活跃雄性减少的趋势，但差异均未达到显著水平。性活跃雌性犬吠和牛叫发声频次显著多于性不活跃雌性。雄性个体气味标记（蹭阴、尿粪标记）频次的多少在一定程度上表明其性活跃能力的高低。个体学习行为的丧失可能是导致圈养大熊猫性活跃能力下降的主要原因。刘定震等（2002）和Liu等（2003）研究了性别与年龄对圈养大熊猫行为的影响，发现雄性大熊猫蹭阴标记和探究行为频次显著高于雌性，其他行为差异不够显著。随着年龄的增长，个体探究和游戏行为频次显著减少；雄性个体用于蹭阴标记和嗅闻的时间显著多于雌性个体，用于休息行为的时间则正好相反。随着年龄的增长，个体用于游戏的时间显著减少，休息的时间显著增加；圈养雄性个体白天处于活跃状态的时间占比显著高于雌性个体。幼年个体表现得较多的游戏和探究行为可能与行为学习和模仿有关，并可能对个体行为发育有重要影响。非发情期雄性个体表现的较多的蹭阴标记和嗅闻行为可能与护卫领地和维持社群关系有关。

三、环境适应

Swaisgood等（2001）发现年龄是影响圈养动物行为的重要因子，丰富圈养环境可减少圈养动物的刻板行为。田红等（2004）采用连续观察法记录和分析了传统圈养和半自然散放环境下亚成年大熊猫的几种行为的持续时间和发生次数，发现圈养环境的改善有助于亚成年大熊猫探究和标记行为的明显减少。

四、巢穴利用

张和民等（1993）根据卧龙野生大熊猫在分娩期有选择枯树洞照顾仔兽的遗传习性，模拟野外生态，为卧龙圈养大熊猫营造了人工树巢，发现人工树巢的舒适感、安全感、保温性能对幼仔的生长发育、母兽的体能恢复以及母兽及时断奶和来年正常发情都有极好的效果。张明春等（2015）利用直接观察法研究了母兽带仔野化培训大熊猫对人工巢穴的利用情况，结果表明，大熊猫母兽总是在很短的时间内便将放于人工巢穴中的幼仔衔走，人工巢穴类型对这个时间长度的影响不明显；没有发现大熊猫母兽主动利用人工巢穴的情况，母兽多数时候都是陪伴着幼仔停留在培训场内自己营造的巢穴中。在利用食物引诱的情况下，大熊猫母兽会增加停留时间，在巢穴内停留的时间长短与所取食食物量的多少呈显著正相关关系，但它们总是在吃完食物后就很快地离开这些人工巢穴，在巢穴中加入木屑和草等垫层物质或放入幼仔均不能改变大熊猫在其中的停留时间；母兽取食时若有幼仔在身边，会加快母兽带着幼仔离开人工巢穴的时间，这可能与避免幼仔受伤有关。

五、化学通讯

田红等（2007）研究了雄性大熊猫对同伴个体的尿液气味行为反应的发育模式，结果表明，雄性大熊猫对同种个体尿液中化学信息的行为反应呈现出年龄差异。在成年雌性个体尿液气味的刺激下，雄性个体的嗅闻行为和嗅闻/舔舐环境行为显著增多，但是撕咬气味刺激物的行为明显减少。在雌性个体尿液气味的刺激下，不同年龄段的雄性个体行为表现不同。成年雄性个体较亚成年个体和幼年个体表现出显著多的舔舐行为。此外，成年个体和亚成年个体均表现出较多的嗅闻/舔舐环境行为，而幼年个体则无该行为表现。幼年个体较成年个体和亚成年个体表现出显著多的气味涂抹行为，而且撕咬气味刺激物的时间较亚成年个体显著长。幼年个体和亚成年个体对雌性个体和雄性个体尿液气味刺激的行为反应不存在显著差异。

六、育幼

提高圈养繁殖大熊猫的存活率是维持圈养种群可持续发展和开展野化放归研究的基础。由于母兽弃仔、母兽压死幼仔、幼仔被感染等，在1999年人工育幼技术未完善之前，圈养大猫熊幼兽0～1岁的死亡率很高，双胞胎的存活率只有50%，因为母兽只能带一仔，另一仔不是被母兽压死、就是在育婴箱中夭折。通过提高育幼技术和改善幼兽的饲养管理显著提高了大熊猫的存活率。例如，在1991～1998年卧龙大熊猫共产9胎18仔，只存活6仔；在1999年大熊猫产4胎8仔，母兽带3仔，人工育活4仔，共存活7仔，存活率为87.5%；2000年大熊猫产12仔，其中4个双胞胎，除1仔出生时已经死亡外，人工育活4仔，共存活11仔（黄炎等，2001）。周世强等（2021）基于2019年的大熊猫谱系数据，统计分析了不同年代和不同龄级（月龄组、年龄组）圈养繁殖大熊猫的存活率和死亡率，并利用广义线性模型系统分析了影响圈养繁殖大熊猫存活时间的主要因素。结果表明，个体性别、出生年份、母兽来源、母兽产仔年龄、育幼方式和胎儿数量等因素可显著影响圈养繁殖大熊猫的存活率、死亡率和寿命。张佳卉（2020）于2017年7月至2019年1月采用瞬时扫描取样法和焦点动物取样法对卧龙核桃坪基地（图10-3）半散放条件下大熊猫幼仔行为模式进行了研究，探究了大熊猫母体与幼仔之间的行为联系或冲突。获取有效闭路监控视频260.03h，记录到行为3885次。可划分为41种行为、10种姿势、49种动作和8种环境变量。总体而言，大熊猫育幼期的行为有采食、排遗、育幼、休息、运动和其他行为。大熊猫幼仔的行为发育可分为4个阶段，第1阶段为出生至3月龄，主要行为有休息、玩耍和吃奶；第2阶段为4～6月龄，主要行为有休息、玩耍和攀爬；第3阶段为7～8月龄，主要行为有休息、移动和玩耍；第4阶段为8～10月龄，主要行为有休息、移动和玩耍。但不同阶段大熊猫幼仔休息、玩耍的时间分配有差异。大熊猫幼仔采食行为的时长随发育阶段逐渐增加；休息行为的时长随发育阶段逐渐减少；在运动行为中，攀爬和移动行为的时长逐渐增加，攀爬行为的时长在第2阶段占比最高，移动行为的时长在第4阶段占比最高。在育幼行为中，母幼交流、吃奶和舔肛行为在不同阶段具有显著性差异：母幼交流和吃奶行为与时间呈显著负相关，舔肛行为的时间随发育阶段逐渐减少，至第3阶段时消失，在其他行为中，主要发生变化的是玩耍行为，在第2阶段时玩耍行为的时长占比最高。但不同幼仔个体的行为发育情况差异较大，且与母体的行为联系或冲突不同。

图 10-3 卧龙核桃坪基地（何永果 摄）

七、病理学

熊焰等（2000）发现卧龙大熊猫的肠道微生物均为革兰氏阳性或阴性好氧菌和兼性厌氧菌，大肠杆菌（*Escherichia coli*）为肠道微生物指示种。谭志（2004）用常规细菌培养和鉴定方法对中国保护大熊猫研究中心1只放归亚成体大熊猫（祥祥）和3只圈养亚成体大熊猫（福福、林阳、林蕙）肠道正常菌群的种类和数量进行了比较研究，鉴定出14种菌种，分别是大肠杆菌、产气肠杆菌（*Enterobacter aerogenes*）、变形杆菌属一种（*Proteus* sp.）、沙门菌（*Salmonella kauffmannii*）、小肠耶尔森氏菌（*Yersinia enterocolitica*）、粪链球菌（*Streptococcus faecalis*）、葡萄球菌属一种（*Staphylococcus* sp.）、芽孢杆菌属一种（*Bacillus* sp.）、酵母菌、乳杆菌属种（*Lactobacillus* sp.）、拟杆菌属种（*Bacteroides* sp.）、双歧杆菌属种（*Bifidobacterium* sp.）、小韦荣球菌（*Veillonella parvula*）、空肠弯曲菌（*Campylobacter jejuni*）。圈养大熊猫和放归大熊猫肠道正常菌群中优势菌群为大肠杆菌、肠球菌和乳杆菌，其中大肠杆菌的检出率最高，为100%，其次是粪链球菌、乳杆菌和产气肠杆菌，检出率分别为97.2%、88.9%和72.0%。其他细菌的检出率较低，依次为小肠结肠炎耶尔森氏菌、葡萄球菌、芽孢杆菌、变形杆菌、沙门菌、酵母菌、双歧杆菌、空肠弯曲菌、小韦荣氏球菌、类杆菌。在采样期间，圈养大熊猫肠道正常菌群发生的变化不大。与圈养大熊猫相比，放归一周后的大熊猫肠道正常菌群中优势菌群仍为肠杆菌（大肠埃希菌、产气肠杆菌、变形杆菌、沙门菌、小肠耶尔森氏菌）、肠球菌（粪链球菌）和乳杆菌肠杆菌（大肠埃希菌、大肠杆菌、产气肠杆菌、变形杆菌、沙门菌、小肠耶尔森氏菌）、肠球菌（粪链球菌）和乳杆菌，但细菌数量开始发生一定的变化，表现在肠球菌数量明显增加，乳杆菌数量明显减少，肠杆菌数量有轻微减少，到放归后期，肠球菌数量超过肠杆菌数量。另外，放归大熊猫粪样中芽孢杆菌和酵母菌的检出率较高，分别为60%和40%。上述结果表明，圈养大熊猫放归野外后，肠道微生态平衡会发生生理性波动。其原因可能是食物结构由营养丰富的精饲料变成营养成分贫乏的竹子，在大熊猫以高纤维性的竹子为主食后，肠球菌增多，有利于厌氧环境下对纤维性食物的分解和利用。王燚等（2011）用肠杆菌基因间重复共有序列-聚合酶链式反应（ERIC-PCR）方法研究亚成体大熊猫肠道菌群的结果显示，春秋季肠道菌群的多样性较高而夏冬季肠道菌群的多样性较低。何廷美等（2012）以细菌16S rDNA通用引物扩增粪样总细菌16S rDNA基因并构建文库，然后采用16S rDNA基因限制性片段长度多态性技术对成年大熊猫秋季肠道菌群多样性进行了分析。结果显示，大肠杆菌、假单胞菌、链球菌和鞘氨醇杆菌为大熊猫秋季肠道内的优势菌群，肠道内细菌多样性9月较高、11月较低。王立志和徐谊英（2016）采用高通量测序技术研究了大熊猫粪便中细菌和古菌的结构和组成。结果表明，圈养成年大熊猫粪便细菌主要由变形菌门（Proteobacteria）、厚壁菌门（Firmicutes）等组成。其中，变形菌门主要为埃希菌属（Esherichia）和志贺氏菌属（Shigella）菌种；厚壁菌门主要为梭菌属（Clostridium）菌种。古菌主要由泉古菌门（Crenarchaeota）和广古菌门（Euryarchaeota）菌种组成。其中，优势古菌是热变形菌纲（Thermoprotei）中未分类的属和产甲烷菌属（Methanogenium）。邓雯文等（2019）基于高通量测序技术发现身体健康状况和年龄对大熊猫肠道微生物菌群结构组成有影响，成年大熊猫性别对肠道菌群没有影响。在门级水平，成年大熊猫肠道内细菌主要为变形菌和厚壁菌，真菌主要为子囊菌门（Ascomycota）和担子菌门（Basidiomycota）菌种。在属级水平，成年大熊猫肠道细菌为埃希菌、链球菌、梭菌及明串珠菌，真菌为腐质霉属（Humicola）菌种。健康大熊猫肠道细菌埃希菌、梭菌的含量比亚健康大熊猫的高，链球菌的含量比亚健康大熊猫的低。健康大熊猫肠道真菌的多样性高于亚健康大熊猫肠道真菌。晋蕾等（2019b）发现野化培训与放归大熊猫肠道菌群的多样性、丰富度和结构组成逐渐向野生大熊猫趋近，表明野化培训与放归有利于大熊猫肠道菌群的重建，从而提高放归大熊猫的存活率。

杨宏（2019）采用基于 16S rRNA 基因的高通量 Illumina HiSeq 测序技术探究了卧龙不同性别的大熊猫肠道微生物菌群的多样性及其差异，发现所有大熊猫肠道的优势菌群都是厚壁菌门和变形菌门菌种，但不同年龄雌雄大熊猫的菌群比例差异显著。对于亚成体大熊猫，雌性个体肠道菌群中厚壁菌门的比例显著低于雄性个体，而变形菌门的比例显著高于雄性个体；对于成体大熊猫，雌性个体肠道菌群中厚壁菌门的比例显著低于雄性个体，而变形菌门的比例在雌雄个体间无显著差异；对于老年大熊猫，雌性个体肠道菌群中厚壁菌门的比例显著低于雄性个体，而变形菌门的比例显著高于雄性个体。不同年龄段，呈现出不同的规律。在属级水平上，大熊猫的主导菌群为链球菌属、梭菌属和埃希菌，三者在不同熊猫肠道菌群的比例显著不同。亚成体大熊猫雌性个体肠道菌群链球菌属、梭菌属的比例显著低于雄性个体，而埃希菌比例却显著高于雄性个体；成体大熊猫雌性个体肠道菌群中链球菌属比例显著低于雄性个体，而梭菌属、埃希菌比例显著高于雄性个体；老年大熊猫雌雄个体之间上述 3 种优势菌群规律与成体大熊猫一致。

八、野化放归

（一）存活

周晓等（2014）从圈养大熊猫生物学特性和个体能力两方面研究了放归个体的特点对大熊猫放归后存活的影响，指出建立类似野生大熊猫生长和行为发育所需环境条件的饲养管理系统是大熊猫放归成功的关键条件之一。

（二）取食

周世强等（2007）采用样方法详细调查了卧龙保护区野化培训大熊猫在一期培训圈中 15 个月内对主食竹种拐棍竹的采食情况、拐棍竹残桩和残尖数量，通过建立拐棍竹不同龄级地径和株高与重量、残桩地径和高度与残桩和残尖重量之间的回归估测模型，统计分析了野化培训大熊猫的食物利用率。结果表明，拐棍竹不同龄级之间具有显著性差异。谢浩等（2011）发现野化培训大熊猫幼仔的采食量比放归前期有明显增加，比同时期圈养个体的采食量也有明显增加；大熊猫对竹子不同部位的选择可以明显地分为秆期、叶期和笋期，这与野生大熊猫的采食策略相似。

（三）生境利用

张明春等（2013）对野化培训大熊猫幼仔生境选择的研究表明，该野化培训大熊猫幼仔经常活动于新笋密度较大的区域，却避开成竹密度过大、竹子较高以及枯死竹过多的区域；喜欢活动于离水源和隐蔽场所较近，以及距离乔木较远和郁闭度较低的区域。新笋密度大小是该栖息地在整个野化培训期间是否被利用的最重要因素。该野化培训大熊猫幼仔保持着与带仔母兽相近的生境选择特征，对竹子环境的选择也与卧龙野生大熊猫相似，野化培训对该大熊猫幼仔产生了积极的作用。野化培训大熊猫幼仔形成的家域和核域面积分别为 9.21hm² 和 1.93hm²，占野化培训圈面积的 51.95%和 10.89%。其中，家域面积仅为卧龙野生大熊猫的 1.4%~2.4%，所以在以后的野化培训过程中需要采取增加野化培训圈中环境丰富度等方式促进野化培训大熊猫形成较大的家域面积。

（四）野化培训

李德生等（2011）对卧龙圈养大熊猫进行母兽带仔野化培训，初步建立了大熊猫幼仔到伴随幼兽的野化培训方法；建立了大熊猫幼仔与研究者的隔离方法，避免了培训个体对人和人工饲养环境的依赖；探索了提高圈养大熊猫活力的新方法。宋仕贤等（2016）发现，减少或停止人工食物有助于大熊猫的野化培训，而母兽带仔的野化培训方法或许可以使受培训幼仔更快地学会野外生活技巧。

九、繁殖生物学

大熊猫是季节性繁殖的动物，每年春季 3~4 月发情交配，8~9 月产仔，每胎产 1~3 只，圈养繁殖大熊猫的雌雄比为 1.1∶1（Huang et al.，2012b，2013；黄炎等，2001）。目前，繁殖率低下、受孕率低、微生物引起的不孕不育等因素仍然是阻碍大熊猫种群数量增长的重要原因。国内外专家和学者针对繁殖率低下、受孕率低、微生物引起的不孕不育等的机理进行了大量研究，在大熊猫繁殖方面的研究主要侧重于大熊猫的生育技术辅助，如人工授精、激素水平监测、营养研究及保育等方面。

圈养雄性大熊猫性功能下降，约 90%的个体不具有本交能力。为有效提高自然交配，何廷美等（1994）发现可以采用不同时间、地点，经常性地互换活动场地，增加性刺激；可通过适当提高营养水平，补充维生素和微量元素措施培育育种公兽。此外，人工授精也能有效地使不能自然交配的雄性大熊猫参与繁殖，提高圈养大熊猫繁殖率，增加圈养大熊猫的遗传多样性（黄炎等，2002）。

由于大熊猫为单发情动物，仅在每年春季发情一次。实时配种是人工繁育大熊猫的一个重要环节，但人们对大熊猫配种时机的选择主要是根据自己的经验和大熊猫的行为变化。邱贤猛等（1993a，1993b）研究了雌性大熊猫在发情期间阴道角化细胞率的变化以及相应的行为变化，结果表明，当大熊猫到发情高峰时（自然交配时），角化细胞率可高达 97%，而活动量与蹭阴频率均下降；咩叫高峰出现在发情高潮，自然交配时或交配之后。陈猛等（1998）发现，阴道上皮细胞角化率可作为判断雌性大熊猫发情程度的一种简便、快速的辅助方法。

（一）性成熟年龄

汤纯香（1995）发现圈养大熊猫 2.5 岁发情。黄炎等（2001）认为圈养大熊猫雌性个体的性成熟年龄为 5.7 岁，雄性个体的性成熟年龄为 5.8 岁。

（二）繁殖力

在圈养条件下，大熊猫由于在营养、健康、环境等方面得到了有效保障，其生殖年限比野生大熊猫长得多，产仔率也高得多。圈养大熊猫的性成熟时间比野外生大熊猫早 1~2 年，不少个体 2.5~3.5 岁已性成熟，5.5~6.5 岁即开始怀孕产仔，生殖年限可延长到 21~22 岁（张和民等，1997a；汤纯香，1995）。野生大熊猫最高产仔率为 2~3 年 1 胎，圈养大熊猫最高产仔率可达 1 年 1 胎，为野生同类的 2~3 倍（张和民等，1997a；胡锦矗等，1985）。

（三）繁殖习性

黄炎等（2017）研究了雌性圈养大熊猫在卧龙和雅安繁殖习性的差异，发现卧龙基地大熊猫平均每胎产仔数显著高于雅安基地，平均发情期比雅安基地晚 14.5 天，发情期雌激素峰值和妊娠期两基地之间无明显差异。

人工授精增加了幼崽的排斥率（Li et al., 2022）。Martin-Wintle 等（2017）发现：①具有相似的对新恐惧和不相似的对食物预期更有可能成功融入和生产幼崽；②在不活跃交流特性上，雌性与得分更高的雄性组成的配对比与得分较低的雄性组成的配对更容易成功融入和生产幼崽。

（四）生殖器

在发情期，大熊猫生殖器会有显著的变化，具体表现为：在发情初期外阴呈粉红色，略向外翻，潮湿，阴道角化细胞率有明显波动，从休情期的22%上升到43%，当角化率上升到70%左右时，提示发情期开始；在发情高峰期，阴门肿胀到最大限度并不停地紧缩与舒张，外阴外翻，颜色由粉红色变为潮红色，有的为玫瑰红色，阴道角化率水平上升至90%左右；在发情末期阴门缩小，红肿消失，角化率快速下降至发情前水平（杨胜林等，2007；陈琳和李果，2006；汤纯香等，2000；陈猛等，1998）。

（五）激素水平

对大熊猫体内生殖激素分泌规律的研究对于掌握大熊猫的生殖特点，提高大熊猫的繁殖率有重要意义。曾宪垠等（1997）发现，在雌性大熊猫有发情表现期间，其被毛孕酮含量出现升高。何廷美等（2002）认为，在大熊猫妊娠后期1~2个月对大熊猫尿液孕酮含量进行检测可能有助于判断该大熊猫是否产仔。杨胜林等（2007）发现，雌性大熊猫尿液中雌二醇浓度均在发情前期的最后一天或者发情高潮期的当天达到高峰值，进入发情后期便迅速降至发情前水平，高峰值和正常水平因个体的年龄和体重不同而存在差异。Wu 等（2020）发现 TLR 家族基因（*TLR4*、*TLR5*、*TLR6* 和 *TLR8*）和炎症反应相关基因（*IL1B*）的上调可能反映了先天免疫增强和局部组织重塑事件，而 SYK 和 SPI1 的上调以及 CD80 和 ITK 的下调则表明雌性大熊猫在发情期体液免疫增强而细胞免疫抑制。在妊娠早期，抗原呈递相关基因和促炎细胞因子（IL1B）下调。这可能反映了在妊娠早期大熊猫通过抑制部分免疫功能以实现免疫耐受，包括减少炎症以保护胚胎。到妊娠晚期，抗病毒相关基因上调，以增强对外部病原体感染的防御。KLRK1 作为 NK 细胞的主要激活受体，在发情期和妊娠期下调，提示 NK 细胞的活性受到抑制，KLRK1 可能在大熊猫生殖过程的调节 PB-NK 细胞的活性中起关键作用。总之，与非发情雌性相比，哺乳期雌性（产后 2 个月）的免疫功能没有显著变化。

（六）精子

自然交配组与非自然交配组雄性大熊猫的体重和睾丸体积有显著的差异，而精液品质（包括精子总量、活力、活率、运动状态和畸形率）没有统计学的差异（黄炎等，2001）。

（七）人工授精

由于圈养大熊猫的雄性个体只有10%能进行自然交配，不能进行自然交配的雄性个体只能人工采精。研究表明，人工授精在圈养大熊猫的繁殖计划和遗传管理中已经起到了非常重要的作用，精液的低温冷冻可以加强人工授精的作用，既可以使精子在体外的存活时间由几小时增加到几天甚至几十年，又能允许有价值的遗传物质在全球范围传输而不用转移动物。但是，人工授精的成功率与冻精的质量有重要联系。黄炎等（2001）发现，细管的冷冻过程较颗粒方便、快捷，时间容易控制，是一种较好的超低温冷冻精液的方法。冷冻的大熊猫精子可以用化学刺激剂短暂提高活力，而改变解冻的速度却可以使活力提高。大熊猫精液通过快速冷冻制成的颗粒冻精用慢速解冻的效果更好，能改进精子的顶体正常率、存活率和活力（黄炎等，2004）。

第三节　基于文献计量分析的卧龙大熊猫研究整体评价

一、卧龙大熊猫研究进展与趋势

（一）数据获取

1）数据来源：Web of Science 核心数据合集。
2）时间跨度：1988 年 1 月 1 日至 2023 年 12 月 31 日。
3）文献类型：研究论文（"Article"）。
4）语种：英语（"English"）。
5）检索策略：主题=（"giant panda*"或"*Ailuropoda melanoleu*"）和主题=（"Wolong"或"Wolong Reserve"或"Wolong Nature Reserve"或"Wolong National Nature Reserve"）。
6）检索结果：144 篇。

（二）研究方法

以 Web of Science 核心数据合集为基础，使用基于 R 语言的 BiblioShiny 进行文献大数据挖掘，试图从发文量、国家、机构、作者、期刊、关键词词频变化及关键词随时间的变化等方面梳理全球大熊猫相关研究的现状及发展趋势。

（三）结果

1. 年度发文趋势分析

以 Web of Science 核心数据合集为基础，以主题=（"giant panda*"或"*Ailuropoda melanoleu*"）和主题=（"Wolong"或"Wolong Reserve"或"Wolong Nature Reserve"或"Wolong National Nature Reserve"）进行搜索，结果显示，1988 年 1 月 1 日至 2023 年 12 月 31 日的文献有 144 篇，文献年均增长率为 3.1%。如图 10-4 所示，2015～2016 年增幅最大，提示该领域的研究得到快速发展，大熊猫的研究处于热点阶段。

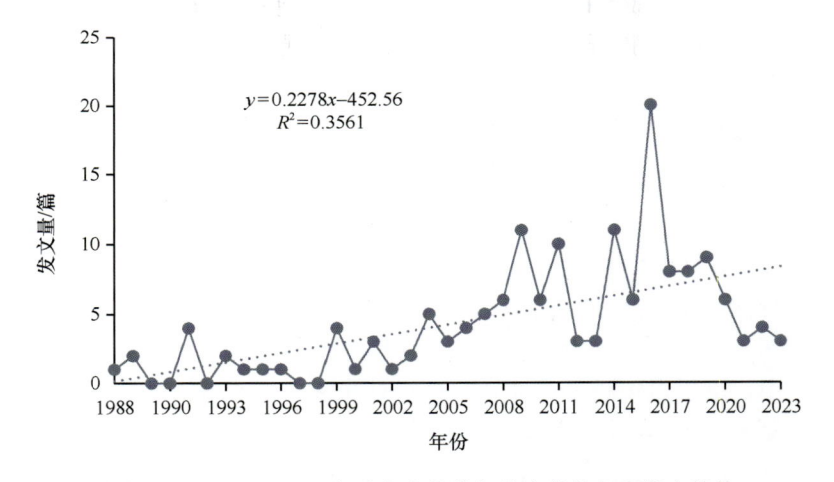

图 10-4　1988～2023 年卧龙大熊猫相关文献的年度发文趋势

2. 关键词热点词频分析

所获取的 144 篇文献中共有作者关键词 156 个。经合并同义词和去除无意词（如卧龙自然保护区、中国、原位）后，最终获得关键词 110 个。如图 10-5 所示，出现频次位列前 5 的关键词分别是 giant panda（34 次）、behavior（15 次）、giant panda habitat（10 次）、genetic variation（6 次）和 conservation（5 次），表明当前卧龙大熊猫研究的主题是大熊猫行为生态、生境利用与保护。

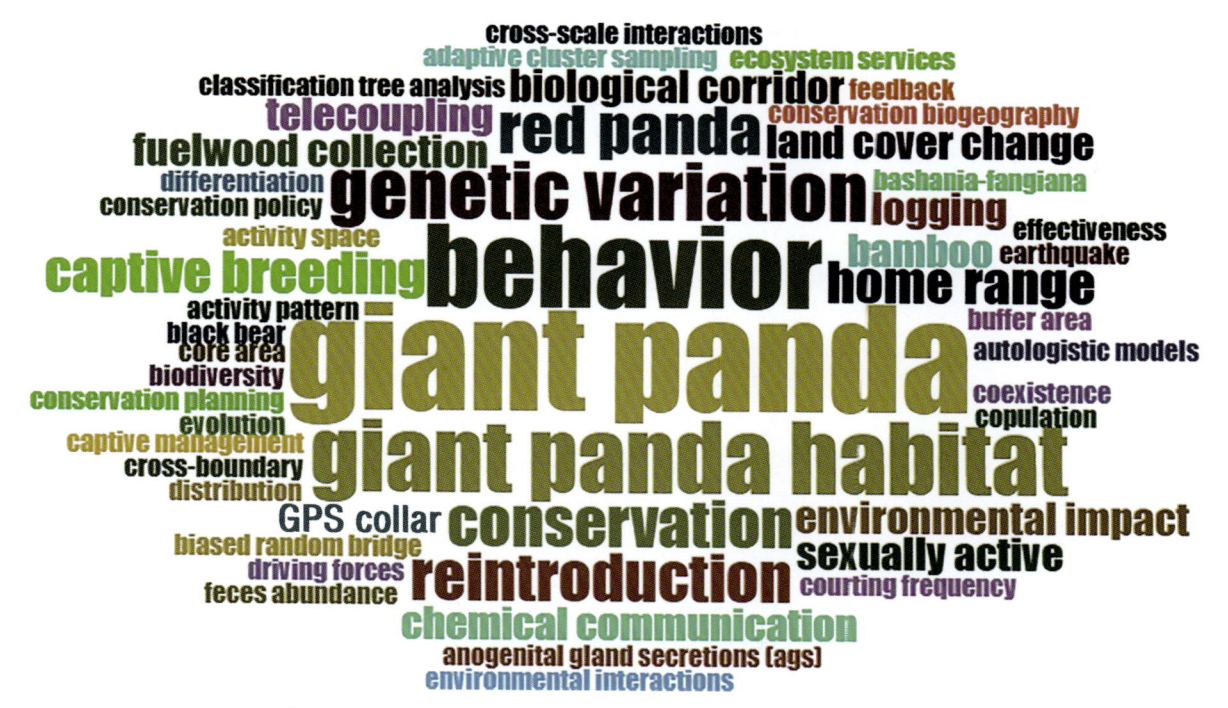

图 10-5　1988~2023 年卧龙大熊猫研究相关文献的关键词云图

3. 关键词热度随时间变化分析

如图 10-6 所示，1988 年 1 月 1 日至 2023 年 12 月 31 日卧龙大熊猫研究的热点词的变化明显。总体而言，野生大熊猫的行为生态、遗传变异、生境保护是大熊猫研究中的永恒主题。在主题图中，横轴代表中心度，纵轴代表密度，据此绘制出 4 个象限：第一象限（右上角）为成熟度高的核心主题；第二象限（左上角）为成熟度高的孤立主题；第三象限（左下角）为新主题或即将消失的主题；第四象限（右下角）为成熟度低的基础主题，该主题可能成为研究热点或未来发展的趋势。由图 10-7 可知，大熊猫野生种群动态、生境选择、利用与保护是卧龙大熊猫研究中既重要又有良好发展的主题，年龄区分、化学通讯是已有良好发展，但对当前领域不重要的主题。

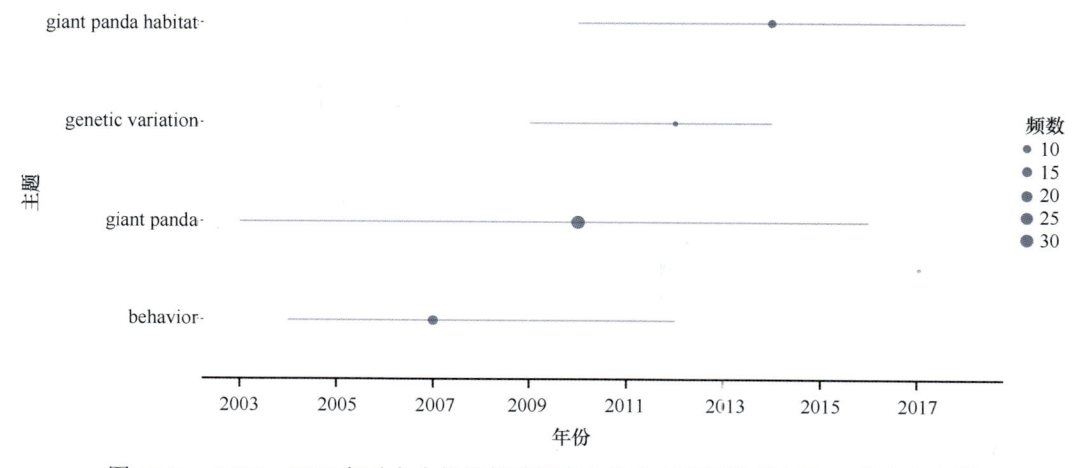

图 10-6　1988~2023 年卧龙大熊猫相关研究中作者出现频数不少于 10 的热点主题

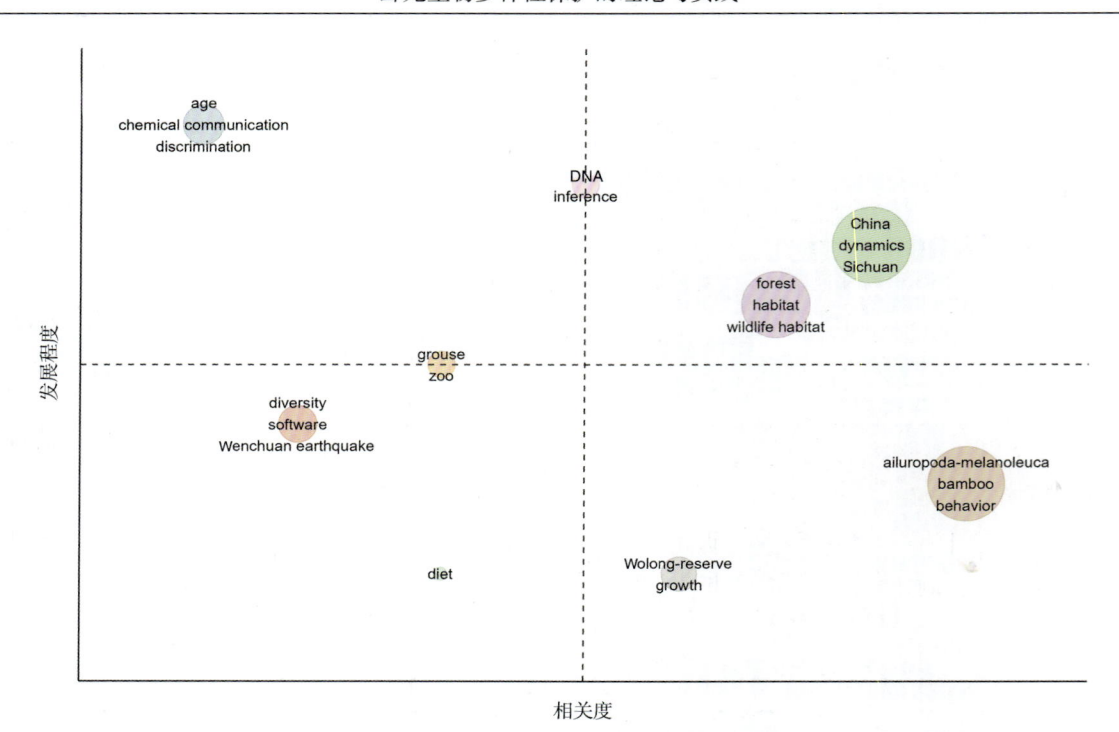

图 10-7　1988～2023 年基于作者关键词的大熊猫相关研究的文献热点主题动态变化趋势

4. 研究国家分析

1988～2023 年，在针对卧龙的大熊猫保护研究中，发文量排名前 5 的国家依次是中国（累计发文量 92 篇）、美国（累计发文量 43 篇）、瑞士（累计发文量 6 篇）、加拿大（累计发文量 5 篇）和尼泊尔（累计发文量 4 篇）。从国家间的合作看，中国与美国、中国与瑞士、中国与加拿大、中国与奥地利及美国与奥地利的合作较为频繁（表 10-1）。

表 10-1　1988～2023 年大熊猫相关研究文献的合作者分析

国家	国家	频次/次	国家	国家	频次/次
澳大利亚	南非	1	中国	英国	1
奥地利	法国	1	中国	美国	19
奥地利	英国	1	法国	英国	1
中国	澳大利亚	1	尼泊尔	澳大利亚	1
中国	奥地利	2	瑞士	加拿大	1
中国	加拿大	5	美国	法国	1
中国	法国	1	美国	印度	1
中国	印度	1	美国	荷兰	1
中国	日本	1	美国	瑞士	1
中国	荷兰	1	美国	英国	1
中国	瑞士	5	美国	奥地利	2

5. 研究机构分析

1988～2023 年，在卧龙大熊猫研究方面，发文量排名前 5 的研究机构分别为中国科学院、密歇根州立大学、西华师范大学、世界自然基金会、密西西比州立大学、史密森尼学会、史密森尼国家动物园和保护生物学研究所（表 10-2）。同时，在大熊猫研究领域发文量前 5 的机构近年来发文量呈现逐渐增加的趋势，表明这些机构在大熊猫研究领域仍然处于快速发展阶段。

表 10-2　1988～2023 年关于卧龙大熊猫的研究发文量排名前 5 的研究机构

机构名称	发文量/篇
中国科学院（Chinese Academy of Sciences）	21
密歇根州立大学（Michigan State University）	16
西华师范大学（China West Normal University）	12
世界自然基金会（World Wide Fund for Nature or World Wildlife Fund）	5
密西西比州立大学（Mississippi State University）	4
史密森尼学会（Smithsonian Institution）	4
史密森尼国家动物园和保护生物学研究所（Smithsonian National Zoological Park and Conservation Biology Institute）	4

6. 研究作者分析

由表 10-3 可知，在卧龙大熊猫保护研究领域，发文量排名前 5 的作者是张和民（12 篇），周世强（11 篇），刘建国（10 篇），胡锦矗（8 篇），欧阳志云、张晋东、黄金燕、黄炎（各 7 篇）。从年发文量看，发文量排名前 5 的作者近年来仍然活跃。

表 10-3　1988～2023 年关于卧龙大熊猫的研究发文量位居全球前 5 位的作者统计

作者	H 指数	G 指数	M 指数	总引用次数/次	发文量/篇	首次发文年份
张和民	11	12	0.355	589	12	1994
刘建国	10	10	0.417	500	10	2001
胡锦矗	8	8	0.216	424	8	1988
欧阳志云	7	7	0.292	388	7	2001
张晋东	7	7	0.636	310	7	2014
黄金燕	6	7	0.353	275	7	2008
黄炎	6	7	0.167	204	7	1989
周世强	6	7	0.250	1179	11	2001

注：H 指数是一个混合量化指标，最初是由美国加利福尼亚大学圣地亚哥分校的物理学家乔治·赫希（Jorge Hirsch）在 2005 年的时候提出来的，目的是量化科研人员作为独立个体的研究成果。Hirsch 的原始定义是：一名科学家的 H 指数是指他（她）发表的 N_p 篇论文中有 h 篇每篇至少被引 h 次、而其余 N_p-h 篇论文每篇被引次数小于或等于 h 次。G 指数定义为论文按被引次数排序后相对排前的累积被引至少 g^2 次的最大论文序次 g，亦即第 $g+1$ 序次论文对应的累积引文数将小于 $(g+1)^2$，由 Egghe 于 2006 年提出。M 指数是一个新的科学计量学指标，旨在解决 H 指数和 G 指数使用中存在的问题，即 H 指数降低了核心文献（排在 H 指数内的文献）的贡献，而 G 指数有时会过分突出个别核心文献的贡献

7. 发文期刊分析

全球关于卧龙大熊猫相关研究的 144 篇研究论文或综述中，以在生态学（59 篇）、环境科学（47 篇）、生物多样性保护（26 篇）、动物科学（23 篇）、交叉科学（2 篇）等方向的期刊为主。由表 10-4 可知，刊载卧龙大熊猫相关的研究论文不少于 2 篇的期刊有 Biological Conservation（《生物保护》）、Journal of Mammalogy（《哺乳动物学杂志》）、Zoo Biology（《动物园生物学》）、Ecological Modelling（《生态建模》）、Ecology and Society（《生态与社会》）、Environmental Science and Pollution Research（《环境科学与污染研究》）、Journal of Applied Ecology（《应用生态学杂志》）、Journal of Zoo and Wildlife Medicine（《动物园和野生动物医学杂志》）、Journal of Zoology（《动物学杂志》）、Landscape and Urban Planning（《景观与城市规划》）和 PLoS ONE（《公共科学图书馆·综合》）。发文期刊分析结果表明卧龙大熊猫研究处于世界前沿。

表 10-4　1988~2023 年刊载卧龙大熊猫相关研究论文不少于 2 篇的期刊

期刊	累积载文量/篇	期刊	累积载文量/篇
Biological Conservation	4	Journal of Applied Ecology	2
Journal of Mammalogy	4	Journal of Zoo and Wildlife Medicine	2
Zoo Biology	4	Journal of Zoology	2
Ecological Modelling	2	Landscape and Urban Planning	2
Ecology and Society	2	PLoS ONE	2
Environmental Science and Pollution Research	2		

8. 该领域重点文献

1988~2023 年，该领域被引用次数排名前 10 的论文分别是 "Multiple telecouplings and their complex interrelationships" "Habitat Use and Separation between the Giant Panda and the Red Panda" "Effects of fuelwood collection and timber harvesting on giant panda habitat use" "Evaluation of behavioral factors influencing reproductive success and failure in captive giant pandas" "Application of least-cost path model to identify a giant panda dispersal corridor network after the Wenchuan earthquake—Case study of Wolong Nature Reserve in China" "Simulating demographic and socioeconomic processes on household level and implications for giant panda habitats" "Giant Panda Selection Between *Bashania fangiana* Bamboo Habitats in Wolong Reserve, Sichuan, China" "Temporal changes in giant panda habitat connectivity across boundaries of Wolong nature reserve, China" "Comparative behavior of red and giant pandas in the Wolong Reserve, China" "Giant Panda Ailuropoda melanoleuca behaviour and carrying capacity following a bamboo die-off"。其中，刘建国于 2015 年发表在 *Ecology and Society* 上的题名为 "Multiple telecouplings and their complex interrelationships" 的论文被引用的次数最多。目前，该文献已被引用 108 次。

二、卧龙大熊猫研究进展与趋势

（一）过去 60 年大熊猫保护研究成效显著

野生大熊猫行为生态研究、栖息地保护以及圈养大熊猫的人工繁育和野化放归首先在四川卧龙开展。20 世纪 70 年代，中外科学家们在海拔 2520m 的"五一棚"建立了全球第一个大熊猫野外观察站，我国第一代大熊猫专家胡锦矗教授在观察站开展了一系列针对大熊猫保护与研究的研究，编撰和发表了影响至今的大熊猫专著和论文。例如，有关大熊猫主食竹的研究已于 1989 年在 *Nature* 上发表。第二代大熊猫专家张和民教授带领科研团队继续对大熊猫物种保护进行研究，率先破解了大熊猫人工繁育的"发情难""配种受孕难""育幼成活难"三大世界性难题，逐步壮大了大熊猫种群，形成了全球最大的、遗传多样性最丰富的大熊猫人工圈养种群。在我国，2016 年，卧龙保护区管理人员率先开始给野外大熊猫"上户口"，对 1164km² 的野生大熊猫栖息地开展动态监测，人工收集野生大熊猫新鲜粪便、毛发等可提取 DNA 的材料，通过遗传多样性分析、亲子鉴定和种群遗传结构评估，确定四川卧龙现存野生大熊猫 149 只。此外，随着饲养管理模式的极大完善，卧龙圈养大熊猫种群数量逐渐增加，表明大熊猫迁地保护工作取得了显著成效。

（二）未来如何保持国内领先地位任重而道远

关于大熊猫的研究，无论是研究内容还是研究手段多年来变化不明显，高新技术储备不足，研究有待深入。例如，对于大熊猫主食竹的研究，国内外整体上经历了早期的分布调查研究，中期的大熊猫主食竹生境评价和生理等特性研究，后期的进化关系、系统发育研究，以及近些年的基因等分子水平研究，实现了调查分布—形态特征—生理特性—分子水平的逐级深入递进，也代表着在个体研究水平上从宏观到微观的动态变化。但是，国际上的相关研究多关注多种主食竹及主食竹在分子水平上的适应与进化，而国内则侧重主食竹特定物种的研究。在大熊猫主食竹研究方面，今后可在现有研究方法的基础上采用新的技术设备和手段，结合大数据挖掘、空间分析技术等开展大熊猫主食竹生境评价，采用各种组学技术全面揭示大熊猫主食竹对全球变化的响应机制。在大熊猫的迁地保护方面，亟待研究如何更好地迎合大熊猫圈养个体的生理、心理需求，提升大熊猫福利水平。最后，应着力提高对圈养大熊猫的针对性、精细化管理。2019年4月，卧龙保护区在野外发现了全球首例白色大熊猫（图10-8）。从体型判断，白色大熊猫年龄在1~2岁。此后，卧龙保护区专门设定了白色大熊猫保护研究项目，开展持续的野外追踪来进行观察研究。白色大熊猫个体的发现将有助于进一步提升人类对大熊猫这一古老物种的认知，并有助于科学评估白化突变基因对大熊猫野外种群遗传多样性的影响。无论是对大熊猫圈养种群还是对大熊猫野生种群的疾病防控都需要给予更多的关注。寄生虫的防治可能是未来研究的着力点。一方面，应努力开发灵敏便捷的大熊猫寄生虫诊断仪器，用以评估大熊猫圈养种群和野生种群寄生虫的严重程度和分布；另一方面要抓紧寄生虫防治特效药的研发，突破常规手段，以延缓寄生虫抗药性的产生。

图 10-8　白色大熊猫（红外相机）

第十一章 雪豹研究现状与展望

雪豹（*Panthera uncia*）是大型食肉目猫科动物，是国家一级保护动物（图11-1）。它通常分布在海拔3200m以上的高山灌丛、高山草甸与高山裸岩生境，有"雪山之王"之称。在全球生物多样性保护中，雪豹与大熊猫拥有同等地位。全球雪豹种群大小为4000～6500只，其中过半数分布在我国境内，分布区域包括喜马拉雅山脉、天山山脉、祁连山脉等，涉及我国新疆、西藏、青海、甘肃、四川、云南等省区。雪豹主要猎食岩羊、喜马拉雅旱獭等野生动物，处于高山生态系统食物链的最顶端，通过捕食控制着食物链下游食草动物的种群数量，进而影响到食物链底层高山植被的生长与更新，具有重要的生态功能。雪豹种群的长期存在是一个区域内高山生态系统结构完整性和功能健康程度的标志性指标。

图11-1 雪豹（红外相机）

近年来人类的活动范围越来越大，使得雪豹的栖息地质量急剧下降，人豹冲突严重。人类对雪豹的影响还表现在人类对雪豹食物的掠夺。雪豹与分布于低海拔的肉食性动物相比所能捕食的猎物种类较少，食物的丰富度很大程度上影响了雪豹的种群数量与空间分布，过度偷猎可能导致雪豹食物链断裂，从而威胁雪豹的生存。除去人为干扰，雪豹的生存状况同样充满威胁。从全球范围来看，全球气候变暖已成为不可逆的趋势，气温升高，雪线上移，雪豹被迫往更高海拔的区域转移，届时雪豹栖息地可能骤减，食物匮乏。因此，无论是从人为干扰还是从自然变化的角度来看，雪豹的保护刻不容缓。

建立自然保护区是保护生物多样性的传统方法之一，也是比较有效的生物多样性保护方法之一。改革开放以来，我国保护区快速发展。截至2021年，我国各类自然保护地总数已达1.18万处，面积超过172.8万km^2，占国土面积的18%以上，提前实现了《生物多样性公约》目标。尽管保护区的建立为当地居民带来了更多的就业机会，如售卖当地特产、发展生态旅游等，但野生动物的保护仍然与当地居民生产生活之间存在严重冲突。例如，雪豹、狼等物种在食物匮乏时会捕食家畜。同时，野生动物保护政策无法保证当地居民的经济利益。因此，保护区保护的有效性受到人类发展压力的挑战。在很多保护区，由于缺少对目标保护物种的研究，导致无法解决野生动物与人类之间的冲突，出现虽然建立了保护区，但各物种栖息地却逐渐减少的现象。因此，在保护区中开展基础研究，可以为保护区积累研究数据，也可以为保护区保护政策的制定提供参考，就目前而言是非常有必要的。

目前，我国各保护区对雪豹保护的有效性较低，其原因在于缺少相关的保护经验。各保护区缺乏雪豹的基础信息（如雪豹的生境选择偏好、雪豹的食性组成、放牧对雪豹的影响等），使得保护工作的目的不明确、针对性不强。虽然做了大量的保护工作，但收效甚微，甚至还造成保护区管理资源的浪费。因此，做好保护区雪豹的基础研究，收集雪豹的基础信息，对保护区雪豹保护工作的开展有着至关重要的作用。

第一节 生境选择

雪豹栖息地选择主要包含以下两点内容：一是雪豹对自然环境的选择；二是雪豹与人为干扰之间的相互作用。在雪豹对自然环境的选择方面，野外调查使用的方法主要有样线法、样方法、红外相机监测等。通常情况下，样线法与样方法相互结合使用，即调查人员沿着样线前进，寻找雪豹疑似痕迹，以雪豹疑似痕迹为中心建立样方，调查样方中各类生境因子，并使用相应的分析方法，以明确雪豹对栖息地中自然生境因子的选择情况。在雪豹与人为干扰之间的相互作用研究方面，主要使用的方法是问卷调查法，如半结构访谈法（按照粗线条式的访谈提纲进行，访谈方式为灵活多变的非正式访谈），从而获取当地居民对雪豹保护的态度，常见的人类活动、家畜的数量以及人类和家畜的分布范围，以及雪豹对居民造成的损害等信息。

乔麦菊等（2017a）发现卧龙保护区雪豹的适宜栖息地面积为345km^2，占卧龙保护区总面积的17.25%。其中，279km^2（81%）位于核心区、49km^2（14%）位于缓冲区、17km^2（5%）位于实验区。植被类型、年平均气温和坡向是影响雪豹栖息地选择的主要环境因子。雪豹主要选择年平均气温–8~0℃的阳坡，最偏好的植被类型为草甸。近期研究发现，雪豹偏好于海拔3500~4500m、坡度31°~45°且地形较为崎岖的无家畜活动区域，在坡位的选择上，雪豹偏好于山脊与上坡位，避开中、下坡位置与山谷。在植被类型选择上，雪豹偏好草甸与高山流石滩，同时也会选择稀疏且基径较小的灌丛。除此之外，雪豹还倾向于选择草本植物稀疏、低矮的区域活动（洪洋，2021；洪洋和张晋东，2021）。他们还发现雪豹偶尔会捕食家畜，说明目前人类与雪豹保护之间具有潜在的冲突。

第二节 空间利用

当前，雪豹空间利用方面的研究所使用的研究方法主要有红外相机监测、无线电遥测以及全球定位系统（GPS）项圈跟踪。红外相机监测易操作，故而被广泛使用。无线电遥测法比红外相机监测更加精确，能在2~5km的范围内监测野生动物的活动，但要求研究人员要跟随目标动物移动，因为只有研究人员离目标动物较近才能接收到无线电信号。而雪豹属于夜行性动物，且雪豹的活动范围较大，导致无线电信号接收困难。因此，无线电遥测并不适用于雪豹这种生活在复杂地形中的野生动物。GPS项圈跟踪是目前雪豹空间利用研究中精度最高的一种。该方法解决了无线电遥测的缺陷，可以在大范围内研究雪豹的空间利用特征，如雪豹家域的估算、野外的迁移等。但由于雪豹具有独特的栖息环境以及较高的警觉性，野外捕捉以及项圈佩戴工作开展较为困难。因此，该方法并未在全球范围内普遍使用。

唐卓等（2017a）利用红外相机监测，明确了卧龙保护区雪豹大致的空间利用范围，以及雪豹的季节活动节律与日活动节律。洪洋（2021）对比高放牧干扰区域与低放牧干扰区域雪豹利用的生境差异，发现在高放牧干扰区域雪豹对坡度的利用程度更高，在低放牧干扰区域雪豹对坡向、植被类型的利用程度更高。在不同放牧强度下，雪豹对微生境的选择差异显著。在低放牧干扰区域，雪豹对微生境的选择受海拔与植被类型的影响，优先选择海拔较高的高山流石滩区域活动；在高放牧干扰区域，雪豹对微生境的选择受生境因子的影响较小，雪豹对微生境没有明显偏好，分布更集中。在雪豹空间利用方面的研究中，目前尚未涉及野生雪豹的野外迁移、交配行为、繁殖生态、家庭关系等主题。

第三节 食性研究

雪豹食性方面的研究使用的研究方法主要有两种：一种是利用雪豹粪便中的未被消化的食物残骸，通过形态学鉴定，确定雪豹食性；另一种是使用DNA宏条形码等分子生物学手段，利用雪豹粪便中未消化食物的 DNA，确定雪豹食性。除此之外，研究方法还有红外相机监测、猎物生物量分析等方法。利用传统的形态学进行雪豹食性的鉴定，其优点在于对雪豹粪便样品的新鲜程度要求不高，得到的结果更加全面，既可以鉴定出动物性食源也可以鉴定出植物性食源，缺点在于鉴定的准确性有所欠缺。使用 DNA 宏条形码技术鉴定雪豹食性虽然准确性较高，但受限于样品的新鲜程度。

陆琪等（2019）利用 DNA 宏条形码技术大致明确了卧龙保护区雪豹的动物性食源。研究发现，卧龙的雪豹动物性食源以岩羊为主，家畜与啮齿目（Rodentia）动物次之，鸟类占比最少。植物性食源以禾本科植物、苔藓植物与莎草科植物为主，灌木及其他植物占比较少（洪洋，2021；洪洋和张晋东，2021）。

第四节　人类活动对雪豹的潜在影响

史晓昀等（2019）以邛崃山中部的自然保护区群为研究区，收集了 2014~2018 年红外相机调查和动物粪便 DNA 分析中采集到的雪豹与散放牦牛的分布位点，使用 MaxEnt 物种分布模型预测两物种在研究区内的潜在分布范围，以两物种分布重叠的程度作为评估雪豹捕食家畜潜在风险的指标，从而识别雪豹、家畜冲突的高危区域。结果表明，在邛崃山中部的保护区群中，模型预测的雪豹适宜栖息地面积为 871.14km^2，牦牛适宜栖息地面积为 988.41km^2，二者重叠面积达 534.47km^2，主要分布在研究区西部的高山草甸地区，占域内雪豹适宜栖息地总面积的 61.35%。表明研究区域内总体上可能存在较高的雪豹与家畜冲突风险。洪洋（2021）利用资源选择函数分析了多个变量对雪豹微生境选择的影响，发现在低放牧干扰区域，雪豹对微生境的选择主要受海拔和植被类型影响；在高放牧干扰区域，雪豹微生境选择少受影响。高强度放牧致使草本植物的高度与盖度更小，整体草本生物量更小，这意味着野生有蹄类（如岩羊）可利用的食物资源减少，可利用的适宜栖息地减少，最后将导致野生有蹄类种群数量减少，间接地影响雪豹的食物来源，进而影响雪豹的正常生存。总之，不管从家畜对雪豹生境的影响还是从家畜对雪豹野生食物资源的影响来看，高强度放牧对于雪豹的生存均不利。因此，控制放牧强度，恢复雪豹所处生态系统的多样性是该区域雪豹保护的当务之急。

第五节　基于文献计量分析的雪豹研究整体评价

一、基于 Web of Science 的全球雪豹研究态势分析

（一）数据获取

1）数据来源：Web of Science 核心数据合集。
2）时间跨度：1977 年 1 月 1 日至 2023 年 12 月 31 日。
3）文献类型：研究论文（"Article"）。
4）语种：英语（"English"）。
5）检索词：主题＝"snow leopard"或"*Panthera uncia*"。
6）检索结果：216 篇。

（二）研究方法

基于 Web of Science 核心数据合集，使用基于 R 语言的 BiblioShiny 对 1977 年 1 月 1 日至 2023 年 12 月 31 日全球范围内有关雪豹研究的文献从发文量、国家、机构、作者、期刊、关键词词频变化及关键词随时间的变化等方面分析，并利用大数据挖掘，梳理该领域的发展历程，分析研究主题的动态变化并将结果可视化，旨在对雪豹相关领域的研究进行系统总结，探讨当前的研究动态及热点，挖掘雪豹保护中尚需加强和亟待开展的研究主题，以期为后续相关研究提供参考。

（三）结果

1. 年度发文趋势分析

以"snow leopard"或"*Panthera uncia*"为关键词搜索，1977年1月1日至2023年12月31日的文献共有216篇，年均发文量增长率为6.95%。由图11-2可知，近年来雪豹的保护已被广泛关注，相关研究发展快速，处于快速上升阶段。

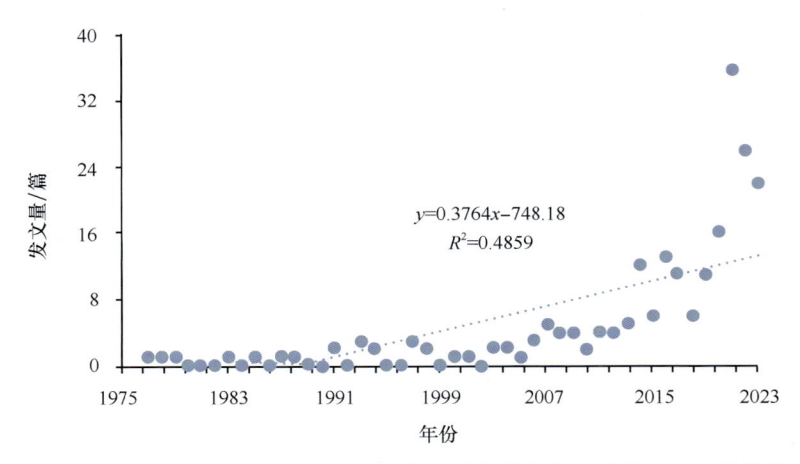

图11-2　1977～2023年Web of Science核心数据合集收录雪豹研究文献的情况

$y=0.3764x-748.18$
$R^2=0.4859$

2. 关键词热点词词频分析

文献的关键词可以从一个高度概括的角度反映文献研究的内容、方法、地域、对象等。高频关键词可以反映研究热点，低频关键词则反映对相应主题的关注较少，但也可能是潜在创新点。关键词的时间更迭可以反映研究的变化趋势。由图11-3可知，出现频次最高的5个关键词为保护、食性、国家公园、捕食和家畜，说明研究的对象和焦点是明显的。当前全球雪豹保护研究的热点和焦点仍是雪豹保护，其次是雪豹食性、国家公园管理和捕食。

图11-3　1977～2023年Web of Science核心数据合集收录的雪豹研究关键词热点词频图谱

3. 关键词时间变化更迭分析

从整体上看，目前研究已涉及雪豹专题的方方面面，研究范围、方向和地域不断扩展，研究方法不断改进。早期的研究主要关注区域雪豹数量、多样性与猫科动物的关系，近年来雪豹研究的热点和焦点是雪豹及其生境保护和人兽冲突，包括保护、家畜掠夺、大型食肉动物捕食、国家公园、自然保护区、人兽冲突、感知；其次是雪豹的生活习性及其与环境的关系，如食物、食性、生境等。图11-4显示基于频数大于25的关键词，其中，小于50的无法显示或原点变小。

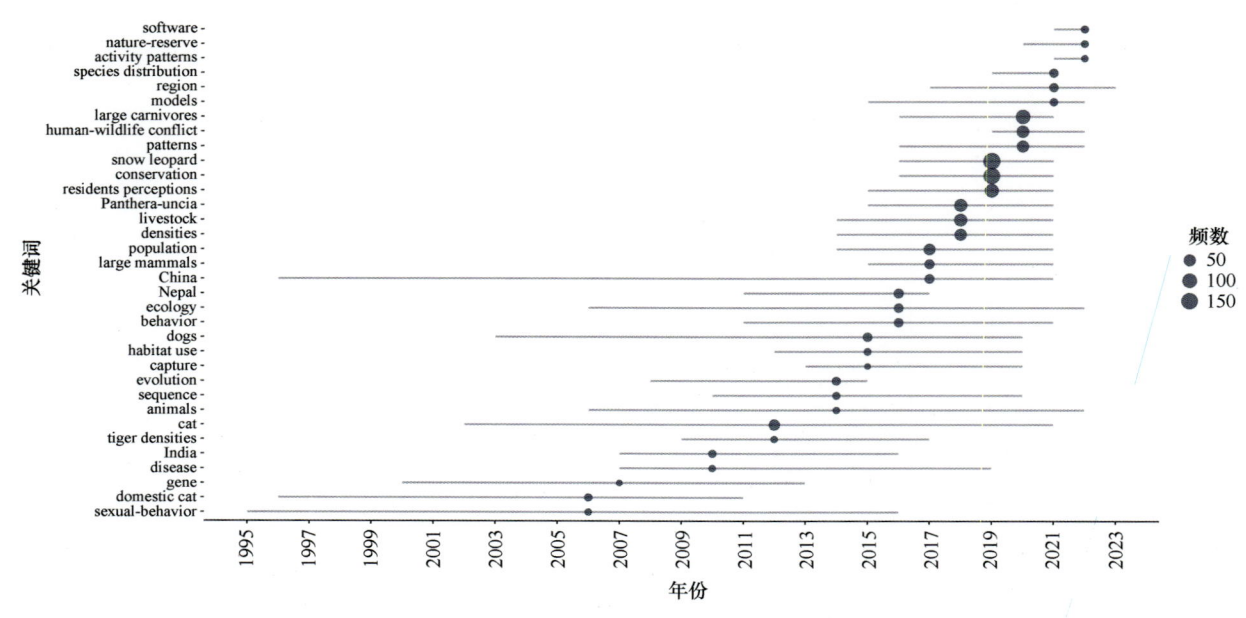

图11-4　1977～2023年Web of Science核心数据合集收录雪豹研究文献关键词热度变化图

4. 研究国家分析

在该领域发文量排名前5的国家依次是美国、印度、中国、巴基斯坦和蒙古。美国关于雪豹的研究成果最多。由图11-5可知，从国家的合作看，合作比较频繁的国家是美国和印度（36次），美国和中国（33次）、美国和蒙古（24次）、美国和英国（19次）、印度和蒙古（13次）。我国早在1988年就开始与美国合作开展雪豹方面的研究和保护工作，并有科学引文索引（Science Citation Index，SCI）论文发表。此外，中国与蒙古（9次）、中国与印度（8次）、中国与英国（8次）的合作也较为频繁。

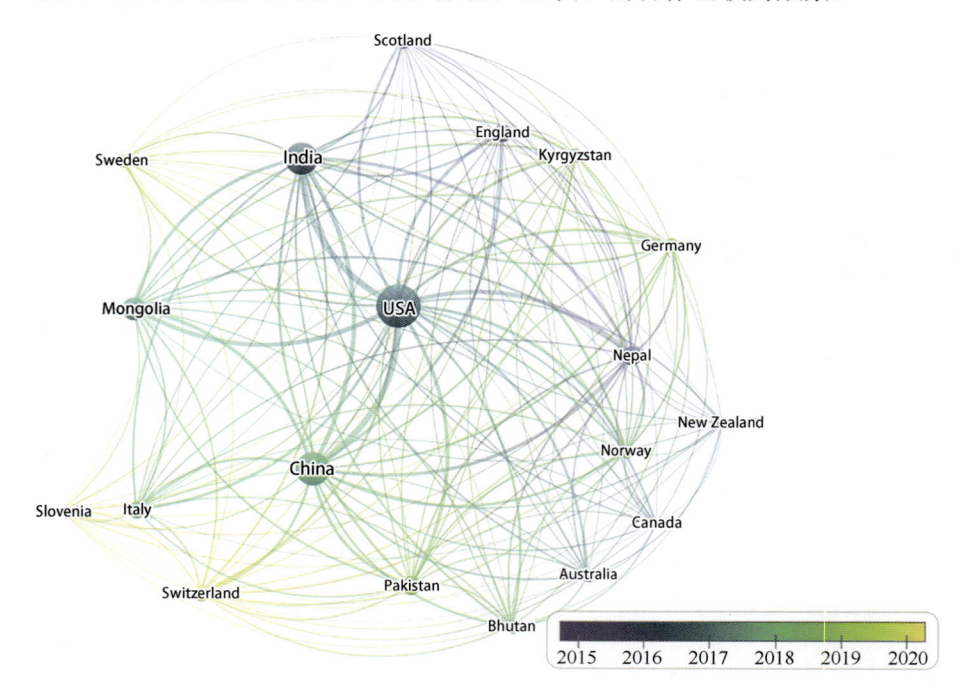

图11-5　1977～2023年Web of Science核心数据合集收录雪豹研究文献的国家合作网络及动态

5. 发文机构分析

机构发文量是反映国际研究机构、组织机构和科研机构活跃程度的重要指标。表 11-1 列出了 1977～2023 年 Web of Science 核心数据合集收录雪豹研究文献数量排名前 10 的研究机构。其中，全球雪豹研究领域发文量前 5 的机构近年来发文量依然呈现逐渐增加的趋势，表明这些机构在雪豹保护研究方面实力仍然很强。

表 11-1　1977～2023 年 Web of Science 核心数据合集收录雪豹研究文献数量排名前 10 的研究机构

排名	机构	发文量/篇
1	北京林业大学（Beijing Forestry University）	19
2	北京大学（Peking University）	16
3	中国科学院	15
3	悉尼大学（The University of Sydney）	15
4	中国林业科学研究院（Chinese Academy of Forestry）	13
5	印度野生动物研究所（Wildlife Institute of India）	12
6	蒙古科学院（Mongolian Academy of Sciences）	11
6	洛桑大学（Université de Lausanne）	11
6	锡耶纳大学（Università di Siena）	11
7	瑞典农业科学大学（Swedish University of Agricultural Sciences）	10
8	杜肯大学（Duquesne University）	9
8	真纳大学（Quaid-I-Azam University）	9
8	德州农工大学（Texas A&M University，College Station）	9
9	牛津大学（University of Oxford）	8
9	阿伯丁大学（University of Aberdeen）	8
9	世界自然基金会	8
10	耶鲁大学（Yale University）	7
10	意大利国家研究委员会（Consiglio Nazionale delle Ricerche）	7
10	挪威生命科学大学（Norwegian University of Life Sciences）	7
10	四川大学（Sichuan University）	7
10	伊利诺伊大学（University of Illinois）	7
10	华盛顿大学（University of Washington）	7
10	国际野生生物保护学会（The Wildlife Conservation Society）	7

6. 文献作者分析

由表 11-2 可知，1977～2023 年在雪豹研究领域产出最多的作者是 Mishra，发文量为 33 篇；Munkhtsog 位居第 2，发文量为 13 篇；Sharma 位列第 3，发文量为 12 篇。从年发文量来看，发文量位于全球前 10 的作者近年来仍然活跃。

表 11-2　1977～2023 年 Web of Science 核心数据合集收录雪豹研究文献发文量前 20 位的作者及文章发表情况

作者	H 指数	G 指数	M 指数	总引用次数/次	发文量/篇	首次发文年份
Mishra C	21	33	0.750	1947	33	1997
Sharma K	9	12	0.818	245	12	2014
Janecka J E	8	10	0.471	378	10	2008
Munkhtsog B	8	13	0.400	425	13	2005
Shi K	8	11	0.800	319	11	2015

续表

作者	H 指数	G 指数	M 指数	总引用次数/次	发文量/篇	首次发文年份
Bhatnagar Y V	7	7	0.389	462	7	2007
Jackson R	7	7	0.152	322	7	1979
Li J	7	8	0.583	412	8	2013
Lu Z	7	8	0.583	408	8	2013
Mccarthy T	7	9	0.318	458	9	2003
Mccarthy T M	7	7	0.350	411	7	2005
Riordan P	7	8	0.259	260	8	1998
Suryawanshi K R	7	9	0.538	371	9	2012
Alexander J S	6	11	0.667	121	11	2016
Zhang Y G	6	9	0.545	242	9	2014
Augugliaro C	5	8	1.000	78	8	2020
Lovari S	5	8	0.313	214	8	2009
Hacker C E	4	7	0.800	77	7	2020
Li D Q	4	7	0.500	144	7	2017
Nawaz M A	4	8	0.364	104	8	2014

7. 发文期刊分析

统计分析刊载雪豹研究文献的期刊分布情况可确定该领域 SCI 来源的核心期刊，有助于研究人员选择重点期刊进行阅读和投稿。表 11-3 列出了 1977～2023 年 Web of Science 核心数据合集收录雪豹研究文献数量排名前 5 的期刊。其中，*Oryx*（《羚羊》）载文量最多，载文量 28 篇，*Biological Conservation* 位居第 2，载文量 23 篇，*Global Ecology and Conservation*（《全球生态与保护》）位居第 3，载文量 13 篇。

表 11-3　1977～2023 年 Web of Science 核心数据合集收录雪豹研究文献数量排名前 5 的期刊

排名	期刊	载文量/篇
1	*Oryx*	28
2	*Biological Conservation*	23
3	*Global Ecology and Conservation*	13
4	*Ecology and Evolution*	9
5	*Animal Conservation*	6
5	*Journal of Mammalogy*	6
5	*Sustainability*（《可持续性》）	6

8. 关键词共现网络可视化分析

关键词共现网络可视化分析是根据文献集中词汇对或名词短语共同出现的情况，来确定该文献集所代表学科中各主题之间的关系。统计一组文献的主题词两两之间在同一篇文献出现的频率便可形成一个由这些词对关联所组成的共词网络。如图 11-6 所示，1977～2023 年 Web of Science 核心数据合集收录的雪豹研究文献大体可分为 3 个方向：雪豹的密度及其监测（绿色），雪豹的生态习性和保护（蓝色）和人兽冲突（红色）。当前，相关研究热点是雪豹的红外相机监测（camera trapping）、人兽冲突、国家公园、气候变化对雪豹的潜在影响。

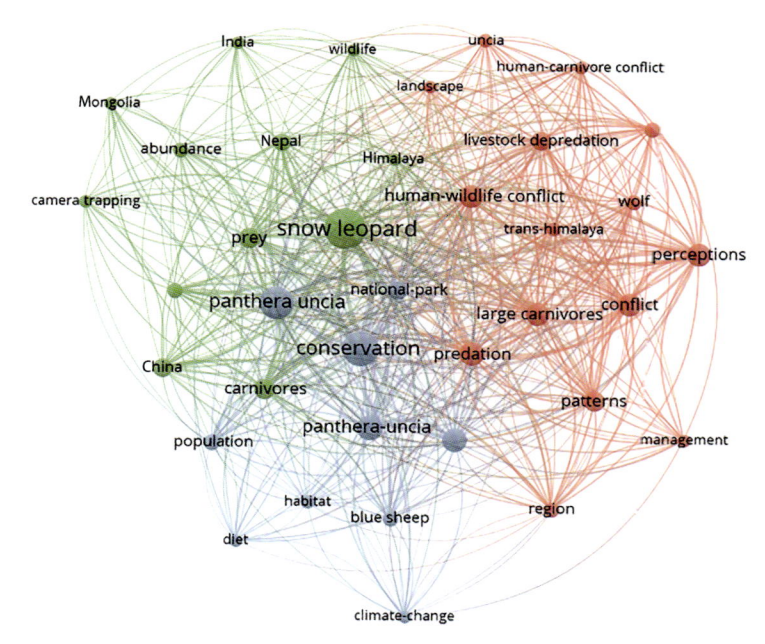

图 11-6　1977～2023 年 Web of Science 核心数据合集收录雪豹研究文献的关键词共现网络及其动态标签

9. 未来雪豹研究热点

BiblioShiny 的主题图可辅助确定今后的研究方向。由图 11-7 可知，未来一段时间，开展雪豹保护、种群、食肉动物、多样性以及行为研究可能是该领域的研究前沿。

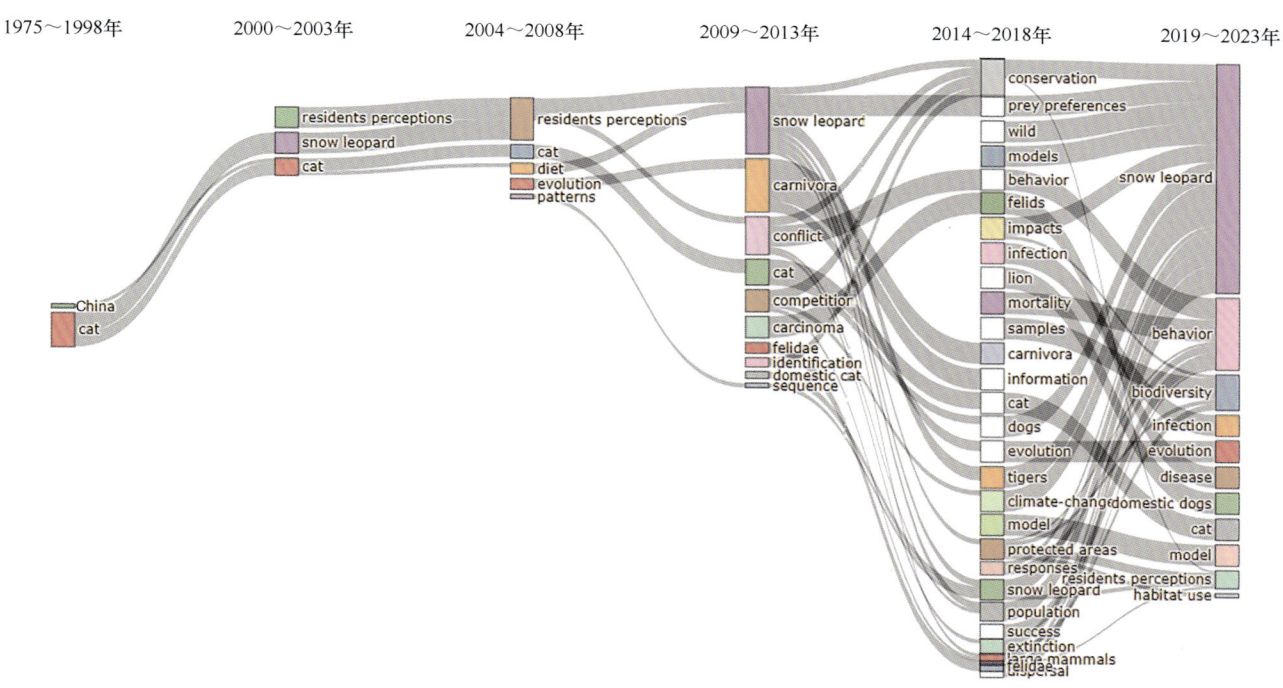

图 11-7　1977～2023 年 Web of Science 核心数据库收录的雪豹研究的主题更迭

10. 雪豹研究领域的重要文献

1977～2023 年，雪豹研究领域被引用次数排名前 10 的论文见表 11-4。其中，Charudutt Mishra 于 1997 年发表在 *Environment Conservation* 上的题名为 "Livestock depredation by large carnivores in the Indian trans-Himalaya: conflict perceptions and conservation prospects" 的论文被引用的次数最多。目前，该文献已被引用 234 次。

表 11-4 1977～2023 年雪豹研究领域被引用次数排名前 10 的论文

文章名	资料来源	TC/次	每年 TC	标准化 TC
"Livestock depredation by large carnivores in the Indian trans-Himalaya: conflict perceptions and conservation prospects"	Mishra, 1997	234	8.36	2.44
"The Role of Incentive Programs in Conserving the Snow Leopard"	Mishra et al., 2003	213	9.68	1.50
"Living with large carnivores: predation on livestock by the snow leopard (*Uncia uncia*)"	Bagchi and Mishra, 2006	210	11.05	1.41
"Estimating Snow Leopard Population Abundance Using Photography and Capture-Recapture Techniques"	Jackson et al., 2006	178	9.37	1.20
"People, predators and perceptions: patterns of livestock depredation by snow leopards and wolves"	Suryawanshi et al., 2013	160	13.33	1.77
"Snow leopard *Panthera uncia* predation of livestock: an assessment of local perceptions in the Annapurna Conservation Area, Nepal"	Oli et al., 1994	156	5.03	1.45
"Human-wildlife conflict in the Kingdom of Bhutan: patterns of livestock predation by large mammalian carnivores"	Sangay and Vernes, 2008	131	7.71	1.62
"Conservation and climate change: assessing the vulnerability of snow leopard habitat to treeline shift in the Himalaya"	Forrest et al., 2012	123	9.46	2.05
"Population monitoring of snow leopards using noninvasive collection of scat samples: a pilot study"	Janečka et al., 2008	115	6.76	1.42
"Globalization of the cashmere market and the decline of large mammals in Central Asia"	Berger et al., 2013	109	9.08	1.21

注：TC 为总被引频次

11. 专著

截至 2022 年，全球关于雪豹研究的专著共 4 部，具体情况如下。

1）杨奇森，冯祚建. 雪豹 // 汪松. 中国濒危动物红皮书. 北京：科学出版社，1998: 132-135.

2）马鸣，徐峰，程芸，等. 新疆雪豹. 北京：科学出版社，2013.

3）Nyhus P J, McCarthy T, Mallon D P. Snow Leopards: Biodiversity of the World: Conservation from Genes to Landscapes. New York: Academic Press, 2016.

4）Hussain S, Sivaramakrishnan K. The Snow Leopard and the Goat: Politics of Conservation in the Western Himalayas. Washington: University of Washington, 2019.

12. 专利

涉及雪豹保护的专利 3 项，具体情况如下。

1）程国旭，刘放，杨亚飞，周绍庆，郭晓娟. 一种基于人工智能的雪豹识别算法及识别监测平台: CN112069972A. 2020-09-01[2020-12-11].

2）张毓，高雅月. 基于多模态深度学习的雪豹识别方法及电子设备: CN113283317A. 2021-05-13 [2021-08-20].

3）董春，张玉，王苑，刘纪平，黄超，王晓波，杜林丹，王亮. 一种雪豹栖息地适宜性评价方法及装置: CN110348060A. 2019-06-13[2019-10-18].

二、基于中国知网的雪豹研究情况分析

（一）检索方法

以"主题%='雪豹'"或"题名%='雪豹'"中英文扩展为检索条件，在中国知网数据库检索

（二）结果

1. 发文量分析

在中国知网数据库跨库检索 1977 年 1 月 1 日至 2023 年 12 月 31 日有关雪豹的研究，共获取文献 1295 篇。从整体上看，雪豹相关文献呈逐年增加态势（图 11-8）。

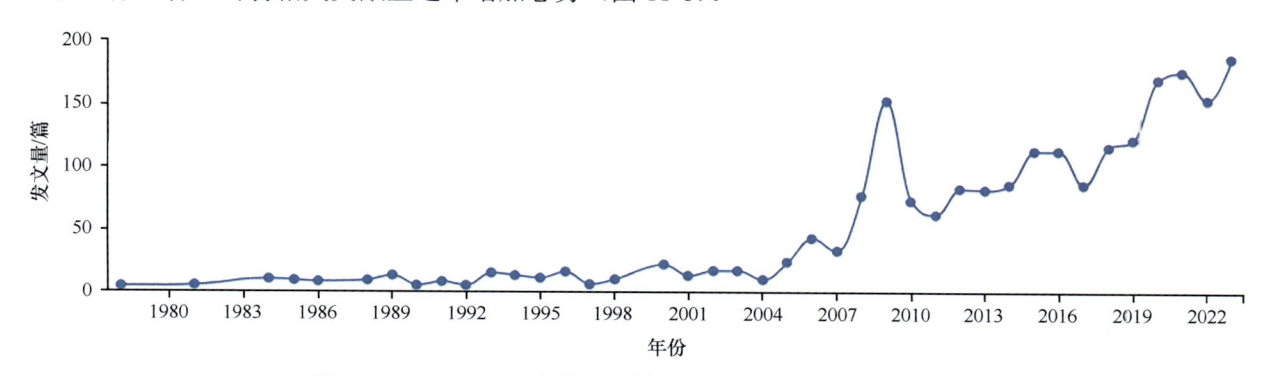

图 11-8　1977～2023 年基于中国知网的雪豹研究年发文量变化

2. 机构分布

在这 1295 篇论文中，第一作者单位共计 40 个。按第一作者所在单位统计，发文量最多的单位是北京林业大学（20 篇），其次是卧龙保护区（16 篇）和北京大学（16 篇），此后分别是中国科学院大学（14 篇）、中国科学院新疆生态与地理研究所（13 篇）、山水自然保护中心（13 篇）、中国林业科学研究院森林生态环境与保护研究所（13 篇）、中国科学院动物研究所（11 篇）、中国科学院西北高原生物研究所（11 篇）和西宁野生动物园（9 篇）。从地理分布上看，第一作者机构有明显的地域性，主要集中于北京、四川和新疆。

3. 发文作者分析

从发文量看，发表雪豹论文数排名前 5 的作者分别是中国科学院新疆生态与地理研究所的马鸣和徐峰，卧龙保护区的施小刚，中国林业科学研究院森林生态环境与自然保护研究所的李迪强、薛亚东，以及北京大学的李晟。

4. 关键词分析

出现频率较高的关键词分别为雪豹、红外相机、多样性、人兽冲突和野生动物，其次是保护、中国、自然保护区、种群密度。

5. 研究主题分析

研究主题是雪豹与同域野生动物的关系，以及雪豹生境选择和食性研究。研究热点是栖息地、红外相机、青藏高原、三江源和北山羊。

6. 基金分布

涉及国家自然科学基金 11 项、国家社会科学基金 7 项、国家科技计划 6 项、国家重点研发计划 6 项、香港海洋公园保育基金 3 项、中国博士后科学基金 3 项、中美合作项目 3 项、教育部重点实验室建设项目 2 项、北京市自然科学基金 2 项、国家科技基础条件平台建设项目 2 项、中国科学院"西部之光"人才培养计划 2 项、山东省高等学校科学技术计划项目 1 项、中央高新基本科研业务费资金项目 1 项、成都大熊猫繁育研究基金会科研项目 1 项及教育部新世纪优秀人才支持计划 1 项。

7. 培养学生情况

培养硕士研究生 8 名，其中北京林业大学 3 名，清华大学、中央民族大学、曲阜师范大学、云南财经大学和西华师范大学各 1 名。培养博士研究生 2 名，分别由东北师范大学和北京林业大学培养（表 11-5）。

表 11-5 1977～2023 年以雪豹为研究主题的研究生情况

作者	毕业论文题目	作者所在学校	学位	年份
徐爱春	青藏高原同域分布的藏棕熊、雪豹生存状态、保护及其生态学研究	东北师范大学	博士	2007
周芸芸	基于分子粪便学的雪豹保护遗传学研究	中央民族大学	硕士	2011
王君	新疆塔什库尔干地区雪豹生态位研究及种群估算	北京林业大学	硕士	2012
刘广帅	雪豹肠道菌群多样性研究	曲阜师范大学	硕士	2013
Justine Shanti Alexander	中国祁连山雪豹研究与保护：管理及方法应用	北京林业大学	博士	2015
唐卓	利用红外相机研究卧龙雪豹和绿尾虹雉及其同域野生动物	清华大学	硕士	2016
陈鹏举	珠穆朗玛峰国家级自然保护区雪豹生存现状及保护对策研究	北京林业大学	硕士	2017
马兵	天山中部雪豹（Panthera unica）栖息地特征及影响因子	北京林业大学	硕士	2020
李芳菲	基于雪豹生境保护的青海祁连山土地利用景观格局优化研究	云南财经大学	硕士	2021
洪洋	卧龙自然保护区雪豹（Panthera unica）的生境选择与食性研究	西华师范大学	硕士	2021

三、基于 Web of Science 核心数据合集的卧龙雪豹研究概况

以 Web of Science 核心数据合集为基础，以"snow leopard*wolong"或"Snow leopard*Wolong"或"Panthera unica*wolong"或"Panthera unica*Wolong"为关键词搜索，1900 年 1 月 1 日至 2023 年 12 月 31 日的文献仅有 4 篇，包括 3 篇英文文献和 1 篇回复评论。所检索到的 3 篇英文文献分别刊载在 Nature Ecology & Evolution（《自然-生态与进化》）、Earth Interactions（《地球互动》）和 Biological Conservation 上。通讯作者单位分别是北京师范大学和中国科学院植物研究所、西华师范大学、四川大学。

四、基于中国知网的卧龙雪豹研究情况

（一）检索方法

以"主题='卧龙雪豹'"或"题名='卧龙雪豹'"为检索条件，在中国知网数据库进行检索。

（二）结果

1. 发文量分析

以"主题='卧龙雪豹'"或"题名='卧龙雪豹'"为检索条件，在中国知网数据库获取 1987 年 1 月 1 日至 2023 年 12 月 31 日有关卧龙雪豹的文献，共检索到 22 篇。其中，2021 年的发文量最多（9 篇），年增长率为 200%。

2. 主题分析

研究主题主要围绕雪豹与同域野生动物的关系，以及雪豹生境选择和食性研究。例如，已有学者主要研究了雪豹行为节律（唐卓等，2017a），评估了雪豹栖息地（乔麦菊等，2017a），探究了雪豹与同域野生动物（唐卓等，2017b）及雪豹与赤狐时空生态位的关系（施小刚等，2021），分析了地栖动物群落种间的空间关联性、结构、维持机制，雪豹在群落维持中的生态学作用（周厚熊等，2021），以及卧龙保护区雪豹与牦牛活动的时空关系（施小刚等，2023），解析了雪豹的食性（陆琪等，2019；洪洋和张晋东，2021）。

3. 培养学生情况

培养硕士研究生 2 名。其中，清华大学和西华师范大学各培养了 1 名（表 11-6）。

表 11-6   1987～2023 年以卧龙地区的雪豹研究作为研究主题培养的研究生

作者	毕业论文题目	作者所在学校	学位	年份
唐卓	利用红外相机研究卧龙雪豹和绿尾虹雉及其同域野生动物	清华大学	硕士	2016
洪洋	卧龙自然保护区雪豹（*Panthera unica*）的生境选择与食性研究	西华师范大学	硕士	2021

4. 研究机构分析

目前，发表与卧龙雪豹相关研究论文最多的单位是卧龙保护区，发文量为 11 篇；其他依次是北京大学、西南林业大学、清华大学和西华师范大学。

5. 基金分析

目前，卧龙雪豹研究的经费主要来源于香港海洋公园保育基金、国家自然科学基金和教育部重点实验室建设项目。

五、卧龙雪豹研究现状与展望

中国的雪豹资源位居世界第一，这无疑为雪豹的监测、研究和保护提供了得天独厚的条件。然而，上述分析表明，我国的雪豹研究 SCI 和中国科学引文数据库（Chinese Science Citation Database，CSCD）论文产出量均比较低，这说明我国在雪豹研究和保护方面投入的力度不够，仍有较大的知识空缺亟待我国研究人员去探索和发现。据已有资料，中国西部是中国乃至世界雪豹分布最集中的区域，但由于人口稀少、环境恶劣、交通条件差，考察难度非常大，目前该区域雪豹的分布、数量、种群动态、繁殖存活率、栖息地选择、生存状况、食物资源以及雪豹所面临的威胁尚不清楚，人为活动对雪豹的影响以及保护成效有待进一步评估。

卧龙保护区的雪豹监测工作开展得比较晚，2009 年卧龙保护区梯子沟安装的红外相机调查中首次记录到雪豹，填补了中国野生雪豹分布区东南边缘的记录。2017 年，卧龙调查雪豹栖息地 345km²，统计数量为 26 只；2021～2023 年，雪豹调查面积扩大至 900km²，统计数量为 45 只。自 2010 年以来，邛崃山系中段的卧龙保护区、四川蜂桶寨国家级自然保护区、四姑娘山国家级自然保护区、鞍子河自然保护区、黑水河自然保护区等均针对各自保护区内的高山动植物开展了一系列的调查与监测，使用红外相机调查技术作为探测和记录野生动物的主要手段之一，在这片区域的高山生态系统中确认了雪豹的分布。但是，现有雪豹相关的信息还较为零散，仅仅局限在单个保护地少数分布点的记录，缺乏对其种群现状、栖息地分布、基础生态等方面的全面深入了解。例如，2017 年卧龙保护区红外自动触发相机首次拍到了一只雪豹妈妈带着 3 只雪豹幼仔外出活动的"同框照"。2018 年 12 月 21 日和 24 日，布设在卧龙银厂沟区域海拔 3800m 左右的一台红外线触发相机连续记录到雪豹"一母带三崽"练习生存技能的完整画面。2019 年 6 月 3 日和 4 日，位于海拔 3300m 左右的四川卧龙"五一棚"区域的两台红外相机分别记录到一只雪豹连续两天出现在这两个位点，共拍摄到 12 张照片和 2 段视频，拍摄点间距仅 200m。这是首次记录到雪豹在该区域活动，这也是红外相机首次在大熊猫栖息地核心区拍摄到雪豹出没。因此，目前亟须加强卧龙保护区雪豹的基础研究，以应对人类干扰与气候变化对雪豹的影响。

未来卧龙将综合运用红外相机调查技术、人工智能、物种分布模型、eDNA 检测技术等多种野生动物研究与监测领域中的先进技术和模型，对邛崃山系的雪豹分布现状开展本底调查，丰富调查区域内的雪豹种群与野生动物多样性本底资料和信息，加深对这些目标物种空间分布、种群规模现状的了解。同时，基于上述研究结果，未来研究应探明和明晰调查区域中野生雪豹种群的分布现状、栖息地特征与生态需求，为雪豹及其他关键物种后续的保护与有针对性的管理策略的制定提供科学依据，为提升四川省及国家公园的保护有效性提供必要支撑。同时，项目调查中将产生和积累大量关于雪豹及其同域动物的影像资料，包括红外相机照片、视频、野外工作记录等，可为大熊猫国家公园、项目承担方和相关单位提供难得的宣传素材，从而提升珍稀濒危野生动物和生物多样性的社会关注度，加强社会公众、相关部门对自然保护地自然资源和保护管理的进一步了解。此外，珍稀濒危野生动物调查所得的优质素材可纳入国家公园生态体验与科普教育规划中，并将产生经济效益。

第十二章　大熊猫同域物种

第一节　同域物种概述

一、同域物种及同域物种研究的意义

同域物种（sympatric species）通常指在生态学中用来描述在同一生态区域内生活并竞争资源的多个物种。这些物种可能在食物、栖息地或其他资源上有所竞争，也可能存在共生关系。研究同域物种之间的相互作用，可以更好地理解生态系统内物种的分布、丰度和相互关系。全球同域物种研究是生态学和生物多样性研究中的一个重要领域，主要关注不同物种在相同或相似生态环境中的共存、相互作用及同域物种间的种间关系对生态系统的影响。随着全球环境变化和人类活动对自然生态系统的干扰日益加剧，同域物种的研究变得尤为重要。研究这些物种的生态位重叠、资源利用、种间竞争和协同进化等机制，可以深入了解生态系统的稳定性和可持续性。

近年来，随着生物技术、遥感技术和地理信息系统的快速发展，同域物种研究在数据收集和分析方法上取得了显著进展。例如，分子生物学方法的应用使得物种鉴定和分类更加准确，遥感技术和地理信息系统的应用则使得大尺度生态研究成为可能。这些技术的进步极大地推动了同域物种研究的发展，为我们提供了更加全面和深入的理解。

二、主要研究领域

（一）生态习性与行为生态

研究表明，同域物种的多样性对生态系统的功能具有显著影响。不同物种通过互补和协同作用，可以提高生态系统的生产力和稳定性。例如，在草原生态系统中，不同植物种类的共存可以促进资源的有效利用，从而增强生态系统的整体功能。

研究大熊猫与其同域物种的行为、活动节律、栖息地利用、食性、生态位分化、繁殖行为等（Johnson et al.，1988；魏辅文等，1999，2000；Wei et al.，2000；Zhang et al.，2006，2017b；张泽钧等，2007；Qi et al.，2009；Wang et al.，2015b；李爽等，2017；王盼等，2018a；Nie et al.，2019；Wei et al.，2000；罗莲莲等，2020；王盼，2020；李丹等，2021；Bai et al.，2022；马青青等，2022；李诗喆等，2023；Feng et al.，2023；Lei et al.，2023；Li et al.，2023a），可以帮助理解它们在自然环境中的共存机制和相互关系（马青青等，2022；Lai et al.，2020；Li et al.，2023a；Liu et al.，2023）。

（二）遗传学与种群动态

通过分子遗传学、基因组学和代谢组学方法等，分析大熊猫及其同域物种的遗传多样性、种群结构、亲缘关系和进化历史，评估保护现状和制定保护策略（如 Lan et al.，2024；Hu et al.，2024）。

（三）保护生物学

研究内容包括大熊猫及其同域物种的分布范围和数量变化、栖息地破坏和破碎化对物种存续的影响、保护区管理和野化放归等保护措施的效果。

（四）环境影响评价

研究气候变化和人类活动等环境因素对大熊猫及其同域物种的潜在影响也是同域物种研究的一个不容忽视的领域。研究表明，气候变化可能对同域物种的分布及其相互作用产生深远影响（Zhao et al.，2021；Zhang et al.，2022a；Tang et al.，2022），不同的野生动物物种对高强度的放牧可能会以不同的方式作出反应，这可能与它们的生物学特征（如生活史策略和饮食）有关。我们的研究强调了针对性的制定畜牧政策和做好牧业规划是必要的（Zhang et al.，2017a）。

三、主要研究方法与技术

（一）实地调查

实地调查是同域物种研究的基础，通过系统的实地调查可以获得物种分布、种间相互作用以及生态环境等方面的数据。这些数据对于理解物种的生态位和相互作用机制具有重要意义。

（二）遥感技术与 GIS

遥感技术与 GIS 在大尺度的同域物种研究中得到广泛应用。通过遥感技术可以获取大范围的生态环境数据，而 GIS 则可以对这些数据进行空间分析，从而揭示物种分布和环境因子之间的关系。例如，Wang 等（2010）利用遥感技术发现了大熊猫和秦岭羚牛随海拔迁徙模式与食物的丰富度和质量有关。

（三）分子生物学方法

分子生物学方法，如 DNA 条形码技术，为物种鉴定和分类提供了新的工具。Hu 等（2024）利用分子标记技术对物种的亲缘关系和遗传多样性进行分析，可以更好地理解物种的进化历史和生态位分化。

（四）同位素方法

Lei 等（2023）利用碳和氮同位素比较了大熊猫四川种群和秦岭种群的营养生态位宽度，探索了大熊猫在生态系统中的相对营养位置。

四、典型案例分析及近期重要研究成果

（一）典型案例

1. 加利福尼亚州草原生态系统的植物多样性研究

在加利福尼亚州的草原生态系统中，多种植物共存的机制成为研究的热点。Tilman 和 Downing（1994）研究发现，不同植物物种通过资源分化和生境特化等机制实现共存，并且这种多样性显著增强了生态系统的生产力和稳定性。他们的长期实地试验显示，物种多样性越高，生态系统的功能越稳定、越高效。

2. 热带雨林中的植物-昆虫相互作用研究

Erwin（1982）在亚马孙热带雨林中对甲虫和树木的相互作用进行了深入研究，发现树木物种多样性与甲虫物种多样性之间存在着紧密的关系。通过研究这些相互作用，Erwin（1982）揭示了物种共存的复杂网络，以及多样性对于生态系统健康的重要性。

3. 珊瑚礁生态系统中的鱼类和无脊椎动物共存研究

在珊瑚礁生态系统中，鱼类和无脊椎动物共存的机制被广泛研究。Connell 和 Hughes（1987）的研究

表明，珊瑚礁的结构复杂性和资源的时空异质性是促进多物种共存的关键因素。他们还研究了环境扰动（如飓风）对物种共存的动态影响。

4. 近期有关大熊猫与同域物种的关系研究

Lai 等（2020）分析了雌性大熊猫与同域顶级捕食动物的关系，表明雌性大熊猫偏好有丰富啮齿动物和鸟类的地方，以方便生育和照顾子代；Wei 等（2020）分析了大熊猫和中华小熊猫在栖息地使用上的重叠情况，并探讨了其生态位分化。在大熊猫与同域物种的相互关系上，Zhang 等（2019a）研究了大熊猫与川金丝猴的生态关系，特别是在食物资源和栖息地利用上的相互作用；Chen 等（2020）探讨了大熊猫与中华扭角羚在竹子资源上的食物竞争，并评估了这种竞争对大熊猫栖息地选择的影响；Li 等（2021）通过红外相机捕捉大熊猫和亚洲黑熊的活动，分析了两物种空间分布和活动节律的差异。

（二）近期重要研究成果

1. 气候变化对高山植物群落的影响

Inouye（2020）研究了气候变化对高山植物群落的影响，发现气候变暖导致一些物种向上迁移，改变了原有的物种共存格局，并利用长期监测数据和模型模拟，揭示了气候变化对物种相互作用和生态系统功能的深远影响。

2. 气候变化对大熊猫主食竹的影响

通过模拟增温，Zhang 等（2024）发现气候变暖影响竹子的生长和氮循环；Yang 等（2024）发现气候变暖降低了竹子的营养价值，但增强了它对大熊猫的适口性，可能会增加大熊猫主食竹感染蚜虫的风险。

3. 多种全球变化因子对大熊猫同域物种的影响

李丹等（2021）评估了气候和土地利用与空间结构在影响大熊猫同域分布大中型哺乳动物物种丰富度中的相对作用。

4. 城市化对鸟类多样性的影响

Johnson 和 Evans（2016）研究了城市化进程对鸟类多样性的影响，发现城市绿地和人造栖息地的管理对鸟类物种的多样性和分布有显著影响。他们通过对不同城市环境中鸟类群落的长期监测，揭示了城市生态系统物种共存的驱动因素。

5. 农田生态系统中的生物控制与多样性

Estrada-Carmona 等（2022）研究了农田生态系统中害虫的生物控制与自然天敌物种多样性之间的关系，发现多样化的自然天敌群体能够显著减少害虫数量，提高农田的生态服务功能。他们的研究强调了生物多样性在农业生态系统中的重要性，并提出了基于生态学原理的可持续农业管理策略。

第二节　卧龙大熊猫同域动物的研究进展

研究大熊猫同域动物，如中华小熊猫、水鹿、川金丝猴等兽类的分布与数量，鸟类区系组成及其特点，同域物种共存机制，以及它们对人为干扰的响应，可以为保护提供基础资料，为今后系统研究大熊猫栖息地的生物多样性和评估保护成效奠定基础。

一、同域动物的研究

（一）兽类

Johnson 等（1988）研究了中华小熊猫的行为；Reid 等（1991a）研究了中华小熊猫的生态；胡锦矗（1994）

分析了卧龙保护区华南豹的食性；胡杰等（2018）研究了水鹿的夏季生境选择；管晓等（2020）研究了水鹿越冬食性。张晋东和罗欢（2018）首次利用红外相机监测对自然状态下的水鹿开展了行为分类，全面系统地建立了水鹿行为谱及"姿势-动作-环境"（posture-act-environment，PAE）编码系统，记录了野生水鹿的 7 种姿势、63 种动作和 74 种行为，基本涵盖了水鹿的主要行为，并区别了各种行为在成年雄性、成年雌性和亚成体之间的相对发生频次，分析了水鹿的具体行为与环境之间的关联。罗欢等（2019）利用红外相机收集了卧龙保护区内川金丝猴的行为、动作模式及活动环境等特征的视频数据，以"姿势-动作-环境"为轴心，以行为的生态功能为依据，完成了川金丝猴行为谱的建立，并对川金丝猴行为进行了分类和系统编码，共统计到野生川金丝猴的 17 种姿势、84 种动作和 116 种行为，并将这些行为与滇金丝猴、黔金丝猴进行对比，发现 3 种金丝猴的大部分行为具有一致性，但栖息环境的差异、长时间的地理隔离以及后天的学习使得这些行为又表现出了差异性。邓其祥等（1989b）认为，在卧龙保护区随着海拔的增加，环境立地条件趋于简单和恶劣，哺乳动物的物种数逐渐减少；在海拔较低的常绿阔叶林带，由于面积小和人为干扰大，哺乳动物的物种也较少。吴毅等（1992）调查了卧龙保护区小型啮齿类动物的生态地理分布，发现小型啮齿类动物种类随海拔的增加而减少。谭迎春等（1995）研究了卧龙保护区的动物区系组成，发现随着海拔的升高，东洋界成分逐渐减少，古北界成分逐渐增多。吴毅等（1999）研究了卧龙保护区翼手类物种的多样性，发现东洋界种类占 57.14%，广布种占 42.86%，典型的古北界种类缺乏。杨程等（2012）对卧龙保护区海拔 1400~2900m 的小型陆栖脊椎动物在原始竹林与人工竹林中的分布情况进行了调查。张晋东等（2015）使用红外相机技术调查了卧龙保护区核桃坪区域哺乳动物的物种组成，共记录哺乳动物 14 种。侯金等（2018）利用红外相机研究了卧龙保护区兽类资源的时空特征。张冬玲等（2019）发现卧龙保护区内大中型兽类共有 30 种，隶属于 4 目 12 科，以东洋界的物种为主，其中，高山灌丛生境中大中型兽类物种分布最均匀，海拔 2500~3000m 分布的大中型兽类物种最多。受人类活动的影响，保护区内低海拔区域大中型兽类物种分布较贫乏，生物多样性较低。施小刚等（2017）利用红外相机对卧龙保护区鸟兽多样性进行了调查研究。2009 年，卧龙管理局、北京大学和山水自然保护中心合作，运用红外相机证实雪豹在卧龙保护区的存在（Li et al., 2010），但是没有进行系统的研究。张晋东等（2015）使用红外相机技术对水鹿、大熊猫、中华小熊猫、川金丝猴的昼夜活动规律、季节活动模式及在不同生境类型出现频率的特征进行了分析。姚刚等（2017）研究了水鹿种群密度及分布。程跃红等（2016a）利用红外相机对卧龙保护区热水河温泉周边野生动物进行了连续监测，发现温泉周边有岩羊、中华扭角羚、水鹿、野猪 4 种有蹄类野生动物。

（二）鸟类

余志伟和邓其祥（1993）对卧龙保护区的鸟类区系进行了深入分析，探讨了其组成特点、不同垂直带内繁殖鸟类的区系构成以及优势种和常见种的资源类型。王玉君等（2018）、李敏等（2019）和韦华等（2021）对卧龙保护区鸟类多样性进行了分析。王玉君等（2018）利用红外相机对卧龙保护区鸟类的物种组成、物种相对丰富度、比较分析鸟类物种在不同季节的物种相对丰富度及在不同植被类型和海拔的空间分布进行了调查研究，鉴定出鸟类 34 种，隶属于 4 目 10 科。物种相对丰富度排名前 5 的鸟类分别是小云雀（*Alauda gulgula*）、绿尾虹雉、红腹角雉（图 12-1）、红嘴蓝鹊（*Urocissa erythrorhyncha*）、普通朱雀（*Carpodacus erythrinus*）。在空间上，大多数鸟类主要集中分布在针叶林、针阔叶混交林及落叶阔叶林。小云雀、领岩鹨、绿尾虹雉、藏雪鸡

图 12-1 红腹角雉（红外相机）

等鸟类在高海拔的高山草甸、流石滩区域相对丰富度较高。在季节上，夏秋季鸟类相对丰富度最高，冬季次之，春季最低。李敏等（2019）结合样线法和样点法对卧龙保护区的鸟类资源开展了调查，共记录到鸟类 202 种共 3858 只，隶属于 14 目 45 科。结合保护区日常巡护记录及查阅文献，卧龙保护区鸟类物种累计达 333 种。其中，国家一级重点保护野生鸟类 6 种，分别为斑尾榛鸡、胡兀鹫、绿尾虹雉、黑鹳、金雕（图 12-2）和红喉雉鹑（图 12-3）；国家二级重点保护野生鸟类 34 种；国家"三有"保护鸟类 165 种。中高海拔地区和混合林带鸟类多样性最高，低海拔地区由于人为干扰等因素影响，生物多样性较低。杨楠等（2022）对高山生态系统鸡形目鸟类群落的时空动态及鸟类生境选择进行了研究，发现卧龙保护区高山生态系统鸡形目鸟类群落由 9 个物种组成，中国特有种和国家重点保护野生物种比例高，绿尾虹雉、雪鹑和血雉相对多度较高，具有重要的保护价值。物种丰富度和总相对多度在灌丛生境和海拔 3500～4000m 区域最高，繁殖季（4～7 月）相对多度远高于非繁殖季（8 月至次年 3 月）；各物种有各自的生境选择偏好，雪鹑显著选择上位坡；血雉显著选择低海拔和灌丛生境，回避流石滩生境；藏雪鸡显著选择高海拔和流石滩生境，拒绝灌丛生境。卧龙保护区梯子沟和银厂沟是鸡形目鸟类的重要分布区。绿尾虹雉是国家重点保护鸟类，被称为"鸟中大熊猫"，需要重点保护，并重点关注对海拔 3500～4000m 区域灌丛生境的保护和管理；建议将梯子沟和银厂沟作为鸡形目鸟类优先保护区域，促进区域高山生态系统鸡形目鸟类群落的整体保护。

图 12-2　金雕（红外相机）　　　　　　　图 12-3　红喉雉鹑（何晓安　摄）

李仁贵等（2011）研究了卧龙大熊猫栖息地红腹角雉冬季生境选择，发现大熊猫和红腹角雉选择的坡度不同，并且两者在食性上差异显著。Wang 等（2017）研究了邛崃山绿尾虹雉的生境选择，发现卧龙保护区是绿尾虹雉的重要分布区，有面积最大的绿尾虹雉适宜生境。绿尾虹雉对人为干扰敏感，牦牛的自由放牧在一定程度上会压缩绿尾虹雉的生境面积并降低生境质量（Wang et al.，2017a）。唐卓等（2017b）利用红外相机对卧龙保护区绿尾虹雉的活动规律进行了研究，发现绿尾虹雉年活动高峰是 7 月，日活动高峰是 8：00～10：00 和 18：00～20：00，日活动节律存在季节和性别差异；绿尾虹雉活动最适宜的环境温度为 0～10℃，有集群和季节性垂直迁移现象。雄性绿尾虹雉的活动强度约为雌性的 2 倍。冯茜等（2021）发现，在卧龙保护区内，红腹角雉潜在适宜栖息地的面积为 430.38km^2，占保护区总面积的 21.52%，主要分布在保护区皮条河两侧中低海拔的针阔叶混交林中；在活动节律方面，红腹角雉在春季活动强度最大，秋季、夏季次之，冬季最低，红腹角雉在秋季的日活动节律与春季、夏季、冬季差异显著，而红腹角雉日活动节律在春季、夏季、冬季之间无显著差异。

二、同域动物共存机制的研究

王盼等（2018b）基于空间利用和生境因子选择差异研究了卧龙保护区同域分布大熊猫和水鹿的生境利用关系，探讨了同域分布野生动物的生境因子选择和空间利用的分异特征，发现大熊猫和水鹿在空间利用上有重叠，二者都表现为更偏好原始林生境，但大熊猫对原始林的依赖性更强。刘明冲等（2019）发现中华扭角羚和水鹿在水源的使用上具有明显的等级序位，并会利用地形进行争夺；中华扭角羚花费在警戒行为中的时间比水鹿少；两种动物在种内及种间的冲突行为表现的形式不同。杨虎等（2021）对卧龙保护区中华扭角羚同域分布地栖动物群落内种间关联度进行了分析。周天祥等（2022）研究了卧龙保护区 3 种高山同域鸡形目鸟类的时空生态位差异。

总之，虽然卧龙特区的大熊猫同域物种研究已取得较大进展，且总体上看研究内容较广，但是研究深度还不够。当前关于大熊猫及其同域分布物种的研究主要集中在物种层面上，群落水平上的研究较少，尤其是伴生物种之间的相互作用及维持机制亟待加强。气候变化和人类活动对大熊猫同域分布物种的影响须持续开展。气候因子和土地利用因子是影响生物多样性分布格局的两个主要驱动因子。研究表明，气候影响物种分布（Peter et al.，2020a；Pacifici et al.，2017）和生物多样性（Peel et al.，2017），气候变暖和土地利用会改变物种分布，引起绝灭（Yalcin and Leroux，2018）。生物多样性保护研究的一个重要作用是理解和估计气候变化和土地利用变化在影响物种多样性分布格局中的相对作用（Porfirio et al.，2014；Elith et al.，2010），为相关管理和保护计划提供科学依据，避免生物多样性和相关生态系统服务进一步损失（李丹等，2021；Barnosky et al.，2011a）。利用红外相机等先进技术手段监测同域物种，有利于研究生物多样性的形成和维持机制。开展大熊猫同域分布物种在空间、时间生态位上的相互关系研究仍然是未来急需持续关注的重点方向。总之，开展和加强上述研究有助于深入理解特定物种的种群资源分配以及种群动态变化的驱动机制，可为国家公园建设和管理提供科学支撑。

三、人类活动对同域动物影响的研究

放牧对同域物种的影响与同域物种的种类有关，中华小熊猫和川金丝猴会因牲畜占据了栖息地而改变生存空间，水鹿和毛冠鹿不受放牧影响（Wang et al.，2019；Zhang et al.，2017b），但水鹿访问水源的时间会改变（Zhang et al.，2017c）。

第三节 卧龙保护区大熊猫生境中的植物

一、大熊猫可食竹

目前，涉及卧龙地区大熊猫主食竹的研究主要集中在竹子种类的调查、微量元素的测定、形态学观察以及营养成分和微生物组的研究。付其如等（1990）研究了大熊猫主食竹的微量元素及其含量与竹类、竹价、竹林部位、竹的生长环境、海拔、季节以及大熊猫食性等的关系。秦自生和泰勒（1992）基于 1981～1986 年的样方数据对竹种进行了研究，发现卧龙的冷箭竹年均增长率为 10.3%，年均死亡率为 9.1%，净增率为 1.2%；拐棍竹年均增长率为 8.6%，年均死亡率为 10.6%，每年递减 2%。冷箭竹年均净初级生产量为 1.5t/hm^2，拐棍竹年均净初级生产量为 3.6t/hm^2。秦自生等（1993a）通过固定样方观察和带标志茎秆记录分析发现，竹秆和笋箨的颜色以及主枝叶鞘与枝节数的变化和竹子秆龄密切相关，可以作为鉴定竹秆年龄的依据。根据竹子的秆龄结构，应用负指数函数模型（$\ln y=\ln y_0+bx$）可以估算竹子种群的增长量和死亡量，评估竹子的种群动态。秦自生等（1994）对冷箭竹地下茎、地上茎、花和果实的生长发育，种龄与秆龄鉴别，以及生物量的测定进行了系统研究。潘红丽等（2010a）探究了油竹子形态学特征及地上部生物量对海拔梯度的响应。周世强等（2009）采用 α 多样性、β 多样性和植物区系等参数，分析了卧龙保护区野生大熊猫栖息地主食竹种各竹林的物种多样性特征，发现物种丰富度、物种优势度、物种均匀度和植物区系成分在 3 种竹林中都存在显著性差异。物种丰富度和优势度为拐棍竹林>冷箭竹林>短锥玉山竹林；香农-维纳多样性指数（Shannon-Wiener 多样性指数）为拐棍竹林>短锥玉山竹林>冷箭竹林；辛普森多样性指数（Simpson 多样性指数）为冷箭竹林大于拐棍竹林和短锥玉山竹林，而拐棍竹林与短锥玉山竹林相差不大；群落均匀度指数表现为短锥玉山竹林>拐棍竹林>冷箭竹林。各层次（乔木层、灌木层、草本层）的

α多样性在3种竹林之间均具有不同的变化。拐棍竹林、冷箭竹林和短锥玉山竹林的植物科属地理分布格局较为相似，都以温带地理成分为主，与卧龙保护区整体植物区系地理成分模式相同，但就植物种类而言，3种竹林的差异极其显著；同时，3种竹林中乔木层优势树木的重要值、灌木层植物的平均数量以及草本层植物的平均盖度之间也具有明显的差异。3种竹林之间的相似性系数（β多样性）很低，具有各自的组成物种和群落结构，这与不同竹种的生物学特性、分布海拔和生长发育阶段密切相关。Jin等（2021）对比苦竹、白夹竹、拐棍竹和冷箭竹的细菌菌群发现，细菌菌群的丰富度和多样性在不同竹种间存在显著差异。晋蕾等（2021）发现竹种对大熊猫主食竹的营养成分和微生物组成有显著影响。不同竹种均以纤维素、半纤维素和木质素为主要成分。其中，半纤维素和木质素的含量不随竹种变化而显著变化，纤维素、黄酮和蛋白质的含量在不同竹种中存在显著差异。竹子细菌菌群的丰富度和多样性在不同竹种间差异显著。在门级水平上，变形菌门是大熊猫主食竹的优势细菌；在属级水平上，假单胞菌属是大熊猫主食竹的优势细菌。变形菌门和假单胞菌属在短锥玉山竹中的相对丰度显著高于白夹竹、拐棍竹、冷箭竹。在门级水平上，白夹竹、拐棍竹和冷箭竹的优势真菌均为子囊菌门（Ascomycota）菌种，而短锥玉山竹的优势真菌为担子菌门菌种；在属级水平上，白夹竹、短锥玉山竹和冷箭竹的优势真菌均为隐球菌属菌种，而拐棍竹的优势真菌为枝孢属菌种。

二、保护植物

珙桐是保护区内具有典型代表的珍稀植物，也是植物保护研究的重点。秦自生（1983）对该区域珙桐的地理分布、生物学特性、群落组成和结构以及演替更新，保护和利用等问题进行了分析。钟章成等（1984）对珙桐群落特征的初步研究发现，该区域的珙桐群落是一种种类丰富、古老成分较多，并以珙桐为优势的具有残遗性质的混交林；通过生活型、叶级谱、叶型与叶质分析，认为该区域的珙桐林是一种中亚热带亚高山垂直带谱上的典型的常绿、落叶阔叶混交林植被。沈泽昊等（1999）进一步研究了群落结构与更新动态，再次证实该区域的珙桐群落植物区系丰富、古老特有性强。群落外貌由落叶大、中高位芽和常绿中、小高位芽植物共同构成，群落垂直结构复杂，草本层发育良好。在群落演替的前、中期，珙桐种群结构由扩展型变为稳定型；珙桐的有性繁殖更新概率随珙桐在群落中重要值的上升而下降。苏瑞军等（2004）通过对珙桐群落中心及边缘的调查研究，采用马格列夫丰富度指数（Margalef丰富度指数）、Simpson多样性指数、Shannon-Wiener多样性指数、皮卢均匀度指数（Pielou均匀度指数）等多样性指数及物种丰富度、个体数分析了群落乔木层、灌木层、草本层及总体的物种多样性，发现除Simpson多样性指数中心＜南边缘＜北边缘外，其余各指标均是南边缘＜北边缘＜中心。从计算的几个多样性指数看，珙桐群落物种丰富度和均匀度的变化趋势相同，都是东边缘＜中心＜南边缘。而物种的多样性指数是东边缘＜南边缘＜中心。周良等（2004）发现在不同层次之间，群落物种的多样性差异主要表现在乔木层和灌木层，其次是草本层。各层之间物种多样性互相影响较大。在垂直结构上，从上到下种类数和个体数呈增加之势，而物种多样性在海拔1690～1700m处最高。整个群落具有较高的物种多样性。张亚爽等（2005）研究了珙桐种群的空间分布格局，结果表明，该区域珙桐种群为集群分布，这主要是由珙桐种群的繁殖特性决定的。取样尺度、海拔对珙桐种群分布格局和聚集强度均有不同程度的影响。基株种群和分株种群的分布格局和聚集强度随取样尺度和海拔变化。

三、代表树种

刘明冲等（2015）认为卧龙保护区、卧龙特区的代表树种有35种，包括重要观花树木17种［珙桐、光叶珙桐、岷江杜鹃、卧龙杜鹃、多鳞杜鹃、长鳞杜鹃、团叶杜鹃、巴朗杜鹃（图12-4）、乳黄叶杜鹃、山光杜鹃、无柄杜鹃、大叶金顶杜鹃、陇蜀杜鹃、雪层杜鹃、圆叶天女花、湖北木兰、大枝绣球］，重要观叶树木7种（扇叶槭、疏花槭、五尖槭、五裂槭、连香树、大叶柳、水青树），原始针叶林主要观赏树木6种（冷杉、铁杉、红豆杉、四川红杉、红桦、麦吊云杉）、大熊猫主食竹5种（冷箭竹、美竹、白夹竹、拐棍竹、短锥玉山竹)。

图 12-4　巴朗杜鹃（刘明冲　摄）

第十三章 极小种群野生植物

第一节 极小种群野生植物概述

极小种群野生植物（wild plant with extremely small populations，WPESP）由国家林业和草原局正式提出，也有学者翻译为 plant species with extremely small populations（PSESP），特指分布地域狭窄或呈间断分布、长期受到自身因素限制和外界因素干扰，呈现出种群退化和数量持续减少，种群及个体数量都极少，已低于最小可存活种群，而濒临灭绝的野生植物物种（Ren et al.，2012；Ma et al.，2013；臧润国等，2016）。《全国极小种群野生植物拯救保护工程规划（2011—2015年）》确定了首批120种重点保护的极小种群野生植物，包含36种国家一级重点保护野生植物、26种国家二级重点保护野生植物、58种省级重点保护野生植物。这些植物通常具有以下特性之一：①野外种群数量极少、极度濒危、随时有灭绝危险的野生植物；②生境要求独特、生态幅狭窄的野生植物；③潜在基因价值不清楚，灭绝将引起基因流失、生物多样性降低、社会经济价值损失巨大的种群数量相对较小的野生植物（黄继红等，2018）。由于极小种群野生植物大多数为我国特有植物，具有重要的经济和科学价值，如可作为作物改良用、药用、观赏用或具有独特的生态进化意义（Ma et al.，2013）。

极小种群野生植物研究是生物多样性保护和生态恢复领域的重要课题，对于保护濒危物种、维护生态平衡具有重要意义。以下是一些关于极小种群野生植物的研究进展、挑战和展望。

一、主要研究进展

（一）种群动态

通过长期监测、遗传分析等手段，了解极小种群植物的种群数量、分布范围以及遗传多样性的变化情况。

（二）种群遗传学

通过遗传学方法研究极小种群植物的基因流动、遗传多样性以及遗传漂变等现象，为物种保护和恢复提供重要信息。

（三）保护管理策略

当前极小种群植物的保护管理策略主要通过建立保护区、人工繁殖、移植等方式增加种群数量和避免灭绝风险。

（四）生态学研究

通过生态学研究，了解极小种群植物的生境要求、与其他物种的互动关系，为制定保护策略提供科学依据。

二、面临的挑战

尽管小种群研究取得了诸多进展，但仍面临一些挑战。首先，长期的野外监测和数据收集难度较大，资源和资金有限制约了研究的深入开展。其次，复杂的生态系统和多样的环境变量使得对小种群生存动态的预测不确定性较大。

三、展望

（一）先进技术的应用

随着技术的进步，基因组学研究将更好地揭示极小种群植物的遗传特征和适应性，为保护措施提供更精准的指导。同时，利用遥感技术、环境DNA（eDNA）等新技术手段，可提高对小种群的监测精度和效率。

（二）保护策略优化

在保护策略制定过程中，需综合考虑社会经济因素，以确保保护措施的可持续性和有效性。此外，未来研究将侧重于评估保护策略的实施效果，为保护管理提供科学的指导，确保极小种群植物得到有效的保护。

（三）气候变化影响评估

考虑气候变化对极小种群植物的影响，未来研究将更多关注气候变化对物种存活和适应性的影响，以制定更加全面的保护策略。

（四）跨学科合作

未来的研究将更加注重跨学科合作，整合生态学、遗传学、保护生物学等多个学科的知识，共同推动极小种群野生植物研究的发展。例如，将生态学、遗传学和气候科学等多学科结合，构建综合模型，以更好地理解和预测极小种群的动态变化。

总之，极小种群野生植物的研究和保护需要长期持续的努力和跨学科合作，希望未来能够通过科学研究和保护实践，有效保护这些珍贵的物种。

第二节　我国极小种群野生植物研究现状

一、我国极小种群野生植物研究主题

（一）生存潜力

种群生存力分析（population viability analysis，PVA）是评估种群所受威胁、灭绝或衰退风险以及恢复可能性的有效方法，也是指导保护计划制定和评估生物多样性管理的有效方法（Brigham，2003）。

（二）濒危机制和受威胁因子

一般来说，植物濒危的主要原因是繁殖过程存在问题，如大小孢子发育存在异常（赵兴峰等，2008）、结实率低（Evans et al.，2004）、种子萌发存在障碍（李宗艳和郭荣，2014）等。此外，外部因素如地质历史变迁、冰期作用、气候变化、自然灾害、种间相互作用、动物啃食、人类采挖、生境破碎化、生境退化等的影响也不容忽略。例如，砍伐等人类干扰进一步导致极小种群野生植物种群个体数量减少，群落结构改变，加剧了物种的灭绝风险（Fan et al.，2020）。

（三）种质资源保护

遗传多样性是生物多样性的重要组成部分，描绘极小种群野生植物的遗传组成分布，揭示极小种群野生生植物响应环境变化时的遗传机制对理解其致病机理进而采取相应的保护措施极为重要（Aboukhalid et al.，2017）。

（四）就地保护及生境恢复

就地保护在植物保育中起着至关重要的作用，因为它对破坏或改变物种栖息地的行为起到了禁止作用。由于极小种群野生植物一般生境要求独特、生态幅狭窄，因此保护其原生种群和维护其自然生境是保护的重要方式之一（Volis，2016）。就地保护研究涉及以下内容：分析自然种群特征、生境特征和种源状况，揭示目标物种的生境需求与生态关系，研究就地保护和人工促进种群恢复技术。研发人工改造和干预适用技术、快速改善已受损的生境条件、构建符合目标物种特性的适宜生境。研究极小种群野生植物与自然保护技术，构建充分满足物种生存繁衍的最佳生境；建立极小种群野生植物持续生存的就地保护示范区。

（五）生殖生物学

繁殖是植物生活史中最为关键的环节之一，也是种群更新与维持的重要环节。繁殖生物学研究主要是从植物生活史、传粉生态学、繁育系统和种子生理生态等方面着手说明濒危植物的繁殖能力及存活力，进而揭示濒危植物濒危的原因与濒危机制。一般认为，极小种群野生植物自身生殖繁育力的衰退、生活力的下降等是导致极小种群野生植物走向濒临灭绝的内在原因（Volis，2016；Wade et al.，2016）。繁殖瓶颈的突破是珍稀濒危物种解濒研究的重中之重，是发展规模化扩繁技术体系的基础。我国虽已对40多种极小种群野生植物进行了繁殖生物学和繁殖技术的研究，但扩繁成功的物种仍屈指可数（臧润国等，2016）。

（六）回归研究

野外回归是扩大极小种群野生植物种群的有效途径，具体包括对人工培育的植株的选择、适宜地点及生境的评价和确定、回归环境、回归时期、栽培技术、抚育体系和后期管理配套技术体系研究以及试验示范基地建设。目前，濒危植物野外回归的研究主要集中在回归程序、过程管理、评价及复壮等，国内外有关回归的技术还不成熟，仍处于探索阶段，急需探索极小种群野生植物野外回归的基础理论和关键技术，以制定相应的保护对策。研究植物生理生态特征对不同野外回归生境的适应性，是科学评价极小种群野生植物种群回归生境适宜性的关键指标（吕程瑜和刘艳红，2018）。

二、典型极小种群野生植物保护与恢复技术研究现状

2016年启动的"十三五"国家重点研发计划项目"典型极小种群野生植物保护与恢复技术研究（2016YFC0503100）"，主要针对极小种群野生植物种群衰退与更新限制机理等重大科学问题，以及核心种质确定与保存和种群扩繁与复壮技术等关键技术问题开展相应的研究与示范，力图在极小种群的濒危过程、胁迫因子与维持机制等方面取得理论上的创新，并在遗传多样性与种质资源保存、规模化扩繁、就地迁地与回归保护等环节中存在的技术瓶颈上产生突破，构建极小种群野生植物的种群生态学和保护生物学理论体系，研发极小种群野生植物保护和更新复壮的技术体系。在此基础上，建立相应的应用技术标准和示范基地，形成从基础理论、共性技术到试验示范全链条式的极小种群野生植物保护工程科技支撑体系，最终为极小种群野生植物的保护与可持续利用奠定坚实的理论基础和技术支撑。

目前，全国已有23个省份基于野外调查、实验分析和保护实践开展了极小种群野生植物拯救保护研究（Sun et al.，2019）。张则瑾等（2018）基于120种极小种群野生植物的高精度分布数据和自然保护区分布数据，首次分析了我国极小种群野生植物的分布格局及保护现状。研究者还基于不同省份和地区极小种群野生植物的种类、数量、分布和拯救保护的现状，揭示了保护中存在的问题（孙湘来等，2017；贺水莲等，

2016；郑进烜等，2013）。针对我国极小种群野生植物目前面临的生存状况，开展物种生态学、群落结构、生境调查和监测，观测其种群动态过程，为探索其濒危机制，开展就地保护、生境修复和迁地保护等提供了理论依据（王世彤等，2018；张宇阳等，2018）。一些研究在对目标物种及其近缘种的生态学特征、生物学特性、遗传多样性水平和遗传结构研究的基础上，提出了极小种群野生植物种苗繁育和回归引种、种质资源保存（种子园、繁育圃）、保护小区建设等具体的技术方法（杨文忠等，2017；曾洪和陈小红，2017；金蕊等，2014）。还有一些研究在对目标物种迁地保护、就地保护和回归自然的"人工种群"进行长期管护和监测的基础上，对保护的有效性作出了科学评价（康洪梅等，2018；李西贝阳等，2017）。虽然中国在极小种群野生植物保护方面已经取得了一些研究进展，但由于极小种群野生植物种群数量小，面临胁迫大及繁殖困难等，有关极小种群野生植物的濒危原因尚不明确，以往的保护理论和方法并不完全适用，不足以为拯救保护工程的有效实施提供科学指导。因此，急需基于更广泛的学科领域，在极小种群野生植物发育生物学、繁殖生态学、种群遗传学、种群生态学和群落生态学等方面开展有针对性的长期观察、理论和实验研究，以及开展更多的以应用为导向的实践研究。

东北红豆杉（*Taxus cuspidata*）　东北红豆杉的研究近些年多集中在遗传多样性（王丹丹和张彦文，2019）、生境适应性评价（陈杰等，2019）、引种适应性（吴世雄等，2018）和育苗技术（李向林等，2014；韩雪等，2010；廖云娇等，2010；曹玉峰等，2008；房伦革和姚国年，2007；程政军和马妍，2005；程广有等，1997，2004；马小军等，1996）等方面，关于种群生态学方面的研究主要集中在种群繁殖特性与生存环境（刘彤，2007）、种间竞争、种群生存群落的生物多样性和种间关联（刁云飞等，2016）等方面，对于植物群落的组成和结构之间关系的探究较为缺乏（刘丹等，2020）。

水杉（*Metasequoia glyptostroboides*）　水杉的研究近些年多集中在生境适应性评价（熊彪等，2009；景丹龙等，2011a，2011b，2011c；陈俊等，2020）、引种适应性（崔敏燕，2011）、繁殖特性（吴漫玲等，2020）、育苗技术（洪建峰等，2016；李淑娴等，2012；黄翠等，2010；林玲和普布次仁，2008；廖绍忠和周万良，1989；李锦清，1987）等方面。

崖柏（*Thuja sutchuenensis*）　崖柏的研究主要集中于扦插繁殖技术方面（易思荣和黄娅，2001；金江群等，2013；朱莉等，2014；秦爱丽等，2018；王毅敏等，2019）。

梓叶槭（*Acer catalpifolium*）　已有研究主要集中于种质资源和野外群落特征（张宇阳等，2018，2020；许恒和刘艳红，2018；马文宝等，2014；余道平等，2008）、生境适应性评价（冯秋红等，2020；张宇阳等，2020）等方面。

密叶红豆杉（*Taxus contorta*）　已有报道主要集中于种群及分布方面（张则瑾等，2018；臧润国等，2016；Shah et al.，2008；Möller et al.，2007）。

三、极小种群野生植物的主要保护措施

目前，针对极小种群野生植物保护采取的主要措施如下。

1）动态更新极小种群植物名录，将重新调查、重新划分濒危等级的种群及时更新到名录中，以便参考。

2）对极小种群植物重新引进。在迁地保护和研究的基础上，我国进行了多次再引种试验。

3）建立自然保护区或保护小区，加强管理极小种群野生植物栖息地。建立自然保护区对濒危物种进行有效的保护，可以防止人为活动的破坏。

4）通过开展长期监测、保护效果评估、保护适应性管理等措施以增强保护效果，确保极小种群野生植物的种群规模始终高于最小生存种群的规模。

5）加强宣传教育。鼓励保护相关机构或组织开展跨领域和跨学科的保护工作，以实现极小种群野生植物的成功保护。

6）加大科研资金投入，加强对极小种群植物遗传水平方向的科学研究。

第三节　卧龙保护区极小种群野生植物研究现状

近年来，卧龙开始关注极小种群野生兰科植物多样性研究。林红强等（2020）结合野外调查、标本整理、社区访问以及查阅文献等方法，对卧龙保护区兰科植物多样性及保护进行了研究，明确了巴朗山杓兰（*Cypripedium palangshanense*）（图 13-1）、四川叶兰、小花杓兰等为该辖区的极小种群，而北方盔花兰（*Galearis roborowskyi*）（图 13-2）较为常见。已有的植物种群生态学和保护生物学理论对极小种群植物并不完全适用，迫切需要研发有针对性的科学理论。因此，亟待深入研究的重点领域如下。①基于小样本的方法和理论体系。由于某些极小种群野生植物的个体数量极少，所能获取的个体信息无法完整地反映种群的特征。加之野外观测及采样过程中也会产生误差。基于参数统计的假设来构建模型可能具有较大的偏差。对于此类极小种群，可考虑采用基于小样本的非统计分析方法。②极小种群野生植物生存潜力关键影响因素和维持机制研究。由于种群的空间自相关性、迁徙历史、基因流、适应延迟以及种间竞争等因素在种群的适应过程中扮演着重要的角色，在未来研究中应关注种群适应力及其弹性与环境要素之间的耦合关系。③典型极小种群植物种质资源保护与保存技术。④极小种群野生植物就地保护及生境恢复技术研究。⑤极小种群野生植物扩繁与回归技术研究。⑥卧龙保护区的兰科植物特别是区域内的极小种群需更系统深入调查，以了解卧龙兰科植物和极小种群的种类、分布、数量以及保护现状等。对已发现的极小种群应加大保护力度，注意排除人为干扰，建立极小种群保护小区就地保护。⑦可以建立极小种群人工繁育基地对极小种群进行迁地保护。通过人工采集野外种子在实验室处理的方法，增加种子的繁殖力；通过人工种植，扩大极小种群的种群数量，探索人工繁育种群复壮极小种群的野外种群。

图 13-1　巴朗山杓兰（何晓安　摄）　　　　　　图 13-2　北方盔花兰（林红强　摄）

第十四章　外来入侵植物

第一节　外来入侵植物概述

一、定义及危害

外来植物是指在一个特定地域的生态系统中，不是本地自然发生和进化而来，而是后来通过不同的途径从其他地区传播过来的植物。外来入侵植物（alien invasive plant）指通过有意或无意的人类活动在自然分布区域外的自然、半自然生态系统或生境中建立种群，并对引进地的生物多样性造成威胁、影响或破坏的外来植物（龙连娣等，2015）。外来入侵植物不仅严重影响原生境生物多样性，影响或改变原生态系统的稳定性及结构和功能以及环境，而且造成社会经济乃至人群健康的巨大损失（Majewska et al.，2018；Thapa et al.，2018；Smith，2016；闫小玲等，2014；Feng and Zhu，2010；Liu et al.，2005，2006；Thuiller et al.，2005；Xie et al.，2001）。外来入侵植物研究是一个重要的生态学领域，对于生态系统保护和生物多样性维护具有重要意义。通过深入研究外来入侵植物的生物学特性、生态影响以及管理策略，可以更好地应对入侵问题，保护当地生物多样性和生态系统稳定性。

二、主要研究内容

（一）入侵机制

探讨外来入侵植物在新环境中快速扩张的生物学机制，包括生长策略、繁殖特性、种子传播方式等。

（二）生态影响评估

研究外来入侵植物对当地生态系统的影响，包括对土壤、水资源、野生动植物等的影响，以及对生态系统结构和功能的影响。

（三）遗传多样性分析

通过遗传学方法研究外来入侵植物的遗传多样性，揭示外来入侵植物入侵成功的遗传基础，并为控制入侵提供科学依据。

（四）管理与控制策略

研究外来入侵植物的管理与控制策略，包括生物防治、化学防治、物理防治等方法，并评估其效果和可行性。

三、研究方法

（一）野外调查

通过实地调查和监测，了解外来入侵植物的分布范围、种群密度等信息。

（二）试验研究

通过人工试验和田间试验，研究外来入侵植物的生长特性、竞争能力等生物学特征。

（三）模型模拟

利用数学模型和生态学模型，预测外来入侵植物的扩散趋势、入侵风险等。

（四）遥感技术

利用遥感技术监测外来入侵植物的空间分布，为入侵管理提供数据支持。

四、展望

（一）跨尺度研究

未来的研究将更多关注外来入侵植物的跨尺度影响，包括生物个体水平、种群水平和生态系统水平的影响。

（二）全球变化影响评估

评估全球变化对外来入侵植物入侵行为的影响，包括气候变化、土地利用变化等因素的影响。

（三）社会经济效益研究

研究外来入侵植物对社会经济的影响，包括农业、水资源管理等方面的效益评估。

第二节　卧龙保护区外来入侵植物分布格局及影响因素

在保护区内外来入侵植物的分布格局和影响因素是生态学和保护生物学领域的重要研究课题。研究保护区内外来入侵植物的分布格局和影响因素有助于有效管理和控制保护区内外来入侵物种，维护保护区内的生物多样性和生态系统稳定性。目前相关研究主要关注外来入侵植物的分布格局及其影响因素。

一、分布格局及生态影响

（一）跨尺度研究空间分布格局

外来入侵植物在保护区内的空间分布可能呈现不均匀性，可能集中在特定区域或沿着特定的环境梯度分布。

（二）生态影响

1. 物种多样性影响

外来入侵植物的存在和扩散可能对保护区内的物种多样性产生负面影响，导致当地植物群落结构和物种丰富度的改变。

2. 生态系统功能影响

外来入侵植物的存在可能影响保护区内生态系统的功能，如影响土壤养分循环、水文循环等过程，进而影响整个生态系统的稳定性。

（三）影响因素及作用机制

1. 人为干扰

人类活动是导致外来入侵植物传播和扩散的重要因素，如交通运输、旅游活动等可能带入外来种子或植物。

2. 生境异质性

保护区内的生境异质性可能促进外来入侵植物的扩散，因为一些外来植物物种可能更适应于特定类型的生境。

3. 气候和土壤因素

气候和土壤条件对外来入侵植物的生长和扩散也有重要影响。某些外来物种可能更适应特定的气候和土壤条件。

4. 竞争与扩散能力

外来入侵植物的竞争能力和扩散能力也是影响外来入侵植物在保护区内分布格局的重要因素。一些具有快速生长和繁殖能力的物种容易在保护区内扩散。

二、研究方法

（一）野外调查

通过野外实地调查和监测外来入侵植物的分布情况和种群密度，了解外夹入侵植物的空间分布格局。

（二）遥感技术

利用遥感技术对保护区内外来入侵植物的分布进行定量分析和监测。

（三）生态学

通过田间试验和生态学模拟研究外来入侵植物对当地生态系统的影响，揭示其影响机制。

三、经典案例

国际科学联合会环境问题科学委员会通过对全球自然保护区24个案例分析，发现1874种外来入侵维管植物。欧洲对93个自然保护区的问卷调查发现，每个自然保护区有11种以上的外来入侵植物（Braun et al.，2016)，中国的53个自然保护区中发现外来入侵植物176种（宫璐等，2017）。赵彩云等（2022）利用哀牢山、大围山、金平分水岭、纳板河流域、无量山、西双版纳、轿子山、元江、贵州习水、赤水桫椤、麻阳河、梵净山、山口红树林、雅长兰科、元宝山、猫儿山、九万山、十万山、大明山、岑王老山、北仑河口、恩城、弄岗、金花茶等72个国家级自然保护区外来入侵植物数据，重点分析了生态环境部发布的四批外来入侵物种名单中已有分布的35种外来入侵植物的分布格局及其影响因素，发现72个国家级自然保护区平均记录（7.78±0.47）种外来入侵植物，MaxEnt 模型预测结果表明，98.69%的国家级自然保护区面临外来植物入侵风险。低纬度地区和中纬度地区国家级自然保护区外来入侵植物数量显著高于高纬度地区，且不同类型国家级自然保护区外来入侵植物数量差异不显著。温度和降水量是影响外来入侵植物在自然保护区分布的关键因素。影响不同生活型外来入侵植物分布格局的关键因素不同。温度对一年生草本、藤本和灌木的分布解释量极为显著，保护区建立时间、温度、降水量和海拔共同影响多年生草本植物在国家级自然保护区的分布。

第三节　卧龙保护区的入侵植物

程跃红等（2015a）调查发现，卧龙保护区有外来植物 224 种，隶属于 86 科 173 属，约占卧龙已知高等植物总数的 11%；经筛选有外来入侵植物 16 种，涉及 11 科 16 属，其中菊科 5 种，豆科 2 种，禾本科、旋花科、苋科、柳叶菜科、桑科、茄科、紫茉莉科、紫草科、久雨花科各 1 种。其中，菊科的牛膝菊、小白酒草，豆科的白车轴草，紫草科的聚合草，禾本科的黑麦草已在调查区域广泛分布，并产生一定的危害，应引起高度重视。胡冬梅等（2020）对卧龙保护区亚高山公路段（耿达—邓生段）的外来植物（国外植物及非卧龙保护区的中国植物）组成和分布进行了实地调查，发现该区域分布有外来植物 54 种，隶属于 35 科 51 属。其中，菊科等 5 科植物占 35.19%。卧龙保护区外来植物生活型多为草本，占 62.96%；原产地以亚洲最多，占 64.81%。其中，非卧龙保护区的中国植物占所调查外来植物的 40.74%。α 多样性指数分析发现，距离公路越远外来植物分布越少，说明人为活动会直接影响外来植物的分布。

第四节　卧龙保护区外来入侵植物——日本落叶松的防控

第三次全国大熊猫调查报告显示，卧龙保护区首次发现日本落叶松林对于野生动植物和森林生态的入侵影响（国家林业局，2006）。刘明冲等（2020）发现，由于日本落叶松生长过于强势，灌、草只能在林窗和林缘阳光穿透率较高的地方生长，呈现明显的"林缘效应"和"林窗效应"。加之，日本落叶松林火灾危险等级高和病虫害隐患严重等问题（刘明冲等，2020；周景清等，2006；薛煜等，1996；何光润和景河铭，1991），会造成林下植被生长不良直至死亡（张泽浦等，2000），对大熊猫等野生动物的觅食、隐蔽、迁徙、逃逸等带来一定阻碍（王永峰等，2019）。有研究表明，适当抚育间伐，对增加日本落叶松人工林群落层次结构，提高林下生物多样性具有促进作用（汤景明等，2018）。卧龙 2015 年开始了以改造大熊猫适宜栖息地为目的的日本落叶松人工林的改造试验和高强度间伐区域的人工林下植被恢复试验，结果表明，林下植被的增长与间伐后保留的日本落叶松密度直接相关，总的趋势是保留的日本落叶松密度越低，林下植被自然恢复的情况越好。保留日本落叶松密度在 600 株/hm² 以下更有利于其他伴生乔木的生长。但是，林窗间伐并不适宜做大熊猫栖息地内日本落叶松林改造的有效手段，而要快速改善日本落叶松林群落结构，人工补种乔木树种是必要的，可以考虑厚朴和桤木等（何廷美等，2020a）。骆娟等（2021）发现日本落叶松凋落针叶可作为一种潜在的抗氧化剂资源。邱艳霞等（2021）研究了日本落叶松凋落叶水浸提液对乡土植物种子萌发及幼苗生长的影响，为日本落叶松林下人工补植、增加植物多样性提出了营林管理措施。

第五节　未来应该关注的科学问题

一、外来入侵植物扩散机制研究

配备专职人员加强对保护区外来入侵植物的监测，建立、完善和不断更新保护区外来物种名录，设立外来入侵植物黑名单，了解其生长、繁殖、传播方式等相关植物性状，探究保护区周边区域外来入侵物种扩散进入自然保护区的途径和机制。例如，何廷美等（2020a）研究显示日本落叶松在卧龙无法完成自然更新，主要原因尚不清楚。

二、外来入侵植物生态风险评估

预测全球变化对外来入侵植物的潜在影响，如全球气候变暖是否会促进外来入侵植物向高海拔扩散；

开展外来入侵植物生态效应监测，建立外来植物风险评估机制；阐明外来入侵物种影响本地物种多样性的机制。

三、外来入侵植物综合防控技术研发

开展外来入侵植物综合防控技术的原始创新、集成创新和消化吸收再创新，严格控制外来入侵植物的传播途径；对已引进并造成危害的入侵种，采取针对性的控制对策，综合运用生物、化学、机械、替代等措施，将危害和损失降到最低。汤景明等（2016）和何廷美等（2020a）发现，通过模拟林窗干扰实行群团状择伐并在林窗中补植阔叶树种可以提高日本落叶松人工林的植物多样性。

第十五章 生态系统

第一节 生态系统服务功能研究现状

生态系统服务（ecosystem service）是指人类直接或者间接地从生态系统中得到的收益（Costanza et al.，1997），是指生态系统形成和提供给人们生存发展的直接产品或间接惠益，是当前地理学、生态学和经济学等相关学科的研究热点之一。根据联合国千年生态系统评估，生态系统服务分为供应、调节、文化和支持服务 4 种类型（Leemans and De Groot，2003）。全面了解特定时空下生态系统服务的时空差异，可为生态系统服务保护、管理和优化提供依据，促进自然资源的管理保护以及针对性的生态恢复（Nahuelhual et al.，2018；Schröter and Remme，2016；Dubois et al.，2015；Raudsepp-Hearne et al.，2010）。国内外专家学者对生态系统服务价值进行了大量的研究（Ferraro et al.，2020；Xu et al.，2017；Anaya-Romero et al.，2016；何浩等，2005；崔丽娟，2004；敖登高娃，2004；毕晓丽和葛剑平，2004；蒋志刚，2001；Costanza et al.，1997；Myers，1997；Pimentel et al.，1997），也已形成相对成熟便捷的数量评估模型，如 CASA（基于过程的遥感模型）、RUSLE（修正的通用土壤流失方程）和 InVEST（生态系统服务和权衡的综合评估模型）等，研究主题涵盖了生态系统服务时空分布和变化趋势、时空格局和热点区域识别以及生态系统服务变化的驱动因素分析等方面，多关注其生态价值（de Bello et al.，2010；Luck et al.，2009；Díaz et al.，2007）和经济价值（García-Llorente et al.，2011；Sachs and Warner，2001；Costanza et al.，1997）。

自然保护区是实施生态系统保护的关键区域，也是获取生态系统服务供给的重点区域。与其他区域相比，保护区内的生态系统具有较高的完整性、稳定性，提供生态系统服务的能力尤为显著（宗雪，2008），是我国生态文明建设的重点，也是我国诸多生态保护/建设项目实施的重点区域（徐建英等，2018）。因此，对自然保护区生态系统服务进行定量研究，结合区域生态系统特征和生态保护/建设项目探讨、分析其时空变化特征以及自然和人为驱动因素，可以为自然保护区生态系统保护、恢复和管理提供决策依据和建议。目前，相关研究主要集中于对各种保护项目和措施的成效分析（Wang et al.，2017b；邵全琴等，2013），少有针对保护区典型生态系统服务的定量研究（Xu et al.，2017）。

第二节 全球生态系统研究进展与展望

一、全球生态系统研究的内容及意义

全球生态系统研究是当代生态学和环境科学的重要组成部分，在理解自然界运行机制、保护生物多样性和实现可持续发展方面发挥着不可替代的作用。全球生态系统研究是通过研究地球上不同生态系统的结构、功能和相互作用，帮助我们理解自然界的复杂性和多样性，从而为保护生物多样性和实现可持续发展提供科学依据。随着气候变化和人类活动的加剧，全球生态系统面临前所未有的威胁，因此，深入研究生态系统变迁及其应对措施具有重要意义。

二、全球生态系统的分类与分布

全球生态系统可分为陆地生态系统和水域生态系统两大类。陆地生态系统包括森林、草原、沙漠、冻土等；水域生态系统分为淡水生态系统（如河流、湖泊）和海洋生态系统。各生态系统的地理分布受气候、地形、土壤等多种因素的影响。例如，热带雨林主要分布在赤道附近，苔原分布在北极圈附近。

三、生态系统功能与服务

生态系统功能是指生态系统中各种生物及各种生物环境间的相互作用及其结果，包括生产力、分解和

养分循环等。生态系统服务则是指生态系统为人类提供的各种有益功能和产品，如食物供应、水质净化、气候调节等。研究表明，健康的生态系统在提供这些服务方面具有不可替代的价值。

四、全球生态系统的变化

气候变化如极端天气事件增加、物种分布范围变化等对全球生态系统产生深远影响。此外，人类活动如土地利用变化、污染和资源过度开发，也显著影响生态系统的健康与稳定。研究显示，近几十年来，全球多处生态系统已出现明显退化，生物多样性显著下降。

五、生态系统研究的方法与技术

现代生态系统研究依赖于多种技术和方法。遥感技术通过卫星和无人机提供大范围、高分辨率的生态系统数据。生态模型则通过模拟生态系统过程，预测生态系统过程的未来变化。田野调查是生态学研究的基础，通过实地观测和实验获得第一手数据。结合这些方法，可以全面、系统地研究生态系统。

六、保护与管理措施

为保护全球生态系统，各国和国际组织制定了多种保护策略，如设立自然保护区、恢复退化生态系统等。同时，科学管理政策如环境法、可持续发展政策等对生态系统的保护也至关重要。研究强调，只有通过全球合作与科学管理才能有效应对生态系统面临的挑战。

七、未来研究方向与挑战

当前生态系统研究仍存在诸多不足，如对复杂生态过程的理解有限、跨学科合作不足等。未来研究应重点关注气候变化的长期影响、新兴污染物的生态效应等。此外，加强跨学科合作，整合生态学、气候科学、社会科学等多领域知识，将有助于全面理解和应对生态系统问题。尽管面临诸多挑战，但是通过不断深化研究和加强国际合作，我们有望更好地保护地球上的生态系统，为人类和自然的和谐共处奠定坚实基础。

第三节 卧龙保护区生态系统服务功能研究现状

一、生态功能评估

过去 60 年来，针对卧龙保护区的生态系统已有大量的研究，研究内容包括植物与环境的关系（刘新新等，2015；潘红丽等，2011；黄金燕等，2010；吴杰，2010）、水源涵养（高军和欧阳志云，2007；宋爱云，2005；张万儒等，1990a；杨承栋等，1988；杨承栋和张万儒，1986；张万儒，1983）、气候调节（魏东峰，1997）、生物多样性保护（李奇缘等，2018，2020；邓欣昊，2019；韩梅，2012；陈国娟，2007）、植被变化及其驱动力分析（魏建瑛等，2019；朴英超等，2016）、植被恢复（鄢武先等，2012）及生态系统功能与价值评估（曹梦琪等，2021；徐建英等，2018；王刚，2015；宗雪，2008；吕一河等，2003），具体结果如下。张万儒（1983）对卧龙保护区的森林土壤及其垂直分布规律以及植物生长季节土壤水分状况进行了研究，发现卧龙保护区森林土壤含水性能取决于枯枝落叶层厚度与分解程度以及土壤厚度与有机质含量。试验林地枯枝落叶层最大蓄水能力为 33～313t/hm^2，林地最大蓄水能力为 611～2334t/hm^2。试验林地土壤的渗透性强，渗透系数为 1.54～5.33mm/min，对地表径流有显著调节作用。影响森林土壤渗透性能的主要因子是土壤非毛管孔隙度，其次是土壤初始含水量和坡度。试验林地生长季节 0～100cm 土层土壤水分贮量都在最佳含水量下限以上，山地棕色暗针叶林土、高山草甸土的水分贮量保持在田间持水量至毛管持水量间，山地暗棕壤水分贮量有时低于最佳含水量下限，说明试验林地土壤水分状况能保障森林植物生长的需求，试验林地全年土壤水分都保持在凋萎含水量以上（张万儒等，1990a）。魏东峰（1997）对卧龙保护区1993年3月和6月的大气进行了系统监测，发现卧龙保护区无排放废气的工业，居民生活用的能源主要是电，其次还有少量的木材和煤。大气的主要污染源是来往于省道303线的车辆及工程建设所带来的排放和粉尘。干、湿季大气环境质量稳定，达到了国家对自然保护区大气的要求，保持了相当好的原始状态。高军和欧阳志云（2007）利用 ^{137}Cs 量化了适温针阔叶混交林、耐寒落叶针叶林、耐寒灌丛、耐寒常绿针叶林和高山草甸的土壤保持能力，结果表明，5种生态系统的土壤侵蚀速率都远低于允许值。宗雪（2008）对卧龙保护区森林生态系统服务进行了评估，研究表明，卧龙保护区森林生态系统服务总价值为75.4亿元/a，其中供给服务价值为 $2.6×10^7$ 元/a、文化服务价值为 $7.3×10^7$ 元/a、调节服务价值为 $8.73×10^8$ 元/a、支持服务价值为 $4.463×10^9$ 元/a；森林生态系统除了提供人类基本的生产、生活原材料外，还为人类提供了巨大的生态服务。王刚（2015）利用森林资源二类调查小班数据和反向传播（BP）神经网络理论，结合实地调查，建立了森林生态系统健康评价指标体系和森林生态系统健康评价模型，对卧龙保护区内森林健康进行了评价，结果表明，卧龙保护区森林生态系统健康程度整体良好，优势树种是影响保护区森林健康最为重要的小班因子。徐建英等（2018）从当地居民的角度，调查了生态系统服务的福祉贡献，研究了生态系统服务、福祉贡献和受益者之间的联系。结果表明，从生态系统服务类型来看，调节服务的福祉贡献高于文化服务和供应服务，特别是净化空气、预防自然灾害和淡水供应这3项生态系统服务的福祉贡献最高。从生态系统服务的变化趋势和福祉贡献来看，由于生物多样性保护和生态恢复政策的实施，采集、传统农作物、牲畜和土壤肥力等生态系统服务呈下降趋势，其中土壤肥力是下降趋势明显且对受访者福祉贡献较大的生态系统服务类型，可确定为关键的生态系统服务。曹梦琪等（2021）利用CASA、RUSLE、InVEST及水量平衡原理等方法分别定量评估了卧龙保护区2000年和2015年碳固定、土壤保持、生境质量和水源涵养4种生态系统服务并分析了其时空分布及其变化特征。

二、生态功能价值转换

沈茂英（2006a）分析了卧龙保护区如何通过生态建设项目推动保护区内社区发展以及实现发展的持续性。刘明冲等（2007）发现，自然保护区的建设与管理同周边社区的经济社会发展关系密切。地方经济发展给保护工作带来了压力，对资源保护的认识和决策管理显得异常重要，必须兼顾社区发展与资源保护，依法管控旅游和水电开发。刘静等（2009）将自然保护区与当地社区看作两个互相作用的系统，从自然保护区对当地社区经济发展、生活质量和文化教育的影响以及当地社区对自然保护区生物多样性的影响两方面剖析了自然保护区与当地社区的关系，并在此基础上提出了自然保护区与当地社区关系的3种典型模式：发展平衡型、发展失衡型和冲突竞争型。其中，发展失衡型又分为社区不利型和保护区不利型。然后从就业机会、野生动物对农作物和家畜的破坏及补偿、对资源利用的限制、旅游的开展、社区参与、家畜的饲养和放牧、非木林产品的采集、狩猎、农业活动以及传统保护等10个方面对3种典型模式加以识别。刘静等（2009）还探讨了卧龙保护区与当地社区的关系，发现卧龙保护区内的农户、管理人员、个体经营者和游客等4类人群对卧龙保护区与当地社区关系模式的界定有显著差异，但皆以发展协调型为主导模式。卧龙保护区对当地社区的影响主要是提高当地知名度、发展旅游业提高社区居民收入、限制资源的利用等；当地社区对卧龙保护区的影响主要是协助保护野生动植物、参加联防工作、放牧破坏生物生境等。影响卧龙保护区与当地社区之间关系的主要因素是政策、旅游和社区活动。因此，建议建立专职的社区共管部门，聘请当地居民参与生态旅游，并设立野生动物破坏补偿委员会。

生态系统是人类赖以生存和发展的基础，而生态系统服务对人类发展、健康及福祉有重要影响。当前由于全球变化加剧，生态系统与人类的耦合是当前生态系统研究的重要科学问题。卧龙的生态学研究已涵盖主要的生物多样性与生态文明建设的重要主题，但是总体而言，已有研究尚不够系统和深入。今后，以下研究有待加强：①关键生态过程的时空动态研究，阐明生态演替机制；②生态因子和人类活动对生态过程的潜在影响；③大熊猫退化栖息地生态恢复；④大熊猫栖息地生态恢复对生态系统服务功能的效应。

第四篇

发 展 篇

第十六章　社　区

卧龙管理局　卧龙特区办公大楼（何廷美　摄）

第一节　社区概况

一、行政区划

1975年3月，卧龙保护区经国务院批准建立。保护区建立初期，卧龙公社、耿达公社隶属于汶川县管辖。1983年3月，经国务院批准，将卧龙保护区内汶川县的卧龙乡、耿达乡划定为汶川县卧龙特区，实行部、省双重领导体制，由四川省林业厅代管，卧龙特区直接领导和管理卧龙、耿达两个民族乡。1991年，卧龙特区下辖两个民族乡、6个建制村、27个村民小组，1998年卧龙特区下辖的村民小组调整为26个。根据《卧龙镇志》（汶川县党史研究和地方志编纂中心和汶川县卧龙镇人民政府，2023a），1992年，四川省人民政府根据卧龙的发展需要，同意设置卧龙镇建制，辖原卧龙乡所属行政区域，成立卧龙镇。根据《耿达镇志》（汶川县党史研究和地方志编纂中心和汶川县耿达镇人民政府，2023b），2013年10月18日，四川省人民政府批复同意撤销耿达乡，设立耿达镇，镇人民政府驻耿达村，辖原耿达乡所属行政区域（川府民政〔2013〕26号）。两镇现有6个建制村26个村民小组。2021年，两镇农业人口968户4498人。卧龙镇辖3个村9个村民小组，其中，足木山村辖花红树、足木山、皮条河3个村民小组；卧龙关村辖卧龙关、川北营、五里墩、头道桥4个村民小组；转经楼村辖鱼丝洞、洞口2个村民小组。耿达镇辖3个村17个村民小组，其中，耿达村辖耿达桥、下老鸦山、上老鸦山、沙湾、狮子包、獐牙杠6个村民小组；幸福村辖菜园子、瓦厂沟、神树坪、灯草坪4个村民小组；龙潭村辖龙潭沟、杨家山、仓旺沟、磨子沟、走马林、上三圣号、下三圣号7个村民小组。

二、社区资源

1975年3月，汶川县卧龙保护区面积由2万hm²扩大到20万hm²。1982年，卧龙公社、耿达乡在坡度25°以上的陡坡地退耕还林2600亩。1983年，卧龙保护区划定群众生产、生活范围0.66万亩，集体耕地、自留地、饲料地0.8万亩，社队营造炭薪林和荒山荒地0.55万亩，社队柴山0.25万亩，自用树林1.2万亩。1985年为抢救大熊猫实施"中国2758Q快速行动项目"，卧龙保护区在实验区修建搬迁农户住房和建设水电站占用耿达镇龙潭村土地36.44亩。2008年"5·12"汶川特大地震后，灾后重建沿国道350线分11个安置区安置，高半山的多数村民下迁到河坝集中居住地，少数年长居民不愿下山继续在山上种植庄稼和饲养牲畜。

2018年，卧龙特区两镇在非林地种植成片经济林253.33hm²，其中茋红李247.76hm²、银杏0.57hm²、核桃0.76hm²、杜仲0.07hm²、厚朴4.17hm²。

卧龙特区耕地资源稀缺。2021年社区共有耕地面积2.18km²，人均耕地不足1亩。统计1996年、2000年、2013～2021年卧龙和耿达两镇（2013年耿达撤乡建镇，为表述方便，下文除特别著名年份或文件名之外，统一表述为镇）耕地情况（表16-1），在2013～2016年特区内的耕地总体稳定，人均耕地面积变化较大。25年间区内耕地面积减少了168.57hm²，人均耕地面积从1996年的1.3421亩下降至2021年的0.7348亩。随着都江堰至四姑娘山轨道扶贫项目（以下简称：都四项目）的实施，工程征占用地，以耕地面积为例，2021年卧龙特区申报项目占用耕地472.40亩，2022年国家批复项目占用耕地470.08亩（相差2.32亩），导致卧龙特区居民人均耕地面积减少（表16-2）。

表16-1 卧龙特区卧龙、耿达两镇耕地统计（1996年、2000年、2013～2021年） （单位：hm²）

年份	卧龙镇耕地面积	耿达镇耕地面积	合计
1996	144.36	242.63	386.99
2000	110.05	183.84	293.89
2013	97.67	103.60	201.27
2014	97.67	99.29	196.96
2015	97.67	99.29	196.96
2016	97.67	122.60	220.27
2017	97.67	124.59	222.26
2018	97.67	126.47	224.14
2019	97.67	123.53	221.20
2020	97.67	119.67	217.34
2021	97.67	120.75	218.42

表16-2 都四项目征收土地及社保安置人数汇总

地区	2021年核算后上报数据 申报占用耕地面积/亩	2021年核算后上报数据 社保安置人数/人	2022年国家已批复集体用地面积/亩 面积合计	农用地合计	耕地	园地	林地	其他农用地	建设用地	未利用地	申报与批复耕地面积差值/亩
卧龙保护区合计	472.40	718	874.48	753.85	470.08	113.64	98.35	71.78	90.55	30.08	2.32
耿达镇	236.99	351	411.00	333.42	234.67	0.00	61.26	37.49	63.25	14.33	2.32
幸福村	151.16	213	212.28	176.20	148.84	0.00	2.18	25.18	30.39	5.70	2.32
耿达村	42.43	85	139.29	106.28	42.43	0.00	57.46	6.39	28.59	4.40	0.00
龙潭村	43.40	53	59.42	50.92	43.40	0.00	1.61	5.91	4.27	4.23	0.00

续表

地区	2021年核算后上报数据		2022年国家已批复集体用地面积/亩						申报与批复耕地面积差值/亩
	申报占用耕地面积/亩	社保安置人数/人	面积合计	农用地				建设用地	未利用地	
				农用地合计	耕地	园地	林地	其他农用地			
卧龙镇	235.41	367	463.49	420.43	235.41	113.64	37.09	34.29	27.30	15.75	0.00
卧龙关村	41.32	79	163.13	155.27	41.32	72.81	34.64	6.50	7.54	0.31	0.00
足木山村	106.60	188	198.23	166.08	106.60	40.83	2.45	16.20	16.71	15.44	0.00
转经楼村	87.49	100	102.13	99.08	87.49	0.00	0.00	11.59	3.05	0.00	0.00

2022年2月，大熊猫国家公园卧龙片区勘界定标面积显示202 871.93hm^2，保护区未划入大熊猫国家公园的面积为457.38hm^2。2023年8月，国家林业和草原局发布了《大熊猫国家公园总体规划（2023—2030年）》，卧龙原有保护地203 448hm^{2}划入大熊猫国家公园202 850hm^2，其中未划入大熊猫国家公园的面积为598hm^2。

三、社区人口

据表16-3、图16-1和图16-2显示，①总体上看，卧龙特区农业人口数量多年来有所增加，但有阶段性变化（图16-1）。1988~2021年大致可分为两个阶段：第一阶段1988~2014年为农业人口上升阶段，年均增长率为0.064%，特区内农业人口从1988年4082人增加至2014年的4787人，2014年人口数量达到峰值；第二阶段2015~2021年为农业人口减少阶段，2021年与2014年相比，人口减少328人。卧龙、耿达两镇人口数量关系呈阶段性变化。第一阶段1996~2014年，卧龙镇人口数量少于耿达镇；第二阶段2015~2021年，卧龙镇人口数量超越耿达镇人口数量。②特区内户籍数量呈稳定上升趋势（图16-2）。特区内户籍数量从1988年的724户增加至2021年的1486户，其间增加数量为762户。2022年保护区内户籍人口数出现新增长，人口数与户籍数较往年均有增长，人口数量较2021年增加488人，户籍数较2021年增加411户，出现明显增长的原因主要是统计口径不同，2022年8月，按照户籍管理规定统计的是大熊猫国家公园卧龙片区核心区和一般控制区的户籍人口，其余年份户籍及人口情况来源于卧龙、耿达两镇的统计数据。卧龙和耿达两镇的户籍数量总体都有所上升，但卧龙镇户籍数量比耿达镇少。

表16-3　1988~2022年卧龙、耿达两镇户籍及人口统计

年份	户籍统计/户			人口统计/人		
	卧龙镇	耿达镇	合计	卧龙镇	耿达镇	合计
1988	—	—	724	—	—	4082
1989	331	433	764	1969	2206	4175
1998	—	—	942	—	—	4320
2000	418	550	968	2010	2403	4413
2003	486	670	1156	2023	2475	4498
2004	—	—	1140	—	—	4550
2013	680	771	1451	2285	2465	4750
2014	687	785	1472	2290	2497	4787
2015	688	786	1474	2385	2171	4556

续表

年份	户籍统计/户			人口统计/人		
	卧龙镇	耿达镇	合计	卧龙镇	耿达镇	合计
2016	689	787	1476	2421	2177	4598
2017	690	788	1478	2421	2168	4589
2018	691	789	1480	2448	1940	4388
2019	692	790	1482	2437	1943	4380
2020	693	791	1484	2480	1940	4420
2021	694	792	1486	2482	1977	4459
2022	682	1215	1897	2074	2873	4947

数据来源：

① 四川省林业厅文件《贯彻落实国务院批准的〈关于加强卧龙保护区管理工作的请示〉的情况报告》（川林造023），1982年；

② 卧龙特区1996年农村工作农业统计报告，1986年；

③ 卧龙特区2000年农村经济情况浅析，2000年；

④ 卧龙特区公安户籍科，2022年；

⑤ 卧龙特区农工办，2022年。

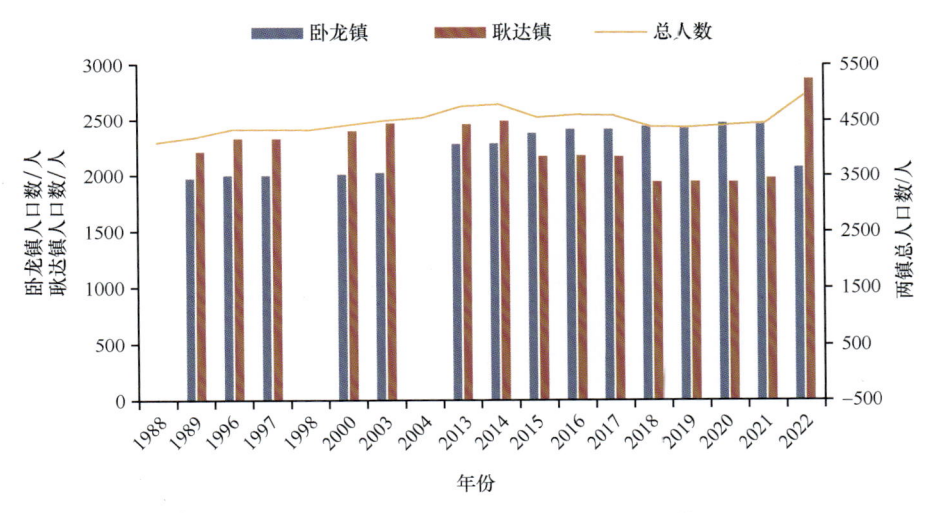

注："—"表示缺失数据

图 16-1　卧龙特区卧龙、耿达两镇人口数量统计

图 16-2　卧龙特区卧龙、耿达两镇户籍数量统计

第二节 社区发展

一、经济发展

卧龙特区下辖卧龙、耿达两镇，6个建制村26个村民小组。此外三江镇的草坪村、席草村的保护工作主要由保护区负责，社会经济行政管理主要由三江镇负责。在生态保护产业上三江镇两个村享受天保补贴，没有退耕还竹、生态平衡等经费补贴。特区内社区的天保补贴人均690元/a，三江镇天保补贴人均490元/a。村民与保护区、特区签订保护合同，每年保护区考核后一次性兑现经费。

（一）经济水平与特征

特区经济快速发展，人均农村居民纯收入从1982年的619.87元（表16-4）飞升至2021年卧龙镇人均纯收入15 555元，耿达镇人均纯收入14 225元（表16-5）。以耿达镇人均纯收入14 225元计算，2021年卧龙特区两镇较1982年卧龙两乡实现地区人均农村居民纯收入近22倍的增长，与2021年西部地区农村居民纯收入仅有1775元的差距。

表16-4　卧龙特区农村人均收入情况统计

年份	1982	1996	1998	2001	2003	2004	2005	2008	2012
人均纯收入/元	619.87	915.00	1380.00	1703.00	1840.80	2074.00	2253.29	2074.00	6628.06

数据来源：1996年、1998年、2003~2005年、2008年、2012年农村经济统计分析表

表16-5　2013~2021年卧龙特区情况统计

地区	年份	农业户籍/户	农业人口/人	耕地面积/hm²	粮食作物产量/t	经济作物产量/t	牲畜数量/头 总计	牲畜数量/头 牦牛	实现经济收入/万元	人均纯收入/万元
卧龙镇	2013	680	2 285	97.67	224.00	3 115.00	9 183	4 026	1 753.65	0.7675
	2014	687	2 290	97.67	360.00	4 706.00	12 095	4 268	2 292.37	1.0011
	2015	702	2 385	97.67	454.00	4 923.00	11 039	4 460	2 819.85	1.1823
	2016	720	2 421	97.67	378.70	4 412.00	10 168	4 604	3 109.90	1.2845
	2017	720	2 421	97.67	420.35	4 897.32	11 286	4 756	3 470.00	1.4332
	2018	720	2 448	97.67	508.62	5 925.75	13 657	4 860	4 210.10	1.4639
	2019	720	2 437	97.67	258.00	4 384.00	12 560	4 533	4 673.20	1.4938
	2020	720	2 480	97.67	235.50	4 001.72	11 686	4 326	4 266.10	1.5242
	2021	746	2 482	97.67	216.00	4 264.56	10 327	4 892	4 607.38	1.5555
耿达镇	2013	771	2 465	103.60	980.26	2 357.00	5 034	30	3 520.00	0.6426
	2014	785	2 497	99.29	333.80	4 470.13	9 448	57	4 114.85	0.7416
	2015	756	2 171	99.29	289.00	2 943.00	7 840	47	4 696.42	0.9735
	2016	758	2 177	122.60	254.00	2 391.00	7 118	43	5 220.86	1.0792
	2017	758	2 168	124.59	259.20	3 078.00	2 365	14	6 150.00	1.2765
	2018	725	1 940	126.47	256.00	3 722.00	1 673	10	6 892.14	1.5987
	2019	725	1 943	123.53	100.00	1 801.00	2 232	13	6 201.20	1.4362
	2020	724	1 940	119.67	252.92	3 669.00	2 696	16	5 786.61	1.3423
	2021	724	1 977	120.75	255.30	3 671.00	2 681	17	6 249.54	1.4225

1982年以来,卧龙特区下辖的卧龙镇与耿达镇人均纯收入实现稳步增长,区内经济发展特征如下。①卧龙镇整体收入低于耿达镇。②特区城乡收入差别较大,职工收入水平是村民收入水平的4~5倍。③各村产业发展重心存在差异。在总收入经济结构中,耿达镇的幸福村和耿达村农业收入占比低于第二、第三产业;卧龙镇3个村仍以农牧业收入为主,牧业收入占比较大,保护与发展的矛盾较为突出;耿达村的建筑业、运输业较强,幸福村的第三产业占比最大;幸福村进行了产业结构调整,基本上摆脱了传统农业束缚,在建制村中的收入排名靠前。④居民收入与区内资源挂钩。旅游资源和景点富集的邻近村组人均纯收入高于资源相对匮乏的村组,且卧龙、耿达两镇的6个村有人均2000元的生态保护收入。

卧龙镇要解决保护与发展之间的矛盾,必须在发展思路上作出改变。一是引进农业技术,突破传统农业方式。二是多种经营,发展民族风情旅游和向外拓展电子商务市场。席草村应以生态旅游为依托,向外销售农副产品。以多种经营为突破,积极探索农副产品的生产、加工和销售,寻求农副产品更高的附加值。

我们获取了2012~2013年、2015~2016年以及2021~2023年卧龙特区农村居民年人均纯收入,农、牧、林、服务等经济收入数据,并按照特区农工办统计的数据做了如下反映,以期为今后探讨保护与发展提供参考。

2012年卧龙特区农村居民年人均纯收入为6628元,居民人均可支配收入为11 910元,城镇人口占比14%。保护区村民的收入结构以牧业为主,牧业占总收入的27.6%,此外,建筑业、运输业各占了14.1%,农业仅占13.1%,林业占11.93%,餐饮业占3.39%,服务业不足1%,还有一些其他行业收入。

2013年卧龙特区农村经济总收入5273.65万元,比2012年增加166.648万元,增长了3.26%。农村人均纯收入6888元,比2012年增加260元,增长了3.92%。从农村经济产业结构看(图16-3),农业收入占农村经济总收入的10.93%,林业收入占11.60%,牧业收入占19.91%,工业收入占3.70%,建筑业收入占14.58%,运输业收入占15.07%,餐饮业收入占3.47%,服务业收入占2.42%,其他行业收入占18.32%。

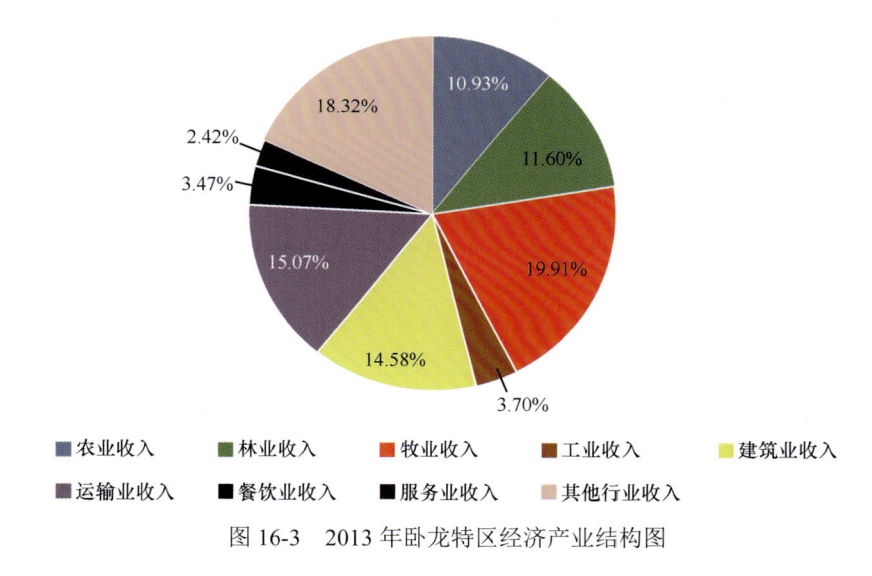

图16-3 2013年卧龙特区经济产业结构图

2015年卧龙特区农村居民人均纯收入近万元。卧龙特区的经济以农村居民年纯收入平均每年增长1000元的速度发展。同年,毗邻的三江镇草坪村在2014年人均纯收入8000元的基础上实现人均纯收入10 000元,增长速度更快。从贫困户脱贫情况看,2015年龙潭村年人均收入不足2800元的贫困户共10户38人。2015年幸福村、龙潭村、草坪村、席草村的年人均纯收入超过万元。耿达村告示栏公布年人均纯收入为6900元,报表为9890元;卧龙镇3个村人均纯收入从报表上看也近万元,年人均增收1000元。卧龙镇3个村非农人口平均占19.25%,耿达镇3个村非农人口平均占26.3%,城市化的推进对保障经济收入的稳定有积极的作用。

2016年卧龙特区农村经济总收入8330.76万元，比2015年增加814.46万元，增长了10.84%。农村人均纯收入11 807.26元，比2015年增加1857.97元，增长了18.67%。农业收入占农村经济总收入的9.38%，林业收入占9.5%，牧业收入占17.92%，建筑业收入占12.34%，运输业收入占11.59%，餐饮业收入占9.89%，服务业收入占13.29%，其他行业收入占16.09%。

2021年卧龙特区农村经济总收入10 856.45万元，比2020年增加603.74万元，增长了5.89%。农村人均纯收入15 022.6元，比2020年增加1013.22元，增长了7.23%。农业收入占农村经济总收入的15.31%，林业收入占8.20%，牧业收入占13.44%，建筑业收入占2.90%，运输业收入占11.01%，餐饮业收入占13.70%，服务业收入占12.15%，其他行业收入占23.29%。

2022年卧龙特区农村经济总收入12 311.34万元，比去年增加1454.89万元，增长了13.4%。其中，农业收入1696.58万元，林业收入875.14万元，牧业收入1151.11万元，建筑业收入751.23万元，运输业收入949.2万元，餐饮业收入526.5万元，服务业收入2205.2万元，其他行业收入4156.38万元。人均纯收入16 832.33元，比去年增加1809.73元，增长了12.05%。农户1463户，农业人口4572人。实有劳动力2783人，耕地面积5159亩。年末各类牲畜存栏13 111头（只），比去年减少338头，降低了2.51%，其中黄牛671头、牦牛9859头、羊1821只、生猪760头。

2023年卧龙特区农村经济总收入13 705.54万元，比去年增加1394.20万元，增长了11.32%。其中，农业收入1771.29万元，林业收入870.37万元，牧业收入1608.7万元，建筑业收入865.46万元，运输业收入1011.72万元，餐饮业收入548.55万元，服务业收入2378.5万元，其他行业收入4650.95万元。人均纯收入18 085.88元，比去年增加1253.55元，增长了7.45%。农户1470户，农业人口4577人。实有劳动力3059人，耕地面积5159亩。年末各类牲畜存栏9710头（只），比去年减少3401头，减少了25.94%，其中黄牛1070头、牦牛5240头、羊2210只、生猪1190头。

（二）周边社区横向对比

卧龙社区与相邻社区相比，2015年卧龙特区精准脱贫户人均纯收入差距较小。通过比较2015年三江镇席草村和紧邻的河坝村的精准脱贫户人均纯收入情况（表16-6）可知：①两村的贫困面相当，覆盖面也差不多；②从收入情况看，河坝村较席草村精准脱贫户人均纯收入更低，人均纯收入比席草村少1175.8元，且河坝村仍存在较低收入人群；③特区生态保护产业对周边社区居民的生活水准和经济水平有较大的促进作用。

表16-6 2015年席草村与河坝村精准脱贫户人均收入情况对比

地区	精准脱贫户数量/户	精准脱贫人口/人	人均纯收入/元	最高收入/元	最低收入/元
席草村	4	12	1966.7	2100	1860
河坝村	5	11	790.9	1400	400

贫困标准的变化。特区对经济发展有较高的指标要求，2015年划定的贫困标准为年人均收入不足2800元，2016年贫困标准调整为3100元（此标准明显高于周边社区）。按照这个标准，2015年特区仅有贫困户33户110人。

经济水平在同类地区排名靠前。2021年保护区农村经济总收入10 856.45万元，相较于2020年增加了603.74万元，增长了5.89%；人均纯收入15 022.6元，比2020年增加1013.22元，增长了7.23%。卧龙保护区所在的汶川县2021年农村居民人均可支配收入18 317元，在四川省阿坝藏族羌族自治州排名第一。

（三）农牧业建设

2008年"5·12"汶川特大地震使卧龙特区的农业生产遭受重创，卧龙特区农业产业结构在灾后重建时需要进行恢复、调整和提高。根据国务院《关于支持汶川地震灾后恢复重建政策措施的意见》（国发〔2008〕

21号）的要求，中央财政地震灾后恢复重建基金支出按照"统筹安排、突出重点、分类指导、包干使用"的原则，采取对居民个人补助、项目投资补助、企业资本金注入、贷款贴息等方式对城乡居民倒塌毁损住房、公共服务设施、基础设施恢复重建以及工农业恢复生产和重建等给予支持。结合卧龙特区农村实际，编制了卧龙特区灾后重建规划，确定种植业、养殖业、农产品加工项目为农牧产业重建的主要内容。

1. 种植业基地建设

1）无公害蔬菜基地：种植莲花白、萝卜、洋芋、青椒、大白菜等无公害高山反季节蔬菜，建立无公害高山反季节蔬菜基地2300亩。其中，卧龙镇卧龙关村350亩、足木山村350亩、转经楼村400亩，耿达镇幸福村50亩、耿达村450亩、龙潭村700亩。

2）中药材种植：种植当归、羌活、党参、玄参等中药材，建立中药材基地350亩。其中，卧龙镇卧龙关村50亩、足木山村50亩、转经楼村50亩、耿达镇耿达村100亩、龙潭村100亩。

3）大棚蔬菜基地：因卧龙冬季长达半年，建高标准保暖性蔬菜大棚6个，占地40亩。其中，卧龙镇足木山村建2个，占地15亩；耿达镇龙潭村4个，占地25亩。

4）食用菌大棚基地：在卧龙镇建设食用菌生产大棚120个，占地80亩，主要生产金针菇、杏鲍菇、猴头菇等食用菌。

2. 养殖业

1）生猪养殖：在全区13个农房统建安置点（卧龙镇7个、耿达乡6个）因地制宜建设砖木结构平房供农村居民864户生猪养殖，建设圈舍13 300m^2，其中卧龙镇圈舍6290m^2、耿达乡（现耿达镇）圈舍7010m^2。集中修建的生猪养殖区每户至少一间圈舍，每间不超过10m^2，每户可养生猪5头；在河坝及公路沿线分散建圈舍4660m^2，可养生猪1830头。其中卧龙镇建圈舍1680m^2，覆盖农户168户；耿达乡建圈舍2980m^2，覆盖农户298户。

2）种猪繁殖基地：建设圈舍及附属设施750m^2。可满足84头种猪的繁殖，其中母猪80头、公猪4头。

3）野猪繁殖场：因地制宜建设310m^{2}野猪（家猪与野猪杂交一代）繁殖基地，可满足种母猪10头、种公猪1头繁殖。

4）生态土鸡养殖：利用退耕还竹林地和空房、围栏等，因地制宜修建土鸡养殖圈舍，户均鸡舍面积30m^2，共建圈舍3600m^2；户均围栏长200m，总围栏长24 000m。全区养殖户120户，平均每户养殖土鸡200只，共养殖24 000只。其中，卧龙镇50户，共养殖土鸡10 000只；耿达乡70户，共养殖土鸡14 000只。

5）冷水鱼养殖：修建养鱼池及附属设施1500m^2，养殖规模5万~10万尾，年产冷水鱼约10t，主要鱼种为虹鳟。按标准化养鱼场配套建设水渠、种鱼池、苗鱼池、成鱼池、亲鱼池等。

6）种牛引进：引进麦洼牦牛或九龙牦牛种公牛50头、'西黄'（西门塔尔牛×黄牛）杂种公牛40头，以解决当地牦牛品种退化、黄牛品种老化问题。

3. 农产品加工业建设

建设生产用房1500m^2，配套配置加工、包装等设备，主要加工腊肉、禽肉、蔬菜及菌类产品。

二、精准脱贫

"精准扶贫"重要理念在2013年提出，是针对粗放扶贫而言的。在扶贫方面，要求实现精准脱贫，防止平均数掩盖大多数，要求更加注重保障基本民生，更加关注低收入群众生活。2017年10月18日，习近平总书记在党的十九大报告中指出，要坚持精准扶贫、精准脱贫。"十三五"期间，打赢脱贫攻坚战的主要内容是，到2020年，稳定实现农村贫困人口不愁吃、不愁穿，义务教育、基本医疗和住房安全有保障。2020年11月23日，国务院扶贫办确定的全国832个贫困县全部脱贫摘帽，全国脱贫攻坚目标任务已经完成。在此背景下，2015年卧龙精准识别建档立卡贫困户33户110人。经过努力，多措并举，在2017年卧龙实现33户110人整体脱贫，2个贫困村退出，2018年先后通过四川省级和国家级的脱贫攻坚验收，实现高标准脱贫目标，夯实了脱贫奔康的社会基础。

（一）国家标准

根据《中共四川省委办公厅 四川省人民政府办公厅关于印发〈四川省贫困县贫困村贫困户退出实施方案〉的通知》，按国家标准以县为单元，1985年人均收入低于150元的县（对少数民族自治县标准有所放宽）纳入国家级贫困县。1994年基本上延续了这个标准。1992年人均纯收入超过700元的县一律退出国家级贫困县，人均纯收入低于400元的县全部纳入国家级贫困县。

重点贫困县的数量采用"631指数法"确定：贫困人口（占全国比例）占60%权重（其中绝对贫困人口与低收入人口各占80%与20%比例）；农民人均纯收入较低的县数（占全国比例）占30%权重；人均GDP低的县数、人均财政收入低的县数占10%权重。其中，人均低收入以1300元为标准，老区、少数民族边疆地区为1500元；人均GDP以2700元为标准；人均财政收入以120元为标准。

卧龙特区所在地属于四川省阿坝藏族羌族自治州的汶川县，按照文件规定属于少数民族边疆地区，贫困标准加权重后，2017年可降低标准到1500元。2017年卧龙特区贫困户年人均纯收入1700元，即使不加权重也能达到国家标准。

贫困人口以户为单元，主要衡量标准是贫困户年人均纯收入稳定超过国家扶贫标准且吃穿不愁，义务教育、基本医疗、住房安全有保障；在此基础上做到户户有安全饮用水、有生活用电、有广播电视。以此为标准，卧龙特区及三江镇两村均可达标。

（二）精准识别

2014年末，卧龙特区上报并录入汶川县扶贫系统建档立卡贫困户228户778人，贫困发生率为16.25%。为确保贫困人口识别质量，筑牢精准扶贫、精准脱贫基础，按照省、州、县关于做好建档立卡贫困户信息数据比对及有关工作要求，聚焦"贫困对象底数精准"，全面开展"精准识别回头看"行动，对扶贫对象再次核实。结合卧龙特区实际及贫困标准，经过贫困户个人申请、村民主评议、镇（村）公示等程序，2015年末，全区精准识别建档立卡贫困户33户110人，其中卧龙镇11户35人、耿达镇22户75人；贫困村2个，分别为卧龙镇转经楼村、耿达镇耿达村。

在精准摸清致贫原因的基础上，按照扶贫对象精准、措施到户精准、项目安排精准、资金使用精准、因村派人精准、脱贫成效精准"六个精准"，以及生产脱贫一批、易地搬迁脱贫一批、生态补偿脱贫一批、发展教育脱贫一批、社会保障兜底一批"五个一批"的要求，因户因村定制帮扶措施，确保帮扶工作见实效。

通过几年奋战，卧龙特区于2017年实现建档立卡贫困户33户110人整体脱贫，2个贫困村退出，2018年5月顺利通过国家级检查第三方评估验收。卧龙特区深入贯彻落实党的十九大精神，牢记习近平总书记"防止返贫和继续攻坚同样重要"的指示，乘势而上、持续发力、不断巩固提升脱贫成果。2018年5月至2020年7月，卧龙特区扎实推进脱贫攻坚巩固提升工作，整合各类资金2300余万元，实施巩固提升项目36个，夯实卧龙特区经济社会发展基础，实现高标准脱贫目标。

（三）脱贫成效

1. 高质量巩固脱贫成效

在2017年脱贫摘帽的基础上，卧龙特区牢记习近平总书记"防止返贫和继续攻坚同样重要"的指示，持续巩固脱贫成果，全面推进乡村振兴战略，让人民群众过上更加美好的生活。2018年5月，卧龙特区在脱贫攻坚战中取得全面胜利，全区内无贫困户。卧龙特区2020年7月顺利通过国家脱贫攻坚普查，高质量完成区域内脱贫退出任务，确保全面小康路上不漏一户、不落一人。严格落实脱贫不脱责任、不脱帮扶、不脱政策、不脱项目要求，扎实开展脱贫攻坚"大比武"，全力以赴做好已退出贫困村、脱贫户的后续帮扶和巩固提升工作。完善带贫益贫机制，健全完善县乡村三级返贫预警监测机制，建设脱贫成效智慧管理系统，对返贫预警户精准落实保障措施，扎实开展"回头看""回头帮"，坚决杜绝返贫现象发生，切实巩固提升脱贫摘帽成果。

2. 高标准助推绿色崛起

把实施乡村振兴战略作为新时代"三农"工作的总抓手，坚持农业农村优先发展，按照产业兴旺、生态宜居、乡风文明、治理有效、生活富裕的总要求，围绕乡村振兴战略任务，推动农业全面升级、农村全面进步、农民全面发展。科学编制乡村振兴规划，坚持宜农则农、宜旅则旅、宜商则商，充分彰显乡村特色，着力打造幸福美丽乡村升级版。全面深化农业农村改革，深入推进农村土地制度、农村集体产权制度改革，进一步丰富、完善农村基本经营形式，充分发挥微观主体活力，让更多的社会资本、民间资金投入乡村振兴。加快完善以村级党组织为核心的农村基层组织建设，着力把村级党组织建成带领群众脱贫致富的坚强战斗堡垒，加快建设美丽乡村。

3. 高水平增进人民福祉

始终坚持以人民为中心的发展思想，全面构建以城乡低保为基础，临时救助为补充，各项救助制度相配套的社会救助体系。进一步巩固全区医疗、教育、基础设施等领域的成果，努力为人民提供更好的教育、更稳定的工作、更满意的收入、更可靠的社会保障、更高水平的医疗卫生服务、更舒适的居住条件、更优美的环境、更丰富的精神文化生活，不断增强人民群众的获得感、幸福感、安全感。

4. 做好脱贫攻坚与乡村振兴有机衔接

按照国家相关要求，卧龙特区因地制宜，全力抓好脱贫攻坚与乡村振兴有机衔接，推进乡村振兴战略在卧龙特区落地生根。一是保持原有政策不变、责任不变、力度不减，强化动态监测机制，持续开展"回头看""回头帮"工作，确保脱贫群众不返贫。二是结合卧龙实际，编制乡村产业振兴、生态振兴、文化振兴、人才振兴、组织振兴等乡村"五大振兴"实施方案。三是按照因地制宜发展农村专业合作社的要求，结合实际与自身条件和优势，研究制定鼓励支持农村集体经营合作社的政策，促进农村专业合作社健康发展。四是出台生态文明建设、环境治理、依法治理相关办法，完善村规民约，推进美丽乡村建设。五是理顺政策与资金渠道，争取国家乡村振兴政策在卧龙落地，资金在卧龙投入，续写卧龙发展新篇章。

三、社会事业发展

（一）组织机构

20世纪80年代，卧龙特区、卧龙管理局坚持两块牌子、一套班子原则，管理局和特区成立一个党委。领导班子按5人配备，职务上实行双肩挑，即卧龙特区、卧龙管理局党委书记1人，管理局局长并任特区主任1人，副局长并任特区副主任3人。特区、管理局的政治思想、行政、业务工作统一委托四川省林业厅代管。领导班子成员的任命由四川省林业厅党组报中共四川省委组织部审批，报林业部备案。管理局的经费由林业部保障，特区和两个乡的所有经费由四川省财政厅会同特区办事处、汶川县人民政府提出意见，报省政府审定。卧龙保护区在行政区划上属于汶川县，有关耿达、卧龙两个乡国民经济计划的制定和执行情况的统计报表，由特区办事处报汶川县汇总[①]。

卧龙特区成立后，建立了特区农村工作科，负责管理卧龙、耿达两乡的农口业务，进一步健全和完善两乡的乡、村、组各级党的组织和政权机构。两乡分别健全了乡党委、乡人大、乡政府以及共青团、妇联、民兵等群众组织，各村建立了村党支部、村民委员会，设立了妇女主任、民兵连长、团支部书记、村民小组小组长。

[①] 林发（护）〔1983〕号、川府发〔1983〕116号《关于进一步搞好卧龙保护区建设的决定》，1983年。

按照《中国共产党章程》《中华人民共和国全国人民代表大会和地方各级人民代表大会选举法》等法律法规的规定，两乡（镇）定期召开党代会和人民代表大会，选举乡党委、人大主席团、乡人民政府成员。两乡（镇）分别设有乡（镇）党委书记1人、副书记2或3人、乡人大主席团主席1人（卧龙由党委书记兼任）、乡（镇）政府乡（镇）长1人、乡（镇）政府副乡（镇）长2或3人。2012年以后，两乡（镇）党委书记由特区副主任兼任。

截至2023年，卧龙镇党委设有5个党支部，138名党员；耿达镇党委设有6个党支部，145名党员。两镇人民政府分别设有党政综合办公室、党建工作办公室、财政所、国土规划建设办、社会事业办公室、农业服务中心、林业工作站。两镇各村党支部、村民委员会主任、村民小组长按规定通过直接选举产生。

两镇辖区内分别设有邮电、信用、供销等单位，由汶川县管理。

（二）基础设施

1. 交通条件

卧龙特区位于阿坝藏族羌族自治州汶川县西南部，辖区内国道350线里程为98.621km，起于映秀镇，止于巴朗山隧道入口。有隧道9座，全长17.229km，总投资19.2亿元。历经"两毁三建"，用时11年建成，2016年12月31日正式交由卧龙特区交通运输局管养。辖区内原省道303线巴朗山隧道入口至巴朗山垭口段13.599km，映秀至耿达应急便道21km同属卧龙交通运输局管理。辖区内农村公路57.7km，卧龙特区建制村通畅率100%，修建村级招呼站6个，开通农村客运公交1辆、客运班车1辆、农村客运车10辆。截至2022年，卧龙特区交通运输局资产总额4409万元，其中，房屋类资产包含办公楼、道班房、配电房、职工宿舍、四通苑ABC楼、管理用房1栋、南华隧道管理站、耿达隧道管理站（综合楼、配电房）、卧龙路段管理处（养护工房、配电房、水泵房）；汽车设备类资产包含道路管养车辆和机具设备19辆；专用设备资产包含装载机、夯机、光纤仪器、全站仪等；动力设备类资产包含发电机、变压器等；办公设备资产类包含摄影器材、电脑、打印机、保险柜办公桌椅、书架等。

2. 供电保障设施

截至2023年，卧龙境内归属卧龙保护区、卧龙特区的水电站有2座，分别是生态水电站和熊猫水电站（图16-4），总装机容量25.6MW。卧龙境内还有归属国家能源投资集团有限责任公司的龙潭水电站1座，装机容量24MW，制定了"一站一策"退出方案。按照高质量建设大熊猫国家公园的要求，卧龙境内其他小水电站如水界牌水电站、正河水电站和仓旺沟水电站均按"一站一策"退出方案停止发电。

图16-4 卧龙熊猫水电站厂部枢纽（何廷美 摄）

卧龙在灾后电力能源项目建设的基础上形成了110kV变电站（升压站）1座，主变容量72 000kV·A；35kV变电站4座，主变容量28 750kV·A；10kV变电配电台区155个，总变电容量35 983kV·A；110kV输电线路29.558km；35kV线路38.792km；10kV线路79.495km；0.4kV线路106.2km。卧龙保护区、卧龙特区构建了完整的销售电网络，供电质量高，运行平稳安全。熊猫水电站、生态水电站电力电量优先满足卧龙特区供区供电后，余电经110kV龙潭水电站至耿达水电站线路销售给国家电网。

3. 新建给排水设施

卧龙建有水厂3座、供水站3处、污水处理厂2座。

4. 邮政业务

汶川县邮电局卧龙邮政所成立于1998年10月，按照中国邮政集团公司"子改分"要求，更名为中国邮政集团有限公司阿坝藏族羌族自治州汶川县分公司卧龙邮政所（以下简称：卧龙邮政所）。1998年底邮电分营以来，汶川县卧龙邮政所在四川省邮政分公司阿坝州邮政分公司带领下，走过起步期、创业期、转型期，迈入发展期。2003年之前的卧龙邮政所每年的生产经营收入不足500元，委托代办人员仅仅为当地居民承担着报纸、杂志、信件的转运工作。2020年全国邮政实施普遍服务。如今卧龙邮政所已实现电子化营业，邮件转运常年无休，服务人口约2500人，2020年收入实现1.5万元，2021年收入实现2.5万元，卧龙邮政所实实在在为卧龙镇各机关企事业单位、镇内居民及各村老百姓提供了用邮体验、用邮服务。

5. 通信业务

1983年卧龙特区刚成立时，对区内原有的电话线路进行全面改造，1984年完成耿达至局址24km通信线路的改造工作，在当时，一定程度上打破了卧龙与外界完全隔绝的状况。1988年12月至1989年5月底，卧龙特区、卧龙管理局出资15万元对区内原有的磁石式手摇电话交换机进行了改造，安装了HA X-100电子程控交换机（64门）1台、ZM三路载波机1套、交直流配电屏1面、充电机（48V）1台，整治了映秀至卧龙管理局的电话线路，缩小了卧龙电信与外界通信发展的差距。1991年3月，卧龙电信的总机房由于线路老化发生火灾，烧毁了程控交换机。同年3月22日，在四川省计划委员会、省邮电局的支持下，投资100多万元，于1993年7月6日完成了从映秀至卧龙沙湾的通信线路改造工程，映秀至耿达、卧龙分别使用了12路载波机，从而使卧龙地区与外界的联系畅通无阻。2002年底，阿坝藏族羌族自治州电信局和汶川县电信局对卧龙地区的程控交换机扩容至1080门。其中，核桃坪中国保护大熊猫研究中心扩容128门、耿达地区扩容512门，其余分配在卧龙镇，从此结束了卧龙通信难的历史。2003年，中国联通汶川公司开始在卧龙境内建站设点，与中国移动和中国电信展开了竞争。2004年4月中国电信在卧龙地区开通了小灵通、全省通。2008年中国电信收购CDMA网络后，卧龙地区通信基站数由原来的2个发展到8个，除巴朗山区域外，实现信号全覆盖。2010年卧龙移动通信用户进入3G时代，实现光纤到楼，网速提升至50Mbit/s；2013年实现光纤到户，网速提升至100Mbit/s；2015年底，卧龙地区实现光网全覆盖，包括所有建制村均实现了光纤到户；2021年，卧龙镇区域开通5G网络；2022年能够给普通用户提供1000Mbit/s的网络需求，实现移动网络翻天覆地的变化。

6. 教育文体

新中国成立初期，学校都是"一师一校"，采用"复式教学"的工作模式。卧龙保护区成立后，尤其是从20世纪80年代初开始，各校根据学生人数情况，在1名主任教员的带领下，定期有代课老师到校代课，帮助完成不同年级的教学工作。20世纪八九十年代，卧龙乡（1992年撤乡建镇，设卧龙镇）、耿达乡均设有村小，学生教室和教师办公室等学校一切设施非常简陋。卧龙关小学和转经楼小学的学生在村小读完三年级后，四年级就升入中心校读书。中心校1~3年级单班教学，4~6年级是2个平行班。国家实行普及初中政策，学校教师20人，学生400~500人，每年毕业80人左右。学校以"德育为首、教学为主、素质为重、育人为本"为办学宗旨，对学生进行爱国主义、集体主义、民族团结等教育。2002年9月，卧龙小学搬到逸夫楼，教室宽敞、明亮，教师们有了新的办公桌，办公室里有了电脑，孩子们有了新桌椅。学校教师20人，学生 250 余人。学校以"一切为了孩子、为了孩子的一切、为了一切孩子"为办学理念，实施素质教育。2008年地震后，卧龙小学师生被安置到遂宁市安居区东禅镇异地复课，2010 年 3 月异地复课回乡。2011 年 9 月，卧龙小学师生搬进新建的卧龙小学。新的卧龙小学是由香港特区政府援建的具有浓郁民族特色的寄宿制学校。学校教学设施齐全，设备先进，每个教室除了新的桌椅外，还配备了"电子白板"等先进的教学设备。学校秉承"以人为本、促进学校、教师、学生的可持续发展"的办学理念，传播"以校为家、爱岗敬业、铭恩奋进"的办学精神，实现"传播熊猫文化、构建书香校园"的办学特色。2012 年 4 月 12 日，卧龙小学隆重欢迎香港特区政府林郑月娥女士一行为卧龙举行灾后重建揭牌仪式。当年卧龙小学全校教职员工 38 人，小学部学生 130 人，幼儿园学生 80 人。由于重建了卧龙中心小学校和耿达一贯制中学学校，两镇的村小合并到新建的学校。2017 年，卧龙机关幼儿园合并到卧龙小学，成立卧龙小学附属幼儿园。

耿达小学始建于 1936 年，到 2022 年走过了 86 个春秋，学校办学规模不断扩大，已由建校初期的 1 个多级复式教学班发展为现在的 6 个教学班；教师队伍逐渐壮大，由原来的 1 人发展成现在的 23 人；在校学生逐年增加，由建校初期的 10 余人发展到现在的 107 人。2000 年卧龙特区按照省教育厅的指示，全区开展普及九年义务教育的工程。2008 年 5 月 12 日，汶川地震发生，全乡 450 余名师生无一人伤亡。耿达乡三所村级小学全部集中到中心校。同年 8 月 27 日，270 余名师生被安置到遂宁市大英县象山中学进行异地复学。在省教育厅、州教育局和卧龙特区党委的协调安排下，学校全体师生到内江市隆昌县桂花井中学校过渡复课。2010 年 3 月，228 名学生、32 名教师返回耿达乡，在简陋的幸福小学进行为期一年半的本土复课。2010 年春季到 2011 年 8 月，学校全体师生还分别在汶川县水磨中学、汶川县第一中学过渡复课。2011 年 9 月，全校师生回到原址重建的卧龙特区耿达一贯制学校。灾后重建的耿达小学投入使用，学校增设了幼儿教学 4 个教学班，全校共 10 个教学班，承担着全乡幼儿、小学教育任务。按照阿坝藏族羌族自治州教育局关于汶川县教育局、卧龙特区社会事业发展局《关于审定〈卧龙特区中学高中部合并到汶川县七一映秀中学办学的实施方案〉的请示的批复》（阿州教发〔2019〕273 号），顺利完成学校合并工作，并按期开学。2003~2022 年，学校的发展历经了 4 个阶段：机构改革，探索求变阶段（2003~2007 年）；异地复课，平稳过渡阶段（2008 年至 2011 年 6 月）；搬迁新校园，发展腾飞阶段（2011 年 7 月至 2019 年 9 月）；撤并重组，走向辉煌阶段（2019 年 10 月至 2022 年）。

四川省汶川卧龙特区中学校始建于 1978 年秋季，原名汶川县耿达乡中学校，与汶川县耿达乡中心小学校同址，建造在耿达乡耿达村一组村委会旧址上。当时学校是在汶川县耿达乡中心小学的基础上戴帽开办起来的，隶属于汶川县文教局管理。1983 年成立卧龙特区后，在秋季，四川省汶川卧龙特区中学校更名为卧龙特区（民族）中学校，即四川省汶川卧龙特区中学校，由卧龙特区党委宣传教育办公室直接领导。1986 年秋季经四川省教育厅批准，卧龙特区中学校正式开办高级中学教育，开始招收高中一年级新生。1989 年夏首届高三毕业生参加了全国高考。学校初一到高三共有 9 个教学班级，学生 300 多人，教职工 34 名，具备较完备的教育教学设施设备。至此，卧龙特区、卧龙保护区拥有了完全属于自己的从小学到高完中的完整的基础教育体系。

7. 医疗卫生

2003 年机构改革过程中，设立卧龙特区社会事业发展局，负责贯彻执行国家有关卫生和计划生育方面的方针、政策和法律、法规；负责全区卫生、防疫、妇幼保健和计划生育等监督管理工作；承担全区医务、防疫、计划生育等人员的业务培训组织工作。同时，将卧龙镇卫生院和卧龙特区、卧龙管理局卫生所合为卧龙中心医院，两块牌子、一套班子。2013 年耿达乡撤乡建镇，耿达乡卫生院更名为耿达镇卫生院。随着国家卫生政策方针的调整和卧龙特区、卧龙管理局对卫生事业的重视，卧龙特区的医疗卫生事业得到快速发展，卧龙特区医疗技术服务、公共卫生、基础医疗、急诊急救等方面均取得较大进步，水平不断提高。

（1）基础设施建设提档升级

在"5·12"汶川特大地震中，卧龙区内两所卫生院受损严重。卫生院灾后重建工程纳入香港援助卧龙灾后重建项目。该项目于 2010 年 8 月开工建设[①]，2014 年 11 月通过项目竣工验收。重建后卧龙特区卫

---

① 四川省卧龙特区 2009 年财政决算，2010 年。

基础设施建设得到了整体提升。重建后的卧龙中心医院（卧龙镇卫生院）总建筑面积为2026m²，设计床位16张。耿达镇卫生院总建筑面积为1832m²，设计床位22张。两所卫生院还配备了全自动生化分析仪、心脏除颤仪、电子胃镜、彩超机、呼吸机、麻醉机、牙科综合治疗机、妇科微波治疗仪和急救救护仪器等医疗设备。

（2）医疗卫生服务体系不断完善

医院工作本着一切以病人为中心的宗旨，加强职业道德建设、树立行业新风，以优质的医疗、护理工作为病人服务，全面贯彻落实《中华人民共和国执业医师法》《医疗机构管理条例》《中华人民共和国护士管理办法》，有效促进了医疗机构和医护人员的规范化、法治化管理。

针对区内医务人员不足的问题，卧龙特区、卧龙管理局通过各种方式聘用医护人员充实医疗队伍；同时积极与省、州、县卫生部门联系，先后选派人员参加各种知识培训，提高卧龙医护人员的业务水平。2005年，在省政协、省医院管理协会、省医院协会倡导的促进医疗卫生民生工程中，卧龙特区、卧龙管理局与四川省林业中心医院签订对口支援协议，并派出1名医务人员到四川省林业中心医院进修学习。2012~2014年，四川省林业中心医院开展了为期3年的城乡医疗对口支援活动，2015年与四川省林业中心医院签订了共建协议，四川省林业中心医院全面管理两镇卫生院的所有事务，包括资产、人员、财务、基本医疗、公共卫生服务等事宜，更大程度地利用香港援建的各类医疗设施设备，进一步提高两镇卫生院的管理水平和医疗技术服务水平，为最大限度地满足广大老百姓的医疗卫生需求作出了积极贡献。

据统计，2004~2011年，卧龙特区两所卫生院每年对常见疾病的治疗在2300人次左右。2012年卫生院通过公共医疗改革后，卧龙特区两所卫生院实行24小时应急值班制度，年均门诊量超过4500人次。

截至2022年，特区内从事医疗卫生工作的人员共18人，区内2所医院中开设的医疗卫生服务有内科、外科、儿科、检验科、中医药科、急诊急救、住院治疗、公共卫生服务等。设置了门诊室、治疗室、换药室、抢救室、西医药房、住院部、B超室和X射线检查室。

（3）扎实推进新型农村合作医疗工作

2004年，卧龙开始积极做好农村新型合作医疗制度试点的准备工作。2007年，卧龙镇、耿达乡人民政府与汶川县新型合作医疗管理委员会签订目标责任书，形成一级抓一级、层层抓落实的工作格局，具体落实试点工作。卧龙特区社会事业发展局积极组织广大干部职工采取不同形式进村入户开展宣传，使农民认识到参加新型农村合作医疗对自己的重要性。2008年"5·12"汶川特大地震发生后，卧龙特区为了减轻参加新型农村合作医疗农民的负担，在卧龙灾后重建工作完成前减免了个人上缴费用的50%。自农村实行新型农村合作医疗以来，2008~2021年全区共计18 140人次参加新型农村合作医疗，年参加率为98.3%。

（三）民生保障

1. 办公用房及职工宿舍建设

2003年4月，四川省交通厅投资120万元修建了卧龙特区公路局（现更名为四川省汶川卧龙特区交通运输局）办公楼，建筑面积1390m²。阿坝州公安局卧龙分局位于卧龙镇沙湾街，建筑面积1834.81m²，卧龙镇派出所建筑面积1265m²，耿达镇派出所建筑面积850m²。

"5·12"汶川特大地震后，香港特区政府投资重建卧龙管理局办公楼1栋，建筑面积2648m²，为框架结构，地上4层，地下1层；卧龙沙湾职工工作用房192套，建筑面积11 625.36m²，其中1~7号楼为4层砖混结构；耿达职工工作用房156套，建筑面积9450m²。这些建筑抗震设防烈度为8度，设计使用年限为50年。卧龙保护区、卧龙特区电力调度中心建筑面积为643m²。这些民生保障项目是履行保护管理职能，维护社会稳定，促进卧龙灾后经济社会发展振兴的重要保证，也是灾后重建的"信心"工程，对鼓舞灾区群众斗志、推动灾后重建工作、促进自然保护区的保护工作及促进社区经济的尽早恢复具有重要意义。

2. 乡镇村建设

"5·12"汶川特大地震后，香港特区政府投资重建了卧龙镇、耿达乡人民政府，配套建设了卫生院和职工周转房、职工食堂和职工活动中心、学校、医院、派出所、农村信用社、自来水厂、污水处理厂、垃圾转运站等公房建设，使卧龙保护区、卧龙特区乡镇的公共服务设施得到质的提升。

"5·12"汶川特大地震后，广东揭阳市援建卧龙镇，广东潮州市援建耿达乡。重建后的村民集中安置区宽敞明亮（图16-5），社区绿化、道路硬化、河道整治、文化活动室建设，以及用电用水改造、体育场地设施建设进入小区，电视信号良好，购物条件得到根本改善；村民用上自来水、水冲式厕所，猪圈与住房分离，垃圾分区收集，集中转运，异地无害化处理，卫生条件得到明显改善；村民用电做饭、取暖，生活质量得到大大提高，村容村貌有了明显改观，为实现"生产发展、生活宽裕、乡风文明、村容整洁、管理民主"的社会主义新农村建设目标和要求奠定了坚实基础。

图16-5 卧龙镇新建居民家园（何晓安 摄）

3. 特区教学工作

特区两镇各有1所小学，耿达镇有1所高完中。小学、高中的各项设施条件较为完善，但生源不足，村民对学校教育质量的评价不高。当地有条件的家庭都倾向于将孩子送到区外读书。卧龙特区2012年调查统计卧龙特区农村居民平均受教育年限为7.2年（小康目标为10.5年），受教育程度为小学文化程度以上80%，初中文化程度以上60%，高中、中专文化程度以上30%，大专以上10%。

4. 公共卫生工作

（1）传染病防治

2003年以来，全区认真贯彻《中华人民共和国传染病防治法》，依法开展传染病防治工作，坚持预防为主，抓好重大传染病防治工作，加强了疫情监测，尽早控制传染源，严防疫情扩散。

针对2003年的"非典"和2004年开始的禽流感防治工作，卧龙特区先后成立了"非典"、人间禽流感防治工作领导小组和应急处置小组，制定下发了《卧龙特区重大传染病防治方案》《"非典"人间禽流感应急预案》等，实行"非典"、人间禽流感的日报告制和"零"报告制。由于工作到位，各部门相互配合，全区无一例"非典"及人间禽流感发生。

2009年，因甲型H1N1流感在世界流行，为防止病毒滋生、蔓延，切实确保全区人民群众生命安全，卧龙特区成立了由分管局长为组长，有关部门主要负责人为成员的《卧龙特区甲型H1N1流感防控工作领导小组》及《卧龙特区甲型H1N1流感防控医疗救治小组》，明确职责，落实责任，确保甲型H1N1流感防控工作协调有序地开展；还及时制定了《卧龙特区甲型H1N1流感防控工作应急预案》，明确规定了预警级别、部门职能、疫情报告、应急队伍建设、医疗救治、物资药械储备等，卧龙镇卫生院、耿达乡卫生院也分别制定了相应的应急预案。为做好甲型H1N1流感的宣传，卧龙特区在全区范围内开展了甲型H1N1流感的宣传教育活动，使村民对甲型H1N1流感有了初步的认识和了解，解除了村民对甲型H1N1流感的恐惧心理，让广大群众更多地了解了甲型H1N1流感是可防、可控、可治的，切实提高了群众的自我防控意识。此次宣传共走访全区6个村17个村民小组，出动医务人员48人次、车辆12台次，发放宣传资料2000余份，力争甲型H1N1流感有关防控知识家喻户晓、人人皆知。

在2020年至2022年11月，两镇卫生院开展了新型冠状病毒相关知识培训，提升了全院干部职工的防护意识，要求24小时严守防疫一线。两镇卫生院规范设置了预检分诊，设置预检分诊台、发热门诊室和隔离观察室，严格按照各项制度、规范和处理流程进行分诊、处理，筑牢医院疫情防控第一关。两镇卫生院累计管理湖北武汉籍返乡人员14人，管理境外返乡人员1人，居家隔离153人，上门服务10 252人次，消杀面积14 205m^2，追踪随访32人次。2021年卧龙、耿达两镇成立艾滋病检测点，加强预防艾滋病宣传。借助汶川妇女"三查"工作和全民体检，免费开展艾滋病筛查，筛查率100%，在开展公共卫生场所检查的同时，再次讲解艾滋病传染病中的个人防护及相关药具知识，进一步加深了广大群众对艾滋病的认识，从而为卧龙艾滋病的防治奠定了良好基础。

（2）加强免疫接种工作

在省、县卫生防疫部门的多次检查验收中，卧龙特区的基础免疫率、加强接种率和扩大接种率全部达到了国家的标准。

（3）积极开展爱国卫生运动

为确保全区人民的身体健康安全，全区大力开展了爱国卫生运动工作。一是搞好环境卫生整治。积极开展家庭卫生整治，强化农村卫生整治，开展经常性的卫生扫除，全面消杀除"四害"。二是加大食品卫生监管力度。在春节、国庆等重点时段及易感时期，会同汶川相关职能部门及时对卧龙特区辖区内各单位、部门的食堂、商店等进行全面大检查，并对卧龙特区食品安全开展培训工作，防止肠道病毒经食品传播。三是进一步加强健康教育。大力宣传开展爱国卫生运动的重要性，提高全社会的防控意识，推动群众爱国卫生运动的开展。

（4）加强健康管理

2012年开始，卧龙特区在全区开展了老年人健康管理、儿童健康管理、中医管理、高血压健康管理、糖尿病健康管理、传染病健康管理、公卫协管等项目，建立了一人一档的居民健康档案，每年在汶川县人民医院体检中心的支持下，完成全民健康体检工作。

（5）狠抓计划生育

2003年以来，全区认真落实人口与计划生育目标管理责任制，切实加强领导。坚持党政领导一把手亲自抓、负总责，进一步明确了工作任务，做到分级负责、一级抓一级，将人口与计划生育工作落到实处。全区按照以人为本、群众满意的标准，积极抓好优惠政策工作的同时，大力推进计划生育优质服务。通过标语、展板、传单等形式开展计划生育宣传教育，营造计划生育的浓厚氛围。动员各方力量，将各项工作层层落实。做好"三结合"工作，对计生贫困户帮扶，及时发放帮扶金。落实"三查一治"工作，邀请四川省林业中心医院、都江堰市妇幼保健院、汶川县妇幼保健院等单位专业技术人员每年在全区范围内开展"三查一治"（查环、查孕、查病、治病）和"两癌"筛查活动，并对查出的疾病及时给予治疗，切实保障了全区育龄妇女的身体健康。

（6）健康扶贫

2015年以来，为了让贫困人口能够看得起病、看得上病、防得住病，确保贫困群众健康有人管、患病有人治、治病能报销、大病有救助，卧龙特区认真贯彻落实《四川省脱贫攻坚工作实施方案》，《阿坝州脱贫攻坚行动计划》，以及省、州、县脱贫攻坚推进大会精神，充分发挥两镇卫生院在推进脱贫攻坚中健康扶贫的基础性、先导性、可持续性、根本性作用，圆满完成了健康扶贫工作。一是健全责任体系。建立了以卧龙特区、卫生院、村卫生室为主的健康脱贫攻坚三级责任体系，两镇卫生院成立了以院长为组长、林业中心医院下派扶贫干部为副组长的领导小组，制定详细的帮扶措施，落实每一户建档立卡贫困户的帮扶责任人。二是精准对标，落实任务。严格按照各级要求，对贫困人口实现家庭医生签约100%、健康管理100%、免费健康体检100%，卧龙特区实施健康脱贫以来，两镇卫生院收治辖区内贫困户门诊300余次、住院28人次，根据"十免四结补助"相关政策，建档立卡贫困户到卫生院看病门诊挂号费全免、住院患者费用通过一站式结算控制在百分之五以内。三是精细管理，创新工作。成立健康扶贫工作小组和家庭医生签约团队，采取组长负责制，由院长担任责任领导，医务人员和四川省林业中心医院下派驻村干部组织具体工作，对建档立卡贫困户每月进行入户健康回访，追踪贫困户家庭健康情况，监督大病及慢病人口日常正规服药情况，为患病的贫困人口建立医疗健康档案，制定了专项的个性化治疗和护理方案，使贫困户在健康问题面前有专人可及时咨询及帮扶解决，有效提高了健康扶贫工作的质量，有效防止了因病致贫，因病返贫。2016~2020年共回访7668人次，对每户提供专业的健康宣教及疾病预防知识，发放健康宣传资料及进行健康讲座244人次，贫困户免费领取药品7268人次，总计投入扶贫金额10余万元。

第十七章 卧龙模式

第一节 以电代柴

一、概述

20世纪90年代前的卧龙保护区条件艰苦，交通、通信不便，电力匮乏，当地社区群众的生产生活几乎全部依赖自然资源，年柴薪消耗量在1.4万 m³左右，对保护区的资源保护造成长期的负面影响。90年代以来，按照"以林涵水、以水发电、以电护林、以电发展"模式，卧龙保护区适度开发小水电，试行"以电代柴"，以期找到解决卧龙保护区、卧龙特区能源供需矛盾的有效办法。1971年，耿达公社首座幸福沟水电站（装机容量200kW）开始建设，1973年10月建成并投入使用，同年建成的还有卧龙乡卧龙关装机容量75kW的水轮泵发电站和卧龙转经楼沟1444kW的水电站。2014年6月，熊猫水电站总装机容量2.4万kW，是卧龙保护区建成投运的最后一座水电站。40余年，卧龙经历了照明基本需求、电气化发展、小水电开发、生态环境保护督察、大熊猫国家公园建设等阶段。截至2023年，卧龙保护区仅保留了生态水电站和熊猫水电站继续发电。龙潭水电站按照"一站一策"退出方案延时退出，其余小水电站均按照"一站一策"退出方案在2023年底全部解列，停止发电。

卧龙小水电站建设从无到有，由小到大，由弱到强，先后修建小水电站10余座。四川省汶川卧龙特别行政区电力公司（以下简称：特区电力公司）应运而生，承担了卧龙区域内自主投资建设小水电站的管理。卧龙保护区、卧龙特区经过多年的发展，形成了如今拥有完整供电网络和供区，承担卧龙区域内发电、供电和销售职能为一体的能源保障格局，为"以电代柴"在卧龙保护区、卧龙特区的持续实施提供了坚强保障，并成为保护与发展的一种独特模式。

"以电代柴"是时代的产物，是卧龙特殊体制的产物，也是时代发展的阶段性需要。"以电代柴"的实施，极大地改变了区内居民对自然资源的依赖，彻底改变了居民的生活方式，同时也促进了产业结构调整，具有良好的生态效益、社会效益和经济效益。我们把它作为一种模式总结出来，回望来时的路，为更好前行。

二、水利资源

卧龙特区地势由西北向东南倾斜，境内河流众多、水流湍急，河流两侧均发育有许多支流，在支流与干流汇合处形成"V"形峡谷，由于河流下切作用强烈，卧龙特区的河流比降较大。据四川省水利水电勘测设计研究院1992年的勘测结果，从银厂沟口至渔子溪二级水电站进口段，河道长35.8km，落差602m，平均比降16.8%，水能总蕴藏量高达938 130kW。

三、水电开发

卧龙特区小水电站的发展过程大致经过5个阶段。第一阶段为油灯照明。20世纪70年代以前的卧龙没有小水电站，用油灯照明，依靠烧柴取暖和生活，是无电的油灯时代。第二阶段为小水电站满足保护区照明需求。1971年修建的幸福沟水电站是区内第一座小水电站，位于耿达乡的幸福沟，装机容量200kW，径流式发电。按照当时的技术水平和供电条件，幸福沟水电站主要解决附近老百姓和政府的照明。1977年修建了皮条河水电站。1978年WWF援建在卧龙公社修建了小熊猫水电站。第三阶段为农村电气化提上日程。80年代WWF在卧龙实施"中国2758Q快速行动项目"，援建了小龙潭水电站，装机容量640kW（2×320kW）。利用水利资源发电，最早可追溯至1981年林业部关于加强卧龙保护区管理工作的请示，要求在建的渔子溪二级水电站（1977年11月，渔子溪二级水电站在保护区的实验区动工兴建，装机容量16万kW，总投资2.6亿元，年发电量8.9亿kW·h）抓紧建设，同时要保护好生态环境[①]。第四阶段为水电资源开发的高峰期。伴随电力体制改革，自用水电站开始上网销售。龙潭水电站于1993年底动工，是卧龙保护区、卧龙特区"八五"和十年规划的支柱型产业。水电开发效益显著，1998年龙潭水电站发电1.05亿kW·h，创产值2800万元；卧龙发电厂发电1512.9万kW·h，创产值229万元[②]。保护区在十年间先后建成正河水电站、沙湾水电站、龙潭水电站、仓旺沟水电站、水界牌水电站。第五阶段是21世纪熊猫水电站建成后。四川省皮条河熊猫水电站改造工程（以下简称：熊猫水电站）2014年建成。该阶段经历了中央生态环境保护督察，2座电站（正河水电站、仓旺沟水电站）补办手续，1座电站（三江镇的登台树水电站）取水口在保护区缓冲区被封堵。卧龙保护区试验区内的熊猫水电站、龙潭水电站、卧龙关生态水电站、仓旺沟水电站、正河水电站通过中央生态环境保护督察被保留。其中熊猫水电站、卧龙关生态水电站为卧龙保护区、卧龙特区的自备电源，其余合规水电站是只发不供小水电站。大熊猫国家公园成立后，大熊猫国家公园范围内的小水电站作为矿产资源清退，区内的正河水电站、仓旺沟水电站、水界牌水电站及龙潭水电站均被纳入四川省限期退出清单。

（一）幸福沟水电站

1971年，为改变耿达乡无电的历史，解决全乡群众生活照明，幸福沟水电站由耿达乡全乡群众投工投劳兴建，装机容量1×200kW，1973年建成发电，并由耿达乡企业管理。1987年，汶川耿达经济开发有限责任公司（前身为耿达乡企业）对机组及设施设备进行了更换改造升级。1993年12月，全乡用电负荷增大，孤网运行不能满足地方用电。企业通过自筹资金从水电站架设10kV输电线路至耿达水文站，并网接入映秀湾发电厂的耿达水电站。2000年1月，四川卧龙投资有限公司供电耿达乡片区后，幸福沟水电站所发电量通过正河至仓旺沟水电站36kV输电线路上网销售。2010年汶川耿达经济开发有限责任公司通过自筹资金完成地震灾后重建。2013年，幸福沟水电站上游的中华大熊猫苑耿达神树坪基地和耿达镇自来水厂建成投运，影响幸福沟水电站取水发电，发电收入减少。发电收入减少部分由卧龙特区财政给予补偿（卧特发〔2013〕16号）。补偿金额以幸福沟水电站历史年均收入为限，扣除幸福沟水电站当年发电总收入所得的差额即为当年的补偿金额。补偿年限为20年（2013~2033年）。2020年12月，中央生态环境保护督察"回头看"，幸福沟水电站停产。2021年6月，幸福沟水电站拆除。在协商的基础上，卧龙特区财政对幸福沟水电站进行一次性补偿。

（二）皮条河水电站

皮条河水电站始建于1977年，装机容量235kW（1×75kW+1×160kW）。由汶川县水利电力局投资，卧龙乡政府管理，1983年以后开始由卧龙乡企业管理。2000年农网改造后，该水电站停运。

（三）小熊猫水电站

小熊猫水电站于1978年开始修建，机组于1980年6月开始投运。该水电站装机容量500kW（2×250kW），保证出力500kW，设计年均发电量为300万kW·h。2020年6月，中央生态环境保护督察"回头看"时停运。2021年1月小熊猫水电站机组拆除。

（四）小龙潭水电站

1985年，世界粮食计划署援助"中国2758Q快速行动项目"。该项目计划内容之一是新建水力发电站1座，装机容量640kW（2×320kW），命名小龙潭水电站。该水电站位于耿达乡龙潭村，引正河水，1985年12

[①] 关于请示水电部门恢复卧龙保护区自然生态环境的紧急通知，1987年。

[②] 1998年卧龙特区工作总结，1998年。

月建成。1995 年增容至 800kW（2×400kW），保证出力 650kW，年均发电量为 560 万 kW·h。1996 年 4 月龙潭水电站建成投产后，1997 年小龙潭水电站移交卧龙特区电力公司经营。由于龙潭水电站水库大坝位于小龙潭水电站上游 1km，导致小龙潭水电站引水受到严重影响，平水期、枯水期断流，故小龙潭水电站 2015 年停运。

（五）正河水电站

正河水电站的主要任务是发电，无其他综合利用（防汛、灌溉、供水等）功能。设计引用流量 18.9m³/s，设计水头 38.7m，装机容量 6000kW（3×2000kW）。1990 年 1 月开始建设，1992 年 3 月投产并网发电。中央生态环境保护督察期间，正河水电站办理了取水许可、水生生物影响评价等相关手续，合法合规保留。大熊猫国家公园设立后，因正河水电站厂房和取水口皆位于大熊猫国家公园一般控制区内，2023 年 12 月，正河水电站被纳入小水电站"一站一策"退出方案，解列，停止发电。

（六）沙湾水电站

沙湾水电站装机容量 1700kW（3×400kW+1×500kW），保证出力 680kW，设计年均发电量 945 万 kW·h，3×400kW 机组于 1993 年投运，1×500kW 机组于 1995 年 4 月投运。因"5·12"汶川特大地震后新建的熊猫水电站拦水大坝位于沙湾水电站上游 3km，沙湾水电站发电引水受到严重影响。2014 年 12 月沙湾水电站停运。环保整改"回头看"时，2016 年 6 月沙湾水电站拆除。

（七）龙潭水电站

龙潭水电站装机容量 2.4 万 kW（3×8000kW），设计水头 46.37m，引用流量 56m³/s。该水电站于 1994 年 3 月 12 日正式开工，1996 年 4 月 28 日首台机组投产发电，6 月 12 日其余两台机组全部投产，1997 年 7 月通过竣工安全鉴定。"5·12"汶川特大地震后至 2014 年 6 月熊猫水电站投产发电期间，该水电站免费承担卧龙区域供电，支撑灾后重建工作。

该水电站现已完成长江经济小水电站清理整改并销号。2023 年，制订了"一站一策"延时退出方案。2024 年 10 月 11 日解列，停止发电。

（八）仓旺沟水电站

仓旺沟水电站工作水头 133.87m，水电站引用流量 0.79m³/s，水电站装机容量 1600kW（2×800kW），多年平均发电量 850 万 kW·h。仓旺沟水电站始建于 1996 年 4 月，1997 年 12 月投运。该水电站历经了 2008 年"5·12"汶川特大地震，以及 2018 年"7·3"和 2019 年"8·20"泥石流自然灾害与恢复。

仓旺沟水电站通过了 2016 年第一轮、2021 年第二轮中央生态环境保护督察检查并销号。水电站建设主要是解决耿达镇当地群众用电问题。因此，2019 年"8·20"特大泥石流损毁恢复后，所发电量销售给卧龙特区电力公司，满足地方用电。2023 年 12 月，该水电站被纳入小水电站"一站一策"退出方案，解列，停止发电。

（九）水界牌水电站

水界牌水电站始建于 1998 年 3 月，1999 年 10 月建成，并网发电。装机容量 6400kW（2×3200kW），设计水头 255m，水电站引用流量 3.04m³/s。

水界牌水电站取水口位于大熊猫国家公园的一般控制区。因"5·12"汶川特大地震，水界牌水电站受到严重损毁，2011 年 3 月实施震后加固修复，2012 年恢复发电。2022 年 12 月，水界牌水电站按照小水电站退出"一站一策"实施方案，解列，停止发电。

（十）生态水电站

卧龙关生态水电站装机容量1600kW（2×800kW），设计年发电量1190万kW·h，年发电利用小时数7440h，水电站保证出力830kW。取水枢纽正常水位2122m，最大水头24.32m，最小水头21.3m，设计水头23m，引水渠道长1013m，引用流量9.28m³/s。该水电站1998年2月开工建设，2002年7月投运。

2020年卧龙遭遇"8·17"山洪泥石流，卧龙关生态水电站厂房及机组受损。2021年11月完成灾后重建，投运并网发电。卧龙关生态水电站手续完备，是卧龙"以电代柴"施行早期区内用电量不大时的主力水电站。

（十一）熊猫水电站

熊猫水电站是香港特区政府支援卧龙保护区震后电力能源恢复与重建项目。水电站正常蓄水位1989.00m，总库容44.6万m³，死水位1987.00m，调节库容17万m³，具有日调节能力，最大闸（坝）高16.00m，水电站装机2台，发电引用流量31.4m³/s，有压引水隧洞长5019m，水电站设计水头90m，装机容量2.4万kW·h，多年平均发电量为11 364万kW·h，年发电利用小时数4735h。熊猫水电站2011年2月8日开工建设，2013年6月30日完工，12月20日通过竣工验收，进入试运行，2014年6月27日正式投运，12月完成项目审计。本工程由首部枢纽、引水系统及厂区枢纽组成。该水电站为单一发电工程，无灌溉、防洪、航运、供水等综合利用要求。水电站开发任务为水力发电并兼顾下游生态环境用水要求，采用引水式开发。熊猫水电站是卧龙保护区、卧龙特区实施"以电代柴"的主力水电站。该水电站批建要件完整、齐全，不在大熊猫国家公园范围内。熊猫水电站通过了第一轮、第二轮中央生态环境保护督察和长江经济带小水电站清理整改验收并销号。

1）规划实施方案：2009年3月4日，四川省林业厅《关于同意〈卧龙国家级自然保护区 卧龙特区汶川地震灾后重建规划实施方案（第一册）〉的批复》（川林发〔2009〕66号）。

2）土地预审及不动产权证：2009年3月10日，汶川县国土资源局卧龙分局《关于同意卧龙自然保护区电力能源灾后恢复与重建扩建熊猫水电站项目用地预审的批复》（卧国土资〔2009〕6号）。

3）规划环境影响报告书：四川省环境保护局《关于卧龙国家级自然保护区 卧龙特区汶川地震灾后恢复重建项目（香港特区政府援建）规划环境影响报告书的审查意见》（川环函〔2009〕536号）。

4）立项批复：2009年10月15日，阿坝州发展和改革委员会《关于卧龙皮条河熊猫水电站改扩建工程灾后恢复重建项目可行性研究报告（代立项）的批复》（阿州发改〔2009〕1017号）。

5）行洪论证与河势稳定评价：2009年10月20日，阿坝州水务局《关于卧龙皮条河熊猫水电站改扩建工程（可研）行洪论证与河势稳定评价报告的批复》（阿州水发〔2009〕250号）。

6）环境影响报告书：2009年10月27日，四川省环境保护局《关于卧龙皮条河熊猫水电站改扩建工程环境影响报告书的批复》（川环建函〔2009〕399号）。

7）取水许可：2009年12月22日，阿坝州水务局《关于对四川省卧龙皮条河熊猫水电站改扩建工程水资源论证报告的批复》（阿州水发〔2009〕378号）。

8）初设批复：2010年5月26日，阿坝州发展改革委员会、阿坝州水务局《关于印发卧龙皮条河熊猫水电站改扩建工程初步设计报告审查意见的通知》（阿州发改〔2010〕406号）。

9）行政许可：2010年8月10日，国家林业局《关于同意在四川卧龙国家级自然保护区改扩建皮条河熊猫水电站的行政许可决定》（林护许准〔2010〕1543号）。

10）林地审批：2010年8月27日，四川省林业厅《临时使用林地批准书（卧龙皮条河熊猫水电站改扩建工程）》（川林地审字〔2010〕D057号）。

2010年8月27日，四川省林业厅《使用林地审核同意书（卧龙皮条河熊猫水电站改扩建工程）》（川林地审字〔2010〕D230号）。

11）核准批复：2011年3月1日，阿坝州发展和改革委员会《关于核准卧龙皮条河熊猫水电站的批复》（阿州发改〔2011〕58号）。

12）质量监督和竣工验收备案：2011年3月5日，汶川县建设工程质量安全监督站《建设工程质量监督报监登记书》（质监〔2011〕007号）。

13）水土保持：2011年8月，四川省水利厅《关于四川省卧龙皮条河熊猫水电站改扩建工程水土保持方案调整报告的批复》（川水函〔2011〕1137号）。

14）大坝安全鉴定：2013年6月4日，四川省电力公司大坝安全监察中心《关于卧龙皮条河熊猫水电站改扩建工程首部枢纽蓄水安全鉴定情况的报告》（川电坝监函〔2013〕第016号）。

15）水生生物评价：2013年8月13日，四川省水产局《关于对四川省卧龙皮条河熊猫水电站改扩建工程影响水域水生生物调查专题报告的批复》（川渔政〔2013〕134号）。

16）竣工验收备案书：2015年7月5日，汶川县城乡规划建设和住房保障局《卧龙皮条河熊猫水电站改扩建工程竣工验收备案书》（备〔汶城建〕795号）。

17）2015年7月16日，四川省环境保护厅《关于卧龙皮条河熊猫水电站竣工环境保护行政主管部门验收意见》（川环验〔2015〕155号）。

18）保留批复：2018年9月20日，阿坝州人民政府《关于保留自然保护区实验区小水电相关设施的批复》（阿府函〔2018〕113号）批复熊猫水电站保留。

19）下泄生态流量：2019年6月19日，卧龙特区资源局 水利局 环保局 经发局《关于〈四川卧龙皮条河熊猫水电站下泄生态流量整改实施方案〉的批复》（卧特水生流批〔2019〕1号）。

20）取水许可：2019年6月19日，阿坝州水务局《中华人民共和国取水许可证（卧龙皮条河熊猫水电站）（取水）》（川阿直字〔2014〕第06号）。

21）不动产权证：2019年12月18日，汶川县自然资源局《不动产权证（首部枢纽）川〔2019〕汶川县不动产权第0000810号》。

2019年12月18日，汶川县自然资源局《不动产权证（厂区枢纽）川〔2019〕汶川县不动产权第0000811号》。

22）2021年4月6日，阿坝州水务局《关于调整卧龙皮条河熊猫水电站改扩建工程取水申请的批复》（阿州水行审〔2021〕17号）。

23）2020年7月20日，卧龙特区资源局 水利局 环保局 经发局《关于同意卧龙保护区内水电站下泄生态流量整改工作验收的批复》（卧特水生流发〔2020〕1号）。

四、电网建设

卧龙特区电力建设始于20世纪80年代，发展于90年代。2000年以前卧龙电网以10kV为主，2000年卧龙保护区、卧龙特区实施了农网改造工程，建成了35kV骨干电网。卧龙特区电网于2008年"5·12"汶川特大地震损毁，2013年重建完成，形成了以110kV为输送骨干，400V进户、10kV、35kV为主线的电网结构，变电量48 000kV·A，供电涵盖民用、商用、高耗能和施工用等领域，两镇供电网络互联，网络全域覆盖，实现了与国网链接，互联互通，余电上网的发、供、配、销为一体的特殊地方电网，确保了"以电代柴"工程的实施。

（一）农网改造

20世纪六七十年代，卧龙水电装机容量小，水电站少，用400V线路解决照明问题。80年代，卧龙小水电站装机容量有所增加，10kV线路建设扩大了供电半径，供电质量有所提升。90年代，虽然卧龙小水电站开发进入快车道，但电网结构不完善，仍然是以乡、镇为单元，不能互联互通，居住在高半山的老百姓用电没有根本解决。

卧龙1998年开始实施农网改造工程，2000年区内农网改造工程结束。建设卧龙特区电力调度大楼1栋，35kV变电站1座，卧龙镇3个村、耿达乡3个村共26个村民小组的供用电线路改造完成。其中，改造10kV线路37.012km（卧龙镇17.075km、耿达乡19.937km）、低压380V线路23.286km（卧龙乡9.828km、耿达乡13.458km）、220V线路33.730km（卧龙乡17.022km、耿达乡16.708km）、杆塔1348基，改造耗能变压器台区45个。45个配电台区配电容量共11 250kV·A，完成户表工程1136户。2000年农网改造完成后，卧龙特区电力公司供电能力提升，供电质量可靠，促进了乡镇企业和个体工商户的发展，同时也保证了农村用电，为带动农村、城镇经济发展奠定了基础。

（二）灾后重建

卧龙保护区的灾后重建得到香港特区政府的大力支持，2008年10月11日在成都签署了《香港特别行政区政府与四川省人民政府就香港特区政府支援四川地震灾后恢复重建合作的安排》，在灾后重建过程中，卧龙保护区落实香港特区政府援助项目23个，总投资13.86亿元，卧龙电网灾后恢复重建就是其中的项目之一。

1. 立项批复

2009年3月，水电站、电网同步列入"5·12"汶川特大地震灾后恢复重建规划和卧龙保护区"5·12"汶川特大地震灾后恢复重建总体规划。2009年5月，卧龙保护区编制完成了《卧龙国家级自然保护区 卧龙特区汶川地震灾后恢复重建项目（香港特区政府援建）规划环境影响报告书》，6月，四川省环境保护局印发了审查意见。2013年11月，四川省发展和改革委员会《关于乡城等水电站上网电价的通知》（川发改价格函〔2013〕1560号）核定了熊猫水电站上网电价。

2. 电网工程建设

（1）卧龙10kV及低压输配电子项工程

2010年3月通过公开招投标方式确定监理单位和施工单位。第一阶段于2010年5月8日开工建设，9月30日完工。第二阶段于2013年7月1日开工建设，2013年12月20日工程初步验收，2014年12月完成项目审计。

（2）卧龙输配电工程灾后恢复重建项目

2010年10月通过公开招投标方式确定了监理单位。2011年1月采用公开招标方式确定了施工单位。2011年4月20日开工建设。2013年12月20日工程初步验收。2014年12月完成项目审计。

（3）龙潭110kV走马岭变电站扩建子项工程

2012年11月，卧龙特区、卧龙管理局以《研究确定走马岭变电站勘察设计单位的会议纪要》（卧护专阅〔2012〕20号）确定了设计单位。2013年4月以零星工程委托单方式确定了监理单位。2013年3月采用公开招标方式确定了施工单位，4月26日开工建设，并同步完成卧龙电网调度数据专网及通信设备安装。2014年6月10日工程初步验收。2014年12月完成项目审计。

（三）变电站建设

截至2023年12月，在现有电力体制和供电格局下，卧龙特区电力公司拥有110kV变电站2座，总变电容量72 000kV·A；35kV变电站4座，总变电容量28 750kV·A。110kV线路29.558km，其中110kV熊龙线15.630km，110kV耿龙线13.928km。35kV线路37.7km（未计都四项目临设工程）。10kV变配电台区155个，其中卧龙配电台区74个（含都四项目六标10个），耿达配电台区81个（含都四项目五标9个）。10kV总变电容量35 983kV·A，其中卧龙配电台区容量18 420kV·A，耿达配电台区容量17 563kV·A。10kV线路79.495km（卧龙特区电力公司线路63.495km、都四临时线路16km），其中架空线路24.338km，电缆敷设23.157km。0.4kV线路106.2km。

五、电力体制

卧龙特区电力公司是一家集发电、供给、销售为一体的地方企业，类似一个县域的国电公司。卧龙特区电力公司是独立法人，有独立合法的供区，《四川省汶川卧龙特别行政区电力公司章程》明确记载的股东为卧龙保护区和卧龙特区，但没有明确股权结构。企业虽然独立核算，但发电收益上缴出资人是以资产租赁的方式计入卧龙特区结算中心。人、财、物等管理业务独立于国网阿坝电力公司，二者没有隶属关系。为了支持保护区发展，惠及当地老百姓，在各级政府的支持下，特批"余电上网"销售方式，即在优先满足卧龙保护区、卧龙特区用电的基础上，余电销售给国网阿坝电力公司；枯水期或检修时段，供电不足时可以从网上购电。卧龙保护区、卧龙特区供电网络不仅互联互通，而且集发、供、配、销为一体。卧龙特殊体制下的特殊供电体制目前是独一无二的，也是历史的产物。

六、电价政策

卧龙保护区的电价经历免费、低价收费、补贴电费和阶梯电价4个阶段，为保障区内居民生活水平、生产发展和科研保护事业等作出巨大贡献。

（一）免费阶段

卧龙保护区实行电气化之前，水电站由国家投资或国际组织资助，发电量勉强维持办公和科研需要，以保障基本生活、照明为目标，实行免费用电。

（二）低价收费

20世纪80年代末至90年代初，职工收入低，电价为0.01~0.03元/（kW·h）；90年代职工用电电价为0.02元/（kW·h），到2000年执行电价0.03元/（kW·h）。

（三）补贴电费

随着群众生活水平的提高及卧龙特区电力公司的成立，卧龙在2003年调整电价，由0.03元/（kW·h）调整为居民生活及办公电价为0.18元/（kW·h）。为满足各项事业的发展，适应改革开放的需要，卧龙特区电力公司在2005年4月向汶川县物价局呈报了《关于调整卧龙特区电力销售价格的请示》，根据认证中心成本测算，并在4月22日进行价格听证会，同意卧龙特区电力公司从2005年5月1日起，按照汶川县物价局《关于调整卧龙特区电网电价的通知》（汶价字〔2005〕6号）执行电价政策，电价实行分期、分区收费。在丰水期（5~11月），办公、居民生活用电电价为0.24元/（kW·h），枯水期（1~4月、12月）电价为0.26元/（kW·h），农村居民用户执行的电价为0.18元/（kW·h），不足部分由卧龙特区、卧龙管理局补贴。

2008年"5·12"汶川特大地震后，为确保卧龙居民安全越冬及满足灾后恢复重建需要，经卧龙特区、卧龙管理局研究，决定施行《四川省卧龙特区电力公司灾后供用电管理实施办法》（卧特护发〔2008〕33号）（以下简称：《供用电管理实施办法》）。《供用电管理实施办法》第七条规定：区内实行以电代柴，灾后对农村居民的计费标准由灾前农村村民生活用电按0.24元/（kW·h）（丰水期）和0.26元/（kW·h）（枯水期）统一调整为0.10元/（kW·h），差额部分由卧龙特区、卧龙管理局补贴，即丰水期（5~11月）按0.14元/（kW·h）补贴，枯水期（1~4月、12月）按0.16元/（kW·h）补贴，补贴时间从2008年10月1日起到区内恢复重建结束。事实上，这一惠民政策一直延续至大熊猫国家公园内设机构落地。熊猫水电站装机2.4万kW，年发电量超过1.2亿kW·h，为区内"以电代柴"提供了保障。自2017年起，卧龙特区、卧龙管理局承担的补贴电费调整为由卧龙特区电力公司承担。根据实际用电量，卧龙特区电力公司每年对农村用电户的电价差额补贴在180万~220万元，随着新农村建设和乡村振兴的实施，卧龙特区电力公司每年对农村用电户的电价差额补贴在逐年上升。

（四）阶梯电价

为促进资源节约型和环境友好型社会建设，逐步减少电价交叉补贴，理顺电价关系，引导居民合理、节约用电，根据四川省发展和改革委员会《关于转发〈国家发展改革委印发关于居民生活用电试行阶梯电价的指导意见的通知〉的通知》精神，经特区电力公司请示，汶川县物价局于2015年6月29日举行了四川省卧龙特区居民生活用电阶梯电价听证会。2015年10月26日印发了《关于四川省卧龙特区居民生活用电试行阶梯电价的通知》（汶价〔2015〕55号）。

1. 农村居民用电

执行汶价字〔2005〕6号文件。自2005年电价批复以来，实际的执行过程中农村居民按0.1元/（kW·h）的抄表到户的原则缴纳电费［包含农网基金0.02元/（kW·h）］。2014年前不足部分由卧龙特区、卧龙管理局补贴，2014年后不足部分由卧龙特区电力公司自负盈亏解决。

2. 城镇居民用电

执行汶价字〔2005〕6号文件。城镇居民、政府办公、企事业单位、学校、福利院、医院、科研单位、保护单位、部队等，丰水期（5~11月）电价为0.24元/（kW·h），枯水期（1~4月、12月）电价为0.26元/（kW·h）。

3. 商业用电

执行汶价字〔2005〕6号文件。丰水期（5~11月）电价为0.48元/（kW·h），枯水期（1~4月、12月）电价为0.58元/（kW·h）。部分非普通工商业用电按汶川县物价局《关于全县电价分类结构调整方案的通知》（汶价字〔2016〕3号）执行。邮政通信用电电价为0.60元/（kW·h），施工用电为0.65元/（kW·h）。

4. 销售价格

卧龙特区电力公司的电量销售优先满足区内用电，在丰水期及区内日负荷低谷时通过余电上网的方式销售电量，因此销售方式可分为上网区外销售和区内销售。

（1）上网区外销售

卧龙特区电力公司通过余电上网的方式销售给国家电网，销售电价平均为0.22元/（kW·h）（不含税价）。熊猫水电站批复的销售电价为0.3034元/（kW·h）（含税价）。

（2）上网区内销售

卧龙特区电力公司电力执行汶川县物价局汶价字〔2005〕6号文件，销售价格见表17-1。

表17-1　卧龙特区电力公司近区销售价格表　　　　［单位：元/（kW·h）］

时间	居民生活用电价格	农村生活用电价格	办公用电价格	经商用电价格	高消费用电价格	施工用电价格
丰水期（5~11月）	0.24	0.24	0.24	0.48	0.80	0.54
枯水期（1~4月、12月）	0.26	0.26	0.26	0.58	1.00	0.54

截至2023年，卧龙保护区、卧龙特区执行的电价标准为：农村居民按照0.1元/（kW·h）（批复电价的差额由卧龙特区电力公司承担），城镇居民用电按照汶川县物价局汶价字〔2005〕6号文件执行；经营性、办公、科研和社会事业服务用电及临时施工用电按照汶价〔2016〕3号文件批复的标准。

七、以电代柴

20世纪70年代以前，卧龙保护区没有通电，区内居民维持生活和取暖全靠上山砍柴，天然林木成为居住在高半山的农村居民生活所必需的燃料。落后的生活方式不仅给环境造成一定负担，而且对自然资源具有很强的依赖性。卧龙一方面要保护好大熊猫及其赖以生存的栖息环境，包括高山森林生态系统，另一方面要提升区内近5000名居民的生产生活水平，处理并协调好生态保护与社区经济发展的矛盾。"以电代柴"成为有益的探索。

（一）政策背景

四川水利资源丰富，装机容量在 2.5 万 kW 以下，2015 年以后装机容量在 5 万 kW 以下的水电站，统称小水电。历史上，小水电主要解决当地尤其是无电地区经济社会发展用电，优先满足当地居民生产生活用电需求，小水电发的电原则上由当地电网经营企业收购并在当地销售。小水电成为四川农村地区特别是少数民族聚居的地区和盆周山区的主要电源，有力支撑了四川省社会经济发展和人民群众生活。发展小水电符合我国能源发展战略，对增加农村能源供应、改善农村能源结构、保护环境以及促进社会主义新农村建设具有重要作用。

四川高度重视小水电的科学发展。政府鼓励在保护生态的基础上，通过科学规划，有序发展小水电。先后出台支持小水电科学发展的政策和加强小水电开发建设管理的有关规定，形成了较为完善的小水电开发建设管理规章制度。

在国家电网覆盖地区，严格控制小水电的开发；对未经批准建设的小水电不安排接入国家电网；在国家电网尚未覆盖的孤网地区，根据环境承载能力和生态环境敏感性分析以及社会经济发展需求，结合小水电资源开发量及河流的自然条件以及水土保持、土地利用、旅游发展、能源结构等因素，划分三类功能区域，分类指导小水电开发。规定在各级自然保护区核心区、缓冲区、国家重点风景名胜区及其他具有特殊保护价值的地区禁止开发小水电。卧龙属于国家级自然保护区，但是规定中没有禁止在实验区开发小水电建设，为卧龙历史上开发小水电提供了政策依据。

（二）发展需求

20 世纪 70 年代，卧龙保护区水电站装机容量小，供电能力不足。幸福沟水电站装机容量 200kW、卧龙关水电站装机容量 75kW、转经楼沟水电站装机容量 1444kW、皮条河水电站装机容量 235kW，均为水轮泵发电，效能低下，发电主要满足耿达公社、卧龙公社群众取暖和照明需要。80 年代，小熊猫水电站装机容量 500kW，主要满足卧龙保护区机关及研究中心用电；根据《耿达镇志》（汶川县党史研究和地方志编纂中心和汶川县耿达镇人民政府，2013）小龙潭水电站装机容量 640kW，是世界粮食计划署援助"中国 2758Q 快速行动项目"的组成部分。90 年代，卧龙小水电站快速发展，但支持区内的发电企业只有沙湾水电站。2000 年农网改造前，这些水电站各自孤网运行，其中皮条河水电站还因装机容量小，年久失修，于 2000 年农网改造后停止运行。2008 年前，卧龙的沙湾水电站、生态水电站、小龙潭水电站、小熊猫水电站总装机容量 4800kW，均无调节能力，且受天然径流影响，特区电力公司年发电量不足 2000 万 kW·h，居民用电的需求增加，区内需求电量缺额大。

卧龙保护区、卧龙特区内 4500 多名居民在 2000 年天保工程实施后逐步改变了传统的靠砍柴煮饭取暖的生活方式，添置了各种家用电器，致使全区用电量急剧增加。夏季丰水期是卧龙特区生产生活用电的低谷期，卧龙所发的电能基本满足区内生产生活用电的需要。枯水期，冬季取暖等生活用电增加，卧龙所发的电不能满足区内群众生产生活的需要。区内商业水电站所发的全部电直接销售给国家电网，不愿以低于成本价的价格 [0.18 元/（kW·h）] 卖给卧龙当地使用。卧龙特区冬季电力缺口 1800~2200kW，电量缺口 450 万~600 万 kW·h。

旅游发展用电量增加。2013 年 7 月，四川省林业厅《关于〈卧龙国家级自然保护区生态旅游规划〉的批复》（川林护函〔2013〕704 号）（以下简称：《旅游规划》），开启了卧龙保护区、卧龙特区生态旅游建设。卧龙具有良好的区位优势，不断有中外游客到访卧龙观赏大熊猫、休闲避暑等，从而带动了卧龙旅游业的发展，尤其是酒店、民宿的发展，用电量年递增率超过 15%，卧龙电力供需矛盾更加突出。

1. 负荷预测

20 世纪六七十年代，卧龙保护区处于无电时期，受限于当时的历史条件，小水电起步阶段装机容量小、技术落后，没有完整的电网结构，早期主要满足照明的需要，以 0.4kV 线路为主。80 年代，国家提倡农村电气化，鼓励发展小水电，保护区内小水电装机容量有所增加，10kV 线路建设扩大了供电半径，供电能力得以提高，80 年代末，基本解决了办公、科研、机关职工生活用电，以及水电站附近部分居民的生活用电。

90年代，电力保障能力有所提高，但仍然不能完全满足居民用电，主要原因是老百姓居住在高半山，以卧龙镇和耿达乡为单元孤网运行，不能互联互通。

21世纪初，卧龙保护区、卧龙特区参考同类城镇人均综合用电负荷指标，按人均综合用电负荷预测，规划采用1kW/人，规划区内全区用电力负荷为9500kW。测算到"十一五"期末，卧龙全区丰水期缺电120万～150万 kW·h，枯水期缺电300万～380万 kW·h。要解决这一问题，卧龙的水电站装机容量至少要达到1.0万～1.2万 kW，年供电量5000万～6000万 kW·h才能基本满足区内日益增长的电力需求。考虑到规划区内海拔较高，冬天寒冷，用电负荷较平原地区高，因此住宅及商住宅按建筑面积$22W/m^2$，公建及商业按$35W/m^2$，行政办公按$20W/m^2$，文化广场按$5W/m^2$，道路及广场绿地照明按$1\sim2W/m^2$测算。规划期内（2000～2010年）全区用电总负荷9712kW（集镇规划资料）。其间，卧龙经历了"5·12"汶川特大地震、龙潭水电站110kV上网线路损坏。在2014年6月熊猫水电站投运前，龙潭水电站成为区内灾后重建的主要电源保障，缓解了供电不足的供用电压力。保护区内用电主要是生产生活、办公、住宅、公共建筑等市政生活用电，商业用电比例逐年升高。2000～2010年用电负荷超过规划测算水平，表明当时预测比较保守。截至2020年，全区电力负荷高峰时超过19 000kW，在2010年的基础上增加了一倍多。在2022年暑假期间，耿达、卧龙两镇民宿一房难求，高峰期游客超过25 000人，商业用电激增，区内高峰负荷超过23 000kW，停电、分区供电时有发生。

"十四五"期间，卧龙都四项目建设用电和卧龙民宿经营用电是电量持续增加的主要原因，社会用电量预计2025年达到峰值。预测主要依据卧龙在建工程都四项目施工用电达到高峰时的用电量。卧龙片区其他重大项目建设施工用电结束并进入运营期后，民宿产业发展相对稳定，绿色产业发展相对成型，社会用电量仅在小范围内波动。

我们分别统计了2005～2023年卧龙镇（表17-2）和耿达镇（2013年撤乡设镇，为了表述方便，本节下文除特别注明具体年份外均使用耿达镇）（表17-3）用电数据，包括商业用电、办公用电和生活用电。2005～2023年卧龙镇和耿达镇用电量对比如图17-1所示。

表17-2　2005～2023年卧龙镇用电数据统计　　　　　　　（单位：万 kW·h）

年份	商业用电量	办公用电量	生活用电量	总用电量
2005	262.2189	124.7318	199.5282	586.4789
2006	396.3853	111.5561	220.0660	728.0074
2007	441.0803	111.4754	266.0979	818.6536
2008	135.5217	94.6750	208.9000	439.0967
2009	176.5699	55.3030	177.4352	409.3081
2010	51.6851	45.8166	173.1497	270.6514
2011	99.1575	58.6107	511.3106	669.0788
2012	515.4766	43.8997	413.9393	973.3156
2013	204.3216	91.0426	461.3324	756.6966
2014	78.3826	166.4517	416.3715	661.2058
2015	45.9086	226.0340	443.3820	715.3246
2016	79.1974	218.4397	503.2129	800.8500
2017	103.9519	256.6640	596.6896	957.3055
2018	158.5133	292.8499	647.8331	1099.1963
2019	142.1273	278.2066	633.6035	1053.9374
2020	136.4194	260.2954	648.6853	1045.4001
2021	276.7434	282.0286	620.9839	1179.7559
2022	1302.9790	284.9282	680.1800	2268.0872
2023	1825.9703	306.2149	776.7662	2908.9514

表 17-3　2005～2023 年耿达镇用电数据统计　　　　　　　　（单位：万 kW·h）

年份	商业用电量	办公用电量	生活用电量	总用电量
2005	7.7306	12.2593	178.1819	198.1718
2006	118.5982	20.0305	192.8415	331.4702
2007	176.3375	29.6446	214.7595	420.7416
2008	6.6695	42.4000	168.2702	217.3397
2009	28.2594	1.6938	232.3607	262.3139
2010	24.6338	1.7940	283.6708	310.0986
2011	79.7803	2.2930	626.3729	708.4462
2012	73.7606	42.6643	531.2695	647.6944
2013	175.3612	89.3194	513.0728	777.7534
2014	58.0376	143.7479	548.1591	749.9446
2015	174.3117	238.8915	564.7755	977.9787
2016	235.5645	311.4222	660.6907	1207.6774
2017	89.3475	298.7287	874.7826	1262.8588
2018	92.2412	345.1145	1104.1522	1541.5079
2019	92.7300	352.5368	1194.6163	1639.8831
2020	112.8304	334.1128	1004.5694	1451.5126
2021	276.9009	305.3271	1119.0516	1701.2796
2022	1901.1161	314.4315	1414.0508	3629.5984
2023	2143.3370	351.0657	1524.5202	4018.9229

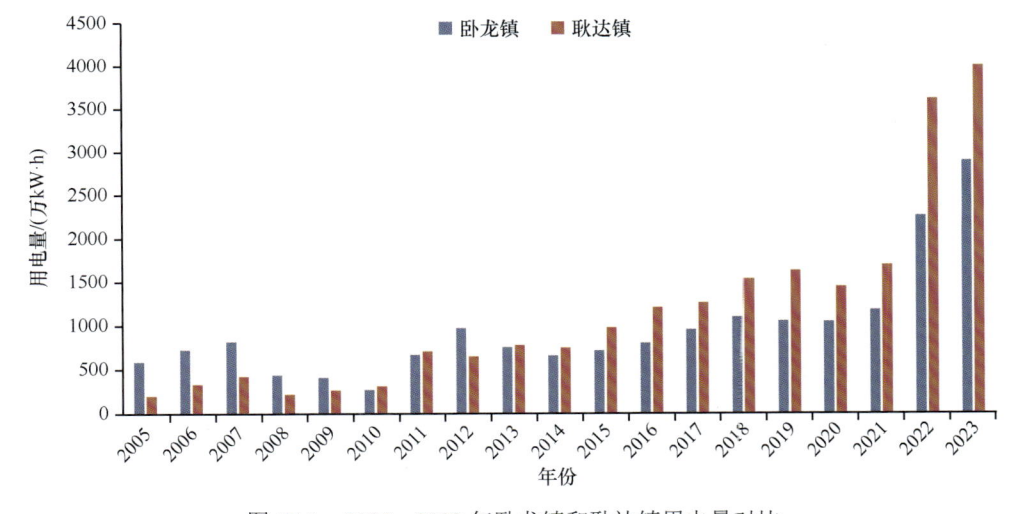

图 17-1　2005～2023 年卧龙镇和耿达镇用电量对比

根据表 17-2 和表 17-3 显示，卧龙镇年度总用电量从 2005 年的 586.4789 万 kW·h 增长到 2023 年的 2908.9514 万 kW·h，耿达镇的年度总用电量从 2005 年的 198.1718 万 kW·h 增长到 2023 年的 4018.9229 万 kW·h。

2. 市场需求

我们汇总统计 2005～2023 年卧龙镇和耿达镇的商业用电量、办公用电量和生活用电量数据，形成了 2005～2023 年卧龙特区用电数据（表 17-4）、2005～2023 年卧龙特区用电量变化趋势图（图 17-2）和 2005～2023 年卧龙特区分类用电量变化趋势图（图 17-3）。表 17-4 和图 17-2 显示，卧龙特区用电总量从 2005 年的 784.6507 万 kW·h 飞升到 2023 年的 6927.8743 万 kW·h。2005～2023 年用电性质具有阶段性特征，大致可分为 4 个阶段。第一阶段（2005~2008 年）：商业用电量略低于生活用电量，办公用电需求较小。第二阶段（2009~2015 年）：生活用电量超过商业用电量，在该阶段生活用电量最大，商业用电量次之，办公用电量最小，但 2014~2015 年办公用电量高于商业用电量。第三阶段（2016~2021 年）：生活用电量需求最大，办公用电量超过商业用电量，商业用电量需求最小。第四阶段（2022~2023 年）：商业用电量最大，生活用电量次之，办公用电量最小。

表 17-4 2005~2023 年卧龙特区用电数据汇总　　　　　　（单位：万 kW·h）

年份	商业用电量	办公用电量	生活用电量	总量
2005	269.9495	136.9911	377.7101	784.6507
2006	514.9835	131.5866	412.9075	1059.4776
2007	617.4178	141.1200	480.8574	1239.3952
2008	142.1912	137.0750	377.1702	656.4364
2009	204.8293	56.9968	409.7959	671.6220
2010	76.3189	47.6106	456.8205	580.7500
2011	178.9378	60.9037	1137.6835	1377.5250
2012	589.2372	86.5640	945.2088	1621.0100
2013	379.6828	180.3620	974.4052	1534.4500
2014	136.4202	310.1996	964.5306	1411.1504
2015	220.2203	464.9255	1008.1575	1693.3033
2016	314.7619	529.8619	1163.9036	2008.5274
2017	193.2994	555.3927	1471.4722	2220.1643
2018	250.7545	637.9644	1751.9853	2640.7042
2019	234.8573	630.7434	1828.2198	2693.8205
2020	249.2498	594.4082	1653.2547	2496.9127
2021	553.6443	587.3557	1740.0355	2881.0355
2022	3204.0951	599.3597	2094.2308	5897.6856
2023	3969.3073	657.2806	2301.2864	6927.8743

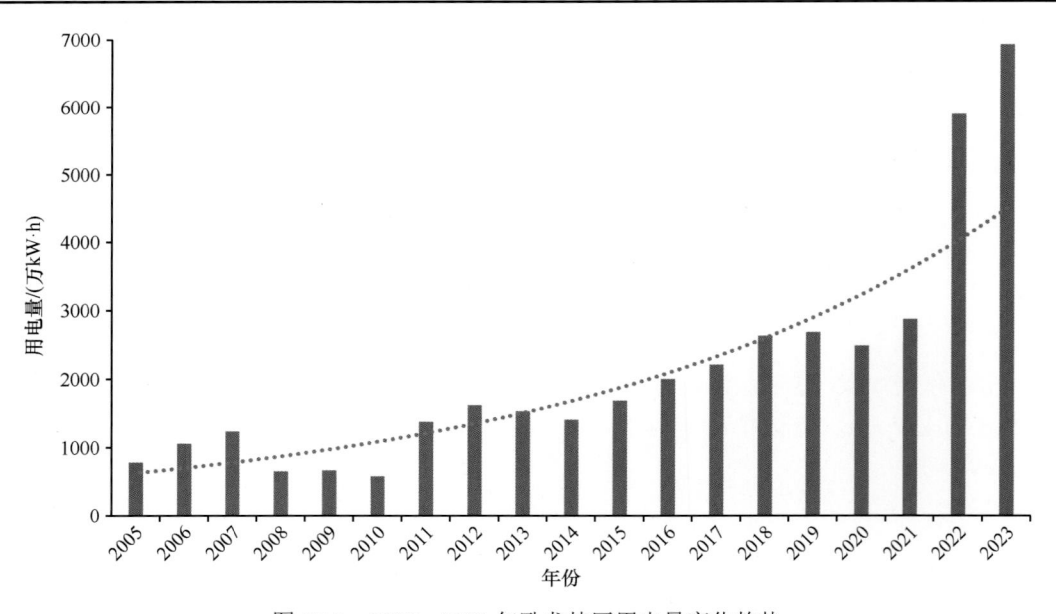

图 17-2 2005~2023 年卧龙特区用电量变化趋势

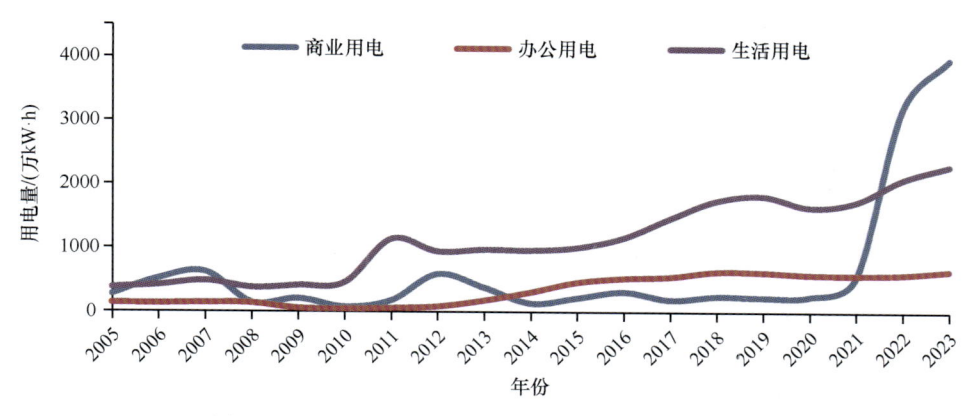

图 17-3　2005～2023 年卧龙特区分类用电量变化趋势

总体上，卧龙特区商业用电在 2005～2007 年有上升趋势。2008 年"5·12"汶川特大地震后，水电站、电网不同程度损毁，电力恢复慢，卧龙镇、耿达乡独自乡镇孤网运行，2011 年缓慢恢复，其间卧龙道路不通，除重建工程外，几乎无商可谈，因此，2014～2020 年卧龙商业用电量处于低位。2021 年的商业用电量急剧上升与都四项目开工建设密切相关。办公用电在统计期内处于相对平稳状态。生活用电量总体上稳步上升，2016 年 10 月，国道 350 线通车，当地居民开始经营民宿，夏季到卧龙度假人数增加是此后商业用电增加的主要原因之一。

3. 销售收入

统计 2008～2023 年卧龙特区电量销售收入（图 17-4），卧龙保护区、卧龙特区的电量销售收入从 2008 年的 165.29 万元上升到 2023 年的 4346.10 万元，拐点是 2014 年 6 月熊猫水电站投产，当年实现发电收入 1830.96 万元，2015～2021 年，每年发电收入维持在 2253 万元与 2810 万元之间，2023 年都四项目几乎全面开工，施工用电支撑卧龙特区电力公司发电收入到达历史高位，达到 4346.10 万元。

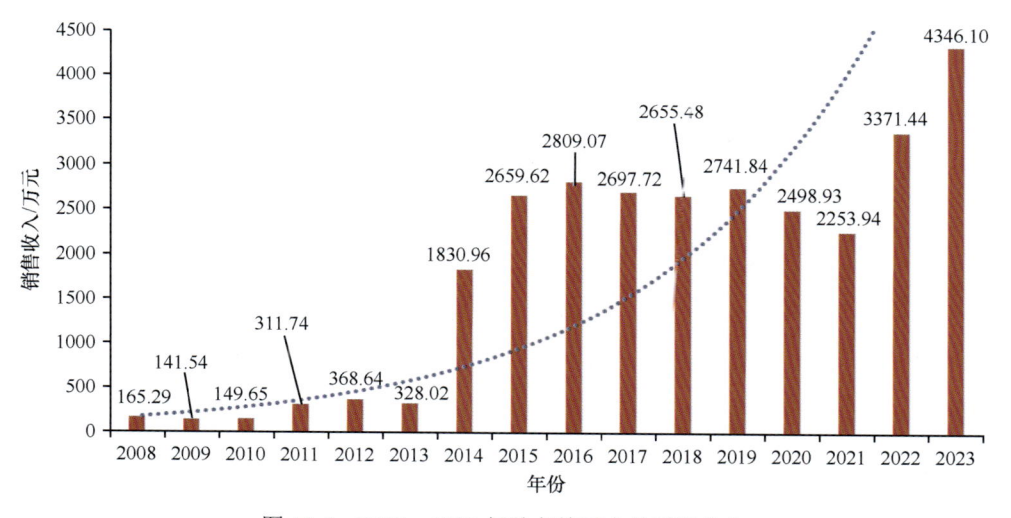

图 17-4　2008～2023 年卧龙特区电量销售收入

（三）以电代柴

1. 替代资源消耗

"以电代柴"工程实施前，区内老百姓世世代代使用木材作为生活能源，天然林木成为居住在高半山农村居民生活的必需燃料。按每户每天消耗 20kg 计算，卧龙每年需砍伐烧火柴 1.4 万 m³，大量林木的砍伐严重破坏了生态环境。多年来，通过实施"以电代柴"工程，老百姓不再上山砍柴。"以电代柴"工程在资源保护、生态建设中的作用立竿见影，取得了非常良好的生态效益、民生效益和经济效益。

2. 保护对策需要

21世纪初，卧龙保护区、卧龙特区遵循"以林涵水、以水发电、以电护林、以电发展"思路，一度加快水力资源开发，将水能优势转换为经济优势，提高人民的生活水平。2000年国家全面实施天保工程，卧龙保护区将实验区和缓冲区的山林分别承包给乡村组和专业队管护。2001年，耿达乡实行电气化，保护区在国家林业局的支持下，在卧龙镇修建了一座生态水电站，装机容量1600kW（2×800kW），使两乡镇全部实现了电气化，基本解决了两乡镇群众的烧柴问题。伴随两乡镇社会经济的发展，区内社会用电量由当初的几百千瓦，迅速增加到上千千瓦。2008年地震前，2005年区内用电量为785万kW·h，2006~2007年区内用电量维持在1059万~1240万kW·h。"以电代柴"是解决卧龙保护区、卧龙特区能源供需矛盾的有效举措，同时它又是实施以电代替烧柴，保护大熊猫生存环境的重要措施，成为香港援建卧龙电力能源的共识，也成为卧龙电力能源恢复重建的清晰思路。

3. 惠民电价

卧龙特区结合资源保护和山区群众生产生活实际，选择持续实施"以电代柴"工程，在批复电价的基础上，让利当地居民。当地居民用电电价由地震前的0.18元/（kW·h）降为0.10元/（kW·h），维持至今。生产生活用电0.10元/（kW·h），使当地居民用得起电，地方财政补贴0.10~0.12元/（kW·h）。20世纪90年代，区内居民年累计用电在900万~1239万kW·h，卧龙每年需补贴90万~150万元。进入21世纪以来，伴随生活用电量的增加，尤其是2016年国道350线通车，区内年用电量由2016年的999万kW·h，迅速跃升至2018年的1626万kW·h，截至2023年，年用电量增加至1933万kW·h以上，电价补贴超过200万元。

4. 电力支撑保障

2008年地震前卧龙特区电力公司管理的并网运行发电站共4座，总装机容量0.46万kW（生态水电站2×800kW，小熊猫水电站2×250kW，沙湾水电站3×400kW+1×500kW，小龙潭水电站2×400kW）；2014年熊猫水电站建成，装机容量2.4万kW（2×12 000kW），卧龙特区电力公司总装机容量2.86万kW。

特区电力公司提供的2014~2023年发电数据显示，2014年发电量为7295.592万kW·h，2015年发电量为11 836.680万kW·h，2016年发电量为13 334.700万kW·h，2017年发电量为13 475.300万kW·h，2018年发电量为13 343.108万kW·h，2019年发电量为13 588.784万kW·h，2020年发电量为11 923.599万kW·h，2021年发电量为10 877.820万kW·h，2022年发电量为11 078.968万kW·h，2023年发电量为12 920.432万kW·h。

由此可见，卧龙2015年以后，年发电量超过1亿kW·h，为卧龙保护区、卧龙特区实施"以电代柴"提供了有力支撑。

（四）绿色发展

1. 环保督察

当前我国环境形势虽然局部有所改善，但是形势依然严峻。环境问题已经逐渐成为影响经济社会发展的重要问题。党中央和国务院高度重视环境污染问题，多措并举，积极推进环境污染治理。各地方政府也结合区域实际出台政策，实施对策强力应对。为此，2017~2022年，从中央到地方开展了多轮环保督察和巡视，严格环保执法是"十三五"中"加大环境治理力度"的重要内容，重点解决环境问题突出、重大环境事件频发、环境保护责任落实不力等问题。实践证明，在政府的强力主导下，全社会的环境投入在增加，公众的环境意识在提升，环境保护优化经济发展的作用正在显现。实施综合督察正是强化对地方政府履行环境保护职责、执行环境保护法律法规标准的督察，推动地方政府进一步重视环境保护工作，充分发挥环境保护优化经济发展的作用。实施综合环保督察也是适应新常态的需要。在经济发展新常态下，各地面临经济转型、产业调整、发展放缓等诸多发展压力，同时，又面临环境承载能力已经达到或接近上限、人民群众对良好生态环境的期待值趋高的环境压力。如何适应新常态的新形势，是摆在地方政府面前的重大难题。开展综合督察，正是将环境保护优化经济发展的作用放在新常态中加以考量，帮助和推动被督察城市找出新常态下环境保护工作面临的问题，抓出新常态下以环境保护优化经济发展的"药方"，推动地方科学发展。实施环保综合督察，旨在强化政府的环保主体责任，进一步明确各部门的职责，加强各方力量的统筹，加大污染源监管，调动社会公众参与。

卧龙特区环保督察中发现，在卧龙保护区三江片区的缓冲区内，因地方经济发展需要，无视《中华人民共和国自然保护区条例》相关要求，在20世纪八九十年代，在保护区的缓冲区建设了潘达尔景区，修建了宾馆、山地小火车、火车轨道、火车站、马厩、宾馆、餐厅等旅游接待设施，仅潘达尔酒店及附属设施占地面积就超过9000m^2；招商引资修建的登台树水电站主取水口在保护区的缓冲区。通过环保督察，2020年完成整改，关闭了登台树水电站取水口，拆除了保护区三江片区的所有旅游设施，占用林地恢复原状。

按照环保要求，卧龙特区内的小水电经过了合规合法性审查，审查包括核准审批、环评批复、土地预审及不动产权证、林地审批、取水许可、水生生物评价、下泄生态流量、大坝安全鉴定、质量监督和竣工验收备案等10个要件。缺失要件的小水电重新补办了手续。经过为期3年的整改，2019年12月全部整改到位，其中仓旺沟水电站因支持区内"以电代柴"而保留下来，所发电量全部归地方电网——卧龙特区电力公司销售。

2. 小水电退出

为高质量推进大熊猫国家公园建设，2022年7月21日，四川省人民政府发布实施《关于加强大熊猫国家公园四川片区建设的意见》，其中明确了加强自然资源管理"分类有序清理退出小水电，加强矿业权清退进度"的要求。在此背景下，小水电尽管在环保督察中得到整改并补办了合法合规手续，但在大熊猫国家公园内的小水电被列入了退出名单。卧龙退出小水电共有4座，总装机容量3.8万kW，其中，水界牌水电站（2×3200kW）在2022年底退出；正河水电站（3×2000kW）、仓旺沟水电站（2×800kW）在2023年底退出；龙潭水电站（3×8000kW）实施了延期退出"一站一策"方案。

第二节 共建共管

一、协议管护

卧龙辖区内有卧龙镇、耿达镇的6个建制村，以及三江镇的草坪村和席草村部分区域，有4500多名原住居民。20世纪八九十年代，为缓解当地群众对保护的压力，卧龙在靠近群众聚居区实施以定保护地段、定保护面积、定保护人员、定保护责任、定保护报酬的"五定"工作，开启探索"协议保护共管"的新模式。

2000年，天保工程在特区正式实施。卧龙特区、卧龙管理局以此为契机，全面推行了"协议保护"共管模式。按照农户承包为主，乡镇人民政府、村委会、巡山护林队承包为辅的"协议管护"共管模式在保护区全面推行，将天然林资源划片给村民与专业保护队伍共同管护，根据考核结果将管护费按管护面积直接兑现给村民和社区。天保工程一期（2000~2010年）全区累计投入资金2971.4万元；天保工程二期（2011~2020年）全区累计投入资金11 306.39万元。以2020年为例，天保工程经费在社区投入735.35万元，具体做法如下。一是以户为单元，与当地群众签订"协议保护"责任书1649份，全区（含三江镇2个建制村）6000多名群众直接参与森林资源管护，承包天然林2.63万hm^2，在天然林资源得到有效保护的同时，村民每年人均可获得管护资金690元。二是与卧龙镇、耿达镇、三江镇人民政府和村委会签订"协议保护"责任书，负责1.79万hm^{2}的天然林的保护，确保区域内的森林资源和大熊猫栖息地安全，负责对辖区内群众的监管，要求实现无森林火灾、无乱砍滥伐、无乱捕滥猎、无毁林开荒、无乱占林地的管理目标。三是组建巡山护林队。选聘150名了解山情、林情的社区青壮年组建巡山护林队，每人每年补助1.2万元。

协议管护是保护区首创共建共管共享先例，提高了当地居民参与资源保护的主动性和积极性，形成了群防群护、联防联控，构建了多元化保护格局，生态效益、社会效益、经济效益稳步提升，促进了人与自然和谐共生。

二、生态管护

生态管护是卧龙保护区、卧龙特区全面建成小康社会和国家实施天保工程有效结合的保护措施之一。保护区树立"保护优先、绿色发展、统筹协调"发展理念，以产业发展作为全面建成小康社会的重要抓手，积极发展生态保护产业、生态旅游服务业和生态种养殖业为主的"三生产业"，创新保护机制，实现三个产业之间的有机联系、发展与保护之间的协调。不断丰富"生态保护"内涵，持续加强保护管理与野外科研监测，使以生态保护产业为基础、生态体验度假康养为龙头、生态种养殖业为辅助的"三生产业"经济发展体系呈现良好的发展态势，让绿色成为高质量发展的鲜明底色。

卧龙特区的生态管护区域包括实验区、大部分缓冲区、部分核心区，总面积 501km²，占卧龙保护区总面积（20 万 hm²）的 25.1%。具体情况如下：①卧龙管理局将生态补偿涉及区域划分到村民户头上，落实保护责任；②国家划拨的天然林保护经费发放方式为非直接发放，而是每年检查两次，评估村民是否履行保护责任，检查保护质量后再行发放；③特区与村民签订合同，划分保护责任区。在国家退耕还林资金的基础上，开展退耕还竹工作，再安排资金，加大保护责任的收益，使村民有参与保护的积极性和保护责任感。生态管护对卧龙保护与发展工作意义重大。首先，通过生态管护达成生态、社会和经济效益的平衡，维持良好生态环境的同时调动村民积极参与保护，使农民实现增收。其次，良好的生态环境成为生态种养业和生态旅游的品牌支撑。最后，退耕还竹还为卧龙圈养大熊猫提供食物来源。无论是生态保护、生态种养殖或是生态旅游，村民都可从中获得实际收益，以保护产业为依托的生态种养殖及旅游业收益逐渐成为当地居民收入的主要来源。村民加入保护行列无疑是对保护的有力支持，大大缓解了保护区人手紧张的问题，尤其是 2015 年精准扶贫工作提上日程后，生态管护成为促进社区经济发展的积极举措。例如，当野生动物破坏庄稼，严重威胁当地居民生命财产安全时，卧龙特区积极开展缓解野生动物与社区冲突的公益项目试点。通过当地村民自愿投工投劳等形式，在不影响野生动物正常活动的前提下，安装生态防护围栏，有效缓解人兽冲突，为全国其他保护区类似问题的解决提供参考。这些措施的实施在有效解决保护区与周边社区冲突的同时，保护区的自然资源和环境也得到有效保护。

实施生态管护以来，卧龙保护区、卧龙特区印发了《天然林保护工程森林管护考核评分办法》，并逐年修订完善，提高了森林草原防灭火在考核中所占的比例。通过实行"谁管护、谁受益"，将森林草原防灭火与经济收入有机结合，奖惩挂钩，有效地提高了当地群众森林草原防灭火的积极性和自觉性。一是自发减少烧火柴（即取暖与做饭用的木柴）的数量，或者捡干柴、砍树枝，杜绝了砍桦木等树木用于烧火柴的现象。烧火柴的砍伐量从天保工程实施之前的 3~5m³/（人·a）下降到 0.3m³/（人·a）。天保工程进入第二阶段后，卧龙完全停止使用烧火柴。据统计，累计减少砍伐烧火柴 18 万 m³；实验区、缓冲区自然生态环境持续改善，大熊猫、水鹿、中华鬣羚、林麝等野生动物活动空间持续扩大，栖息地质量进一步提高。二是经济效益方面，特区生态环境良好、风景优美，为生态体验、自然教育、森林康养的发展奠定了坚实的基础。生态康养、生态体验成为当地群众的主要收入。三是社会效益方面，当地群众的保护意识进一步提升，协议保护、生态管护和社区共管持续深入，当地群众通过协议保护的形式，参与保护地的管理、实施和评估，实现了生物多样性的保护与可持续社区发展观的统一，同时帮助当地群众提升自我认识和自我发展的能力，从根本上意识到保护区与当地群众是共生、共存、共发展的过程，筑牢"守貘人"的责任感、自豪感，实现人与自然和谐共生。

三、生态脱贫

卧龙特区、卧龙管理局依托卧龙良好的生态资源优势，设置生态管护、高远山巡护等公益性岗位，帮助困难群众脱贫致富，实现保护与脱贫双赢。

卧龙改变了村民"靠山吃山"的传统思维。村民参与保护工作并从中获得收益，促进了村民对保护工作的认同。区内完成的 KAP（其中，K 为 knowledge，指对科学技术的基本知识和基本概念的了解；A 为 attitude，指对科学技术知识及其社会效应的态度；P 为 practice，指如何以科学的方式生活、工作）调查统计显示，有4个因素表明保护的宣传教育是深入人心的。①居民搬迁至河坝，采挖减少。采挖收入在原住居民的经济收入中占有一定分量，由于多数村民搬迁到河坝居住，使采挖距离增加，采挖活动减少。②转变维持生计的方式。开餐馆的居民人数增加，致使没有人手上山采挖。③野生药材资源有限，村民开始倾向于在自家地里种药材。④对于采竹笋的态度，居民持有不同看法，近50%的村民因为居住在保护区以外三江镇的两个村，认为采竹笋没有违规，而卧龙镇、耿达镇的居民认为采竹笋是违规的。KAP调查结果说明，居民保护意识增强了，但是受是否处于保护区范围影响，村民保护意识存在差异。

生态脱贫。卧龙的另一做法就是对贫困户定向提供生态就业岗位。为了充分发挥生态护林员、巡山护林员的作用，2018年卧龙特区、卧龙管理局制定了《进一步加强生态护林员建设实施方案》《进一步加强巡山护林队伍建设管理实施意见》，在卧龙镇、耿达镇聘请了建档立卡贫困户30人作为生态护林员，确保有劳动力贫困户家庭有1人从事生态管护岗位，社区149人作为巡山护林员，在森林草原防火期内，坚持巡山护林，及时消除火情隐患。这项政策也惠及相对困难群众，实现了贫困户家庭年均增收1万余元。2017年，卧龙特区的贫困户33户110人如期脱贫，先后通过省级和国家验收。卧龙特区在四川率先提出"生态脱贫"一批的精准脱贫模式，得到四川省林业厅的高度赞扬，阿坝州专门派工作组到卧龙特区交流生态扶贫模式与经验，随后在全州十三县推广实施生态扶贫工程，有力助推了脱贫攻坚，实现了保护与脱贫双赢。

第三节　"三生经济"

一、"三生经济"的概念

2012年，四川省社会科学院受卧龙特区、卧龙管理局委托，在编制全面建成小康社会总体规划时，首次提出"村民小组三生经济发展模式"。该模式以村民小组（或自然村）为基本单元，通过生态保护、生态种养殖和生态旅游三个产业均衡发展，带动政治民主、文化繁荣、生活宽裕、生态文明，从而实现全面建成小康社会目标的山区经济新模式，简称"三生经济"。该模式针对卧龙特区生物多样性资源丰富、区位优势明显、山地自然灾害频繁、交通条件不佳等特点，以夯实生态保护产业、逐步升级生态旅游产业和提高农牧产品附加值3个方面为抓手，帮助特区内两镇6村的26个村民小组结合各自资源禀赋，调动社区正能量，稳步实现"五位一体"的小康社会目标，并积极探索"建立吸引社会资本投入生态环境保护的市场化机制""赋予农民更多财产权利"等党的十八届三中全会部署的加快推进生态文明制度建设的相关改革措施而设计。十年过去了，这一模式在卧龙特区的实践如何呢？我们在本书的社区发展篇中可以一窥究竟。同时，"三生经济"发展模式又如何在国家公园体制机制下赋予新的内涵，在创建人与自然和谐典范中发挥作用？这些问题均值得探讨。

二、"三生经济"三产业间的相互关系

种植业是卧龙特区农民现有的主要收入来源，旅游业则被整个卧龙特区寄予了未来发展的厚望，但两者都严重地依赖于国道350线（原省道303线）的通行状况。然而，自然灾害的不确定性会在未来相当长的时间内制约卧龙特区的种植业和旅游业发展。地震和气候变化以及二者结合的次生灾害是难以预测的，为了应对发展中的不确定性，抓住外部历史性机遇，卧龙特区需要构筑由生态保护产业、生态种养殖业和生态旅游业相互衔接的三元产业体系。

（一）生态保护产业

生态保护产业是指农民通过承担生态保护责任，开展保护活动而获得各种经济收入和补贴。卧龙保护区是全国知名的自然保护区之一，生态保护是卧龙特区的根本，尽管集体林面积很小，但卧龙特区通过组织农民参与天保工程、退耕还林工程和退耕还竹工程，使区内家庭实现年均10 000元的增收，占2010～2020

年农民家庭纯收入的 20%~30%。

卧龙特区抓住党的十八届三中全会加快生态文明制度建设的契机,从政策层面对前期的改革加以肯定和深化。在社区参与国有林场管护和参与保护区管理两个方面,在全国范围内率先迈出生态文明体制改革的实质性步伐。特区向社员划定责任保护区,卧龙特区资源局利用 GIS 技术把属于国有林地的天然林管护责任落实到每个农户,以每人 600 元/a 的标准给予农民补贴,并制定详细的考核办法,尝试定期评估保护成效。规划组通过本底调查发现,许多农户实际负责管护的森林已经超出自然保护区实验区的范围,因此,卧龙特区赋予农民参与缓冲区甚至核心区保护的责任和权力。

作为卧龙特区的根本,未来的生态保护产业应该和农民更紧密联系起来。一方面赋予所有农民更大、更具体、更具有考核性的保护责任,进一步实现"全民保护";另一方面促进农民从生态保护产业获得更多的收入和补贴,力争在 2020 年实现通过生态保护产业平均获得 20 000 元/户左右的收入。以此更大程度地激发农民保护的积极性,使农民在自己管护的国有林上投入更多的劳动力、管理经验和智慧。

生态保护产业的增量资金仅仅依靠卧龙保护区现有的天保工程、退耕还林工程和退耕还竹项目来提高农民生态保护产业的收入已经趋向饱和,需要拓展新的资金渠道。可能的途径包括:①熊猫水电站的收入;②争取党中央和四川省在生态文明制度创新背景下的各种长效项目;③面向社会引入对保护大熊猫有兴趣的社会资金。企业家在平武县获得老河沟国有林场的"保护权"并长期投入保护的案例,开启了民间投资建立"公益保护地"模式,成为国内企业和个人关注环保、履行社会责任的选择。卧龙作为全国最具有知名度的大熊猫栖息地,相信其品牌号召力会在未来吸引社会资本青睐卧龙生态保护产业的发展。

(二) 生态种养殖业

卧龙特区种植结构单一,以大白菜种植为主,其附加值低且应对自然风险和市场价格波动的能力弱。需要通过种植业多元化和品牌化、养殖业明晰集体权属和集约化来降低自然灾害风险和应对市场波动。调整种植业结构是特区内官员和农民的普遍共识,但如何调整却有众多不同的想法。尽管区内已经以"公司+农户"模式大面积推广茵红李种植,但考虑到气候变化、市场波动等诸多不确定因素,即使取得一两年成功,但从长期看,全特区开展"一乡一品"搞"清一色"会给特区带来一定的系统性风险。防控风险是卧龙特区生态种植业最主要的目标。

降低生态种植业的风险并提高附加值应该从多元化、品牌化两个角度入手。多元化,即在不影响履行已有合同的情况下,激励农民自己探索并增加种植业品种,如金针菇、药材等,并鼓励农户间相互学习,在整个特区最终形成 4~6 种主打品种。品牌化,即建立"卧龙"统一的品牌,而不是仅仅把卧龙特区建设成为外部品牌的生产基地,即使是"公司+农户"的模式,也必须使用"卧龙"的品牌。

在市场推动下,农户对养殖业的投资势必增加。未来卧龙特区内养殖牛羊数量会不断增加,对资源环境的挑战也会越来越大。平衡好生态保护产业和生态养殖业的矛盾是全面建成小康社会过程中不能忽略的问题,为此需要协调好明晰草地资源集体权属和集约化饲养的关系。加强饲养管理水平,通过幼畜选育、圈养、补饲、疫病防治、市场营销等综合性手段增加单位数量牛羊的附加值,实现集约化养殖。卧龙特区农民放牧的草地大多属于国有林地,有的在缓冲区甚至核心区内。明晰草地资源集体权属不是简单地禁止放牧,而是要根据老百姓放牧的历史习惯和大熊猫等珍稀动植物保护状况,划定一定区域允许特区内农民放牧,并把放牧的权利和草场管护责任落实给农民集体而非单个农户。考虑到牧场到定居点的距离,从日常管理和生态保护的角度看,草场应该在户和建制村之间寻找合适的规模。

2010~2021 年,卧龙特区主要种植莲花白、羊肚菌、茵红李、重楼。基本情况调查如下。

莲花白:2003~2014 年,莲花白是卧龙种植的主要经济作物,主要种植品种有'京丰'和'寒将军'。'大春'单产产量为 1 万斤/亩、'小春'单产产量为 8000 斤[①]/亩。2003~2014 年种植面积 5000 余亩,2015~2016 年年均种植 4500 余亩,2016~2022 年种植面积下降至 1000 余亩。

羊肚菌:2014 年卧龙开始试种羊肚菌(图 17-5)。2014~2018 年由香港特区援建补贴试种,2018 年后

---

① 1 斤=500g,后同。

由农户自行种植。2018年全区种植面积最大，为130余亩。2017~2023年全区累计种植750亩羊肚菌，平均每亩单产350斤，累计总种植超过26万斤，实现累计产值1600万元。

图17-5　羊肚菌试种植（何晓安　摄）

茵红李：2014年卧龙开始试种茵红李（图17-6），至2019年全区茵红李种植2300亩，平均亩产700斤。2020年为丰产期，达到900斤/亩。2019~2023年总产960万斤，总产值3800万元。

卧龙种植的重楼品种属于多年生药材，从种植到采收需要4年时间。全区2014年开始试种，主要由农户在当地半高山采挖引种到自家耕地，基本为零星种植，成片上规模的种植较少。2015年全区共种植重楼60亩，2017年部分农户开始售卖种植的重楼，当年平均亩产900斤，因受市场行情波动较大以及种植密度不同，采挖量不同，按生料计算平均单价约为80元/斤。三江镇重楼的种植情况较卧龙镇和耿达镇好，种植面积500~600亩。移栽的一般需要种植3年，种子播种需要6年。生料重楼3斤左右晒干后得1斤。2017~2020年晒干的超过200元/斤，生的约60元/斤，价格最高的一年干的超过500元/斤，一般亩产600~700斤。2022年价格很低，干货优等100元/斤，中等60~70元/斤。这一年价格低的主要原因有两个：一是种植户增加，如2021年三江镇邓家塘增加种植200亩；二是新品种的采收，如长药隔重楼（图17-7）一棵苗可产1斤左右，使重楼产量增加。

图17-6　茵红李（金群明　摄）

图17-7　长药隔重楼（金森龙　摄）

（三）生态旅游业

丰富而协调的旅游产品可促进社区共同发展。生态旅游无可置疑的是把卧龙特区所具有的资源和区位优势与旅游市场高速发展的外部机遇紧密衔接的朝阳产业。生态旅游作为卧龙特区的主要产业，其发展坚持全民受益原则，让生态旅游发展惠及所有的农民，而不仅仅是旅游重点区域的社区［如耿达镇幸福村（图17-8）的中国大熊猫保护研究中心卧龙神树坪基地周边的少数几个社区］受益。

图 17-8 大熊猫国家公园入口社区——耿达镇幸福村（肖飚 摄）

2013年7月四川省林业厅批复的《旅游规划》前瞻性地为卧龙特区规划了科普研修、自然观光、藏羌民俗和乡土文化四类共计10项旅游产品。其中把当地居民参与作为生态旅游四大战略之一，为卧龙镇和耿达镇社区生态旅游发展提供了依据。卧龙独特的生态与文化景观，使皮条河两岸居住的多数村民具备发展民宿的便利条件。

在生态旅游开发中，卧龙保护区、卧龙特区按照《旅游规划》中"一轴、两镇、三区"统筹安排，有机衔接，既多点开花，又不简单雷同，避免了恶性竞争。卧龙根据不同的资源特点识别出社区自己的主打旅游产品，如以观察野生大熊猫为主要旅游目的的高端生态旅游、针对过境游客和青少年学生的大熊猫知识游、针对老年人的休闲养生游、针对科研人员的科考游和针对会议人员的考察游等。

2000～2008年，"5·12"汶川特大地震前，卧龙特区每年旅游人数基本维持在10.3万人（川林护函〔2013〕704号），为区内农民提供就业岗位300多个，门票收入234万元，产值700万～800万元。统计2016～2023年卧龙特区旅游收入发现，卧龙特区旅游收入从2016年的185.1236万元增加至2022年的10 736.9900万元、2023年的8958.92万元（表17-5），可见卧龙特区的生态旅游业发展态势良好。生态旅游逐渐成为卧龙保护区、卧龙特区农户和商户增收的主要产业，也是产业转型实现"绿水青山"向"金山银山"的价值转化的主要途径。发展生态旅游，卧龙需要进一步规范经营行为、提高服务水平、不断完善公共服务设施，卧龙特区行业管理部门需要加强市场监管、加强对从业人员的技能培训、发挥行业协会作用、创新管理方式、增强对卧龙生态旅游的调控能力。

表 17-5　2016～2023 年卧龙特区旅游收入

年份	旅游收入/万元	年份	旅游收入/万元
2016	185.1236	2020	3 005.8700
2017	1 430.0000	2021	5 507.8900
2018	5 122.6700	2022	10 736.9900
2019	6 061.8500	2023	8 958.9200

三、"三生产业"的有机联系

为了实现全面建成小康社会的目标，卧龙特区同时推动生态保护产业、生态种养殖业和生态旅游业发展，并把三者有机地联系起来（图 17-9），以应对气候、交通和市场的风险。

生态保护产业受气候、交通和市场变化的影响小，当其他两个产业受到威胁时，可以给农民提供远高于社保或低保的经济保障。同时，生态保护产业一方面可以为种养殖业和生态旅游创造更好的自然环境，增加知名度与营销点；另一方面开放式保护可以吸引外来机构或个人的投资，将为农民发展生态种植业和生态旅游业的能力建设和进入高端市场提供潜在资源。

图 17-9　"三生产业"的有机联系

生态种养殖业农民参与度高，收入相对稳定，无论是 2016 年省道 303 线升级为国道 350 线后，还是交通条件改善之前，生态种养殖业仍然是卧龙特区大多数农民家庭收入的主要来源。尽管生态种养殖业、生态保护产业和生态旅游业存在一定矛盾，但通过生态保护和生态旅游可以促进生态种养殖业的多元化、品牌化。通过明晰草场资源权属，采用集约化养殖和规模化生态种植的策略，来平衡生态保护产业与生态种养殖业之间的矛盾。

生态旅游是未来卧龙特区农民最具增收潜力的产业，即使不主动发展也会被市场推动向前，关键是如何提升品质和减少旅游负面影响。而与生态保护产业和生态种养殖业有机衔接、相互联动则是切实可行的促进生态旅游健康发展的路径：在吃、住、行、游、购、娱 6 个要素中融入大熊猫保护的文化元素，促进农民种养殖业产品的销售，既能丰富生态旅游产品，又能提升生态旅游品质。

四、构建"三生产业"模式基本单元

为什么以村民小组为构建"三生产业"模式的基本单元？从特区整体来看，生态保护产业、生态种养殖业和生态旅游业三个产业已经具有一定规模，但相互之间缺乏有机联系。只有缩小规模，才能实现"三生产业"紧密协调，而村民小组则是最合适的单元。

在高原山区，村民小组是开展以社区为主体的保护与经济发展项目最适宜的单元。村民小组与单个农户相比，具有一定的经营规模，拥有较多的劳动力和更加丰富的管理经验，能够更加有效地开展天然林管理、市场营销等需要发挥规模效益的经济发展类或资源管理类活动；而与建制村相比，村民小组则更有利于凝聚社区力量，形成一致的目标，践行基层民主。

在卧龙特区以村民小组为单元发展"三生产业"过程中，现有 26 个村民小组之间在土地资源、种植尤其是养殖潜力、旅游产品类型等方面差异很大，以村民小组为单元制定并实施"三生产业"规划，能够更有针对性和操作性；卧龙特区要建立生态保护产业、生态种养殖业和生态旅游业三者之间的有机联系，只能在村民小组的规模上进行。村民小组通常由 50～100 户农户组成，规模大小适中，以此为单元有利于与外界的各种项目对接。农民管理的天然林远离定居点，单独开展巡护、生态保护产业活动效率比较低，缺乏足够的劳动力，以村民小组为单元共同巡护能够提高生态保护的成效。以村民小组为单元，有利于引入外界公益保护力量深度参与，在资源管理方面可以与农民共建保护地。卧龙与耿达两镇的大部分社区会议

都在村民小组内召开，反映出镇、村干部对于村民小组在乡村治理中重要性的认识，当外部资源注入社区时，直接给到村民小组，该方法让信息能够更加公开透明，能够有效地防止村干部权力寻租行为，提高农民的参与性和项目的实施效率，有利于提高基层民主。

五、"村民小组三生经济发展模式"与"五位一体"的关系

全面建成小康社会必须紧扣"五位一体"总体布局，而"村民小组三生经济发展模式"则是实施"五位一体"战略的良好抓手。

第一，"村民小组三生经济发展模式"是针对卧龙特区特点而设计的一种经济发展模式，通过构建生态保护产业、生态种养殖业和生态旅游业协调发展的产业体系，发挥卧龙生态环境的优势，降低自然灾害和市场波动风险，使卧龙农民在经济上致富奔小康。

第二，"村民小组三生经济发展模式"强化了村民小组在自然资源管理和可持续利用中的地位和作用，是在村两委监督下的村民小组内信息公开透明和民主决策，是完善农村基层民主政治的良好实践。

第三，"村民小组三生经济发展模式"的特点是挖掘社区内家族、信仰等各种文化因素，凝聚社区的向心力，培育社区正能量，并挖掘社区传统文化中的精髓以提高经济产业的附加值。

第四，"村民小组三生经济发展模式"兼顾农民对于和谐社会建设和生态品质提高的具体要求，尤其是解决了卧龙特区的潜在矛盾，即①通过"三生产业"平衡保护与发展的矛盾，使农民分享保护成果，缓解保护区与社区之间的关系；②通过信息公开和民主决策促进社会公平正义，顺畅干群关系，缓解干部与群众、不同社区间的关系。而三大产业创收的集体收入可以增加村社集体财力，帮助解决农民最关心，但政府工程型项目难以解决的琐碎日常生活问题。

第五，"村民小组三生经济发展模式"以生态保护优先，通过生态保护产业化来夯实特区"全民保护"的基础并提升保护成效，通过生态种养殖业和生态旅游业来降低经济发展对于大熊猫栖息地的影响，并积极探索社区参与国有林场管护、开放式保护等生态文明制度改革中的具体问题。

因此，"村民小组三生经济发展模式"是卧龙特区按照"五位一体"总体布局实现全面建成小康社会的良好抓手，符合卧龙特区区情，也是把握内、外部机遇而作出的策略选择。

六、"三生经济"模式与生态文明制度建设

"村民小组三生经济发展模式"的有效运转需要抓住党的十八届三中全会全面深入改革的机遇，尤其是加快生态文明制度建设领域的相关部署，主动开展相关的改革试验，具体如下。

健全国有林区经营管理体制：社区参与自然保护区的缓冲区甚至核心区管护。

建立吸引社会资本投入生态环境保护的市场化机制：面向社会寻求有生态使命感的企业和个人投入资金及其他资源，与村民小组共建公益保护地，并参与所在村民小组的"三生产业"体系的构建及其他社会事业的发展。

加快构建新型农业经营体系：构建以村民小组为单元的"三生经济发展模式"。

促进群众在城乡社区治理、基层公共事务和公益事业中依法自我管理、自我服务、自我教育、自我监督：在经济发展、社会事业和生态保护中加强村民小组的功能。

此外，党的十八届三中全会明确提出了"对限制开发区域和生态脆弱的国家扶贫开发工作重点县取消地区生产总值考核"。未来上级主管部门如何考核卧龙特区，特区如何考核两镇政府、卧龙特区资源局、卧龙特区旅游局等职能部门都面临转变。而实施"村民小组三生经济发展模式"的进度和成效则潜在地可能成为一个综合性、具有操作性的考核指标。

七、"三生经济"模式的构建

（一）村民小组

制定"××村××村民小组三生经济发展规划"；以土地资源为核心，围绕生态保护产业、生态种养殖业和生态旅游业开展参与式土地利用规划，制定各个产业的发展目标和模式；组织全体农户根据发展目标和模式讨论管理制度和村规民约；制定面向企业和个人参与公益保护地建设的方案。

（二）建制村

建立"村民议事会"或村级资源管理中心，围绕各个村民小组的"三生经济"发展规划进行讨论、批准和监督。

（三）卧龙镇、耿达镇人民政府

增强执行能力，组织实施"三生经济"发展规划。

（四）卧龙特区

争取"省管县"政策，确定特区内新聘用员工中当地农民最低比例及相应人才培养办法。整体向企业和个人推介各个村民小组的公益保护地招商项目，把草场承包和管护责任落实到村民小组。树立特区自己的生态旅游业和生态种养殖业品牌，制定"卧龙"品牌的认证标准和程序，开展品牌管理。

建立新型畜牧业服务中心，增强幼畜选育、疫病防控、育肥和市场信息提供等服务功能，促进生态集约化畜牧业发展；发展大熊猫文化产业；保护区持续坚持对大熊猫栖息地的动态监测；加快耿达镇牛坪和中国大熊猫保护研究中心卧龙神树坪基地两处旅游设施的建设；在卧龙镇建立开放式生态研究中心，吸引科考和环境教育项目；细化北大版生态旅游规划，把旅游产品落实到每个村民小组；研究考核标准与制度，实行牌照制；依托耿达中学建设卧龙生态保护与建设职业学校，培养从事生态保护的专科人才；同时面向农民开展"三生产业"培训，参与培训的情况纳入卧龙特区对两镇的考核指标。

八、全面建成小康社会总体规划功能区划

（一）卧龙特区分区概念说明

根据"村民小组三生经济发展模式"，在生态保护的前提下划分生态旅游区和生态种养区，其中生态旅游区与生态种养区有一定程度的重合。以村民小组为单元的26个自然村在资源条件、区位条件等方面差异较大，故生态旅游区和生态种养区应根据各村民小组的情况因地制宜。

（二）卧龙特区功能区划

根据卧龙保护区功能分区，从卧龙特区"村民小组三生经济发展模式"层面，将卧龙特区划分为4个功能区，并明确各功能区的管护责任归属（表17-6）。

表17-6 卧龙特区功能区划说明

功能区划	区域范围	责任片区归属	功能区说明
核心区	所有核心区	保护站和专业管护队	完全用于生态保护
生态保护产业区	部分缓冲区、全部实验区	专业管护队、两镇镇政府、村民小组	以全民保护为主，发展少量深度、高端生态旅游
生态种养区	部分实验区和缓冲区	村民小组	以发展适度规模的生态种植业、养殖业为主
生态旅游区	部分实验区和缓冲区	两镇镇政府、村民小组	以村民小组为单元发展生态旅游业及适度规模的种植业和养殖业

（三）村民小组分区

村民小组是开展以社区为主体的保护与开展经济发展管理和决策最适宜的单元。与单个农户相比，村民小组拥有较多的劳动力和更加丰富的管理经验，能够有效地开展天然林管理、市场营销等需要发挥规模效益的经济发展或资源管理性活动；与建制村相比，村民小组更有利于信息公开透明，凝聚社区力量，形成一致的目标，践行基层民主。以村民小组为单元，使得卧龙特区的 26 个村民小组通过"三生经济"发展模式在生态旅游业和生态种养殖业之间因地制宜地找到平衡点。

无论是从"三生经济"发展模式的设计，还是从解决卧龙保护区、卧龙特区在保护与发展方面的问题探讨，经过 10 年的实践，"三生经济"理念都意义深远。一是生态保护产业方面，注重山水林田湖草沙的系统保护，实现保护"优先"到保护"第一"。按保护目标一致的要求，自然保护地周边在生态环境承载范围内组织生产，整个生产过程不使用任何对环境有害的物质，让当地生物多样性的生态价值得到充分保护，同时有利于促进当地社区发展。产出优质产品与服务，将这类产品导入全球市场实现销售，资金返回当地社区，增加社区收入，改善农民生计。从政策机制层面，生态保护的政策性收入仍然维持在 10 000 元左右，没有达到 20 000 元的规划目标。二是生态种养殖业方面，提出保护地友好发展，包括发展生态农牧业、可持续采集（品种、采集地、采集量）等保护地友好生产方式。生态种养殖业需要继续朝着替代生计到持续生计的目标前进。三是生态旅游业方面，民宿成为收入的主要来源。大熊猫文化、文化手工艺品、生态体验和自然教育成为发展趋势，实现旅游业收益过亿的增收。此外，自然灾害和疫情也成为影响生态种养殖业和生态旅游业的首要因素。

第五篇

探 索 篇

第十八章　探索经验与成效

处理自然保护区与社区的关系一直是自然保护区管理部门面临的重要问题，长期以来主流的观点认为两者存在矛盾的关系，因自然资源保护与社区发展相关的事务分属不同的部门管理，这使得兼顾自然保护与社区发展的部分工作难以顺利开展。在探索保护与发展、人与自然和谐相处上，卧龙经历了60年的发展历程和不同的发展阶段，也积累了宝贵经验。

1）卧龙保护区的建立有效地保护了旗舰物种大熊猫及其同域分布的动植物。大熊猫是中国的特有物种，被誉为"国宝"，被称为动物界的"活化石"，具有很高的物种保护、科学研究、文化娱乐和观赏价值，也是世界人民宝贵的自然遗产。保护区位于四川盆地西缘的山地，是我国西南高山地区一个典型的、有代表性的地理、环境和生物资源综合体，自然植被和土壤垂直分布十分明显，森林茂密，动植物资源丰富。由于古冰川未能影响到卧龙海拔3500m以下的地区，因此，不少古老的孑遗物种和特有物种被保留下来。这些物种得到良好的生长和繁衍，充分表现出了物种多样性、遗传多样性和生态系统的多样性。为此，卧龙保护区为野生动植物，特别是大熊猫、雪豹和珙桐等珍贵动植物提供了得天独厚的栖息场所。

2）卧龙保护区的建立为大熊猫的保护作出了卓越贡献。保护区野生大熊猫数量占全国大熊猫总数的10%左右，圈养大熊猫的数量稳居全球半数以上。因此，卧龙保护区在中国拯救、保护大熊猫领域起着十分重要的作用。中国大熊猫保护研究中心是全世界唯一在大熊猫栖息地建立的大熊猫研究基地，这更加突出了卧龙在大熊猫保护中的地位和在大熊猫科研工作中的引领作用。

3）卧龙保护区已经成为生物科学研究的理想基地。保护区位于四川盆地西缘向青藏高原过渡的高山深谷地带，由于古地理、古气候等自然历史的变迁，使这一地带成为我国野生生物东西、南北分界的交会点，由此形成了保护区内动植物区系组成具有复杂、原始及多样性的特点。复杂的生境条件、完整的山地森林生态系统、丰富的生物多样性使卧龙保护区成为我国生物多样性保护的关键地区，是进行生物资源、森林生态、自然地理等多学科研究的理想基地。

4）卧龙保护区是环境保护和生物教学的天然课堂。卧龙保护区具有生物地理的典型性、物种的多样性和稀有性、大自然的美感性，每年都要接待来自省内外大中专院校相关专业的实习生、中外科学夏令营、大熊猫访问团、国内外专业会议代表，因此，卧龙保护区是宣传自然资源保护、普及自然科学知识、进行环境保护意识教育的天然课堂，也是进行爱国主义教育的理想基地。

5）卧龙保护区是我国对外联系的重要窗口。由于巨大的保护和科研价值，1980年卧龙保护区加入联合国教科文组织"人与生物圈计划"世界生物圈保护区网络，使卧龙保护区成为具有世界意义的保护区。2006年四川大熊猫栖息地被联合国教科文组织列入世界自然遗产名录，卧龙保护区是其中最重要的组成部分之一。卧龙保护区也是国际自然保护地网络（IAPA）成员单位、中国国家级示范自然保护区。我国改革开放以来，卧龙保护区对外联系和交流日益扩大。特别是20世纪80年代中期大面积冷箭竹开花给大熊猫带来严重的生存危机后，英国、荷兰、丹麦三位亲王亲自到卧龙保护区关心大熊猫的拯救工作。由于频繁的外事活动，卧龙保护区引起世界各国生物学家、动物爱好者及知名人士的广泛关注，从而提高了卧龙保护区在国际上的知名度。大熊猫繁育的巨大成功，为世界各国进行生物多样性保护的合作与交流奠定了种源基础，为此，截至2023年"和平使者"足迹遍布15个国家和地区。

6）卧龙保护区是人与自然和谐的典范。卧龙保护区和卧龙特区实行"政事合一"的制度设计，是20世纪80年代协调保护与发展的制度创新。2008年"5·12"汶川特大地震后，在香港特区政府的援建下，卧龙保护区、卧龙特区系统建设了保护设施和生态修复工程，统筹民生和社会事业的发展，建设了学校、医院、卫生院、养老院等公共服务设施。国道350线的建设大大提升了卧龙保护区、卧龙特区工作人员、访客和过往车辆的安全通行能力。原住居民统筹至低海拔地区集中安全安置定居，乡村机耕道的修建和大熊猫科普场馆的建设构筑了人与自然和谐的美丽画卷。乡村振兴战略和国家公园建设必将为人与自然和谐典范添加浓墨重彩的一笔。

7）卧龙保护区是成都平原西缘的重要生态屏障。卧龙保护区是成都平原西缘最大的天然水源保护区，是成都平原的一个关键性水源涵养区。根据测算，保护区内森林年蓄水量可达 5.5 亿 m³ 以上（国家林业局卧龙自然保护区和四川省汶川卧龙特别行政区，2005），对于岷江上游的水源涵养、稳定流量起着重要作用，在维护成都平原的生态环境、保证农业的稳产高产方面也具有十分重大的意义。

8）卧龙保护区的三大效益显著。保护大熊猫就是保护其赖以生存的生态系统，随着保护区不断发展和完善，国家对卧龙保护区的持续投入，使卧龙保护区从成立之初的单一保护发展到综合保护，从而使卧龙保护区内的森林、草原、湿地和动植物资源得到进一步保护，并显示出巨大的社会效益和经济效益。正如魏辅文院士在报告中指出：大熊猫及其栖息地的生态系统服务价值每年达 26 亿～69 亿美元，是大熊猫保护投入的 10～27 倍（Wei et al., 2018）。

第一节　体制机制探索

回顾卧龙保护区的历史沿革，保护区成立之初由汶川县地方管理（1963～1975 年），再到四川省管理（1975～1978 年），面积扩大 10 倍后，升格为国家管理，以林业部管理为主（1979～1983 年），1983 年卧龙特区成立后，卧龙管理局、卧龙特区合署办公，均委托四川省林业厅管理。"政事合一"的管理体制延续了 40 余年，为卧龙的保护和发展作出了历史贡献。

卧龙保护区以"熊猫之乡""宝贵的生物基因库""天然动植物园"享誉中外。区内有脊椎动物 577 种，昆虫 1394 种，被子植物 1815 种。有大熊猫、珙桐等国家重点野生保护动植物 190 种。野生大熊猫 149 只，雪豹超过 26 只。卧龙保护区、卧龙特区的成立承载着国家的深思熟虑，自特区成立之初，便彰显出许多先进的保护理念。

1983 年，时任四川省副省长刘纯夫同志在汶川县卧龙特别行政区成立大会上发表讲话。他说，卧龙保护区是我们国家的一个重要资源宝库，是我们国家重点自然保护区之一，在国内外都享有盛誉，更为外国科学工作者所向往。保护区建设得好不好，直接关系到我们国家的政治声誉。他强调党中央、国务院十分重视这里的工作，总书记、总理都曾亲自作过批示和指示，省、州、县政府和林业部门对卧龙问题也曾作过多次研究，采取了不少必要措施，要切实把保护区的自然环境和自然资源保护好，要把保护、科研和群众的生产、生活统筹安排好，在保护好资源的基础上开展科学研究，多出科研成果，要采取有力的措施，使保护区成为世界有名、为人们喜爱的"熊猫之乡"。由此可以窥见卧龙特区成立时的背景，反映了党中央和四川省对成立卧龙特区的高度重视，同时，体现了高瞻远瞩的先进保护理念：十分重视自然保护区和社区的关系，致力于将自然资源保护与群众生产生活相结合，即兼顾保护与发展。这也是卧龙 60 年发展历程中始终坚持和追求的理念。

一、保护第一的体制保障

卧龙保护区自建立之日起，始终坚持资源与生态保护优先，坚持保护第一的发展理念。

1963～1982 年，资源保护由乱到治，管理层级由地方到中央，再到央地共管。

为了保护大熊猫以及其他珍稀野生动物，限制人类活动，1963 年卧龙保护区设立，编制 5 人，保护面积仅为 2 万 hm²。由于保护面积有限，不能有效地保护大熊猫等珍稀濒危野生动物。1975 年，卧龙保护区面积由 2 万 hm² 扩大为 20 万 hm²，从县级保护区晋升为国家级自然保护区，施行央地共管。1978 年，卧龙建立了全球第一个大熊猫野外生态观察站——"五一棚"野外观察站。1979 年，明确卧龙保护区由林业部管辖，成立中华人民共和国林业部卧龙保护区管理局。截至 2023 年，大熊猫国家公园内设机构批复前，卧龙仍然是保护地为数不多的国家林业和草原局直属单位。1983 年建立中国保护大熊猫研究中心。同年 3 月，经国务院批示同意，四川省政府成立了四川省汶川卧龙特别行政区。卧龙特区隶属四川省政府，卧龙管理局直属林业部（现国家林业和草原局），卧龙特区、卧龙管理局实行"两块牌子、一套班子、合署办公"的管理体制。四川省政府和林业部均委托四川省林业厅（现四川省林业和草原局）代管。卧龙特区、卧龙管理局下设资源管理局（或保护科）等23个内设部门，涵盖保护、科研、宣传、行政、社区管理等多方面，成为一个典型的"生态保护特区"。

1983~2002年提出"重保护、强科研、保稳定、促发展"工作方针。

2000年，为了恢复我国西部地区的生态环境和加强生态建设，国家实施了西部大开发战略，同时，在中西部地区开展了退耕还林（草）工程，后来随着《中华人民共和国森林法》《中华人民共和国野生动物保护法》《中华人民共和国自然保护区条例》等法律法规的相继出台，卧龙保护区的工作进入依法保护、依法治林的局面。1993年，为了加强保护区的林政管理工作，特区、管理局在上级的支持下，驻防了一个班的武警，加强了卧龙的保护力量。1995年，卧龙公安分局与保护科合署办公，加大了办理林政案件的力度。2002年，卧龙成立了森林武警中队，进一步强化依法打击破坏野生动植物资源违法犯罪的力度。

2003~2016年深化"重保护、强科研、保稳定、促发展"的工作方针，提出了"创一流"工作目标。其间，卧龙保护区、卧龙特区的发展驶入快车道，也是卧龙保护区、卧龙特区规划创建"一流保护区"的10余年。

"重保护"。卧龙保护区高度重视以大熊猫为主的野生动植物资源保护，维护大熊猫栖息地世界自然遗产安全，开展大熊猫及其栖息地监测、大熊猫食用竹监测、林业有害生物监测、野生动物疫源疫病监测、野生动物红外相机监测、森林草原防灭火监控，持续开展高远山巡护、公路巡护、夜巡夜查、反盗猎、禁挖笋禁挖药等专项活动，防范自然资源、生态环境遭受破坏或干扰。加强天然林保护工程管理，采取"协议管护"模式，充分发挥了"谁管护、谁受益"的利益杠杆的调节作用，让村民参与资源保护工作。形成了以资源管理局、保护站和森林公安专业保护队伍为主，全民参与的保护格局，保护区实现连续50年无森林火灾，大熊猫和雪豹栖息地得到有效保护。2020年森林资源二类调查结果表明，森林覆盖率62.58%，植被覆盖率98%。

"强科研"。卧龙保护区是大熊猫研究的发源地。"五一棚"野外观察站始建于1978年，是中国最早建立的首个以研究野生大熊猫及同域动物为主的野外观测基地，选定的宿营地海拔2520m，位于四川省汶川县卧龙镇卧龙关村，野外观测基地与水源相距51级台阶（"五一棚"因此而得名）。1980年，中国政府和WWF合作，胡锦矗教授（中国）、乔治·夏勒博士（美国）任组长，共同率领中外科学家团队（先后有9个国家的20多名专家）在方圆约25km^{2}的区域联合开展野生大熊猫生物学研究，并开展了长期的科学研究，获得了许许多多大熊猫野外生活的数据资料，为大熊猫及其栖息地的保护和人工繁育提供了科学依据。他们还完成了《卧龙的大熊猫》《卧龙植被及资源植物》《卧龙自然保护区动植物资源及保护》等科研成果，受到世界广泛关注。该区域是具有完整性、原真性的高山森林生态系统，是大熊猫、川金丝猴、中华扭角羚、豹、豺、黑熊、水鹿等大型野生动物的主要分布区之一，是国内主要研究大熊猫及其伴生动物、森林生态、气候变化的重要科研基地，现已成为重要的爱国主义、自然体验、科考研学基地。卧龙保护区开展了以大熊猫饲养繁殖为主的大熊猫科研，率先攻克了人工饲养大熊猫"配种难、受孕难、存活难"三大难题，人工饲养大熊猫种群数量在2022年达到364只，约占世界圈养大熊猫种群总数的60%，创建了世界上数量最多、遗传结构最合理、最具活力的圈养大熊猫种群。1980年，巴朗山杓兰首次被发现。2009年初，卧龙首次获得了雪豹生活的红外影像记录，填补了中国野生雪豹分布地最东南边缘的空白。2016年，卧龙保护区在贝母坪的灌木丛中发现2只黑胸麻雀。2017年卧龙保护区发布《卧龙雪豹宣言》，提出大熊猫、雪豹（图18-1）"双旗舰"物种的保护理念。2019~2023年，卧龙新增记录兰科、菊科、报春花科和列当科等植物10种（图2-16~图2-25）。2023年卧龙保护区开展了邛崃山系雪豹调查。在国家公园时代，卧龙保护区开启了大熊猫与雪豹双旗舰物种原真性和完整保护的新征程。

"保稳定"。21世纪初，卧龙提出"强化保护、抓好科研、发展经济、理顺体制、加强管理"的基本要求。卧龙保护区经历了2008年"5·12"汶川特大地震，经历了3次较大的自然灾害。面对自然灾害和社区发展的诉求，卧龙重视加强各级党组织、镇村委会组织建设，注重发挥广大干部、党员的先锋带头作用，切实保障了人民群众的生命和财产安全，凝聚了人心，确保了社会稳定。

图 18-1　大熊猫到访雪豹领地（红外相机拍摄于卧龙磋磨，海拔 4200m）

"促发展"。卧龙抓住灾后重建、对口援建的契机，显著提升了当地居民的居住环境和交通条件，提升了公共基础设施水平。推进乡村振兴建设，调整产业结构，大力发展生态种植业，如食用菌栽培、绿色蔬菜、特色经果林、中药材等项目，打造蔬菜基地、特色种植基地。利用卧龙良好的生态环境，便利的交通条件，推进森林康养、夏季避暑、农家乐、生态旅游的发展，提升社会民生福祉和当地居民的经济收入，促进社区发展。

"创一流"。卧龙培养、锻炼了强有力的科研、保护队伍，形成了管理规范高效、措施稳健有力的具有卧龙特色的示范保护区，创建了人与自然和谐共生、经济发展与保护并行不悖的一流自然保护区。2016 年卧龙保护区获得"全国示范保护区"荣誉，在 2018 年七部委联合对长江经济带 11 省（市）共 120 处国家级自然保护区开展的管理评估中名列第一。

2017～2022 年，践行"保护优先、绿色发展、统筹协调"发展理念。

2017 年以来，卧龙进一步提出了"保护优先、绿色发展、统筹协调"的发展思路。同期迎来中央生态环境保护督察和大熊猫国家公园体制试点。中共中央办公厅　国务院办公厅印发了《大熊猫国家公园体制试点方案》和《关于建立以国家公园为主体的自然保护地建设的实施意见》。四川省出台了相关国家公园试点意见，中国大熊猫保护研究中心正式从卧龙管理局分离。2017 年从管理局划拨 110 名中央事业编制至中国大熊猫保护研究中心，从特区公务员编制中划拨 20 名行政编制至四川省林业厅，选拔 14 名在编在岗年轻同志到四川省林业和草原局工作。大熊猫国家公园阿坝管理分局 2019 年挂牌卧龙，至 2021 年 10 月宣布大熊猫国家公园设立，再至中央正式批复机构成立前，卧龙的管理体制处于"过渡"状态，基本依照"政事合一"管理体制运行，特区侧重地方事务，重点围绕"都江堰至四姑娘山镇山地轨道交通扶贫项目"建设，开展征地、拆迁、协调、管理民生事务等；管理局围绕资源保护、监测、科研等工作，在卧龙片区实施国家公园勘界、定标和打桩定界，实施卧龙大熊猫国家公园保护利用设施建设、保护站点改造、标准化建设等，推进大熊猫国家公园卧龙片区创建工作。

60 年来，经过几代人的努力，卧龙大熊猫栖息地原真性得到了有效保护，大熊猫科研成效显著，依托全民参与生态保护促进农户增收致富，形成了人与自然和谐共存、社区经济可持续发展的"卧龙模式"，开创了大熊猫保护事业新局面。

二、兼顾民生的特区机制

卧龙特区管理耿达镇、卧龙镇两镇 6 个建制村 26 个村民小组。由于卧龙特区地处四川省阿坝藏族羌族自治州汶川县的高山峡谷地区，经济结构比较简单，主要以种植业、养殖业和副业为主，广大群众不仅吃粮靠返销，靠山吃山，而且基本上没有其他经济收入。据统计，1982 年卧龙乡、耿达乡总收入 91 万元，人均收入 120 元，生活极为贫困。特区成立以来，共查处盗伐案件 100 多起，偷猎案件 50 多起，收缴猎套 2000 多件。此外，截至 2000 年，木材检查站共查处偷运木材案件 5000 余起，查处无证非法木材超过 30 000m³。

1983 年，为了加强卧龙的资源保护工作、正确处理自然资源保护和社区群众利益的矛盾，经国务院批准，正式建立了卧龙特区。特区建立后，根据林业部和四川省政府的决定，将卧龙公社（现卧龙镇）、耿达乡（现耿达镇）交卧龙特区管理。为了正确处理自然资源保护与群众利益的矛盾，国家每年下拨 35 万元，由卧龙特区、卧龙管理局组织村民参与保护、造林、公路养护等工作，从而使村民得到实惠。在此基础上，继续贯彻党中央关于"决不放松粮食生产、积极发展多种经营、大力发展乡镇企业"的方针，做到一手抓野生动植物保护、一手抓社区经济发展，大力进行农村经济体制改革。

20 世纪 80 年代，卧龙特区、卧龙管理局组织村民大抓养殖业，发展乡镇企业，村民参与巡山护林、造林和保护区内的一些基础设施工程建设。到 1990 年，卧龙乡和耿达乡经济总收入达到了 285 万元，人均收入 470 元，基本提前实现在特区成立基础上农民人均收入翻两番的目标（人均纯收入 480 元）。

1991~1997 年，四川省人民政府先后 4 次在卧龙特区召开省级机关有关委、厅、局、办及阿坝藏族羌族自治州、汶川县委负责同志参加的现场办公会议，进一步解决卧龙特区的体制和经济发展问题。保护第一、民生优先，卧龙特区利用"开个小口子、立个小户头"政策支持，较好地解决了"两张皮"的问题，初步缓解了社区矛盾，使当地群众认识到建立自然保护区带来的好处，激发了村民参加保护工作的积极性。卧龙特区除主要抓好开发小水电外，还积极发展旅游业、交通运输业等，农村经济得到了较快的发展。

2008 年，卧龙遭受了"5·12"汶川特大地震，香港特区政府援建卧龙保护区，广东省潮州市、揭阳市对口援建卧龙特区的卧龙镇和耿达乡。卧龙在重建大熊猫保护科研基础设施和生态恢复建设的同时，同步规划建设了农村民房、学校、医院、道路交通等民生和社会保障基础设施。

卧龙特区建设的 40 年，是保护与发展不断协调前行的 40 年。通过"以电代柴"政策，对群众生产生活用电实施补贴，减少了当地群众对自然资源的依赖；通过协议管护和责任管护，长期聘用当地青壮年参与野外巡护、大熊猫饲养、国省干道公路养护、生态护林员公益性活动等，帮助群众获得稳定收入；通过打破制约卧龙生态旅游发展的"道路、网路、水路、电路"瓶颈，规范民宿发展秩序，提升了访客游憩康养的舒适度和体验度。新时代，卧龙全面贯彻新发展理念，将生态资源转换为生态资产，实现了狩猎人向守貘人、伐木工向护林员、农牧民向文旅人的转变，逐步摆脱了靠山吃山、靠林吃林的传统发展模式。卧龙特区体制在诠释习近平生态文明思想、破解群众致富增收的财富密码、谱写中国处理生态保护与经济发展的实践中，作出了探索性贡献。

三、"政事合一"的体制机制

卧龙保护区成立初期，乱砍滥伐、乱捕乱猎现象并未得到充分制止，究其原因，管理局是事业单位没有执法权限，而地方政府对卧龙乡、耿达乡的管理鞭长莫及，力不从心，因此成立特区加强对卧龙乡和耿达乡的管理提上了议事日程。

1983~2023 年，卧龙特区与卧龙保护区实行"两块牌子、一套班子、合署办公"的"政事合一"管理体制。1983 年 3 月，经国务院批准成立的卧龙特区，明确规定管辖卧龙乡、耿达乡。同年 5 月，大熊猫主食竹冷箭竹大面积开花死亡，威胁到野外大熊猫的生存。卧龙特区成立不久就面临抢救大熊猫的严峻考验，卧龙管理局、卧龙特区"政事合一"为成功抢救国宝大熊猫作出了贡献，并在抢救大熊猫的过程中积累了资源保护的管理经验：加强宣传，制定严格的保护制度，依法保护，充分发动群众。卧龙特区建立的第二年，《中华人民共和国森林法》颁布实施，随后国家又相继出台了《森林防火条例》《中华人民共和国野生动物保护法》《中华人民共和国自然保护区条例》《中华人民共和国野生植物保护条例》等法律法规，为依法保护铺平了道路。卧龙保护区、卧龙特区逐步步入依法保护的时代，农民"靠山吃山"、乱砍滥伐、乱捕乱猎现象得到逐步改变。之后的自然资源保护就是沿着这几条逐步发展完善的。随着国家大熊猫保护工程、天保工程、退耕还林工程的实施，卧龙特区与卧龙保护区完全融为一体，在区内杜绝了乱砍滥伐和乱捕滥猎的违法行为，广大群众也能自觉维护国家利益，主动参与自然资源的保护。

2011年，根据省委机构编制委员会办公室《关于同意〈四川省卧龙国家级自然保护区管理机构主要职责内设机构和人员编制规定〉备案的复函》（川编办函〔2011〕153号），四川省林业厅《关于印发四川省卧龙国家级自然保护区管理机构主要职责内设机构和人员编制规定及机构编制分解方案表的通知》（川林人函〔2011〕957号）明确了内设机构12个，垂直管理部门1个，双重管理部门1个，行政执法机构1个，乡镇2个，编制146人。

"政事合一"管理模式把自然保护与群众生产生活有机地结合起来，充分调动了群众参与保护工作的积极性，对保护、拯救濒于灭绝的珍贵动植物资源具有十分重大的意义。

第二节 示范保护区的创建

经过近70年的发展和建设，我国自然保护区事业有了长足的发展，取得了显著的成就，但仍然存在建设质量不高、管理水平较低、功能不完善等问题。卧龙保护区作为示范性自然保护区，在我国自然保护区建设事业中发挥了指导和示范作用，为全面促进我国自然保护区建设管理水平的整体提高，进一步推动自然保护区事业又快又好发展作出了贡献。

一、保护基础设施建设

（一）保护站点

卧龙管理局于1978年设置了木江坪检查（保护）站，1981年增设了三圣沟检查（保护）站、头道桥保护站、正河保护站、三江保护站。这些基层保护站点位于保护区的进出口和道路沿线、农民居住集中之地和重要的自然资源分布区域。1983年，卧龙管理局又增设了青冈坪保护站、黄草坪保护站、梅子坪保护站、三道桥保护站、沙湾检查站等基层保护站点，与前期建立的保护站一起纳入资源保护科的统一管理。1995年，卧龙公安分局与资源保护科合署办公，加大了林政案件的查处力度，基层保护（检查）站进行了调整合并，精简为木江坪检查（保护）站、三道桥检查（保护）站、邓生保护站、三江保护站，保护站的级别为副科级。1996年，在耿达乡、卧龙镇设置了保护总站，负责各自辖区的林业生产和野生动植物保护工作，接受乡政府和资源保护科的双重领导。2003年，保护站升格为正科级至今，灾后重建保留了邓生保护站（辖三道桥保护点）（图18-2）、木江坪保护站（辖耿达保护点）（图18-3）、三江保护站（辖鹿耳坪、蒿子坪保护点）（图18-4），两乡镇设林业管理站，特区设置资源局与保护区保护科合署办公至大熊猫国家公园内设机构批复前。

图18-2 邓生保护站（何廷美 摄）

图 18-3 木江坪保护站（何廷美 摄）　　　　图 18-4 三江保护站（何廷美 摄）

（二）巡护设施

卧龙保护站均配有巡护车辆，既有越野汽车，也有兼顾装载货物的小卡车，在不同时期接受社会或非政府组织（NGO）捐赠物资。20 世纪 80 年代，卧龙保护区接受了 5 辆为抢救大熊猫而捐赠的进口越野车和生活工具车；1998~2000 年，接受了国外捐赠的 3 辆保护专用进口工具车。2022 年 11 月，WWF、Clean Parks、大熊猫国家公园和蔚来助力大熊猫国家公园生态巡护，捐赠 10 辆新能源汽车，卧龙为受捐赠单位之一。2020 年以来，卧龙保护区开发了巡护 APP，配备了北斗终端、简易野外安全装备、应急通信、睡袋、帐篷、雨衣、迷彩服等物资。在大熊猫国家公园创建过程中，标准化维修升级了保护站点，搭建了辖区防火、车辆、访客监控系统和视频会议系统。

（三）中国保护大熊猫研究中心

20 世纪 70 年代，为抢救大熊猫，卧龙保护区在英雄沟建立了大熊猫救护站。80 年代，中国政府与 WWF 合作，在卧龙镇的核桃坪建立了中国保护大熊猫研究中心（现中国大熊猫保护研究中心），修建了大熊猫繁殖饲养场（以下简称：饲养场），配备了实验室、计算机室、影像室、资料室、档案室、多功能厅、配套专家楼和职工宿舍；饲养场配备了熊猫厨房、兽医院等完备设施。饲养场初期仅有 6 只抢救的病饿大熊猫，到 2022 年底，中国大熊猫保护研究中心圈养大熊猫数量达到 364 只，占全球圈养大熊猫数量的 60% 左右，并率先探索大熊猫的野外驯化和放归，取得了阶段性成效。

（四）巡护道路

邓生保护站至野牛沟修建道路约 20km，根据地形随弯就弯、随坡就坡布线，遇到生长着珍稀植物的区域绕行。道路宽约 1.5m。最大纵坡不大于 15%，超过 15% 后开挖台阶，在地形陡峭处搭栈道，外设护栏，垮塌严重处浆砌片石。地表水丰富的边坡内侧适当设置排水边沟。道路穿过自然沟渠时疏通沟渠，避免沟渠水流向道路。土石挖填尽量减少对植物的破坏。路面主要以片石铺设，栈道以防腐木铺设，护栏以木材制作。

耿达镇神树坪至黄草坪以防腐木或仿木质为原材料铺设路面，路面两边设置防护栏。该道路沿山涧小溪布置，全长 6km，宽 1.8m。

除以上巡护道路外，2009 年卧龙大熊猫及其栖息地监测线路共 92 条，覆盖了大熊猫重点分布区域和潜在栖息地，巡护样线总长 239.7km。2020 年监测样线调整为 62 条，2023 年优化后的 62 条巡护样线总长 171km。

（五）监测设施

卧龙保护区早期的监测设施的建设始于 1982 年，在沙湾建立了沙湾中心气象站。1989 年，卧龙保护区与四川省水文总站合作，在保护区内选择典型的地理点位建立了 10 个水文、气象站，采用全天候微机自动储存，结合人工不间断监测记载。1978~2000 年，中外专家和保护区科技人员采用颈圈式微型收发报仪和卫星定位仪跟踪等方法对野生大熊猫进行监测。1986~2001 年，中国保护大熊猫研究中心卧龙核桃坪采用闭路电视监控圈养大熊猫的行为。其后，卧龙保护区的监测设施与时俱进建设。

2013~2021 年，卧龙管理局先后实施了"数字卧龙"系统工程，实施了森林防火监测、山洪灾害监测预警、资源保护网格化监管、科研监测平台等项目，国家公园体制试点期间实施了文化旅游提升项目——大熊猫国家公园保护利用设施建设项目，进一步完善了区域内保护监测设施，整合了已建相关信息化项目平台及数据，初步构建了大熊猫国家公园卧龙数字平台。

截至 2023 年，大熊猫国家公园卧龙数字平台硬件设施包括机房 10 个、语音塔 8 个、北斗卫星基站 5 个、超短波通信基站 4 个、超短波红外相机接收基站 4 个、高清视频监控 476 个、红外相机 500 余台、实时传输红外相机 80 台、气象监测站 6 个、水质监测站 3 个和 370km 的光纤通信网络等基础设施设备；软件由旅游大数据、访客管理、虚拟宣教馆等 17 个软件模块构成，形成了"卧龙之窗""卧龙脉搏""卧龙与您"三大业务体系。"卧龙之窗"是为管理者提供辅助决策；"卧龙脉搏"是为工作人员搭建的业务平台；"卧龙与您"是对外展示的窗口。大熊猫国家公园卧龙片区建成的数字平台初步实现了对大熊猫国家公园的保护、科研、监测、社区安防、访客管理、防火防汛、灾害预警等业务的一体化管理，为大熊猫国家公园在卧龙开展大熊猫主要栖息地"天空地一体化"监测体系建设试点创造了良好的基础条件。

二、保障基础设施建设

（一）办公设施

办公用房：卧龙管理局、卧龙特区办公用房位于卧龙镇沙湾西北部，建设用地面积为 5720.5m²。总建筑（办公楼）面积 2411.0m²，道路、广场面积 2727.5m²，绿化面积 582m²。办公区东临 6m 宽的现有道路，南临 9m 宽的现有道路，西面为 4.5m 宽的现有道路，北面用地红线以外即为自然山体。办公区在满足自身功能的前提下结合当地文化特色，营造了具有当地特色的宜人的工作生活环境。办公区充分利用原用地内的绿化，并在整栋建筑门厅及北侧局部开设绿化庭院，营造出舒适和谐的办公环境。

（二）宣教设施

中国卧龙大熊猫博物馆（图 18-5）：地处耿达镇中华大熊猫苑耿达镇神树坪基地（图 18-6），原址为卧龙镇沙湾，2008 年"5·12"汶川特大地震后迁建至此。2017 年竣工，展陈面积约 2200m²。博物馆展陈手法是以卧龙保护区的建立和发展为主线，主要展示卧龙保护区自成立以来所取得的成果。博物馆展现了大熊猫的前世今生、栖息地研究、饲养繁殖研究、世界的大熊猫、卧龙大熊猫基地的历史及大熊猫的发展史。

图 18-5　卧龙耿达镇中国卧龙大熊猫博物馆（何晓安　摄）

图 18-6　中华大熊猫苑耿达镇神树坪基地（肖飚　摄）

大熊猫国家公园卧龙自然博物馆（图 18-7）：位于卧龙镇沙湾管理机关所在地，建筑面积 4074m^2。该馆早期为卧龙标本陈列馆，1993 年由林业部投资建成并改名为卧龙大熊猫博物馆。1995 年 10 月，全国人大常委会乔石委员长到卧龙视察时提议，要充分利用卧龙的资源优势，建立一个生态教育培训中心，大力开展生态宣传教育。1999 年 9 月 7 日，朱镕基总理视察卧龙后欣然为博物馆题写了馆名。2001 年 11 月，中国卧龙大熊猫博物馆竣工，交付使用，2016 年改名为卧龙地震与自然博物馆，2023 年再次改造，更名为大熊猫国家公园卧龙自然博物馆。大熊猫国家公园卧龙自然博物馆展陈分为两层，面积约 2000m^2，由序厅、自然秘境、万物生灵、保护之路、黑白传奇 5 个厅组成，运用图文展板、仿真生境、标本、沙盘、沉浸式体验空间以及多媒体互动设备等多种多样的展陈形式，全面系统地展示了大熊猫国家公园独特的自然地理概况、丰富的生物多样性、卧龙的生态保护之路、国家公园建设等成果。博物馆建成以来，累计接待访客超过 40 万人次，获得"全国科普教育基地""全国中小学生研学实践教育基地""四川省爱国主义教育基地""四川省青少年森林自然教育实践示范基地"等称号，充分发挥了科普宣教功能，现已成为展示大熊猫国家公园卧龙片区的重要场所。

图 18-7　大熊猫国家公园卧龙自然博物馆（何廷美　摄）

卧龙生态展示与教育培训中心：位于耿达镇幸福村，占地面积 20 740m²，中心大楼建筑面积 8260.0m²，绿化面积 6325m²。中心结合高差较大的地形现状，从传统羌族民居聚落的构成形式和组织方式出发，通过内部空间组织，实现周围自然景色与建筑的相互渗透，使建筑发乎自然，并在建筑设计中吸纳羌族传统建筑营造方式，以实现将历史容纳其中，形成分区明确，错落有致的建筑格局。

（三）旅游服务设施

大熊猫国家公园卧龙片区供访客参观的景点主要有中华大熊猫苑耿达神树坪基地、大熊猫国家公园卧龙自然博物馆。耿达镇区域包括中华大熊猫苑耿达神树坪基地、中国卧龙保护大熊猫博物馆、生态展示中心（兼票务中心）、黄草坪至牛坪徒步线路 7km、黄草坪徒步线路 3km。卧龙镇区域在卧龙镇沙湾街有大熊猫国家公园卧龙自然博物馆、卧龙核桃坪基地、卧龙邓生沟生态体验基地（图 18-8，体验线路 8.8km）、卧龙镇沙湾徒步线路 3km、甘海子徒步线路 5km、熊猫王国之巅（图 18-9）。卧龙住宿接待床位 2 万张左右，夏季避暑床位需求量较大。国道 350 线（原省道 303 线）卧龙段有加油站 2 座。城镇公共服务设施包括银行、医院、学校、公共厕所，服务半径 150～200m，面积 30～60m²。卧龙镇花红树修建有自驾车营地 1 个，露营场地 2300m²，绿化 1400m²，管理用房 360m²，以及厕所等水电配套设备设施。

图 18-8　卧龙邓生沟生态体验基地（肖飚 摄）

（四）电力保障设施

卧龙保护区有较为完整的发电、供电和销售网络，先后在卧龙皮条河、正河、渔子溪流域修建皮条河水电站、幸福沟水电站、小熊猫水电站、小龙潭水电站、正河水电站、沙湾水电站、龙潭水电站、仓旺沟水电站、水界牌水电站、生态水电站、熊猫水电站等 10 余座，从满足基本照明，到电气化发展需要，再到全面支撑卧龙保护区及卧龙特区的生产生活、办公、科研、产业发展等需求。截至 2023 年，保障区内供电的小水电仅保留生态水电站、熊猫水电站 2 座，总装机容量 2.56 万 kW，发电量超过 1 亿 kW·h。未来完全可以满足"以电代柴"的需要，保障卧龙全域保护、科研、办公、生产生活、民宿及旅游产业发展的用电需求。

图 18-9　卧龙巴朗山熊猫王国之巅（何廷美 摄）

（五）减灾防灾体系

为了防范自然灾害，卧龙特区、卧龙保护区配备了消防车、消防器材、消防水池以及森林消防中队和联防半专业灭火队，常态化开展消防救援，森林火灾、地震、地灾避险演练。卧龙特区、卧龙保护区还建立了卧龙特区、卧龙保护区应急指挥中心，建设了森林火灾、山洪预警、道路交通监控与预警体系；制定了各类应急预案；储备了一定数量的应急抢险物资。

三、管理制度建设

卧龙保护区和卧龙特区根据国家有关法律法规，结合卧龙保护与发展的工作实际，围绕资源保护、生态保护、林业工程、民生发展等制定了一系列的规章制度，并与时俱进更新。

（一）资源保护制度

1. "五定一奖"责任制

1984 年，卧龙特区根据四川省林业厅的要求实行"五定一奖"责任制，签订责任书，并兑现保护费。"五定一奖"（指保护区同国有林所在地的单位或农户签订国有林定地段、定面积、定任务、定人员、定报酬的护林承包合同，一年考核一次并予以奖励）责任制于 1986 年修改完善，明确了"五无一好"考核评分办法：无森林火灾 20 分、无乱砍滥伐 20 分、无乱捕滥猎 20 分、无毁林开荒 10 分、无损坏更新迹地 10 分、"一好"（宣传落实林业政策、完成造林绿化任务）20 分。此后至 2000 年，特区坚持实行"五定一奖"制度来考核两乡镇和保护站点的工作。

2. 用材管理办法

1984年11月，卧龙特区印发了《关于解决特区群众用材、烧柴试行办法的通知》的111号文件，制定了砍伐自用材、烧火柴的"八不准"政策，即：不准砍新造幼林、幼树；不准砍残存林迹地；不准砍有繁育能力的母树；不准砍水土流失严重的山坡上的树木；不准砍珍贵树种（国家一类、二类保护树种）；不准砍沿河护岸林和沿公路护路林；不准在"五一棚"、核桃坪开展科学研究的区域内砍柴和砍自用材；不准在山上随意用火，必须做到火灭人离。该办法在实施中不断得以完善，建立了民用材审批制度和烧火柴管理办法。

3. 入山管理办法

为了对进入保护区的人员进行有效的控制和管理，卧龙特区于1987年制定了《卧龙特区入山管理办法》，对进入保护区从事挖药、放蜂、旅游、考察等活动进行了相关规定。

4. 保护目标合同

为了充分发挥各级组织，各级领导和广大人民群众在保护工作中的主动性和积极性，卧龙特区于1995年制定了《卧龙自然资源和生态环境保护目标责任合同》。合同明确规定了保护重点责任区域、要达到的保护目标等。

5. 民用材审批管理办法

为了规范民用材的管理，卧龙特区于1995年7月印发了《卧龙特区民用材（集体、个人）审批管理办法》，对审批程序、审批原则、砍伐范围进行了明确规定。

6. 站点管理制度

为了加强基层保护（检查）站点的管理，提高工作效率，发挥基层保护（检查）站点的保护功能，卧龙特区、卧龙管理局于1996年10月印发了《木材检查站及保护站点管理制度》，从工作职责、劳动纪律、补助、惩罚等方面制定了详细的木材检查站及保护（检查）站点管理制度。

7. 重点地段管理

卧龙特区、卧龙管理局于1997年12月下发了《关于加强重点地段资源保护管理工作的通知》，禁止在重点保护区域内从事采竹笋、采药、放牧、开矿、砍伐等活动。

8. 加强保护工作的决定

卧龙特区、卧龙管理局于1998年12月制定了《关于加强保护工作的决定》，从确立保护中心地位、明确职责、扩大保护网络、加强林政执法内部管理等方面强化保护工作。

9. 强化林政执法的决定

卧龙特区、卧龙管理局于1998年12月制定了《关于加强林木资源管理、强化林政执法的决定》，加强了对盗伐林木、滥伐林木、非法收购林木、违法运输林木等违法犯罪活动的惩罚打击力度。

10. 烧火柴管理办法

卧龙特区、卧龙管理局1999年12月出台了《民用材（集体、个人）及烧火柴管理办法》。该办法分为总则、民用材审批、民用木材采伐、监督管理、烧火柴管理、违规处理6章，共39条。

（二）天保管护制度

20世纪末，国际社会已经越来越强烈地意识到生态安全和可持续发展已经成为一个国家安全和社会稳定的重要因素。生态的破坏不仅使大量的野生动物失去栖息环境，而且还造成人类生存空间狭小、质量低劣，并由此产生大量生态灾民而冲击社会的稳定。因此说，没有生态安全和可持续发展，人类就谈不上安居乐业，更谈不上人与自然和谐发展。1992年6月在巴西召开的联合国环境与发展大会上，各国政府都提出要关注生物多样性保护和可持续发展。这是包括中国在内的世界各国达成的共识，它标志着人类文明史上一次重大转折。我国政府积极实施可持续发展战略，坚持以人为本的科学发展观，在全国确立并实施以生态建设为主的林业发展战略，建立以森林植被为主体的国土生态安全体系和山川秀美的生态文明社会，作出了实施天保工程、退耕还林工程、京津风沙源治理工程、"三北"和长江中下游地区等重点防护林建设工程，野生动植物保护工程、自然保护区建设工程和重点地区速生丰产用材林基地建设工程等六大林业重点工程的重大决策。在此背景下，卧龙实施天保工程、退耕还林工程，并结合卧龙实际制定了相关管护制度。

1. 制定森林管护规划方案

卧龙特区、卧龙管理局于2000年10月与四川省林业勘察设计研究院合作，制定了《天然林资源保护工程森林管护规划方案》。该方案分为总论、保护区概况及森林管护的必要性、项目建设方案、投资概算与效益分析、项目实施对策和措施，从卧龙保护区的实际出发，制定了缓冲区、实验区主要由社区群众进行管护，核心区由专业保护队伍进行管护的天然林承包管护模式。

2. 制定森林管护实施方案

卧龙特区、卧龙管理局于2001年1月制定了《天然林保护工程森林管护实施方案》，从组织机构、管护方式、管护范围、管护责任、监督检查等几个方面对如何进行天然林承包管护做了详细、周密的部署和安排。

3. 制定天保管护责任书

卧龙特区、卧龙管理局于2001年1月制定了《卧龙天然林保护工程森林管护责任书》。该责任书由卧龙天然林领导小组与承包管护天然林的农户签订，明确了管护区域、管护面积、管护责任等内容，实行责、权、利挂钩，是有效保护天然林资源的重要责任书。

4. 制定天保工程管护考评办法

卧龙特区、卧龙管理局于2001年1月出台了《卧龙天然林保护工程森林管护考核评分办法》。该办法从无乱砍滥伐林木、无乱捕滥猎、无森林火灾、无毁林开荒和乱采乱挖乱占林地、无偷拉盗运、无森林病虫害等几个方面入手，制定了详细的考核评分标准，是兑现天然林承包管护经费的重要依据。

5. 基层管护单位管理

卧龙特区、卧龙管理局于1998年制定了《木材检查站及保护站点管理制度》《卧龙保护区专业巡山计划》《基层保护（检查）站天保工程工作考核管理办法》《巡护监测队天保工作考核管理办法》《保护科基层保护（检查）站车辆管理办法》等制度。这些制度对卧龙保护区森林资源的保护发挥了重要作用。

（三）生态保护制度

1. 迁移搬迁补助办法

卧龙特区、卧龙管理局于1986年9月印发了《卧龙特区农户自行迁移搬迁补助试行办法》；1992年10月，印发了《关于调整卧龙特区农户搬迁补助的通知》（卧特农〔1992〕132号）。卧龙保护区先后两次鼓励搬迁，但实际效果并不理想。

2. 森林防火预案

为了贯彻《森林防火条例》中关于"预防为主、积极消灭"的工作方针，护林防火指挥部于1993年2月制定森林防火预备方案，从火情监测、扑救原则、扑火步骤、物资准备、善后工作等方面对森林火灾组织扑救作出规定。1999年，护林防火指挥部结合实际对森林防火预备方案进行了修订，之后，卧龙特区、卧龙管理局逐年修订印发。

3. 基层防火队伍建设

1994年4月，卧龙特区、卧龙管理局制定了《卧龙民兵预备役护林防火预案》。由60名基干民兵和身体素质较好的村民组成两乡镇（现为两镇）基层防灭火半专业队伍，加强防范。一旦出现火情，在确保安全的前提下，进行"打早、打小、打了"处置。

（四）矿产资源管理

1. 砂石管理

根据《中华人民共和国自然保护区条例》，卧龙特区、卧龙管理局制定了保护区内禁止采砂挖沙相关制度。2018年12月29日，卧龙特区、卧龙管理局印发《卧龙保护区、特区河道、河岸及水环境保护管理实施办法》（卧特护发〔2018〕70号）。该实施办法共5章28条，结合卧龙保护区实际，对河道、河岸、水生态环境保护管理进行了规范。2022年2月，卧龙特区、卧龙管理局下发《关于印发〈卧龙区内砂石排查整顿工作问题清单、任务清单、责任清单〉的通知》（卧特护发〔2022〕6号），同年3月，印发《关于进一步加强河道砂石管理的通知》（卧特护发〔2022〕12号），重点宣传《中华人民共和国自然保护区条例》《四川省河道采砂管理条例》《四川省河道管理实施办法》等法规，进一步强调砂石资源属于国家所有，严禁任何单位和个人私自乱挖乱采，未经批准不得实施库区砂石清理。河道清障及水电站库区清淤的砂石处置应严格按照批准的方案执行。清理的砂石物料要集中堆放，依法依规集中处置。禁止乱堆乱放，禁止在保护区内加工销售。

2. 小水电管理

在小水电退出方面，为落实中央生态环境保护督察反馈意见，针对以汶川县人民政府（三江片区）为主体违规在保护区缓冲区修建小水电在保护区取水发电、违规招商建设旅游设施等问题，2018年6月28日，卧龙特区、卧龙管理局党委印发《卧龙落实中央生态环境保护督察反馈意见整改销号实施办法》（卧特护委〔2018〕24号）的通知，按照"整改一项、核查一项、销号一项、备案一项、公开一项"原则，结合卧龙特区、卧龙管理局印发的有关专项落实方案，督导完成了保护区三江片区灯台树水电站取水口、引水管道、沉砂池的销毁，以及潘达尔宾馆、栈道、马厩、小火车铁轨、森林小火车站、漂流起点站、百鸟山庄、香格里山庄等的拆除，关闭了潘达尔景区。

环保整改结束后，大熊猫国家公园在2021年10月宣布设立，国家公园内小水电退出是高质量建设国家公园的主要内容和必要条件。按照长江经济带小水电清理整改要求，对水电站引水渠、大坝和厂区在国家公园一般控制区内的小水电再次开展清理退出，区内的水界牌水电站、正河水电站、龙潭水电站和仓旺沟水电站被纳入退出清单，分别制定了"一站一策"退出方案，水界牌水电站在2022年底退出，正河水电站、仓旺沟水电站在2023年底退出，龙潭水电站按阿坝州发展和改革委员会批复的"龙潭水电站一站一策退出方案"，在设计年限期满前退出。

（五）管理条例草案

卧龙特区、卧龙管理局于2003年11月起草了《四川卧龙国家级自然保护区管理条例（草案）》。该管理条例分4章43条，曾上报，提交四川省人民代表大会讨论，虽然没有结果，但也是卧龙特区、卧龙管理局在"一区一法"制度建设上的探索。

（六）部门制度汇编

2000年11月，卧龙特区、卧龙管理局编印了《四川省汶川卧龙特区 卧龙自然保护区管理局规章制度汇编》，主要收集1990年以来卧龙特区、卧龙管理局党委、行政关于全局性的党务、政务规定，卧龙特区、卧龙管理局各职能部门加强内部管理的具体规定。一些规定随着时间的变化，与时俱进地进行了修订。

2018年12月，为更好地适应经济社会发展的需要，深化改革，提升专业化和精细化管理能力，确保战略转型顺利推进，本着战略导向、职能完整、精简高效、以责定岗、权责对等原则，卧龙积极探索内部控制体系建设，加强廉政风险防范，卧龙特区、卧龙管理局编印了《国家林业局卧龙保护区管理局 四川省汶川卧龙特区内部控制手册》《国家林业局卧龙保护区管理局 四川省汶川卧龙特区内部控制手册部门职能汇编》《国家林业局卧龙保护区管理局 四川省汶川卧龙特区财务制度汇编》《国家林业局卧龙保护区管理局 四川省汶川卧龙特区管理制度汇编》。

第三节 保护措施

一、巡护与监测

巡护与监测是自然保护地的重要工作，是大熊猫国家公园掌握大熊猫野外种群状况、同域动物分布状况、栖息地受干扰状况、大熊猫主食竹状况及其他资源状况的有效手段，需要连续、长期地坚持（图18-10～图18-19）。

图18-10 野外工作之一（程跃红 摄）

图18-11 野外工作之二（胡强 摄）

图18-12 野外工作之三（程跃红 摄）

图18-13 野外工作之四（程跃红 摄）

图 18-14　野外工作之五（胡强　摄） 　　　　　图 18-15　野外工作之六（程跃红　摄）

图 18-16　野外工作之七（程跃红　摄） 　　　　图 18-17　野外工作之八（程跃红　摄）

图 18-18　野外工作之九（程跃红　摄） 　　　　图 18-19　野外工作之十（程跃红　摄）

卧龙保护区除了设立检查站，加强车辆检查外，还在公路沿线及重点林区设置了保护站，通过资源管理局、保护站、两镇林管站，开展巡护和持续监测，加强对自然资源的保护和对生物多样性的监测。

公路巡护主要是指沿公路开展的日常工作。在巡护中，巡护人员发现异常情况时，进行宣传教育，并引导访客遵守相关规定，制止违规行为。近山巡护主要是对人为活动相对频繁以及距公路较近的实验区进行巡护监测。高远山巡护则是对保护区的缓冲区、核心区，以及保护区与周边县（市）交界的地域进行巡护检查，一般需要在野外留宿，每次巡护时长3~10天不等，重点是监测野生动植物资源状况、清除猎套、打击盗猎野生动物的犯罪活动，开展禁笋、非法采摘等巡查工作，必要时与执法部门联合执法。20世纪80年代，卧龙保护站有2~4名工作人员，大部分是老职工，当时交通工具匮乏，通信设备落后，只能通过步行、简易交通工具开展局部公路巡护，如果在巡护中发现问题，报告保护科来处理。保护科每年组织高远山巡护多次，主要是针对巴朗山区域和正河流域，向进入保护区从事采药、放牧的人员宣传保护法律法规，收取资源费。1991年，联合国志愿人员司徒亚特·查普曼先生来到卧龙，举办培训班对保护人员进行培训，让保护人员了解野外巡护知识，并争取到WWF资金援助，为野外巡护人员购买了睡袋、帐篷、雨衣、迷彩服等物资。查普曼先生在卧龙工作的两年，与保护人员进行了100多天的近山巡护和高远山巡护。到90年代中期，保护科制定了"山上管严、山下管住、卡死口子"的保护原则，工作重点仍然是公路巡查和近山巡护。2000年后，每个基层保护（检查）站配备了巡护车辆，加大了公路巡查和近山巡护的力度。随着天保工程的实施，农民的保护意识得到了极大的提高，乱砍滥伐林木、盗运木材的案（事）件大幅度下降，巡护重点逐渐转向高远山。比如2002年，开展近山巡护2847人次、高远山巡护101次，出动巡护人员1012人次。从这些数据可以看出，进入21世纪后，巡护工作在保护区经常性开展，巡护力度大大加强，有效地保护了大熊猫等珍稀濒危野生动物及其生存环境。

监测是巡护的深化。卧龙大熊猫的科研工作开始于1978年。1980~1985年，胡锦矗先生与乔治·夏勒博士合作开展了为期5年的第一阶段合作，开启了卧龙大熊猫的野外监测和生态学研究。1991年，联合国志愿人员司徒亚特·查普曼先生到卧龙工作，培训职员，开展巡护并记录，成为卧龙早期巡护监测工作的标志。在20世纪90年代中后期，保护科、中国保护大熊猫研究中心与WWF合作，开展了连续的野生动物监测工作。1998~2003年，卧龙保护区开展专项卧龙野生大熊猫种群动态监测，设置了6条监测样线。2003~2008年，在国家林业局的支持下，卧龙保护区监测经费得到一定保障，设置了30条野外巡护线路，定期开展巡护监测。2009年监测样线增加至91条，监测频次为2次/a。至此，卧龙保护区野生动物的巡护监测逐步走向常规化、规范化和专业化。2009年，在卧龙红外相机首次拍摄到雪豹，也是在自然保护地首次记录到雪豹，这是利用红外相机在卧龙监测野生动物的开端。2022年，大熊猫国家公园四川省管理局印发《〈大熊猫国家公园四川片区监测样线〉的通知》，卧龙片区监测样线调整为62条，监测频率调整为每季度1次。

21世纪，卧龙保护区野生动物的监测工作步入信息化时代。卧龙利用信息技术深化了生物多样性本底调查，开始大量布设红外相机，重点监测区内的大熊猫和雪豹。大熊猫国家公园（卧龙片区）信息化应用场景入选2023年由中国林业科学院森林生态环境与自然保护研究所、世界自然保护联盟（IUCN）中国代表处、华为技术有限公司联合发布的《智慧自然保护地建设白皮书》案例。

二、资金保障

"国宝"这一桂冠于大熊猫可谓实至名归。我国极为重视大熊猫的保护工作，大熊猫野外种群数量下降的趋势已基本得到控制。目前，我国在大熊猫栖息地先后建立了67个保护区，总面积超过3万 km^2，先后组织实施了中国保护大熊猫及其栖息地工程、全国野生动植物保护及自然保护区建设工程、天保工程、退耕还林工程等。在大熊猫保护研究方面，国家投入了大量的人力、物力。大熊猫国家公园保护面积2.2万 km^2，跨四川、陕西和甘肃三省。2022年9月，国务院办公厅发布了《国务院办公厅转发财政部、国家林草局（国家公园局）关于推进国家公园建设若干财政政策意见的通知》（国办函〔2022〕93号），支持国家公园建设，推动构建以国家公园为主体的自然保护地体系。

卧龙保护区以大熊猫保护和研究闻名于世，自保护区建立以来，受到各级政府、林业主管部门以及国内外团体和组织的高度重视。国家财政持续投入，国内外热心人士和社会组织亦慷慨解囊，合力为卧龙的建设和发展作出了贡献。

根据林业部《卧龙保护区关于上报基本建设情况的报告》（卧护计〔1997〕73号），自卧龙保护区建立至1997年，卧龙林业基本建设投资总计2780.73万元，其中林业部投资2043.80万元、四川省投资105.93万元、世界野生生物基金会和世界粮食计划署投资118.7万美元（折合人民币191万元）（其中科学研究仪器设备30万美元、小麦和食物油折价88.7万美元）、自筹（贷款）440万元，分年度投资情况见表18-1。

表18-1　卧龙保护区1963~1997年基本建设投资情况

时间	投资额/万元	投资方	类目
卧龙保护区建立至1980年前	30.64	林业部和四川省	
1980年	52.38	林业部和四川省	绿化造林12.72万元；建安工程23.60万元；设备购置10.13万元；省林业厅固定资产购置5.93万元
1981年	93.91	林业部	研究中心熊猫水电站50万元；荒山和公路四旁绿化11万元；科研仪器设备购置32.91万元
1982年	211.3	林业部	新建研究中心建安工程199.3万元；设备工具购置4.9万元；造林绿化7.1万元
1983年	184.5	林业部	研究中心167.2万元；科研仪器设备购置6.3万元；林业造林11万元
1984年	85	林业部	三江保护站3万元；油库2万元；通信线路20.5万元；"五一棚"输电线路8万元；民房25万元；林业造林18万元；科研仪器设备购置8.5万元
1985年	107	林业部	修建民房和水电站102万元；林业造林5万元
1986年	50	林业部	"中国2758Q快速行动项目"民房配套建设
1987年	38	林业部	灌县职工生活基地（转运站）20万元；三圣沟水电站5万元；造林2万元；标本陈列馆5万元；其他6万元
1988年	23	林业部	通信线路改造15万元；职工住宅改造8万元
1989年	0	无	无
1990年	30	林业部	职工住宅危房改造30万元
1991年	69	林业部、自筹	
1992年	41		职工住宅危房改造35万元；设备购置6万元
1993年	620	林业部、四川省计委、自筹	林业部投资用于职工住宅危房改造20万元，新修卧龙山庄80万元；四川省计委投资100万元，自筹（贷款）420万元均用于卧龙山庄建设
1994年	100	林业部	都江堰职工生活基地70万元；护林防火30万元
1995年	165	林业部	都江堰市职工生活基地138万元；购置警车一辆22万元；护林防火5万元
1996年	390	林业部	都江堰职工生活基地183万元；研究中心熊猫兽舍197万元
1997年	299	林业部	都江堰职工生活基地250万元；护林防火30万元；保护区总体规划设计费19万元

注：世界野生生物基金会和世界粮食计划署投资的118.7万美元未统计在表中。空白处为资料空缺

1998~2010年是卧龙历经艰辛而又快速发展的十余年。其间经历了"5·12"汶川特大地震，保护区遭受重创，人员伤亡重大和基础设施受损严重，大熊猫栖息地也受到很大破坏。这十余年，国家林业局投资卧龙保护区27个工程项目，总金额达13 603.5万元，1998年建设资金为1090.8万元，1999~2010年建设资金为12 512.7万元，其中国家林业局下达计划资金11 394.1万元、地方配套资金600万元、自筹资金518.6万元。27项工程中，有6项保护与恢复工程、16项科研宣教工程、5项基础设施建设工程，其中有两个项目受"5·12"汶川特大地震影响而提前终止，其余25个项目均顺利竣工验收。

在大熊猫拯救史上，卧龙除了财政拨款支持外，还有许多外界的支援和帮助，为卧龙的大熊猫保护和科研事业作出了巨大贡献。卧龙保护区也接受了许多捐款和实物，并与世界野生生物基金会合作，建立了中国保护大熊猫研究中心（现中国大熊猫保护研究中心）和大熊猫繁殖饲养场。在"5·12"汶川特大地震灾后重建中，香港特区政府援建卧龙保护区资金超过21亿元人民币，涉及大熊猫保护、生态修复、灾害治

理、公共服务设施等 22 个项目，项目完工后保护区软硬件设施远超地震前。

大熊猫国家公园试点以来，党中央和省政府加大了对保护事业的投入，财政投入资金逐年增长，卧龙保护区先后完成了保护站点建设、保护区能力提升、动植物保护科研与监测、供排水设施恢复以及社区融合发展等项目，确立了卧龙双旗舰物种保护的地位。

三、人才支撑

人才是保护事业的保障，卧龙保护区在几十年的发展历程中十分重视人才的培养。早期，保护区几乎没有专业人才，主要是从事保护的职工，身份为伐木工人，没有文化；有文化者一般为初中文化，少有高中学历，职责简单，以看守保护站为主，是单纯保护和被动保护的思路，对野生动物知识的了解十分有限，谈不上动植物监测。因冷箭竹开花导致大熊猫生存危机，卧龙保护区引起国际国内的重视。20 世纪 70 年代，南充师范学院生物系师生定期到保护区开展实习活动，以胡锦矗先生为代表的第一代科学家在卧龙开始了大熊猫的研究，"五一棚"野外观察站成为大熊猫野外研究的象征（图 18-20，图 18-21）。第一代保护队伍是卧龙林业经营所工作过的老职工，一般 2~4 人留守保护站或检查站，检查过往人员和车辆。80 年代开始，保护站职员和聘请的当地人员为科学家在野外监测提供基本后勤保障，担任野外导向员，成为培养本土巡护监测队伍的开始。80 年代中后期，卧龙保护区每年将新接收的大中专学生分配到保护站，逐渐提高了基层保护站人员的文化水平。90 年代，卧龙保护区注重吸收大专、中专、大学毕业生，招聘以基干民兵、退伍军人为主的当地年轻人，充实到基层保护站点，使基层保护队伍人员结构向年轻化、知识化转变，成为卧龙保护力量的基本班底。2003 年，保护站晋升为正科级，解决了卧龙基层保护站的行政级别问题，使之"有位"，改善了站点人员的待遇。灾后重建进一步提升了保护站的基础条件。国家公园体制试点进行了大熊猫国家公园卧龙片区保护站点的标准化建设，形成了目前保护站点和保护人才的基本格局。

图 18-20　20 世纪 80 年代"五一棚"野外观察站（张和民提供）

图 18-21　21 世纪"五一棚"野外观察站（刘汉明 摄）

60 年来，卧龙保护区通过与 WWF、科研单位、高校院所合作，在生态学、营养学、动物科学、兽医学、微生物学、林学、管理学等方面，通过课题项目锻炼和培养了大批人才。2013 年，中国大熊猫保护研究中心成为国家林业局的正司局级事业单位，2017 年从卧龙管理局划转编制 110 名，这些就是最充分的证明。2017 年，中国大熊猫保护研究中心从卧龙管理局分离时，有正高级工程师 9 人、副高级职称 21 人、百千万人才工程国家级人选 1 人、省部级人选 4 人次。

2017 年，选择留在卧龙保护区的人员继续为大熊猫国家公园卧龙片区完整性保护努力前行。截至 2023 年，卧龙保护区立足栖息地保护，加强野外监测和科研，发挥本土人才特长，注重专业人才和管理团队融合，提升职工综合素质。卧龙管理局在编 90 人中，有正高 4 人、副高 25 人、工程师 24 人、助理工程师 11 人。保护队伍的整体文化素质在四川省少数民族聚居的地区和林业行业各单位中仍处于领先水平。

经过 60 年的磨砺，卧龙培养了一支专业结构较为合理，业务能力强，熟悉野外监测技能，吃苦耐劳，善于创新的科研与管理团队。多名同志先后获得国际组织、国家级和省部级的科研、保护奖励和荣誉称号，并享受国务院政府特殊津贴。这些人才必将为大熊猫国家公园的生物多样性保护作出新的贡献。

第四节 旗舰物种保护

60 年的保护实践中，卧龙保护区经历了由乱到治、抢救大熊猫、大熊猫研究中心的建立、大熊猫主食竹恢复、社区发展、林业工程实施、灾后重建、国家公园体制试点等重要历史阶段。多年来，卧龙着眼于建设一流的国家自然保护区目标，采用适应性管理的策略，使以大熊猫、雪豹为主的野生动植物资源和高山生态系统得到有效保护。

一、综合施策保护旗舰物种

在自然保护区管理方式方面，卧龙片区经历了汶川县到四川省，再到国家林业和草原局直接管理的 20 年。1983 年至今，国家林业局（现国家林业和草原局）与四川省人民政府共管并委托四川省林业局（现四川省林业和草原局）管理的"政事合一"管理机制延续了 40 年，旗舰物种大熊猫的保护形势发生了深刻变化。单纯数量的变化反映了我国野生动物保护成效。2016 年，在 IUCN 受威胁物种红色名录中大熊猫由濒危降为易危，但保护等级未变，仍然是我国重点保护的一级野生动物，其伞护效应在国家公园背景下还会凸显。

在野生大熊猫数量调查方面，卧龙保护区先后进行了 4 次调查，时间与全国野生大熊猫数量调查基本吻合。由于调查方法和采用的技术手段在不同时期有差异，得到的调查数量不尽一致。卧龙第二次调查（72±16）只与第一次调查 145 只相比，数量差异较大，主要原因是 1983 年卧龙保护区冷箭竹大面积开花枯死，以冷箭竹为主食的大熊猫特别是种群中的老病残个体因失去食物而死亡。第三次调查结果为 143 只，与第一次大熊猫调查的数量基本持平，大熊猫种群呈现恢复状态。第四次大熊猫调查显示卧龙大熊猫为 104 只。2016 年，卧龙管理局利用 DNA 技术调查卧龙大熊猫数量为 149 只（Qiao et al., 2019），与全国 4 次大熊猫调查相比，我们对野生大熊猫的主要分布区域以及大熊猫栖息地面积有了更准确的了解。

在本底资源调查方面，从以大熊猫数量调查为主，到同域野生动植物资源调查，再到卧龙保护区综合科考，卧龙保护区的本底资源现状已基本查清。

在关注大熊猫主食竹状况方面，卧龙片区华吉竹（拐棍竹）1947 年和 1948 年大面积开花；1979~1982 年发现冷箭竹零星小块状开花；1983 年冷箭竹大面积开花；2021~2022 年卧龙油竹子大面积开花。

在物种监测方面，随着技术的进步、监测手段的更新、监测规程的完善，监测水平有了质的提升。监测内容不再局限于对大熊猫和人为干扰因子的监测，而是转向对生物多样性、生态环境、生态系统，甚至气候变化的监测。卧龙的监测始于 1978 年，卧龙设立了全球第一个大熊猫野外观察站——"五一棚"野外观察站，外国专家与中国专家合作，开展了大熊猫野外调查研究，调查了大熊猫的数量。20 世纪 80 年代，卧龙保护区监测了大熊猫主食竹状况。90 年代卧龙保护区、卧龙管理局保护科、中国保护大熊猫研究中心与 WWF 合作，开展了为期 5 年（1990~1995 年）的野生动物监测工作。在天保工程实施 20 年期间，每年预算一定的监测经费，不仅开展了天保工程保护实施成效的监测，还扩展到对野生动物疫源疫病、森林病虫害的监测，以及野猪猪瘟专项调查，监测样线由卧龙特区资源管理局、三个保护站承担，并定期开展监测。野生动物监测工作逐渐走向了正规化、规范化和现代化。

二、率先在大熊猫保护区开展雪豹监测

2009 年，红外触发相机首次在卧龙保护区获取到雪豹的监测影像，之后红外相机广泛运用于野生动物的监测。2014 年数字卧龙的建成开启了卧龙监测工作的新纪元。2017 年，卧龙率先提出了"双旗舰"物种

保护的理念，开启了雪豹的监测。监测显示，在卧龙 120km² 范围内，有雪豹 26 只左右。卧龙的保护工作正在由传统保护向数字保护转变。从单一保护到综合利用，再到保护与发展，人与自然和谐协调，促进了大熊猫栖息地原真性和完整性保护。

三、技术赋能提升旗舰物种的监测水平

卧龙在香港特区政府援助下，建设了超过 300km 的主干光缆、10 个机房、8 个语音塔、48 个监控点位（图 18-22），形成了保护区第一代监控网络。国家公园体制试点期间，新增 5 个北斗卫星基站、4 个超短波通信基站、4 个超短波红外相机接收基站、476 路高清视频监控、583 台红外相机（含 80 台实时传输红外相机）、6 个气象监测站、3 个水质监测站，新增 70km 光纤通信网络，并根据业务需求开发了视频监控、环境因子监测、动物实时监测、科研监测、资源管理一张图、灾害预警和辅助决策、网格化管理、旅游大数据、访客管理、虚拟宣教馆等 17 个软件模块，构建了七大平台，形成了"卧龙之窗""卧龙脉搏""卧龙与您"三大业务体系，形成了第二代数字卧龙平台。2020 年，卧龙采用搭载"多网融合技术"（多网指超短波、微波、4G、5G 和有线网络）的新型红外相机监测野生动物，实现了大熊猫及其伴生动物监测影像资料的实时传输、物种自动识别、分类与汇总统计，解决了传统红外相机须定期到野外更换相机存储卡、电池，以及需要人工识别处理海量红外相机照片等问题。

图 18-22 数字卧龙监控塔（王巍桔 摄）

红外触发相机调查技术在卧龙被广泛应用。2005 年，卧龙保护区与北京大学合作首次尝试将红外相机用于大熊猫及其伴生动物的调查，2014 年，卧龙保护区开始系统布设公里网格，使用红外相机技术开展大中型兽类与鸟类的本底调查、大型兽类网格化监测、雪豹行为生态学与种群保护研究等专项调查。2014～2023 年，卧龙保护区共布设 503 台传统红外触发相机，布设海拔 1470～4780m，覆盖调查面积 590km²。2020 年，80 台实时传输红外触发相机监测卧龙白色大熊猫，布设海拔 1800～4200m，覆盖 40km²。其中，在大熊猫栖息地（海拔 1470～3361m）不同海拔梯度和不同植被类型选择了 7 个样地（每个样地 20km²，共计 140.20km²）布设了 186 台红外触发相机；在雪豹栖息地（海拔 3413～4780m）不同海拔梯度和不同植被类型布设了 317 台红外相机，覆盖调查面积 450.20km²。503 个有效红外相机位点的调查统计显示，红外相机总有效工作日 447 702 天，共计拍摄红外相机影像资料 793 691 份，总有效探测数 118 693 次。其中，可辨识到具体物种的兽类、鸟类照片 553 380 张及视频 180 411 段，共计 733 791 份，有效探测数 106 219 次，共鉴定出 6 目 17 科 38 种野生兽类和 4 种家畜，以及 7 目 22 科 85 种野生鸟类，其中鸡形目雉科鸟类 11 种。在记录到的 38 种野生兽类中，被列为国家一级重点保护野生动物的有 8 种，分别是大熊猫、雪豹、豹、川金丝猴、林麝、马麝、豺与中华扭角羚；被列为国家二级重点保护野生动物的有 13 种，分别是黄喉

貂、藏酋猴、中华小熊猫、黑熊等。在 IUCN 受威胁物种红色名录中，被评估为濒危（EN）的有 5 种，分别是川金丝猴、豺、中华小熊猫、马麝和林麝；被评估为易危（VU）的有 7 种，分别是大熊猫、黑熊、豹、雪豹、水鹿、中华扭角羚和中华斑羚；被评估为近危（NT）的有 5 种，分别是藏酋猴、香鼬、水獭、毛冠鹿和中华鬣羚；被评估为数据缺乏（DD）的 1 种，为缺齿伶鼬。

截至 2023 年，传统和新型红外相机总计获取野生动物影像资料 83 余万份，有效探测数 74.4 万余次，拍摄到野生兽类 39 种、野生鸟类 87 种。其中，传统红外相机获取的保护区主要珍稀野生动物物种红外相机有效探测数统计中，大熊猫 3900 次、雪豹 14 805 次、川金丝猴 5505 次、中华扭角羚 70 769 次、中华小熊猫 3289 次、岩羊 115 081 次、红腹角雉 3965 次、绿尾虹雉 15 420 次、水鹿 132 912 次。80 台实时传输红外相机在两年半的时间内实时传输拍摄到大熊猫 476 次、雪豹 46 次、川金丝猴 217 次、中华扭角羚 352 次、中华小熊猫 820 次、岩羊 1658 次、红腹角雉 696 次、绿尾虹雉 158 次、水鹿 6989 次。

四、保护行动计划

卧龙保护区先后在 2013 年、2017 年制定了《四川卧龙国家级自然保护区管理计划（2014～2016 年）》［以下简称《卧龙管理计划（2014～2016 年）》］和《四川卧龙国家级自然保护区管理计划（2018～2023 年）［以下简称《卧龙管理计划（2018～2023 年）》］。《卧龙管理计划（2018～2023 年）》以国家林业局 2018 年 2 月发布的《自然保护区管理计划编制指南》（LY/T 2937—2018）为指导，使用国际上广泛应用的保护行动规划（Conservation Action Planning，CAP）方法进行编制。保护行动计划是由大自然保护协会（The Nature Conservancy，TNC）开发，适用于各类自然保护地保护行动的制定、实施及成效评估的适应性管理体系，已被全球 40 多个国家的 1000 多个保护项目采用并取得良好效果，中国多个自然保护区应用于实践。针对过去几年中保护区的发展和建设情况以及新出现的矛盾和问题，在大熊猫国家公园体制建立过渡的关键时期，保护区再次启动管理计划修编工作，积极顺应新形势的要求。编写小组通过收集大量保护区的文字资料、查阅相关研究文献，对保护区关键人员进行参与式访谈，掌握了大量一手信息。基于调研结果，识别出《卧龙管理计划（2018～2023 年）》中应当重点关注的问题：一是妥善处理保护区内保护与发展平衡的问题；二是积极应对大熊猫国家公园建立的机遇和挑战；三是识别未来 3～5 年保护区在保护科研、社区发展方面需要重点投入的项目清单和优先级排序。在此基础上，卧龙组织召开了若干次小型讨论会并进行了专家访谈，对现有信息进行了分析和汇总，完成了《卧龙管理计划（2018～2023 年）》，以期满足保护区在新时期内进行科学有效管理的迫切需要。

第五节　大熊猫迁地保护成效

一、大熊猫科研起步

1963 年 4 月 2 日，四川省人民委员会批转四川省林业厅"关于积极保护和利用野生动物资源的报告"标志着卧龙保护区正式建立。卧龙保护区是我国建立最早的综合性国家级自然保护区，至今已走过 60 年历程。

20 世纪 70 年代，时任美国总统尼克松访华获赠一对大熊猫后，全世界惊叹于大熊猫的魅力，迅速掀起一股"熊猫热"。而作为唯一拥有大熊猫的国家，中国对自己"国宝"的分布情况、数量、繁殖等情况却不甚了解。很快，国家要求在四川、陕西、甘肃等大熊猫主要栖息地开展资源调查。我国第一代大熊猫专家胡锦矗先生受命组建调查队开展了一系列针对大熊猫的保护与研究。调查队经过匹年半的艰苦野外调查，行程 9 万 km，最终形成一份 20 多万字的《四川省珍贵动物资源调查报告》，这份调查报告为卧龙保护区的扩建提供了依据。全国第一次大熊猫资源调查后，我国决定继续加强大熊猫的生态学研究。1978 年，胡锦矗先生牵头在四川卧龙保护区建立全球首个大熊猫野外观察站——"五一棚"野外观察站。从这顶小小的帐篷开始，卧龙一步步成为大熊猫科学研究的大本营，正是以此为起点，中国大熊猫保护事业走上正轨，走向国际，走出胡锦矗、潘文石、张和民等一批在国际上响当当的"熊猫专家"，也彻底解决了大熊猫生存与繁育难题。2016 年，世界自然保护联盟宣布，将大熊猫受威胁等级从"濒危"降为"易危"。

二、攻克繁育"三难"

20 世纪 80 年代卧龙抢救和救助大熊猫初期，在英雄沟建立简易大熊猫饲养场作为救护站，1983 年在核桃坪建成中国保护大熊猫研究中心的繁育场，圈养大熊猫仅有 6 只。1986 年 8 月 12 日，中国保护大熊猫研究中心迎来人工繁殖首胎大熊猫，受到林业部和 WWF 的表彰。中国保护大熊猫研究中心从 90 年代只有 10 只圈养大熊猫开始逐渐扩大到 2007 年的 200 余只，并且连续多年保持成活率 100%，实现了大熊猫人工种群的自我维持和自我发展。"5·12"汶川特大地震发生后，经过重建，如今中国大熊猫保护研究中心拥有野外培训及放归基地 2 个，大熊猫展示、繁育和科普宣教基地 3 个。通过几十年的探索，中国大熊猫保护研究中心的科研人员自主攻克了制约圈养大熊猫繁育的"发情难""配种受孕难""育幼成活难"的"三难"问题，建立了世界上最大的人工饲养种群，截至 2022 年，圈养种群数量为 364 只，占全球圈养大熊猫总数的 60% 左右。这是我国濒危野生动物圈养繁殖的成功典范，是我国野生动物保护领域的骄傲，更是我国为生物多样性保护所作出的贡献。

特别要强调的是，圈养大熊猫繁育成功、"三难"问题的解决充分体现了科技自主创新的威力和成果。卧龙依靠的是自己的人员，操作的是我国的设备，采用的是独自摸索出的方法，经过多次失败的积累，终于掌握了克服"三难"的技术和手段，创造出了一整套特殊饲喂大熊猫的方法，自主建立了一整套完整的种公兽培育技术，首次提出了"爱心饲养""生态育幼"等新理念。这些技术和手段都是以前从未有过的，无法在原有的技术理论和书本上找到，更不用说从国外饲养繁殖技术中照搬。这种自主创新的成果，是以张和民先生为代表的几代中国大熊猫科研人员集体智慧的结晶，其中，"提高大熊猫繁育力的研究"获得 2005 年国家科学技术进步奖二等奖，张和民本人也被评为"时代先锋"。

圈养大熊猫繁育成功和"三难"问题的解决树立了我国在野生动物保护和生态建设中自主创新的形象和品牌，建立并推动了我国科技人员开展自主创新的信心和进程，开创和引领了我国科技人员开展自主创新的道路和方向。因此，圈养大熊猫"三难"技术的攻克和野外放归工作的启动，在我国科技自主创新中具有里程碑和划时代的意义，同时也为我国在国际野生动物保护和生态建设树立了良好形象。

三、领先野外放归

一个物种要摆脱濒危的状态，除了要保护它的栖息地外，还有一个重要的指标是增加它的种群数量。而增加种群数量的方法有自然恢复和人工恢复两种。保护工程就是后一种恢复的方法，即通过建立多个濒危野生动物救护中心和繁育基地，利用人工饲养和繁育手段尽快增加物种的数量，在较短时间内缓解或解除物种的濒危状态。对于野外的濒危野生动物种群来说，要增加种群数量，一个方法是改善栖息地条件，让野生种群自我繁衍从而增加数量，但这对于仅有稀少数量的物种来说，其过程是极其漫长的；另一个方法是通过科学的手段，将人工繁育的个体经过野化培训后，使之逐渐适应野生环境，最后将这些个体放归到野生环境中并与野生种群完全融合，这也就是我们所说的野化放归。

大熊猫等濒危野生动物是我国自然生态系统的重要组成部分，具有不可替代的重要作用。要保护好这些野生种群已经十分稀少的物种，一方面，需要通过加强其栖息环境的保护和建设，让这些野生动物依靠自身的繁殖力得以恢复和发展；另一方面，由于一些濒危野生动物在自然状态下繁育难、成活率低，单靠野生物种自然繁殖来恢复和扩大野生种群，不仅周期长，而且数量增幅小。因此，只有通过实施人工措施，加大对野外种群恢复的人为辅助力度，才能使濒危物种的数量在短期内有较快的增长。

截至 2022 年底，我国圈养大熊猫种群数量已突破 570 只，卧龙等地的圈养种群已基本实现自我维持，彻底结束了依靠野生大熊猫个体维持圈养种群的局面，实现由以利用野外资源为主向以利用人工培育资源为主的战略转变。在研究人员的努力下，首只来自野外的大熊猫"盛林一号"（2005 年）放归活动取得圆满成功。根据国家实施的"全国野生动植物保护及自然保护区建设工程"规划，国家林业局（现国家林业和草原局）决定将卧龙人工圈养大熊猫"祥祥"实施野化放归，同时陆续实现其他圈养大熊猫的野化放归。其目的是增加大熊猫野生种群的数量，这是我们为扩大大熊猫野生种群数量迈出的重要一步。通过三年多的野化培训，"祥祥"于2006年4月被放归到卧龙保护区"五一棚"区域。然而不到一年，"祥祥"因与野生大熊猫争夺领地打架受伤严重而死亡。

因"5·12"汶川特大地震的严重影响，中国保护大熊猫研究中心（现中国大熊猫保护研究中心）被迫暂停了圈养大熊猫野化放归项目。在经历了特大地震和"祥祥"死亡的巨大挫折之后，中国保护大熊猫研究中心（现中国大熊猫保护研究中心）全方位总结了"祥祥"放归失败的原因，并于2010年7月正式启动了圈养大熊猫野化培训第二期项目，取得了重大的进展，大熊猫"淘淘"和"张想"分别于2012年和2013年成功放归野外，为复壮野生小种群迈出了坚实的一步，同时还形成了圈养大熊猫野化放归培训梯队，受到国内、国际社会的高度关注与广泛好评。

母兽带仔野化培训方法是第二期项目的创新之举，也是野化项目取得重大突破的关键。受训个体通过母兽行为和环境变化习得野外生存技能。大熊猫"淘淘"是第一只通过母兽带仔的方法成功野化放归并存活的圈养大熊猫，也是中国大熊猫保护研究中心野化项目团队经历无数艰辛的见证者。"淘淘"野化培训期间是"5·12"汶川特大地震次生灾害高发期。卧龙核桃坪基地距震中仅11km，基地时常面临山洪泥石流次生灾害的潜在威胁。道路、通信、电力中断形成"孤岛"在夏季时有发生，在野外工作中，团队工作人员时有遭遇落石、猛兽、暗冰等潜在安全风险，蚊虫叮咬、风餐露宿更是家常便饭……由于圈养大熊猫野化培训尚处于探索阶段，几乎没有经验可以借鉴，卧龙通过改进GPS项圈功能和改变饲养管理模式等，解决了野外监测、受训个体饲养管理等系列技术瓶颈，有效提高了工作效率，降低了人员和大熊猫的安全风险，满足了基本研究需求，收获了圈养大熊猫野化放归的显著成绩。

野外引种是野化培训过程中的又一探索。2016年底，中国大熊猫保护研究中心开创性地启动了圈养大熊猫野外引种研究，在野生大熊猫繁殖季节，将圈养雌性大熊猫释放到卧龙的"五一棚"野外，让它与野生雄性大熊猫交配，在不干预野外大熊猫的生存状态下，把新的基因带回到圈养大熊猫种群中。经过不断地探索、实践与总结，中国大熊猫保护研究中心连续3年成功引种，共繁殖4胎7仔。野外引种丰富了圈养大熊猫遗传多样性，优化了圈养大熊猫遗传种群结构。

由此，自中国大熊猫保护研究中心2003年开展圈养大熊猫野化工作以来，到2022年的20年间，中国大熊猫保护研究中心先后成功野化并放归"淘淘"等11只圈养大熊猫，存活9只，存活率达81.82%。其中，7只大熊猫成功融入有灭绝风险的小相岭山系野生种群，2只成功融入岷山山系野生种群，为更加深入地开展大熊猫野生局域小种群复壮奠定了基础。下一步，中国大熊猫保护研究中心将按照国家林业和草原局的关于圈养大熊猫放归规划，逐步扩大放归规模，开展就地培训就地放归，重点研究和监测放归大熊猫对野生小种群的遗传贡献，深信会迈出坚实的步伐，收获良好成效。

四、中外合作交流

大熊猫是世界野生动物保护的旗舰和标志，也是世界的珍贵遗产。作为地球上现存最古老的孑遗物种之一，大熊猫不仅分类地位特殊、科研价值巨大，而且在文化交流、对外交往及观赏等方面都具有不可替代的作用。为了揭开"活化石"的神秘面纱，卧龙保护区与WWF等国际组织的专家、国内科研单位和大专院校的专家进行了长期的科研合作与交流。

1978年，卧龙保护区与南充师范学院生物系合作在海拔2520m的"五一棚"建立了世界上第一个大熊猫野外观察站，在2500hm^{2}范围内开始了以野生大熊猫为主的生态学、行为学研究。卧龙"五一棚"野外观察站成为中外合作进行大熊猫生态观察的研究基地。1979年3月，光明日报刊登的"探讨卧龙自然保护区的奥秘"称卧龙保护区代表了我国在世界上特有的高山生态系统类型，是难得的"生物基因库"。1978~1982年，在四川省林业厅的大力支持下，卧龙保护区与南充师范学院合作在开展野外大熊猫调查的同时，主要对皮条河、正河、西河三大流域进行了动植物资源调查，了解动植物区系组成和垂直分布情况。

1980年，WWF正式进入中国，成为在中国开展保护工作的第一个国际非政府组织，WWF在中国的大熊猫保护由此开始。从1980年开始，在四川的卧龙、唐家河等中国最早建立的一批大熊猫保护区里，WWF的国际物种保护专家与中国本土的大熊猫保护专家及当地保护工作者一起，在野外开展了野生大熊猫的基础调查与研究，这些研究的成果成为后来大熊猫保护的重要基础资料。WWF支持了一系列的大熊猫保护工作，包括培训保护专业人员、开展巡护、提供科研设备，在卧龙"五一棚"区域开展定期监测。

1981年，美国著名野生动物学者乔治·夏勒到卧龙保护区开展大熊猫研究工作。作为第一个受委托在中国为WWF开展工作的西方科学家，他在卧龙保护区进行了细致、严谨的野外调查，如实地揭示出当地大熊猫保护工作的问题，为有效地保护大熊猫提出过很多建议。

在20世纪八九十年代，平均每年都有近30个国家和地区的数千名外国专家、学者和国际组织的官员、外国旅游者来卧龙访问、考察和旅游，特别是80年代中期大熊猫受灾后，英国、荷兰、丹麦三位亲王亲自到卧龙保护区关心大熊猫的拯救工作。由于频繁的外事活动，卧龙保护区引起世界各国的生物学家、动物爱好者及知名人士的广泛关注，提高了保护区在国际上的知名度。

1988年，在林业部和四川省林业厅的大力关怀下，由澳中友好协会提供协助，澳大利亚自然保护专家乔治·戴维斯小姐应四川省林业厅邀请到卧龙保护区开展旅游英语教学活动，并协助编写导游手册。在双方的努力和积极筹备下，6月23日，由乔治·戴维斯小姐授课的卧龙保护区旅游英语培训班在卧龙管理局机关正式开学，办学时间3个月，乔治·戴维斯小姐每日授课2h。卧龙共选派了15名职工作为正式学员参加学习，并抽调一名科技人员担任翻译，辅助教学，希望借此提高外事接待和旅游服务质量。

在这一时期，可爱的大熊猫更是走出国门，成为"和平使者""文化使者""中国名片"。截至2022年，中国大熊猫保护研究中心共繁育存活364只大熊猫，其中与国内37家单位开展科研科普合作116只。卧龙的大熊猫先后为2008年北京奥运会、2010年上海世博会、2010年广州亚运会等增光添彩。卧龙保护区和中国大熊猫保护研究中心与国外15个国家的16家动物园开展科研科普合作41只，搭建了全球最大的大熊猫合作交流平台。国家主席习近平高度重视大熊猫国际合作与交流，先后出席了比利时天堂公园、俄罗斯莫斯科动物园的大熊猫开馆仪式，先后与比利时、荷兰两国就合作交流大熊猫产仔互致贺信，大熊猫成为名副其实走向世界的"中国名片"。

五、科研成果累累

在攻克"三难"的过程中，中国大熊猫保护研究中心形成了一整套具有核心竞争力的成熟的技术，包括大熊猫饲养管理技术、激素监测技术、人工授精技术、种公兽培育技术、人工育幼技术、母兽带仔野化培训技术和采奶技术等。通过在行业内进行推广应用，促进了大熊猫繁育工作的快速发展，使得我国圈养大熊猫种群发展步入快速稳定的发展阶段，实现了大熊猫人工种群的自我维持和自我发展。

通过多年努力，中国大熊猫保护研究中心在大熊猫科研保护方面取得了举世瞩目的成就。一是攻克了大熊猫人工繁育"三难"，大熊猫圈养种群数量从1983年的6只发展到2022年的364只，其中放归11只、国外合作交流4只、国内合作单位117只、中国大熊猫保护研究中心四个基地圈养200余只。圈养种群数量占全球圈养大熊猫总数的近60%，是世界上最大的人工圈养种群。"提高大熊猫繁育力的研究"获得2004年四川省科学技术进步奖一等奖，2005年又获得国家科学技术进步奖二等奖。中国大熊猫保护研究中心还实现了野外放归的新跨越，2003年在全球率先启动了人工繁殖大熊猫的野化培训与放归研究；2010年又启动二期研究项目，并取得了重大的进展。先后有9只人工繁育大熊猫经过科学的野化培训后放归自然，其中有7只在野外存活，受到国内、国际社会的高度关注与广泛好评。

2017年，全球首只野外引种大熊猫"草草"顺利产仔，圈养大熊猫野外引种试验取得阶段性成功。圈养大熊猫野外引种试验是中国大熊猫科研保护史上的又一重大突破。

中国大熊猫保护研究中心通过不断技术创新，解决了多项技术瓶颈，现已形成完整的大熊猫野化培训技术体系和野外监测技术体系，对大型哺乳动物野化放归具有指导和借鉴意义。"大熊猫野化放归关键技术"在2019年10月荣获国家林业和草原局第十届梁希林业科技进步奖一等奖并入选"2019年度中国生态环境十大科技进展"。

截至 2022 年，中国大熊猫保护研究中心共产出学术论文 700 余篇、专著 10 余部，获得国家专利 70 件，编制行业标准 3 个。成果在行业内得到了广泛的推广和运用。

使用中国知网和 Web of Science 两个数据库对与卧龙保护区相关的研究进行检索，使用的关键词是卧龙国家级自然保护区、卧龙自然保护区、卧龙保护区、卧龙、Wolong National Nature Reserve、Wolong Nature Reserve、Wolong Reserve 和 Wolong，共检索到科研文献 865 篇，其中，中文文献 419 篇，检索时间段为 1987~2023 年；英文文献 446 篇，检索时间段为 2011~2022 年。本次检索的文献涉及生物学、生态学、地质学、管理学、建筑和景观设计等领域。

大熊猫科研从卧龙起航，表 18-2 所列专著对大熊猫的研究产生了重要的影响。

表 18-2 主要科研专著

出版时间	书名	作者	出版社
1985 年	《卧龙的大熊猫》	胡锦矗、乔治·夏勒等	四川科学技术出版社
1987 年	《卧龙植被及资源植物》	四川卧龙保护区管理局、南充师范学院生物系、四川省林业厅保护处	四川科学技术出版社
1992 年	《卧龙自然保护区动植物资源及保护》	卧龙自然保护区、四川师范学院	四川科学技术出版社
1993 年	《卧龙大熊猫生态环境的竹子与森林动态演替》	秦自生、艾伦·泰勒、蔡绪慎	中国林业出版社
2003 年	《大熊猫繁殖研究》	张和民、王鹏彦等	中国林业出版社
2003 年	《大熊猫人工育幼操作手册》	张贵权、魏荣平、王鹏彦等	四川科学技术出版社
2005 年	《圈养大熊猫行为研究及其方法》	周小平、王鹏彦、张和民等	四川科学技术出版社
2013 年	《圈养大熊猫野化培训与放归研究》	张和民等	科学出版社
2019 年	《四川卧龙国家级自然保护区综合科学考察报告》	杨志松、周材权、何廷美等	中国林业出版社

六、栖息地的高质量保护

卧龙在栖息地高质量保护中形成了独特的"卧龙模式"。统筹发展与安全，在森林草原防灭火上创新联防机制，实现 50 年无森林火灾发生；严格分区管控，成功抵御外来资本的不当开发投入；统筹社区参与保护，实现全民保护，确保了大熊猫、雪豹等珍稀物种栖息地的完整性和原真性保护。

（一）创新联防机制

1985 年 11 月，为了加强卧龙保护区及周边地区的护林防火工作，四川省政府、四川省林业厅在卧龙召开了第一次邛崃山系的雅安、成都、阿坝三地市（州）的十县（区）联防工作会议，成立了以卧龙保护区为核心的邛崃山系十县（市）一区护林联防委员会。联防单位包括阿坝藏族羌族自治州所辖的汶川县、理县、小金县 3 个县，雅安市所辖的宝兴县、芦山县 2 个县，成都市所辖的都江堰市、大邑县、崇州市、邛崃市、彭州市 5 个县（市）和卧龙特区。联防区域地处邛崃山系的核心地带，西至大渡河、青衣江上游、东临岷江、龙门山脉，南至成都川西平原，有卧龙、蜂桶寨、安子河、白水河、四姑娘山、米亚罗、草坡、龙溪—虹口、黑水河等自然保护区，是中国大熊猫分布最集中的区域之一。1989 年 11 月 7 日第五次联防会议通过护林联防章程，联防任务由原来的单纯护林防火扩大到林业保护，以实现无森林火灾、无乱砍滥伐、无乱捕滥猎、无毁林开荒、无破坏迹地更新的"五无"联防区。后来根据联防工作的需要，1989 年护林联防委员会又成立了以卧龙保护区为中心的九乡（镇）护林联防委员会，包括卧龙、耿达、三江、达维、日隆、硗碛、薛城、草坡、映秀 9 个乡（镇），联防会议通过了护林联防章程。1994 年，理县朴头乡加入护林联防委员会，2001 年杂谷脑镇加入护林联防委员会，2015 年，小金县四姑娘山自然保护区管理局加入护林联防委员会。十县（市）一区联防和十乡（镇）联防会议每年召开一次，总结交流护林防火、野生动物保护、林政资源管理以及天然林保护、退耕还林等方面的工作经验和教训，借鉴林业发展经验、社区发展经验，表彰先进，联络沟通感情，共同维护以卧龙保护区为核心的邛崃山系野生动植物安全。2020年11月，在崇州市召开了邛崃山系十县（市）一区第三十六届护林联防会议；同年，在大邑县召开了第三十四届邛崃山系十二乡（镇）局联防会议。经过40年的实践，护林联防这种保护形式调动了卧龙及周边县（市）大批人员参与保护事业。两个联防委员会共组织了联合巡山、联合行动、联合办案十余次，查处了一批盗猎分子，收缴了大量留在山上的猎套，联防机制取得了显著成效。

（二）优化分区管控

卧龙保护区成立之初保护面积为2万hm^2，1975年扩大至20万hm^2，1963~1975年卧龙保护区没有进行功能分区，也没有分区概念；1975年以后卧龙保护区分为实验区和核心区两个功能区。当时曾计划将核心区中整个卧龙乡的农民全部搬迁到实验区的耿达乡或保护区外。但是，由于社会经济各方面的原因，卧龙乡（现卧龙镇）的农民一直没有搬迁。

1997年，卧龙管理局、卧龙特区认识到此前的保护区功能区划已不适合卧龙的保护和社区发展，为了贯彻落实1994年颁布的《中华人民共和国自然保护区条例》，卧龙管理局与林业部调查规划设计院、四川省林业学校组成《卧龙自然保护区总体规划》项目组，经过8个月的努力，1997年10月完成了《卧龙自然保护区总体规划》。《卧龙自然保护区总体规划》批准后，卧龙管理局及卧龙特区的生产建设遵循三区管控要求进行管理。

根据《国家级自然保护区范围调整和功能区调整及更改名称管理规定》，国家林业和草原局野生动植物保护与自然保护区管理司《关于四川卧龙国家级自然保护区功能区调整的函》（护自函〔2010〕66号）专报生态环境部。2011年11月4日，中华人民共和国生态环境部办公厅办公室印发了《关于四川卧龙国家级自然保护区功能区调整有关问题的复函》（环办函〔2011〕1285号），卧龙保护区的功能区调整方案通过国家级自然保护区评审委员会会议审议。有关评审意见函复：①同意卧龙保护区进行功能区调整；②保护区以皮条河沿河公路为界分为南北两个核心区；③保护区的范围和功能区划函复以附图为准。

2020年，大熊猫国家公园体制试点期间，卧龙保护区划入大熊猫国家公园范围，由保护区核心区、缓冲区、实验区三区转变为国家公园的核心保护区和一般控制区二区。2021年10月，大熊猫国家公园宣布设立。根据2023年8月批复的《大熊猫国家公园总体规划（2023—2030年）》，大熊猫国家公园卧龙片区总面积2028.5km^2，占大熊猫国家公园总面积的9.23%。2022年，大熊猫国家公园卧龙片区实施确界定标。按照勘界原则，实际勘界面积2028.77km^2，其中，大熊猫国家公园卧龙片区核心保护区面积1867.67km^2，占92.06%；一般控制区面积161.10km^2，占7.94%。卧龙镇和耿达镇没有划入大熊猫国家公园的面积为457.38hm^2。

（三）统筹社区参与

卧龙保护区地处少数民族聚居的地区。全区共有6个建制村26个村民小组，2014年，卧龙镇、耿达镇共有农户1472户，农业人口4787人。长期以来，卧龙保护区因地制宜，将自然保护与社区居民的生存和发展相结合，大力发展生态产业，积极引导当地社区参与卧龙保护区的生态保护，区内群众主动承担生态保护责任，积极参与天保工程和退耕还林（还竹）工程，参与专业巡护等生态保护工作，卧龙保护区每年给参与保护的居民支付相应的报酬，提升了群众主动参与保护的积极性，实现了"全民保护"和"开放性保护"。

2017年，卧龙保护区开始大熊猫国家公园体制试点，社区作为大熊猫国家公园的重要组成部分，如何参与生态保护以及如何从生态保护中获益需要创新性的机制设计。为了探索大熊猫国家公园的创新管理。在国家财政的支持下，卧龙保护区率先通过政府购买服务等方式吸收社区居民开展生态管护和社会服务。更好地统筹社区参与，使社区成为大熊猫国家公园的有机组成部分，是卧龙保护区未来发展关注的重点。

第十九章　发展中的问题

第一节　体制机制挑战

一、特区体制困境

卧龙特区自1983年建立以来，在大熊猫保护、科研和社区经济发展等方面发挥了独特作用，取得了一些重要成果，但由于种种原因，特区特殊的体制机制也有运行不畅的一面。在特区成立40年的发展历程中，针对特区体制机制的调整，特区、地方政府和省政府曾进行过探索。

2002年，阿坝州人民政府曾想撤销卧龙特区，将卧龙、耿达两乡镇划归汶川县管理。卧龙特区、卧龙管理局《关于征求〈省委办公厅、省政府办公厅关于进一步理顺卧龙保护区管理体制的决定〉意见的函的意见》（卧特护〔2003〕68号）指出"特区的现行体制也存在特区不特、多头多层次领导、尚未形成合力、关系不顺、办事渠道不畅"等一些具体的细节性问题，但"卧龙特区的体制问题，决不能走1983年特区建立以前的路，应坚持有利于大熊猫及其生态环境保护和研究，有利于维护国家和四川省及卧龙在国际上的良好声誉，有利于保护区的管理和各项事业的发展，在巩固现有体制的基础上，加以完善"，并对特区体制机制的完善提出了三点意见。第一点，请求省委、省政府联合发文，将"四川省汶川卧龙特区"更名为"四川省人民政府卧龙保护特别行政区"，设保护特区管委会，继续实行"卧龙保护区管理局与卧龙保护特区管委会合署办公、一套班子、两块牌子，委托省林业厅代管"的管理体制。更名后的卧龙保护特区，进一步明确了是为切实搞好卧龙20万hm^2土地上的国宝大熊猫及自然资源保护工作而建立的一个特别行政区。第二点，卧龙、耿达两乡镇继续隶属于四川省人民政府卧龙保护特别行政区。四川省人民政府卧龙保护特别行政区负责组织和管理卧龙、耿达两乡镇群众生产生活和社区建设及协调地方经济发展与资源保护关系等方面的工作。凡法律法规有明确规定按属地管理的事项，均按有关法律法规的规定办理。如实行"卧龙、耿达两乡镇由卧龙代管"的体制，就意味着重走1983年建立特区之前的路子，更容易出现"都管，都不管，遇事推诿，扯皮拖沓，更加多头绪，多层次领导"的复杂局面，导致保护与社区建设矛盾的激化，造成以野生大熊猫为主的野生动植物资源保护工作走下坡路，多年来所开展的工作和取得的成效将毁于一旦。第三点，在有效落实省政府1991年以来卧龙4次现场办公会"开小口子、列小户头、特事特办"精神的基础上，恳请省委省政府明确省级各委、厅、局、办把卧龙保护特别行政区纳入日常管理范畴，实行单列，以更好地促进卧龙各项事业的全面快速发展。四川省人民政府阅办文件批示单收文〔2003〕第930号肯定了卧龙现行管理体制以及该管理体制所取得的重要成果，但认为"如何把特区进一步办好，确有一些问题要深入进行研究解决"。

卧龙特区关于改善其管理机制的努力一直在进行。2014年5月7日，四川省曲木史哈副省长率省政府相关部门和省林业厅负责人赴卧龙调研时，明确表示应认真考虑卧龙运行机制问题。随后，省政府副秘书长赵学谦分别于2014年6月11日和11月19日主持召开卧龙发展问题专题会议，要求省林业厅、卧龙特区再次对运行机制进行调研，提出合理的方案。省林业厅与卧龙特区共同就影响卧龙发展的机制问题进行了深入研究和细致分析，向省政府提出了解决卧龙发展机制问题的三个建议方案：一是将卧龙参照四川省扩权强县试点对待，即"59+1"模式；二是将卧龙作为阿坝州县级单位单列管理，即"13+1"模式；三是根据需要适时召开现场办公会议，针对性解决问题，即"4+N"模式。此后，由于考虑到中国保护大熊猫研究中心机构变更和人事变动，暂时放缓了推进解决卧龙运行机制问题的进度。

2015年4月13日，阿坝藏族羌族自治州州委书记刘作明率领州级领导和部门负责人到卧龙调研"十三五"规划和旅游发展工作。在卧龙召开工作座谈会时，刘作明书记明确提出卧龙特区作为阿坝州行政区划的一部分，其法定地位是阿坝州的"13县+1区"，由州县共建，在3~5年内将卧龙、四姑娘山打造成阿坝州的第四个 5A 级景区，要求除已经给予极大支持的教育、民政、卫生事业外，卧龙特区的"十三五"规划要在阿坝州单列，尤其在地灾治理、水利、对口支援西藏，以及卧龙特区经济发展、社区建设等方面，州委州政府和州级各部门要进一步给予卧龙特区积极支持，持续推进卧龙发展。

2016 年 1 月 11 日，按照曲木史哈副省长相关批示精神，四川省政府副秘书长赵学谦主持召开研究完善卧龙特区运行机制专题会议，阿坝州人民政府、省发展改革委等 15 个省直有关部门及卧龙特区负责同志参加会议。会议指出，卧龙特区的设立对加强四川省生物多样性保护，促进大熊猫保护科研事业，推动地方经济社会发展有重要作用。阿坝藏族羌族自治州、汶川县人民政府及省直有关部门要高度重视卧龙特区经济社会发展相关工作，抓好大熊猫保护特殊品牌建设。要加大对卧龙特区建设的支持力度，抓住国家公园体制建设机遇，促进特区经济社会与大熊猫保护工作共同发展。会议作出如下决定。一、在现有体制不变的情况下，做好机制创新和完善。当前，寻求体制变革存在较大困难，应注重通过运行机制的创新和完善，充分调动省、州、县各方面积极性，解决当前困扰特区经济社会发展的现实直接问题。二、阿坝州人民政府要认真研究，积极主动做好特区经济社会发展项目安排。抓好特区经济社会发展是阿坝州的法定职责，州人民政府应加大对卧龙特区的管理指导和支持力度，统筹做好"十三五"规划项目的安排部署。三、四川省林业厅要认真研究事务权限划分，与阿坝州、汶川县人民政府做好事权划分，务必做到事权清晰，责任明了。四川省林业厅和卧龙特区应加强与阿坝州、汶川县及省直有关部门的沟通衔接，争取更多支持政策，确保涉藏地区民生等惠民政策全面惠及卧龙特区。四、省直有关部门要一如既往做好对卧龙特区项目、经费的支持，要主动检查州县报送的规划、项目、经费是否覆盖卧龙特区，已安排的工作是否落实，避免出现支持政策和工作的真空地带。

党的二十大明确提出了建设人与自然和谐共生的现代化目标，随着国家公园体制试点的实施，卧龙管理体制面临新征程新挑战。

一是多头多层次领导。卧龙特区由省林业和草原局代管，但行政区划上属于阿坝州，国民经济及社会事业发展规划和相关经济社会发展指标纳入阿坝州管理。同时，特区身处汶川县内，某些工作受汶川县管理，比如特区的法庭、检察科都是汶川县法院、检察院的派出机构。特区下辖的卧龙镇和耿达镇不仅要承担林业和大熊猫保护工作，而且要负责当地两个镇的经济、社会发展任务，不少管理工作需要与省直有关部门对接。在这种多头管理的形势之下，很多问题的处理效率势必下降，特区争取上级支持的难度也将越来越大。

二是责权不对等。特区实际承担了一级政府的职能，但却没有一级政府的职责职权。因为没有法定的上级行业主管部门，教育、卫生、民政、农业等行业主动接受州县行业主管部门的管理或业务指导，工商、法制、文化、体育等事务还没有归口管理，经信、商务等事务工作还未设置工作机构，涉及全国人大常委会授权的地方性事务工作均无法开展。

三是行政执法有障碍。特区缺乏必要的法律授权，没有行政执法主体资格，不能办理行政执法证件，无行政复议上级机关，不能顺理成章地开展各项行政执法，不能对自然保护区的多项事务形成有效的管理。

四是财权事权不匹配。卧龙特区作为四川省林业和草原局的二级预算单位，非林业预算不能在上级主管部门的预算中得到正常安排，财政虽然特殊关照，但难以全面获得相应的政府预算拨款。特区按部门预算保障经费，省财政仅保障人员工资和日常公用经费，财政一般性转移支付无法转移到卧龙，中央、省、州三级财政安排的政策性民生专项资金主要通过州、县行业管理渠道争取和落实，仅有的少量税收主要用于弥补应由县级财政配套的民生资金，区内基础设施项目的建设运行、经济建设、社会民生发展等得不到有效的经费保障。

因此，卧龙的管理体制的确需要进一步完善，各级管理部门应加大对卧龙特区建设的支持力度，充分赋权赋能，保障特区自然保护事业和民生发展事业的顺利发展。

二、行政编制缺口

卧龙特区作为事业单位不得不承担相应的行政管理职能，事业与行政人员混岗现象普遍，事业单位人员被动成为不合法的执法者，政事不分，制约了卧龙公共服务和公益事业的发展。卧龙特区行政编制一直存在较大缺口,与卧龙管理局合署办公,挤占了管理局的编制,工作上靠教育卫生编制的事业人员和大量聘用人员维持。四川省出台国家公园试点意见后,中国大熊猫保护研究中心正式从卧龙管理局分离,从管理局划拨 110 名中央事业编制至中国大熊猫保护研究中心,从特区公务员编制中划拨 20 名行政编制至四川省林业和草原局,选拔 14 名在编在岗年轻同志到四川省林业和草原局工作。之后,特区行政编制和干部数量更加捉襟见肘,很多部门存在一个人承担一个局的工作局面。而繁重的生态环境保护、环保督察、乡村振兴等工作导致自然保护区社会稳定和保护管理等风险急剧增加,无力有效应对国家公园试点与创建。

三、队伍结构失衡

卧龙体制的局限客观上造成干部成长与交流存在障碍。卧龙地域上包含两镇,两块牌子共挂一处,人员混岗使用,历史成因导致管理目标难以实现"横向到边、纵向到底"。国家公园体制试点期间,机构局部变动,但适应性调整没有同步。卧龙管理局 2016 年划转 79 名工作人员到中国大熊猫保护研究中心,2017 年划转 14 名年轻干部到省林业厅后,干部队伍的结构性缺陷凸显。特别是天然林资源保护工程实施以来,卧龙林业职工(含临时聘用职工)基本都是只出不进,一线职工队伍平均年龄超过 45 岁,关键岗位平均年龄超过 50 岁。卧龙管理局员工年龄结构不合理,知识文化水平偏低,专业技术更新较慢,缺少年富力强的干部。人才断档和复合型人才缺乏已经成为保护监测、科研、社区发展的瓶颈。

第二节 保护与发展的矛盾

卧龙保护区虽然经历了 60 年的发展,但是前进的道路并非一帆风顺,保护与发展的矛盾突出。卧龙保护区面积超过 2000km^2,其中生态保护红线面积超过 99%,协调土地利用与生态环境保护的压力大。根据第三次全国土地调查,卧龙镇、耿达镇人均耕地面积不足 1 亩,且沿河谷分布或半高山分布。此外,权责对等的管理体制和协调联动机制尚未完全建立,统筹生态保护修复与民生发展诉求面临较大压力和阻力。

一、水电退出与补偿安置

在进入中等收入水平以后,通过牺牲环境和资源换取快速经济发展的方式已经不可持续,因此,跨越中等收入陷阱需要提高经济发展质量。高质量发展是党的十九大首次提出的新表述,我国经济发展进入新常态。党的十九大提出构建现代化经济体系,指出:"我国经济已由高速增长阶段转向高质量发展阶段,正处在转变发展方式、优化经济结构、转换增长动力的攻关期,建设现代化经济体系是跨越关口的迫切要求和我国发展的战略目标。"党的二十大报告指出"中国式现代化是人与自然和谐共生的现代化""必须牢固树立和践行绿水青山就是金山银山的理念,站在人与自然和谐共生的高度谋划发展"。大熊猫国家公园极具物种代表性,是落实上述国家战略的先行区,肩负着生态保护和经济社会发展转型的双重责任,对践行"绿水青山就是金山银山"理念具有重大实践意义。

大熊猫国家公园设立后,大熊猫国家公园内的小水电站尽管为当地社会经济发展作出过历史贡献,但基于新时代更严格的生态保护需要,面临关闭停产。按照长江经济带小水电清理整改要求,大熊猫国家公园卧龙片区公园内的小水电要退出历史。在小水电站的退出过程中,需要妥善化解矛盾冲突,平稳有序退出,需要有较为明确的政策,依法给予补偿或者安置,维护相关权利人合法利益。小水电站的拆除以及生态恢复还需花费资金,这些均需财政支出或给予适当比例补贴。

二、社区建设与环境资源约束

国家公园是生态文明实践中构筑生态保护底线,维护国家生态安全,建设生态文明和美丽中国的有力支撑。国家公园内或与国家公园边界相邻社区的发展质量直接关乎国家公园的建设,因此,强调保护第一,引导当地政府在国家公园内或国家公园周边合理规划社区建设显得尤为重要。

2019年1月23日,中央全面深化改革委员会第六次会议审议通过了《关于建立国土空间规划体系并监督实施的若干意见》《关于建立以国家公园为主体的自然保护地体系指导意见》等文件,文件提出要科学划定"三区三线",这对于实现国土空间合理规划和利用,正确处理自然资源保护与开发的关系具有重大意义。"三区三线"是指根据城镇空间、农业空间、生态空间三种类型的空间,分别对应划定的城镇开发边界、永久基本农田保护红线、生态保护红线3条控制线。卧龙保护区面临"三区三线"划分后带来的压力。国家公园体制下,卧龙保护区几乎全域划入生态红线,大熊猫国家公园卧龙片区的一般控制区占7.94%,核心保护区占92.06%,在所有自然保护地中是最高的。卧龙片区同时还是大熊猫遗产地,卧龙保护区没有划入国家公园的面积(4.57km^2,为2022年勘界面积)面临的现实问题是人均耕地不足1亩,如何释放生态空间和掌控生态红线将是长期需要协调的矛盾。群众日常生产生活、民生项目、配套基础设施建设均受到严格的政策限制和空间约束。森林康养和生态旅游是卧龙、耿达两镇广大群众经济发展的支柱产业,但缺少足够的发展区域和空间,在该区总体规划、专项规划没有出台的情况下,难以在用地指标、项目立项、环评、行政审批等方面获得许可,制约着卧龙生态保护和社会经济的可持续发展。

此外,国家公园体制改革以后,在卧龙片区一贯体现并得到的生态红利会或多或少与过去有差异,由此可能激发一些矛盾。比如天保工程中的协议管护资金今后可能会与财政转移支付统筹使用,过去人均承包的林区每人每年能得690元,享受了20多年,但今后人均获得的保护资金可能会出现变化;卧龙保护区、卧龙特区特有的"以电代柴"惠民措施在完全市场化后,卧龙老百姓付费电价在现有基础上会出现翻番的情况;特区两镇在民宿的数量和区位方面差异很大,即使是同镇同域,也面临民宿发展不平衡,这一定程度传导到保护会形成新的压力;核心区的过度放牧问题不解决,也将长期影响到大熊猫栖息地的保护;横贯卧龙国家公园东西98.60km的国道,都江堰至四姑娘山的山地轨道75.20km穿越国家公园,访客的剧增,无疑会给卧龙的环境容量和资源承载力带来巨大的挑战。

保护在为社区发展带来挑战的同时,也应看到国家公园体制下,严格生态保护政策的实施坚守了生态红线,保障了生态安全底线,为社区的可持续发展提供了可靠的资源和环境承载力。社区产业经营的规模、经营标准、环境友好程度都会成为国家公园的规范化要求,由此可为社区带来可控的、高质量的产业发展空间。

三、传统种养业和低端服务业制约

在自然保护地,当地居民利用自然资源的方式主要是采集保护区内的野生食材和中药材、放牧等。由于当地居民往往受教育程度较低,交通不便,居民人均可支配收入低于周边,传统种植、养殖在收入中仍占较大比例。随着交通条件的改善,不少居民开设农家乐,但由于缺乏统一的规划和差异化市场定位,一拥而上的农家乐无论在旅游旺季还是在旅游淡季往往会出现相互杀价、恶性竞争,且服务质量不高的现象。同时,少数当地居民无序烧烤对生态保护和环境卫生管理造成不良影响,对绿色发展或可持续生计产生负面影响。

根据第四次全国大熊猫调查,大熊猫国家公园内的两大威胁来自放牧和林下采集等相关传统农业。国家公园发展在坚持保护第一的前提下,适度的生态旅游是解决传统种养殖业转型发展的关键。以卧龙特区近年经济收入结构的变化为例,文化与旅游收入的比例大幅上升,种养殖业或将成为点缀型产业,用于满足消费者观光与体验。农民不是只从事种地和养殖,保护区的巡护队员也不仅限于巡山,而是成为懂家乡、护生态、能导游、会讲解的复合型人才,社区居民的素质在外部市场的推动下也将得到大幅提高,社区可持续发展能力也因此得到进一步提升。

在国家公园创建期间,卧龙保护区、卧龙特区注重引导原住居民绿色发展转型、谋求高质量发展,积极探索特许经营,优先考虑当地居民或当地企业参与,支持当地居民在适宜的区域从事一些林下经济、农事体验等经营活动,推动园区居民的转型发展,也鼓励开展自然教育、生态体验、科普宣教等活动,引导和支持当地政府在国家公园的周边建设大熊猫公园入口社区、发展特色小镇,提升大熊猫国家公园和社区的公共服务水平,促进传统种养殖业,尤其是低端服务业提档升级。

第二十章 大熊猫国家公园体制试点

党的十八届三中全会把建立国家公园体制作为重点改革任务之一，在众多自然保护地的基础上加以探索。2017年1月，中共中央办公厅、国务院办公厅印发《大熊猫国家公园体制试点方案》。党的十九大报告提出："建立以国家公园为主体的自然保护地体系"，为大熊猫国家公园体制建设指明了前进方向，提出了更高要求。

第一节 试点总体情况

2017年1月，中共中央办公厅、国务院办公厅印发了《大熊猫国家公园体制试点方案》，大熊猫国家公园体制试点正式拉开了帷幕。2017年9月，中共中央办公厅、国务院办公厅印发了《建立国家公园体制总体方案》，确定了我国国家公园体制试点总体纲领。2019年6月，中共中央办公厅、国务院办公厅印发了《关于建立以国家公园为主体的自然保护地体系的指导意见》，确立了建成中国特色以国家公园为主体的自然保护地体系的总体目标。国家公园体制试点以来，各国家公园按照党中央决策部署，结合各地实际情况，探索出了许多值得借鉴的经验。大熊猫国家公园跨四川、陕西、甘肃三省，涉及10个市（州）30个县（市、区），试点总面积2.71万 km^2。其中，四川省涉及7个市（州）20个县（市、区），面积2.01万 km^2，占大熊猫国家公园总面积的74.36%，有野生大熊猫1227只，占大熊猫国家公园野生大熊猫总数的75.23%。

大熊猫国家公园管理体制是从国家、省到市（州）分局三级管理模式，国家林业和草原局在驻成都专员办加挂大熊猫国家公园管理局牌子，四川、陕西、甘肃分别成立大熊猫国家公园省管理局，省管理局下设大熊猫国家公园管理分局。2020年2月，《大熊猫国家公园总体规划（试行）》印发。2021年10月，在《生物多样性公约》第十五次缔约方大会领导人峰会上，习近平主席宣布首批5个国家公园正式设立，标志着国家公园体制试点取得阶段成果。2023年8月，国家林业和草原局印发《大熊猫国家公园总体规划（2023—2030年）》（林函保字〔2023〕86号）。大熊猫国家公园总面积为2.2万 km^2。

第二节 试点机构建设

2020年9月，四川省大熊猫国家公园体制试点接受了国家试点评估验收。为学习借鉴三江源国家公园体制试点经验，四川省林业和草原局选派人员赴三江源国家公园进行了考察，作为四川大熊猫国家公园体制试点探索借鉴[①]。

一、明确管理机构设置

2019年1月，中共四川省委办公厅、四川省人民政府办公厅印发了《四川省大熊猫国家公园管理机构设置实施方案》[②]。明确在省林业和草原局加挂"大熊猫国家公园四川省管理局"牌子，实行国家林业和草原局与省政府双重领导，以省政府管理为主的管理体制。局长由四川省林业和草原局局长兼任，新增专职副局长2名，总规划师1名，设置栖息地保护处、科研教育处、社会协调发展处、法规督察处、建设管理处5个内设机构，领导职数均为1正1副，新增行政编制30名，具体承担四川省大熊猫国家公园体制试

---

① 中共四川省林业和草原局直属机关委员会. 四川省林业和草原局2020年度部门（单位）调研课题成果汇编，2020年3月.
② 中共四川省林业和草原局直属机关委员会. 四川省林业和草原局2021年度部门（单位）调研课题成果汇编，2021年1月.

点及管理工作。设立成都、德阳、绵阳、广元、雅安、眉山、阿坝 7 个管理分局，作为大熊猫国家公园四川省管理局的派出机构，实行四川省林业和草原局（大熊猫国家公园四川省管理局）与市（州）政府双重领导，以市（州）政府管理为主的管理体制，市（州）党委、政府分管领导兼任分局局长。新设置四川省大熊猫科学研究院作为省林业和草原局（大熊猫国家公园四川省管理局）直属公益一类事业单位，核定事业编制 50 名，负责大熊猫及国家公园有关科学研究。

二、完善基层管护站设置

按照不新增机构、不新增编制的原则，以各管理分局为主导，由易及难、理顺关系、完善机制，建立管理分局与县（市、区）人民政府双重领导，以县（市、区）人民政府管理为主的管理体制，整合辖区内各类自然保护地机构，在各县（市、区）成立管理（管护）总站，负责大熊猫国家公园的野外巡护、森林抚育和资源监测等工作。试点期间，7 个管理分局设立 21 个管理总站、103 个管理（管护、保护）站、1 个巡护监测中心。落实在编专职工作人员 1075 名，落实生态管护岗位 6857 个，确保巡护力度不减，保护能力得到加强。

三、构建统一规范的管理体系

2019 年 7 月，四川省委组织部、四川省委机构编制委员会办公室、四川省财政厅、四川省林业和草原局（大熊猫国家公园四川省管理局）联合印发了《四川省大熊猫国家公园各管理分局运行机制意见》，指导各管理分局机构组建工作，进一步明确了机构设置、干部管理、经费保障、职责划分等问题，探索形成了"国家管理局一省管理局一管理分局"的管理机构体系。为此，大熊猫国家公园四川省管理局内设机构及 7 个分局内设机构人员均到位到岗履职，运转情况良好。充分发挥中央和地方积极性，兼顾生态保护和社区发展，以"保护为主、全民公益性优先"为第一目标，践行"山水林田湖草是生命共同体"理念，构建一套机构设置扁平合理、人员配备精干高效、经费保障充分到位的管理体系。

1）实施统一管理。按照"两个统一行使"的原则，由四川省政府授权大熊猫国家公园四川省管理局统一行使试点区域内"自然资源资产管理职责"和"国土空间用途管制职责"，具体由大熊猫国家公园管理分局、管理总站承担，所涉市县政府不再行使国家公园内国有自然资源资产所有者职责。同时，在国家公园管理机构和地方政府之间建立协调机制。

2）逐步推进垂直管理试点。一是加强省局统管能力，整合部分重点区域保护管理机构、人员和职责，由省局直管。二是实行分局以下直管，基层管理总站（保护站）由分局与所在县（市、区）政府共同管理，以分局管理为主，干部人事由分局统一管理，经费由市（州）财政统一保障。三是交叉任职，分局、基层管理总站（保护站）主要负责同志兼任所在市（州）、县（市、区）党委班子成员，基层管理总站（保护站）班子成员的任免须征求上级主管部门意见。

3）加强四川省大熊猫科学研究院建设。推进与中国科学院及其他相关高校等的战略合作，加强科研经费支持，共建四川省大熊猫科学研究院。依托四川省大熊猫科学研究院加强国际合作，共建国家公园研究院。

第三节　试点期卧龙片区工作

2019 年 1 月，卧龙保护区、卧龙特区在原建制的基础上加挂了"大熊猫国家公园阿坝管理分局"牌子，但由于各方面意见不统一，基于多方面原因，阿坝管理分局既没有在卧龙办公，实际也未对卧龙进行管辖，卧龙片区的工作仍然在原"政事合一"管理体制下运行。国家公园体制试点是中央部署的改革任务，卧龙围绕国家公园是自然保护地体系主体这一核心要求，按照学习研究、掌握政策、适应改革、推动发展的思路，试点期间主要做了如下工作。

一、加强栖息地保护管理

坚持"保护第一",加强栖息地保护管理,按法律法规办事,扎实开展生态环境整治,抵御外来有害生物侵入,截至2022年未发生生态灾难性事件。试点期间,为摸清资源保护底数,完成了卧龙保护区本地资源调查,开展了森林资源二类调查,组织了年度反盗猎、护笋、利剑、绿盾、清山清套等专项行动,开展了沿线公路、近山、高远山巡护,确保了大熊猫栖息地的安全。持续开展了91条野外大熊猫固定样线巡护、大熊猫重点区域监测(每两年1次)。2018年实施了生态环境监测建设项目,建设了6个生态环境质量监测站、3个水质监测站。2017年对环保卫片提出的55个点位疑似问题逐一对比核实,对确认存在的26个问题逐一整改,同步对卧龙环境乱象进行整治,2018年底中央生态环境保护督察"回头看",第五督察组组长黄龙云到卧龙现场督察并对卧龙整改情况给予了肯定。2019年环保大检查大整改验收销号。在2018年生态环境部等七部委开展长江经济带国家级自然保护区管理评估中,卧龙在11省(市)120处保护区中排名第一。

二、推动野外科研监测

卧龙保护区加强了重点区域野外大熊猫调查与监测,2016年运用DNA技术开展了对野生大熊猫个体建档研究,以便掌握野生大熊猫种群动态;实施了白色大熊猫、雪豹、中华扭角羚、大熊猫伴生物种、野生植物、天保成效评估、栖息地环境样方监测等多领域科研项目;开发巡护监测平台和软件,加强与科研院校合作,开展从物种到生态系统等多领域科研监测;发挥科研平台作用,加强与中国林业科学研究院、中国大熊猫保护研究中心、北京大学、四川农业大学、西华师范大学等科研院所及高校的合作;随着野外科研不断取得新成绩,雪豹成为卧龙科研监测新亮点。2017年,卧龙保护区主办横断山雪豹研讨会,主导开启了横断山雪豹保护科研,提出了"雪豹,生活在大熊猫上铺的兄弟""大熊猫+雪豹"双旗舰物种保护的宣传主题,得到WWF认同和支持。2020年WWF主办大熊猫与雪豹双旗舰保护国际论坛,卧龙专门做了双旗舰缘起主题发言。2018年,卧龙保护区受邀参加国家林业和草原局主办的雪豹国际论坛,作为唯一的保护区代表在会议上作了主旨专题报告。卧龙保护区整合资源力量,加强科研投入,在体制试点期间,编制了卧龙管理计划(2018—2023年)。

三、谋划社会民生高质量发展

"5·12"汶川特大地震灾后重建,卧龙特区、卧龙管理局有计划地将高半山农户整体搬迁至山下聚居,扩大了野生动植物栖息地空间,同时引导生产方式由传统农业种植向生态旅游业转变。2017年卧龙特区、卧龙管理局提出"保护优先、绿色发展、统筹协调"发展理念,将保护工作与民生发展深度融合。引导和鼓励绿色产业转型升级,规范民宿发展秩序,改善服务质量,提升卧龙康养度假的舒适度和体验度。持续实施"天然林协议管护""以电代柴"等系列惠民措施,增加护林员、巡护员岗位,带动农民参与生态保护并获得稳定收入。发挥卧龙自然资源独特优势,积极争取投入,持续巩固脱贫攻坚成果,结合乡村振兴战略,注重抓好生态环境保护与整治,抓好森林康养、生态旅游等绿色发展的基础性、公益性服务设施建设,提升公共服务水平。在谋划卧龙长远发展方面,重点推进两项工作。一是科学编制规划。卧龙保护区集中力量,开拓思路编制《大熊猫国家公园卧龙片区野生动植物保护"十四五"重大项目规划及2035远景目标规划》。坚持"生态保护第一"要求,将民生发展、入口社区建设、大熊猫文化建设、自然教育与生态体验、自然历史文化保护等需求有机地融入规划中。二是衔接乡村振兴。提升耿达镇森林康养民宿和卧龙镇生态特色小镇基础设施建设,谋划与乡村振兴部署的全面对接,争取分批次纳入乡村振兴示范村打造,依托大熊猫生态旅游品牌,融入阿坝州全域旅游发展战略,建设大熊猫生态旅游目的地。

四、主动为体制试点贡献卧龙力量

积极迎接中央全面深化改革领导小组办公室、中央财经领导小组办公室、中央机构编制委员会办公室、全国人民代表大会常务委员会、国务院参事室、自然资源部、国家林业和草原局、省委、省政府等上级领导的督导、调研，在接触中进一步提高认识、明晰思路并提出意见建议。积极争取支持，实施自然教育项目、社区可持续发展规划研究项目，为开展自然教育体验、推动社区民生发展提供思路，举办了2017年大熊猫动漫创新设计大赛，为国家公园、大熊猫文化推广发声。与中国科学院专家就"生态新特区、卧龙再出发"开展"大熊猫国家公园体制试点下的卧龙发展"研究。2018年实施了卧龙科普及自然教育项目，通过完善课程设置、规范培训内容，为打造以卧龙生物多样性为科普特色的公众自然教育样板基地提供支撑。2019年完成了大熊猫国家公园社区可持续发展规划研究项目，推动社区民生发展和生态保护同步。2019～2020年实施了卧龙大熊猫国家公园保护利用设施建设项目，打造了邓生沟生态体验基地和保护监测信息化"123"工程，初步构建了卧龙片区"天空地一体化"监测体系，建成了大熊猫国家公园卧龙数字管理平台，着力提升信息化在生态保护和管理中的运用。2020年与中国卫通集团有限公司合作，探索提升国家公园复杂地形环境下巡护监测与应急通信的能力。配合大熊猫国家公园四川省管理局编制大熊猫国家公园专项规划，将大熊猫国家公园卧龙片区建设对标国家层面《大熊猫国家公园野生动植物保护"十四五"重大项目规划及2035远景目标规划》，提出重大、重点、重要项目规划建议。

五、注重生物多样性保护宣传

卧龙野外雪豹调查队将记录的野外巡护工作场景制成短片——来自雪山的呼唤。真实的工作场面让各级领导深受触动。与央视网联合拍摄《自然传奇》栏目之《雪豹小分队》纪录片，并于2018年国际雪豹日当天在中央电视台纪录频道播出。该片获中央电视台年度纪录片创新奖。与英国广播频道、中央电视台纪录频道、央视网、江苏卫视、湖南卫视合作，联合拍摄纪录片和专题片，在新华社、人民日报、央视网等主流媒体发布了大量新闻通稿和专题专版文章，数次登上中央电视台《新闻联播》，数次上微博热搜，共同推进保护宣传。

六、大熊猫国家公园创建

2019年8月，卧龙保护区完成了大熊猫国家公园片区功能区调整；2020年5月，以建制村为单元完成大熊猫国家公园自然资源确权登记；2021年6月，完成卧龙大熊猫国家公园保护利用设施建设；2022年12月完成大熊猫国家公园片区确界定标，同年实施了标牌标识规范建设、木江坪保护站新建与提升工程、其他保护站点维修等项目。配合各级政府和有关部门开展大熊猫国家公园体制试点、立法调研工作，围绕地方事务划转，协助汶川拟订了地方接收方案，阿坝州、汶川县加大了对卧龙、耿达两镇的督导检查频次和指导力度。2023年8月，卧龙保护区、卧龙特区完成了大熊猫国家公园自然资源统一确权登记有争议图斑的确权工作。

第四节 大熊猫国家公园创建的探讨

建立国家公园体制是全面深化改革、推进生态文明建设的一项标志性举措，具有里程碑意义。国家公园是我国自然生态系统中最重要、自然景观最独特、生物多样性最富集的地区，对国家生态安全具有非常重要的作用，也是国家高质量发展的组成部分。建设具有中国特色的国家公园管理体制，可解决我国现行各类自然保护地管理中存在的权责交叉、范围重叠和多头管理的问题，实现山水林田湖草沙系统治理，形成严格的保护制度，达到维护国家生态安全和建设美丽中国的目标。2021年9月30日，国务院批复设立大熊猫国家公园；2021年10月12日，习近平主席在联合国《生物多样性公约》第十五次缔约方大会领导人峰会上宣布正式设立大熊猫国家公园。大熊猫国家公园内相关区域一律不再保留或设立其他自然保护地类型，只有国家公园一个牌子，一个管理实体。卧龙国家级自然保护区也将正式转变为大熊猫国家公园卧龙片区，同时继续保留四川大熊猫栖息地世界自然遗产、世界生物圈保护区等称谓。卧龙保护区60年创造了领航世界的大熊猫保护科研成就，维系了完整的大熊猫栖息地，进行了人与自然相处之道的有益探索。这些成就只能代表昨天的卧龙，今天不成熟的探讨为一家之言，只为国家公园明天更加美好。

一、理顺管理体制机制

卧龙原有卧龙管理局和卧龙特区"两块牌子、一套班子"的体制设置为保护地发展建设积累了丰富的经验，尤其在统筹生态保护和民生发展方面作出了积极探索，成效显著，为大熊猫国家公园体制建设提供了丰富的前期经验和案例，在探索生态经济发展双赢路径中取得了超前的成绩，使卧龙成为国内生态保护领域中享有极高声誉的人与自然和谐相处的典范。在体制创新方面，卧龙始终走在大熊猫保护管理领域的最前沿，为此，我们在理顺管理体制机制方面提出如下建议。

第一，卧龙保护区由于整体纳入大熊猫国家公园范围，且超过不少管理分局的管辖面积。为了继续加强卧龙在国家公园邛崃山系的原真性、完整性和连通性，建议设立卧龙管理分局，彰显卧龙在大熊猫保护方面的金字招牌。

第二，建议卧龙管理局不再与特区合署办公，采取适度又密切的合作方式运行，擦亮卧龙在世界大熊猫保护科研方面已经形成的"金字招牌"，在大熊猫国家公园建设中发挥引领性作用。

第三，借鉴三江源管理模式，按照"两个统一行使"原则，核心是由中央政府委托省级人民政府代行全民所有"自然资源资产所有权职责"和"国土空间用途管制"，具体由大熊猫国家公园四川管理局承担，所涉市县政府不再行使国家公园内国有自然资源资产所有者职责。

第四，若单独设立卧龙管理分局难度较大，建议按照"政事分开"原则，将特区交由地方管理。同时，充分发挥原保护区科研、技术、人才队伍优势，转型为大熊猫国家公园保障类、技术类事业单位，承担科研、巡护、监测、评价中心、科普教育等职能。

二、合理划转地方事务和人员管理

根据中央机构编制委员会印发的《关于统一规范国家公园管理机构设置的指导意见》（中编委发〔2020〕6号）的精神要求，社会事务由属地政府负责。卧龙特区地方事务职责划转汶川县，主要包括全面划转和特区机关涉及的地方事务归口汶川县。需全面划转的有两镇、学校、医院、福利院、社会保险、就业、医疗保险管理、供排水管理等。特区机关涉及的地方事务归口汶川县的包括特区财政预算决算管理和监督实施；国有资产和预算外资金的管理；人力资源管理；发展改革和城乡规划建设工作；林业、国土、水利、矿产等资源的管理；农业农村、畜牧业及乡村振兴工作；特区医疗、卫生、计生、教育、民政、残联、退役军人事务、食品药品监督管理；自然灾害应急管理；市场主体及其经营活动进行注册登记和监督管理等。机构改革中核心的问题是人员的转隶安置问题，卧龙特区成立以来一直与卧龙管理局合署办公，在用人方面打破了彼此编制身份的限制，卧龙特区事业人员与管理局事业人员按照工作需要相互混用，未分彼此，即目前在乡镇、医院、交通局等特区单位和部门中有不少人员还是卧龙管理局的编制。因此，统筹考虑，妥善处理好特区和管理局事业人员的去向问题尤为重要。

第一，针对卧龙特区人员，大熊猫国家公园卧龙分局由划转地方后留在特区的37名公务员和大熊猫国家公园阿坝管理分局在编公务员组建。根据目前卧龙特区领导班子和大熊猫国家公园阿坝管理分局干部配备的实际情况，可突破管理分局领导干部配备要求进行超编超职数配备干部。特区地方事务划转汶川后剩余的13名事业编制人员转到新组建的大熊猫国家公园卧龙管理分局，或者随卧龙管理局一并转到保障机构。特区10个行政执法类事业编制可以设置机构吸收。

第二，卧龙管理局待中央机构编制委员会和国家林业和草原局正式批复将卧龙管理局移交四川省管理后，卧龙管理局人员转隶与管理按照省出台的具体方案实施。鉴于现在卧龙管理局事业编制人员较多，为了岗位不空置、人员不闲置，人员可转隶到相应的事业单位；或由省林业和草原局直属事业单位整体转隶或部分转隶；或整合组建卧龙保护管理总站、邛崃山系大熊猫雪豹旗舰物种科研监测中心、生态可持续发展研究中心等事业单位，进行整体转隶管理。

第三，卧龙特区和卧龙管理局的编外人员按照经费保障渠道和人员所在事权岗位相结合进行转隶与管理，建议特区编外聘用人员转汶川，管理局编外聘用人员转隶到新机构。

第四，卧龙特区和卧龙管理局退休人员按退休时所在编制单位的级别及个人职务，结合机构改革落地的时间节点，按照"老人老办法、新人新办法"的具体情况分别转隶与管理。

三、加强资源环境执法力度

资源环境综合执法建设是大熊猫国家公园体制建设的应有之义，是强化行政执法体制改革的必然要求，也是实现公园居民美好生活的现实需要，更是建设美丽四川的重要保障。体制试点期间，央、地相继出台文件推动环境资源综合执法建设。国家公园管理体制的建立是保护资源环境的重要一环，在自然文化、自然资源、人与自然共处等方面都有重大意义。《建立国家公园体制总体方案》中提出要有效地保护生态系统的原真性与完整性，创新管理体制机制，探索新的生态保护模式。建设具有中国特色的国家公园管理体制，可解决我国现行各类自然保护地管理中存在的权责交叉、范围重叠和多头管理的问题，实现山水林田湖草沙系统治理，形成严格的保护制度，达到维护国家生态安全和建设美丽中国的目标。

我们从大熊猫国家公园资源环境执法建设方面提出如下建议。

第一，由省政府授权国家公园执法队伍统一行使公园内生态保护、资源环境执法职责，整合公园内林草、自然资源、生态环境、水利、农业农村等部门的生态保护执法职责。

第二，理顺管理体制。建议在省局加挂公园执法机构牌子，统一指导公园内执法工作，出台管理办法和规章制度，强化执法管理职责。

第三，组建公园执法队伍。在管理分局、管理总站（保护站）层面组建执法队伍，行使公园内生态保护、资源环境执法权力。

专栏：各级出台的大熊猫国家公园执法相关文件

● 2017年1月，中共中央办公厅、国务院办公厅印发的《大熊猫国家公园体制试点方案》明确提出整合所在地资源环境执法机构组建综合执法队伍，由大熊猫国家公园管理机构管理并依法实行资源环境综合执法。

● 2017年3月，四川省实施了以森林公安为主的林业综合行政执法改革，由省政府统一授权森林公安行使林业5类74项行政处罚权及有关行政强制权，这为大熊猫国家公园实行资源环境综合执法进行了前期探索，也为大熊猫国家公园四川试点区资源环境保护提供了执法保障。

● 2017年8月，四川省大熊猫国家公园体制试点工作推进领导小组印发《四川省大熊猫国家公园体制试点实施方案（2017—2020年）》，明确创新生态保护管理体制，完善大熊猫国家公园资源环境综合执法体系的工作内容、责任单位及完成时限等。

● 2017年9月，中共中央办公厅、国务院办公厅印发《建立国家公园体制总体方案》，明确提出通过对生态环境保护、自然资源监管和自然资源资产体制的改革，进一步完善管理的职责，规定统一由一个部门来履行保护国家公园的职责。国家公园管理机构的设立，除了协调好与当地政府和周边社区的关系外，应积极履行生态保护、特许经营管理、自然资源资产管理等各个方面的职责，可根据实际授权国家公园管理机构履行资源环境综合执法的职责，这标志着我国国家公园体制建设进入一个新的阶段。

● 2017年9月，四川省大熊猫国家公园管理机构筹备委员会印发《四川省大熊猫国家公园管理机构筹备委员会工作小组设置方案》，成立森林公安组，具体负责提出组建大熊猫国家公园资源环境综合执法队伍的方案和集中统一开展综合执法的政策。

- 2018年7月,"成都市人民检察院驻大熊猫国家公园成都片区检察工作站"授牌,全国首家"成都大熊猫保护生态检察官团队"正式成立。
- 2018年12月,中共中央办公厅、国务院办公厅印发了《关于深化生态环境保护综合行政执法改革的指导意见》,标志着生态综合执法改革从试点探索阶段转入了全面铺开的新阶段。
- 2019年1月,四川省委办公厅、省政府办公厅印发《四川省大熊猫国家公园管理机构设置实施方案》,明确大熊猫国家公园四川省管理局设置法规督查处等5个内设机构,主要承担大熊猫国家公园涉及四川省区域的具体试点工作,负责国家公园内的资源环境综合执法等相关工作。同时,成都、德阳、绵阳、广元、雅安、眉山、阿坝7个管理分局挂牌。
- 2019年6月,中共中央办公厅、国务院办公厅印发《关于建立以国家公园为主体的自然保护地体系的指导意见》,明确建立包括相关部门在内的统一执法机制,在自然保护地范围内实行生态环境保护综合执法。
- 2019年12月,四川省委机构编制委员会办公室批复大熊猫国家公园管理分局有关机构编制事项。明确各管理分局设立法规督查部,负责辖区内大熊猫国家公园资源环境综合执法等工作。
- 2020年6月,大熊猫国家公园四川省管理局印发《关于严厉打击破坏自然资源环境综合执法专项行动实施方案的通知》,联合各地林业、农业、水利、生态、自然资源等部门开展综合执法行动。
- 2020年6月,四川省高级人民法院批复成立大熊猫国家公园成都、德阳、绵阳、广元、雅安、眉山片区及卧龙法庭,标志着初步构建起大熊猫国家公园相关司法保护工作新框架,开启了司法护航生态环境保护和绿色发展新征程。
- 2020年7月,在大熊猫国家公园雅安管理分局开展了资源环境综合行政执法试点,分局内设机构法规督查部加挂"大熊猫国家公园雅安管理分局资源环境综合执法支队"牌子,并建立了大熊猫国家公园雅安片区资源环境联合执法机制,标志着四川省正式开启了大熊猫国家公园管理机构资源环境综合执法队伍的探索。
- 2020年7月,大熊猫国家公园雅安片区法庭审理全国首例大熊猫国家公园范围内涉环境资源案件,探索构建大熊猫国家公园四川区域涉环境资源刑事、民事和行政案件"三审合一"的专门化审判模式。
- 2020年8月,四川省林业和草原局配合大熊猫国家公园管理局开展了拟授权行政权力清单清理工作。将分散在自然资源、生态环境、农业农村、水利、林业主管部门的资源环境管理行政权力(包括行政处罚权)进行清理,报请四川省人民政府授权四川省国家公园管理机构行使。
- 2020年10月,中央机构编制委员会印发《关于统一规范国家公园管理机构设置的指导意见》,明确国家公园管理机构依法履行自然资源、林业草原等领域相关执法职责;园区内生态环境综合执法可实行属地综合执法,或根据属地政府授权由国家公园管理机构承担。
- 2022年4月,四川省人民政府印发《四川省大熊猫国家公园管理办法》,明确大熊猫国家公园管理机构根据法律法规或授权履行资源环境综合执法职责,建立综合执法机制。
- 2023年7月,四川省第十四届人民代表大会常务委员会第五次会议通过的《四川省大熊猫国家公园管理条例》,明确大熊猫国家公园管理机构依法履行自然资源、林业草原等领域相关执法职责,可以根据授权履行生态环境综合执法职责并相应接受生态环境部门指导和监督。

四、打造国际水准开放型科研平台

林草行业高质量发展离不开科技和人才支撑,但当前林草发展面临经营主体逐步多元化,林草服务体系建设相对薄弱,林草资源管理任务增多,保护难度增大的新挑战,技术人才短缺,基础薄弱的人才队伍不堪重负。大熊猫国家公园各保护地大多位置偏远,生产生活条件相对较差,人才培养、人才服务、人才流动机制不健全,许多专业人才、管理人才引不进、稳不住、留不下问题突出。完善的科研平台是保障大熊猫国家公园科学技术和人才支持的重要载体,在科学监测和保护中具有基础性作用。结合大熊猫国家公园的定位,更加需要完善科研平台支撑,营造开放型的科研环境,为科技人才提供优质的科研空间和保障。

以推动科技人员加强合作和自主创新为导向，更加注重科技成果的转化应用，提升科学研究对大熊猫公园建设的支撑作用。目前四川省从事大熊猫研究的有中国大熊猫保护研究中心、成都大熊猫繁育研究基地、四川省大熊猫科学研究院，整合四川大熊猫科研资源，组建大熊猫保护科研航母，可能短期内难以实现，需要突破现行体制瓶颈。

第一，建议依托中国大熊猫保护研究中心打造国际开放型研究平台。站在世界大熊猫科学保护研究的最前沿，建设国际一流的大熊猫保护研究机构。吸引世界知名专家"带资研究"，为科研团队提供稳定的科研设施、后勤保障和技术服务等支持。

第二，完善大熊猫国家公园科研基础设施。建设平台型科研基础设施，针对大熊猫保护和大熊猫国家公园建设相关的学科，建立科学实验室、实验基地、大熊猫野外观察站，配套科研设备和后勤支持，建设前沿型研究设备和实验装置，推动科研设施设备的统筹管理、共享应用和高效利用。

第三，强化大熊猫国家公园科技人才队伍。建立完善的人才队伍，注重"外来+本土"人才队伍有机结合，形成人才队伍梯队。注重本土人才队伍和自主创新能力的培养，完善激励机制，共建大熊猫国家公园科技人才支持体系。

第四，制定长期科研规划。邀请行业专家定期制定大熊猫国家公园科研规划和专项科研计划，针对大熊猫国家公园建设面临的重大问题、热点问题开展持续性研究，加强专项科研经费支持，推动科研成果的应用性转化和政策性转化，推动林草行业高质量发展。

第五，增进大熊猫科研交流合作。借鉴世界知名国家公园的先进管理理念，深入推进与中国科学院、省内外高校和科研院所的合作，为国家公园研究监测提供保障。

五、构建"天空地一体化"监测体系

监测体系和能力的现代化是体现大熊猫国家公园高质量保护管理水平的重要标志。"十四五"期间，"天空地一体化"监测在我国各类保护地普遍提上日程，国家相关部委围绕国家公园监测均提出了监测实施方案或规程，提出了建立和完善保护地监测体系的建设目标。卧龙历来注重信息化技术应用，2013年成立了信息化工作办公室，具体承担卧龙保护区的信息化规划、建设和管理工作。经过10年（2013~2023年）的努力，卧龙已初步建成大熊猫国家公园卧龙片区数字管理平台。未来，在大熊猫国家公园监测体系专项规划的指导下，以四川大熊猫栖息地监测项目试点为基础，利旧创新，卧龙可以进一步夯实地基、空基和天基，为大熊猫国家公园监测体系构建做好试点示范。

第一，充分整合监测资源。全面监测公园内自然资源、野生动植物、生态因子、森林火灾等生态灾害以及人为活动干扰，建设大熊猫国家公园全域态势感知、宣教展示和监测预警体系。

第二，全面提升监测技术水平。完善信息化基础设施建设，前端增强感知监测能力和覆盖范围；中端采用遥感卫星、高通量通信卫星、北斗卫星、无人机、红外相机等，建设微波、超短波、700MHz和卫星基站等信号塔，结合电信、移动、联通、广电等光纤传输，增强传输能力；后端建立大熊猫国家公园大数据管理中心、数据中台等，实现部门、科研机构、国家林草数字化平台、省级数字林草平台、保护地应用终端平台的实时共享和互联互通。

第三，统一标准，建设智慧国家公园。在大熊猫国家公园内，实施大熊猫国家公园数字化建设标准，建成"五个一"的监测体系（一套数据、一个中台、一套算法、一朵云、一张网），实现云、端、网有机融合的智慧国家公园目标。

六、统筹国家公园生态保护与社区发展

2017年8月，中共中央、国务院办公厅发布《建立国家公园体制总体方案》指出：编制国家公园总体规划及专项规划，合理确定国家公园空间布局，明确发展目标和任务，做好与相关规划的衔接。按照自然资源特征和管理目标，合理划定功能分区，实行差别化保护管理。重点保护区域内居民逐步实施生态移民

搬迁，集体土地在充分征求其所有权人、承包权人意见的基础上，优先通过租赁、置换等方式规范流转，由国家公园管理机构统一管理。其他区域内居民根据实际情况，实施生态移民搬迁或实行相对集中居住，集体土地可通过合作协议等方式实现统一有效管理。

第一，建立社区共管机制。根据国家公园功能定位，明确国家公园区域内居民的生产生活边界，相关配套设施建设要符合国家公园总体规划和管理要求，并征得国家公园管理机构同意。周边社区建设要与国家公园整体保护目标相协调，探索协议保护、特许经营等多元化保护模式，鼓励通过签订合作保护协议等方式共同保护国家公园周边自然资源。引导当地政府在国家公园周边合理规划建设入口社区和特色小镇。

第二，健全生态保护补偿制度。建立健全森林、草原、湿地、荒漠、水流、耕地等领域生态保护补偿机制，加大重点生态功能区转移支付力度，健全国家公园生态保护补偿政策。鼓励受益地区与国家公园所在地区通过资金补偿等方式建立横向补偿关系。加强生态保护补偿效益评估，完善生态保护成效与资金分配挂钩的激励约束机制，加强对生态保护补偿资金使用的监督管理。鼓励设立生态管护公益岗位，吸收当地居民参与国家公园保护管理和自然环境教育等。

第三，构建大熊猫国家公园现代化经济体系。大熊猫国家公园大部分地处川西北生态示范区，同时也涵盖多个民族聚居的地区，承担着与环成都经济圈等诸多重要区域的协调发展任务,同时也肩负着区域"五位一体"协调发展的使命。大熊猫国家公园生态保护的属性，赋予社区参与大熊猫及其栖息地保护的重要内容。大熊猫及其栖息地的保护既是社区发展的约束条件，同时也是体现特色和发展亮点的优势所在。国家公园最大的优势是大熊猫及其栖息地的生态环境，以生态保护为前提，将生态环境及其提供的生态系统服务功能友好型开发，作为推进供给侧结构性改革的重要依托。国家公园的生态优势是能够提供优质的农产品和康养旅游环境，发展生态友好型产品有先发优势。规划活动设置总体可以表现为"'五位一体'+公园特色"的内容。例如，在提高社区建设水平上，开展大熊猫入口社区、大熊猫特色小镇建设；在社区参与公园保护的工作上，设置和管理公益管护岗位；在政策领域的创新上，创新生态补偿、天然林保护与退耕还林资金和管理机制；在涉及民生需求方面，开展大熊猫国家公园移民安置，发展产业，尤其是改善放牧和自然资源采集等农牧民的生计。

七、坚持惠民政策保障和改善民生

卧龙特区原执行的特殊惠民惠农政策能否延续是区内群众急切关注的重点问题。卧龙特区成立并与卧龙管理局合署办公以来，卧龙、耿达两镇群众为支持以大熊猫和雪豹为旗舰物种的野生动植物资源保护事业，不断退让和牺牲发展空间，为生物多样性保护作出了巨大贡献。出于民生发展考虑，经卧龙保护区、卧龙特区多年多方争取和努力，区内群众享受了诸多惠民政策。伴随国家公园体制的完善，地方事务划转地方后，在地方政府的统筹下，惠民政策及民生保障会得到妥善兼顾，续写"守护万物和谐，共建国家公园"的新篇章。

主要参考文献

艾生权, 夏玉, 钟志军, 等. 2014a. 亚成体大熊猫肠道真菌的分离与鉴定. 四川动物, 33(4): 522-527.
艾生权, 钟志军, 彭广能, 等. 2014b. 亚成体大熊猫肠道真菌多样性. 微生物学报, 54(11): 1344-1352.
敖登高娃, 巴雅尔, 宝音, 等. 1999. 阴山北麓农牧交错带景观生态设计: 以察右后旗为例. 干旱区资源与环境, 13(S1): 27-31.
敖登高娃, 梁燕, 韩国栋. 2004. 草地生态系统服务功能及其生态经济价值的综述. 内蒙古草业, 16(1): 46-47, 51.
白文科. 2017. 卧龙自然保护区大熊猫空间利用与生境选择动态变化研究. 呼和浩特: 内蒙古农业大学博士学位论文.
白文科, 张晋东, 董鑫, 等. 2017a. 卧龙自然保护区大熊猫空间利用格局动态变化特征. 兽类学报, 37(4): 327-335.
白文科, 张晋东, 杨霞, 等. 2017b. 基于GIS的卧龙自然保护区大熊猫生境选择与利用. 生态环境学报, 26(1): 73-80.
毕晓丽, 葛剑平. 2004. 基于IGBP土地覆盖类型的中国陆地生态系统服务功能价值评估. 山地学报, (1): 48-53.
蔡绪慎. 1990. 卧龙自然保护区森林燃烧性分析. 森林防火, (4): 14-15.
曹帆, 李铁松, 任光前, 等. 2015. 四川卧龙国家级自然保护区地质灾害初步研究. 四川林业科技, 36(2): 91-94.
曹梦琪, 蔡英楠, 张丽, 等. 2021. 卧龙自然保护区典型生态系统服务时空变化研究. 生态学报, 41(23): 9341-9353.
曹玉峰, 韩红娟, 苏丹鹤, 等. 2008. 东北红豆杉扦插繁殖试验. 防护林科技, (5): 61-62.
常丽. 2019. 卧龙保护区拍到全球首例白色大熊猫. 新长征(党建版), (9): 60.
陈诚, 田国富. 2016. 对强化卧龙自然保护区管理的研究. 科技与创新, (1): 49.
陈国娟. 2007. 卧龙自然保护区不同海拔的中国沙棘(*Hippophae rhamnoides* subsp. *sinensis*)天然群体的遗传多样性分析. 成都: 中国科学院成都生物研究所博士学位论文.
陈杰, 龙婷, 杨蓝, 等. 2019. 东北红豆杉生境适宜性评价. 北京林业大学学报, 41(4): 51-59.
陈俊, 姚兰, 艾训儒, 等. 2020. 基于功能性状的水杉原生母树种群生境适应策略. 生物多样性, 28(3): 296-302.
陈葵. 1995. 卧龙自然保护区主要河流的渔业现状的考察与评价. 四川畜牧兽医学院学报, (3): 63-65.
陈利顶, 傅伯杰, 刘雪华. 2000. 自然保护区景观结构设计与物种保护: 以卧龙自然保护区为例. 自然资源学报, 15(2): 164-169.
陈利顶, 刘雪华, 傅伯杰. 1999. 卧龙自然保护区大熊猫生境破碎化研究. 生态学报, 19(3): 291-297.
陈琳, 李果. 2006. 卧龙圈养雌性大熊猫发情行为观察. 西华师范大学学报(自然科学版), 27(1): 79-81, 85.
陈猛, 张和民, 李德生, 等. 1998. 大熊猫发情期间阴道上皮细胞的角化率. 四川动物, 17(1): 27.
陈猛, 张和民. 2004. 情趣大熊猫. 北京: 中国林业出版社.
陈舒泛, 桑兹 M K, 希沃德 M P D. 1998. 卧龙自然保护区的大型地衣. 吉林农业大学学报, 20(S1): 225.
陈杨. 2008. "对面的青山一瞬间成了裸体": 卧龙保护区纪实. 人与生物圈, (4): 62-67.
陈永杰. 2009. 卧龙野生雪豹. 科学大观园, (18): 62-63.
程广有, 唐晓杰, 高红兵, 等. 2004. 东北红豆杉种子休眠机理与解除技术探讨. 北京林业大学学报, 26(1): 5-9, 100.
程广有, 唐晓杰, 杨振国. 1997. 东北红豆杉茎尖组织培养. 吉林林学院学报, (4): 209-211.
程颂, 宋洪涛. 2008. 汶川大地震对四川卧龙国家自然保护区大熊猫栖息地的影响. 山地学报, 26(S1): 65-69.
程跃红, 陈诚, 冯娟, 等. 2016a. 卧龙国家级自然保护区热水河区域保护管理策略探讨. 农业与技术, 36(3): 150-152.
程跃红, 陈艳, 王勇. 2019. 对违规穿越卧龙保护区事件的几点思考. 森林公安, (4): 16-18.
程跃红, 刘桂英, 李文静, 等. 2023. 四川省兰科植物一新记录种: 齿突羊耳蒜. 四川林业科技, 44(3): 153-155.
程跃红, 龙婷婷, 李文静, 等. 2020. 基于SWOT分析的四川卧龙国家级自然保护区自然教育策略建议. 中国林业教育, 38(5): 13-17.
程跃红, 马力, 张凤, 等. 2016b. 红外相机在卧龙自然保护区热水河温泉附近野生动物监测应用中的几点体会. 农业与技术, 36(5): 184-186.
程跃红, 乔麦菊, 唐莉, 等. 2015a. 卧龙国家级自然保护区外来植物调查. 四川林业科技, 36(3): 125-132.
程跃红, 王敏, 王超, 等. 2018. 川西亚高山斑羚冬春季死亡调查及保护策略. 四川林业科技, 39(1): 54-58, 65.
程跃红, 杨帆, 周莎, 等. 2015b. 卧龙自然保护区野生动物疫源疫病监测机制探讨. 四川畜牧兽医, 42(4): 21-22.
程跃红, 杨攀艳, 徐晓梅, 等. 2017. 卧龙国家级自然保护区邓生保护站开展森林康养活动的探讨. 四川林业科技, 38(4): 120-123.

程跃红, 叶平, 刘世才, 等. 2014. 卧龙国家级自然保护区邓生保护站现状及建议. 四川林业科技, 35(5): 108-111.
程跃红, 张卫东, 彭晓辉, 等. 2016c. 卧龙国家级自然保护区热水河温泉周边有蹄类野生动物红外相机监测初报. 农业与技术, 36(1): 178-180.
程政军, 马妍. 2005. 东北红豆杉扦插繁殖技术的研究. 林业科技情报, 37(3): 14.
川档宣. 2007. 规范管理 强化服务 推进一流保护区建设: 记卧龙自然保护区档案工作. 四川档案. (6): 44.
崔丽娟. 2004. 鄱阳湖湿地生态系统服务功能价值评估研究. 生态学杂志, 23(4): 47-51.
崔敏燕. 2011. 濒危物种水杉种群的引种和生存力分析. 上海: 华东师范大学硕士学位论文.
戴圆圆. 2009. 沈阳市生态建设对策研究. 大连: 辽宁师范大学硕士学位论文.
党海亮, 王荣军, 张龙现, 等. 2008. 野生动物隐孢子虫的种类和基因型. 中国兽医寄生虫病, (2): 35-41.
的么罗英, 王晓, 张晋东. 2019. 卧龙自然保护区人类活动与大熊猫(Ailuropoda melanoleuca)空间利用特征分析. 四川林业科技, 40(5): 60-65.
邓地娟, 杨渺, 王静雅, 等. 2021. 汶川县生态保护红线人类活动本底调查评估. 四川环境, 40(2): 96-102.
邓磊. 2021. 圈养野生动物芽囊原虫亚型鉴定及ST4定植对宿主肠道反应的机制研究. 雅安: 四川农业大学博士学位论文.
邓其祥, 余志伟, 李洪成, 等. 1989a. 卧龙自然保护区两栖爬行动物的调查. 四川动物, 8(1): 18-20.
邓其祥, 余志伟, 吴毅, 等. 1989b. 卧龙自然保护区的兽类研究. 四川师范学院学报(自然科学版), 10(3): 238-243.
邓其祥, 余志伟. 1992. 四川省自然保护区的鱼类. 资源开发与保护, (3): 223-224, 183.
邓维杰. 1990. 卧龙自然保护区血雉越冬的一些资料. 四川动物, 9(4): 38.
邓维杰. 1992. 卧龙与佛坪大熊猫产仔巢穴的比较. 四川动物, 11(2): 45-46.
邓维杰. 1998. 从乡村林业的角度看卧龙保护区的工作. 林业与社会, (5): 10-12.
邓雯文, 邹立扣, 李才武, 等. 2019. 大熊猫源致病大肠杆菌CCHTP全基因组测序及耐药和毒力基因分析. 遗传, 41(12): 1138-1147.
邓欣昊. 2019. 基于高通量测序技术的卧龙国家级自然保护区林下土壤微生物群落研究. 成都: 成都理工大学硕士学位论文.
刁云飞, 金光泽, 田松岩, 等. 2016. 黑龙江省穆棱东北红豆杉林物种组成与群落结构. 林业科学, 52(5): 26-36.
丁伟. 2013. 我国自然保护区周边居民传统环境权利问题研究: 以卧龙自然保护区为例. 成都: 四川省社会科学院硕士学位论文.
丁志芹. 2017. 基于多源数据卧龙自然保护区大熊猫生境评价研究. 成都: 成都理工大学硕士学位论文.
丁志芹, 蒋琼玉, 赵业婷. 2016. 卧龙自然保护区土地利用/覆盖动态变化监测. 城市地理, (9X): 227.
董冰楠. 2017. 邛崃山系大熊猫生境选择及栖息地干扰时空变化研究. 南充: 西华师范大学硕士学位论文.
董丙君, 江帆, 赵尔宓. 2011. 四川卧龙自然保护区华西蟾蜍的核型和Ag-NORs研究. 四川动物, 30(2): 170-172, 156.
杜军, 汤纯香. 1998. 熊猫之乡. 中国生物圈保护区, (4): 15.
杜帅之, 潘广林, 邵俊峰, 等. 2016. 秦岭地区几种珍稀动物毕氏肠微孢子虫基因分型. 中国兽医学报, 36(5): 790-794.
段世楠. 2012. 环境因素对川西北地区高速公路选线影响的调查研究. 成都: 西南交通大学硕士学位论文.
朵海瑞. 2011. 气候变化压力下青藏高原系统保护规划研究. 北京: 中国林业科学研究院博士学位论文.
樊金拴. 2013. 野生植物资源开发与利用. 北京: 科学出版社.
方盛国, 陈冠群, 冯文和, 等. 1996. 大熊猫指纹在野生种群数量调查中的应用. 兽类学报, 16(4): 264-269.
方盛国, 冯文和, 张安居. 1997a. 大熊猫基因指纹探针F₂ZGP96060801的研制及比较实验分析. 兽类学报, 17(3): 165-171.
方盛国, 冯文和, 张安居, 等. 1997b. 凉山山系、小相岭山系大熊猫遗传多样性的DNA指纹比较分析. 兽类学报, 17(4): 248-252.
房伦革, 姚国年. 2007. 东北红豆杉快速繁殖技术的研究. 林业实用技术, (4): 3-5.
冯茜, 胡强, 施小刚, 等. 2021. 卧龙国家级自然保护区红腹角雉适宜栖息地与活动节律研究. 四川林业科技, 42(4): 12-19.
冯秋红, 李登峰, 于涛, 等. 2020. 极小种群野生植物梓叶槭的种实表型变异特征. 生物多样性, 28(3): 314-322.
符利勇, 郭爱华, 刘应安, 等. 2008. 卧龙自然保护区林隙特征的研究. 天津农业科学, 14(5): 53-56.
付其如, 温玉田, 王安群, 等. 1990. 卧龙自然保护区竹类微量元素研究. 竹子研究汇刊, 9(4): 83-94.
甘肃省珍贵动物资源调查队. 1977. 甘肃省珍贵动物资源调查报告. 甘肃省林业局. (内部资料)
高军, 欧阳志云. 2006. ¹³⁷Cs在卧龙自然保护区土壤中的分布特征. 中国水土保持, (12): 31-33.
高军, 欧阳志云. 2007. ¹³⁷Cs技术量化卧龙自然保护区不同生态系统水土保持能力. 中国科学(C辑: 生命科学), 37(3): 371-376.
高林浩. 2020. 气候、系统发育对西南森林植物叶片功能性状及群落构建机制的影响. 北京: 北京林业大学硕士学位论文.
高正发, 徐权令. 1992. 四川省动物学会教学专业委员会'92暑假生物优秀辅导员夏令营开展实习考察活动. 四川动物, 11(4): 13.
高柱. 1985. 卧龙自然保护区日臻完善. 山地研究, 3(3): 146.
耿国彪. 2008. 四川卧龙 爱与大熊猫同在. 绿色中国, (6): 26-28.

宫璐, 李俊生, 柳晓燕, 等. 2017. 我国部分国家级自然保护区外来入侵物种的分布概况. 生态科学, 36(4): 210-216.
宫溢. 1987. 爱丁堡公爵在卧龙自然保护区考察大熊猫栖息地纪实. 四川动物, 6(1): 47.
管晓, 何鸣, 李文静, 等. 2020. 卧龙国家级自然保护区水鹿越冬食性. 四川林业科技, 41(5): 111-115.
管晓, 瞿桂英, 唐卓, 等. 2021. 卧龙国家级自然保护区羚牛种群结构研究. 四川林业科技, 42(2): 33-39.
郭海燕. 2003. 人类干扰对王朗自然保护区大熊猫及其栖息地的影响. 成都: 四川大学硕士学位论文.
国家林业和草原局. 2021. 全国第四次大熊猫调查报告. 北京: 科学出版社.
国家林业局. 2006. 全国第三次大熊猫调查报告. 北京: 科学出版社.
国家林业局卧龙自然保护区, 四川省汶川卧龙特别行政区. 2005. 卧龙发展史. 成都: 四川科学技术出版社.
韩春瑢, 陈晓冬, 陕方, 等. 1999. 大熊猫粪便中元素的对应分析. 生物数学学报, 14(2): 223-228.
韩梅. 2012. 卧龙自然保护区山地棕壤和山地暗棕壤微生物区系及功能菌株的研究. 北京: 中国林业科学研究院硕士学位论文.
韩梅, 焦如珍, 董玉红. 2013. 卧龙自然保护区落叶阔叶林土壤微生物分布规律及功能菌的筛选. 林业科学, 49(10): 113-117.
韩念勇, 郭志芬, 曾本祥. 1995. 在卧龙自然保护区启动地理信息系统项目的体会. 人与生物圈, (3): 25-28.
韩文. 2013. 震后卧龙自然保护区大熊猫生境评价和恢复研究. 北京: 首都师范大学硕士学位论文.
韩雪, 代俊杰, 杨波. 2010. 不同温度对东北红豆杉种子活力的影响. 吉林农业科技学院学报, 19(4): 11-12.
郝晓东. 2006. 四川卧龙自然保护区川滇高山栎(*Quercus aquifolioides*)光合特性研究. 北京: 北京林业大学硕士学位论文.
何飞, 刘兴良, 刘世荣, 等. 2010. 卧龙自然保护区种子植物新记录. 四川林业科技, 31(5): 79-82.
何飞, 刘兴良, 郑少伟, 等. 2006. 四川卧龙自然保护区川滇高山栎矮林在海拔梯度上的植物种: 面积研究. 成都大学学报(自然科学版), 25(1): 31-34.
何飞, 王金锡, 刘兴良, 等. 2003. 四川卧龙自然保护区蕨类植物区系研究. 四川林业科技, 24(2): 12-16.
何光润, 景河铭. 1991. 卧龙自然保护区人工林病虫害调查. 四川林业科技, 12(4): 64-67.
何浩, 胡宗辉, 戴欢. 2015a. 东湖太渔山植物多样性研究. 天津农林科技, (5): 9-13.
何浩, 潘耀忠, 朱文泉, 等. 2005. 中国陆地生态系统服务价值测量. 应用生态学报, 16(6): 1122-1127.
何浩, 许嘉文, 戴欢. 2015b. 东湖磨山景区主干道植物多样性研究. 安徽农业科学, 43(28): 209-212.
何乃维, 尹晓青, 梁崇岐. 1996. 卧龙自然保护区社区持续发展的研究. 生态经济, 12(3): 1-8.
何廷美, 陈善瑜, 施小刚, 等. 2020c. 水鹿、毛冠鹿感染芽囊原虫的首次报道. 中国动物保健, 22(10): 70-71.
何廷美, 陈善瑜, 施小刚, 等. 2020b. 卧龙自然保护区野生动物肠道寄生虫感染情况调查. 四川畜牧兽医, 47(11): 23-26.
何廷美, 崔婷婷, 钟志军, 等. 2012. 成年大熊猫肠道菌群多样性的16S rDNA-RFLP分析. 中国兽医科学, 42(11): 1121-1127.
何廷美, 郭大智, 张和民, 等. 2002. 雌性大熊猫配种后尿液孕酮含量的变动. 四川农业大学学报, 20(2): 138-140.
何廷美, 刘明冲, 谭迎春, 等. 2020a. 卧龙保护区日本落叶松密度调整与林下植被恢复试验研究. 四川林业科技, 41(6): 35-40.
何廷美, 刘长松, 杨邦玲, 等. 1992. 雅安市奶山羊隐性型乳房炎的调查与诊断. 四川畜牧兽医学院学报, 6(1): 70-72.
何廷美, 邱贤猛, 张和民, 等. 1993. 大熊猫砷、汞制剂急性中毒病例. 畜牧与兽医, 25(4): 176-177.
何廷美, 汤纯香, 魏荣平, 等. 1995. 大熊猫哺乳期过敏性皮炎的诊治. 中国兽医科技, 25(7): 35-36.
何廷美, 张贵权, 何永果, 等. 2004. 卧龙圈养大熊猫的周期行为节律. 西华师范大学学报(自然科学版), 25(1): 34-39.
何廷美, 张科文, 张和民, 等. 1994. 大熊猫种公兽的配育 // 张安居. 成都国际大熊猫保护学术研讨会论文集. 成都: 四川科学技术出版社: 221-225.
何廷美, 钟锐, 施小刚, 等. 2020d. 卧龙自然保护区一例野猪死亡的原因分析. 中国动物保健, 22(11): 71-72.
何廷美, 周莎, 宋晓蓉, 等. 2021. 大熊猫国家公园卧龙片区生态旅游实践研究. 自然保护地, 1(2): 38-48.
何晓安. 2018a. 卧龙四季观飞羽. 旅游纵览, (1): 32-35.
何晓安. 2018b. 雉美卧龙. 旅游纵览, (11): 54-58.
何晓安. 2019a. 红外线触发相机里的野性卧龙. 大自然, (3): 74-79.
何晓安. 2019b. 卧龙 野鸟的四季. 森林与人类, (3): 50-59.
何晓安. 2019c. 卧龙国家级自然保护区雪景. 大自然, (3): 82.
何晓安. 2020. 卧龙: 熊猫王国雪豹活跃. 森林与人类, (3): 90-95.
何晓安. 2021a. 小雪豹 磨砺之后更强大. 森林与人类, (3): 72-75.
何晓安. 2021b. 亚洲黑熊 惬意的吃奶时光. 森林与人类, (3): 68-71.
何晓安, 林红强. 2023. 卧龙山野花开报春来. 森林与人类, (2): 28-37.
何晓安, 刘明冲. 2022. 穿行卧龙峡谷高山领略森林植被的垂直分布. 森林与人类, (5): 72-87.
何晓安, 刘伟军. 2021. 卧龙 大熊猫国家公园的缩影. 森林与人类, (11): 66-79.

何晓安, 龙婷婷, 程跃红. 2022. 秘境卧龙 兰花葳蕤 新物种陆续被发现. 森林与人类, (12): 50-57.
何晓安, 王树锋, 唐卓. 2019. 四川卧龙发现黑胸麻雀. 动物学杂志, 54(1): 65.
贺水莲, 杨扬, 杜娟, 等. 2016. 云南省极小种群野生植物保护研究现状: 基于遗传多样性分析. 安徽农业科学, 44(6): 31-34, 38.
洪建峰, 吕文君, 陈旭, 等. 2016. 水杉原生母树硬枝扦插繁殖研究. 安徽农业科学, 44(1): 245-247, 288.
洪洋. 2021. 卧龙自然保护区雪豹(Panthera unica)的生境选择与食性研究. 南充: 西华师范大学硕士学位论文.
洪洋, 张晋东. 2021. 卧龙自然保护区雪豹的生境选择偏好与食源结构特征. 野生动物学报, 42(2): 295-305.
侯金. 2021. 野生大熊猫(Ailuropoda melanoleuca)化学通讯研究. 南充: 西华师范大学硕士学位论文.
侯金, 严淋露, 黎亮, 等. 2020. 野生大熊猫行为谱及PAE编码系统. 兽类学报, 40(5): 446-457.
侯金, 杨建, 李玉杰, 等. 2018. 基于红外相机调查的卧龙自然保护区兽类资源时空分布特征. 南京林业大学学报(自然科学版), 42(3): 187-192.
侯万儒, 张泽钧, 胡锦矗. 2001. 卧龙自然保护区黑熊种群生存力初步分析. 动物学研究, 22(5): 357-361.
胡冬梅, 叶红, 邱艳霞, 等. 2020. 卧龙亚高山公路沿线外来植物入侵风险评估. 四川大学学报(自然科学版), 57(5): 1002-1008.
胡杰, 姚刚, 黎大勇, 等. 2018. 卧龙国家级自然保护区水鹿夏季生境选择. 兽类学报, 38(3): 277-285.
胡锦矗. 1981. 卧龙自然保护区大熊猫、金丝猴、牛羚生态生物学研究. 成都: 四川人民出版社.
胡锦矗. 1994. 卧龙自然保护区华南豹的食性研究. 四川师范学院学报(自然科学版), 15(4): 320-324.
胡锦矗. 1995. 大熊猫的摄食行为. 生物学通报, 30(9): 14-18.
胡锦矗. 2001. 大熊猫研究. 上海: 上海科技教育出版社.
胡锦矗. 2004. 卧龙及草坡自然保护区大熊猫的种群与保护. 兽类学报, 24(1): 48-52.
胡锦矗. 2005. 追踪大熊猫的岁月. 郑州: 海燕出版社.
胡锦矗, Reid D G, 董赛, 等. 1990. 竹子开花后大熊猫的觅食行为与容纳量. 四川师范学院学报(自然科学版), 11(2): 103-113.
胡锦矗, 夏勒, 等. 1985. 卧龙的大熊猫. 成都: 四川科学技术出版社.
胡强, 林红强, 戴强, 等. 2020. 卧龙保护区三种中型食肉动物的生态位差异. 动物学杂志, 55(6): 685-691.
黄乘明. 1990. 卧龙自然保护区野生大熊猫种群动态与稳定性研究. 南充: 南充师范学院硕士学位论文.
黄乘明, 胡锦矗. 1989. 野外大熊猫调查方法的研究. 四川师范学院学报(自然科学版), 10(1): 93-99.
黄翠, 景丹龙, 王玉兵, 等. 2010. 水杉愈伤组织诱导及植株再生. 植物学报, 45(5): 604-608.
黄继红, 路兴慧, 臧润国. 2018. 如何保护濒危线上的极小种群野生植物. 中国林业, (5): 30-33.
黄金燕, 郭勤. 2005. 可持续发展策略探讨. 四川林业科技, 26(3): 56-59.
黄金燕, 李文静, 刘巅, 等. 2018. 卧龙自然保护区人工种植大熊猫可食竹环境适应性初步研究. 世界竹藤通讯, 16(5): 20-24.
黄金燕, 廖景平, 蔡绪慎, 等. 2008. 卧龙自然保护区拐棍竹地下茎结构特点研究. 竹子研究汇刊, 27(4): 13-19.
黄金燕, 刘巅, 张明春, 等. 2017. 放牧对卧龙大熊猫栖息地草本植物物种多样性与竹子生长影响. 竹子学报, 36(2): 57-64.
黄金燕, 史军义, 刘巅, 等. 2022. 大熊猫主食竹新品种'卧龙红'. 竹子学报, 41(1): 17-19.
黄金燕, 周世强, 李仁贵, 等. 2010. 四川卧龙国家级自然保护区水青树生态特性的初步研究. 四川林业科技, 31(4): 72-75.
黄金燕, 周世强, 李仁贵, 等. 2011. 卧龙自然保护区大熊猫栖息地拐棍竹根系特点研究. 四川林业科技, 32(4): 52-54.
黄金燕, 周世强, 李仁贵, 等. 2013. 大熊猫主食竹拐棍竹地下茎侧芽的数量特征研究. 竹子研究汇刊, 32(1): 1-4.
黄金燕, 周世强, 谭迎春, 等. 2007. 卧龙自然保护区大熊猫栖息地植物群落多样性研究: 丰富度、物种多样性指数和均匀度. 林业科学, 43(3): 73-78.
黄军朋. 2023. 青藏高原东缘渔子溪流域崩滑灾害发育特征及易发性评价. 成都: 西南交通大学硕士毕业论文.
黄顺红, 朱创业. 2004. 卧龙自然保护区旅游开发对生态环境的影响及其保护. 西南民族大学学报(人文社科版), 25(7): 140-142.
黄炎, 刘洋, 吴代福, 等. 2017. 雌性圈养大熊猫在卧龙和雅安繁殖习性的比较研究. 四川动物, 36(1): 14-18.
黄炎, 王鹏彦, Spindler R E, 等. 2004. 大熊猫冷冻精液解冻速度和解冻液中添加Pentyoxyfilline对其解冻后活力的影响. 兽类学报, (4): 286-292.
黄炎, 王鹏彦, 张贵权, 等. 2002. 大熊猫人工授精的研究. 发育与生殖生物学报, (2): 118-125.
黄炎, 张贵权, 张和民. 2001. 圈养大熊猫的繁殖特性和生命表. 四川动物, 20(2): 94-96.
黄炎, 邹立扣. 2022. 圈养大熊猫健康管理手册. 成都: 四川科学技术出版社.
冀春雷. 2011. 基于氢氧同位素的川西亚高山森林对水文过程的调控作用研究. 北京: 中国林业科学研究院硕士学位论文.
贾陈喜, 郑光美, 周小平, 等. 1999. 卧龙自然保护区血雉的社群组织. 动物学报, 45(2): 135-142.
贾敏如, 李倓尧, 卫莹芳. 1990. 四川卧龙自然保护区常用中药资源调查及鉴定(摘要). 华西药学杂志, 5(2): 119-121.
姜楠, 李君, 周厚熊. 2020. 四川卧龙自然保护区斑羚生境偏好初探. 四川林业科技, 41(6): 69-74.

蒋志刚. 2001. 野生动物的价值与生态服务功能. 生态学报, 21(11): 1909-1917.
金江群, 郭泉水, 朱莉, 等. 2013. 中国特有濒危植物崖柏扦插繁殖研究. 林业科学研究, 26(1): 94-100.
金蕊, 石雨鑫, 徐涛, 等. 2014. 云南特有濒危植物馨香木兰的遗传多样性研究. 西部林业科学, 43(6): 80-84.
金森龙, 瞿春茂, 施小刚, 等. 2021. 卧龙国家级自然保护区食肉动物多样性及部分物种的食性分析. 野生动物学报, 42(4): 958-964.
晋蕾, 何永果, 杨晓军, 等. 2021. 卧龙国家级自然保护区大熊猫主食竹的营养成分与微生物群落结构. 应用与环境生物学报, 27(5): 1210-1217.
晋蕾, 何永果, 邹立扣, 等. 2019a. 幼年大熊猫断奶前后肠道微生物与血清生化及代谢物的变化. 应用与环境生物学报, 25(6): 1477-1485.
晋蕾, 周应敏, 李才武, 等. 2019b. 野化培训与放归、野生大熊猫肠道菌群的组成和变化. 应用与环境生物学报, 25(2): 344-350.
景丹龙, 梁宏伟, 王玉兵, 等. 2011a. 不同光照及储藏温度对水杉种子萌发及酶活性的影响. 湖北农业科学, 50(19): 3980-3983.
景丹龙, 王玉兵, 梁宏伟, 等. 2011b. 光暗交替及全黑暗对水杉种子萌发过程中同工酶的影响. 湖南农业科学, (13): 48-50.
景丹龙, 张博, 王玉兵, 等. 2011c. 储藏湿度对水杉种子同工酶的影响. 广东农业科学, 38(17): 4-6.
康洪梅, 张珊珊, 史富强, 等. 2018. 主要气候因子对极小种群野生植物云南蓝果树生长的影响. 东北林业大学学报, 46(7): 23-27.
孔宁宁, 曾辉, 李书娟. 2002a. 四川省卧龙自然保护区景观人为影响的空间分布特征研究. 北京大学学报(自然科学版), 38(3): 393-399.
孔宁宁, 曾辉, 李书娟. 2002b. 四川卧龙自然保护区植被的地形分异格局研究. 北京大学学报(自然科学版), 38(4): 543-549.
赖从龙, 邱贤猛, 罗秀芬, 等. 1988. 卧龙自然保护区野生动物寄生虫初步调查. 四川动物, 7(4): 24.
赖玮. 2014. 四川省三个森林地区二次有机气溶胶组成与变化规律的研究. 雅安: 四川农业大学硕士学位论文.
雷雨, 陈兰, 姬凌云, 等. 2011. 卧龙保护区18种野生蕈菌重金属含量的研究. 四川大学学报(自然科学版), 48(5): 1159-1164.
李彬庆. 2022. 神秘卧龙 野性天堂. 绿色中国, (17): 52-54.
李冰寒. 2018. 四川卧龙国家级自然保护区大型真菌多样性调查. 南充: 西华师范大学硕士学位论文.
李才武, 瞿春茂, 金森燕, 等. 2016. 卧龙自然保护区一鬣羚死亡原因剖析. 野生动物学报, 37(2): 147-150.
李才武, 晏文俊, 金森龙, 等. 2023. 大熊猫甲状腺指标测定与功能分析. 四川动物, 42(2): 183-188.
李才武, 邹立扣. 2020. 圈养大熊猫肠道细菌耐药性研究. 成都: 四川科学技术出版社.
李程, 李玉杰, 董鑫, 等. 2017. 社区居民对大熊猫放归项目态度与预期行为. 西华师范大学学报(自然科学版), 38(4): 352-358, 372.
李丹, 王晓军, 赵旭喆, 等. 2021. 气候和土地利用与空间结构在影响大熊猫同域分布大中型哺乳动物物种丰富度中的相对作用. 兽类学报, 41(4): 377-387.
李德生, 黄炎, 周世强, 等. 2011. 卧龙圈养大熊猫母兽带仔野化培训. 生物学通报, 46(7): 13-15.
李德生, 珀维斯, 张伯伦, 等. 2021. 爱丁堡皇家植物园的中国杜鹃花. 成都: 四川科学技术出版社.
李桂垣. 1995. 四川鸟类原色图鉴. 北京: 中国林业出版社.
李洪成. 1991. 粉红胸鹨在卧龙自然保护区的垂直迁移. 野生动物, 12(5): 20.
李洪举, 欧阳志云, 张科文, 等. 1995. 生物圈保护区管理信息系统的开发及其在卧龙自然保护区中的应用. 中国生物圈保护区, (3): 8-12.
李华. 2006. 卧龙自然保护区大熊猫栖息地管理研究的初步系统评价. 哈尔滨: 东北林业大学硕士学位论文.
李锦清. 1987. 水杉异砧嫁接促进早实试验初报. 浙江林学院学报, 4(2): 139-140.
李敏, 何可, 李建国, 等. 2019. 卧龙国家级自然保护区鸟类多样性. 西华师范大学学报(自然科学版), 40(2): 105-111.
李南岍. 2005. 中国自然保护区分类管理体系初步研究. 北京: 北京林业大学硕士学位论文.
李鹏, 周鸿升, 巩智民. 2008. 国家林业局向汶川特区卧龙自然保护区派出科技救灾工作组. 林业建设, (3): 86.
李奇缘, 李冰寒, 文英杰, 等. 2018. 卧龙自然保护区人工林下食药用真菌物种资源及分析. 饮食科学, (10): 251.
李奇缘, 李冰寒, 文英杰, 等. 2020. 卧龙国家级自然保护区大型真菌多样性调查及资源分析. 四川农业科技, (2): 73-77.
李谦, 钟义, 周厚熊, 等. 2022. 卧龙国家级自然保护区水鹿在群落中的种间关联初步分析. 野生动物学报, 43(2): 314-322.
李仁贵, 蔡水花, 黄金燕, 等. 2021. 邛崃山系的杜鹃花. 成都: 四川科学技术出版社.
李仁贵, 黄金燕, 周世强, 等. 2011. 卧龙大熊猫栖息地红腹角雉冬季生境选择的研究. 四川林业科技, 32(2): 55-59.

李仁伟, 张宏达, 杨清培. 2001. 四川被子植物区系特征的初步研究. 云南植物研究, 23(4): 403-414.
李诗喆, 张泽钧, 聂永刚, 等. 2023. 佛坪保护区冬、夏季大熊猫与同域分布种的活动节律. 贵州师范大学学报(自然科学版), 41(4): 77-87, 109.
李淑娴, 姚亚莉, 戴晓港, 等. 2012. 环境条件和播后覆土对水杉种子出苗率的影响. 中南林业科技大学学报, 32(2): 26-30.
李树信, 陈学华. 2006. 卧龙自然保护区社区参与生态旅游的对策研究. 农村经济, (2): 43-45.
李爽. 2018. 四川省小河沟自然保护区大熊猫生境利用研究. 北京: 北京林业大学硕士学位论文.
李爽, 康东伟, 李俊清, 等. 2017. 大熊猫、羚牛和川金丝猴的生境利用比较. 东北林业大学学报, 45(9): 81-83.
李威. 2018. 圈养大熊猫毕氏肠微孢子虫基因型鉴定及虫种群体遗传结构分析. 雅安: 四川农业大学硕士学位论文.
李文静, 陈猛. 2014. 浅谈卧龙的自然保护实践与发展对策. 四川林业科技, 35(4): 69-71.
李文静, 宋晓蓉, 刘桂英, 等. 2018. 卧龙自然保护区邓生站森林草原防火现状及建议. 森林防火, (2): 6-9.
李西贝阳, 付琳, 王发国, 等. 2017. 极小种群植物广东含笑应当被评估为极危等级. 生物多样性, 25(1): 91-93.
李翔. 2017. 寻迹卧龙. 资源与人居环境, (10): 66-69.
李翔, 邱宇. 2018. 寻迹卧龙. 生态文明世界, (1): 30-35, 37.
李向林, 李政博, 刘春华, 等. 2014. 东北红豆杉树尖扦插繁殖试验. 北华大学学报(自然科学版), 15(5): 671-674.
李霄宇. 2011. 国家级森林类型自然保护区保护价值评价及合理布局研究. 北京: 北京林业大学博士学位论文.
李振宇, 解焱. 2002. 中国外来入侵种. 北京: 中国林业出版社.
李政来, 刘春涛, 田冬林. 2013. 内陆湖泊湿地的保护与利用规划研究 // 《城市时代 协同规划: 2013 中国城市规划年会论文集》编委会. 城市时代, 协同规划: 2013 中国城市规划年会论文集. 青岛: 青岛出版社: 948-961.
李宗善, 刘国华, 傅伯杰, 等. 2010a. 川西卧龙国家级自然保护区树木生长对气候响应的时间稳定性评估. 植物生态学报, 34(9): 1045-1057.
李宗善, 刘国华, 张齐兵, 等. 2010b. 利用树木年轮宽度资料重建川西卧龙地区过去 159 年夏季温度的变化. 植物生态学报, 34(6): 628-641.
李宗艳, 郭荣. 2014. 木莲属濒危植物致濒原因及繁殖生物学研究进展. 生命科学研究, 18(1): 90-94.
梁平. 2006. 卧龙自然保护区申报世界自然遗产的环境综合整治规划探索. 四川建筑, 26(S1): 18-20, 24.
廖绍忠. 周万良, 1989. 水杉种子发芽条件试验. 四川林业科技, 10(1): 71-74.
廖云娇, 李雪, 董学会. 2010. 不同变温层积过程中东北红豆杉种子生理生化特性和胚形态的变化. 中国农业大学学报, 15(1): 39-44.
林红强, 程跃红, 刘荣, 等. 2021a. 四川卧龙国家级自然保护区马先蒿属一新种: 熊猫马先蒿. 广西植物, 41(12): 1949-1954.
林红强, 王茂麟, 马联平, 等. 2021b. 卧龙国家级自然保护区马先蒿属植物多样性及保护研究. 四川林业科技, 42(3): 35-40.
林红强, 杨攀艳, 刘桂英, 等. 2020. 卧龙国家级自然保护区兰科植物多样性及保护研究. 四川林业科技, 41(3): 14-22.
林玲, 普布次仁. 2008. 西藏林芝地区引种水杉扦插繁殖试验. 江苏林业科技, 35(3): 38-39.
刘丹, 郭忠玲, 崔晓阳, 等. 2020. 5 种东北红豆杉植物群丛及其物种多样性的比较. 生物多样性, 28(3): 340-349.
刘巅, 黄金燕, 谢浩, 等. 2014. 汶川地震对卧龙自然保护区社区经济的影响. 四川林业科技, 35(6): 77-80.
刘巅, 谢浩, 周小平, 等. 2019. 卧龙保护区人工种植大熊猫主食竹的成活率及影响因素. 竹子学报, 38(1): 9-13.
刘巅, 周世强, 黄金燕, 等. 2012. 卧龙自然保护区拐棍竹(*Fargesia robusta*)无性系种群的空间分布格局. 四川林业科技, 33(1): 14-18.
刘定震, 房继明, 孙儒泳, 等. 1998. 大熊猫个体不同性活跃能力的行为比较. 动物学报, 44(1): 27-34.
刘定震, 张贵权, 魏荣平, 等. 2002. 性别与年龄对圈养大熊猫行为的影响. 动物学报, 48(5): 585-590.
刘洪波, 刘瑞兵, 张利锋, 等. 2007. 对卧龙自然保护区作为清洁背景地区研究 POPs 迁移规律的合理性分析. 中国环境监测, 23(4): 76-80.
刘记. 2005. 卧龙自然保护区生态旅游开发研究. 成都: 成都理工大学硕士学位论文.
刘继亮, 曹靖, 张晓阳, 等. 2013. 秦岭西部日本落叶松林大型土壤动物群落特征. 应用与环境生物学报, 19(4): 611-617.
刘静, 苗鸿, 郑华, 等. 2009. 卧龙自然保护区与当地社区关系模式探讨. 生态学报, 29(1): 259-271.
刘俊, 谭迎春, 金森龙, 等. 2015. 卧龙自然保护区野生绞股蓝的资源分布调查. 中国野生植物资源, 34(3): 46-48.
刘俊, 张凤, 谭迎春, 等. 2019a. 卧龙自然保护区周边社区村民自然保护意识调查及宣教方案探讨: 以汶川县三江镇为例. 现代农业科技, (1): 239-240, 242.
刘俊, 邹晓艳, 何廷美, 等. 2019b. 四川卧龙自然保护区开展自然教育活动方法探讨. 现代农业科技, (2): 235-236.
刘俊, 邹晓艳, 谭迎春, 等. 2021a. 卧龙国家级自然保护区周边社区公益性自然教育必要性调查. 陕西林业科技, 49(1): 106-108.

刘俊, 邹晓艳, 张凤, 等. 2021b. 青少年学生自然教育对能力提升影响因素研究. 江苏林业科技, 48(1): 46-48.
刘梦瑶. 2017. 替代性(非大众性)旅游理念与环境设计应用: 以卧龙中华大熊猫苑为例. 工业设计, (8): 88-90.
刘明冲. 2009. 卧龙自然保护区地震后植被修复问题初探 // 中国林学会. 第二届中国林业学术大会: S5 森林病害及其防治论文集. 南宁: 14-17.
刘明冲, 苟世兴, 王敏, 等. 2021a. 四川卧龙国家级自然保护区畜牧业发展对大熊猫栖息地的影响研究. 林业调查规划, 46(5): 36-39.
刘明冲, 管晓, 叶平, 等. 2021b. 卧龙保护区日本落叶松与四川红杉比较. 林业科技通讯, (6): 14-17.
刘明冲, 刘红豆, 张清宇, 等. 2014a. 城镇化对自然保护区的影响初探: 以卧龙保护区为例. 四川林业科技, 35(3): 90-93, 50.
刘明冲, 谭伟洪, 苟世兴. 2007. 自然保护区与社区发展的矛盾与对策: 以卧龙自然保护区为例. 四川林勘设计, (3): 42-44.
刘明冲, 唐卓, 管晓, 等. 2019. 利用远程视频监控系统观察卧龙自然保护区的羚牛和水鹿. 林业科技通讯, (3): 16-21.
刘明冲, 王树锋, 邹晓艳, 等. 2015. 卧龙自然保护区景观森林和代表树种概述. 四川林勘设计, (3): 81-84.
刘明冲, 杨晓军, 张清宇, 等. 2014b. 卧龙自然保护区 2013 年大熊猫主食竹监测分析报告. 四川林业科技, 35(4): 45-47.
刘明冲, 叶平, 谭迎春, 等. 2020. 卧龙国家级自然保护区日本落叶松入侵影响调查初报. 林业调查规划, 45(5): 51-54.
刘明冲, 袁红, 邹姗倍, 等. 2022. 气候变化对卧龙国家级自然保护区的影响. 林业科技通讯, (8): 79-82.
刘明冲, 周世强, 黄金燕, 等. 2006. 卧龙自然保护区退耕还竹成效调查报告. 四川林业科技, 27(2): 80-81.
刘明冲, 邹晓艳, 林雨婷, 等. 2018. 卧龙保护区羚牛、水鹿舔盐活动监控统计初报. 生物学通报, 53(12): 32-35.
刘鹏, 承勇, 韩卫杰, 等. 2022. 自然保护区生态旅游建设项目对生物多样性影响评价研究: 以江西婺源森林鸟类国家级自然保护区为例. 自然保护地, 2(2): 74-81.
刘世梁, 傅伯杰, 陈利顶, 等. 2002. 卧龙自然保护区土地利用变化对土壤性质的影响. 地理研究, 21(6): 682-688.
刘淑珍, 郑远昌. 1984. 卧龙地貌的特征和大熊猫. 野生动物, 5(4): 6-7, 5.
刘彤. 2007. 天然东北红豆杉种群生态学研究. 哈尔滨: 东北林业大学博士学位论文.
刘伟. 2009. 来自卧龙的报道. 人与生物圈, (S1): 120-123.
刘文杰. 2007. 卧龙地区土壤和大气中长残留有机污染物时空分布特征. 长春: 吉林农业大学硕士学位论文.
刘文杰, 谢文明, 陈大舟, 等. 2007. 卧龙自然保护区土壤中有机氯农药的来源分析. 环境科学研究, 20(6): 27-32.
刘新新, 徐建英, 韩文. 2015. 地震对卧龙自然保护区大熊猫生境的影响及评价. 首都师范大学学报(自然科学版), 36(6): 92-95, 100.
刘兴良. 2006. 川西巴郎山川滇高山栎林群落生态学的研究. 北京: 北京林业大学博士学位论文.
刘兴良, 刘杉, 蔡蕾, 等. 2020. 四川卧龙国家级自然保护区不同海拔岷江冷杉林林窗特征. 西部林业科学, 49(5): 1-11.
刘学涵, 何廷美, 钟志军, 等. 2012. 大熊猫隐孢子虫的分离鉴定. 中国兽医科学, 42(11): 1107-1111.
刘雪华, Bronsveld M C, Toxopeus A F, 等. 1998. 数字地形模型在濒危动物生境研究中的应用. 地理科学进展, 17(2): 52-60.
刘雪华, 王亭, 王鹏彦, 等. 2008. 无线电颈圈定位数据应用于卧龙大熊猫移动规律的研究. 兽类学报, 28(2): 180-186.
刘艳红, 钟志军, 艾生权, 等. 2015. 亚成体大熊猫肠道纤维素降解真菌的分离与鉴定. 中国兽医科学, 45(1): 43-49.
刘阳, 陈水华. 2021. 中国鸟类观察手册. 长沙: 湖南科学技术出版社.
刘洋, 吕一河. 2008. 旅游活动对卧龙自然保护区社区居民的经济影响. 生物多样性, 16(1): 68-74.
刘正才, 何可, 何廷美, 等. 2023. 四川卧龙国家级自然保护区大中型兽类空间分布模式. 四川动物, 42(1): 91-100.
刘卓涛, 张玲, 周厚熊, 等. 2022a. 人为干扰对卧龙国家级自然保护区地栖鸟兽多样性的影响. 野生动物学报, 43(4): 897-906.
刘卓涛, 钟义, 王晓娟, 等. 2022b. 卧龙国家级自然保护区川金丝猴的群落环境分析. 野生动物学报, 43(3): 614-622.
龙连娣, 缪绅裕, 陶文琴. 2015. 中国公布的 3 批外来入侵植物种类特征与入侵现状分析. 生态科学, 34(3): 31-36.
陆琪, 胡强, 施小刚, 等. 2019. 基于分子宏条形码分析四川卧龙国家级自然保护区雪豹的食性. 生物多样性, 27(9): 960-969.
罗安明, 王永跃. 2003. 香港大熊猫保育协会资助卧龙自然保护区重建大熊猫医院. 森林公安, (3): 29.
罗国容. 2005. 川西天然林保护区自然旅游资源景观评价及其经营模式实例研究. 雅安: 四川农业大学硕士学位论文.
罗欢, 肖雪, 李玉杰, 等. 2019. 利用红外相机建立川金丝猴的行为谱及 PAE 编码系统. 四川动物, 38(6): 646-656.
罗莲莲, 周宏, 唐俊峰, 等. 2020. 大熊猫与同域动物在海拔分布上的生态位分化. 兽类学报, 40(4): 337-345.
罗树友, 罗永, 何胜山, 等. 2022. 卧龙一例超重野化培训大熊猫幼仔的出生记录和分析. 四川畜牧兽医, 49(5): 27-28.
罗天宏, 于晓东, 周红章. 2006. 卧龙自然保护区落叶松林不同恢复阶段的嗜尸性甲虫物种多样性. 昆虫学报, 49(3): 461-469.
骆娟, 侯静, 杨舒婷, 等. 2021. 日本落叶松凋落针叶总黄酮的提取工艺及抗氧化活性研究. 四川大学学报(自然科学版), 58(3): 188-194.
吕程瑜, 刘艳红. 2018. 不同遮荫条件下梓叶槭幼苗生长与光合特征的种源差异. 应用生态学报, 29(7): 2307-2314.

吕一河, 傅伯杰, 刘世梁, 等. 2003. 卧龙自然保护区综合功能评价. 生态学报, 23(3): 571-579.

马凯, 王力军, 杨波, 等. 2014. 卧龙自然保护区首次发现崇安斜鳞蛇. 北京师范大学学报(自然科学版), 50(6): 620-621.

马丽莎. 1998. 卧龙自然保护区的野菜资源. 四川林业科技, 19(2): 65-70.

马青青, 马亦生, 陈原玉, 等. 2022. 佛坪国家级自然保护区大熊猫与潜在捕食者的时空动态. 野生动物学报, 43(4): 880-887.

马文宝, 许戈, 姬慧娟, 等. 2014. 珍稀植物梓叶槭种子萌发特性初步研究. 种子, 33(12): 87-90.

马小军, 丁万隆, 陈震. 1996. 温度对东北红豆杉种子萌发的影响. 中国中药杂志, 21(1): 20-22.

马永红, 何兴金. 2007. 卧龙自然保护区种子植物区系研究. 热带亚热带植物学报, 15(1): 63-70.

马永红, 杨彪. 2019. 被子植物原色图谱. 北京: 中国林业出版社.

茅锋, 胡佳. 2011. 地域化绿色建筑创作: 卧龙自然保护区都江堰大熊猫救护与疾病防控中心方案设计. 四川建筑, 31(5): 113-114, 118.

卯晓岚. 2000. 中国大型真菌. 郑州: 河南科学技术出版社.

孟庆凯. 2016. 基于3S技术的卧龙大熊猫生境地质灾害影响评价研究, 成都: 成都理工大学博士学位论文.

孟宪林. 1985. 自然保护区管理业务干部培训班结束. 野生动物, 6(6): 63.

孟宪林. 1995. 宋健同志在卧龙自然保护区考察. 野生动物, 16(1): 3.

倪玖斌, 周小娟. 2016. 生态保护与建设体制机制创新与经验借鉴: 基于典型案例的分析. 农村经济, (5): 107-111.

牛挺. 1985. 自然保护区不是"特区". 新闻界, (5): 25.

欧阳志云, 李振新, 刘建国, 等. 2002. 卧龙自然保护区大熊猫生境恢复过程研究. 生态学报, 22(11): 1840-1849.

欧阳志云, 刘建国, 肖寒, 等. 2001. 卧龙自然保护区大熊猫生境评价. 生态学报, 21(11): 1869-1874.

欧阳志云, 刘建国, 张和民. 2000. 卧龙大熊猫生境的群落结构研究. 生态学报, 20(3): 458-462

欧阳志云, 张和民, 谭迎春, 等. 1995. 地理信息系统在卧龙自然保护区大熊猫生境评价中的应用研究. 中国生物圈保护区, (3): 13-18, 2.

潘红丽, 李迈和, 田雨, 等. 2010a. 卧龙自然保护区油竹子形态学特征及地上部生物量对海拔梯度的响应. 四川林业科技, 31(3): 30-36.

潘红丽, 刘兴良, 蔡小虎, 等. 2010b. 卧龙自然保护区油竹子(*Fargesia angustissima*)在海拔上的生理生态特征研究 // 中国林学会. 第九届中国林业青年学术年会论文摘要集. 成都: 179.

潘红丽, 田雨, 刘兴良, 等. 2010c. 卧龙自然保护区华西箭竹(*Fargesia nitida*)生态学特征随海拔梯度的变化. 生态环境学报, 19(12): 2832-2839.

潘红丽, 田雨, 刘兴良, 等. 2011. 卧龙自然保护区油竹子(*Fargesia angustissima*)生理生态特征的海拔变化. 四川林业科技, 32(1): 25-30.

朴英超, 关燕宁, 张春燕, 等. 2016. 基于小波变换的卧龙国家级自然保护区植被时空变化分析. 生态学报, 36(9). 2656-2668.

浦善庆. 1992. 浅谈卧龙特区梯级电站建设对自然保护区的影响. 四川环境, 11(3): 51-55.

钱方. 2016. 卧龙自然保护区都江堰大熊猫救护与疾病防控中心. 建筑学报, (9): 62-70.

乔麦菊, 胡灏禹, 程跃红, 等. 2014. 卧龙自然保护区山体滑坡区域自然恢复早期植物群落组成研究. 水土保持研究, 21(1): 213-218.

乔麦菊, 唐卓, 施小刚, 等. 2017a. 基于MaxEnt模型的卧龙国家级自然保护区雪豹(*Panthera uncia*)适宜栖息地预测. 四川林业科技, 38(6): 1-4, 16.

乔麦菊, 张和民, 冉江洪. 2017b. 卧龙自然保护区大熊猫的空间分布与季节性迁徙研究. // 中国生态学会动物生态专业委员会, 中国动物学会兽类学分会, 中国野生动物保护协会科技委员会, 等. 第十三届全国野生动物生态与资源保护学术研讨会暨第六届中国西部动物学学术研讨会论文摘要集. 成都: 215.

秦爱丽, 简尊吉, 马凡强, 等. 2018. 母树年龄、生长调节剂、容器与基质对崖柏嫩枝扦插的影响. 林业科学, 54(7): 40-50.

秦自生. 1983. 卧龙的珙桐林. 南充师院学报(自然科学版), 4(2): 29-39.

秦自生, 胡锦矗. 1981. 卧龙自然保护区大熊猫生态环境的植被类型. 南充师院学报(自然科学版), 2(3): 39-74.

秦自生, 泰勒. 1992. 大熊猫主食竹类的种群动态和生物量研究. 四川师范学院学报(自然科学版), 13(4): 268-274.

秦自生, 泰勒, 蔡绪慎. 1993a. 卧龙大熊猫生态环境的竹子与森林动态演替. 北京: 中国林业出版社.

秦自生, 泰勒, 蔡绪慎, 等. 1993b. 拐棍竹生物学特性的研究. 竹子研究汇刊, (14): 6-17.

秦自生, 泰勒, 蔡绪慎, 等. 1994. 冷箭竹生物学特性研究. 四川师范学院学报(自然科学版), 15(2): 107-113.

秦自生, 泰勒, 刘捷. 1992. 冷箭竹空间分布格局的研究. 四川师范学院学报(自然科学版), 13(2): 77-82.

邱贤猛. 1992. 卧龙自然保护区人工哺育大熊猫幼仔存活新纪录. 四川动物, (2): 20.

邱贤猛. 1993. 雌性大熊猫发情期间阴道角化细胞率和发情行为的关系. 动物学杂志, 28(2): 43-45.
邱贤猛, 何廷美, 汤纯香, 等. 1993a. 大熊猫肠梗阻的诊治. 中国兽医科技, 23(3): 50-53.
邱贤猛, 何廷美, 汤纯香, 等. 1993b. 大熊猫肠梗阻的治疗及病因探讨. 中国兽医杂志, 29(7): 27.
邱贤猛, 何廷美, 张贵权, 等. 1992. 大熊猫砷和汞急性中毒. 中国兽医杂志, 18(12): 16-17.
邱艳霞, 杨舒婷, 叶红, 等. 2021. 外来植物日本落叶松凋落叶对卧龙乡土植物化感作用的研究. 四川大学学报(自然科学版), 58(4): 156-162
冉江洪. 2004. 小相岭大熊猫种群生态学和保护策略研究. 成都: 四川大学博士学位论文.
陕西省大熊猫调查队. 1974. 陕西秦岭地区大熊猫出版调查. (油印本)
邵全琴, 刘纪远, 黄麟, 等. 2013. 2005-2009 年三江源自然保护区生态保护和建设工程生态成效综合评估. 地理研究, 32(9): 1645-1656
沈茂英. 2006a. 卧龙自然保护区生态建设与社区发展研究. 四川林勘设计, (3): 5-9
沈茂英. 2006b. 试论农村贫困人口自我发展能力建设. 安徽农业科学, (10): 2260-2262.
沈晔. 2001. 卧龙自然保护区生态旅游市场营销规划. 软科学, 15(3): 55-59.
沈泽昊, 林洁, 陈伟烈, 等. 1999. 四川卧龙地区珙桐群落的结构与更新研究. 植物生态学报, 23(6): 562-567.
施小刚, 胡强, 李佳琦, 等. 2017. 利用红外相机调查四川卧龙国家级自然保护区鸟兽多样性. 生物多样性, 25(10): 1131-1136.
施小刚, 史晓昀, 胡强, 等. 2021. 四川邛崃山脉雪豹与赤狐时空生态位关系. 兽类学报, 41(2): 115-127.
施小刚, 岳颖, 卢松, 等. 2023. 卧龙国家级自然保护区雪豹与牦牛活动的时空关系. 应用与环境生物学报, 29(3): 523-527.
施小刚, 钟锐, 黄迪, 等. 2020. 卧龙自然保护区内一例病死野猪的病原检测. 四川畜牧兽医, 47(12): 20-21, 23.
施晓刚(应为施小刚), 胡强, 金森龙, 等. 2012. 卧龙保护区三江片区大熊猫嗅味树分布初步调查. 四川动物, 31(5): 704-707.
史军义, 马丽莎, 杨克珞, 等. 1998. 卧龙自然保护区功能区的模糊划分. 四川林业科技, 19(1): 6-16.
史军义, 潘中林. 1986. 卧龙自然保护区的天蛾及其垂直分布. 四川林业科技, (3): 53-57.
史晓昀, 施小刚, 胡强, 等. 2019. 四川邛崃山脉雪豹与散放牦牛潜在分布重叠与捕食风险评估. 生物多样性, 27(9): 951-959.
舒兴川. 2014. 国际生物圈中的自然感受与艺术体验教育. 美术教育研究, (22): 29.
四川农业大学. 2021. 四川卧龙国家级自然保护区森林资源调查报告. (内部报告)
四川珍贵动物资源调查队. 1977. 四川省珍贵动物资源调查报告. 四川省林业局. (内部资料)
宋爱云. 2005. 卧龙自然保护区亚高山草甸群落学特征及生态水文功能研究. 北京: 中国林业科学研究院博士学位论文.
宋爱云, 刘世荣, 史作民, 等. 2006a. 卧龙自然保护区亚高山草甸的数量分类与排序. 应用生态学报, 17(7): 1174-1178.
宋爱云, 刘世荣, 史作民, 等. 2006b. 卧龙自然保护区亚高山草甸植物群落物种多样性研究. 林业科学研究, 19(6): 767-772.
宋利霞. 2006. 华西箭竹克隆种群对卧龙自然保护区暗针叶林不同林冠环境的响应研究. 重庆: 西南大学硕士学位论文.
宋旻斐. 2010. 卧龙游客中心设计研究. 天津: 天津大学硕士学位论文.
宋仕贤, 张明春, 张亚辉, 等. 2016. 野化培训大熊猫领域行为的初步研究. 四川林业科技, 37(3): 112-115.
宋雨濛. 2017a. BP 改进算法在卧龙自然保护区地质灾害危险性评价中的应用研究. 成都: 成都理工大学硕士学位论文.
宋雨濛. 2017b. 基于3S 的人工神经网络模型在地质灾害危险性评价中的应用. 报刊荟萃, (4): 205.
宋志远, 欧阳志云, 李智琦, 等. 2009. 公平规范与自然资源保护: 在卧龙自然保护区的实验. 生态学报, 29(1): 240-250.
苏瑞军, 苏智先, 胡进耀, 等. 2004. 四川卧龙三江保护区珙桐群落边缘效应的研究. 广西植物, 24(5): 402-406, 401.
孙厚成. 2007. 川西 15 个自然保护区两栖爬行类多样性研究. 成都: 四川大学硕士学位论文.
孙湘来, 石绍章, 赵小迎, 等. 2017. 海南省极小种群野生濒危植物现状与保护对策. 绿色科技, 19(18): 11-13, 38.
孙祚庆. 1988. 《卧龙植被及资源植物》简介. 南充师院学报(自然科学版), 9(2): 84.
覃德华, 毕晓丽, 葛剑平. 2007. 近 30 年来卧龙自然保护区土地覆盖变化动态分析. 安徽农业科学, 35(23): 7237-7239.
谭义. 2021. 环境敏感区铁路生态选线决策方法研究. 成都: 西南交通大学硕士学位论文.
谭迎春, 欧阳志云, 张和民. 1995. 卧龙自然保护区生物多样性空间特征研究. 中国生物圈保护区, (3): 19-24.
谭志. 2004. 野外放归大熊猫和圈养大熊猫肠道正常菌群的研究. 成都: 四川大学硕士学位论文.
汤纯香. 1995. 雌性大熊猫 2.5 岁开始发情. 四川动物, 14(1): 42.
汤纯香, Durrant B, Russ K, 等. 2000. 大熊猫阴道角化细胞变化的连续监测. 四川师范学院学报(自然科学版), 45(4): 315-317.
汤纯香, 松子. 2000. 卧龙: 川西大地上的明珠. 四川动物, (4): 260.
汤纯香, 张和民. 2001. 圈养繁殖在大熊猫保护生物学中的作用. 四川动物, (2): 91-93.
汤景明, 孙拥康, 冯骏, 等. 2018. 不同强度间伐对日本落叶松人工林生长及林下植物多样性的影响. 中南林业科技大学学报, 38(6): 90-93, 122.

汤景明, 孙拥康, 徐红梅, 等. 2016. 林窗对日本落叶松人工林林下植物多样性的短期影响. 西南林业大学学报, 36(2): 103-107.
唐莉, 苟世兴, 王永跃, 等. 2017. 卧龙自然保护区信息化建设初探. 四川林业科技, 38(5): 133-135.
唐小平, 贾建生, 王志臣, 等. 2015. 全国第四次大熊猫调查方案设计及主要结果分析. 林业资源管理, (1): 11-16.
唐永锋. 2005. 自然保护区生态旅游规划设计. 杨凌: 西北农林科技大学硕士学位论文.
唐卓. 2016. 利用红外相机研究卧龙雪豹和绿尾虹雉及其同域野生动物. 北京: 清华大学硕士学位论文.
唐卓, 杨建, 刘雪华, 等. 2017a. 基于红外相机技术对四川卧龙国家级自然保护区雪豹(Panthera uncia)的研究. 生物多样性, 25(1): 62-70.
唐卓, 杨建, 刘雪华, 等. 2017b. 利用红外相机研究卧龙国家级自然保护区绿尾虹雉的活动规律. 四川动物, 36(5): 582-587.
田红, 魏荣平, 张贵权, 等. 2004. 传统圈养和半自然散放环境亚成年大熊猫的行为差异. 动物学研究, 25(2): 137-140.
田红, 魏荣平, 张贵权, 等. 2007. 雄性大熊猫对化学信息行为反应的年龄差异. 动物学研究, 28(2): 134-140.
王岑涅, 高素萍, 孙雪. 2009. 震后卧龙-蜂桶寨生态廊道 大熊猫主食竹选择与配置规划. 世界竹藤通讯, 7(1): 11-16.
王丹丹, 张彦文. 2019. 东北红豆杉杂交种鉴定及遗传多样性分析. 东北师大学报(自然科学版), 51(1): 113-118.
王丁, 刘宁, 陈向军, 等. 2021. 推动人与自然和谐共处和可持续发展: 人与生物圈计划在中国. 中国科学院院刊, 36(4): 448-455.
王刚. 2015. 卧龙自然保护区森林生态系统健康评价研究. 雅安: 四川农业大学硕士学位论文.
王娟. 2010. 西藏工布自然保护区生态敏感性评价. 成都: 成都理工大学硕士学位论文.
王朗自然保护区大熊猫调查组. 1974. 四川省平武县王朗自然保护区大熊猫的初步调查. 动物学报, 20(2): 162-173.
王立志, 徐谊英. 2016. 圈养大熊猫粪便中微生物多样性的研究. 四川动物, 35(1): 17-23.
王盼. 2020. 卧龙自然保护区水鹿(Rusa unicolor)的生境利用与活动模式. 南充: 西华师范大学硕士学位论文.
王盼, 白文科, 黄金燕, 等. 2018a. 同域分布大熊猫和水鹿生境利用分异特征. 生态学报, 38(15): 5577-5583.
王盼, 李玉杰, 张晋东, 等. 2018b. 卧龙国家级自然保护区野生岩羊行为谱及PAE编码系统. 四川动物, 37(2): 211-218.
王鹏彦, 李德生, 等. 2003. 大熊猫饲养管理. 北京: 中国林业出版社.
王鹏彦, 李德生, 周应敏, 等. 2007. 野化培训大熊猫在特定时期采食半枯竹的原因分析. 应用与环境生物学报, 13(3): 345-348.
王乔. 1986. 四川卧龙自然保护区天牛垂直分布的研究. 西南农业大学学报, 8(3): 22-27.
王乔, 蒋书楠. 1988. 四川卧龙自然保护区天牛区系及其起源与演化的研究. 昆虫分类学报, 10(S1): 131-146.
王世彤, 吴浩, 刘梦婷, 等. 2018. 极小种群野生植物黄梅秤锤树群落结构与动态. 生物多样性, 26(7): 749-759.
王微. 2005. 小径竹对卧龙自然保护区亚高山暗针叶林林窗更新的影响研究. 重庆: 西南师范大学硕士学位论文.
王微, 胡凯, 陶建平, 等. 2006. 卧龙自然保护区亚高山暗针叶林树种更新研究. 武汉植物学研究, 24(2): 130-134.
王微, 陶建平, 李宗峰, 等. 2004. 卧龙自然保护区亚高山暗针叶林林隙特征研究. 应用生态学报, 15(11): 1989-1993.
王小红. 2022. 白夹竹在卧龙自然保护区的雨季栽培试验. 四川林业科技, 43(1): 77-81.
王晓. 2020. 放牧对卧龙自然保护区大熊猫(Ailuropoda melanoleuca)及其栖息地影响研究. 南充: 西华师范大学硕士学位论文.
王晓, 侯金, 张晋东, 等. 2018. 同域分布的珍稀野生动物对放牧的行为响应策略. 生态学报, 38(18): 6484-6492.
王晓, 李玉杰, 李程, 等. 2018. 卧龙自然保护区放牧对大熊猫的影响. 西华师范大学学报(自然科学版), 39(1): 11-15.
王晓, 张晋东. 2019. 放牧对大熊猫影响的研究进展. 四川动物, 38(6): 714-720.
王雄清. 1987. 大熊猫追逐交配初步观察. 野生动物, 8(5): 27-28.
王毅敏, 高晗, 高本旺, 等. 2019. 崖柏组织培养初探. 湖北林业科技, 48(2): 16-18.
王燚, 何廷美, 钟志军, 等. 2011. 不同季节亚成体大熊猫肠道菌群ERIC-PCR指纹图谱分析. 中国兽医科学, 41(8): 778-783.
王永峰, 张清涛, 余小英, 等. 2019. 卧龙人工林与次生林大熊猫生境监测初探. 四川林勘设计, 134(1): 16-20.
王玉君. 2020. 保护区发展与保护政策的效益及影响因素评估. 南充: 西华师范大学硕士学位论文.
王玉君, 侯金, 李玉杰, 等. 2018. 利用红外相机调查卧龙保护区鸟类资源的时空分布特征. 西华师范大学学报(自然科学版), 39(1): 29-37.
王玉君, 李玉杰, 白文科, 等. 2019. 大熊猫国家公园拟建区生态旅游客源特征及行为研究. 西华师范大学学报(自然科学版), 40(1): 7-14.
王云. 2007. 风景区公路景观美学评价与环境保护设计. 成都: 中国科学院研究生院(成都山地灾害与环境研究所)博士学位论文.
王云, 李海峰, 崔鹏, 等. 2006. 卧龙自然保护区旅游公路景观规划与设计. 公路, 51(5): 153-158.
王云, 李海峰, 崔鹏, 等. 2007. 卧龙自然保护区公路动物通道设置研究. 公路, 52(1): 99-104.

王云才, 崔莹, 彭震伟. 2013. 快速城市化地区"绿色海绵"雨洪调蓄与水处理系统规划研究: 以辽宁康平卧龙湖生态保护区为例. 风景园林, 20(2): 60-67.
韦华, 何晓安, 杨建. 2021. 四川卧龙国家级自然保护区的鸟类多样性. 四川动物, 40(4): 451-468.
韦维, 黄宏. 2005. 卧龙自然保护区国宝的快乐家园. 中国西部, (10): 34-37.
魏东峰. 1997. 卧龙自然保护区大气环境现状分析与评价. 四川林业科技, 18(3): 75-78.
魏辅文. 2022. 中国兽类分类与分布. 北京: 科学出版社.
魏辅文, 冯祚建, 王祖望. 1999. 相岭山系大熊猫和小熊猫对生境的选择. 动物学报, (1): 57-63.
魏辅文, 胡锦矗. 1994. 卧龙自然保护区野生大熊猫繁殖研究. 兽类学报, 14(4): 243-248.
魏辅文, 胡锦矗. 1995. 卧龙自然保护区野生大熊猫繁殖研究. 四川师范学院学报(自然科学版), 16(4): 302.
魏辅文, 王祖望, 冯祚建. 2000. 冶勒自然保护区大熊猫和小熊猫种群能流分析. 动物学报, (3): 287-294.
魏辅文, 张泽钧, 胡锦矗. 2011. 野生大熊猫生态学研究进展与前瞻. 兽类学报, 31(4): 412-421.
魏建瑛, 徐建英, 樊斐斐. 2019. 卧龙自然保护区植被覆盖度变化及其对地形因子的响应. 长江流域资源与环境, 28(2): 440-449.
魏荣平, 蔡水花, 王飞, 等. 2021. 横断山杜鹃花之四川篇. 成都: 四川科学技术出版社.
温晓示. 2019. 基于群落生产力的西南地区气候变化脆弱性评估. 北京: 北京林业大学硕士学位论文.
文冠一. 1997. 卧龙自然保护区大熊猫栖息环境及种群分布规律. 四川林业科技, 18(2): 71-73.
文智猷. 2012. 巴郎山川滇高山栎细根生物量及碳储量分布格局. 雅安: 四川农业大学硕士学位论文.
汶川县党史研究和地方志编纂中心, 汶川县卧龙镇人民政府. 2023a. 卧龙镇志. 北京: 团结出版社.
汶川县党史研究和地方志编纂中心, 汶川县卧龙镇人民政府. 2023b. 耿达镇志. 北京: 团结出版社.
《卧龙发展史续编》编撰委员会. 2023. 卧龙发展史续编. 成都: 四川民族出版社.
卧龙自然保护区, 四川师范学院. 1992. 卧龙自然保护区动植物资源及保护. 成都: 四川科学技术出版社.
卧龙自然保护区管理局, 南充师范学院生物系, 四川省林业厅保护处. 1987. 卧龙植被及资源植物. 成都: 四川科学技术出版社.
卧龙自然保护区管理局, 中国保护大熊猫研究中心. 1993. 大熊猫人工育幼研究. 成都: 四川科学技术出版社.
吴杰. 2010. 卧龙自然保护区林下小径竹生理生态特性比较研究. 重庆: 西南大学硕士学位论文.
吴漫玲, 姚兰, 艾训儒, 等. 2020. 水杉原生种群核心种质资源的繁殖特性. 生物多样性, 28(3): 303-313.
吴鹏. 2017. 我国自然保护区文化建设研究. 北京: 北京林业大学硕士学位论文.
吴世雄, 刘艳红, 张利民, 等. 2018. 不同产地东北红豆杉幼苗迁地保护的生长稳定性分析. 北京林业大学学报, 40(12): 27-37.
吴晓娜. 2010. 卧龙自然保护区种子植物区系地理研究. 成都: 成都理工大学硕士学位论文.
吴毅, 胡锦矗, 李洪成, 等. 1992. 卧龙自然保护区小形啮齿类生态地理分布. 四川动物, 11(4): 23-24.
吴毅, 胡锦矗, 袁重桂, 等. 1991. 卧龙自然保护区小形啮齿类数量结构的研究. 四川师范学院学报(自然科学版), 12(2): 133-138.
吴毅, 张和民, 李洪成, 等. 1999. 卧龙自然保护区翼手类多样性的研究. 广州师院学报(自然科学版), 20(5): 39-41.
吴勇. 2011. 四川盆地西缘高山峡谷自然保护区植物区系比较. 湖北农业科学, 50(3): 503-504, 516.
吴兆洪, 秦仁昌. 1991. 中国蕨类植物科属志. 北京: 科学出版社.
吴征镒. 1991. 中国种子植物属的分布区类型. 云南植物研究, (增刊IV): 1-139.
吴征镒, 周浙昆, 李德铢, 等. 2003. 世界种子植物科的分布区类型系统. 云南植物研究, 25(3): 245-257.
溪水. 2006. 卧龙自然保护区. 上海集邮, (8): 8.
夏武平, 胡锦矗. 1989. 由大熊猫的年龄结构看其种群发展趋势. 兽类学报, 9(2): 87-93.
夏志良, 李洪成. 1989. 卧龙自然保护区华西大蟾蜍的食性分析. 四川师范学院学报(自然科学版), 10(2): 115-119.
向丕元, 赖从龙, 邱贤猛. 1992. 卧龙等四个自然保护区野外羚牛粪便中内寄生虫的调查. 中国兽医科技, 22(8): 14-16.
晓梅. 1999. 大熊猫保护评估及研究技术国际学术研讨会在卧龙自然保护区举行. 四川动物, 18(4): 173.
谢德滋. 1991. 卧龙自然保护区白粉菌和锈菌资源调查初报. 四川师范学院学报(自然科学版), 12(2): 118-124.
谢浩, 刘斌, 罗瑜, 等. 2011. 野化培训大熊猫的采食动态及食物利用率. 野生动物, 32(4): 186-190.
辛泽华. 1995. 卧龙自然保护区之行. 生物学教学, (11): 42-44.
熊彪, 姚兰, 易咏梅, 等. 2009. 水杉原生母树生长势调查研究. 湖北民族学院学报(自然科学版), 27(4): 439-442.
熊明刚. 2018. 卧龙大熊猫生境破碎化评价及廊道构建研究. 成都: 成都理工大学硕士学位论文.
熊焰, 荀琳, 王印, 等. 1999. 大肠杆菌和肺炎克雷伯氏杆菌表面抗原的研究. 畜牧兽医学报, 30(6): 558-561.
熊焰, 李德生, 王印, 等. 2000. 卧龙自然保护区大熊猫粪样菌群的分离鉴定与分布研究. 畜牧兽医学报, 31(2): 165-170.
徐建英, 陈利顶, 吕一河, 等. 2004. 卧龙自然保护区社区居民政策响应研究. 生物多样性, 12(6): 639-645.

徐建英, 陈利顶, 吕一河, 等. 2006. 基于参与性调查的退耕还林政策可持续性评价: 卧龙自然保护区研究. 生态学报, 26(11): 3789-3795.

徐建英, 桓玉婷, 孔明. 2016. 卧龙自然保护区野生动物肇事农地特征及影响机制. 生态学报, 36(12): 3748-3757.

徐建英, 孔明, 刘新新, 等. 2017. 生计资本对农户再参与退耕还林意愿的影响: 以卧龙自然保护区为例. 生态学报, 37(18): 6205-6215.

徐建英, 吕一河, 王克柱, 等. 2008. 基于旅游从业者的卧龙自然保护区旅游发展有效怄分析: 社区参与视角. 生态学报, 28(12): 6121-6129.

徐建英, 王清, 魏建瑛. 2018. 卧龙自然保护区生态系统服务福祉贡献评估: 当地居民的视角. 生态学报, 38(20): 7348-7358.

徐庆, 蒋有绪, 刘世荣, 等. 2007. 卧龙巴郎山流域大气降水与河水关系的研究. 林业科学研究, 20(3): 297-301.

徐庆, 刘世荣, 安树青, 等. 2006. 卧龙地区大气降水氢氧同位素特征的研究. 林业科学研究, 19(6): 679-686.

徐胜兰. 2004. 卧龙自然保护区生态旅游可持续发展模式研究. 成都: 成都理工大学硕士学位论文.

徐玮, 胡海, 谢强. 2012a. 四川省国家级自然保护区管理现状与对策建议 // 四川省环境科学学会. 四川省环境科学学会2012年学术年会论文集. 成都: 112-116.

徐玮, 胡海, 谢强. 2012b. 四川省国家级自然保护区管理现状与对策建议. 四川环境, 31(S1): 108-112.

徐晓梅, 明杰. 2019. 卧龙自然保护区森林草原防火现状及建议. 乡村科技, 10(29): 87-88.

徐新良, 江东, 庄大方, 等. 2008. 汶川地震灾害核心区生态环境影响评估. 生态学报, 28(12): 5899-5908.

许恒, 刘艳红. 2018. 珍稀濒危植物梓叶槭种群径级结构与种内种间竞争关系. 西北植物学报, 38(6): 1160-1170.

许恒, 刘艳红. 2019. 极小种群梓叶槭种群结构及动态特征. 南京林业大学学报(自然科学版), 43(2): 47-54.

许积层, 卢涛, 石福孙, 等. 2012. 基于NDVI监测5·12震后岷江河谷映秀汶川段滑坡体植被恢复. 植物研究, 32(6): 750-755.

薛煜, 王会岩, 张世萍. 1996. 落叶松人工林内可燃物载量、含水率与森林燃烧性关系的研究. 森林防火, (4): 21-23.

鄢武先, 张小平, 邓东周, 等. 2012. 卧龙自然保护区地震灾害后植被恢复主要植物种选择研究. 四川林业科技, 33(3): 32-36.

闫香慧, 李冰寒. 2021. 卧龙自然保护区菌食性隐翅虫及其寄主大型真菌种类调查研究. 四川林业科技, 42(2): 71-76.

闫小玲, 刘全儒, 寿海洋, 等. 2014. 中国外来入侵植物的等级划分与地理分布格局分析. 生物多样性, 22(5): 667-676.

闫小玲, 寿海洋, 马金双. 2012. 中国外来入侵植物研究现状及存在的问题. 植物分类与资源学报, 34(3): 287-313.

严贤春, 何廷美, 杨志松, 等. 2019. 生态旅游资源与开发研究. 北京: 中国林业出版社.

严贤春, 胥晓, 彭正松, 等. 2004. 四川卧龙攀援植物及在园林中的应用研究. 西南农业大学学报(自然科学版), 26(6): 675-680.

严旬. 2005. 大熊猫自然保护区体系研究. 北京: 北京林业大学博士学位论文.

杨承栋, 张万儒. 1986. 卧龙自然保护区森林土壤有机质的研究. 土壤学报, 23(1): 30-39.

杨承栋, 张万儒, 许本彤. 1988. 卧龙自然保护区渗滤水的初步研究. 林业科学, 24(4): 478-482.

杨程, 施小刚, 金森龙, 等. 2012. 卧龙自然保护区震后小型陆栖脊椎动物调查. 四川林业科技, 33(4): 53-55, 31.

杨春花. 2007. 放归大熊猫 Ailuropoda melanoleuca 预选栖息地评估: 以卧龙为例. 上海: 华东师范大学博士学位论文.

杨春花, 周小平, 王小明. 2008. 卧龙自然保护区华西箭竹地上生物量回归模型. 林业科学, 44(3): 113-123.

杨菲. 2009. 卧龙大熊猫保护区震后重生. 记者观察(上半月), (6): 36-37.

杨宏. 2019. 不同性别大熊猫肠道微生物群落结构研究. 南充: 西华师范大学硕士学位论文.

杨虎, 李君, 姜楠, 等. 2021. 卧龙国家级自然保护区羚牛同域分布地栖动物群落内种间关联度. 野生动物学报, 42(3): 654-662.

杨华林, 程跃红, 周天祥, 等. 2022. 四川卧龙国家级自然保护区多空间尺度下绿尾虹雉的生境选择. 生物多样性, 30(7): 159-169.

杨娟, 葛剑平, 洪军. 2006. 卧龙地区流域土地覆盖变化及其对大熊猫潜在生境的影响. 生态学报, 26(6): 1975-1980.

杨娟, 葛剑平, 刘丽娟, 等. 2007. 卧龙自然保护区针阔混交林林隙更新规律. 植物生态学报, 31(3): 425-430.

杨娟, 葛剑平, 屠强. 2005. 近十年卧龙地区流域土地覆盖/利用变化分区对比研究. 生态科学, 24(2): 97-101.

杨娟, 刘丽娟, 葛剑平, 等. 2004. 卧龙自然保护区林隙干扰特征. 植物生态学报, 28(5): 723-726.

杨朗生, 刘兴良, 刘世荣, 等. 2017. 卧龙巴郎山川滇高山栎群落植物生活型海拔梯度特征. 生态学报, 37(21): 7170-7180.

杨凌瀚, 周超, 柳凤英, 等. 2019. 卧龙林业可持续发展战略. 乡村科技, (20): 69-70.

杨渺, 欧阳志云, 徐卫华, 等. 2017. 卧龙大熊猫潜在适宜生境及实际利用生境评价. 四川农业大学学报, 35(1): 116-123.

杨楠, 王彬, 程跃红, 等. 2022. 高山生态系统鸡形目鸟类群落的时空动态及生境选择: 以四川卧龙国家级自然保护区为例. 生态与农村环境学报, 38(3): 319-326.

杨全新. 2001a. 卧龙保护区功不可没: 美国《科学》杂志一篇论文引发争议. 侨园, 4(4): 20-21.
杨全新. 2001b. 卧龙大熊猫保护区: 功耶?过耶?中国专家质疑美国《科学》杂志. 瞭望新闻周刊, (23): 6-8.
杨胜林, 李敏, 周强, 等. 2007. 雌性大熊猫发情行为观察与相关指标分析. 四川动物, 26(3): 664-668.
杨舒婷, 马晓娜, 白晓霖, 等. 2022. 极小种群野生植物巴郎山杓兰的 CDDP 遗传多样性分析. 四川大学学报(自然科学版), 59(6): 155-163.
杨文忠, 李永杰, 张珊珊, 等. 2017. 云南蓝果树保护小区: 中国首个极小种群野生植物保护小区建设实践. 西部林业科学, 45(3): 149-154.
杨晓娟. 2015. 卧龙自然保护区植被生态监测与恢复分析. 成都: 成都理工大学硕士学位论文.
杨鑫, 曹靖, 董茂星, 等. 2008. 外来树种日本落叶松对森林土壤质量及细菌多样性的影响. 应用生态学报, 19(10): 2109-2116.
杨娅楠. 2015. 基于森林结构遥感反演的大熊猫生境适宜性评价. 昆明: 云南师范大学硕士学位论文.
杨扬. 2014. 雅安震后卧龙自然保护区地质灾害危险性评价研究. 成都: 成都理工大学硕士学位论文.
杨英昌. 1996. 卧龙多功能自然保护区. 四川林业科技, 17(1): 76-78.
杨志松, 周材权, 何廷美, 等. 2019. 四川卧龙国家级自然保护区综合科学考察报告. 北京: 中国林业出版社.
杨忠春. 2016. 卧龙保护区财务预算管理存在的问题及对策. 经贸实践, (24): 64.
姚刚, 李艳红, 张晋东, 等. 2017. 卧龙国家级自然保护区水鹿种群密度及分布调查. 四川动物, 36(5): 588-592.
叶平, 伏彦林, 袁红, 等. 2021. 卧龙羚牛舔饮天然盐井过程中的行为时间分配研究. 林业调查规划, 46(5): 29-35.
叶平, 刘明冲, 何廷美, 等. 2020. 卧龙自然保护区日本落叶松林下资源调查报告. 林业建设, (4): 13-21.
叶平, 刘明冲, 谭迎春, 等. 2022a. 大熊猫国家公园卧龙数字平台的应用探讨. 现代农业科技, (17): 126-130.
叶平, 唐莉, 谭伟洪, 等. 2023. 四川卧龙国家级自然保护区四川羚牛舔盐习性研究. 四川动物, 42(2): 143-151.
叶平, 严新巧, 刘成龙, 等. 2022b. 四川羚牛和水鹿在舔盐过程中警戒行为的对比分析. 林业调查规划, 47(1): 19-27.
易思荣, 黄娅. 2001. 崖柏扦插繁殖获得成功. 植物杂志, (5): 30.
殷晓章. 2009. 震后一年, 卧龙大熊猫还好吗. 绿色视野, (7): 24-26.
尹峻岭, 路长久. 2001. 自然保护区能保护大熊猫吗? 科学中国人, (6): 4-6.
于博洋, 李明川, 高岚, 等. 2020. 自然保护区林业资源利用方式的最优选择: 以四川卧龙国家级自然保护区为例. 林业与环境科学, 36(2): 48-59.
于晓东, 罗天宏, 杨建, 等. 2006a. 卧龙自然保护区落叶松林不同恢复阶段地表甲虫的多样性. 动物学研究, 27(1): 1-11.
于晓东, 罗天宏, 周红章, 等. 2006b. 边缘效应对卧龙自然保护区森林-草地群落交错带地表甲虫多样性的影响. 昆虫学报, 49(2): 277-286.
余道平, 彭启新, 李策宏, 等. 2008. 梓叶槭种子生物学特性研究. 中国野生植物资源, 27(6): 30-32, 64.
余华, 程跃红, 刘桂英, 等. 2009. 卧龙特区传统畜牧业向生态旅游畜牧业发展探讨. 中国动物保健, 11(3): 85-88.
余小红. 2007. 卧龙自然保护区亚高山暗针叶林不同循环更新阶段林下华西箭竹(*Fargesia nitida*)克隆种群特征研究. 重庆: 西南大学硕士学位论文.
余小英, 李文德, 杨凌瀚, 等. 2019. 四川卧龙国家级自然保护区徒步旅游管理的问题与解决对策. 乡村科技, (17): 56-57.
余志伟, 邓其祥. 1993. 卧龙自然保护区鸟类调查报告. 四川师范学院学报(自然科学版), 14(3): 233-235.
余志伟, 邓其祥, 胡锦矗, 等. 1983. 卧龙自然保护区的脊椎动物. 南充师院学报(自然科学版), 4(1): 6-56.
余中亮. 2021. 大熊猫国家公园土壤及主食竹重金属含量与风险评价: 以卧龙国家级自然保护区为例. 成都: 成都理工大学硕士学位论文.
俞孔坚, 熊亮, 李青, 等. 2008. 震后农村居民安置模式研究: 以四川卧龙特别行政区居民安置为例. 新建筑, (4): 76-79.
喻述容, 余建秋, 李光汉, 等. 2001. 大熊猫幼仔口腔分泌物中检出聚团肠杆菌和微球菌. 应用与环境生物学报, 7(3): 286-287.
袁民生, 孙佩琼. 1995. 四川蕈菌. 成都: 四川科学技术出版社.
臧润国, 董鸣, 李俊清, 等. 2016. 典型极小种群野生植物保护与恢复技术研究. 生态学报, 36(22): 7130-7135.
曾广文. 2006. 卧龙大熊猫繁育基地参访记. 黄埔, (5): 56-57.
曾洪, 陈小红. 2017. 极小种群野生植物圆叶玉兰的生态位研究. 四川农业大学学报, 35(2): 220-226.
曾辉, 孔宁宁, 李书娟. 2001. 卧龙自然保护区人为活动对景观结构的影响. 生态学报, 21(12): 1994-2001.
曾辉, 张磊, 孔宁宁, 等. 2003. 卧龙自然保护区景观多样性时空分异特征研究. 北京大学学报(自然科学版), 39(4): 454-461.
曾敏, 马永红, 沈文涛, 等. 2021. 卧龙国家级自然保护区种子植物区系垂直分布格局. 西华师范大学学报(自然科学版), 42(2): 110-115.
曾宪垠, 郭大智, 何廷美, 等. 1997. 应用酶免疫分析检测大熊猫被毛中孕酮含量变化. 四川农业大学学报, 15(4): 509-512, 519.

张冬玲, 何可, 杨志松. 2019. 卧龙国家级自然保护区大中型兽类多样性调查. 西华师范大学学报(自然科学版), 40(1): 15-21.
张贵权, 魏荣平, 王鹏彦, 等. 2003. 大熊猫人工育幼操作手册. 成都: 四川科学技术出版社.
张海峰. 1991. 神农架加入国际自然保护区网. 中国人口·资源与环境, 1(1): 81.
张和民, 等. 2013. 圈养大熊猫野化培训与放归研究. 北京: 科学出版社.
张和民, 李德生, 魏荣平, 等. 1997a. 卧龙大熊猫的保护与繁殖研究进展. 四川动物, 16(1): 31-33.
张和民, 王鹏彦. 2000. 卧龙大熊猫保护及研究技术的进展. 四川动物, 19(1): 35-38.
张和民, 王鹏彦, 等. 2003. 大熊猫繁殖研究. 北京: 中国林业出版社.
张和民, 张贵权, 李德生, 等. 1997b. 卧龙人工繁殖大熊猫放归野外的可行性探讨 // 中华人民共和国林业部中国保护大熊猫及其栖息地工程办公室, 世界自然基金会中国项目办公室. 大熊猫放归野外可行性国际研讨会会议报告. 北京: 中国林业出版社: 58-61.
张和民, 张科文, 魏荣平, 等. 1993. 卧龙大熊猫的繁殖与人工巢 // 张安居, 等. 1993. 成都国际大熊猫保护学术研讨会论文集. 成都: 四川科学技术出版社: 221-225.
张和民, 张一, 张玲, 等. 2007. 大熊猫201问. 北京: 中国林业出版社.
张华宣. 1997. 四川卧龙自然保护区珍稀濒危植物及其保护与利用. 自然资源, 19(4): 59-62.
张华宣, 刘君蓉. 1996. 四川卧龙自然保护区珍稀濒危植物及其保护与利用. 绵阳师范高等专科学校学报, 15(S2): 83-86.
张化贤, 王德俊, 邱贤猛, 等. 1994. 人工哺育大熊猫幼仔160天死亡的病理学观察. 中国兽医杂志, 20(2): 14-15.
张佳卉. 2020. 卧龙国家级自然保护区半散放条件下大熊猫幼仔行为发育研究. 哈尔滨: 东北林业大学硕士学位论文.
张晋东. 2012. 人类与自然干扰下大熊猫空间利用与活动模式研究. 北京: 中国科学院生态环境研究中心博士学位论文.
张晋东, Hull V, 欧阳志云. 2013. 野生动物家域研究进展. 生态学报, 33(11): 3269-3279.
张晋东, 黄金燕, 周世强, 等. 2019. 繁殖—育幼期雌性大熊猫的空间利用与活动模式特征. 兽类学报, 39(4): 421-430.
张晋东, 李玉杰, 黄金燕, 等. 2018. 利用红外相机建立野生水鹿行为谱及PAE编码系统. 兽类学报, 38(1): 1-11.
张晋东, 李玉杰, 李仁贵. 2015. 红外相机技术在珍稀兽类活动模式研究中的应用. 四川动物, 34(5): 671-676.
张晋东, 罗欢. 2018. 道路在保护区远程耦合系统中的重要性分析: 以地震后的卧龙大熊猫保护区为例 // 中国科学技术协会. 2018世界交通运输大会论文集. 北京: 2487-2498.
张俊范. 1997. 四川鸟类鉴定手册. 北京: 中国林业出版社.
张黎明, 夏绪辉, 罗安民, 等. 2007. 四川卧龙国家级大熊猫自然保护区大熊猫生态旅游发展的经验与模式. 四川动物, 26(4): 865-868.
张利锋. 2006. 巴朗山地区土壤中持久性有机污染物的检测分析研究. 青岛: 青岛大学硕士学位论文.
张明春, 黄金燕, 黄炎, 等. 2016. 卧龙自然保护区拐棍竹笋生长发育初步研究. 西华师范大学学报(自然科学版), 37(3): 249-250, 269.
张明春, 黄炎, 李德生, 等. 2013. 圈养大熊猫野化培训期的生境选择特征. 生态学报, 33(19): 6014-6020.
张明春, 李忠, 黄炎, 等. 2017. 卧龙自然保护区大熊猫对拐棍竹笋的选择与利用. 兽类学报, 37(3): 226-232.
张明春, 谢浩, 黄炎, 等. 2015. 野化培训大熊猫对人工巢穴利用的初步研究. 四川林业科技, 36(5): 23-26.
张明春, 周晓, 吴虹林, 等. 2021. 圈养大熊猫体重的变化规律. 兽类学报, 41(4): 468-475.
张顾, 解琦. 2015. 四川5·12灾后重建: 卧龙自然保护区学校项目. 城市环境设计, (Z2): 168-169.
张荣祖. 1999. 中国动物地理. 北京: 科学出版社.
张铁川. 2016. 基于数据注册的卧龙自然保护区地质灾害监测预警信息服务研究. 成都: 成都理工大学硕士学位论文.
张万儒. 1983. 卧龙自然保护区的森林土壤及其垂直分布规律. 林业科学, 19(3): 254-268.
张万儒, 庞鸿宾, 杨承栋, 等. 1990a. 卧龙自然保护区植物生长季节森林土壤水分状况. 林业科学研究, 3(2): 103-112.
张万儒, 杨承栋, 许本彤, 等. 1990b. 卧龙自然保护区森林土壤养分状况. 土壤通报, 21(3): 97-102.
张晓婷, 王丽, 张珣, 等. 2022. 基于韧性评价方法的乡镇旅游评估: 以汶川县卧龙镇为例. 中国农业信息, 34(4): 57-64.
张学江. 2006. 中国卧龙自然保护区不同海拔川滇高山栎(*Quercus aquifolioides*)群体的遗传变异. 成都: 中国科学院研究生院(成都生物研究所)博士学位论文.
张珣, 王婷, 胡晓双, 等. 2021. 山地城镇国土空间规划中"三线"划定与产业发展的思考: 以汶川卧龙镇、耿达镇为例. 四川农业科技, (9): 15-17.
张亚平, Ryder O A, 范志勇, 等. 1997. 大熊猫DNA序列变异及其遗传多样性研究. 中国科学(C辑), 27(2): 139-144.
张亚平, 王文, 宿兵, 等. 1995. 大熊猫微卫星DNA的筛选及其应用. 动物学研究, 16(4): 301-306.
张亚爽, 苏智先, 胡进耀. 2005. 四川卧龙自然保护区珙桐种群的空间分布格局. 云南植物研究, 27(4): 395-402.

张宇阳. 2020. 不同环境因子对华西雨屏区濒危物种梓叶槭形态和生理影响研究. 北京: 北京林业大学博士学位论文.
张宇阳, 马文宝, 于涛, 等. 2018. 梓叶槭的种群结构和群落特征. 应用与环境生物学报, 24(4): 697-703.
张宇阳, 于涛, 马文宝, 等. 2020. 不同郁闭度对野外回归的梓叶槭幼树形态和生理特征的影响. 生物多样性, 28(3): 323-332.
张蕴绮, 巩应奎, 习晓环, 等. 2019. 融合AHP和GIS技术的自然遗产地边界定方法研究. 遥感技术与应用, 34(4): 886-891.
张则瑾, 郭炎培, 贺金生, 等. 2018. 中国极小种群野生植物的保护现状评估. 生物多样性, 26(6): 572-577.
张泽钧, 胡锦矗. 2000. 大熊猫生境选择研究. 四川师范学院报(自然科学版), (1): 18-21.
张泽钧, 胡锦矗, 吴华. 2002. 邛崃山系大熊猫和小熊猫生境选择的比较. 兽类学报, 22(3): 161-168.
张泽钧, 魏辅文, 胡锦矗. 2007. 大熊猫生境选择及与小熊猫在生境上的分割. 西华师范大学学报(自然科学), (2): 111-116.
张泽浦, 方精云, 菅诚. 2000. 邻体竞争对植物个体长速率和死亡概率的影响: 基于日本落叶松种群试验的研究. 植物生态学报, 24(3): 340-345.
张振铭. 1987. 金秋十月访卧龙. 野生动物, 8(4): 32.
章林. 2001. 探访熊猫故乡: 卧龙自然保护区采访散记. 新闻三昧, (12): 8-10.
赵彩云, 柳晓燕, 李飞飞, 等. 2022. 我国国家级自然保护区主要外来入侵植物分布格局及成因. 生态学报, 42(7): 2532-2541.
赵灿南, 王鹏彦. 1988. 大熊猫幼仔叫声的声谱分析. 大自然探索, (2): 99-102.
赵灿南, 王鹏彦, 王安群. 1988. 利用大熊猫叫声推断大熊猫发情高潮期及催情的初探. 大自然探索, (2): 93-99.
赵良能, 龚固堂, 刘军. 2012. 卧龙自然保护区的杨柳科植物. 四川林业科技, 33(6): 1-8.
赵琦, 沈前彬, 唐将, 等. 2003. 四川省大熊猫保护区生态环境的地球化学特征. 物探与化探, 27(5): 399-402.
赵新泉. 1998. 卧龙自然保护区保护管理对策研究. 林业资源管理, (6): 45-48.
赵兴峰, 孙卫邦, 杨华斌, 等. 2008. 极度濒危植物西畴含笑的大小孢子发生及雌雄配子体发育. 云南植物研究, 30(5): 549-556.
甄静. 2018. 未来气候变化对大熊猫栖息地影响精细评估与应对. 北京: 中国科学院大学(中国科学院遥感与数字地球研究所)博士学位论文.
郑光美. 2017. 中国鸟类分类与分布名录(第三版). 北京: 科学出版社.
郑进烜, 华朝朗, 陶晶, 等. 2013. 云南省极小种群野生植物拯救保护现状与对策研究. 林业调查规划, 38(4): 61-66.
郑晓燕, 刘咸德, 刘文杰, 等. 2009. 卧龙自然保护区土壤中有机氯农药的浓度水平及来源分析. 科学通报, 54(1): 33-40.
郑远昌. 1983. 动植物的大观园: 卧龙. 大自然探索, (1): 117-118.
中国科学院中国植物志编辑委员会. 2002. 中国植物志 第七十卷. 北京: 科学出版社.
中国植被编辑委员会. 1980. 中国植被. 北京: 科学出版社.
中华人民共和国, 世界野生生物基金会. 1989. 中国大熊猫及其栖息地综合考察报告. (内部资料)
中华人民共和国林业部, 世界野生生物基金会. 1989. 中国大熊猫及其栖息地保护管理计划. (内部资料)
钟帅. 2018. 四川卧龙国家级自然保护区管理成效及其影响因素研究: 基于农户发展视角. 雅安: 四川农业大学硕士学位论文.
钟雪, 杨楠, 张龙, 等. 2021. 卧龙国家级自然保护区绿尾虹雉种群分布和生境质量评价. 四川动物, 40(5): 509-516.
钟章成, 秦自生, 史建慧. 1984. 四川卧龙地区珙桐群落特征的初步研究. 植物生态学与地植物学丛刊, (4): 253-263.
钟志军, 黄祥明, 杨洋, 等. 2014. 大熊猫布鲁氏菌病、弓形虫病以及心丝虫病的血清学调查研究. 四川动物, 33(6): 836-839.
周材权, 杨志松, 何晓安. 2019. 鸟类原色图谱. 北京: 中国林业出版社.
周厚熊, 姜楠, 李君, 等. 2021. 四川卧龙国家级自然保护区雪豹地栖动物群落初探. 野生动物学报, 42(3): 645-653.
周景清, 张丽茹, 孙鹤立. 2006. 木兰林区落叶松人工林可持续发展探讨. 河北林业科技, (5): 43, 45.
周良, 苏智先, 胡进耀, 等. 2004. 卧龙自然保护区白泥岗珙桐群落的物种多样性研究. 四川林业科技, 25(1): 31-35.
周全. 1993. 卧龙自然保护区小形啮齿类生态地理分布. 四川师范学院学报(自然科学版), 14(4): 295.
周世强. 1991a. 卧龙珍稀濒危植物及其区系特征. 四川林业科技, 12(3): 63-65.
周世强. 1991b. 卧龙自然保护区野生植物资源管理初探. 资源开发与保护, (4): 247-248, 259.
周世强. 1992a. 卧龙自然保护区的滑坡灾害及其整治对策. 生态经济, 8(2): 49-51.
周世强. 1992b. 卧龙自然保护区的珍贵阔叶树种. 植物杂志, (5): 8-9.
周世强. 1993a. 卧龙自然保护区麦吊云杉种群动态初步研究. 四川林业科技, 14(3): 58-60.
周世强. 1993b. 征收森林生态效益补偿费的探讨: 以卧龙自然保护区分析为例. 生态经济, 9(1): 44-47.
周世强. 1994. 卧龙自然保护区的功能分区及有效管理研究. 四川师范学院学报(自然科学版), 15(2): 153-156.
周世强. 1998a. 大熊猫栖息地农村聚落的生态经济特征. 中国生物圈保护区, (1): 23-26.
周世强. 1998b. 生态旅游与自然保护、社区发展相协调的旅游行为途径. 旅游学刊, (4): 33-35, 63.

周世强, 郭勤. 2003. 卧龙自然保护区与周边社区协调发展对策. 林业调查规划, 28(3): 43-46.

周世强, 黄金燕, 刘斌, 等. 2007. 野化培训大熊猫食物利用率的初步研究 // 中国植物保护学会生物入侵分会. 野生动物生态与资源保护第四届全国学术研讨会论文摘要集. 西宁: 25.

周世强, 黄金燕, 谭迎春, 等. 2003. 卧龙大熊猫栖息地植物群落多样性研究I. 植物群落的基本特征. 四川林业科技, 24(2): 6-11.

周世强, 黄金燕, 谭迎春, 等. 2006. 卧龙自然保护区大熊猫栖息地植物群落多样性研究IV. 人为干扰对群落物种多样性的影响. 四川林业科技, 27(6): 35-40.

周世强, 黄金燕, 张亚辉, 等. 2009. 卧龙自然保护区大熊猫栖息地植物群落多样性V: 不同竹林的物种多样性. 应用与环境生物学报, 15(2): 180-187.

周世强, 黄金燕, 张亚辉, 等. 2012. 野化培训大熊猫采食和人为砍伐对拐棍竹无性系种群生物量的影响. 应用与环境生物学报, 18(1): 1-8.

周世强, 黄金燕. 1997. 卧龙自然保护区麦吊云杉的种群结构及空间分布格局的初步研究. 四川林业科技, 18(4): 18-24.

周世强, 黄金燕. 1998. 卧龙自然保护区冷箭竹林的初步研究. 四川林业科技, 19(2): 1-6.

周世强, Hull V, 张晋东, 等. 2016. 野生大熊猫与放牧家畜的空间利用格局比较. 兽类学报, 36(2): 138-151.

周世强, Hull V, 张晋东, 等. 2023. 野生大熊猫与放牧家畜利用生境的特征比较. 生态环境学报, 32(2): 309-319.

周世强, 李仁贵, 严啸, 等. 2015. 大熊猫对冷箭竹更新竹林与残存竹林的选择利用及微生境结构的比较. 四川动物, 34(1): 1-7.

周世强, 罗波, 宋仕贤, 等. 2021. 圈养繁殖大熊猫生存力的影响因素分析: 基于大熊猫谱系数据. 四川动物, 40(3): 275-284.

周世强, 屈元元, 黄金燕, 等. 2017. 野生大熊猫种群动态的研究综述. 四川林业科技, 38(2): 17-30.

周世强, 杨建, 王伦, 等. 2004. GIS在卧龙野生大熊猫种群动态及栖息地监测中的应用. 四川动物, 23(2): 133-136, 161.

周世强, 张和民, 杨建, 等. 2000. 卧龙野生大熊猫种群监测期间的生境动态分析. 云南环境科学, 19(S1): 43-45, 59.

周世强, 张科文, 周守德. 1995. 生态旅游对生物圈保护区的影响分析. 生态经济, (4): 33-34.

周守德. 1982. 卧龙自然保护区中外合作进行大熊猫研究简讯. 四川动物, 1(2): 38-39.

周天祥, 杨华林, 张贵权, 等. 2022. 四川卧龙国家级自然保护区三种高山同域鸡形目鸟类的时空生态位比较. 生物多样性, 30(6): 103-112.

周潇潇, 何廷美, 彭广能, 等. 2013. 大熊猫肠道芽孢杆菌的分离鉴定及其抗逆性研究. 中国兽医科学, 43(11): 1115-1121.

周小平, 王鹏彦, 张和民, 等. 2005. 圈养大熊猫行为研究及其方法. 成都: 四川科学技术出版社.

周小平, 张明春, 黄山, 等. 2019. 卧龙自然保护区羚牛(Budorcas taxicolor)的分布格局. 四川林业科技, 40(2): 75-79.

周晓, 曾昌霞, 黄炎, 等. 2014. 圈养大熊猫个体特点对放归后生存的影响. 华中师范大学学报(自然科学版), 48(2): 260-264, 289.

周宇爔, 李蓓, 张慧, 等. 2020. 林业害虫冷杉小天牛在四川的首次发现. 林业世界, 9(4): 161-165.

朱利君, 苏智先, 王伟伟, 等. 2005. 卧龙自然保护区三江珙桐群落种间关系的数量分析. 生态学杂志, 24(10): 1167-1171.

朱莉, 郭泉水, 秦爱丽, 等. 2014. 世界极危物种: 崖柏幼树硬枝扦插繁殖研究. 河北果果研究, 29(1): 5-11.

朱涛, 周世强, 黄金燕, 等. 2020. 卧龙自然保护区冷杉-铁杉林木本植物多样性在冷箭竹更新恢复过程中的变化特征. 应用与环境生物学报, 26(2): 442-450.

朱栩逸. 2016. 基于RS与GIS的卧龙自然保护区大熊猫生境适宜性研究. 成都: 成都理工大学硕士学位论文.

庄君灿, 谢海燕, 刘文立, 等. 2004. 广州家禽、家畜批发市场六种动物隐孢子虫感染情况的调查. 热带医学杂志, (6): 710-711.

宗雪. 2008. 森林类型自然保护区生态系统服务价值评估: 以卧龙自然保护区为例. 北京: 北京林业大学硕士学位论文.

左园园, 谢强, 罗伟, 等. 2009. 浅谈植被恢复工程环评中应关注的几个问题: 以卧龙自然保护区植被恢复灾后重建项目为例 // 四川省首届环境影响评价学术研讨会论文集. 成都: 279-284.

Aboukhalid K, Machon N, Lambourdière J, et al. 2017. Analysis of genetic diversity and population structure of the endangered Origanum compactum from Morocco, using SSR markers: implication for conservation. Biological Conservation, 212: 172-182.

Alexeieff A. 1911. Sur la nature des formations dites kystes de Trichomonas intestinalis. Comptes Rendus – Biologies, 71: 296-298.

Ameca E I, Dai Q, Nie Y G, et al. 2019. Implications of flood disturbance for conservation and management of giant panda habitat in human-modified landscapes. Biological Conservation, 232: 35-42.

Anaya-Romero M, Muñoz-Rojas M, Ibáñez B, et al. 2016. Evaluation of forest ecosystem services in Mediterranean areas. A regional case study in South Spain. Ecosystem Services, 20: 82-90.

Bai W K, Connor T, Zhang J D, et al. 2018. Long-term distribution and habitat changes of protected wildlife: giant pandas in Wolong Nature Reserve, China. Environmental Science and Pollution Research, 25(12): 11400-11408.

Bai W K, Huang Q Y, Zhang J D, et al. 2020. Microhabitat selection by giant pandas. Biological Conservation, 247: 108615.

Bai W K, Zhang J D, He K, et al. 2022. Implications of habitat overlap between giant panda and sambar for sympatric multi-species conservation. Wildlife Research, 50(10): 820-826.

Barnosky A D, Carrasco M A, Graham R W. 2011b. Collateral mammal diversity loss associated with late Quaternary megafaunal extinctions and implications for the future. Geological Society, London, Special Publications, 358(1): 179-189.

Barnosky A D, Matzke N, Tomiya S, et al. 2011a. Has the Earth's sixth mass extinction already arrived? Nature, 471(7336): 51-57.

Bearer S, Linderman M, Huang J Y, et al. 2008. Effects of fuelwood collection and timber harvesting on giant panda habitat use. Biological Conservation, 141: 385-393.

Bian X X, Liu D Z, Zeng H, et al. 2013. Exposure to odors of rivals enhances sexual motivation in male giant pandas. PLoS ONE, 8(8): e69889.

Wang B, Zhong X, Xu Y, et al. 2023. Optimizing the Giant Panda National Park's zoning designations as an example for extending conservation from flagship species to regional biodiversity. Biological Conservation, 281: 109996.

Brandt J S, Kuemmerle T, Li H M, et al. 2012. Using Landsat imagery to map forest change in Southwest China in response to the national logging ban and ecotourism development. Remote Sensing of Environment, 121: 358-369.

Braun M, Schindler S, Essl F. 2016. Distribution and management of invasive alien plant species in protected areas in Central Europe. Journal for Nature Conservation, 33: 48-57.

Brigham C A, Thomson D M. 2003. Approaches to modeling population viability in plants: an overview // Brigham C A, Schwartz M W. Population viability in plants: conservation, management, and modeling of rare plants. Berlin & Heidelberg: Springer: 145-171.

Brown A, Wilson A, Sparks D, et al. 2018. Field air SPME analysis of free-ranging giant pandas in Wolong Nature Reserve // Stefan L, Haudecoeur R, Denat F, et al. Abstracts of papers of the American chemical society. USA: American Chemical Society: 256.

Cabana F, Yusof O, Kawi J, et al. 2020. Seasonal diet switching in captive giant pandas. Ursus, 31e4: 1-8.

Cao G X, Lin H Q, Cheng Y H, et al. 2021. Factors affecting fruit and seed production of *Paeonia ostii* "Feng Dan", an economically important oil tree. Plant Species Biology, 36(2): 258-268.

Carter N H, Gurung B, Viña A, et al. 2013. Assessing spatiotemporal changes in tiger habitat across different land management regimes. Ecosphere, 4(10): 1-19.

Carter N H, Viña A, Hull V, et al. 2014. Coupled human and natural systems approach to wildlife research and conservation. Ecology and Society, 19(3): 43.

Charlton B D, Owen M A, Zhang H, et al. 2020. Scent anointing in mammals: functional and motivational insights from giant pandas. Journal of Mammalogy, 101(2): 582-588.

Charlton B D, Owen M A, Zhou X P, et al. 2019. Influence of season and social context on male giant panda (*Ailuropoda melanoleuca*) vocal behaviour. PLoS ONE, 14(11): e0225772.

Che T D, Wang C D, Jin L, et al. 2015. Estimation of the growth curve and heritability of the growth rate for giant panda (*Ailuropoda melanoleuca*) cubs. Genetics and Molecular Research, 14(1): 2322-2330.

Chen D Y, Li C W, Feng L, et al. 2018. Analysis of the influence of living environment and age on vaginal fungal microbiome in giant pandas (*Ailuropoda melanoleuca*) by high throughput sequencing. Microbial Pathogenesis, 115: 280-286.

Chen J H, Shi H L, Liang H B. 2022. Taxonomic notes on the Chinese endemic genus *Straneostichus* Sciaky, 1994 (Coleoptera: Carabidae: Pterostichini), with descriptions of three new species. Zootaxa, 5182(3): 247-264.

Chen L L, Jiang C, Wang X P, et al. 2021a. Nutrient trade-offs mediated by ectomycorrhizal strategies in plants: evidence from an Abies species in subalpine forests. Ecology and Evolution, 11(10): 5281-5294.

Chen L L, Wang M, Jiang C, et al. 2021b. Choices of ectomycorrhizal foraging strategy as an important mechanism of environmental adaptation in Faxon fir (*Abies fargesii* var. *faxoniana*). Forest Ecology and Management, 495: 119372.

Chen L, Han W Y, Liu D, et al. 2019. How forest gaps shaped plant diversity along an elevational gradient in Wolong National Nature Reserve? Journal of Geographical Sciences, 29(7): 1081-1097.

Chen S Y, Meng W Y, Zhou Z Y, et al. 2021c. Genetic characterization and zoonotic potential of Blastocystis from wild animals in Sichuan Wolong National Natural Reserve, Southwest China. Parasite, 28: 73.

Chen X D, Lupi F, An L, et al. 2012. Agent-based modeling of the effects of social norms on enrollment in payments for ecosystem services. Ecological Modelling, 229: 16-24.

Chen X D, Lupi F, Liu J G. 2017. Accounting for ecosystem services in compensating for the costs of effective conservation in protected areas. Biological Conservation, 215: 233-240.

Chen X D, Viña A, Shortridge A, et al. 2014. Assessing the effectiveness of payments for ecosystem services: an agent-based modeling approach. Ecology and Society, 19(1): 7.

Chen Y, Zhang H, Guo W. 2020. Niche overlap and competition for bamboo resources between giant pandas and takins. Ecological Applications, 30(6): e02145.

Ciminelli G, Martin M S, Swaisgood R R, et al. 2021. Social distancing: high population density increases cub rejection and decreases maternal care in the giant panda. Applied Animal Behaviour Science, 243: 105457.

Connell J H, Hughes T P. 1987. Coral reefs and diversity. Nature, 338(6218): 27-28.

Costanza R, d'Arge R, De Groot R, et al. 1997. The value of the world's ecosystem services and natural capital. Nature, 387(6630): 253-260.

Costanza R, De Groot R, Sutton P, et al. 2014. Changes in the global value of ecosystem services. Global Environmental Change, 26: 152-158.

Cui P, Xiang L Z, Zou Q. 2013. Risk assessment of highways affected by debris flows in Wenchuan earthquake area. Journal of Mountain Science, 10(2): 173-189.

de Bello F, Lavorel S, Díaz S, et al. 2010. Towards an assessment of multiple ecosystem processes and services via functional traits. Biodiversity and Conservation, 19: 2873-2893.

Deng L, Yao J X, Chen S Y, et al. 2021. First identification and molecular subtyping of Blastocystis sp. in zoo animals in southwestern China. Parasites & Vectors, 14(1): 11.

Deng L, Yao J X, Liu H F, et al. 2019. First report of Blastocystis in giant pandas, red pandas, and various bird species in Sichuan Province, southwestern China. Parasitology: Parasites and Wildlife, 9: 298-304.

Díaz S, Lavorel S, de Bello F, et al. 2007. Incorporating plant functional diversity effects in ecosystem service assessments. Proceedings of the National Academy of Sciences, 104(52): 20684-20689.

Dorji S, Rajaratnam R, Vernes K. 2012. The Vulnerable red panda *Ailurus fulgens* in Bhutan: distribution, conservation status and management recommendations. Oryx, 46(4): 536-543.

Du Y P, Huang Y, Zhang H M, et al. 2012. Innate predator recognition in giant pandas. Zoological Science, 29(2): 67-70.

Dubois L, Mathieu J, Loeuille N. 2015. The manager dilemma: Optimal management of an ecosystem service in heterogeneous exploited landscapes. Ecological Modelling, 301: 78-89.

Elith J, Kearney M, Phillips S. 2010. The art of modelling range-shifting species. Methods in Ecology and Evolution, 1(4): 330-342.

Erwin T L. 1982. Tropical forests: their richness in Coleoptera and other arthropod species. The Coleopterists Bulletin, 36(1): 74-75.

Estrada-Carmona N, Sánchez A C, Remans R, et al. 2022. Complex agricultural landscapes host more biodiversity than simple ones: a global meta-analysis. Proceedings of the National Academy of Sciences, 119(38): e2203385119.

Evans M E K, Menges E S, Gordon D R. 2004. Mating systems and limits to seed production in two Dicerandra mints endemic to Florida scrub. Biodiversity and Conservation, 13: 1819-1832.

Fan K X, Ai X R, Yao L, et al. 2020. Do climate and human disturbance determine the sizes of endangered Metasequoia glyptostroboides trees in their native range? Global Ecology and Conservation, 21: e00850.

Feng B, Bai W K, Fan X Y, et al. 2023. Species coexistence and niche interaction between sympatric giant panda and Chinese red panda: a spatiotemporal approach. Ecology and Evolution, 13(4): e9937.

Feng J M, Zhu Y Y. 2010. Alien invasive plants in China: risk assessment and spatial patterns. Biodiversity and Conservation, 19: 3489-3497.

Ferraro D M, Miller Z D, Ferguson L A, et al. 2020. The phantom chorus: Birdsong boosts human well-being in protected areas. Proceedings of the Royal Society B: Biological Sciences, 287(1941): 20201811.

García-Llorente M, Martín-López B, Díaz S, et al. 2011. Can ecosystem properties be fully translated into service values? An economic valuation of aquatic plant services. Ecological Applications, 21(8): 3083-3103.

Gilad O, Swaisgood R R, Owen M A, et al. 2016. Giant pandas use odor cues to discriminate kin from nonkin. Current Zoology, 62(4): 333-336.

Gu Y, Wang Y L, Ma X P, et al. 2015. Greater taxol yield of fungus P*estalotiopsis hainanensis* from dermatitic scurf of the giant panda (*Ailuropoda melanoleuca*). Applied Biochemistry and Biotechnology, 175(1): 155-165.

Guan T P, Owens J R, Gong M H, et al. 2016. Role of new nature reserve in assisting endangered species conservation-case study of giant pandas in the northern Qionglai Mountains, China. PLoS ONE, 11(8): e0159738.

Guo L, Yang S L, Chen S J, et al. 2013. Identification of canine parvovirus with the $Q_{370}R$ point mutation in the VP_2 gene from a giant panda (*Ailuropoda melanoleuca*). Virology Journal, 10: 163.

He G Z, Chen S J, Wang T, et al. 2012. Sequence analysis of the *Bs-Ag1* gene of Baylisascaris schroederi from the giant panda and an evaluation of the efficacy of a recombinant Baylisascaris schroederi Bs-Ag1 antigen in mice. DNA and Cell Biology, 31(7): 1174-1181.

He K, Qing J, Zhang Z J, et al. 2018. Assessing the reproductive status of a breeding, translocated female giant panda using data from GPS collar. Folia Zoologica, 67(1): 54-60.

He L Y, Dai Q A, Yang Z S, et al. 2019. Assessing the health status of released, captive-bred giant pandas (*Ailuropoda melanoleuca*) through activity patterns. Folia Zoologica, 68(2): 72-78.

Heiderer M, Westenberg C, Li D S, et al. 2018. Giant panda twin rearing without assistance requires more interactions and less rest of the mother: a case study at Vienna Zoo. PLoS ONE, 13(11): e0207433.

Hong Y, Connor T, Luo H A, et al. 2021. Spatial utilization and microhabitat selection of the snow leopard (*Panthera uncia*) under different livestock grazing intensities. Earth Interactions, 25(1): 151-159.

Hou J, He Y X, Yang H B, et al. 2020. Identification of animal individuals using deep learning: a case study of giant panda. Biological Conservation, 242: 108414.

Hou J, Hull V, Connor T, et al. 2021. Scent communication behavior by giant pandas. Global Ecology and Conservation, 25: e01431.

Hu Y D, Pang H Z, Li D S, et al. 2016. Analysis of the cytochrome C oxidase subunit 1 (COX1) gene reveals the unique evolution of the giant panda. Gene, 592(2): 303-307.

Hu Y D, Pang H Z, Ling S S, et al. 2018. Sequence analysis of the ATP synthase of subunits (*ATP8* and *ATP6*) genes of mitochondrial DNA genome from *Ailuropoda melanoleuca*. Mitochondrial DNA Part B, Resources, 3(2): 1092-1093.

Hu Y S, Hu Y B, Zhou W L, et al. 2024. Conservation genomics and metagenomics of giant and red pandas in the wild. Annual Review of Animal Biosciences, 12(1): 69-89.

Huang X Y, Li D S, Wang J W, et al. 2013. Polymorphism of follicle stimulating hormone beta (FSHβ) subunit gene and its association with litter traits in giant panda. Molecular Biology Reports, 40(11): 6281-6286.

Huang Y, Li D S, Zhou Y M, et al. 2012a. Factors affecting the outcome of artificial insemination using cryopreserved spermatozoa in the giant panda (*Ailuropoda melanoleuca*). Zoo Biology, 31(5): 561-573.

Huang Y, Zhang H M, Li D S, et al. 2012b. Relationship of the estrogen surge and multiple mates to cub paternity in the giant panda (*Ailuropoda melanoleuca*): implications for optimal timing of copulation or artificial insemination. Biology of Reproduction, 87(5): 1-7, 112.

Hull V, Roloff G, Zhang J D, et al. 2014a. A synthesis of giant panda habitat selection. Ursus, 25(2): 148-162.

Hull V, Shortridge A, Liu B, et al. 2011a. The impact of giant panda foraging on bamboo dynamics in an isolated environment. Plant Ecology, 212(1): 43-54.

Hull V, Xu W H, Liu W, et al. 2011b. Evaluating the efficacy of zoning designations for protected area management. Biological Conservation, 144(12): 3028-3037.

Hull V, Zhang J D, Huang J Y, et al. 2016. Habitat use and selection by giant pandas. PLoS ONE, 11(9): e0162266.

Hull V, Zhang J D, Zhou S Q, et al. 2014b. Impact of livestock on giant pandas and their habitat. Journal for Nature Conservation, 22(3): 256-264.

Hull V, Zhang J D, Zhou S Q, et al. 2015. Space use by endangered giant pandas. Journal of Mammalogy, 96(1): 230-236.

Inouye D W. 2020. Effects of climate change on alpine plants and their pollinators. Annals of the New York Academy of Sciences, 1469(1): 26-37.

Ji M F, Deng J M, Yao B Q, et al. 2017. Ecogeographical variation of 12 morphological traits within *Pinus tabulaeformis*: the effects of environmental factors and demographic histories. Journal of Plant Ecology, 10(2): 386-396.

Jiang H, Cheng Y H, Liu G Y, et al. 2023. *Bulbophyllum wolongense*, a new Orchidaceae species from Sichuan Province in China, and its plastome comparative analysis. Ecosystem Health and Sustainability 9: 1-13.

Jiang H, Fan Q, Li J T, et al. 2011. Naturalization of alien plants in China. Biodiversity and Conservation, 20: 1545-1556.

Jin L, Huang Y, Yang S Z, et al. 2021. Diet, habitat environment and lifestyle conversion affect the gut microbiomes of giant pandas. Science of the Total Environment, 770: 145316.

Jin Y, Lin W, Huang S, et al. 2012. Dental abnormalities in eight captive giant pandas (*Ailuropoda melanoleuca*) in China. Journal of Comparative Pathology, 146(4): 357-364.

Jin Y P, Zhang X K, Ma Y S, et al. 2017. Canine distemper viral infection threatens the giant panda population in China. Oncotarget, 8(69): 113910-113919.

Johnson K G, Schaller G B, Hu J C. 1988. Comparative behavior of red and giant pandas in the Wolong Reserve, China. Journal of Mammalogy, 69(3): 552-564.

Johnson K G, Schaller G B, Jinchu H. 1988. Comparative behavior of red and giant pandas in the Wolong Reserve, China. Journal of Mammalogy, 69(3): 552-564.

Johnson M E, Evans K L. 2016. Urban bird diversity and conservation. Urban Ecosystems, 19(1): 133-147.

Kang W, Tian C, Kang D W, et al. 2015. Effects of gap size, gap age, and bamboo *Fargesia denudata* on *Abies faxoniana* recruitment in South-western China. Forest Systems, 24(2): e025.

Kersey D C, Wildt D E, Brown J L, et al. 2011. Rising fecal glucocorticoid concentrations track reproductive activity in the female giant panda (*Ailuropoda melanoleuca*). General and Comparative Endocrinology, 173(2): 364-370.

Knott K K, Christian A L, Falcone J F, et al. 2017. Phenological changes in bamboo carbohydrates explain the preference for culm over leaves by giant pandas (*Ailuropoda melanoleuca*) during spring. PLoS ONE, 12(6): e0177582.

Kong L Q, Xu W H, Zhang L, et al. 2017. Habitat conservation redlines for the giant pandas in China. Biological Conservation, 210: 83-88.

Kou C, Xu Y Y, Ke C Q, et al. 2014. Impact of Wenchuan earthquake on the giant panda habitat in Wolong National Nature Reserve, China. Journal of Applied Remote Sensing, 8(1): 083507.

Lai X L, Zhou W L, Gao H L, et al. 2020. Impact of sympatric carnivores on den selection of wild giant pandas. Zoological Research, 41(3): 273.

Lan T M, Yang S C, Li H M, et al. 2024. Large-scale genome sequencing of giant pandas improves the understanding of population structure and future conservation initiatives. Proceedings of the National Academy of Sciences, 121(36): e2406343121.

Leemans R, De Groot R S. 2003. Millennium ecosystem assessment: ecosystems and human well-being: a framework for assessment. Washington: Island Press.

Lei M W, Yuan S B, Yang Z S, et al. 2015. Comparison of microhabitats and foraging strategies between the captive-born Zhangxiang and wild giant pandas: implications for future reintroduction. Environmental Science and Pollution Research, 22(19): 15089-15096.

Lei W X, Wei W, Pu D, et al. 2023. Comparative analysis of trophic niche using stable isotopes provides insight into resource use of giant pandas. Integrative Zoology, 19(6): 1151-1162.

Li D S, Chen L, Wang C D, et al. 2012a. Aerobic bacterial flora of nasal cavity of seven giant pandas (*Ailuropoda melanoleuca*). Journal of Animal and Veterinary Advances, 11(16): 3008-3010.

Li D S, Cui H M, Wang C D, et al. 2011. A fast and effective method to perform paternity testing for Wolong giant pandas. Chinese Science Bulletin, 56(24): 2559-2564.

Li D S, Wintle N J P, Zhang G Q, et al. 2017a. Analyzing the past to understand the future: natural mating yields better reproductive rates than artificial insemination in the giant panda. Biological Conservation, 216: 10-17.

Li D S, Zhu L, Cui H M, et al. 2014. Influenza A(H1N1)pdm09 virus infection in giant pandas, China. Emerging Infectious Diseases, 20(3): 480-483.

Li H Y, Liu Y J, Wang C D, et al. 2021a. The complete mitogenome of *Toxascaris leonina* from the Siberian tiger (*Panthera tigris altaica*). Mitochondrial DNA Part B, Resources, 6(4): 1416-1418.

Li J, Li D Q, Dong W. 2023a. Coexistence patterns of sympatric giant pandas (*Ailuropoda melanoleuca*) and Asiatic black bears (*Ursus thibetanus*) in Changqing National Nature Reserve, China. Frontiers in Conservation Science, 4: 1029447.

Li J X, Shi X G, He X C, et al. 2023b. Free-ranging livestock affected the spatiotemporal behavior of the endangered snow leopard (*Panthera uncia*). Ecology and Evolution, 13(4): e9992.

Li L, Zhou Y, Bi X H, et al. 2019. Determination of the stable carbon isotopic compositions of 2-methyltetrols for four forest areas in Southwest China: the implications for the $\delta^{13}C$ values of atmospheric isoprene and C_3/C_4 vegetation distribution. Science of the Total Environment, 678: 780-792.

Li M F, Swaisgood R R, Owen M A, et al. 2022. Consequences of nescient mating: artificial insemination increases cub rejection in the giant panda (*Ailuropoda melanoleuca*). Applied Animal Behaviour Science, 247: 105565.

Li S, McShea W J, Wang D J, et al. 2020a. Retreat of large carnivores across the giant panda distribution range. Nature Ecology & Evolution, 4(10): 1327-1331.

Li S, Wang D J, Lu Z. 2010. Cats living with pandas: the status of wild felids within giant panda range, China. Cat News, 52: 20-23.

Li W, Deng L, Yu X M, et al. 2016. Multilocus genotypes and broad host-range of Enterocytozoon bieneusi in captive wildlife at zoological gardens in China. Parasites & Vectors, 9(1): 395.

Li W, Song Y, Zhong Z J, et al. 2017b. Population genetics of Enterocytozoon bieneusi in captive giant pandas of China. Parasites & Vectors, 10(1): 499.

Li W, Zhong Z J, Song Y, et al. 2018. Human-pathogenic Enterocytozoon bieneusi in captive giant pandas (*Ailuropoda melanoleuca*) in China. Scientific Reports, 8(1): 6590.

Li W H, Yang D. 2012. A review of *Rhopalopsole magnicerca* group (Plecoptera: Leuctridae) from China. Zootaxa, 3582(1): 17-32.

Li X, Cheng Y H, Lin H Q, et al. 2023c. *Primula wolongensis* (Primulaceae), a new species of the primrose from Sichuan, China. PhytoKeys, 218: 47-57.

Li Y, Wang D, Yang Z. 2021. Spatial distribution and activity patterns of sympatric giant pandas and Asiatic black bears. Journal of Mammalogy, 102(1): 103-111.

Li Z S, Keyimu M, Fan Z X, et al. 2020b. Climate sensitivity of conifer growth doesn't reveal distinct low-high dipole along the elevation gradient in the Wolong National Natural Reserve, SW China. Dendrochronologia, 61: 125702.

Li Z S, Liu G H, Fu B J, et al. 2012b. Anomalous temperature-growth response of *Abies faxoniana* to sustained freezing stress along elevational gradients in China's Western Sichuan Province. Trees, 26: 1373-1388.

Li Z S, Liu G H, Wu X, et al. 2015. Tree-ring-based temperature reconstruction for the Wolong Natural Reserve, western Sichuan Plateau of China. International Journal of Climatology, 35(11): 3296-3307.

Li Z Y, Tang Z, Xu Y J, et al. 2021b. Habitat use and activity patterns of mammals and birds in relation to temperature and vegetation cover in the alpine ecosystem of southwestern China with camera-trapping monitoring. Animals, 11(12): 3377.

Liao M, Cheng Y H, Zhang J Y, et al. 2022. *Gastrochilus heminii* (Orchidaceae, Epidendroideae), a new species from Sichuan, China, based on molecular and morphological data. PhytoKeys, 215(2): 95-106.

Liu D, Wang Z, Tian H, et al. 2003. Behavior of giant pandas (*Ailuropoda melanoleuca*) in captive conditions: gender differences and enclosure effects. Zoo Biology, 22(1): 77-82.

Liu D, Wu X, Shi S L, et al. 2016. A hollow bacterial diversity pattern with elevation in Wolong Nature Reserve, Western Sichuan Plateau. Journal of Soils and Sediments, 16(10): 2365-2374.

Liu H, Pan S L, Cheng Y H, et al. 2023. Distribution and associations for antimicrobial resistance and antibiotic resistance genes of *Escherichia coli* from musk deer (*Moschus berezovskii*) in Sichuan, China. PLoS ONE, 18(11): 1-16.

Liu J, Dong M, Miao S L, et al. 2006. Invasive alien plants in China: role of clonality and geographical origin. Biological Invasions, 8(7): 1461-1470.

Liu J, Liang S C, Liu F H, et al. 2005. Invasive alien plant species in China: regional distribution patterns. Diversity and Distributions, 11(4): 341-347.

Liu J, Viña A. 2014. Pandas, plants, and people. Annals of the Missouri Botanical Garden, 100(1-2): 108-125.

Liu J G. 2017. Integration across a metacoupled world. Ecology and Society, 22(4): 29.

Liu J G, Hull V, Luo J Y, et al. 2015a. Multiple telecouplings and their complex interrelationships. Ecology and Society, 20(3): 44.

Liu J G, Linderman M, Ouyang Z Y, et al. 2001. Ecological degradation in protected areas: the case of Wolong Nature Reserve for giant pandas. Science, 292(5514): 98-101.

Liu J G, Ouyang Z Y, Tan Y C, et al. 1999b. Changes in human population structure: implications for biodiversity conservation. Population and Environment, 21(1): 45-58.

Liu J G, Ouyang Z Y, Taylor W W, et al. 1999a. A framework for evaluating the effects of human factors on wildlife habitat: the case of giant pandas. Conservation Biology, 13(6): 1360-1370.

Liu S L, Zhao Q H, Wen M X, et al. 2013b. Assessing the impact of hydroelectric project construction on the ecological integrity of the Nuozhadu Nature Reserve, Southwest China. Stochastic Environmental Research and Risk Assessment, 27(7): 1709-1718.

Liu S W, Cheung L T O, Lo A, et al. 2018. Livelihood benefits from post-earthquake nature-based tourism development: a survey of local residents in rural China. Sustainability, 10(3): 699.

Liu S, Li C W, Yan W J, et al. 2022a. Using blood transcriptome analysis to determine the changes in immunity and metabolism of giant pandas with age. Veterinary Sciences, 9(12): 667.

Liu W, Vogt C A, Luo J Y, et al. 2012. Drivers and socioeconomic impacts of tourism participation in protected areas. PLoS ONE,

7(4): e35420.

Liu X H, Wang T J, Wang T, et al. 2015b. How do two giant panda populations adapt to their habitats in the Qinling and Qionglai Mountains, China. Environmental Science and Pollution Research, 22(2): 1175-1185.

Liu X Y, He L, He Z W, et al. 2022b. Estimation of broadleaf tree canopy height of Wolong Nature Reserve based on InSAR and machine learning methods. Forests, 13(8): 1282.

Liu X, He T, Zhong Z, et al. 2013a. A new genotype of Cryptosporidium from giant panda (*Ailuropoda melanoleuca*) in China. Parasitology International, 62(5): 454-458.

Liu Y H, Liu F D, Xu Z, et al. 2015a. Variations of soil water isotopes and effective contribution times of precipitation and throughfall to alpine soil water, in Wolong Nature Reserve, China. CATENA, 126: 201-208.

Liu Y H, Xu Z, Duffy R, et al. 2011. Analyzing relationships among water uptake patterns, rootlet biomass distribution and soil water content profile in a subalpine shrubland using water isotopes. European Journal of Soil Biology, 47(6): 380-386.

Liu Y H, Xu Z, Liu F D, et al. 2013c. Analyzing effects of shrub canopy on throughfall and phreatic water using water isotopes, western China. CLEAN – Soil, Air, Water, 41(2): 179-184.

Liu Y, Qu Z R, Meng Z Y, et al. 2020. Relationship between loneliness and quality of life in elderly empty nesters from the Wolong Panda Nature Reserve in Sichuan province, China, from the perspective of Rural Population and Social Sustainability. Physica A: Statistical Mechanics and Its Applications, 551: 124154.

Liu Z T, Shen L M, Li Z Y, et al. 2023. Species associations and conservation of giant pandas. Global Ecology and Conservation, 43: e02428.

Lu T, Zeng H, Luo Y, et al. 2012. Monitoring vegetation recovery after China's May 2008 Wenchuan Earthquake using Landsat TM time-series data: a case study in Mao County. Ecological Research, 27: 955-966.

Lu Y F, Li Q W, Wang Y K, et al. 2019. Planning conservation corridors in mountain areas based on integrated conservation planning models: a case study for a giant panda in the Qionglai Mountains. Journal of Mountain Science, 16(11): 2654-2662.

Lu Z, Johnson W E, Menotti-Raymond M, et al. 2001. Patterns of genetic diversity in remaining giant panda populations. Conservation Biology, 15(6): 1596-1607.

Luck G W, Chan K M A, Fay J P. 2009. Protecting ecosystem services and biodiversity in the world's watersheds. Conservation Letters, 2(4): 179-188.

Luo T H, Yu X D, Zhou H Z. 2013. Effects of reforestation practices on staphylinid beetles (Coleoptera: Staphylinidae) in southwestern China forests. Environmental Entomology, 42(1): 7-16.

Ma H Y, Wang Z D, Wang C D, et al. 2015a. Fatal Toxoplasma gondii infection in the giant panda. Parasite, 22: 30.

Ma J D, Wang C D, Long K R, et al. 2017. Exosomal microRNAs in giant panda (*Ailuropoda melanoleuca*) breast milk: potential maternal regulators for the development of newborn cubs. Scientific Reports, 7(1): 3507.

Ma J N, Shen F J, Chen L, et al. 2020. Gene expression profiles during postnatal development of the liver and pancreas in giant pandas. Aging (Albany NY), 12(15): 15705-15729.

Ma K, Liu D Z, Wei R P, et al. 2016. Giant panda reintroduction: factors affecting public support. Biodiversity and Conservation, 25(14): 2987-3004.

Ma Q Q, Song H X, Zhou S Q, et al. 2013. Genetic structure in dwarf bamboo (*Bashania fangiana*) clonal populations with different genet ages. PLoS ONE, 8(11): e78784.

Ma X Z, Jin Y, Luo B, et al. 2015b. Giant pandas failed to show mirror self-recognition. Animal Cognition, 18(3): 713-721.

Mainka S A, Qiu X M, He T M, et al. 1994. Serologic survey of giant pandas (*Ailuropoda melanoleuca*), and domestic dogs and cats in the Wolong Reserve, China. Journal of Wildlife Diseases, 30(1): 86-89.

Majewska M L, Rola K, Stefanowicz A M, et al. 2018. Do the impacts of alien invasive plants differ from expansive native ones? An experimental study on arbuscular mycorrhizal fungi communities. Biology and Fertility of Soils, 54: 631-643.

Martin M S, Owen M, Wintle N J P, et al. 2020. Stereotypic behaviour predicts reproductive performance and litter sex ratio in giant pandas. Scientific Reports, 10(1): 7263.

Martin-Wintle M S, Shepherdson D, Zhang G Q, et al. 2015. Free mate choice enhances conservation breeding in the endangered giant panda. Nature Communications, 6(1): 10125.

Martin-Wintle M S, Shepherdson D, Zhang G Q, et al. 2017. Do opposites attract? Effects of personality matching in breeding pairs of captive giant pandas on reproductive success. Biological Conservation, 207: 27-37.

Meng L Y, Shi B P. 2011. Near-fault strong ground motion simulation of the May 12, 2008, MW7.9 Wenchuan Earthquake by dynamical composite source model. Chinese Journal of Geophysics, 54(4): 1010-1027.

Meng Q K, Miao F, Zhen J, et al. 2016a. GIS-based landslide susceptibility mapping with logistic regression, analytical hierarchy process, and combined fuzzy and support vector machine methods: a case study from Wolong Giant Panda Natural Reserve, China. Bulletin of Engineering Geology and the Environment, 75(3): 923-944.

Meng Q K, Miao F, Zhen J, et al. 2016b. Impact of earthquake-induced landslide on the habitat suitability of giant panda in Wolong, China. Journal of Mountain Science, 13(10): 1789-1805.

Mo H Q, Li L, Lai W, et al. 2015. Characterization of summer $PM_{2.5}$ aerosols from four forest areas in Sichuan, SW China. Particuology, 20: 94-103.

Möller M, Gao L M, Mill R R, et al. 2007. Morphometric analysis of the *Taxus wallichiana* complex (Taxaceae) based on herbarium material. Botanical Journal of the Linnean Society, 155: 307-335.

Myers N. 1997. The world's forests and their ecosystem services. Nature's Services: Societal Dependence on Natural Ecosystems: 215-235.

Nahuelhual L, Saavedra G, Henríquez F, et al. 2018. Opportunities and limits to ecosystem services governance in developing countries and indigenous territories: the case of water supply in Southern Chile. Environmental Science & Policy, 86: 11-18.

Nie Y G, Zhou W L, Gao K, et al. 2019. Seasonal competition between sympatric species for a key resource: implications for conservation management. Biological Conservation, 234: 1-6.

Owen M A, Swaisgood R R, Zhou X P, et al. 2016. Signalling behaviour is influenced by transient social context in a spontaneously ovulating mammal. Animal Behaviour, 111: 157-165.

Pacifici M, Visconti P, Butchart S H M, et al. 2017. Species' traits influenced their response to recent climate change. Nature Climate Change, 7(3): 205-208.

Pan J, Yang Y L, Zhu X H, et al. 2013. Altitudinal distributions of PCDD/Fs, dioxin-like PCBs and PCNs in soil and yak samples from Wolong high mountain area, eastern Tibet-Qinghai Plateau, China. Science of the Total Environment, 444: 102-109.

Pan S A, Hao G Y, Li X H, et al. 2022. Altitudinal variations of hydraulic traits in Faxon fir (*Abies fargesii* var. *faxoniana*): mechanistic controls and environmental adaptability. Forest Ecosystems, 9: 100040.

Peel G T, Araújo M B, Bell J D, et al. 2017. Biodiversity redistribution under climate change: impacts on ecosystems and human well-being. Science, 355(6332): eaai9214.

Peng S, Cheng Y H, Mutie F M, et al. 2022. *Ponerorchis wolongensis* (Orchidaceae, Orchidinae), a new species with variable labellum from the Hengduan Mountains, western Sichuan, China. Nordic Journal of Botany, 2022(2): e03295.

Peter B G, Messina J P, Lin Z, et al. 2020b. Crop climate suitability mapping on the cloud: a geovisualization application for sustainable agriculture. Scientific Reports, 10(1): 15487.

Pimentel D, Wilson C, McCullum C, et al. 1997. Economic and environmental benefits of biodiversity. BioScience, 47(11): 747-757.

Porfirio L L, Harris R M B, Lefroy E C, et al. 2014. Improving the use of species distribution models in conservation planning and management under climate change. PLoS ONE, 9(11): e113749.

Qi D W, Hu Y B, Gu X D, et al. 2009. Ecological niche modeling of the sympatric giant and red pandas on a mountain-range scale. Biodiversity and Conservation, 18: 2127-2141.

Qiao M J, Connor T, Shi X G, et al. 2019. Population genetics reveals high connectivity of giant panda populations across human disturbance features in key nature reserve. Ecology and Evolution, 9(4): 1809-1819.

Qiao M J, Zhou Y M, Connor T, et al. 2018. Diagnosing zygosity in giant panda twins using short tandem repeats. Twin Research and Human Genetics, 21(6): 527-532.

Ran M X, Li Y, Zhang Y, et al. 2018. Transcriptome sequencing reveals the differentially expressed lncRNAs and mRNAs involved in cryoinjuries in frozen-thawed giant panda (*Ailuropoda melanoleuca*) sperm. International Journal of Molecular Sciences, 19(10): 3066.

Ran M X, Zhou Y M, Liang K, et al. 2019. Comparative analysis of microRNA and mRNA profiles of sperm with different freeze tolerance capacities in boar (*Sus scrofa*) and giant panda (*Ailuropoda melanoleuca*). Biomolecules, 9(9): 432.

Raudsepp-Hearne C, Peterson G D, Bennett E M. 2010. Ecosystem service bundles for analyzing tradeoffs in diverse landscapes. Proceedings of the National Academy of Sciences, 107(11): 5242-5247.

Reid D G, Hu J C, Huang Y. 1991a. Ecology of the red panda *Ailurus fulgens* in the Wolong Reserve, China. Journal of Zoology, 225(3): 347-364.

Reid D G, Hu J C. 1991b. Giant panda selection between Bashania fangiana bamboo habitats in Wolong Reserve, Sichuan, China. Journal of Applied Ecology, 28: 228-243.

Ren H, Zhang Q M, Lu H F, et al. 2012. Wild plant species with extremely small populations require conservation and reintroduction in China. Ambio, 41(8): 913-917.

Sachs J D, Warner A M. 2001. Natural resources and economic development: the curse of natural resources. European Economic Review, 45(4-6): 827-838.

Schaller G B. 1994. The last panda. Chicago: The University of Chicago Press.

Schaller G B, Hu J C, Pan W S, et al. 1985. The giant pandas of Wolong. Chicago: The University of Chicago Press.

Schröter M, Remme R P. 2016. Spatial prioritisation for conserving ecosystem services: comparing hotspots with heuristic optimisation. Landscape Ecology, 31: 431-450.

Scoma A, Khor W C, Coma M, et al. 2022. Lignocellulose fermentation products generated by giant *Panda* gut microbiomes depend ultimately on pH rather than portion of bamboo: a preliminary study. Microorganisms, 10(5): 978.

Sediri S, Trommetter M, Frascaria-Lacoste N, et al. 2020. Transformability as a wicked problem: a cautionary tale? Sustainability, 12(15): 5895.

Shah A, Li D Z, Möller M, et al. 2008. Delimitation of Taxus fuana Nan Li & R.R. Mill (Taxaceae) based on morphological and molecular data. TAXON, 57(1): 211-222.

Shan L, Hu Y B, Zhu L F, et al. 2014. Large-scale genetic survey provides insights into the captive management and reintroduction of giant pandas. Molecular Biology and Evolution, 31(10): 2663-2671.

Shao X N, Lu Q, Liu M Z, et al. 2021a. Generalist carnivores can be effective biodiversity samplers of terrestrial vertebrates. Frontiers in Ecology and The Environment, 19(10): 557-563.

Shao X N, Lu Q, Xiong M Y, et al. 2021b. Prey partitioning and livestock consumption in the world's richest large carnivore assemblage. Current Biology, 31(22): 4887-4897.e5.

Sheldon W G. 1937. Notes on the giant panda. Journal of Mammalogy, 18(2): 13-19.

Shen X L, Li S, McShea W J, et al. 2020. Effectiveness of management zoning designed for flagship species in protecting sympatric species. Conservation Biology, 34(1): 158-167.

Sheng J C, Wang H. 2022. Participation, income growth and poverty alleviation in payments for ecosystem services: the case of China's Wolong Nature Reserve. Ecological Economics, 196: 107433.

Shi H L, Liang H B. 2015. The genus Pterostichus in China II: the subgenus Circinatus Sciaky, a species revision and phylogeny (Carabidae, Pterostichini). ZooKeys, (536): 1-92.

Silveira-Junior W J, Salvio G M M, Moura A S, et al. 2020. Payment for environmental services: alleviating the conflict of parks versus people. Journal of Tropical Forest Science, 32(1): 8-16.

Smith P. 2016. Building a global system for the conservation of all plant diversity: a vision for botanic gardens and Botanic Gardens Conservation International. Sibbaldia: the International Journal of Botanic Garden Horticulture, (14): 5-13.

Song Z Y, Ouyang Z Y, Xu W H. 2012. The role of fairness norms the household-based natural forest conservation: the case of Wolong, China. Ecological Economics, 84: 164-171.

Soroye P, Newbold T, Kerr J. 2020a. Climate change contributes to widespread declines among bumble bees across continents. Science, 367(4678): 685-688.

Sriskanthan G, Emerton L, Bambaradeniya C, et al. 2008. Socioeconomic and ecological monitoring toolkit: Huraa Mangrove Nature Reserve. Ecosystems and Livelihoods Group, Asia, International Union for Conservation of Nature and Natural Resources (IUCN), Colombo.

Sun W B, Ma Y P, Blackmore S. 2019. How a new conservation action concept has accelerated plant conservation in China. Trends in Plant Science, 24: 4-6.

Susan A M, He T M. 1993. Immobilization of healthy male giant pandas (*Ailuropoda melanoleuca*) at Wolong Nature Reserve. Journal of Zoo and Wildlife Medicine, 24(4): 430-433.

Swaisgood R R, Martin-Wintle M S, Owen M A, et al. 2018. Developmental stability of foraging behavior: evaluating suitability of captive giant pandas for translocation. Animal Conservation, 21(6): 474-482.

Swaisgood R R, White A M, Zhou X P, et al. 2001. A quantitative assessment of the efficacy of an environmental enrichment programme for giant pandas. Animal Behaviour, 61(2): 447-457.

Tan H, Cheng Y H, Qiao M J, et al. 2017. Medicinal plants harvesting in Wolong National Nature Reserve. Journal of Resources and Ecology, 8(3): 304-312.

Tang B, Huang X, Han C, et al. 2019. SNP detection of *GnRHR* gene and its association with litter size traits in giant panda. The Journal of Animal & Plant Sciences, 29(2): 461-466.

Tang J F, Zhang J, Zhao X Z, et al. 2022. The fate of giant panda and its sympatric mammals under future climate change. Biological Conservation, 274: 109715.

Tang Y W, Jing L H, Li H, et al. 2016a. A multiple-point spatially weighted k-NN method for object-based classification. International Journal of Applied Earth Observation and Geoinformation, 52: 263-274.

Tang Y W, Jing L H, Li H, et al. 2016b. Bamboo classification using worldview-2 imagery of giant panda habitat in a large shaded area in Wolong, Sichuan Province, China. Sensors, 16(11): 1957.

Tay T T N, Li D S, Huang Y, et al. 2018. Effects of changes in photoperiod and temperature on the estrous cycle of a captive female giant panda (*Ailuropoda melanoleuca*). Zoo Biology, 37(2): 90-97.

Thapa A, Hu Y B, Wei F W. 2018. The endangered red panda (*Ailurus fulgens*): ecology and conservation approaches across the entire range. Biological Conservation, 220: 112-121.

Thuiller W, Richardson D M, Pyšek P, et al. 2005. Niche-based modelling as a tool for predicting the risk of alien plant invasions at a global scale. Global Change Biology, 11(12): 2234-2250.

Tian G R, Zhao G H, Du S Z, et al. 2015. First report of Enterocytozoon bieneusi from giant pandas (*Ailuropoda melanoleuca*) and red pandas (*Ailurus fulgens*) in China. Infection, Genetics and Evolution, 34: 32-35.

Tilman D, Downing J A. 1994. Biodiversity and stability in grasslands. Nature, 367(6461): 363-365.

Tshernyshev S E. 2012. Two new species of soft-winged flower beetles of the genus Kuatunia Evers, 1945-48 (Coleoptera, Malachiidae) from China and northeastern Russia. Zootaxa, 3191(1): 56-64.

Tuanmu M N, Viña A, Roloff G J, et al. 2011. Temporal transferability of wildlife habitat models: implications for habitat monitoring. Journal of Biogeography, 38(8): 1510-1523.

Tuanmu M N, Viña A, Yang W, et al. 2016. Effects of payments for ecosystem services on wildlife habitat recovery. Conservation Biology, 30(4): 827-835.

Viña A, Chen X D, McConnell W J, et al. 2011. Effects of natural disasters on conservation policies: the case of the 2008 Wenchuan Earthquake, China. Ambio, 40(3): 274-284.

Viña A, Liu J G. 2017. Hidden roles of protected areas in the conservation of biodiversity and ecosystem services. Ecosphere, 8(6): e01864.

Viña A, Liu W, Zhou S Q, et al. 2016. Land surface phenology as an indicator of biodiversity patterns. Ecological Indicators, 64: 281-288.

Volis S. 2016. How to conserve threatened Chinese plant species with extremely small populations? Plant Diversity, 38(1): 45-52.

Wade E M, Nadarajan J, Yang X Y, et al. 2016. Plant species with extremely small populations (PSESP) in China: a seed and spore biology perspective. Plant Diversity, 38(5): 209-220.

Wang B, Xu Y, Ran J. 2017a. Predicting suitable habitat of the Chinese monal (*Lophophorus lhuysii*) using ecological niche modeling in the Qionglai Mountains, China. PeerJ, 5(7): e3477.

Wang C D, Long K, Jin L, et al. 2015a. Identification of conserved microRNAs in peripheral blood from giant panda: expression of mammary gland-related microRNAs during late pregnancy and early lactation. Genetics and Molecular Research, 14(4): 14216-14228.

Wang C J, Wan J Z, Zhang Z X, et al. 2017b. Integrating climate change into conservation planning for *Taxus chinensis*, an endangered endemic tree plant in China. JAPS: Journal of Animal & Plant Sciences, 27(1): 219-226.

Wang F, McShea W J, Li D. 2018. Habitat use and spatial overlap of sympatric giant pandas and red pandas in the Qinling Mountains. PLoS ONE, 13(9): e0203693.

Wang F, McShea W J, Wang D J, et al. 2014. Evaluating landscape options for corridor restoration between giant panda reserves. PLoS ONE, 9(8): e105086.

Wang F, McShea W J, Wang D J, et al. 2015b. Shared resources between giant panda and sympatric wild and domestic mammals. Biological Conservation, 186: 319-325.

Wang G Y, Innes J L, Wu S W, et al. 2012. National park development in China: conservation or commercialization? Ambio, 41(3): 247-261.

Wang H L, Zhong J S, Xu Y F, et al. 2022. Automatically detecting the wild giant panda using deep learning with context and species distribution model. Ecological Informatics, 72: 101868.

Wang N, Li D S, Zhou X, et al. 2013. A sensitive and specific PCR assay for the detection of *Baylisascaris schroederi* eggs in giant panda feces. Parasitology International, 62(5): 435-436.

Wang T, Chen Z Q, Xie Y, et al. 2015c. Prevalence and molecular characterization of Cryptosporidium in giant panda (*Ailuropoda melanoleuca*) in Sichuan province, China. Parasites & Vectors, 8: 344.

Wang T J, Skidmore A K, Zeng Z G, et al. 2010. Migration patterns of two endangered sympatric species from a remote sensing perspective. Photogrammetric Engineering & Remote Sensing, 76(12): 1343-1352.

Wang X, Huang J Y, Connor T A, et al. 2019. Impact of livestock grazing on biodiversity and giant panda habitat. The Journal of Wildlife Management, 83(7): 1592-1597.

Wanghe K Y, Guo X L, Hu F X, et al. 2020. Spatial coincidence between mining activities and protected areas of giant panda habitat: the geographic overlaps and implications for conservation. Biological Conservation, 247: 108600.

Wei F W, Costanza R, Dai Q, et al. 2018. The value of ecosystem services from giant panda reserves. Current Biology, 28(13): 2174-2180.e7.

Wei F W, Feng Z J, Hu J C. 1997. Population viability analysis computer model of giant panda population in Wuyipeng, Wolong Natural Reserve, China. Bears: Their Biology and Management, 9(2): 19-23.

Wei F W, Feng Z J, Wang Z W, et al. 2000. Habitat use and separation between the giant panda and the red panda. Journal of Mammalogy, 81(2): 448-455.

Wei W, Nie Y, Swaisgood R R, et al. 2020. Giant panda and red panda coexistence: insights from spatial overlap and habitat selection. Biological Conservation, 243: 108490.

Wen Z X, Cheng J L, Ge D Y, et al. 2018. Abundance-occupancy and abundance-body mass relationships of small mammals in a mountainous landscape. Landscape Ecology, 33(10): 1711-1724.

Wen Z X, Feijó A, Cheng J L, et al. 2021. Explaining mammalian abundance and elevational range size with body mass and niche characteristics. Journal of Mammalogy, 102(1): 13-27.

Wen Z X, Wu Y, Ge D Y, et al. 2017. Heterogeneous distributional responses to climate warming: evidence from rodents along a subtropical elevational gradient. BMC Ecology, 17: 17.

Weng Z Y, Liu Z Q, Ritchie R O, et al. 2016. Giant panda's tooth enamel: structure, mechanical behavior and toughening mechanisms under indentation. Journal of the Mechanical Behavior of Biomedical Materials, 64: 125-138.

Wilson A E, Sparks D L, Knott K K, et al. 2019. Field air analysis of volatile compounds from free-ranging giant pandas. Ursus, 29(2): 75-81.

Wintle N J P, Martin-Wintle M S, Zhou X P, et al. 2018. Blood lead levels in captive giant pandas. Bulletin of Environmental Contamination and Toxicology, 100(1): 59-63.

Wu W, Wu H L, He M, et al. 2020. Transcriptome analyses provide insights into maternal immune changes at several critical phases of giant panda reproduction. Developmental & Comparative Immunology, 110: 103699.

Xie Y, Li Z Y, Gregg W P, et al. 2001. Invasive species in China: an overview. Biodiversity and Conservation, 10: 1317-1341.

Xu J Y, Wang Q, Kong M. 2018a. Livelihood changes matter for the sustainability of ecological restoration: a case analysis of the Grain for Green Program in China's largest giant panda reserve. Ecology and Evolution, 8(8): 3842-3850.

Xu J Y, Wei J Y, Liu W H. 2019. Escalating human-wildlife conflict in the Wolong Nature Reserve, China: a dynamic and paradoxical process. Ecology and Evolution, 9(12): 7273-7283.

Xu M, Wang Z P, Liu D Z, et al. 2012a. Cross-modal signaling in giant pandas. Chinese Science Bulletin, 57(4): 344-348.

Xu Q, Li H, Chen J Q, et al. 2011. Water use patterns of three species in subalpine forest, Southwest China: the deuterium isotope approach. Ecohydrology, 4(2): 236-244.

Xu Q, Liu S R, Wan X C, et al. 2012b. Effects of rainfall on soil moisture and water movement in a subalpine dark coniferous forest in southwestern China. Hydrological Processes, 26(25): 3800-3809.

Xu W H, Viña A, Qi Z X, et al. 2014. Evaluating conservation effectiveness of nature reserves established for surrogate species: case of a giant panda nature reserve in Qinling Mountains, China. Chinese Geographical Science, 24: 60-70.

Xu W H, Xiao Y, Zhang J J, et al. 2017. Strengthening protected areas for biodiversity and ecosystem services in China. Proceedings of the National Academy of Sciences, 114(7): 1601-1606.

Xu X B, Yang G S, Tan Y, et al. 2018b. Ecosystem services trade-offs and determinants in China's Yangtze River Economic Belt from 2000 to 2015. Science of the Total Environment, 634: 1601-1614.

Yalcin S, Leroux S J. 2018. An empirical test of the relative and combined effects of land-cover and climate change on local colonization and extinction. Global Change Biology, 24(8): 3849-3861.

Yan X, Zhang H M, Li D S, et al. 2019. Acoustic recordings provide detailed information regarding the behavior of cryptic wildlife to support conservation translocations. Scientific Reports, 9(1): 5172.

Yang C Z, Xiao Z, Zou Y, et al. 2015a. DNA barcoding revises a misidentification on musk deer. Mitochondrial DNA, 26(4): 605-612.

Yang H, Harrison R, Yi Z F, et al. 2015b. Changing perceptions of forest value and attitudes toward management of a recently established nature reserve: a case study in Southwest China. Forests, 6(9): 3136-3164.

Yang H B, Dietz T, Li Y J, et al. 2022a. Unraveling human drivers behind complex interrelationships among sustainable development goals: a demonstration in a flagship protected area. Ecology and Society, 27(3): 15.

Yang H B, Dietz T, Yang W, et al. 2018a. Changes in human well-being and rural livelihoods under natural disasters. Ecological Economics, 151: 184-194.

Yang H B, Ligmann-Zielinska A, Dou Y, et al. 2022b. Complex effects of telecouplings on forest dynamics: an agent-based modeling approach. Earth Interactions, 26(1): 15-27.

Yang H B, Lupi F, Zhang J D, et al. 2018b. Feedback of telecoupling: the case of a payments for ecosystem services program. Ecology and Society, 23(2): 45.

Yang H B, Lupi F, Zhang J D, et al. 2020. Hidden cost of conservation: a demonstration using losses from human-wildlife conflicts under a payments for ecosystem services program. Ecological Economics, 169: 106462.

Yang H B, Yang W, Zhang J D, et al. 2018c. Revealing pathways from payments for ecosystem services to socioeconomic outcomes. Science Advances, 4(3): eaao6652.

Yang H B, Zhang D Y, Winkler J A, et al. 2024. Field experiment reveals complex warming impacts on giant pandas' bamboo diet. Biological Conservation, 294: 110635.

Yang N, Price M, Xu Y, et al. 2023. Assessing global efforts in the selection of vertebrates as umbrella species for conservation. Biology, 12(59): 1-20.

Yang S Z, Gao X, Meng J H, et al. 2018d. Metagenomic analysis of bacteria, fungi, bacteriophages, and helminths in the gut of giant pandas. Frontiers in Microbiology, 9: 1717.

Yang W, Dietz T, Liu W, et al. 2013a. Going beyond the Millennium Ecosystem Assessment: an index system of human dependence on ecosystem services. PLoS ONE, 8(5): e64581.

Yang W, Liu W, Viña A, et al. 2013b. Performance and prospects of payments for ecosystem services programs: evidence from China. Journal of Environmental Management, 127: 86-95.

Yang X, Cheng G Y, Li C W, et al. 2017. The normal vaginal and uterine bacterial microbiome in giant pandas (*Ailuropoda melanoleuca*). Microbiological Research, 199: 1-9.

Ye X, Liu G H, Li Z S, et al. 2015. Assessing local and surrounding threats to the protected area network in a biodiversity hotspot: the Hengduan Mountains of Southwest China. PLoS ONE, 10(9): e0138533.

Yu B Y, Li M C, Zheng B, et al. 2021. Quantifying the preference of stakeholders in the utilization of forest resources. Forests, 12(12): 1660.

Yu F J, Zeng C J, Zhang Y, et al. 2015. Establishment and cryopreservation of a giant panda skeletal muscle-derived cell line. Biopreservation and Biobanking, 13(3): 195-199.

Yu H, Zhao Y T, Ma Y W, et al. 2011. A remote sensing-based analysis on the impact of Wenchuan Earthquake on the core value of World Nature Heritage Sichuan Giant *Panda* Sanctuary. Journal of Mountain Science, 8(3): 458-465.

Zeng Y C, Zhang J D, Hull V. 2019. Mixed-method study on medicinal herb collection in relation to wildlife conservation: the case of giant pandas in China. Integrative Zoology, 14(6): 604-612.

Zhang D Y, Yang H B, Zhang J D, et al. 2024. Effects of climate warming on soil nitrogen cycles and bamboo growth in core giant panda habitat. Science of The Total Environment, 944: 173625.

Zhang G Q, Zhang H M, Chen M, et al. 1996. Growth and development of infant giant pandas (*Ailuropoda melanoleuca*) at the Wolong Reserve, China. Zoo Biology, 15(1): 13-19.

Zhang J D, Connor T, Yang H B, et al. 2018a. Complex effects of natural disasters on protected areas through altering telecouplings. Ecology and Society, 23(3): 17.

Zhang J D, Hull V, Huang J Y, et al. 2014a. Natural recovery and restoration in giant panda habitat after the Wenchuan earthquake. Forest Ecology and Management, 319: 1-9.

Zhang J D, Hull V, Huang J Y, et al. 2015. Activity patterns of the giant panda (*Ailuropoda melanoleuca*). Journal of Mammalogy, 96(6): 1116-1127.

Zhang J D, Hull V, Ouyang Z Y, et al. 2017b. Divergent responses of sympatric species to livestock encroachment at fine spatiotemporal scales. Biological Conservation, 209: 119-129.

Zhang J D, Hull V, Ouyang Z Y, et al. 2017c. Modeling activity patterns of wildlife using time-series analysis. Ecology and Evolution, 7(8): 2575-2584.

Zhang J D, Hull V, Ouyang Z Y, et al. 2019. The impact of giant pandas on the habitat use of sympatric wildlife: a case study with the golden snub-nosed monkey. Ecological Research, 34(6): 860-871.

Zhang J D, Hull V, Xu W H, et al. 2011. Impact of the 2008 Wenchuan Earthquake on biodiversity and giant panda habitat in Wolong Nature Reserve, China. Ecological Research, 26(3): 523-531.

Zhang J J, Pan S L, Che Q B, et al. 2022a. Impacts of climate change on the distributions and diversity of the giant panda with its sympatric mammalian species. Ecological Indicators, 144: 109452.

Zhang J Y, Cheng Y H, Liao M, et al. 2022b. *Gastrochilus wolongensis* (Orchidaceae): a new species from Sichuan, China, based on molecular and morphological data. Ecosystem Health and Sustainability, 8(1): 2101546.

Zhang J Y, Cheng Y H, Liao M, et al. 2023a. A new infrageneric classification of *Gastrochilus* (Orchidaceae: Epidendroideae) based on molecular and morphological data. Plant Diversity, 46(4): 435-447.

Zhang J Y, Cheng Y H, Liao M, et al. 2023b. *Thrixspermum taeniophyllum* (Orchidaceae, Epidendroideae), a new species from southwest China, based on molecular and morphological evidence. Phytokeys, 230: 145-156.

Zhang J Y, Liao M, Cheng Y H, et al. 2022c. Comparative chloroplast genomics of seven endangered *Cypripedium* species and phylogenetic relationships of Orchidaceae. Frontiers in Plant Science, 13: 911702.

Zhang K R, Zhang Y L, Tian H, et al. 2013. Sustainability of social-ecological systems under conservation projects: lessons from a biodiversity hotspot in western China. Biological Conservation, 158: 205-213.

Zhang L Y, Gan X H, Hou Z Y, et al. 2019a. Grazing by wild giant pandas does not affect the regeneration of *Arundinaria spanostachya*. Journal of Forestry Research, 30(4): 1513-1520.

Zhang M C, Huang Y, Hong M S, et al. 2017a. Impacts of man-made provisioned food on learned cub behaviours of giant pandas in pre-release reintroduction training. Folia Zoologica, 66(1): 58-66.

Zhang M C, Zhang Z Z, Li Z, et al. 2018b. Giant panda foraging and movement patterns in response to bamboo shoot growth. Environmental Science and Pollution Research, 25(9): 8636-8643.

Zhang Q B, Huang W, Zhu X L, et al. 2018c. Residues and sources of organochlorine pesticides in soils of elementary schools and communities in Wenchuan 5.12 Earthquake-affected areas. Environmental Geochemistry and Health, 40(4): 1339-1353.

Zhang Y P, Ryder O A, Zhao Q G, et al. 1994. Non-invasive giant panda paternity exclusion. Zoo Biology, 13(6): 569-573.

Zhang Y Z, Tang R, Huang X H, et al. 2019b. *Saussurea balangshanensis* sp. nov. (Asteraceae), from the Hengduan Mountains region, SW China. Nordic Journal of Botany, 37(4): e02078.

Zhang Z J, Sheppard J K, Swaisgood R R, et al. 2014b. Ecological scale and seasonal heterogeneity in the spatial behaviors of giant pandas. Integrative Zoology, 9(1): 46-60.

Zhang Z J, Wei F W, Li M, et al. 2006. Winter microhabitat separation between giant and red pandas in *Bashania faberi* bamboo forest in Fengtongzhai Nature Reserve. The Journal of Wildlife Management, 70(1): 231-235.

Zhang Z Y, Zhang H M, Li D S, et al. 2018d. Characterization of the β-defensin genes in giant panda. Scientific Reports, 8: 12308.

Zhao C F, Chen G J, Wang Y H, et al. 2007. Genetic variation of hippophae rhamnoides populations at different altitudes in the Wolong Nature Reserve Based on RAPDs. 应用与环境生物学报, 13(6): 753-758.

Zhao H W, Wu R D, Long Y C, et al. 2019a. Individual-level performance of nature reserves in forest protection and the effects of management level and establishment age. Biological Conservation, 233: 23-30.

Zhao N X, Zhang X M, Shan G Y, et al. 2021. Evaluating the effects of climate change on spatial aggregation of giant pandas and sympatric species in a mountainous landscape. Animals, 11(11): 3332.

Zhao S C, Zheng P P, Dong S S, et al. 2013. Whole-genome sequencing of giant pandas provides insights into demographic history and local adaptation. Nature Genetics, 45(1): 67-71.

Zhao S Y, Li C W, Li G, et al. 2019b. Comparative analysis of gut microbiota among the male, female and pregnant giant pandas (*Ailuropoda melanoleuca*). Open Life Sciences, 14(1): 288-298.

Zhao Z Q, Cai M, Wang F, et al. 2021. Synergies and tradeoffs among sustainable development goals across boundaries in a metacoupled world. Science of the Total Environment, 751: 141749.

Zheng B, Li M C, Yu B Y, et al. 2021. The future of community-based ecotourism (CBET) in China's protected areas: a consistent optimal scenario for multiple stakeholders. Forests, 12(12): 1753.

Zhong R, Zhou Z Y, Liu H F, et al. 2021. Antimicrobial resistance and virulence factor gene profiles of *Enterococcus* spp. isolated from giant panda oral cavities. Journal of Veterinary Research, 65(2): 147-154.

Zhou W, Zheng B, Zhang Z Q, et al. 2021. The role of eco-tourism in ecological conservation in giant panda nature reserve. Journal of Environmental Management, 295: 113077.

Zhou X, Yu H, Wang N, et al. 2013. Molecular diagnosis of *Baylisascaris schroederi* infections in giant panda (*Ailuropoda melanoleuca*) feces using PCR. Journal of Wildlife Diseases, 49(4): 1052-1055.

Zhou Z Y, Liu F R, Zhang X Y, et al. 2018. Cellulose-dependent expression and antibacterial characteristics of surfactin from *Bacillus subtilis* HH$_2$ isolated from the giant panda. PLoS ONE, 13(1): e0191991.

Zhou Z Y, Zhou X X, Li J, et al. 2015. Transcriptional regulation and adaptation to a high-fiber environment in *Bacillus subtilis* HH$_2$ isolated from feces of the giant panda. PLoS ONE, 10(2): e0116935.

Zhu H M, Yang B, He K, et al. 2019. Habitat utilization and release-site fidelity of translocated captive-bred giant pandas (*Ailuropoda melanoleuca*). Folia Zoologica, 68(2): 86-94.

Zhu J, Arena S, Spinelli S, et al. 2017. Reverse chemical ecology: olfactory proteins from the giant panda and their interactions with putative pheromones and bamboo volatiles. Proceedings of the National Academy of Sciences, 114(46): E9802-E9810.

后 记

虽然 2023 年的春天姗姗来迟，春风中伴随着阵阵寒意，但生物多样性保护与科学研究的"春天"随着党的二十届二中全会和第十四届全国人民代表大会的胜利召开已吹响号角，尤其是以国家公园为主体的自然保护地体系建设国家战略的提出，为珍稀动植物、森林、草原、湿地、海洋等物种和生态系统的保护管理提供了最佳机遇。总结和分析以往自然保护区建设和管理方面的成功与经验，对于高质量建设好以国家公园为主体的自然保护地体系具有重要价值。

卧龙保护区成立于 1963 年，是我国最早建立的以保护大熊猫及其森林生态系统为主的自然保护区，1975 年保护区面积由原来的 2 万 hm^2 扩大至 20 万 hm^2。1979 年，卧龙、长白山、鼎湖山率先加入联合国教科文组织"人与生物圈计划"世界生物圈保护区网络；1980 年与世界野生生物基金会（现世界自然基金会）合作，开展野生大熊猫生态生物学研究；1983 年经四川省人民政府批准，成立卧龙特区，管理区内社区经济的发展，与卧龙保护区实行"两块牌子、一套班子、合署办公"的管理模式。同年在卧龙建成中国保护大熊猫研究中心（现中国大熊猫保护研究中心），开展大熊猫的抢救、保护、监测、研究和繁育等工作；2006 年，四川大熊猫栖息地列入联合国自然遗产名录，卧龙保护区是其中最重要的组成部分之一。2021 年 10 月大熊猫国家公园宣布成立，卧龙保护区整体划入大熊猫国家公园。剖析和提炼 60 年来卧龙保护区在保护、科研、发展等方面的管理策略、技术体系、保护成效和研究成果，不仅仅是卧龙保护区和中国自然保护事业发展历史的资料需要，也是当前自然保护地建设的迫切需要。

今日有幸阅读到这部书稿，甚为欣喜。这部书稿多角度、广视野、深挖掘、强整合地梳理了保护区 60 年、特区 40 年的发展历程，诠释了自然保护与社区发展相协调的保护管理策略，总结了日常巡护监管和科学研究相结合的保护管理措施，突出了旗舰物种（大熊猫和雪豹）保护与同域动植物资源管理相耦合的保护管理理念，呈现了保护、科研、发展全方位的丰硕成果及未来蓝图，展现了丰富的动植物资源和独具特色的民风民俗。

卧龙保护区是我国大熊猫科研保护和自然保护地管理的一面旗帜。当地民风淳朴、风光秀丽，我曾多次深入实地开展大熊猫种群调查、生态研究和社区访谈，不仅全面了解卧龙的整体发展历史、自然保护成效和社区经济状况，而且对卧龙的山水人物有浓浓的情谊。《卧龙生物多样性保护的理论与实践》凝聚了作者的心血与智慧，体现了卧龙人的追求与梦想，能为该书写后记，我倍感欣慰，愿卧龙未来更加美丽、和谐，引领我国的保护事业蒸蒸日上。

冉江洪
四川大学教授
四川省动物学会理事长
2023 年 3 月